U0336073

国 家 科 技 重 大 专 项
大型油气田及煤层气开发成果丛书
（2008—2020）
卷 43

中国典型盆地陆相页岩油勘探开发选区与目标评价

金之钧　等编著

石油工業出版社

内容提要

本书通过“十三五”国家科技重大专项页岩油项目攻关研究，明确中国重点地区陆相页岩油勘探潜力及分布规律，优选重点地区陆相页岩油有利区带及勘探目标。其中，亿吨级有利区带3个以上、有利勘探目标24个；建立了陆相页岩油资源评价和选区评价方法，形成了针对中国陆相页岩油特征的“甜点”地球物理识别、预测方法和有效动用关键技术方法，初步解决了济阳坳陷、潜江凹陷与泌阳凹陷、鄂尔多斯盆地南部长7段页岩层系、四川盆地北部中—下侏罗统页岩层系重点区带页岩油勘探开发中遇到的实际问题，并筛选出了两个陆相页岩油试验区块。

本书可供从事非常规油气勘探开发的科研人员、管理人员参考。

图书在版编目（CIP）数据

中国典型盆地陆相页岩油勘探开发选区与目标评价 / 金之钧等编著 .—北京：石油工业出版社，2023.8

（国家科技重大专项 · 大型油气田及煤层气开发成果丛书：2008—2020）

ISBN 978-7-5183-5497-9

Ⅰ. ① 中… Ⅱ. ① 金… Ⅲ. ① 盆地 – 陆相 – 油页岩 – 油气勘探 – 研究 – 中国 ② 盆地 – 陆相 – 油页岩 – 油田开发 – 研究 – 中国 Ⅳ. ① P618.130.8

中国版本图书馆 CIP 数据核字（2022）第 136896 号

责任编辑：庞奇伟　孙　娟
责任校对：张　磊
装帧设计：李　欣　周　彦

出版发行：石油工业出版社
（北京安定门外安华里 2 区 1 号　100011）
网　址：www.petropub.com
编辑部：（010）64253017　图书营销中心：（010）64523633
经　销：全国新华书店
印　刷：北京中石油彩色印刷有限责任公司

2023 年 8 月第 1 版　2023 年 8 月第 1 次印刷
787×1092 毫米　开本：1/16　印张：30
字数：760 千字

定价：300.00 元

《国家科技重大专项·大型油气田及煤层气开发成果丛书（2008—2020）》

编委会

《中国典型盆地陆相页岩油勘探开发选区与目标评价》

编写组

组　长：金之钧

副组长：苏建政　黎茂稳

成　员：（按姓氏拼音排序）

曹婷婷　陈　祥　陈凤玲　崔茂蕾　蒋启贵　李　浩
李　政　李凤霞　李志明　刘　炯　刘传喜　刘惠民
刘喜武　刘宇巍　陆永潮　路　菁　牛　骏　钱门辉
秦学杰　沈云琦　苏玉亮　王　敏　王　翔　王益维
吴世强　夏冬冬　张金强　张守鹏　章新文　郑有恒
钟庆良　周　彤

丛书·序

能源安全关系国计民生和国家安全。面对世界百年未有之大变局和全球科技革命的新形势，我国石油工业肩负着坚持初心、为国找油、科技创新、再创辉煌的历史使命。国家科技重大专项是立足国家战略需求，通过核心技术突破和资源集成，在一定时限内完成的重大战略产品、关键共性技术或重大工程，是国家科技发展的重中之重。大型油气田及煤层气开发专项，是贯彻落实习近平总书记关于大力提升油气勘探开发力度、能源的饭碗必须端在自己手里等重要指示批示精神的重大实践，是实施我国“深化东部、发展西部、加快海上、拓展海外”油气战略的重大举措，引领了我国油气勘探开发事业跨入向深层、深水和非常规油气进军的新时代，推动了我国油气科技发展从以“跟随”为主向“并跑、领跑”的重大转变。在“十二五”和“十三五”国家科技创新成就展上，习近平总书记两次视察专项展台，充分肯定了油气科技发展取得的重大成就。

大型油气田及煤层气开发专项作为《国家中长期科学和技术发展规划纲要（2006—2020年）》确定的10个民口科技重大专项中唯一由企业牵头组织实施的项目，以国家重大需求为导向，积极探索和实践依托行业骨干企业组织实施的科技创新新型举国体制，集中优势力量，调动中国石油、中国石化、中国海油等百余家油气能源企业和70多所高等院校、20多家科研院所及30多家民营企业协同攻关，参与研究的科技人员和推广试验人员超过3万人。围绕专项实施，形成了国家主导、企业主体、市场调节、产学研用一体化的协同创新机制，聚智协力突破关键核心技术，实现了重大关键技术与装备的快速跨越；弘扬伟大建党精神、传承石油精神和大庆精神铁人精神，以及石油会战等优良传统，充分体现了新型举国体制在科技创新领域的巨大优势。

经过十三年的持续攻关，全面完成了油气重大专项既定战略目标，攻克了一批制约油气勘探开发的瓶颈技术，解决了一批“卡脖子”问题。在陆上油气勘探、陆上油气开发、工程技术、海洋油气勘探开发、海外油气勘探开发、非常规油气勘探开发领域，形成了6大技术系列、26项重大技术；自主研发20项重大工程技术装备；建成35项示范工程、26个国家级重点实验室和研究中心。我国油气科技自主创新能力大幅提升，油气能源企业被卓越赋能，形成产量、储量增长高峰期发展新态势，为落实习近平总书记“四个革命、一个合作”能源安全新战略奠定了坚实的资源基础和技术保障。

《国家科技重大专项·大型油气田及煤层气开发成果丛书（2008—2020）》（62卷）是专项攻关以来在科学理论和技术创新方面取得的重大进展和标志性成果的系统总结，凝结了数万科研工作者的智慧和心血。他们以“功成不必在我，功成必定有我”的担当，高质量完成了这些重大科技成果的凝练提升与编写工作，为推动科技创新成果转化为现实生产力贡献了力量，给广大石油干部员工奉献了一场科技成果的饕餮盛宴。这套丛书的正式出版，对于加快推进专项理论技术成果的全面推广，提升石油工业上游整体自主创新能力和科技水平，支撑油气勘探开发快速发展，在更大范围内提升国家能源保障能力将发挥重要作用，同时也一定会在中国石油工业科技出版史上留下一座书香四溢的里程碑。

在世界能源行业加快绿色低碳转型的关键时期，广大石油科技工作者要进一步认清面临形势，保持战略定力、志存高远、志创一流，毫不放松加强油气等传统能源科技攻关，大力提升油气勘探开发力度，增强保障国家能源安全能力，努力建设国家战略科技力量和世界能源创新高地；面对资源短缺、环境保护的双重约束，充分发挥自身优势，以技术创新为突破口，加快布局发展新能源新事业，大力推进油气与新能源协调融合发展，加大节能减排降碳力度，努力增加清洁能源供应，在绿色低碳科技革命和能源科技创新上出更多更好的成果，为把我国建设成为世界能源强国、科技强国，实现中华民族伟大复兴的中国梦续写新的华章。

中国石油董事长、党组书记

中国工程院院士

戴厚良

丛书·前言

石油天然气是当今人类社会发展最重要的能源。2020年全球一次能源消费量为134.0×10^{8}t油当量，其中石油和天然气占比分别为30.6%和24.2%。展望未来，油气在相当长时间内仍是一次能源消费的主体，全球油气生产将呈长期稳定趋势，天然气产量将保持较高的增长率。

习近平总书记高度重视能源工作，明确指示“要加大油气勘探开发力度，保障我国能源安全”。石油工业的发展是由资源、技术、市场和社会政治经济环境四方面要素决定的，其中油气资源是基础，技术进步是最活跃、最关键的因素，石油工业发展高度依赖科学技术进步。近年来，全球石油工业上游在资源领域和理论技术研发均发生重大变化，非常规油气、海洋深水油气和深层—超深层油气勘探开发获得重大突破，推动石油地质理论与勘探开发技术装备取得革命性进步，引领石油工业上游业务进入新阶段。

中国共有500余个沉积盆地，已发现松辽盆地、渤海湾盆地、准噶尔盆地、塔里木盆地、鄂尔多斯盆地、四川盆地、柴达木盆地和南海盆地等大型含油气大盆地，油气资源十分丰富。中国含油气盆地类型多样、油气地质条件复杂，已发现的油气资源以陆相为主，构成独具特色的大油气分布区。历经半个多世纪的艰苦创业，到20世纪末，中国已建立完整独立的石油工业体系，基本满足了国家发展对能源的需求，保障了油气供给安全。2000年以来，随着国内经济高速发展，油气需求快速增长，油气对外依存度逐年攀升。我国石油工业担负着保障国家油气供应安全，壮大国际竞争力的历史使命，然而我国石油工业面临着油气勘探开发对象日趋复杂、难度日益增大、勘探开发理论技术不相适应及先进装备依赖进口的巨大压力，因此急需发展自主科技创新能力，发展新一代油气勘探开发理论技术与先进装备，以大幅提升油气产量，保障国家油气能源安全。一直以来，国家高度重视油气科技进步，支持石油工业建设专业齐全、先进开放和国际化的上游科技研发体系，在中国石油、中国石化和中国海油建立了比较先进和完备的科技队伍和研发平台，在此基础上于2008年启动实施国家科技重大专项技术攻关。

国家科技重大专项“大型油气田及煤层气开发”（简称“国家油气重大专项”）是《国家中长期科学和技术发展规划纲要（2006—2020年）》确定的16个重大专项之一，目标是大幅提升石油工业上游整体科技创新能力和科技水平，支撑油气勘探开发快速发展。国家油气重大专项实施周期为2008—2020年，按照“十一五”“十二五”“十三五”3个阶段实施，是民口科技重大专项中唯一由企业牵头组织实施的专项，由中国石油牵头组织实施。专项立足保障国家能源安全重大战略需求，围绕“6212”科技攻关目标，共部署实施201个项目和示范工程。在党中央、国务院的坚强领导下，专项攻关团队积极探索和实践依托行业骨干企业组织实施的科技攻关新型举国体制，加快推进专项实施，攻克一批制约油气勘探开发的瓶颈技术，形成了陆上油气勘探、陆上油气开发、工程技术、海洋油气勘探开发、海外油气勘探开发、非常规油气勘探开发6大领域技术系列及26项重大技术，自主研发20项重大工程技术装备，完成35项示范工程建设。近10年我国石油年产量稳定在2×10^8t左右，天然气产量取得快速增长，2020年天然气产量达$1925\times10^8m^3$，专项全面完成既定战略目标。

通过专项科技攻关，中国油气勘探开发技术整体已经达到国际先进水平，其中陆上油气勘探开发水平位居国际前列，海洋石油勘探开发与装备研发取得巨大进步，非常规油气开发获得重大突破，石油工程服务业的技术装备实现自主化，常规技术装备已全面国产化，并具备部分高端技术装备的研发和生产能力。总体来看，我国石油工业上游科技取得以下七个方面的重大进展：

（1）我国天然气勘探开发理论技术取得重大进展，发现和建成一批大气田，支撑天然气工业实现跨越式发展。围绕我国海相与深层天然气勘探开发技术难题，形成了海相碳酸盐岩、前陆冲断带和低渗—致密等领域天然气成藏理论和勘探开发重大技术，保障了我国天然气产量快速增长。自2007年至2020年，我国天然气年产量从$677\times10^8m^3$增长到$1925\times10^8m^3$，探明储量从$6.1\times10^{12}m^3$增长到$14.41\times10^{12}m^3$，天然气在一次能源消费结构中的比例从2.75%提升到8.18%以上，实现了三个翻番，我国已成为全球第四大天然气生产国。

（2）创新发展了石油地质理论与先进勘探技术，陆相油气勘探理论与技术继续保持国际领先水平。创新发展形成了包括岩性地层油气成藏理论与勘探配套技术等新一代石油地质理论与勘探技术，发现了鄂尔多斯湖盆中心岩性地层大油区，支撑了国内长期年新增探明 10×10^8t 以上的石油地质储量。

（3）形成国际领先的高含水油田提高采收率技术，聚合物驱油技术已发展到三元复合驱，并研发先进的低渗透和稠油油田开采技术，支撑我国原油产量长期稳定。

（4）我国石油工业上游工程技术装备（物探、测井、钻井和压裂）基本实现自主化，具备一批高端装备技术研发制造能力。石油企业技术服务保障能力和国际竞争力大幅提升，促进了石油装备产业和工程技术服务产业发展。

（5）我国海洋深水工程技术装备取得重大突破，初步实现自主发展，支持了海洋深水油气勘探开发进展，近海油气勘探与开发能力整体达到国际先进水平，海上稠油开发处于国际领先水平。

（6）形成海外大型油气田勘探开发特色技术，助力"一带一路"国家油气资源开发和利用。形成全球油气资源评价能力，实现了国内成熟勘探开发技术到全球的集成与应用，我国海外权益油气产量大幅度提升。

（7）页岩气、致密气、煤层气与致密油、页岩油勘探开发技术取得重大突破，引领非常规油气开发新兴产业发展。形成页岩气水平井钻完井与储层改造作业技术系列，推动页岩气产业快速发展；页岩油勘探开发理论技术取得重大突破；煤层气开发新兴产业初见成效，形成煤层气与煤炭协调开发技术体系，全国煤炭安全生产形势实现根本性好转。

这些科技成果的取得，是国家实施建设创新型国家战略的成果，是百万石油员工和科技人员发扬艰苦奋斗、为国找油的大庆精神铁人精神的实践结果，是我国科技界以举国之力团结奋斗联合攻关的硕果。国家油气重大专项在实施中立足传统石油工业，探索实践新型举国体制，创建"产学研用"创新团队，创新人才队伍建设，创新科技研发平台基地建设，使我国石油工业科技创新能力得到大幅度提升。

为了系统总结和反映国家油气重大专项在科学理论和技术创新方面取得的重大进展和成果，加快推进专项理论技术成果的推广和提升，专项实施管理办公室与技术总体组规划组织编写了《国家科技重大专项·大型油气田及煤层气开发成果丛书（2008—2020）》。丛书共 62 卷，第 1 卷为专项理论技术成果总论，第 2～9 卷为陆上油气勘探理论技术成果，第 10～14 卷为陆上油气开发理论技术成果，第 15～22 卷为工程技术装备成果，第 23～26 卷为海洋油气理论技术装备成果，第 27～30 卷为海外油气理论技术成果，第 31～43 卷为非常规油气理论技术成果，第 44～62 卷为油气开发示范工程技术集成与实施成果（包括常规油气开发 7 卷，煤层气开发 5 卷，页岩气开发 4 卷，致密油、页岩油开发 3 卷）。

各卷均以专项攻关组织实施的项目与示范工程为单元，作者是项目与示范工程的项目长和技术骨干，内容是项目与示范工程在 2008—2020 年期间的重大科学理论研究、先进勘探开发技术和装备研发成果，代表了当今我国石油工业上游的最新成就和最高水平。丛书内容翔实，资料丰富，是科学研究与现场试验的真实记录，也是科研成果的总结和提升，具有重大的科学意义和资料价值，必将成为石油工业上游科技发展的珍贵记录和未来科技研发的基石和参考资料。衷心希望丛书的出版为中国石油工业的发展发挥重要作用。

国家科技重大专项“大型油气田及煤层气开发”是一项巨大的历史性科技工程，前后历时十三年，跨越三个五年规划，共有数万名科技人员参加，是我国石油工业史上一项壮举。专项的顺利实施和圆满完成是参与专项的全体科技人员奋力攻关、辛勤工作的结果，是我国石油工业界和石油科技教育界通力合作的典范。我有幸作为国家油气重大专项技术总师，全程参加了专项的科研和组织，倍感荣幸和自豪。同时，特别感谢国家科技部、财政部和发改委的规划、组织和支持，感谢中国石油、中国石化、中国海油及中联公司长期对石油科技和油气重大专项的直接领导和经费投入。此次专项成果丛书的编辑出版，还得到了石油工业出版社大力支持，在此一并表示感谢！

中国科学院院士 贾承造

《国家科技重大专项·大型油气田及煤层气开发成果丛书（2008—2020）》

分卷目录

序号	分卷名称
卷 29	超重油与油砂有效开发理论与技术
卷 30	伊拉克典型复杂碳酸盐岩油藏储层描述
卷 31	中国主要页岩气富集成藏特点与资源潜力
卷 32	四川盆地及周缘页岩气形成富集条件、选区评价技术与应用
卷 33	南方海相页岩气区带目标评价与勘探技术
卷 34	页岩气气藏工程及采气工艺技术进展
卷 35	超高压大功率成套压裂装备技术与应用
卷 36	非常规油气开发环境检测与保护关键技术
卷 37	煤层气勘探地质理论及关键技术
卷 38	煤层气高效增产及排采关键技术
卷 39	新疆准噶尔盆地南缘煤层气资源与勘查开发技术
卷 40	煤矿区煤层气抽采利用关键技术与装备
卷 41	中国陆相致密油勘探开发理论与技术
卷 42	鄂尔多斯盆缘过渡带复杂类型气藏精细描述与开发
卷 43	中国典型盆地陆相页岩油勘探开发选区与目标评价
卷 44	鄂尔多斯盆地大型低渗透岩性地层油气藏勘探开发技术与实践
卷 45	塔里木盆地克拉苏气田超深超高压气藏开发实践
卷 46	安岳特大型深层碳酸盐岩气田高效开发关键技术
卷 47	缝洞型油藏提高采收率工程技术创新与实践
卷 48	大庆长垣油田特高含水期提高采收率技术与示范应用
卷 49	辽河及新疆稠油超稠油高效开发关键技术研究与实践
卷 50	长庆油田低渗透砂岩油藏 CO_2 驱油技术与实践
卷 51	沁水盆地南部高煤阶煤层气开发关键技术
卷 52	涪陵海相页岩气高效开发关键技术
卷 53	渝东南常压页岩气勘探开发关键技术
卷 54	长宁—威远页岩气高效开发理论与技术
卷 55	昭通山地页岩气勘探开发关键技术与实践
卷 56	沁水盆地煤层气水平井开采技术及实践
卷 57	鄂尔多斯盆地东缘煤系非常规气勘探开发技术与实践
卷 58	煤矿区煤层气地面超前预抽理论与技术
卷 59	两淮矿区煤层气开发新技术
卷 60	鄂尔多斯盆地致密油与页岩油规模开发技术
卷 61	准噶尔盆地砂砾岩致密油藏开发理论技术与实践
卷 62	渤海湾盆地济阳坳陷致密油藏开发技术与实践

本卷·前言

我本人有幸参加了国家科技重大专项“大型油气田及煤层气开发”（2008—2020年）的研究工作。前八年，作为“海相碳酸盐岩大中型油气田分布规律及勘探评价”项目负责人主持了该项目的研究工作。在2015—2016年准备新一轮攻关项目论证时，我向组织推荐了一直配合我工作的项目首席何治亮教授级高工作为新一轮的项目负责人，组织相关攻关工作，得到组织认可。正在我准备把更多的精力投入到国家科技部“十三五”科技规划和国家能源局“十三五”能源规划时，时任中国石化党组成员、副总经理焦方正老领导找到我，让我牵头负责国家油气重大专项“中国典型盆地陆相页岩油勘探开发选区与目标评价”项目。对我个人来讲，这是学术方向的重大调整，从常规油气到非常规油气，从海相碳酸盐岩到陆相碎屑岩。我这块砖就这样被搬到了一个全新领域，面临的挑战可想而知。

诚然，对于页岩油来说，我并不是一无所知。2000年前后，美国在页岩气领域取得技术重大突破，2003—2005年我与地质大学张金川教授连续发文介绍美国页岩气勘探进展，2005—2006年美国在页岩油领域取得成功，随后，我多次在学术会议和油田讲座中介绍美国页岩油（致密油）的进展，是国内较早关注美国页岩油进展的科技工作者之一。2008—2009年我积极向中国石化党组建议开展页岩油的探索并被采纳。2013年我与黎茂稳博士组织了国内首届页岩油国际学术研讨会，十余个国家代表，300余人参会。2005年我与中国石化石油勘探开发研究院及中国石化石油工程技术研究院的同仁一道成功申报“页岩油气富集机理与有效开发”国家重点实验室，并任实验室主任，对我国页岩油的资源潜力，勘探开发中面临的问题有了一定了解。

我国陆相页岩油资源丰富，美国能源信息署（EIA）评价认为我国的页岩油预测技术可采资源量约为$44×10^8$t，位居世界第三位。中国石化石油勘探开发研究院初步估算结果显示，我国页岩油理论可动资源量约为$205×10^8$t，主要分布在松辽盆地、渤海湾盆地、准噶尔盆地、鄂尔多斯盆地、四川盆地等。我国20世纪60年代便在松辽、渤海湾、柴达木、吐哈、酒西、江汉、南襄、苏北及四川盆地等地常规油气勘探中，于页岩层系发现了页岩油资源，但除了对少数裂缝型油藏进行开采以外，并未将其作为开发对象加以重视。美国页岩革命的成功给我国页岩油勘探开发带来了重要启示。中国石油、中国石化等公司2010年开始在国内开展页岩油勘探开发相关研究和部署。中国石化至“十三五”末陆相页岩油勘探开发历经了三个阶段。第一阶段（2010年以前）：“常规石油”兼探阶段，在松辽、渤海湾、江汉、苏北等地进行常规油气勘探的过程中，在泥页岩地层中见到了丰富的油气显示，多口井获得工业油气流；第二阶段（2010—2014年）：老井复查与测试、部署勘探井探索阶段，胜利油田、河南油田、中原油田40余口井在泥页岩发育段获工业油气流。胜利油田部署了樊页1井、牛页1井、利页1井共3口专探井，但产量低，不具备商业价值，页岩油勘探进入低谷期；第三阶段（2015—2020年）：在国家页岩油“973计划”项目和油气重大专项项目支持下，全力开展技术攻关、基础研究，重新部署探井，在渤海湾、江汉、苏北、四川等地相继获得勘探突破，打出了以樊页平1井、义页平1井、沙垛1井为代表的一批高产井。

“十二五”末期，我国陆相页岩油勘探开发尚处于起步阶段，虽然有专探井见油，但单井产量低，经济效益差，系列技术难题急需攻关研究。陆相页岩油赋存机理认识不清，评价手段亟待完善；陆相页岩油储层流动机理不清，有效动用条件不明；陆相页岩油“甜点”要素不明，预测技术尚未建立；陆相页岩油储层压裂困难，难以形成有效支撑缝网；陆相页岩油黏度较高等因素导致流动能力差，采出困难；井深、异常高压、储层强敏感、盐间储层失稳等带来系列工程问题。为加快陆相页岩油勘探开发核心技术突破，国家专门在“十三五”油气重大专项中设立了项目“中国典型盆地陆相页岩油勘探开发选区与目标评价”，项目负责人是我本人，首席科学家为苏建政，项目办公室主任由牛骏兼任。项目设立了6个课题：课题一，中国陆相页岩油资源潜力与地质评价研究，负责人李志明；课题二，陆相页岩油“甜点”地球物理识别与预测方法，负责人刘喜武；课题三，陆相页岩油流动机理及开采关键技术研究，负责人牛骏；课题四，济阳坳陷页岩油勘探开发目标评价，负责人张守鹏；课题五，潜江与泌阳凹陷页岩油勘探开发目标评价，负责人郑有恒；课题六，中西部盆地页岩油勘探开发目标评价，负责人刘传喜。项目研究内容设置与队伍组建上，实现了地质工程一体化，产学研相结合。项目研究单位包括：中国石化石油勘探开发研究院、中国石化胜利油田分公司、中国石化江汉油田分公司、中国石化河南油田分公司、中国石化华东油气分公司、中国石化江苏油田分公司、中国石化华北油气分公司、中国石化西南油气分公司、中国石化石油化工科学研究院、北京大学、中国矿业大学（北京）、中国石油大学（北京、华东）、中国地质大学（北京）、重庆大学、吉林大学、长江大学、成都理工大学，有上百位科研人员参加了研究。

经过四年研究，在地质评价方法与工程技术等方面取得了重要进展，概述起来有如下 5 个方面：（1）研制了系列基础实验仪器和装置，形成了实验方法和技术规范，大幅度提升了基础数据的准确性，为页岩油资源量计算和可动性评价等奠定了基础；（2）深化了陆相页岩油赋存富集机理认识，找到了优质资源和能够有效开发的“甜点段”，实现了勘探大突破，为国家制定页岩油发展战略提供了有效支持；（3）明确了陆相页岩油微观流动机理，定量表征了不同矿物原油吸附能力，提出了流体置换、压注驱采的方法，为有效动用陆相页岩油提供了理论依据；（4）深化了陆相页岩油缝控压裂裂缝形态认识，提出了三维协同增效密集缝网构建方法，形成了中高成熟度页岩油井有效压裂技术，大幅度提高了页岩油井产量；（5）探索了中低成熟度页岩油井加热及化学方法改善流动性机理，初步认识了热裂解反应规律，研制了流动性改进剂，室内验证了加热及化学方法的可行性。相关研究成果和现场试验效果有力支撑了中国石化陆相页岩油 6 个亿吨级有利区带、28 个有利勘探目标优选，以及重点探区页岩油资源潜力与分布规律认识，促进了中国石化进一步加大勘探开发力度。希望能够为我国其他地区陆相页岩油勘探开发提供参考。项目于 2021 年 6 月通过最终验收，获“优秀”评价。

本书是在上述项目、课题成果报告基础上凝练而成的。本书共分六章，第一章：中国陆相页岩油资源潜力与地质评价，由李志明、蒋启贵、钱门辉、曹婷婷、李浩等编写；第二章：陆相页岩油“甜点”地球物理识别与预测方法，由刘喜武、张金强、刘宇巍、路菁、刘炯等编写；第三章：陆相页岩油流动机理及开采关键技术，由牛骏、苏建政、崔茂蕾、沈云琦、周彤、王益维等编写；第四章：济阳坳陷页岩油勘探开发目标评价及现场实践，由张守鹏、刘惠民、王敏、陆永潮、李政等编写；第五章：潜江凹陷与泌阳凹陷页岩油勘探开发目标评价及现场实践，由郑有恒、陈祥、陈凤玲、吴世强、章新文、钟庆良等编写；第六章：中西部盆地页岩油勘探开发目标评价及现场实践，由刘传喜、夏冬冬、秦学杰、王翔、李凤霞、苏玉亮等编写。油气勘探开发是一项复杂的系统工程，诸多相关专家、研究人员参与了大量研究及现场实践工作，为本书提供了丰富的成果资料，不能全部列出，在此表示衷心感谢！项目聘请了多位学术顾问和课题跟踪专家，黎茂稳、董宁、孙冬胜、刘惠民、易积正、计秉玉、石在虹、王海波等多位专家与项目组成员一起，在研究内容部署、技术路线完善和项目质量把关方面发挥了重要作用；国家油气重大专项总地质师贾承造院士及办公室多位专家给予了热情指导与帮助；中国石化原党组成员、副总经理焦方正，以及中国石化科技部、油田部、勘探开发研究院、相关油田领导从组织实施和实物工作量投入给予了保障。笔者对上述领导、专家和学者表示诚挚敬意与感谢！

由于编写者水平有限，书中难免存在不足之处，敬请广大读者批评指正。

中国科学院院士　金之钧

2023 年 8 月

目 录

第一章　中国陆相页岩油资源潜力与地质评价

中国陆相沉积盆地富有机质泥页岩分布层系多、范围广，不仅形成了丰富的常规油气资源，而且烃源岩层系中也蕴藏着巨大的页岩油气资源。在建立陆相页岩油实验地质评价技术系列的基础上，形成了陆相页岩含油性与可动性动力学表征方法，对重点探区页岩油赋存机理与富集主控因素进行了剖析，落实了重点探区陆相页岩油资源潜力、有利勘探区带与目标，为实现陆相页岩油突破，保障中国经济社会可持续发展，稳定中国传统石油工业基地提供基础。

第一节　陆相页岩油实验地质评价技术

国内外对陆相页岩油仅有少量工业实践，基础研究工作缺乏，针对陆相页岩含油性与赋存方式等的表征技术方法基本为空白。陆相页岩沉积和成岩的非均质性，导致有机质成烃演化差异性及页岩油赋存方式多样性和复杂性，使页岩油赋存机制与控制因素不明，对页岩含油性与赋存方式表征的技术方法提出了更高的要求。针对中国陆相页岩地质特点，制订了页岩油探井现场地质采样规范和实验分析流程，创制了现场地质评价专用设备，建立了页岩含油性、页岩油赋存状态与页岩储集物性表征实验技术系列，有效支撑了页岩油探井含油气性与储集物性评价。

一、陆相页岩油探井现场岩心取样规范与分析流程

页岩岩心是开展页岩油地质评价必须要获取的基础资料。利用页岩岩心开展含油性、储集性、可动性等一系列实验分析，能为页岩油勘探地质评价提供关键参数。同时，页岩岩心具有非均质性强、轻质烃易散失等特点，勘探钻井现场岩心出筒后的处置方式对页岩含油性及页岩油的可动性的评价结果具有重大影响。因此，有必要根据现场地质评价需求，规范岩心处置、样品布局、采集流程，规划现场测试与室内分析项目的衔接。

1. 现场实验样品处置流程

北美页岩油勘探开发揭示，能有效开发的页岩油主要是轻质油，其特点是挥发性强。为保证含油性评价更为真实，对出筒岩心的保存管理有严格要求，尤其是保存温度。针对页岩油岩心保存、取样和制样等管理，中国还没有制定相应的标准规范。

在页岩油探井／兼探井取心段现场含油气性等测试评价支撑过程中，结合现场工作实际，逐步建立了一套从岩心出筒到入库，再到取样、制样、保存的工作流程（图 1–1–1）。

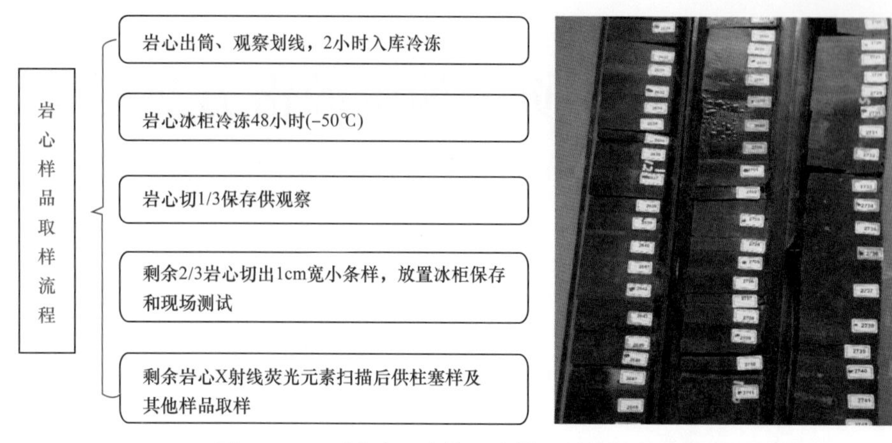

图 1–1–1　页岩岩心出筒、取样、制样保存流程

出筒岩心进行必要的处理、观察、划线编录和现场典型岩性岩相逸散气收集后，及时放置到超低温冰柜冷冻（冷冻温度建议为 –50℃）保存，冰柜冷冻 48 小时再进行岩心切割，以避免轻质油的挥发损失等。因探井岩心一般要留存一部分供长期观察使用，故岩心冷冻 48 小时可以进行岩心剖切，切出 1/3 岩心进行岩心白光、荧光和自然伽马能谱扫描后妥善保存；剩余的 2/3 岩心再在侧边剖切出 1cm 的小条，保证小条样所在岩心位置不变，切好后的岩心送回样品处理间，研究人员在岩心描述基础上进行编号，并根据编号将小条样装入样品袋，并放回超低温冰柜保存。剩余岩心进行 X 射线荧光元素等扫描测试后，供其他科研人员（地质、工程）进行观察、各类室内分析样品的选取与采集等。

2. 现场实验测试流程

页岩油勘探快速地质评价重点关注页岩储集性、含油性及页岩油可动性。因此现场实验必须考虑下列参数的获取，包括页岩储集物性、脆性矿物含量、有机碳含量、热演化程度、页岩含油性、页岩油赋存形式和可动性等。表 1–1–1 是根据现场地质评价需求结合实验仪器技术特点拟定的现场实验项目。在此基础上，设计了一整套现场实验项目布局和分析流程规范（图 1–1–2），用以保障实验数据的一致性，以满足页岩油勘探快速地质评价需求。

页岩油勘探现场岩心出筒后，需采取必要方法开展岩石逸散气收集及组分定量分析；对于剖切后的非冷冻观察取样岩心首先按一定间距并结合岩性变化进行 XRF 元素扫描、γ 扫描测试，测试后的岩心再进行孔隙度、渗透率等取样和测试；岩心冷冻剖切后放入冷柜中的小条样重点进行含油性与不同赋存状态油的定量分析。由于三维定量荧光样品测试速度快，适合批量分析。因此，先对小条样进行三维定量荧光快速评价页岩含油性，在此分析基础上筛选重点层段再进行冷冻热解分析和多温阶热解分析，获取页岩含油量、有机碳含量、成熟度，定量表征不同赋存状态页岩油的含量。

三维定量荧光分析后的萃取液，经过充填有氧化铝移液管简单过滤，不需进一步分离，可以直接进行组分分析，剖析页岩游离油烃组分和生物标志物特征。三维定量荧光分析的固体残渣经挥发后可再进行物性分析，以开展洗油前后储集物性的变化对比；开展热解分析，比较溶剂萃取前后热解参数的变化，为研究页岩有机质丰度、含油性及成熟度提供科学依据。热解分析后的剩余粉末样烘干后再进行 XRD 矿物成分分析。

表 1-1-1 页岩油勘探快速地质评价实验项目

地质评价	分析项目	实验结果	实验目的
物性	孔隙度	孔隙度	储集空间分析
	渗透率	渗透率	流体渗流能力分析
	页岩洗油	样品制备、洗油组分	流体赋存空间分析
岩性	X 射线衍射（XRD）矿物	矿物成分	岩性、沉积环境、岩石可压性
	X 射线荧光（XRF）元素	元素成分	岩性、沉积环境、岩石可压性
含油性与页岩油可动性	三维定量荧光	岩石含油率	含油性、油质判示、热解样品优选
	岩石热解	S_1、S_2、TOC、T_{max} 等	岩石含油率、有机质丰度、成熟度
	多温阶热释烃	S_{1-1}、S_{1-2}、S_{2-1}、S_{2-2}	页岩油赋存状态及可动性分析
	游离油色谱质谱	生物标志物	滞留油原生性或运移油判识
	岩石逸散气色谱	气体组分、轻质烃	页岩油可动性分析

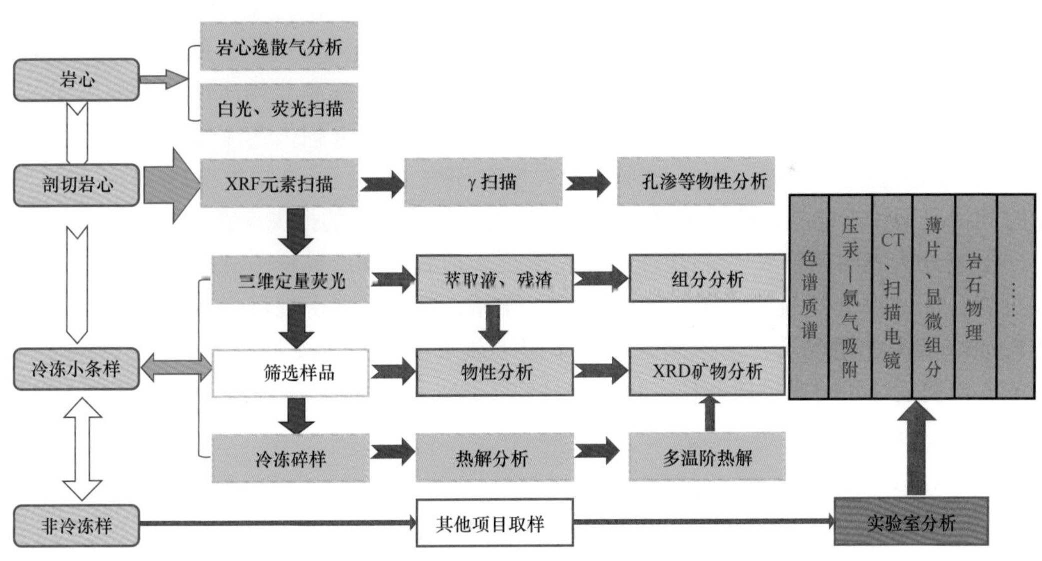

图 1-1-2 页岩油快速地质评价实验测试流程

在现场实验分析的基础上，针对非冷冻的取样分析岩心进行规划取样，并送至实验室进行室内分析，包括显微组分鉴定、压汞—氮气吸附测试、薄片观察、扫描电镜分析、岩石物理实验等。

二、陆相页岩含油性评价技术

用于表征页岩油含量的研究方法主要有热解 S_1 法和氯仿沥青“A”法，两种方法都不能准确的表征页岩含油性（郎东升，1996；Jarvie，2012；张林晔，2012；宋国奇，2013）。页岩体系中既有滞留烃又有干酪根有机质，传统热解方法基于国标 GB/T 18602—2012，采用常温开放条件粉碎的样品，按照程序升温方式热解，在 300℃恒温 3min 获取 S_1，然后以升温速率为 25℃ /min 升温至 600℃获取 S_2，并再进行氧化实验计算获取 TOC 等测试参数，一般将热解 S_1 表征为岩石残留烃量，是已经生成的油，热解 S_2 表征干酪根生烃潜量。然而该标准主要服务于烃源岩评价需求，质量控制参数主要是热解 S_2 和 T_{max}，而对页岩油关注的热解 S_1 参数国标并没有质量要求，同时传统热解法没有考虑到样品前处理过程中游离烃轻质组分的散失（Jarvie et al.，1984；Bordenave，1993；薛海涛，2016；李进步，2016）。另外，氯仿沥青“A”的制备过程中受溶剂本身的性质及溶剂挥发过程中轻质烃的损失，得到的并不是页岩油的总量。

该技术在充分考虑影响热解 S_1 的影响因素（包括样品的保存、碎样方式等）基础上，构建页岩样品冷藏保存及取样规范，采用冷冻碎样仪，确保样品在液氮保护下进行密闭粉碎，通过优化传统岩石热解升温程序，建立页岩含油性密闭冷冻热解分析方法，以获取页岩层系更为准确的页岩油量，为页岩油可动性及资源评价研究提供有效参数。

1. 页岩样品规范超低温冷冻保存

岩心出筒后，受压力降低及温度的影响，赋存于页岩裂缝及大孔隙中的可动性最好的轻质组分会发生快速的散失。对比实验分析结果（图 1-1-3）揭示：随着放置时间的增加，室温条件下块状样品的热解参数 S_1 有明显的损失，因样品非均质性的影响，样品的 S_1 的损失速率差异较大，但总体来说样品放置的前 6 小时 S_1 损失速率较高，之后逐渐趋于平缓，从实验样本来看，54 小时平均损失率在 38% 左右，最高损失率达 70%；相同放置时间情况下粉末样品含油量越高，损失量越大，平均一周的损失率在 1/3 左右。

上述分析表明热解 S_1 受到块样（或粉末样）放置时间、碎样方式的严重影响，故建议页岩含油性评价样品须选用新鲜钻井岩心样品，同时在平衡现场工作及最大限度地防止轻质烃散失的情况下，须控制岩心在室温下放置的时间，按照现场工作的规定流程，在岩心出筒后 2 小时内完成归位、划线、标定工作，而后直接进行超低温（建议 -50℃以下）冷冻保存。

2. 页岩样品密闭冷冻粉碎制备

常规岩石热解实验中前处理要求将岩石样品破碎至 100 目粉末，这种常温开放的制备条件以及样品粉碎过程中的摩擦生热都会造成页岩样品中轻质烃组分的挥发损失。为避免岩石粉碎过程中轻质烃组分的挥发损失，设计了液氮冷冻密闭碎样方式，保证样品在密闭的空间在液氮超低温（-190℃）保护下进行粉碎。为了对比分析，选取同样一块样品开展常规碎样方式制备粉末样品，对得到的粉末样品分别进行岩石热解分析

（图 1-1-4）。对比结果显示常规碎样制备方式都造成了热解参数 S_1 不同程度的损失，排除样品非均质性的差异，常规碎样由于热效率造成的 S_1 损失平均为 30% 左右。

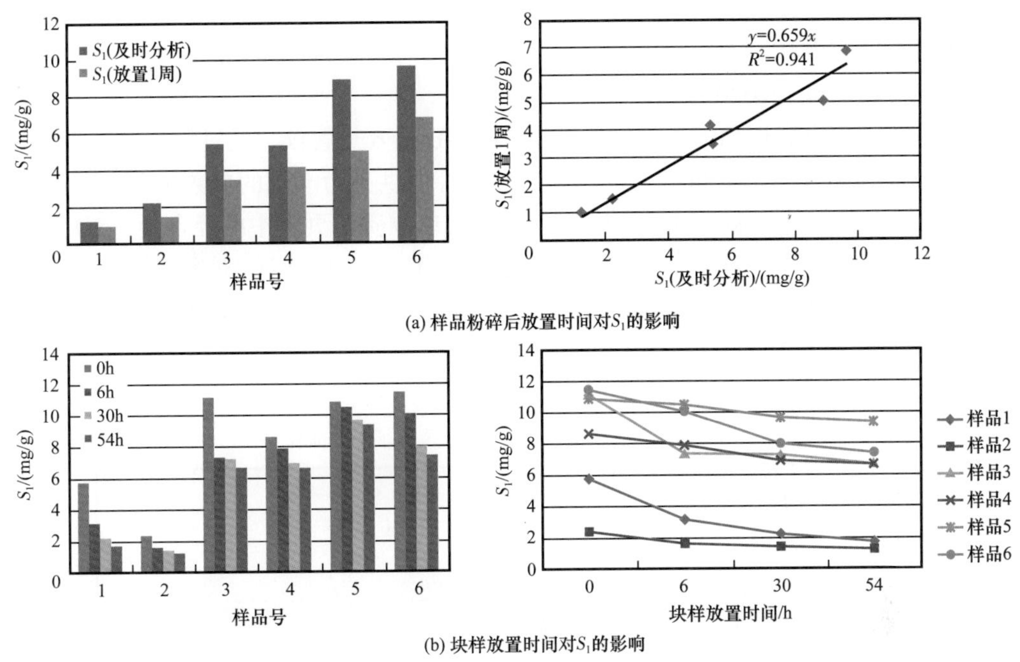

图 1-1-3 块样 / 粉末样样品放置时间对页岩热解参数 S_1 的影响

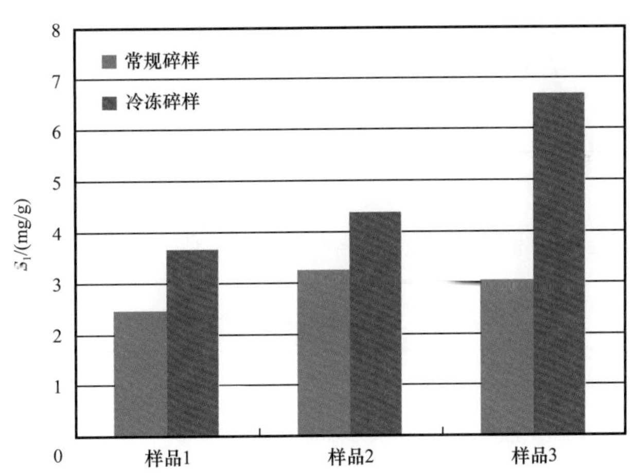

图 1-1-4 常规碎样与密闭冷冻碎样热解参数 S_1 对比

3. 优化岩石热解升温程序、确定热释烃参数表征含义

研究表明，热解 S_1 并不是游离油的全部，热解 S_2 不完全是干酪根生烃潜量，S_2 中既有少量的游离油又包括吸附油（Jarvie et al.，1984；Peters，1986；Delvaux et al.，1990；Jarvie，2012）。为此，有的学者对热解标准升温程序进行了修改，以便更合理地评估页岩中的游离油、吸附油和残余干酪根生油量（Jarvie et al.，1984；Jones et al.，2007；

Romero-Sarmiento et al.，2014）。在这个过程中，有的学者发现页岩样品全岩热解图在200～350℃时会出现肩峰，而溶剂提取后的岩石热解结果显示这部分肩峰消失，并出现S_2明显降低的现象（Abram，2017）；在利用核磁共振T_2谱图对页岩样品中不同赋存状态烃类含量分析时也发现，岩石热解程序升温至350℃时，页岩样品中游离烃信号出现急剧下降的特点（Li et al.，2020）。

为了准确评价页岩样品的含油性，利用Rock-Eval 6热解仪，通过设定页岩热解的升温程序，开展样品含油量分析，为页岩含油性评价提供更为准确的参数（图1-1-5）。即程序升温至350℃，并恒温3min，将350℃检测的单位质量页岩中的烃含量（S_f）定义为以游离态赋存于页岩中的油；然后以升温速率为25℃/min升温至650℃并恒温1min，将在350～650℃期间检测的单位质量页岩中的烃含量（S_p）定义为页岩束缚油量与残余干酪根生烃量（表1-1-2）。

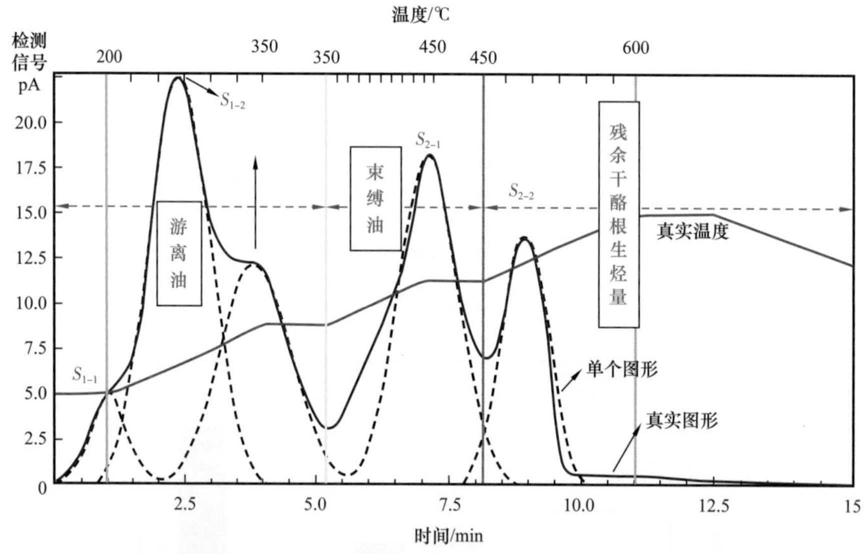

图1-1-5 页岩岩心样品原始游离油含量评价热释法升温谱图

表1-1-2 页岩含油量热解分析方法

参数符号	定义	单位
S_f	页岩游离油含量，即350℃检测的单位质量页岩中的烃含量	mg/g
S_p	页岩束缚油量与残余干酪根生烃量之和，即350℃至600℃或650℃检测的单位质量页岩中的烃含量	mg/g
S_{oc}	有机二氧化碳含量与有机一氧化碳含量之和，即单位质量页岩有机二氧化碳含量（400℃以前）和有机一氧化碳含量（500℃以前）	mg/g
S_r	残余有机碳含量，即单位质量页岩热解后的残余有机碳含量	mg/g
T_{max}	最高热解峰温度，即S_p峰的最高点相对应的温度	℃

三、陆相页岩中游离油和束缚油快速表征技术

页岩油主要有游离态和吸附—互溶态两种赋存形式（张金川，2012；邹才能，2013）。游离态页岩油主要赋存于裂缝及孔隙中；而吸附—互溶态页岩油主要有矿物表面吸附及干酪根吸附—互溶两种类型，其中干酪根吸附—互溶又包括干酪根表面吸附、页岩油与干酪根的非共价键吸附以及有机大分子的包络互溶等形式。由于对页岩油产能做贡献的主要是游离态的油，因此，定量表征页岩层系中不同赋存状态的页岩油、研究不同赋存态页岩油与周缘介质的关系，对页岩油勘探开发具有重要意义。

不同赋存状态页岩油的定量研究方法有两类：溶剂分步萃取法、加热释放法。溶剂分布萃取法的原理是利用不同赋存状态页岩油的赋存空间及其分子极性的差异性，采用适当溶剂进行块样和粉末样分别萃取获取，游离态页岩油由于赋存的空间相对较大，因而其与溶剂的接触能力较强容易被萃取出，而赋存在微孔中的以及干酪根大分子包络的页岩油，由于与溶剂接触能力受限难于被萃取出；另外，游离态页岩油一般分子极性较小容易被萃取出来，而吸附态的页岩油一般分子极性较大相对不易被萃取，因而可以选择不同极性的溶剂通过不同的萃取方法来研究页岩油的赋存状态及组分。加热释放法的原理在于不同赋存状态的页岩油具有不同的分子热挥发能力，赋存在裂缝及大孔隙中的页岩油相对微孔中的油容易热释出来，小分子的化合物相对大分子的化合物容易热释出来，游离态的化合物相对吸附态的化合物更容易热释出来。

陆相页岩中游离油和束缚油快速表征技术利用 Rock–Eval 热解仪进行不同条件的热解实验，设置相关温度段进行热解色谱分析，剖析样品页岩油组分特征，并对溶剂萃取前后样品进行热释烃分析，研究其滞留烃变化特征，综合分析确定其热释烃参数的表征含义。在此基础上获取页岩体系中游离态页岩油量与吸附态页岩油量，为页岩油富集机理、页岩油资源评价与可动性研究提供实用的实验技术。

1. 页岩不同温度段热释烃组分特征

利用 Rock–Eval 6 热解仪对页岩样品进行了恒速（1℃ /min、25℃ /min）升温（从 100℃升至 650℃）速率的热释烃分析，得到了相同的分析结果（图 1–1–6），即常规热解的 2 个峰（S_1、S_2）图谱演变成了 3 个峰，第一个峰在 100～200℃之间，第二个峰在 200～350℃之间，第三个峰在 350～650℃之间。

在此基础上，采用 6 个热解温度段（200℃恒温 1min、200～275℃、275～350℃、350～400℃、400～450℃、450～600℃），以 25℃ /min 的恒速升温模式，进行了不同温度段的热解色谱分析。色谱图（图 1–1–7）显示：200℃热解组分主峰碳为 C_{16}，主要为轻质烃类物质；200～275℃热解组分主峰碳为 C_{19}，显示出轻质油的特征；275～350℃热解组分主峰碳为 C_{25}，和一般陆相原油色谱特征相似；而 350～400℃热解组分的高碳数烃含量相对很高，同时出现了少量烯烃，湿气和轻质烃含量明显增加，没有甲烷出现，说明这个温度段的组分主要为胶质沥青质及高分子烃类物质，主要呈吸附态，胶质沥青质热解生成了轻质烃和湿气；400～450℃热解组分的高碳数烃组分相对减少，同时出现大量烯

烃、轻质烃及湿气，是胶质沥青质热解产物，未检测到甲烷；450～600℃的热解色谱是干酪根热降解生烃特征，出现大量甲烷、湿气、轻质烃、正构烷烃和烯烃。

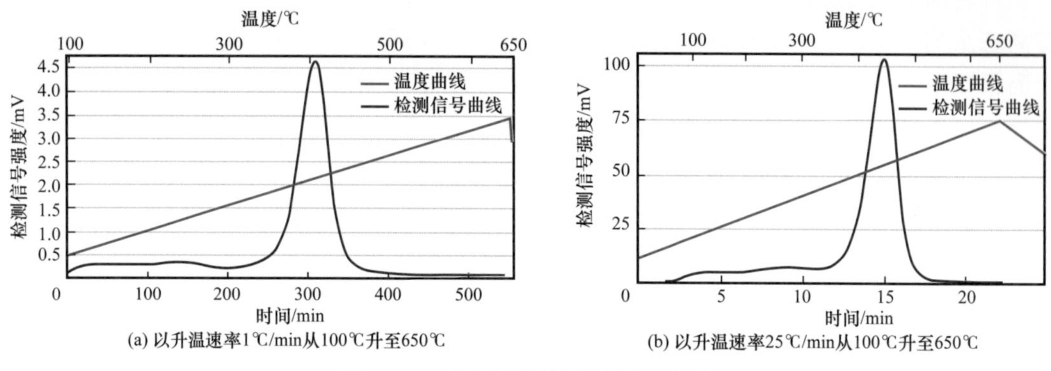

(a) 以升温速率1℃/min从100℃升至650℃　(b) 以升温速率25℃/min从100℃升至650℃

图 1-1-6　页岩热释烃恒速升温实验

2. 热释烃分析方法的建立和二氯甲烷萃取前后热释烃对比分析

在上述实验基础上，对 Rock-Eval 6 热解仪分析方法进行改进，建立页岩样品热释烃分析方法（表 1-1-3）：在 200℃恒温 1min 测试 S_{f-1}，然后以升温速率为 25℃ /min 升温至 350℃并恒温 1min 测试 S_{f-2}，再以升温速率为 25℃ /min 升温至 450℃并恒温 1min 测试 S_{f-1}，最后再以升温速率为 25℃ /min 升温至 600℃测试 S_{f-2}。

表 1-1-3　页岩中不同赋存状态烃类含量热解分析方法

参数符号	定义	单位
S_{f-1}	轻质游离油，即 200℃检测的单位质量岩石中的烃含量	mg/g
S_{f-2}	轻中质游离油，即 200～350℃检测的单位质量岩石中的烃含量	mg/g
S_{p-1}	束缚油，即 350～450℃检测的单位质量岩石中的烃含量	mg/g
S_{p-2}	残余干酪根生油量，即 450℃至 600℃或 650℃检测的单位质量岩石中的烃含量	mg/g

为剖析不同温度段热释烃的地质表征含义，对泥页岩样品进行了二氯甲烷萃取前后的热释烃分析。从表 1-1-4 可以看出，萃取后热释烃 S_{f-1} 和 S_{f-2} 残留量极少，S_{f-1} 大部分被萃取出，同时发现 S_{f-2} 有极少部分也被萃取出。对济阳坳陷 S_{f-1} 大于 0.2mg/g 的 36 个样品进行统计分析表明，其残留率（萃取后 / 萃取前，%）S_{f-1} 为 3.96%、S_{f-2} 为 4.11%、S_{p-1} 为 49.49%、S_{p-2} 为 80.45%。从对比分析结果可以判断，S_{f-1} 和 S_{f-2} 主要是游离态的非极性和极性较弱的化合物，S_{p-1} 主要是重质烃和极性较强的胶质沥青质吸附态物质，而 S_{p-2} 主要是干酪根热解生烃组分。由于二氯甲烷溶剂极性相对较弱，其对于极性较强的胶质沥青质溶出能力有限，所以样品萃取后热释烃 S_{p-1} 还有相当部分的残留；同时在热释烃 S_{p-2} 组分中还包括少量的高蜡烃，二氯甲烷萃取时部分高蜡烃也被溶出，从而造成萃取后 S_{p-2} 分析结果比萃取前分析结果稍有减少。

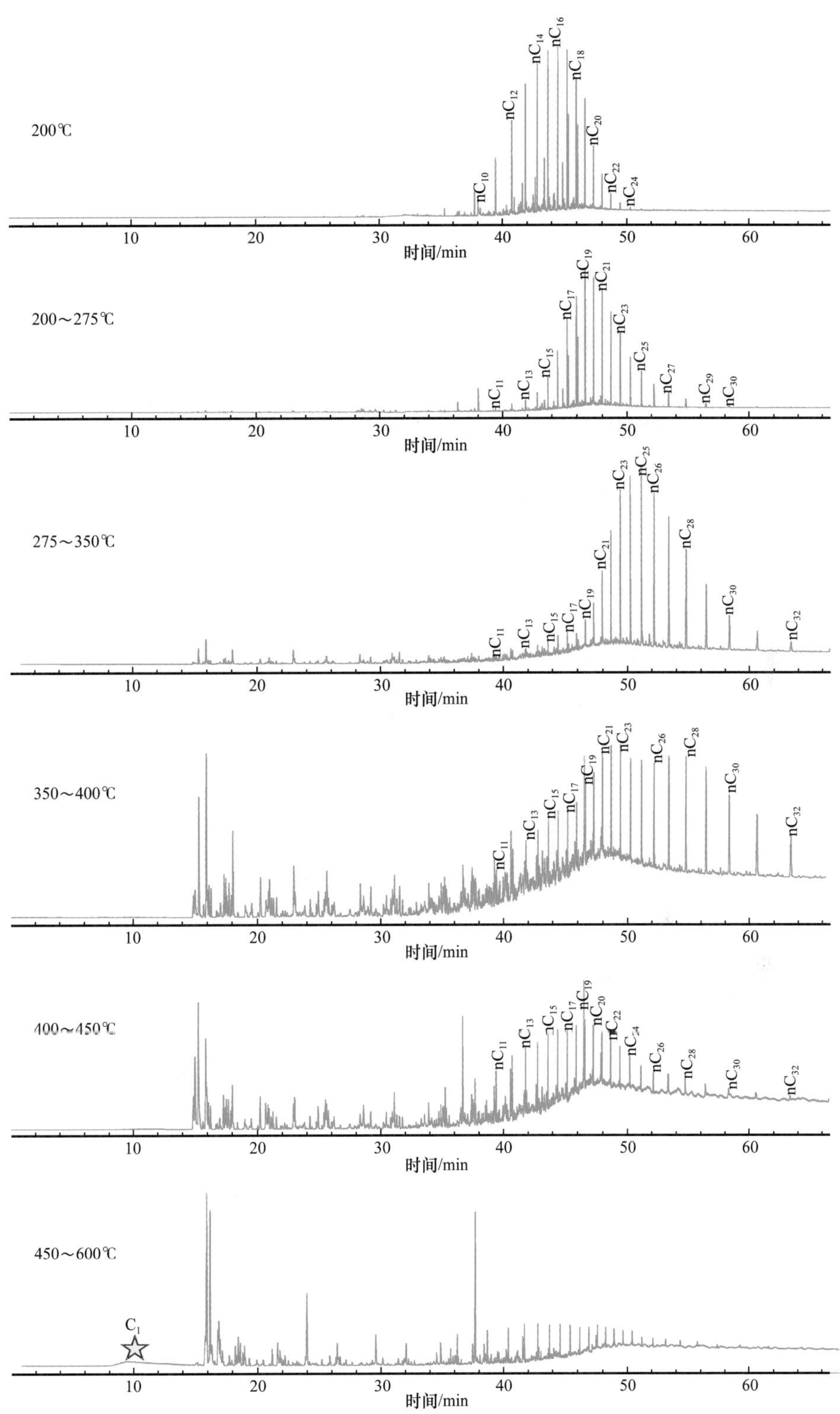

图 1-1-7　页岩不同温度区间的热解色谱分析

表 1-1-4 济阳坳陷 FY1-19 二氯甲烷萃取前后热释烃分析

项目	S_{f-1}	S_{f-2}	S_{p-1}	S_{p-2}
原始样 /（mg/g）	0.21	3.46	2.16	2.11
萃取样 /（mg/g）	0	0.06	0.75	1.82
残留率 /%	0	1.73	34.72	86.26

3. 热释烃参数地球化学表征意义

建立的不同赋存状态页岩油定量表征方法与邬立言等（2000）建立的储集岩热解方法在实验程序方面区别不明显，但针对页岩油研究样品开发的此种方法其分析参数的地球化学表征意义与储集岩热解方法有明显不同。对页岩油研究而言，页岩体系中既有滞留油又有干酪根，在实验温度条件下与常规储层存在的最大差别，一是干酪根束缚烃脱附，二是干酪根热解生烃。通过对不同温度段热释烃组分热解色谱分析和二氯甲烷萃取前后热释烃对比分析结果综合研究，可以看出：热释烃 S_{f-1} 主要成分为轻质油组分，S_{f-2} 主要成分为轻—中质油组分，S_{p-1} 主要成分为重质烃、胶质沥青质组分，而 S_{p-2} 主要是页岩中干酪根热解再生烃。因此，在页岩油研究中，S_{f-1} 与 S_{f-2} 之和表征了页岩中游离态油量，S_{f-1} 由于是轻质油，反映了现实可动油量，而 S_{f-1} 与 S_{f-2} 之和反映了最大可动油量；参数 S_{p-1} 主要表征了页岩中吸附态油量（含重质烃与干酪根互溶烃），参数 S_{p-2} 主要表征了页岩中干酪根的剩余生烃潜力。S_{f-1}、S_{f-2} 和 S_{p-1} 之和表征页岩总油量。济阳坳陷部分样品的热释烃分析与氯仿沥青“A”分析结果表明：S_{f-1}、S_{f-2} 和 S_{p-1} 之和与氯仿沥青“A”基本相当，而热解 S_1 明显低于氯仿沥青“A”，也说明了本方法解释方案的合理性。

四、陆相页岩储集物性表征技术

孔隙度、渗透率是页岩储集物性评价的关键参数。陆相页岩矿物组成、结构、构造非均质性，成岩作用弱，尤其是纹层状、层状页岩难于快速制备规则柱塞样，而采用的线切割制样技术效率很低，无法及时提供批量的柱塞样品，不能满足陆相页岩孔隙度与渗透率表征评价需求。

1. 岩样总体积测定技术与不规则样品孔隙度表征

针对存在的问题，利用具有自主知识产权的专利技术［一种岩样总体积变密度测定装置及方法（201310169226X）、一种岩样体积测定仪（2017201191397）、一种液体中岩样称重装置及方法（2018104715868）、岩样总体积测定装置及方法（2018114290188）］，研制了岩石样品总体积测定系统（图 1-1-8），建立了变密度法岩石总体积测定技术，有效解决了不规则页岩样品总体积的精确测定，为不规则页岩样品孔隙度表征提供了保障。

图 1-1-8 岩石样品总体积测定系统（二代）实物照片

该测定系统主要由磁场发生器、液体容器、样品框、称重装置、可调电源及计算机组成。系统的原理和工作过程为：将岩样放置于测量介质（液体）中之后，通过重力—浮力—磁力耦合效应改变液体的密度，获取多组岩样在不同密度下的重量信息，依据阿基米德定律计算岩样的总体积。

该系统具有以下功能：（1）多种形态（柱塞、块状、颗粒）岩样总体积测定；（2）岩石样品块密度、颗粒密度测定（计算）；（3）基于双密度法的岩样孔隙度测定（计算）。

该系统主要性能和技术参数：（1）可任选磁流体、水、乙醇、煤油等液体作为测量介质，对样品形态无限制性要求，可以满足多种测试需求；（2）样品测试周期短，用时30～180s 即可完成测试；（3）岩样总体积测试平均相对误差 0.5%，孔隙度绝对误差小于 0.5%。

岩石样品总体积测定系统，有效规避了现用浮力法中人工擦除岩样表面流体的环节，实现了岩样总体积测定全过程的自动化和高精度测定；克服了现有技术对岩样限定条件多的不足，可满足多种形态（柱塞、块状、碎块状、颗粒状）岩样测定需求，具有广泛的适用性。该系统的研发，为岩样总体积测定提供了一款专用设备，实现了岩样总体积测定的自动化，减小测定过程中的人为误差。岩石样品总体积测定系统研发成功以来，已经累计完成 10 口页岩油探井取心段 1300 多件岩样的孔隙度测试，并以其特有的测试速度快、对样品形态限制性要求低、测试精度高的技术优势，为页岩样品孔隙度表征提供了有效技术支持。

2. 页岩样品渗透率表征技术

常规油气储层的渗透率测试一般采用稳态法，即在岩石的一端加载固定压力的气体，当气体匀速通过岩石样品到达另一端时，检测单位时间内通过的流体流量，计算得到岩石在该方向上的渗透率。但由于页岩储层的渗透率通常很低，采用传统方法产生的误差非常大且效率很低，因此页岩渗透率测试一般采用脉冲衰减法。脉冲衰减法测定渗透率就是通过测试岩样在非稳态渗流过程中孔隙压力随时间的衰减数据，并结合相应的数学模型和边界条件来获取其渗透率。与常规渗透率测定方法相比，脉冲衰减法并不测定流体流速，仅需测定压力变化过程，具有更高的精确度和效率。根据测试方法和对样品要求的不同，可分为岩心柱脉冲衰减法和不规则样品（包括岩屑颗粒）脉冲衰减法。岩心柱脉冲衰减法渗透率测试样品需制成规则的圆柱，根据非稳态渗流的数学模型计算渗透率。岩屑脉冲衰减法即 GRI 法，弥补了需要规则圆柱样品的不足，通过气体形成压力脉冲及压力衰减，利用相应的数学处理方法获得岩样的渗透率。脉冲衰减法因理论完善，渗透率的测量范围广，近年来在国内外页岩气储层渗透率测量中得到了较广泛的应用。岩心柱脉冲衰减法的优点是精确度高，可加载不同的围压，可测定不同方向上的渗透率，缺点是需要规则的圆柱样品，制样较为困难；而不规则样品脉冲衰减法的样品制取简单，可以避免微裂缝的影响而获得基质渗透率的数值，但不能测定不同方向和不同围压下的渗透率。

五、陆相页岩孔隙连通性表征方法

针对陆相页岩中孔隙连通性的表征方法较少，研究方法主要有图像法和流体法两种。图像法主要是借助纳米 CT、聚焦离子束扫描电镜（FIB–SEM）等微观手段获得的图像来定量刻画连通孔隙区域。流体法是指通过向岩石中注入流体来分析其连通性。在前人工作的基础上，将流体法与图像法有机融合，建立了基于氯金酸钠流体吸入实验的陆相页岩连通性表征方法。氯金酸钠在加热条件下，容易分解生成三氯化金（$AuCl_3$）固体，而 $AuCl_3$ 在光照或 160℃条件下可以分解生成更加稳定的金，固体状态使得注入剂便于在 CT、扫描电镜下进行分析。另一方面，Au 是沉积岩石中的非常少见的元素，由于其原子序数高，因此在扫描电镜背散射图像中衬度很高，比黄铁矿（FeS_2）还要明亮，具有很好的辨识度。单个氯金酸钠分子的直径远小于 1nm，因此理论上通过自吸能够进入绝大部分的孔隙中。

该表征方法主要分为以下几个步骤：样品前处理、流体吸入实验、固化抛光和连通孔隙表征。

（1）样品前处理：利用取心设备将需要分析的样品制成直径 3mm 的柱塞样。在进行吸入实验之前先对样品中的孔隙特征进行分析。首先采用机械抛光设备对样品端面抛光，再利用氩离子抛光仪的平面抛光模式对样品的端面进行抛光处理。利用微米 CT 对样品进行扫描分析，记录其微裂缝发育情况；然后通过场发射扫描电镜对端面上的样品孔缝特征进行细致的观察，包括有机质孔隙发育情况和无机孔、缝发育情况等。随后将样品进行干燥以除去其中的水分。

（2）流体吸入实验：将样品放入密闭容器中，用真空泵抽真空 1 小时以上，目的是将样品中的空气抽出，便于流体更充分地进入孔隙中。用导管将密闭容器连接氯金酸钠溶液，使溶液在外部大气压力作用下吸入容器中，并浸没样品（图 1–1–9）。将样品静置浸泡 12 小时以上，使溶液能够充分进入页岩孔隙中。

（3）固化抛光：吸入实验完成后将样品取出，在烘箱中将样品烘干。氯金酸钠在加热条件下将转化为三氯化金（$AuCl_3$）或者单质金。由于表面会沉淀部分溶液物质，因此需要抛光去除。切割机、抛光机等设备需要有水的参与，容易使部分页岩中产生新的裂缝甚至破碎，同时水的存在也可能会改变金的初始分布状态。因此先用 2000 目的砂纸进行手动打磨抛光，然后使用氩离子抛光设备对样品的端面再次进行抛光，以除去样品表面黏附的金及金的化合物。

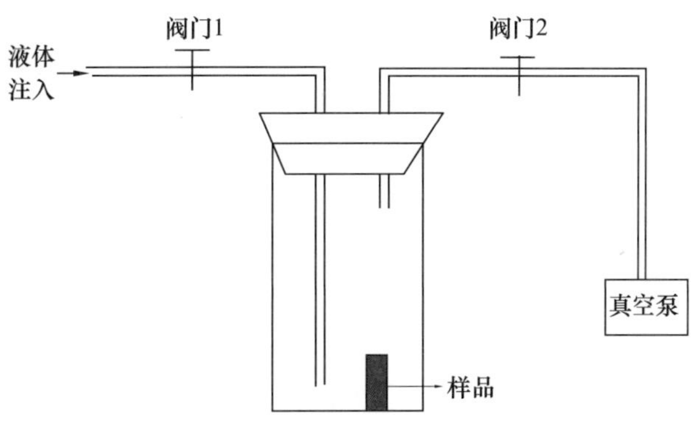

图 1–1–9 氯金酸钠流体注入装置示意图

（4）连通孔隙表征：用 CT 设备获得样品中充填的金（Au）的整体情况，然后采用高分辨率的扫描电镜分析样品的微纳米级别孔缝中 Au 及其化合物的分布特征（图 1–1–10）。表征结果为页岩矿物基质致密，孔隙连通性差，但沿纹层、层理缝、微裂缝等两侧 50μm 范围内，孔隙连通性好。因此，纹层、层理缝、微裂缝等的存在，可以为页岩层系内部烃类流动提供有效通道。

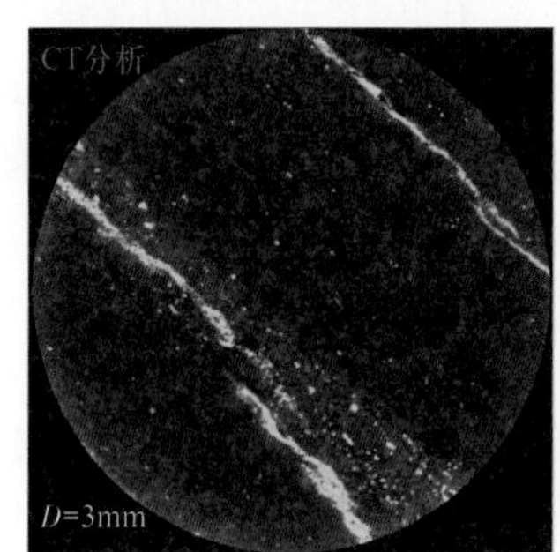

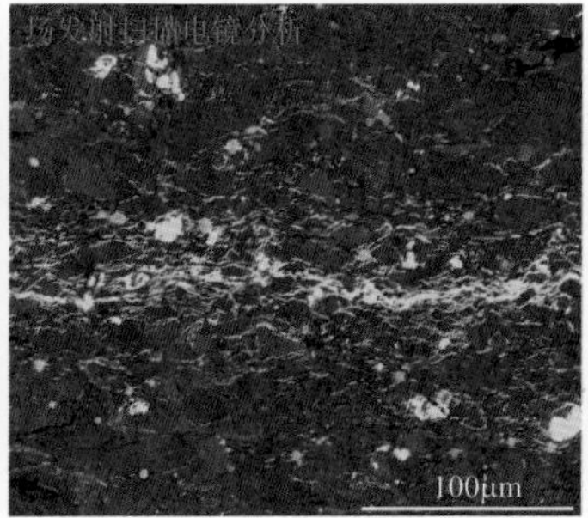

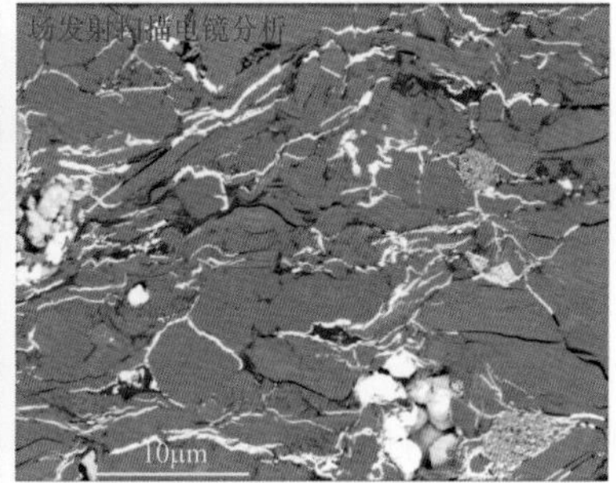

图 1–1–10 典型页岩样品孔隙连通性表征图像

第二节 陆相页岩含油性与可动性动力学表征方法

研究发现烃源岩生烃动力学参数的获取受热解速率的影响很小，升温速率高低或升温范围宽窄并不会对动力学计算结果产生系统性影响，颠覆了“升温速率越低，获得的生烃动力学参数越接近实际”的认识，提出可以用常规热解分析结果来计算生烃动力学参数。由此，形成了非均质页岩生烃动力学参数获取方法，建立了“单步”热解页岩总含油率计算方法，总结了基于生烃化学动力学的运移烃校正方法、基于常规热解的页岩中游离烃组成计算和可动性评价方法。

一、开放体系生烃动力学研究技术

开放体系岩石热解分析是含油气系统烃源岩评价中的一种经济、快捷、有效的常规手段（Behar F et al.，2001；Jarvie D M et al.，1984；Clementz D M，1979），也是页岩含油性评价的主要技术方法之一。近年来，在利用开放体系岩石热解技术进行含油性评价资料解释方面，中国石化石油勘探开发研究院无锡石油地质研究所与加拿大联邦地质调查局联合提出了基于生烃动力学模型的热解资料解释、无纲量成图等方法（Chen Z，2017；Li M et al.，2018），用热解曲线和动力学参数建立烃源岩非均质模型，以应对非均质页岩油储层资料解释中的居多难题。

传统的生烃动力学主要关注干酪根的热稳定性和随温度（时间）的转化特征（Burnham A K et al.，1999；Burnham A K，2017）。而相态动力学研究关注烃源岩初次裂解产生的流体组分演化过程（Di P R et al.，2000），以及二次裂解反应的产物、组分与烃类流体物理性质的演化（Kuhn P et al.，2012）。实际上，在进行开放体系岩石热解的过程中，页岩油分子热释过程遵循分子热分馏规律（Jiang Q et al.，2015），赋存在裂缝及大孔隙中的页岩油相对微孔中的页岩油容易热释出来、小分子的化合物相对大分子的化合物容易热释出来、游离态的化合物相对吸附态的化合物容易热释出来，其热挥发过程中的挥发速率和温度的关系同样满足阿伦尼乌斯方程（Penner et al.，1952），利用动力学参数可以描述该过程。另一方面，Ma Y 等（2017）通过研究发现，动力学参数的获取受热解速率的影响很小，这使得利用常规热解数据进行生烃动力学研究成为可能。在传统生烃动力学的基础上采用常规热解数据进行生烃动力学的研究，并直接用常规热解参数通过反演的方法求取烃源岩生烃动力学参数，可以解决传统动力学模型在非均质性明显的烃源岩体系中没有代表性以及传统方法无法对热演化程度较高的烃源岩求取动力学参数的困难。

二、非均质页岩生烃动力学参数获取方法

以往对页岩储层非均质性进行表征主要局限于储层物性（孔隙度、渗透率、矿物组成）和可压性（杨氏模量、泊松比等），而对页岩油资源强度（即含油性和可动性）重视不够。由于页岩烃源岩的非均质性直接影响页岩的含油性，烃类流体非均质性也应该是页岩油资源评价和“甜点”预测的重要环节。对于常规烃源岩地球化学数据解释方法，由于假定烃源岩具有特定的有机质类型和动力学行为，往往对烃源岩非均质性研究重视不够。例如，常采用最高热解峰温（T_{max}）作为热成熟度参数，但是非均质页岩中有机质类型多变，T_{max} 在很多情况下不一定能真实反映岩石的热成熟度，这是由于 T_{max} 既不是地温的物理量度也不是烃源岩经历过的地温的直接量度，它只是实验室热解过程中干酪根转化成烃的最高峰温。由于热成熟度是干酪根向烃类热转化程度的指示，烃源岩具有相同的热演化程度但具有不同的干酪根组成，应该具有不同的 T_{max}。烃源岩中干酪根高峰生烃的活化能越高，其 T_{max} 就会越高（Snowdon L R，1995）。因此，在一个非均质的烃源岩系统中，干酪根生烃活化能和成熟度的变化都会导致 T_{max} 的变化。以此类推，地质样品的热解氢指数（HI）不可能随着 T_{max} 的增加而发生系统性变化，除非获得的地质样品来源于均质的页岩系统。

另外，烃源岩非均质性会带来实验室选择样品的代表性问题，以及后续数据解释代表性的问题。例如，页理发育是页岩的一项基本特征，页理中岩性的变化不仅反映有机质含量的变化，同时也反映孔隙度和渗透率的变化。孔渗性较好的纹层或者透镜体镶嵌在富有机质纹层中，使得纹层发育段烃类生成、储集和就近富集条件优越。在细粒岩石中运移烃非常普遍，在选择单个样品进行热解实验分析时，由于样品代表性的问题，通常无法获得对整个岩层生烃潜力和生烃化学动力学的有效表征。烃源岩内部烃类的短距离运移，可能导致同一岩石内富有机质部分的游离烃含量（S_1）降低、孔渗性较好部分的烃类相对富集，导致热解烃之前出现肩峰，从而压制 T_{max}。因此，识别和消除烃源岩中运移烃或外来烃对热解数据的干扰是页岩油资源评价的关键步骤。

1. 单个烃源岩样品的生烃化学动力学参数

单个样品中的干酪根热解可以用一系列独立的平行一级化学反应来近似表达。其化学反应速率与反应温度的关系可以用阿伦尼乌斯方程和离散的活化能分布来描述，阿伦尼乌斯方程为

$$k_j = A \cdot \exp\left(-\frac{E_j}{RT}\right) \quad (1\text{-}2\text{-}1)$$

式中　k_j——反应速率；

j——组分编号；

A——频率因子；

E_j——干酪根第 j 组分的活化能，kcal/mol；

R——气体常数，kcal/（mol·K）；

T——绝对温度，K。

在恒定的升温速率（ξ）下，实验热解反应可以用一系列具有相同的频率因子和活化能分布的平行一级化学反应来近似表征，且每种干酪根显微组分的活化能都对应一个独立的频率因子。但是由于 lg$A$ 和活化能之间具有补偿效应（Burnham A K，1999），采用独立的频率因子不会显著增加与热解氢焰（FID）曲线拟合的匹配程度。因此，在绝对温度条件下的累计生烃量，是具有不同活化能干酪根显微组分生烃贡献的组合，即

$$x = x_0 \int_0^{\infty} \exp\left[-\frac{A}{\xi}\int_0^{T} \exp\left(-\frac{E}{RT}\right)\mathrm{d}T\right] D(E)\mathrm{d}E \quad (1\text{-}2\text{-}2)$$

式中　x——烃源岩中能够转化的初始总有机碳含量，%；

x_0——烃源岩中现今可转化的总有机碳含量，%；

ξ——升温速率，℃/min；

E——活化能，kcal/mol；

D（E）——具有特定活化能范围的干酪根显微组分的相对丰度的密度函数，且 $\int_0^{\infty} D(E)\mathrm{d}E = 1$。

2. 非均质烃源岩系统的生烃化学动力学参数

对于复杂的非均质烃源岩系统，需要建立一个复合型动力学模型，对于多数烃源岩系统，强非均质性造成了其中干酪根显微组分的多样性以及反应速率的多样性。与单个样品的生烃化学动力学参数计算相似，假定：（1）非均质烃源岩系统中的干酪根是多种有机显微组分的混合物，其中每种组分都具有特定的热稳定性和热转化行为，并且能够用特定的活化能和频率因子来限定；（2）每种干酪根显微组分都经历独立的平行一级化学反应，其对总生烃量的贡献取决于它们的相对丰度；（3）单个干酪根或者多个复合干酪根各组分的热反应行为，也可以用单一活化能和频率因子来限定。在这种假设下，加权平均的原则适用于复合型样品。因此，在非均质烃源岩系统中，复合烃类产率可表述为系统中代表性样本的总和，其表达式为

$$x_{\mathrm{C}}=\sum_{k=1}^{N}\left\{x_{\mathrm{o}k}\int_0^{\infty}\exp\left[-\frac{A_k}{\xi}\int_0^{T}\exp\left(-\frac{E_k}{RT}\right)\mathrm{d}T\right]D\left(E_k\right)\mathrm{d}E_k\right\} \tag{1-2-3}$$

式中 x_{C}——复合烃类产率，%；

k——第 k 组干酪根；

N——干酪根最大组数；

$x_{\mathrm{o}k}$——第 k 组干酪根的初始烃类产率；

A_k——第 k 组干酪根的初始频率因子；

$D(E_k)$——第 k 组干酪根中具有特定活化能范围的干酪根显微组分的相对丰度的密度函数，为相对值，且 $\int_0^{\infty}D\left(E_k\right)\mathrm{d}E_k=1$。

为了便于区分烃源岩中的外来烃和原生烃，倾向于采用非参数化和离散形式模型。把每一个岩石样品看成同一盆地特定地质时期在类似沉积环境下多个地质过程形成的烃源岩群体中的随机样本，一系列岩石样品的组合就是一个烃源岩群体的统计学实现，可以代表一个烃源岩系统中因相变所导致的有机质组成多样性。因此式（1-2-3）对应的非均质烃源岩系统热转化行为的多样性就可以理解为多个热解曲线叠加在一起形成的复合型热解曲线，而复合样品中的样本就是这些单个样本内所有干酪根显微组分的组合。

式（1-2-3）中的复合烃类产率也可以理解为虚拟单一烃源岩样品的烃类产物，因此可以用有代表性的单一烃源岩样品的活化能分布和频率因子优化获得复合型烃源岩系统的化学动力学参数，由此产生的生烃化学动力学模型可以用生烃史曲线平均值及限定在地质升温速率下体现最大生烃温度上限和下限差值的温度包络线来描绘。由复合型烃源岩系统生烃动力学参数计算流程（图 1-2-1）可见，输入由单一烃源岩样品的 Rock-Eval 热解参数曲线估算的活化能和频率因子，涉及两个平行的计算过程，一是把所有的单个烃类产率加起来形成复合烃类产率，二是绘制单个样品的转化率曲线，进而形成整个复合样品的转化率曲线包络线。

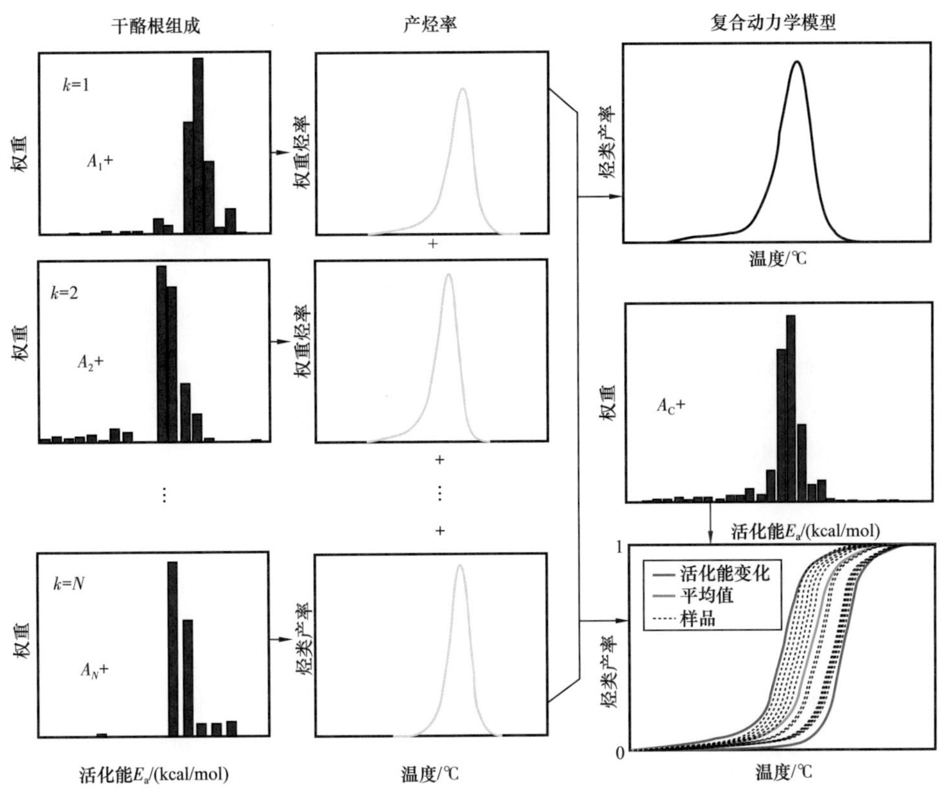

图 1-2-1　复合型烃源岩系统生烃化学动力学参数计算流程
A 为频率因子

三、页岩“单步”热解总含油率计算方法

在早期成熟阶段和生油窗内，烃源岩对原油的吸附能力很强。这是因为，干酪根热解早期形成的大分子产物在结构上与干酪根十分相似，互溶能力强，常以介于固态至液态之间的形式存在（蒋启贵等，2016）。同时，产生具有较大比表面积的有机质纳米级孔隙，导致强烈的烃类—干酪根吸附作用。与致密油不同，自生自储的页岩油储集空间除了无机质孔隙之外，还包括干酪根生烃过程中结构转化和收缩所形成的孔隙和微裂缝（Loucks R G et al.，2012）。页岩油储层中吸附烃和干酪根溶解烃占比较大，而致密砂岩储层以游离烃为主（Behar F，2001）。

估算吸附烃 / 互溶烃含量对页岩油资源评估十分重要。首先，该含量是烃源岩成熟度和干酪根类型的函数（Jarvie D M，2012）。在实验室评价时，需要把岩石加热到 300℃以上，但只有加热温度低于干酪根裂解温度时烃类才能解吸，于是在热解曲线上 S_2 峰之前形成一个肩峰（S_{1b}）（Sandvik E I et al.，1992；Zink K G et al.，2016）。因此，采用热解实验得到的 S_1 进行资源量评价会低估页岩油资源潜力。其次，地层压力、流体黏度、相对分子质量对于页岩储层中烃类运移至关重要，烃类—干酪根相互作用对于烃类流动也具有重要影响（Jarvie D M，2012）。吸附烃 / 互溶烃从固体有机质上解吸需要额外的能量，而且难以通过弹性能量采出。因此，准确估算吸附烃 / 互溶烃含量是页岩油可采资源量计算的基础。

再者，陆相页岩储层非均质性强、不同沉积相带规模小、断裂发育等诸多因素往往会导致烃类在页岩层系发生不同程度的迁移，形成原位富集或常规油气聚集。了解非均质页岩体系中烃类的原生性和迁移特征，将有助于特定区块原地页岩油资源量的定量评价。

由于吸附烃/互溶烃的存在，常规岩石热解法无法准确地评价低成熟和处于生油窗内烃源岩的总含油量。因此，变通的办法是对同一样品进行两次热解实验（Burnham A K，2017），一次用全岩样品，另一次用溶剂抽提后的全岩样品，其总含油量表达式为

$$T_o = (S_1 - S_{1x}) + (S_2 - S_{2x}) \tag{1-2-4}$$

式中 T_o——岩石总含油量；

S_1——全岩样品的游离烃含量，mg/g；

S_{1x}——溶剂抽提后全岩样品的游离烃，mg/g；

S_2——全岩样品的热解烃量，mg/g；

S_{2x}——溶剂抽提后全岩样品的热解烃量，mg/g。

如果考虑样品预处理过程中游离烃的散失，则将式（1-2-4）校正为

$$T_o = (S_1 - S_{1x}) + (S_2 - S_{2x}) + S_{1Loss} \tag{1-2-5}$$

式中 S_{1Loss}——样品预处理过程中游离烃的散失量，mg/g。

为了更准确地估算烃源岩中的吸附油量，对传统的 Rock-Eval 热解参数分析流程进行了不同形式的改进（蒋启贵等，2016；Zink K G，2016；Abrams M A et al.，2017）。此外，由于原位富集或运移烃浸染，烃源岩样品中存在大量的吸附烃/互溶烃，可能会对常规热解参数（如 T_{max}、S_2 等）造成影响。对于烃源岩样品分析过程中的“过载效应”同样需要校正（Romero-Sarmiento M F et al.，2015）。

页岩总含油量单步热解数值计算法的核心是通过化学动力学参数进行数值运算，把岩石热解中得到的 S_{1b} 肩峰进行合理分解，求得其中重质烃挥发产物和干酪根低温热降解产物的相对比例（图 1-2-2）（Li M，2018）。其基本步骤是：将二者都看作热解实验过程中

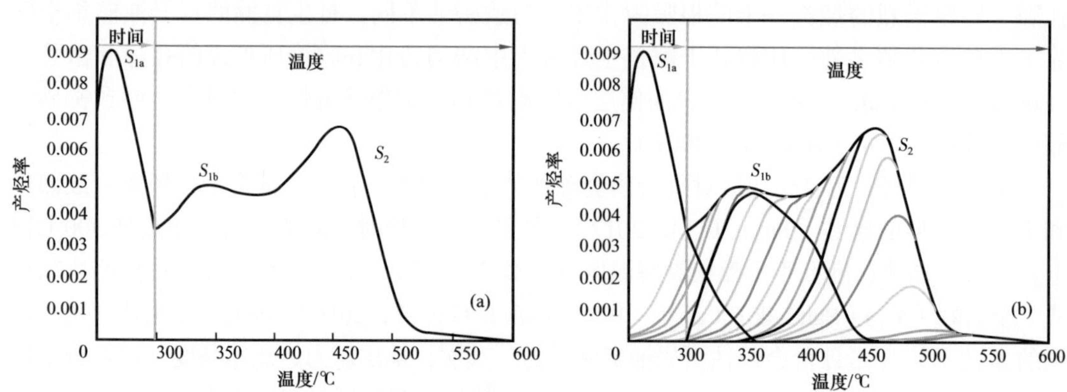

图 1-2-2 富含运移烃陆相页岩的代表性 Rock-Eval 热解参数曲线图

（a）热解曲线可以简单地划分为 3 个组分：S_{1a}、S_{1b} 和 S_2

（b）根据生烃化学动力学参数可以把热解曲线分解为不同的热解产物组合

两个虚拟热解产物，从而把它们分别当作一系列独立的平行一级反应［下文式（1–2–6）］来近似表达；通过阿伦尼乌斯方程［式（1–2–1）］，将 S_{1b} 肩峰按式（1–2–5）分解为假干酪根热解产物（重质烃组分）和真干酪根热解产物；在固定升温速率的常规热解实验中，烃类转化率可以用温度的函数来描述［下文式（1–2–8）］；再将热解实验中干酪根裂解用一系列独立的平行一级反应来表达［下文式（1–2–6）］，就可以实现重质烃和低温热解烃比例的有效估算。图 1–2–3 是单步热解法进行重质烃挥发产物和干酪根低温热解产物分

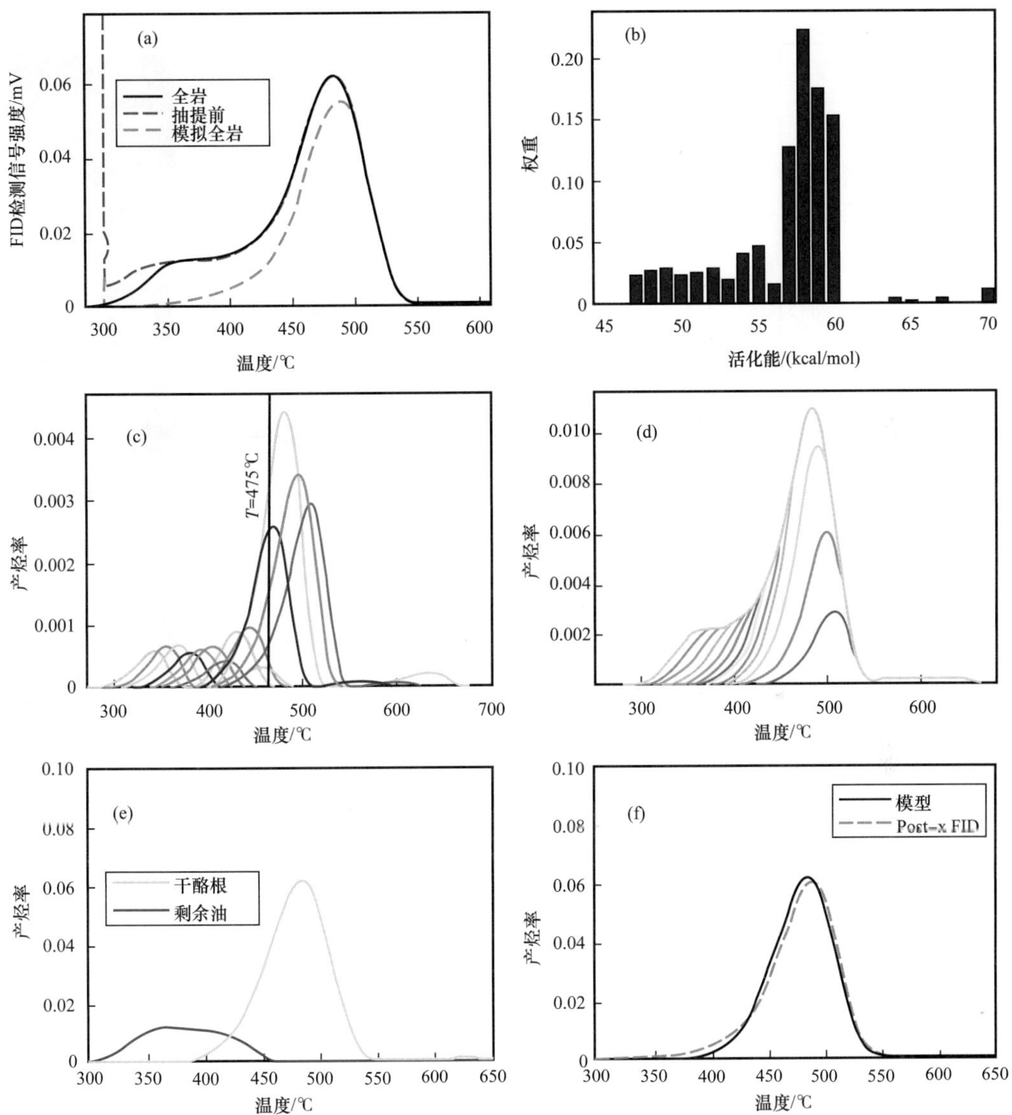

图 1–2–3　单步热解法扣除 S_2 峰中重质烃挥发产物贡献并重构干酪根热转化率的原理

（a）实验室实测热解曲线（全岩和抽提前样品）及数值模拟的热解曲线（全岩）；（b）将实验室实测全岩热解曲线转换成对应活化能域，根据活化能分布将热解产物划分为多个组分；（c）数值模拟图（b）中划分出的多个组分热解曲线；（d）将多组分模拟热解曲线进行褶积处理；（e）合并同类型组分，重构干酪根和剩余油热解曲线；（f）根据数值模拟重构的干酪根热解曲线和实验室实测热解曲线对比

割的方法原理示意。采用单步热解法，通过数值计算获得济阳坳陷某井段游离烃、吸附烃/互溶烃和热解烃含量（分别对应图 1-2-4 中 S_1、吸附烃和 S_2）随着埋深的变化趋势（图 1-2-4）。显然，三者无论是从绝对量还是相对组成，在 400m 的深度范围内呈现出明显的旋回性，其中高热解烃、低游离烃和吸附烃/互溶烃层段是页岩层系中的主要生烃层段，而低热解烃、高游离烃层段应该是页岩油地质“甜点”。根据 Li M 等（2018）的报道，单步热解法数值计算结果与两步热解法获得的结果相关系数高达 0.9766，说明该方法具有广阔的应用前景。

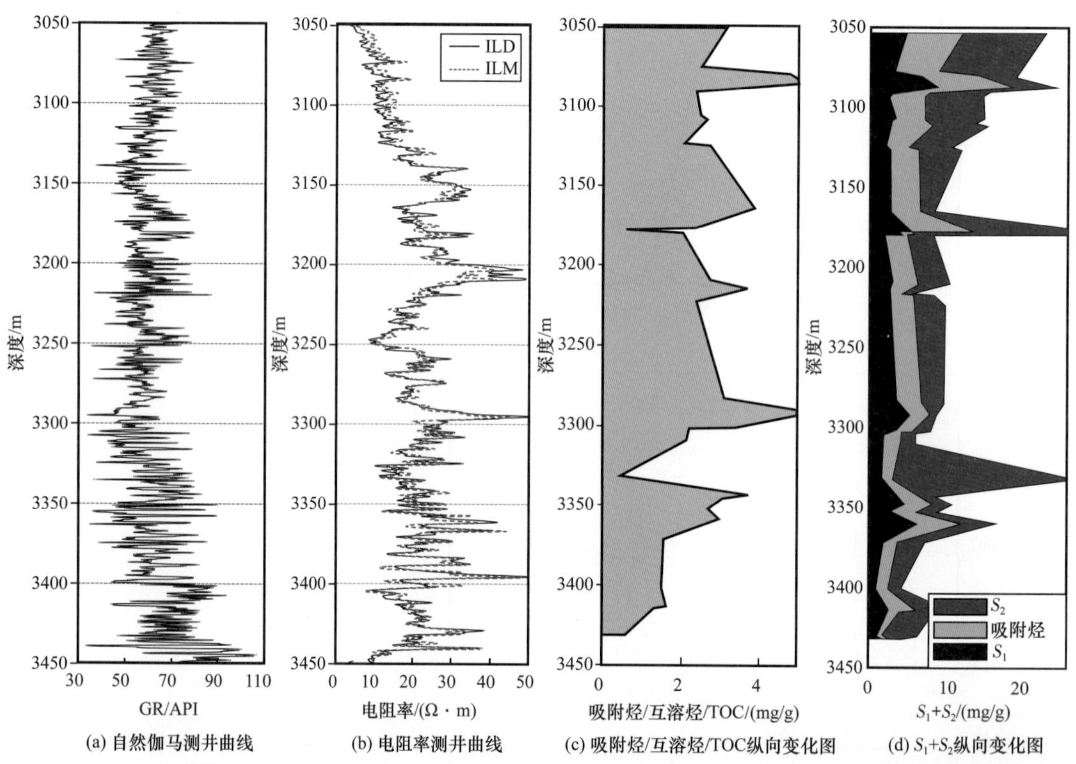

图 1-2-4 济阳坳陷东营凹陷某井沙河街组取心段测井曲线与吸附烃/互溶烃含量纵向变化特征

四、页岩中运移烃与原生烃热解识别方法

细粒烃源岩储层最常见的特征是其在垂向上和横向上的页理或岩性变化。页岩油气往往是自生自储，油气在富有机质部分生成，而在有机质孔隙和无机质孔隙（包括天然裂缝）中赋存。在排烃不畅或存在纵横向流体分隔箱的系统中，富有机质纹层中生成的页岩油可以沿着干酪根网络运移，并浸染与之互层的砂质或粉砂质页岩，从而在烃源岩储层中形成原油对原地有机质的污染。常规实验热解方法一般针对常规烃源岩评价而设计，在加热温度为 350～450℃时，既有原油重质烃的挥发产物形成，又有干酪根裂解成烃产物，从而导致热解烃含量（S_2）峰之前出现鼓包或者肩峰。

常用的 Rock-Eval 6 热解仪配置的“纯有机质”模式一般是用来获取烃源岩的生烃潜力和热成熟度参数。在烃源岩评价过程中，S_2 峰值一般指示残余生烃潜力，而用 S_2 峰对

应的 T_{max} 指示热成熟度，在未成熟—低成熟烃源岩样品中存在大量早期生成但未排出的原油，造成 T_{max} 降低。烃源岩样品中原地有机质和运移烃共存，由于游离烃和热解烃混合，从而降低热解烃的 T_{max}，高估了残余生烃潜力，导致对烃源岩成熟度和生烃潜力的误判。此外，推测的烃源岩生烃化学动力学参数也会受到外来烃的干扰。

在实际工作中需要识别受到运移烃浸染的样品，消除运移烃对热解参数的影响。解决方法包括改进实验流程以及充分利用热解曲线所隐含的丰富信息。Li M 等（2018）通过对江汉盆地盐间 2018 年钻探的两口页岩油井的岩心进行热解分析，系统建立了应用热解资料判识烃源岩中运移烃的方法和流程。

1. 生烃化学动力学参数估算

常规烃源岩评价流程中的生烃化学动力学参数计算过程为：在实验室采用不同的升温速率来模拟地下的生烃过程，进而推断在不同地质条件下生烃所需要的热能。特定烃源岩中干酪根的生烃通常涉及各种化学反应，但都可以用活化能分布和频率因子来进行数学求解。不同研究者在不同的实验室、不同的升温速率和实验条件下研究中国有代表性的陆相页岩（包括渤海湾盆地沙三段、茂名油页岩、桦甸油页岩和鄂尔多斯盆地长 7 段页岩）（Ma Y，2017），结果同一块页岩样品得到了非常相似的活化能分布和频率因子。在此基础上，Chen 等（Chen Z，2017；Behar F et al.，2003）提出可利用现有的 Rock-Eval 6 热解仪得到的原始数据直接获取生烃化学动力学参数的方法，并设计了计算软件。

2. 运移烃对 Rock-Eval 6 热解参数的影响

系统分析多个热解数据库表明，异常高的油饱和度指数（OSI：S_1×100//TOC，单位 mg/g）、氢指数（HI）和 S_2 曲线左侧出现一个肩峰，往往指示运移烃的影响。江汉盆地盐间页岩样品中 OSI 高值通常与 T_{max} 低值（＜430℃）伴随，T_{max} 和 OSI 呈负相关，当 T_{max} 值接近 430℃时，不再出现异常高的 OSI（图 1-2-5）。这种现象有两种可能的解释：一是烃源岩不成熟，游离烃不是原生的，因此大量的运移烃将 S_2 峰拉低，导致 T_{max} 低值；另一种解释是，处于生油高峰期的烃源岩排烃不畅，所以高 S_1 可能指示这些烃源岩具有极低的生烃活化能，但生烃化学动力学参数计算结果并不支持大量生烃时的温度低于 430℃。因此，在盐间存在自生的运移烃可能是比较合理的解释。

OSI＞100mg/g 通常指示样品中存在大量的游离烃，常规勘探中往往作为油气显示的标志（Behar F，2003）。Jarvie 注意到几乎所有具有商业产能的海相页岩油储层为 OSI＞100mg/g。江汉盆地盐间多数页岩样品的 OSI＞150mg/g，同时 T_{max}＜430℃。在此基础上，可以将具有 OSI＞150mg/g，同时 S_2、HI 和 T_{max} 低值的样品归因于受到运移烃的浸染。这也适用于生产指数（PI）大于 0.3 的未成熟样品。这是因为，在特定成熟阶段，与粗粒沉积间互的薄粉砂岩或者粉砂质页岩通常有机质丰度不高、生烃潜力小，但往往基质孔隙较好，容易储存运移烃。

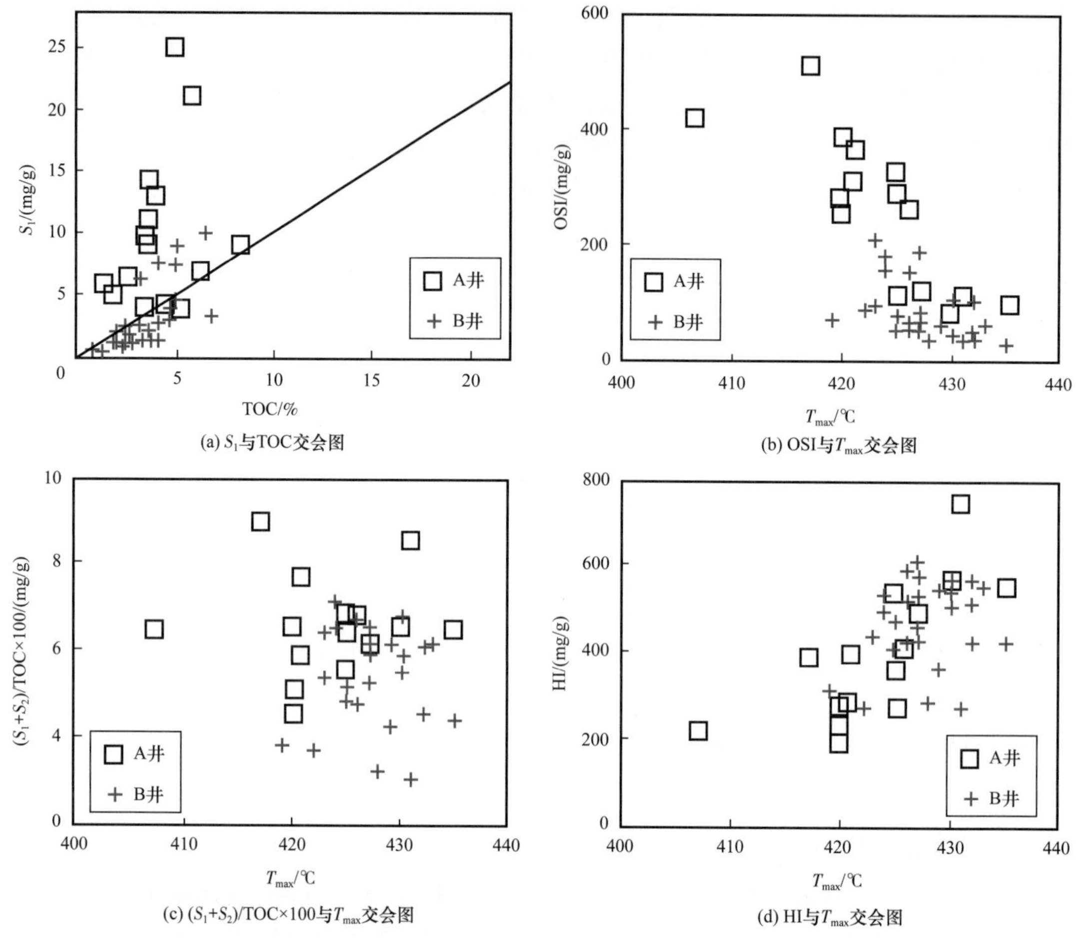

(a) S_1与TOC交会图　(b) OSI与T_{max}交会图　(c) (S_1+S_2)/TOC×100与T_{max}交会图　(d) HI与T_{max}交会图

图 1-2-5　江汉盆地潜江凹陷某井潜三段页岩 Rock-Eval 热解参数交会图

页理和多种岩性互层是富有机质页岩的普遍特征。高盐度的潜江凹陷潜江组烃源岩通常由富有机质的泥质白云岩、泥灰岩和泥质页岩组成。烃源岩中有机质孔隙和基质孔隙都存在，并且都能作为烃类的储集空间。因为干酪根和原油的密度存在差异（分别为 1.2g/cm^{3}和<0.9g/cm^3），干酪根网络中形成的原油体积大于干酪根体积收缩产生的有机质孔隙的空间体积，孔隙压力增加从而导致原油从干酪根中排出。这种现象通常出现在干酪根大量转化为油的生油高峰期。

3. 运移烃浸染的识别标志

至少有 3 个 Rock-Eval 热解参数可以指示样品存在运移烃的影响，包括 S_1/TOC、产率指数［$S_1/(S_1+S_2)$］、样品热解曲线及估算的表观活化能值。

含有运移烃的样品通常显示出异常高 S_1、低 S_2 和低 T_{max}［图 1-2-6（a）、（b）］。运移烃的存在使低温下（<300℃）FID 检测到的 S_1 值偏高；而重质原油组分由于吸附作用会在较高的温度下以 S_{1b} 峰的形式出现。这些烃类与干酪根热降解烃混合会拉低 S_2 峰温，从而压低 T_{max} 值。Snowdon L R（1995）指出 T_{max} 低值通常伴随着样品含油饱和度高值。从

富有机质纹层中排出的油可以就近储集到相对粗粒的白云质基质孔隙中，或者运移至更远，直至油流达到动态平衡。

1）产率指数

由于 S_1/TOC 会受成熟度的影响，用这个参数来指示运移烃存在问题。产率指数代表已经生成并且仍然保留在烃源岩中的烃类占岩石总生烃潜力的比例。对未成熟烃源岩，产率指数基本为 0；一旦烃源岩进入生油窗，产率指数随着热成熟度增加而增加，直到生油高峰，随后在生油和生气晚期由于排烃及由油向气转化呈现下降的趋势；在生气窗结束时，样品的产率指数又变回到接近于 0。有效烃源岩层系中粗粒夹层的产率指数一般较高。江汉盆地盐间页岩样品的产率指数和 T_{max} 交会图（图 1–2–6）可见两类样品：一类样品的 T_{max} 值较低而 OSI 值较高（＞150mg/g），产率指数随 T_{max} 增加而降低；另一类是 OSI 值较低的样品，产率指数随 T_{max} 值增加而略有降低。这种变化趋势与成熟度变化趋势相反，说明热成熟度不是影响这些参数的主要因素，同时两类样品的差异在其他 Rock–Eval 热解参数交会图上也有所体现［图 1–2–6（a）、（c）、（d）］，说明它们具有不同的地球化学特性。这种差异很可能与烃源岩内部烃类运移有关。这种现象与以往在北海 Kimmeridge 页岩和砂岩互层中见到的情形相似（Raji M et al.，2015）。

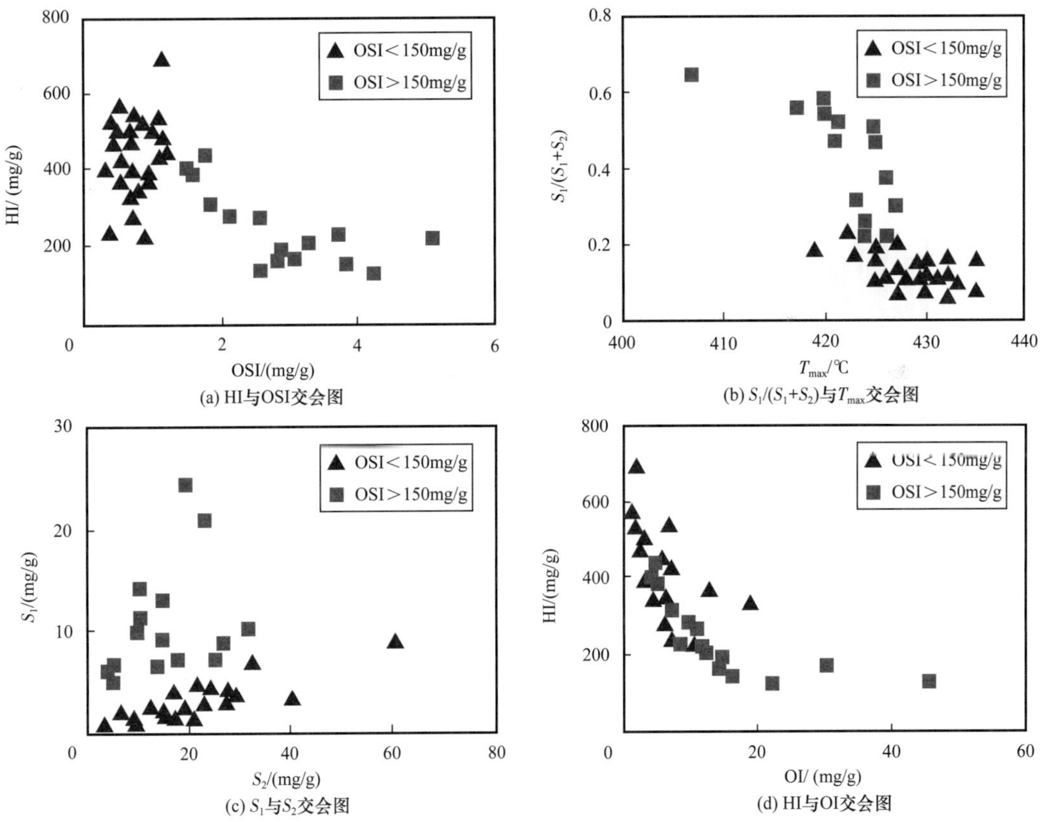

图 1–2–6 江汉盆地潜江组某盐间页岩 Rock–Eval 热解参数交会图

OSI＞150mg/g 指示样品中有明显运移烃浸染

2）烃类热解曲线和估算的表观活化能值

多种因素会使 Rock–Eval 热解 S_1 峰值变高，包括富硫干酪根形成的早期低成熟沥青、钻井液添加剂污染、运移烃浸染等。样品中是否存在非原生烃造成的 S_1 高值，可以通过同一烃源岩单元中相似成熟度样品的烃类热解曲线对比加以判识。受油浸染样品的活化能分布一般表现为分散状、活化能分布直方图偏左（图 1–2–7），而正常未成熟样品的活化能分布范围窄、直方图左右对称。

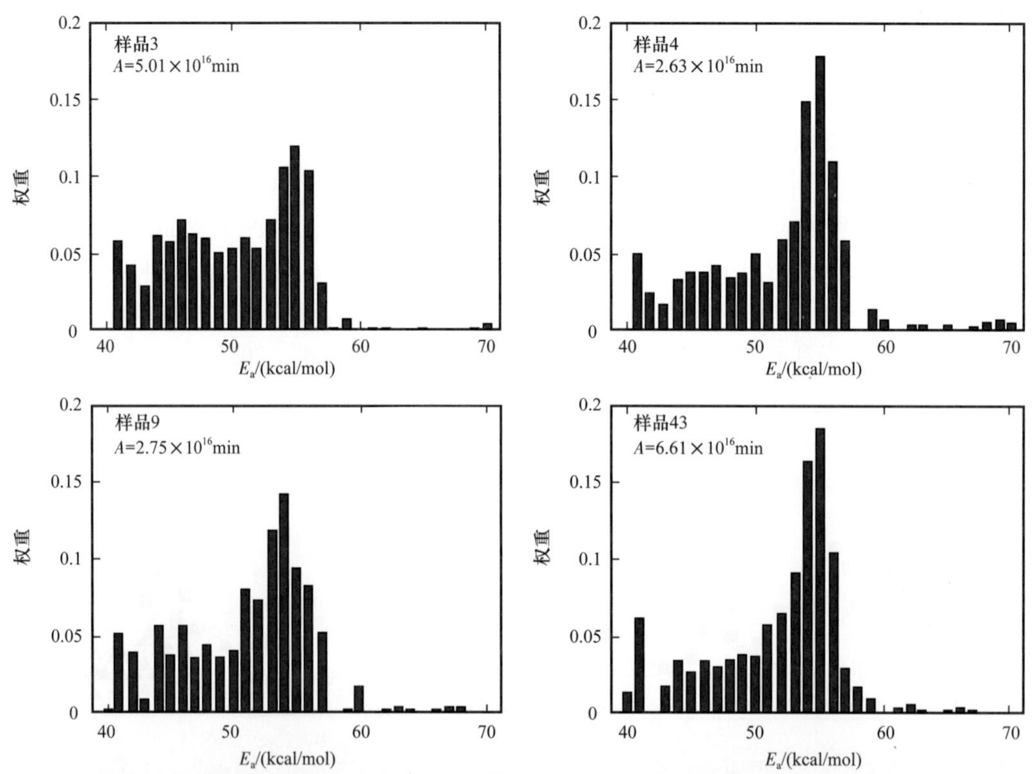

图 1–2–7 江汉盆地潜江组某盐间页岩 4 个受油浸染的代表性岩心样品估算的活化能分布直方图

4. 运移烃对烃源岩化学动力学参数的影响

在盐间地层中烃源岩被盐层上、下封隔，成熟烃源岩生成的石油往往会就近在岩石基质孔隙（白云石、方解石晶间孔等）中储集，烃源岩油浸会影响热解实验结果，拉低 T_{max} 值，从而影响烃源岩生烃化学动力学参数计算，造成活化能数据分散状分布和生烃门限偏早的假象。对于两个邻近的地质样品，转化率为 90% 时，受浸染样品的成烃温度可以偏移 5～8℃；转化率为 50% 时，受浸染样品的成烃温度可以偏移 10～20℃（图 1–2–8）。运移烃的存在对生烃史恢复具有重要影响。

五、基于生烃化学动力学的运移烃校正方法

富有机质页岩中运移烃的热解扣除方法（图 1–2–9）包含两个重要步骤：一是将运移烃和热解烃的信号分开，二是对热解参数进行校正。

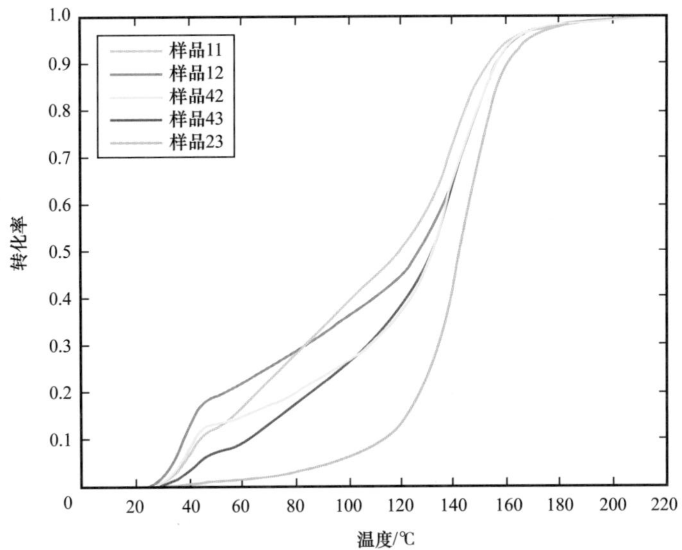

图 1-2-8 根据热解数据采用恒定升温速率（1.5℃ /Ma）重建的江汉盆地潜江组某盐间页岩代表性岩心样品的生烃演化史曲线

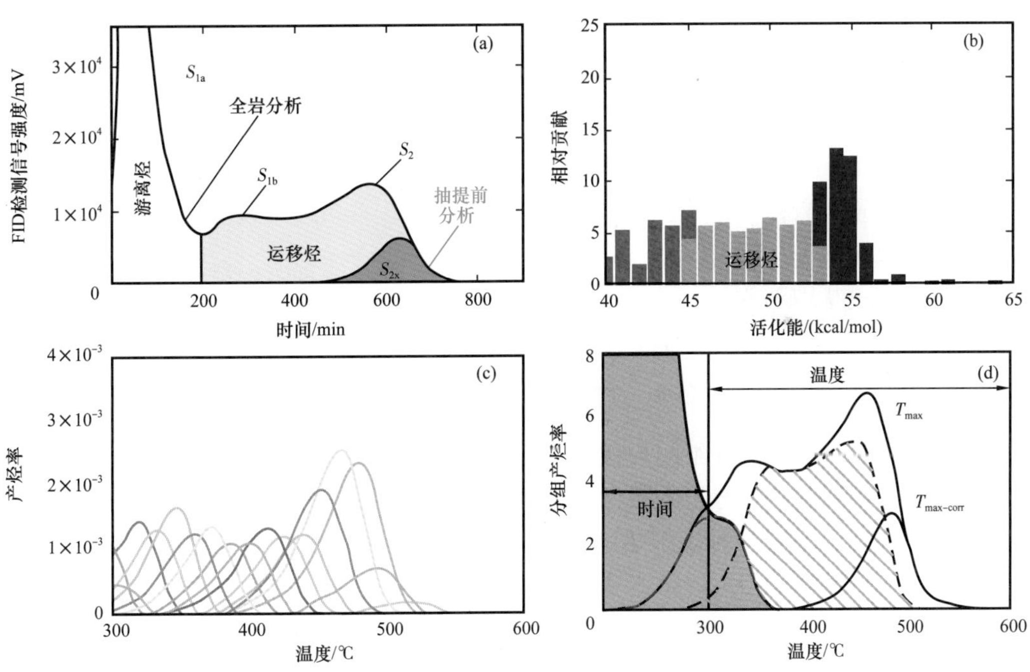

图 1-2-9 利用热解数据开展运移烃定量扣除的原理图

（a）受到运移烃浸染的全岩样品热解曲线与经过溶剂抽提后全岩样品热解曲线对比图；（b）根据活化能分布将全岩样品热解曲线划分为多个组分；（c）每一个活化能对特定温度段的热解产物做贡献；（d）用不同成因和热力学行为的加热产物群来重新构建原有热解曲线

1. 从 S_2 峰中扣除残余油 S_{1b} 的信号

通过改进的 Rock-Eval 升温程序，可在热解曲线中得到 3 个峰（图 1-2-9）：S_{1a} 代表样品中已有的游离烃挥发产物，S_{1b} 代表重质烃挥发产物和干酪根低温热降解产物的混合物，S_2 代表干酪根热裂解产物。通常未受运移烃和吸附烃影响的岩石样品热解曲线中没有 S_{1b} 峰，为了将 S_{1b} 中的重质烃和低温热解烃分开，以往通常的做法是将全岩热解，然后把等分样品经过溶剂抽提再热解，并将热解结果进行比较［图 1–2–9（a）］（Abrams M A，2017；Delvaux D et al.，1990）。

已有石油组分热挥发的物理过程和干酪根热降解化学反应在化学动力学上存在显著差异，因此奠定了利用化学动力学对两种产物进行数值求解的基础。采用热解曲线把干酪根划分为多个化学动力学组合，将具有相似热稳定性和热反应行为的干酪根归为一组［图 1–2–9（b）］，每组干酪根与特定温度区间生成的烃类产物相对应［图 1–2–9（c）］。因此，可把热解产物按照既定的热稳定性范围和热反应行为进行重新组合［图 1–2–9（d）］。不论它们的形成机制如何，把 S_{1b} 中两类热解产物的混合物当成是多个具有特定活化能范围的虚拟热解产物的组合。

这种分解方法符合化学反应动力学原理。如果 $f(x)$ 是干酪根转化成烃的数学表达，烃源岩中干酪根热解就可以用一系列独立的平行一级反应来近似（Burnham A K，1999）：

$$\frac{\mathrm{d}x}{\mathrm{d}t}=\sum_{j=1}^{m}a_jk_jf\left(x_j\right) \tag{1–2–6}$$

式中 t——反应时间，min；

m——平行一级反应数目最大值；

a——权重系数；

k——反应速率常数。

将式（1–2–6）改写为

$$-\frac{\mathrm{d}x}{\mathrm{d}t}=\sum_{i=1}^{p}a_ik_if\left(x_i\right)+\sum_{k=1}^{q}a_kk_kf\left(x_k\right) \tag{1–2–7}$$

式中 p——重质烃活化能分组的数目；

q——干酪根活化能分组的数目。

式（1–2–7）可反映两种虚拟热解产物的混合，等号右边第一项代表烃源岩中重质烃热挥发产物（假干酪根部分），第二项代表干酪根热分解产物。

对于固定升温速率的程序升温热解实验，$\xi=\mathrm{d}T/\mathrm{d}t$，式（1–2–7）可以变为温度的函数，即

$$-\frac{\mathrm{d}x}{\mathrm{d}T}=\sum_{i=1}^{p}\frac{A}{\xi}\exp\left(-\frac{E_i}{RT}\right)f\left(x_i\right)+\sum_{k=1}^{q}\frac{A}{\xi}\exp\left(-\frac{E_k}{RT}\right)f\left(x_k\right) \tag{1–2–8}$$

如果把热解实验中干酪根分解看成是一系列独立的平行一级反应，就可以将式（1–2–8）改写为式（1–2–2）。

根据受运移烃影响的热解曲线重建 S_2 峰需要经过 4 个步骤：（1）区分样品是否受到运

移烃影响。(2)利用生烃动力学优化软件，通过热解曲线估算活化能和频率因子[如商业软件——Kinetics2015(Burnham A K，2017)；单一升温速率法(Chen Z，2017)]。(3)明确运移烃相关的活化能组分特征，并从受影响样品的活化能中予以扣除。(4)利用恢复的活化能分布，通过正演模型，得到校正过的热解曲线。

2. Rock-Eval 热解参数校正

1)S_2 校正

将运移烃的影响扣除，以得到更客观准确的 S_2。如图 1-2-9 所示，校正后的 S_2 表达式为

$$S_2^{\mathrm{c}}=\left(1-f_{s_{1\mathrm{b}}}\right)S_2 \tag{1-2-9}$$

式中 S_2^{c}——校正后的 S_2，mg/g；

$f_{s_{1\mathrm{b}}}$——运移烃的比例。

校正后的 S_2(图 1-2-9a 中的蓝色区域)，相当于溶剂抽提全岩样品热解得到的 S_{2x}。另外，假定不受影响样品的活化能服从高斯分布(Braun R L et al.，1987)，也可对 S_2 进行校正。

2)S_1 校正

S_1 可以根据校正过的 S_2 和转化率 TR 计算得到。S_1 校正表达式为

$$S_1=S_2^{\mathrm{o}}-S_2^{\mathrm{c}}S_1=S_2^{\mathrm{o}}-S_2^{\mathrm{c}} \tag{1-2-10}$$

其中：

$$S_2^{\mathrm{o}}=\frac{S_2^{\ c}}{1-TR} \tag{1-2-11}$$

式中 S_1——现今 S_1 值，mg/g；

S_2^{o}——干酪根热降解前的初始 S_2，mg/g；

TR——干酪根转化成烃率。

对所有受影响样品的 S_1 可以通过校正后的 S_2 值和 TR 值来估算，如果不知道 TR 值，而样品成熟度较低，可假定 S_1 和 TOC 或者 S_1 和 S_2 之间存在线性关系，受影响样品的 S_1 校正符合线性关系，其关系式为

$$S_1^{\mathrm{c}}=a\left(\mathrm{TOC_c}-b\right) \tag{1-2-12}$$

式中 S_1^{c}——校正后的 S_1，mg/g；

a 和 b——常数，通过实际数据拟合得到，这里根据图 1-2-10 中未受运移烃浸染生物样品获得 a=10/9、b=1；

$\mathrm{TOC_c}$——校正后的 TOC，%。

一般而言，对于低成熟样品，S_1 和 S_2 呈线性关系，但对高—过成熟样品，TOC 和 S_2 都是成熟度的函数，不一定存在线性关系。

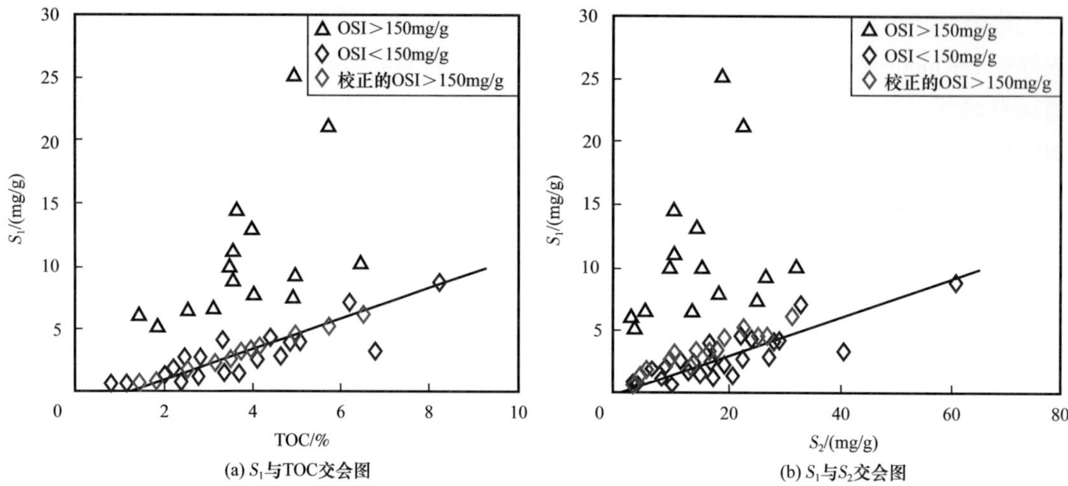

图 1-2-10　江汉盆地潜江组某盐韵律代表性岩心样品 Rock-Eval 热解参数交会图

3）TOC 校正

通过从原有的 S_1 和 S_2 之和中减去运移烃，就可以得到校正后的 TOC，即

$$\mathrm{TOC_c}=\mathrm{PC_c}+\mathrm{RC}=\mathrm{PC}+\mathrm{RC}-0.083\left(S_1-S_1^{\mathrm{c}}+S_2-S_2^{\mathrm{c}}\right) \tag{1-2-13}$$

式中　$\mathrm{PC_c}$——去除运移烃之后有效碳含量，%；

RC——残余碳含量，%；

PC——有效碳含量，%。

Behar F（2001）介绍了根据原始热解和氧化曲线结果计算 TOC 的细节。由于运移烃不属于岩石原始烃，因此需要扣除。这个步骤对于页岩油勘探非常重要，原因是：如果把运移烃当做岩石原地产物，则有可能高估低成熟烃源岩区页岩油的原始资源潜力。

4）HI 校正

HI 校正的表达式为

$$\mathrm{HI_c}=100\frac{S_2^{\mathrm{c}}}{\mathrm{TOC_c}} \tag{1-2-14}$$

式中　$\mathrm{HI_c}$——校正后的含氢指数，mg/g。

将溶剂抽提前后全岩样品的热解实验结果进行比较发现，Rock-Eval 热解参数校正不仅节约成本，而且行之有效。

六、基于常规热解的页岩中游离烃组成计算和可动性评价方法

前人对常规热解分析方法的改进，主要聚焦于重质挥发烃含量计算进而对岩石总含油量进行校正，以及关注低温热解烃量估算以便对岩石生烃潜力进行校正，很少关注其中游离烃的组成变化。实际上，实验室通过程序升温获得的加热—热解曲线数据如果经过适当的数值转换，可以提供游离烃中丰富的组成信息。最近，利用常规热解数据中与

温度相关的游离烃化学动力学参数，提出了细粒岩石游离烃化学组成的数值表征方法。

Penner（1952）发现化学反应动力学中的反应速率常数与温度的关系对热蒸发同样适用。因此，把开放热解系统中原油组分的热蒸发当作虚拟热分解来处理，进而采用化学反应动力学方程描述开放热解系统中石油物质热挥发行为。如前所述，开放热解系统中烃源岩样品的烃类组分挥发可以用一系列独立的平行一级虚拟化学反应来近似表达［式（1–2–6）］。利用式（1–2–1）将式（1–2–6）改写为反映程序升温热解过程中 3 类热解产物混合物的公式，即

$$-\frac{\mathrm{d}x}{\mathrm{d}t}=\sum_{j=1}^{w}a_jk_jf\left(x_j\right)+\sum_{i=1}^{y}a_ik_if\left(x_i\right)+\sum_{k=1}^{z}a_kk_kf\left(x_k\right) \tag{1-2-15}$$

式中 w、y、z——分别为式（1–2–15）右侧 3 项的活化能组合个数。

如图 1–2–11（a）所示，式（1–2–15）右侧第 1 项描述热挥发游离烃（S_{1a}），第 2 项描述虚拟干酪根热分解（重质挥发烃，S_{1b}），而第 3 项是岩石热解过程中真正的干酪根热解产物（S_2）。

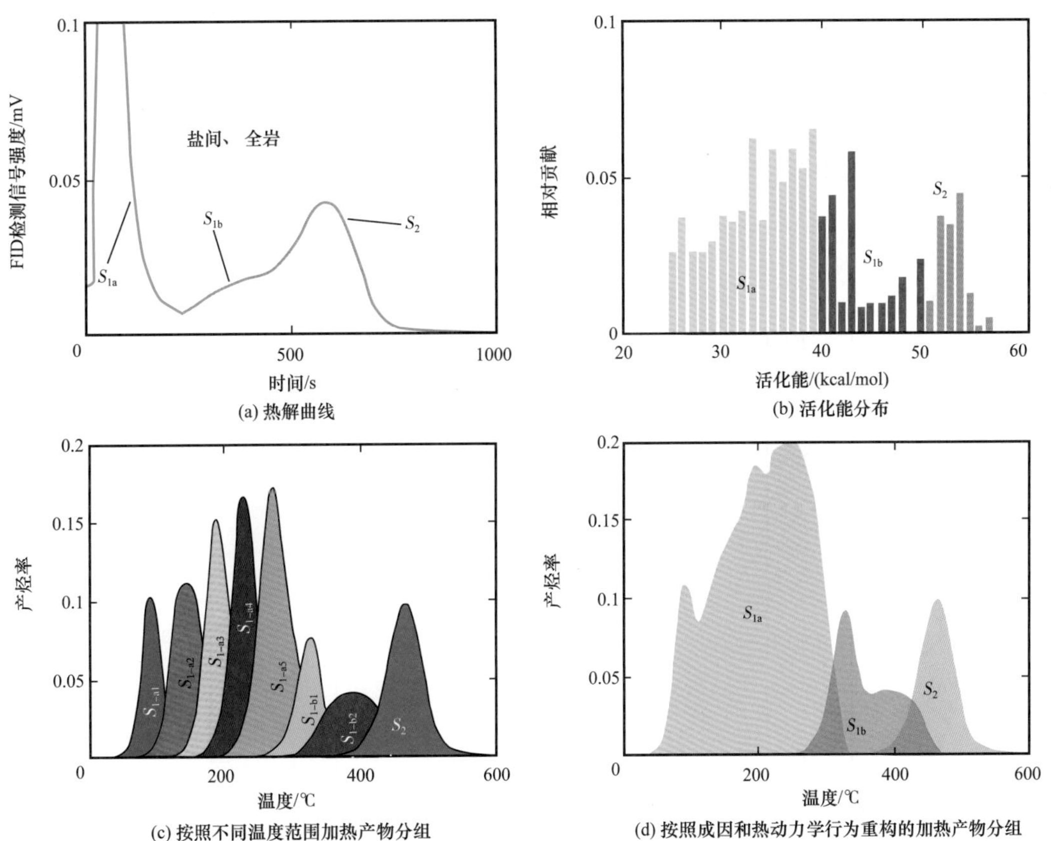

(a) 热解曲线 (b) 活化能分布

(c) 按照不同温度范围加热产物分组 (d) 按照成因和热动力学行为重构的加热产物分组

图 1–2–11 江汉盆地潜江组盐间页岩典型样品热解曲线、活化能分组以及加热产物构成情况

通过固定频率因子，利用混合加热过程中的活化能分布，在热解实验特定时间 t 下，由 FID 检测获得的累计热解烃量是各个具有特定活化能范围虚拟干酪根和干酪根组分的

总和，其表达式为

$$x=\int_0^{\infty}\exp\left[-A\int_0^t k(T)\mathrm{d}t\right]D(E)\mathrm{d}E \tag{1-2-16}$$

按热解分析时间积分，可以将加热过程分解为一系列的恒温段，因此，式（1-2-15）可以改写为

$$x_p=x_{p-1}-k_{p-1}f\left(x_{p-1}\right)\left(t_p-t_{p-1}\right) \tag{1-2-17}$$

式中 x_p——在时间 p 的分量；

k_{p-1}——前一个时间段的反应速率；

t_p-t_{p-1}——时间间隔，min。

江汉盆地潜江组某盐间和盐内页岩的热解参数具有显著差异（图 1-2-12）。根据常规热解曲线，可以将其中不同石油组分进行化学动力学分解，进而提取样品中原油和干酪根的组成信息（图 1-2-13），并分析其中不同赋存状态烃类的含量（图 1-2-14）。盐内页岩样品剩余生烃潜力巨大，但轻质原油含量较低；盐间页岩样品中剩余生烃潜力为低—中等，但含油率高（图 1-2-13）。由于这些样品的埋深相差不到 20m，经历的热演化历史相同，在盐间页岩中存在大量的高成熟度挥发性原油，而盐内页岩中很少有挥发性或轻质原油。这种差异说明，盐间和盐内页岩可能存在化学动力学特征截然不同的烃源岩，也可能是盐间页岩中存在着大量运移烃与原生烃的混合，或者二者兼而有之。

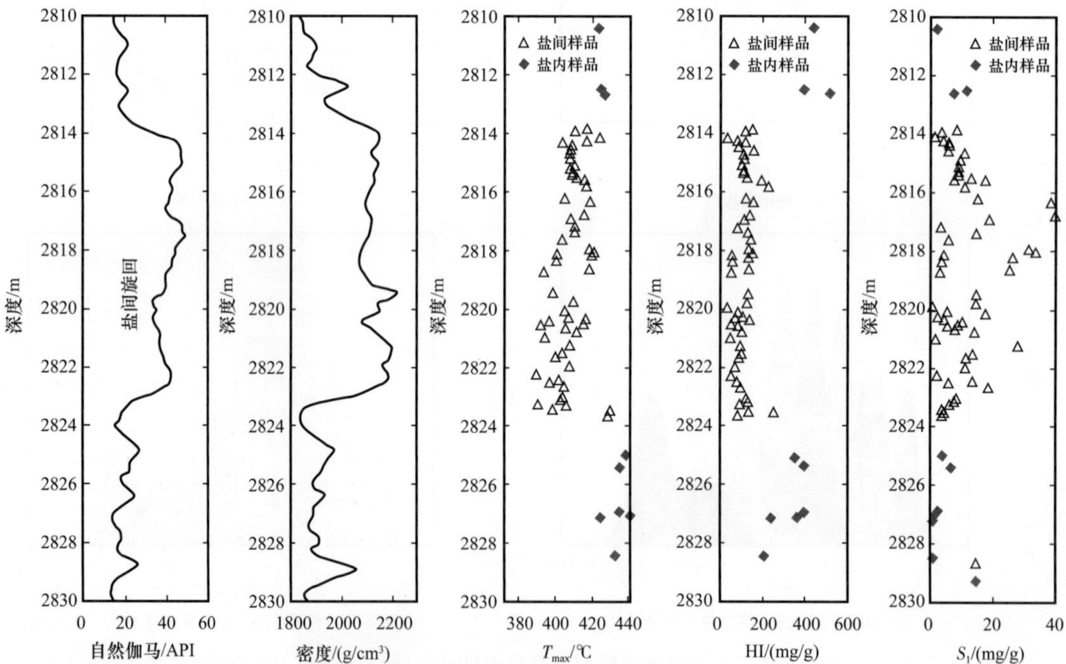

图 1-2-12 江汉盆地某井潜江组某盐韵律层盐间和盐内页岩测井曲线（自然伽马和密度）与 Rock-Eval 热解参数（T_{max}、HI 和 S_1）纵向变化

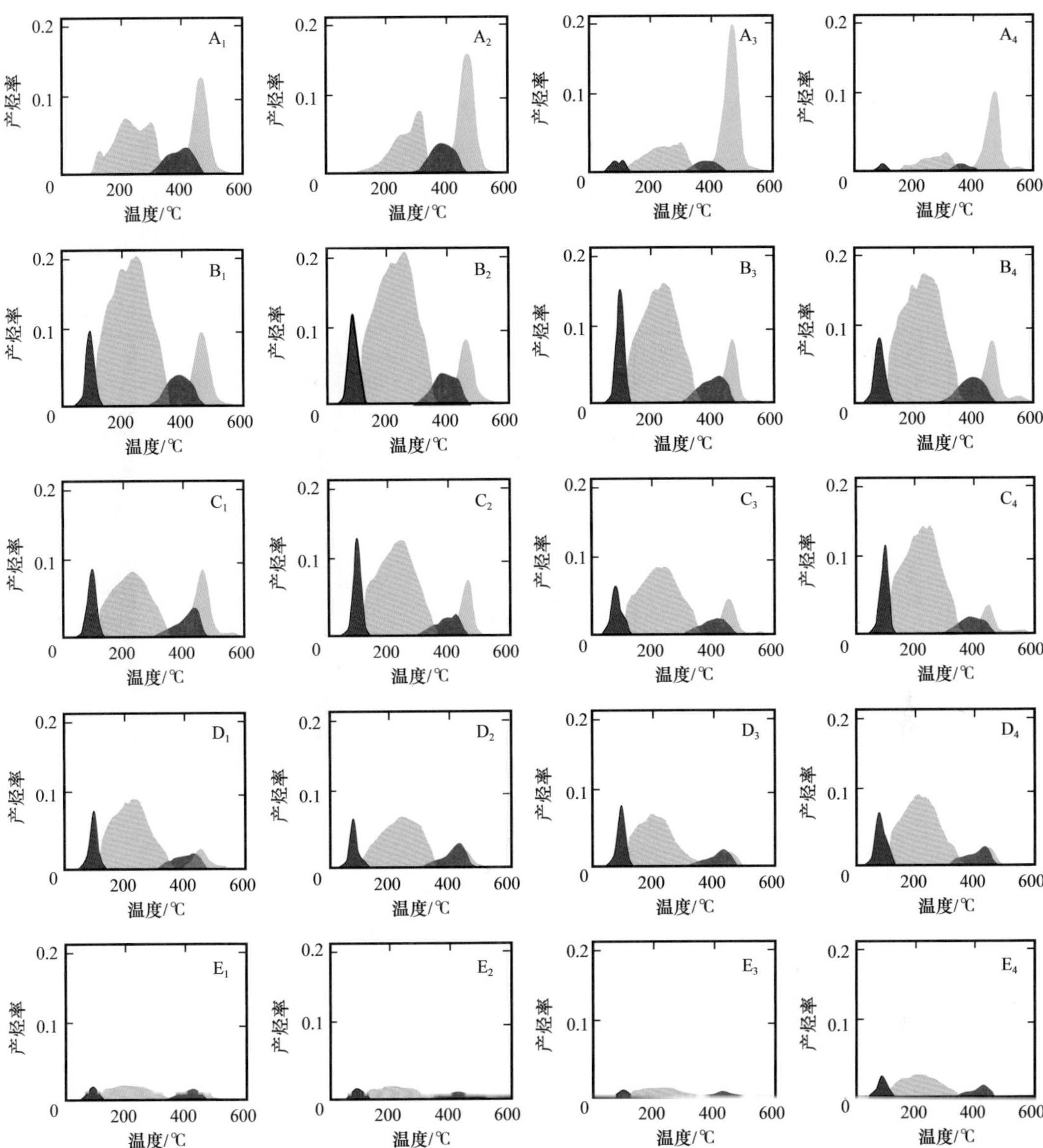

图 1–2–13　江汉盆地某井潜江组盐间和盐内页岩样品中游离烃、吸附烃 / 互溶烃和干酪根热解烃组成分组与变化特征

其中第一行选用的样品为盐内样品，其余为盐间样品；紫色为气态—挥发烃，橙色为轻质—中等密度的游离烃，红色为重质烃或吸附烃，蓝色为干酪根热解烃

分析认为原油的组成是影响潜江页岩储层原油流动性的主要因素。在单步热解过程中，总含油量可以自然地分成 3 组（图 1–2–13）。第 1 组，在 80～110℃时出现第 1 个陡峰，代表的是气态—挥发烃类组分（图 1–2–13，B 和 C 紫色部分），这部分代表了可采烃量的主体部分。第 2 组，分布于 100～350℃，产物对应轻质—中等密度的游离烃，是样品中游离烃的主体，但是不同成熟度烃源岩样品中这部分烃类的组成特征存在差异，比如在低成熟样品中它们出现在温度大于 300℃的区间（图 1–2–13，A_2 橙色部分），而在高

成熟样品中则出现在200℃左右（图1-2-13，D_3橙色部分）。在石油开采过程中，这部分轻质—中等密度的游离烃的采收率一般较低，但如果与气态—挥发烃混合也可以被开采出来。第3组，重质烃或吸附烃（图1-2-13，红色部分），由于液体与岩石表面的相互作用力而吸附于干酪根和或岩石骨架表面，很难解吸下来，也是3组中占比最小的。3组组分的占比关系对于原油的流动性和可采关系十分重要。通过热解数据解析，分析潜江凹陷盐间页岩烃类组成、油产率纵向变化（图1-2-14），对于识别有利层段具有重要指导意义。

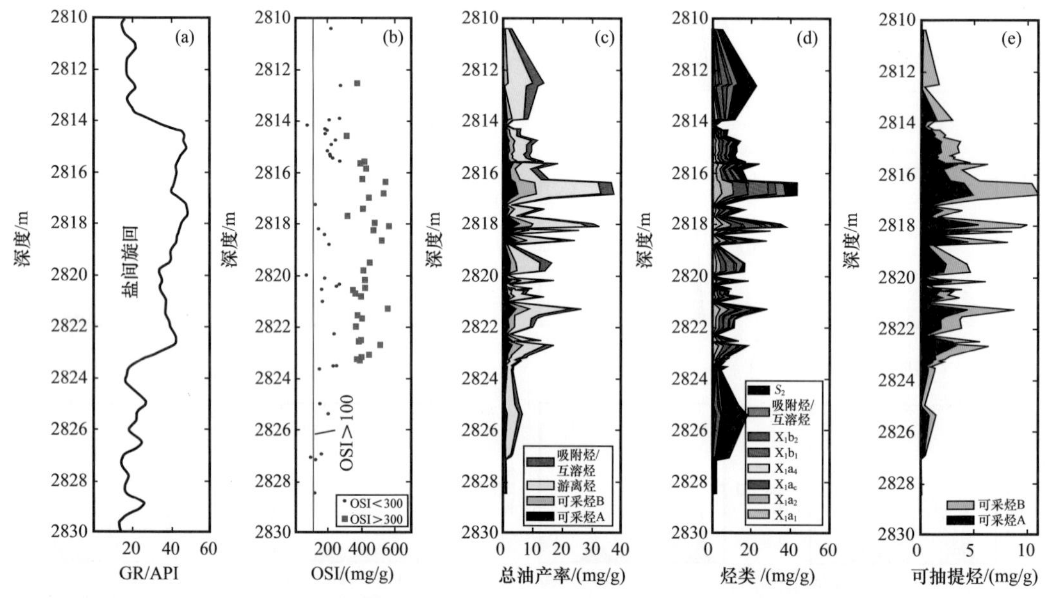

图1-2-14 江汉盆地某井潜江组取心段测井和地球化学参数纵向变化

（a）自然伽马测井曲线；（b）OSI；（c）单步热解法恢复的总含油量，包括游离烃和吸附烃/互溶烃、游离烃中只有部分轻质—中等密度烃类组分在弹性开采条件下的技术可采量；（d）岩石中生烃潜量，包括游离烃、吸附烃/互溶烃和热解烃；（e）轻质—中等密度烃类组分在弹性开采条件下的技术可采量

第三节 重点探区页岩油赋存机理与富集主控因素

北美海相页岩油气的成功开发为中国陆相页岩油巨大的资源潜力转化为现实产量带来了希望。目前，对陆相页岩油的研究与探索尚处于起步阶段，对能否在陆相页岩层系尤其是富有机质泥页岩层段中实现页岩油规模化开采还远没有达成共识。北美海相层系页岩油勘探开发实践表明，稳定宽缓的构造背景、大面积分布的优质烃源岩及大面积分布的致密顶底板是页岩油形成的基本条件，而合适的热演化程度、地质和工程“甜点”控制着页岩油的规模富集（Wood L，2010；Aplin A C，2010；Breyer J A，2012；Camp W et al.，2013；Breyer J A，2016）。与北美相比，中国地质构造演化稳定性较差，沉积盆地类型多、分割性和后期活动性强，发育淡水湖泊、混积湖泊与咸化湖泊等多种沉积体系，

相变快、岩性复杂、储盖组合多样。陆相烃源岩层系非均质性、成岩改造作用、裂缝发育程度及其与致密顶底板的配置关系，控制着中国陆相页岩油“甜点”分布规律和富集高产能力。

一、北美海相页岩油形成与富集宏观条件

1. 稳定宽缓的构造环境是页岩油的有利背景

稳定宽缓的构造背景是形成页岩油的前提条件。页岩油形成需要具备大面积分布的优质烃源岩和稳定分布的直接区域盖层（顶底板）。稳定宽缓的构造背景有利于优质烃源岩和区域盖层发育，因此构造相对稳定的生烃凹陷——斜坡沉积背景是形成页岩油的前提条件。事实上，烃源岩层无一例外地存在于世界上所有的含油气区，在海相克拉通盆地、前陆盆地、陆相断陷盆地和凹陷盆地中。虽然不同类型沉积盆地烃源岩发育和展布特征有所差异，但共同特点是要求沉积体系具有稳定的构造背景、充足的营养物质供给有利于原地生物繁盛、安静的水体环境有利于沉积有机质保存、适宜的沉积速率有利于有机质富集（Tyson R V et al.，1991）。

美国已经投入大规模商业开发的页岩油区带与页岩气区带具有相似的构造和沉积背景，但烃源岩热演化程度相对较低，处于大量生油至轻质油—凝析油气阶段。据美国能源信息署（EIA，2017）资料，美国页岩油主要产自威利斯顿盆地巴肯（Bakken）区带、墨西哥湾盆地西部鹰滩（Eagle Ford）区带、二叠盆地伯恩斯普林（Bone Spring）和沃夫坎（Wolfcamp）等区带、阿纳达科（Anadarko）盆地伍德福（Woodford）区带、丹佛盆地奈厄布拉勒（Niobrara）区带、阿巴拉契亚盆地马塞勒斯（Marcellus）区带及沃斯堡盆地巴奈特（Barnett）区带。其中二叠盆地、鹰滩区带和巴肯区带是美国三大主力产区。加拿大已经获得商业突破的页岩油区带主要分布在西加拿大盆地，其形成的构造沉积背景与美国西部落基山脉以东的古生代克拉通盆地和中生代前陆盆地相似。主要页岩油区带包括上泥盆统 Duvernay 组页岩、侏罗系 Nordeg 组页岩等（Capp，2018）。

2. 大面积分布的优质烃源岩是页岩油形成的资源基础

优质烃源岩的发育是形成规模页岩油的主要条件。美国东北部阿巴拉契亚盆地发育多套富有机质黑色页岩（Zagorski W A et al.，2012）。其中，中泥盆统马塞勒斯页岩分布面积为 114000km^2，资源潜力最大。这些页岩发育于 Avalon 微大陆与北美大陆碰撞挤压形成的前陆盆地浅海沉积环境，由老到新地层向克拉通超覆并且逐渐减薄，马塞勒斯页岩的厚度从造山带前缘大于 200m 减薄到克拉通边缘 10m 以下，有机质丰度 TOC 从低于 1% 增加到 15% 左右。这些黑色页岩的形成时间及其与不整合面的对应关系、同时异相的生物礁体高度、底栖藻类化石证据以及交错层理等沉积构造特征，指示这些黑色页岩主要沉积于水深小于 50m 浅水地区的季节性和间歇性缺氧或贫氧环境（Sageman B B et al.，2003）。

威利斯顿盆地面积为 340000km^2，晚泥盆世到早石炭世巴肯（Bakken）组纵向上划分为 8 个岩性段，发育上下两套黑色页岩（图 1-3-1），优质烃源岩全盆范围内广泛分布

（Pollastro R M et al.，2012）；上下页岩厚度均介于 5～12m，这些黑色纹层状泥页岩形成于海相深水缺氧环境，有机质丰度 TOC 高达 10%～14%，氢指数（HI）最高到 900mg/g，生烃潜力巨大。巴肯组中部以泥质粉砂岩、生物碎屑砂岩和钙质粉砂岩为主，致密油 / 页岩油产层面积大于 70000km^2。

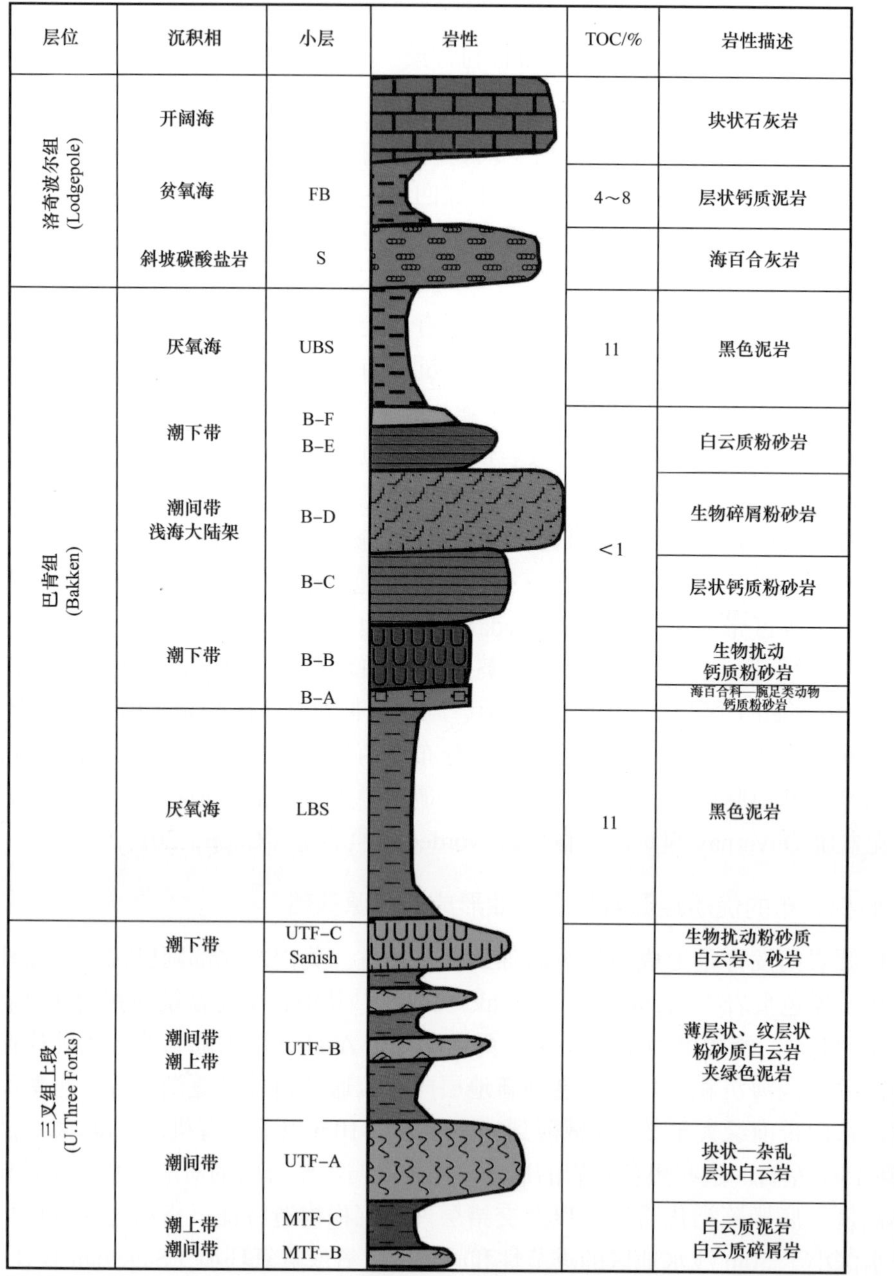

层位
沉积相
小层
岩性
TOC/%
岩性描述
洛奇波尔组 (Lodgepole)
开阔海
块状石灰岩
贫氧海
FB
4～8
层状钙质泥岩
斜坡碳酸盐岩
S
海百合灰岩
巴肯组 (Bakken)
厌氧海
UBS
11
黑色泥岩
潮下带
B–F
B–E
白云质粉砂岩
潮间带
浅海大陆架
B–D
<1
生物碎屑粉砂岩
B–C
层状钙质粉砂岩
潮下带
B–B
生物扰动
钙质粉砂岩
B–A
海百合科—腕足类动物
钙质粉砂岩
厌氧海
LBS
11
黑色泥岩
三叉组上段 (U.Three Forks)
潮下带
UTF–C
Sanish
生物扰动粉砂质
白云岩、砂岩
潮间带
潮上带
UTF–B
薄层状、纹层状
粉砂质白云岩
夹绿色泥岩
潮间带
UTF–A
块状—杂乱
层状白云岩
潮上带
潮间带
MTF–C
MTF–B
白云质泥岩
白云质碎屑岩
50ft

图 1-3-1 威利斯顿盆地上泥盆统—下石炭统巴肯页岩及其致密顶底板地层柱状图

位于墨西哥湾盆地西北部的鹰滩组，在得克萨斯州西部陆上分布面积为 30000km^2。受沉积时古地貌的控制，鹰滩组总厚度变化范围从几米到一百多米不等，在页岩油开发区主要厚度在 90～120m 之间（Donovan A D et al.，2016）。鹰滩组分为 5 个岩层单元，从底部向上依次为动荡水体条件下的风暴岩（A）、下鹰滩页岩段（B、C）和上鹰滩页岩段（D、E），下段是目前页岩油气的主要目的层，顶底板分别为 Austin 灰岩和 Buda 灰岩。其中，下鹰滩页岩段形成于海侵和海进环境，又分为 B 和 C 两个亚段。B 亚段富含富有机质黑色页岩，有机质丰度 TOC 为 2%～8%，平均值为 5%；而 C 亚段为高自然伽马值和斑脱岩夹层的黑色页岩。上鹰滩页岩段形成于海退环境，生物扰动较为活跃，有机质丰度 TOC 为 2% 左右（Grabowski G J，1995；Robison C R，1997）。上鹰滩页岩段由富含碳酸盐岩夹层页岩亚段（D）和富含黏土矿物页岩亚段（E）构成。

位于得克萨斯州西部和新墨西哥州东南部的二叠盆地，面积约为 174000km^2，从寒武系到白垩系都有烃源岩和油气发现，发育多套页岩油层系，每套层系的厚度都在 300m 以上，是典型的超级盆地，发现的油气资源大部分来自古生界（Jackson J et al.，2008）。二叠盆地为叠合盆地，盆地演化过程中主要经历了前寒武纪裂谷、寒武纪—密西西比纪被动陆缘和宾夕法尼亚纪前陆 3 个原型盆地演化阶段，盆地在中新生代进入后前陆期的克拉通沉降阶段，盆地现今构造形态主要形成于二叠纪（Dickerson P W et al.，2013）。二叠系地层厚度最大，一般约 2500m，是盆地最主要的产层，且发育多套烃源岩。其中，沃夫坎（Wolfcamp）组是盆地中最重要的烃源岩层（Baumgardner R W et al.，2014）。由于差异构造演化，沃夫坎组沉积早晚两期构造形成了上粗下细的沉积旋回。沃夫坎组沉积早期构造强度大，中央台地快速隆升，两侧次盆发生差异沉降；（Delaware）盆地沉降速率较高，可容纳空间增大，在深盆区沉积了厚层泥页岩；而（Midland）盆地沉降速率较低，沉积了较薄的泥页岩；在盆地周缘陆架区和中央台地区发育碳酸盐岩台地相沉积。沃夫坎组沉积晚期沉降速率仍然较高，但构造运动开始减弱，盆地可容纳空间减小，盆地中心泥页岩沉积范围和厚度不断减小，而周边和中央台地区碳酸盐岩台地相沉积作用以加积为主，碳酸盐岩台地斜坡快速抬升，形成陡坡，有利于各种重力流沉积，直接覆盖于盆地相泥页岩沉积之上，形成泥页岩和碳酸盐岩互层沉积。同时，在 Midland 盆地东北部陆架地区由于陆源碎屑的输入，在局部地区形成泥岩和碎屑岩互层沉积。沃夫坎组烃源岩有机质丰度普遍较高，TOC 平均值为 3.25%，TOC 大于 2% 的烃源岩占总量的 80% 以上，具备优越的生烃潜力（Dutton S P et al.，2005；Schenk C J et al.，2008）。

3. 区域性致密顶底板控制页岩油远景区分布

烃类在烃源岩层系中大量滞留是页岩油规模富集的必要条件，需要烃源岩层系具备大面积连续分布的致密顶底板，作为富有机质页岩层系的直接或间接封盖层，对烃源岩内部生成的油气形成有效地垂向或侧向封堵。这些顶底板具有多种岩石类型和岩石组合。

如威利斯顿盆地巴肯页岩地层的顶板为密西西比系底部的洛奇波尔组石灰岩和上覆的 Madison 群石灰岩地层（Pollastro R M et al.，2012）（图 1-3-1）。洛奇波尔组为开阔海到台地边缘相碳酸盐岩地层，岩性主要为块状灰岩、纹层状钙质泥岩、含海百合灰岩，其中形成于亚氧化条件下的纹层状钙质泥岩 TOC 为 4.0%～8.0%，是盆地中已经发现的常规油气储层的主力烃源岩。Madison 群区域性分布广泛，其中台地边缘相石灰岩是常规油气的主要储层。巴肯页岩的底板为上泥盆统三叉（Three Forks）组，自上而下发育潮下带生物扰动粉砂质白云岩/粉砂岩、潮间—潮上带薄层的具波状层理的纹层状粉砂质白云岩与绿色泥岩互层、潮间带块状—杂乱层状白云岩、潮上—潮间带白云质泥岩/白云质碎屑，是盆地中致密油勘探的主要目的层。尽管巴肯页岩的生烃量占威利斯顿盆地总生烃量的 80% 左右，由于致密顶底板的存在，它们对上覆地层常规油气资源量的贡献只有 5% 左右，仅仅出现在几个顶板破碎的断裂带附近（Chen Z H et al.，2009）。

二叠盆地含有多套油气生储盖组合，其中中—上二叠统生油层和储油层最为重要（Jackson J et al.，2008）。里奥纳德（Leonard）组和沃夫坎组黑色页岩为重要的生油层系，礁灰岩和台地相石灰岩、与蒸发岩伴随的礁后粉砂岩、深水浊积扇和水道充填砂岩等为主要储油层系，蒸发盐岩为良好的盖层。生储盖层接触关系以侧变式和垂向交替为主。这种源储共生关系是二叠盆地常规油、致密油和页岩油多种赋存方式共存及油气资源十分丰富最重要的地质条件。

4. 烃源岩热演化程度控制页岩油核心区分布

沉积盆地在埋藏和热演化过程中，生烃母质一般经历了未熟、低熟到高—过成熟阶段，生成的油气从富含杂原子的重油、正常黑油、轻质油、凝析油到湿气和干气。在经历初次运移之后，仍有相当比例的烃类滞留在烃源岩层系中。因此，烃源岩层系热演化程度控制着页岩中烃类产物的性质以及页岩油的分布。美国已经投入规模商业开发的页岩油区带大多处于中—高成熟阶段的生烃凹陷区。这些地区的烃源岩层系不仅含油率高，而且流动性好，是页岩油勘探的核心区域。从生烃中心向盆地外围，烃源岩热成熟度变化和源储组合控制着油气从源内、近源向远源的有序分布。

墨西哥湾盆地鹰滩组地层由北西向南东倾斜，页岩埋深变化大，形成包括原油、凝析油气和干气 3 个不同类型的烃类成熟度窗口（Donovan A D et al.，2016）。其中正常原油和轻质油埋深为 1520～3500m，R_o 为 0.88%～1.10%，目前的页岩油产量主要来自镜质组反射率范围在 1.1%～1.3% 的区域，主要是与湿气伴生的轻质油和凝析油。

二叠盆地多套烃源岩目前处于生油阶段（Baumgardner R W et al.，2014）。其中沃夫坎组整体处于生油高峰期，既有通过侧向运移和垂向运移向上覆地层中常规储层供油的良好条件，又有向紧邻致密储层供油和原位页岩油富集的物质基础。目前，二叠盆地常规油气主要集中在中央隆起区，并不断向两侧盆地内部扩展（Dutton S P et al.，2005；Schenk C J et al.，2008）。由于多套烃源岩层系叠置，二叠盆地中心的页岩油和致密油已经成为美国石油产量增长最快的产区。根据前人的工作，奈厄布拉勒（Niobrara）组是所谓的“热页岩”（hot shale），页岩油和致密油富集带往往与异常高压和地热异常区密切相关（Sonnenberg S A et al.，1993）。

5. 烃源岩储层“甜点”控制页岩油局部富集

烃源岩储层“甜点”区为页岩油的大面积分布与局部富集奠定了储集条件。烃源岩层系储层虽然总体致密，但受沉积相、成岩作用与裂缝作用控制，局部发育“甜点”。

烃源岩储层主要由细粒沉积岩构成，岩石化学成分、沉积结构、沉积组构和有机质含量是烃源岩储层岩相划分的基础，陆源碎屑矿物成分成熟度和结构成熟度奠定了储层原生孔隙发育的基础，内生矿物结晶程度和重结晶程度、烃类演化、有机酸形成和有机无机相互作用等控制储层次生孔隙的形成。纵向上各种岩相组合和平面上岩相带分布控制了烃源岩层储集物性的宏观分布及其品质。

巴肯组中段是威利斯顿盆地巴肯页岩储层的“甜点”。巴肯组上、下段页岩将巴肯组中段夹持其中，形成良好的源储组合。巴肯组中段由多个岩性段组成（Alexandre C S et al.，2011）。其中，陆源碎屑物源来自东北部的加拿大地盾，自东向西沉积环境由陆缘海逐渐过渡为浅滩、海湾潟湖至陆相河流冲积平原沉积。在这些岩性段中，既有致密储层，在局部地区又有常规储层。致密储层的孔隙类型主要为粒间孔和溶蚀孔，孔隙度为 10%～13%，渗透率为 0.1～1mD，主力储层段为形成于近海陆架—下临滨面环境下的致密白云质粉砂岩和粉砂质白云岩，厚度在 5～10m 之间。进入生烃门限后，生烃增压导致烃源岩异常高压的形成，生成的烃类由烃源岩排出，进入邻近的储层。巴肯组上段页岩在全盆地分布，与广泛分布的致密储层匹配良好，巴肯组致密储层有利分布面积达 70000km^2。

二叠盆地沃夫坎组优质烃源岩与致密储层在垂向上交替分布，在两类岩性储层中都存在“甜点”，页岩油和致密油分布明显受到储层“甜点”区分布的影响（Dutton S P et al.，2005；Schenk C J et al.，2008）。“下源上储、源储互层”源储配置关系对油气充注成藏具有重要的控制作用，为致密油和页岩油共生提供了优越的先天条件。富有机质页岩早期压实排水和成岩作用通常会导致紧邻的储层致密化。由于储层物性差、非均质性强，且缺乏断层、不整合等运移通道，只能短距离近源或源内成藏。油气运移的驱动力主要有浮力、构造应力和异常流体压力。烃源岩层系排烃效率决定了烃源岩和致密储层中油气分配的比例，而对烃源岩中烃类富集和致密油成藏起主要作用的是烃源岩生烃过程中产生的异常高压。与烃源岩互层的致密储层主要是重力流沉积，沉积物源主要来自盆地中央台地和周围陆架。因此，靠近中央台地和陆架地区致密储层是该层系的首要“甜点”区，致密储层厚度、物性和脆性均较好，初始产量高。受陆源碎屑物质注入的影响，Midland 盆地东部陆架区陆源碎屑岩储层局部发育，具有较好的物性和岩石脆性条件。由于 Midland 盆地烃源岩比 Delaware 盆地差，致密储层“甜点”区对整个地区产量的控制作用更加明显。

鹰滩组页岩油储层的“甜点”以鹰滩组下段上部富有机质页岩为主（Grabowski G J et al.，1995；Robison C R et al.，1997），其矿物组成以碳酸盐岩为主（67%），石英含量在 20% 左右，泥质含量较低（低于 10%）。这些黑色页岩密集段中碳酸盐岩组分以钙质生物碎屑和泥晶灰岩形式存在，页理发育，由泥灰质有机质富集层和富含生物碎屑的纹层构成，孔隙度为 3%～10%、平均为 6%，渗透率为 0.004～1.3mD。高—过成熟阶段鹰滩组富有机质页岩以有机质孔隙为主（有机质孔隙占岩石总孔隙的 80%～90%），方解石和石英粒间孔次之。溶孔、晶间孔发育，岩石骨架颗粒小，有机质孔隙呈不规则蜂窝状，孔隙大小为几纳米到几百纳米，而矿物粒间孔直径在1μm左右。地层压力系数为1～1.8MPa/100m，原油密度为0.8～0.84g/cm^3，多为以页岩气伴生的轻质油和凝析油。

成岩作用是控制烃源岩层系储集性能的关键。富有机质页岩在经历压实作用之后，岩石基质孔隙能否得以保存，后期成岩作用能否形成次生孔隙，决定了烃源岩储层能否形成"甜点"。富有机质页岩与有机质丰度较低的致密砂岩和致密碳酸盐岩成岩作用最大的差异是有机质在成岩过程中的作用。烃源岩层系早期压实排水作用，往往会导致非烃源岩夹层致密化。富有机质页岩热演化生烃过程往往伴随着大量的有机酸形成，为烃源岩层系中次生孔隙的形成创造了有利条件。同时，烃源岩中烃类的存在会有效抑制烃源岩内部矿物基质的成岩作用，从而有利于孔隙的保存。因此，烃源岩层系中有机质富集的纹层发育段往往比块状贫有机质夹层具有更好的储集物性。

裂缝是控制储层渗透率的重要因素。在盆地边缘和内部基底断层附近、构造斜坡带和局部构造发育带，应力作用会造成不同尺度的垂直或高角度构造裂缝。取决于断裂活动的强度和伴随的裂缝体系的尺度，构造裂缝对烃源岩层系中页岩油/气的保存具有两面性。例如，阿巴拉契亚盆地罗马地嵌周边的基底断裂既控制了马塞勒斯富有机质页岩和上覆Tully灰岩顶板的沉积范围，又对马塞勒斯页岩的埋藏和生烃具有重要的制约作用。与基底断层多期活动伴随的天然裂缝体系（如Tyrone–Mt.Union断裂带）是盆地中油气垂向运移的主要通道，对马塞勒斯页岩以及下伏地层中油气富集具有负面影响（Zagorski W A et al.，2012）。与此相反，在威利斯顿盆地，与宽缓的低幅度构造所伴生的裂缝体系对巴肯页岩中油气局部富集起建设性作用，只有在盆地北部沿Nesson断裂带有部分顶板遭受断裂破坏，导致巴肯页岩生成的少量油气在上覆地层中聚集（Chen Z H et al.，2009）。构造宽缓的生烃凹陷区，当沉积埋藏将地层主应力从垂直应力转化为水平应力之后，地层中原有沉积层理和纹理因岩石力学性质固有差异会促进水平裂缝的发育。生烃高峰之前形成的构造裂缝有可能被后期成岩作用所胶结，也可能被运移烃充注而得以保存。

在生烃高峰和更高成熟度阶段的烃类生成、重质烃向轻质烃转化以及天然气形成，会导致烃源岩孔隙中烃类体积膨胀，从而形成生烃增压微裂缝。生烃增压和异常高压带形成的微裂缝体系往往由于烃类的存在而得到很好的保存。裂缝对总孔隙度的提高贡献不大（一般小于1%），但对渗透率的增加作用很大，一般可提高渗透率至少一个数量级，不仅提高了烃源岩储层的渗流能力，而且为页岩油大面积连续分布提供了运移通道。

6. 烃源岩储层双"甜点"控制页岩油富集高产

页岩油"甜点"区通常表现为页岩储层厚度大、物性好、裂缝发育、脆性强等，这些特征正是页岩油富集高产的重要因素。例如，Zagorski（2012）对马塞勒斯页岩油气富集高产要素进行了综合分析，发现热成熟度、TOC含量、页岩储层埋藏深度、地层压力梯度、页岩储层厚度、孔隙度和渗透率、原地含气量、基底断层与构造复杂性、天然裂缝发育程度、水平井钻井轨迹及地层可压性11项要素对马塞勒斯页岩产能都有影响。

墨西哥湾盆地西北部鹰滩页岩储层由于碳酸盐矿物含量高，地层较软，杨氏模量在1×10^6～2×10^6psi之间，泊松比为0.25～0.27，支撑剂很容易嵌入。目前在处于正常生油窗口的烃源岩层系中页岩油生产还没有取得大规模商业性突破，而主要液态烃富集高产区集中在处于高—过成熟阶段的轻质油和凝析油气页岩产层（Donovan A D et al.，2016）。

威利斯顿盆地巴肯组页岩油系统中存在两种类型的页岩油“甜点”，即裂缝型富有机质成熟页岩段和与成熟富有机质页岩层相邻的贫有机质层段。两种类型的页岩油“甜点”均受高含轻质油富有机质成熟页岩、异常压力及微裂缝控制，同时与成熟富有机质页岩层相邻的贫有机质层段也受后期成岩作用的改造制约（李志明等，2015）。威利斯顿盆地巴肯页岩油富集高产要素，包括（1）巴肯组上、下页岩段的热成熟度和生烃潜力；（2）所处盆地部位的构造复杂程度；（3）巴肯组中段岩相和岩石力学特征；（4）下伏三叉组上部是否存在 Sanish 砂岩段（Pollastro R M et al.，2012）。

二、重点探区陆相页岩油形成与富集条件

陆相沉积体系在盆地规模、构造稳定性和沉积类型上与北美海相盆地存在显著差异，进而造成中国陆相页岩油和北美海相页岩油在形成、演化和富集特征方面存在诸多差异性。与北美海相页岩油形成与富集条件比较，具有以下几个方面的差异：

（1）陆相页岩油形成的构造环境整体稳定性较差。（2）烃源岩具有规模小、变化大，烃源岩品质相对较差的特征，受中国区域大地构造和陆相沉积成盆环境的影响，中国页岩油主力烃源岩在年代、盆地类型、岩性和沉积环境方面都具有多样性。从晚古生代二叠系到新近系均有烃源岩分布，在盆地类型上，有二叠系到三叠系的陆内坳陷盆地、侏罗系到白垩系的前陆盆地，中新生代的断陷和坳陷盆地；岩性和沉积环境上有陆相淡水、半咸水和咸化湖盆环境形成的泥岩、泥灰岩、泥页岩、页岩和沉凝灰岩等。导致烃源岩分布规模变化大，连续厚度变化大，干酪根类型变化大，不同地区页岩油资源潜力变化大。（3）湖盆面积小、陆相沉积体系相带窄、相变快，导致主要烃源岩层系的区域性致密层顶底板地层分布面积整体较小，横向非均质性强。（4）陆相烃源岩的生烃热演化动力学和烃类产物与北美海相烃源岩的存在巨大差异：陆相原油含蜡量高于海相原油，陆相原油裂解成气活化能也高于海相原油；陆相成烃有机质非均质性强，生烃活化能差异大；咸化湖泊有机质大量生烃阶段早于半咸水和淡水湖泊有机质。（5）陆相页岩油“甜点”区分布点多、面积小，富集高产能力相对较差。下面以中国石化陆相页岩油勘探重点探区为例来论述陆相页岩油形成与富集条件。

1. 江汉盆地潜江凹陷盐间细粒沉积岩

潜江凹陷位于江汉盆地中部，为典型内陆盐湖盆地，潜江组沉积时期为盆地的沉降中心、汇水中心、浓缩中心，发育一套厚达 3000～6000m 的盐系地层，主要由碎屑岩和化学岩构成，纵向上发育 193 个盐韵律，盐间夹持的细粒沉积岩，一般厚度 5～10m，单层最大厚度约 38m。在前期常规油气勘探过程中揭示：多套盐间细粒沉积岩尤其是潜 3^4–10 韵律盐间细粒沉积地层油气显示异常丰富，在蚌湖向斜带均呈现“油浸”的特点，多口井钻获工业油流，其中 3 口钻井发生强烈井喷，日喷油量达千吨，初步估算仅潜 3^4–10 韵律盐间页岩油地质资源量达 1.12×10^8t，展示了潜江凹陷盐间细粒沉积岩具有良

好的页岩油勘探开发前景。故以潜 3^4–10 韵律盐间细粒沉积岩为例，开展潜江凹陷盐间细粒沉积岩页岩油形成与富集条件评价。

1）潜江凹陷盐间页岩油形成与富集的地质背景

江汉盆地是前白垩系褶皱基底之上发育起来的中—新生代内陆断陷盐湖盆地。潜江凹陷是江汉盆地中部一个较大的次级构造单元，是盆内最重要的富烃凹陷，其北部和东南部分别以潜北断裂和通海口断裂为界，东北和西南则分别与岳口低凸起和丫角新沟低凸起相接，凹陷面积约 2500km^2。潜江凹陷为受北东向正断层控制的双断箕状凹陷，自下而上发育白垩系渔洋组，古近系沙市组、新沟嘴组、荆沙组、潜江组、荆河镇组，以及新近系广华寺组、第四系平原组，其中新沟嘴组和潜江组为两套生储油层系。潜江组是古近纪时期在高盐度、强蒸发、封闭性、潮湿与干旱气候交替环境下形成的一套巨厚的富岩盐沉积层系，盐间细粒沉积岩岩性组成复杂，由复成分的蒸发盐矿物、碳酸盐矿物及陆源的黏土和细碎屑矿物以及少量火山碎屑组成的混积岩。潜江组沉积时期，其构造演化大致可分断陷、断坳和坳陷三个阶段。渐新世末期的Ⅰ期喜马拉雅运动，使凹陷整体抬升，凹陷边缘的潜江组地层遭受不同程度剥蚀，其剥蚀强度自凹陷周缘向凹陷中心减弱，现今构造定形，盐湖消亡。在准平原化后为新近系及第四系的河流、沼泽沉积所覆盖。

潜江组可划分为潜一段（Eq_1）、潜二段（Eq_2）、潜三段（Eq_3）、潜四段上亚段（以下简称潜四上亚段，$Eq_4{}^{上}$）和潜四段下亚段（以下简称潜四下亚段，$Eq_4{}^{下}$）共 5 个段，共包含 21 个油组、193 个Ⅲ级盐韵律层，其中潜三段包括 $Eq_3{}^1$、$Eq_3{}^{1x}$、$Eq_3{}^2$、$Eq_3{}^3$、$Eq_3{}^{3x}$、$Eq_3{}^4$ 共 6 个油组和 17 个Ⅲ级韵律层。潜 3^4–10 韵律是指潜三段 4 油组（$Eq_3{}^4$）Ⅲ级盐韵律小层编号为 10 的层段，潜 3^4–10 韵律盐间细粒沉积岩厚度一般介于 6～10m，主要发育含碳块状泥岩相、含碳块状云灰质泥岩相、富碳纹层状云质泥岩相、富碳纹层状泥质云岩相以及含碳块状钙芒硝充填云质泥岩相五种类型岩相，不同地区主要岩相类型不同，在蚌湖向斜带主要发育富碳纹层状泥质云岩相和富碳纹层状云质泥岩相（图 1–3–2）。其中，富碳纹层状泥质云岩相为盐间页岩油储层中的优势岩相，是当前潜江凹陷盐间页岩油勘探开发最有利的目标层段。

2）潜江凹陷盐间页岩油形成与富集条件

（1）潜 3^4–10 韵律盐间细粒沉积岩总体是一套好—优质烃源岩，可为页岩油形成与富集提供充足的物质基础。为了评价潜 3^4–10 韵律盐间细粒沉积岩的烃源品质，本节在对潜江凹陷页岩油专探井 / 兼探井（BYY2 井、BYY1HF 井、W99 井、W4X7–7 井）潜 3^4–10 韵律盐间细粒沉积岩岩心精细观察描述基础上，系统采集了典型样品（5～30cm 间隔）并开展热解等分析。潜 3^4–10 韵律盐间细粒沉积岩的 TOC 与生烃潜量 PG（S_1+S_2）关系图解（图 1–3–3）显示，潜 3^4–10 韵律盐间细粒沉积岩总体是一套好—优质烃源岩，TOC 介于 0.35%～7.29%，平均为 2.46%（n=242）。其中，TOC≤1.00% 的样品仅占总研究样品的 14.46%，1.00%＜TOC≤2.00% 的样品占总研究样品的 30.17%，TOC＞2.00% 的样品占总研究样品的 55.37%。与同样属盐湖沉积的柴达木盆地英西地区下干柴沟组上段页岩油层系的 TOC 介于 0.60%～2.20%，主要介于 1.00%～1.20%（张道伟等，2020）相比，

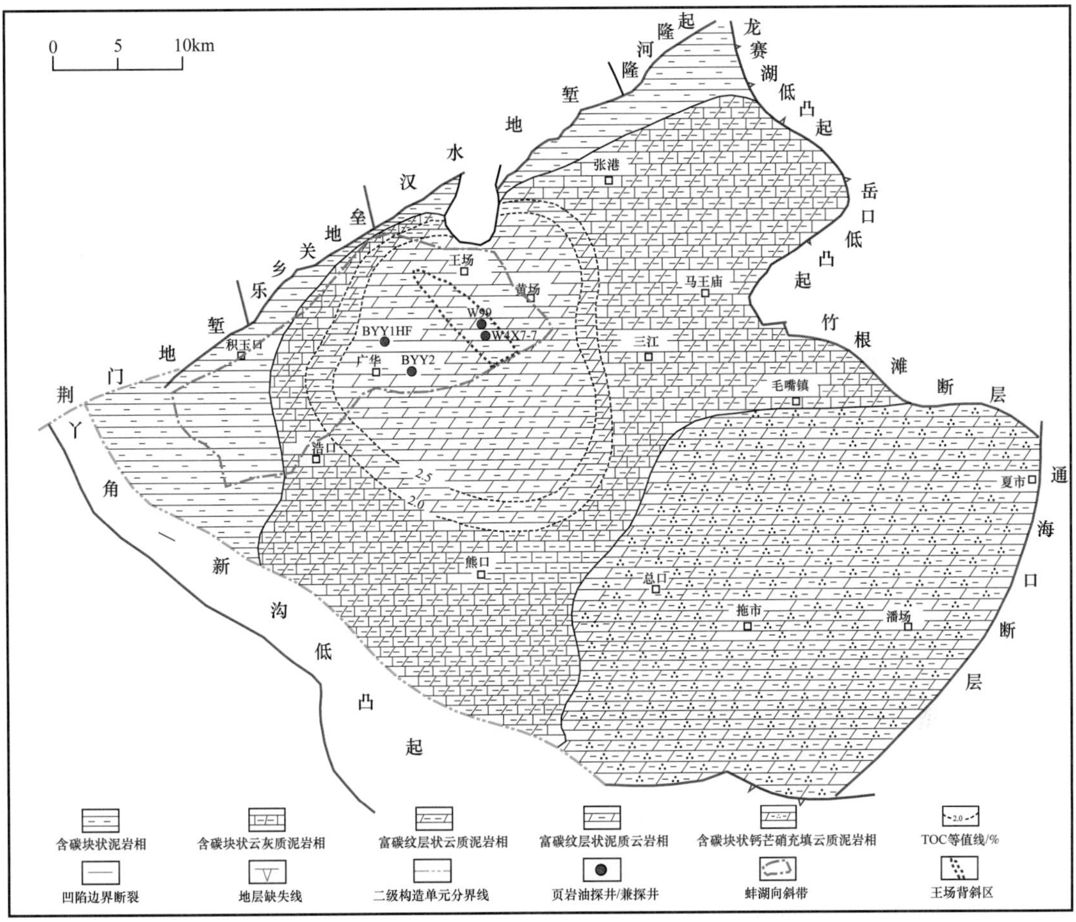

图 1-3-2　潜江凹陷潜 3^4-10 韵律盐间细粒沉积岩相图

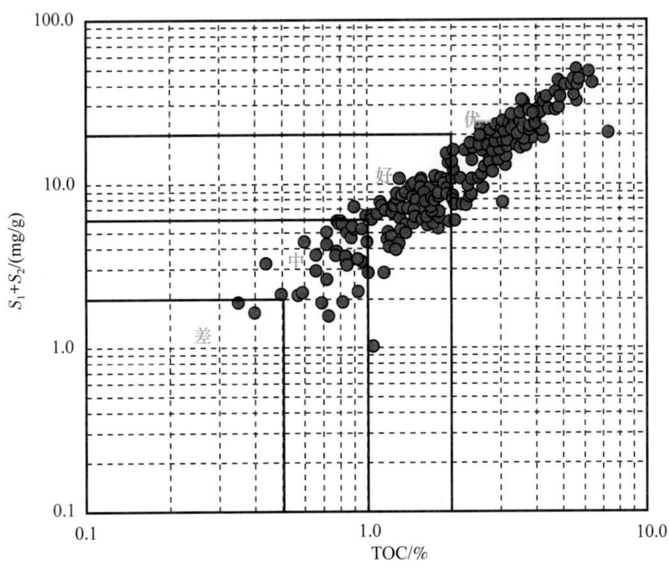

图 1-3-3　潜江凹陷潜 3^4-10 韵律盐间细粒沉积岩 TOC 与 S_1+S_2 图解

潜 3^4–10 韵律盐间细粒沉积岩生烃条件明显优越得多。生烃潜量 PG（S_1+S_2）介于 1.03～50.23mg/g，平均为 14.67mg/g（n=242），其中生烃潜量 PG（S_1+S_2）≤6.00mg/g 的样品仅占总研究样品的 20.25%，6.00mg/g<生烃潜量 PG（S_1+S_2）≤20.00mg/g 的样品占总研究样品的 53.72%，生烃潜量 PG（S_1+S_2）>20.00mg/g 的样品占总研究样品的 26.03%，以好—优质烃源品质为特征，且源储一体，可为盐间页岩油形成与富集提供充足的物质基础。

对潜 3^4–10 韵律盐间细粒沉积岩典型样品开展有机岩石学分析揭示，有机质以腐泥组无定形体组分（含量介于 68.3%～98.1%、平均 83.3%，n=62）和富氢次生组分（含量介于 2.0%～31.7%、平均 16.6%，n=62）为主，仅个别样品中偶见少量镜质体和孢子体；同时，盐间细粒沉积岩中普遍发育矿物沥青基质，含量可达 13%～25%、平均 17%（n=62），其形成应与沉积时期强还原环境和细菌等微生物发育密切相关（李贤庆等，1997）。热解与有机岩石显微组分特征表明潜 3^4–10 韵律盐间细粒沉积岩有机质类型以 II_1 为主，次为 I 型，少量 II_2 型，这与方志雄（2002）、王柯等（2011）和李乐等（2019）的认识基本一致。典型样品抽提物生物标志物分析揭示，沉积水体表层光合作用带浮游生物发育，并且喜盐底栖生物也是成烃生物的重要来源；另外检测到光合作用绿硫菌标志物——绿细菌烷，指示光合作用带为厌氧环境，利于有机质保存。因此，水体分层、光合作用带厌氧、浮游藻和喜盐细菌勃发，是潜 3^4–10 韵律盐间细粒沉积岩整体形成好—优质烃源岩的主要原因。

（2）潜 3^4–10 韵律盐间细粒沉积岩现今处于生排油高峰期，利于页岩油形成与富集。热演化程度不仅控制富有机质细粒沉积岩中含油性、烃类流体性质、赋存状态与可动性等特征，而且还控制着页岩油勘探有利区的分布。美国海相页岩油的勘探开发实践表明，已经投入规模商业开发的页岩油区带大多处于中—高成熟度阶段的生烃凹陷区，页岩层系不仅含油性好，并且流动性好，是页岩油勘探的核心区域。潜江凹陷蚌湖向斜带（蚌湖—王场地区）潜 3^4–10 韵律盐间细粒沉积岩现今顶界埋藏深度主要处于 1700～3550m，其中王场背斜带主要处于 1700～2600m，蚌湖洼陷区则处于 2800～3550m。付鑫等（2012）研究结果表明：蚌湖向斜带王场地区的地温梯度最高（3.66℃/100m），烃源岩进入生烃的门限深度也最小（1679m）。根据潜江凹陷现今埋深—镜质组反射率关系方程及 FAMM 分析结果显示 II_1 型烃源岩实测镜质组反射率抑制在 0.22% 左右，王场背斜带潜 3^4–10 韵律盐间细粒沉积岩主要处于低熟阶段（0.55%<$R_{o\,校后}$≤0.70%），而在蚌湖洼陷区则处于成熟阶段（0.70<$R_{o\,校后}$≤1.24%）。而盐类物质对泥质烃源岩生排烃过程的影响模拟实验研究表明，盐类的存在可以明显加速成烃演化，使有机质在相对较低和较窄的热演化区间（0.70<R_o≤0.80%）实现快速生油，达到最大油气产率，并且油气产率也显著提高。为了揭示潜 3^4–10 韵律盐间细粒沉积岩典型含盐白云质页岩的主生油高峰期的成熟度范围，利用潜页平 2 井取心段潜江组三段下部未熟含盐富有机质白云质页岩样品开展生排油模拟实验研究。结果表明（图 1–3–4）含盐富有机质白云质页岩的主生油成熟度范围在 0.59%～0.85% 之间，在成熟度 0.85% 时生油产率达到最大值 851kg/t，在成熟度 0.79% 左右时滞留油产率达到最大值 652kg/t。很显然，即使在王场地区成熟度为 0.55%<$R_{o\,校后}$≤0.70% 时，其生油产率已介于 325～600kg/t，只是排油能力有限。而在潜江凹陷蚌

湖洼陷区潜 3^4–10 韵律盐间细粒沉积岩现今已处于生排油高峰期，一方面为近原位页岩油富集提供了丰富的烃源，另一方面排出油可以通过侧向运移向尚处于低成熟演化阶段的王场背斜区聚集，形成以运移油为主页岩油富集。

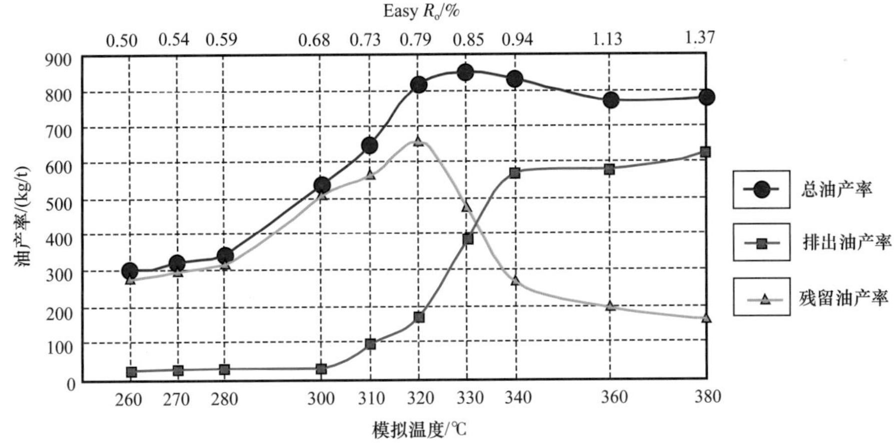

图 1-3-4　潜江凹陷含盐富有机质白云质页岩生排烃模拟结果

（3）潜 3^4–10 韵律盐间细粒沉积岩储集条件优越，为页岩油赋存与富集提供有效储集空间。国内外主要页岩油产层的孔隙度统计结果（表 1-3-1）显示，除渤海湾盆地沧东凹陷孔二段和柴达木盆地下干柴沟组上段外，无论是海相页岩油储层还是陆相页岩油储层，其孔隙度峰值主要介于 5.0%～12.0%。

表 1-3-1　潜江凹陷潜 3^4–10 韵律盐间细粒沉积岩与国内外页岩油产层岩性、孔隙度对比

	盆地与层系	页岩油产层主要岩性	孔隙度峰值范围 /%	备注
国外	威利斯顿盆地巴肯组	粉砂岩、云质砂岩、白云岩	5.0～2.0	据赵文智等（2020）
	墨西哥湾盆地鹰滩组	页岩、泥质岩	6.0～12.0	
	二叠盆地沃夫坎组	粉砂岩、泥质岩	8.0～12.0	
国内	准噶尔盆地芦草沟组	云质粉砂岩、泥质白云岩	6.0～14.0	
	渤海湾盆地孔店组二段	页岩、泥岩、粉砂岩、云灰质泥岩、白云岩	3.0～7.0	
	鄂尔多斯盆地延长组 7 段	页岩、泥岩、粉细砂岩	5.0～12.0	
	柴达木盆地下干柴沟组上段	泥岩、页岩、泥质白云岩、泥质灰岩	4.0～6.0	据张道伟等（2020）
	江汉盆地潜 3^4–10 韵律	泥质白云岩、白云质泥岩、会质泥岩、钙芒硝充填云质泥岩	5.0～13.0	本书

潜江凹陷两口页岩油专探井（BYY 2 井和 BYY 1HF 井）潜 3^4–10 韵律盐间细粒沉积岩典型样品的孔隙度与渗透率分析结果如表 1-3-1 和图 1-3-5、图 1-3-6 所示。其中，

BYY 2 井潜 3^4–10 韵律盐间细粒沉积岩典型样品孔隙度分析结果介于 0.2%～16.7%，峰值分布范围为 5.0%～13.0%，平均为 8.7%（n=50）；BYY 1HF 井潜 3^4–10 韵律盐间细粒沉积岩典型样品孔隙度分析结果介于 1.6%～12.9%，峰值分布范围为 5.0%～12.0%，平均为 6.6%（n=32）。很显然，潜江凹陷潜 3^4–10 韵律盐间细粒沉积岩的孔隙度峰值分布范围与国内外页岩油产层的孔隙度峰值分布范围相当，并且明显好于沧东凹陷孔店组二段和柴达木盆地下干柴沟组上段页岩油产层的孔隙度峰值。同时两个探井典型样品的渗透率分析结果显示，BYY 2 井潜 3^4–10 韵律盐间细粒沉积岩渗透率介于 0.0095～23.68mD，峰值分布范围为 0.40～9.88mD，平均 5.37mD（n=24）；BYY 1HF 井潜 3^4–10 韵律盐间细粒沉积岩渗透率介于 0.0082～131.44mD，峰值分布范围为 0.59～71.92mD，平均 24.01mD（n=10）。这表明潜江凹陷潜 3^4–10 韵律盐间细粒沉积岩储集条件优越，为盐间页岩油赋存、富集提供了有利的储集空间。

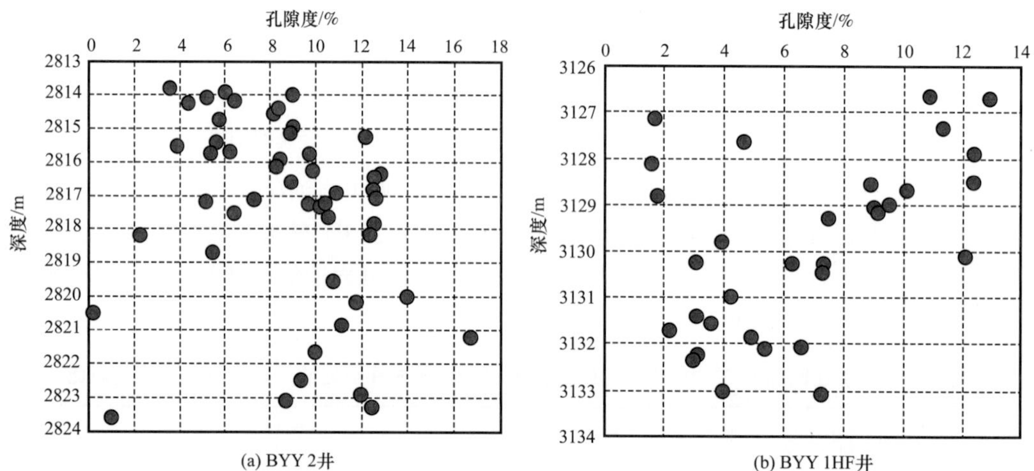

图 1-3-5 潜江凹陷 BYY 2 井和 BYY 1HF 井潜 3^4–10 韵律盐间细粒沉积岩孔隙度—深度图

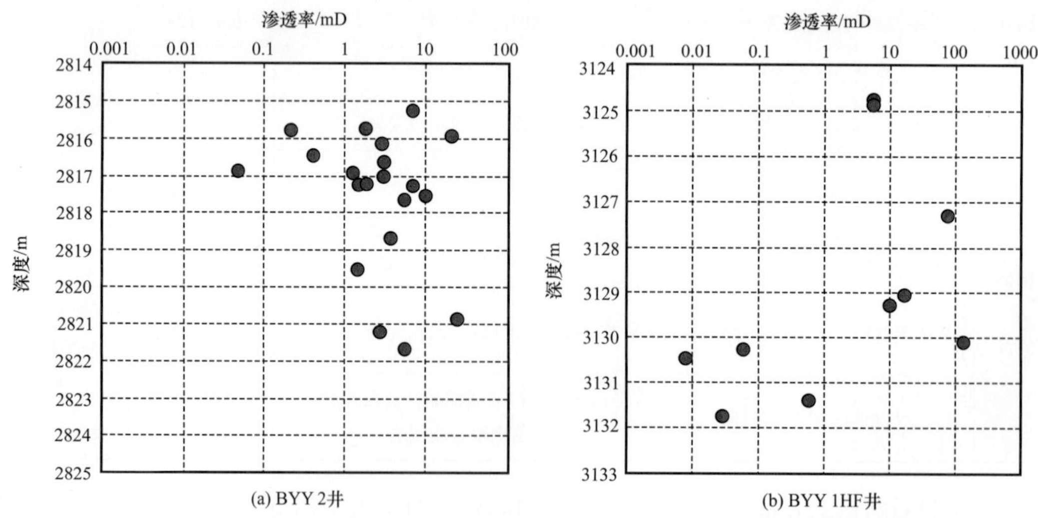

图 1-3-6 潜江凹陷 BYY 2 井和 BYY 1HF 井潜 3^4–10 韵律盐间细粒沉积岩渗透率—深度图

对不同岩相的孔隙度分别统计表明，潜江凹陷潜 3^4–10 韵律盐间细粒沉积岩储集条件以白云岩、泥质白云岩最佳，灰质 / 白云质泥岩次之，钙芒硝岩充填云质泥岩最差。其中 BYY 2 井潜 3^4–10 韵律盐间白云岩、泥质白云岩孔隙度介于 5.7%～16.7%，峰值分布范围为 6.3%～13.0%，平均为 11.0%（n=26）；灰质 / 白云质泥岩孔隙度介于 5.2%～9.8%，峰值分布范围为 5.4%～8.9%，平均为 7.7%（n=15）；而钙芒硝岩充填云质泥岩孔隙度介于 0.2%～6.5%，峰值分布范围为 2.3%～5.5%，平均为 3.6%（n=9）；BYY 1HF 井潜 3^4–10 韵律盐间白云岩、泥质白云岩孔隙度介于 7.3%～12.9%，峰值分布范围为 9.0%～12.4%，平均为 10.5%（n=12）；灰质 / 白云质泥岩孔隙度介于 4.0%～7.5%，峰值分布范围为 4.3%～7.3%，平均为 5.8%（n=10）；而钙芒硝充填云质泥岩孔隙度介于 1.6%～3.9%，峰值分布范围为 2.2%～3.6%，平均为 2.7%（n=10）。另外，潜江凹陷潜 3^4–10 韵律盐间细粒沉积岩孔隙类型以白云石 / 方解石晶间孔、碎屑矿物粒间孔和黏土矿物层间孔为主，个别样品中尚见火山碎屑溶蚀孔，以白云石 / 方解石晶间孔、碎屑矿物粒间孔连通性较好，是页岩油的主要赋存空间。同时压汞与氮气吸附联合孔隙结构分析结果揭示，白云质泥岩、泥质白云岩和含泥质白云岩其孔隙结构具有很大差异，白云质泥岩以孔径小于 50nm 的孔隙为主，泥质白云岩以小于 80nm 的孔隙为主，而含泥质白云岩则以大于 80nm 的孔隙为主。显然岩相岩性不仅控制其储集物性，而且控制其孔隙结构，从而制约着其含油气性。

（4）潜 3^4–10 韵律盐间细粒沉积岩顶底封盖条件优越，使生成的油气在盐间细粒沉积层系内滞留富集。研究表明，蒸发岩是各类封盖层岩石中最优质的盖层（Warren J K，2016），当盐岩层厚度大于 2m 时且连续稳定分布时，就具备良好的封闭能力，可使大面积油气聚集得以保存（Warren J K，2017）；同时盐岩在各类蒸发岩类中韧性最强，兼具门限压力高和极低渗透性的特性（Downey M W，1984）。在潜江凹陷的蚌湖向斜南带，潜 3^4–10 韵律盐间细粒沉积岩的上部和下部分别以连续分布且累计厚度 15～23m 和 6～11m 的盐岩层（盐内局部兼夹一些厚 1～6cm 不等的含盐泥页岩薄层）作为顶板和底板，由王场背斜区至蚌湖向斜南区，上、下盐岩的厚度总体呈现增厚的趋势。蚌湖斜坡带和王场背斜区潜 3^4–10 韵律盐间细粒沉积岩内页岩油生物标志物特征参数与上、下盐内泥页岩薄夹层抽提物的生物标志物特征参数明显不同，表明潜 3^4–10 韵律盐间页岩油没有进入上部和下部的盐岩层内。因此，潜江凹陷蚌湖向斜南带潜 3^4–10 韵律盐间细粒沉积岩顶底封盖条件十分优越，使潜 3^4–10 韵律盐间细粒沉积岩形成的油气均在层系内聚集形成页岩油富集，从而使其成为含油性甚佳的层系。

2. 苏北盆地溱潼凹陷阜二段

苏北盆地形成于晚白垩世仪征运动，属于苏北—南黄海盆地的陆上部分，盆地北与滨海隆起相邻，南以通扬隆起为界，西北毗邻鲁苏隆起，东抵达黄海，面积约 35000km^2。盆地基底为海相中—古生界地质实体，盖层为陆相中—新生代沉积体，包括泰州组（K_2t）、阜宁组（E_1f）、戴南组（E_2d）、三垛组（E_2s）、盐城组（N_2y）等。依据上白垩统—古近系厚度及分布特征，将盆地划分为东台坳陷、建湖隆起、盐阜坳陷 3 个一级构造单元和 24 个二级构造单元，其中东台坳陷自西而东为金湖凹陷、高邮凹陷、溱潼凹陷和海安凹陷。

苏北盆地在晚白垩世—古新世坳陷阶段受盆地构造演化、区域格局和沉积体系控制，广泛沉积了 E_1f_2、E_1f_4 两套陆相泥页岩层系，主要为半咸水沉积环境。这两套页岩层系厚度较大，页岩分布稳定，而且常规油气勘探过程中在这两套泥页岩层系均发现了油气显示，部分井试获工业油流，表明 E_1f_2 和 E_1f_4 泥页岩层系是苏北盆地页岩油勘探的主要目的层系。下面以溱潼凹陷阜二段为例，来阐述苏北盆地阜宁组页岩油形成条件。

1）苏北盆地溱潼凹陷阜二段页岩油形成与富集的地质背景

溱潼凹陷古近系最厚达 5000 余米，自下而上划分为泰州组、阜宁组、戴南组和三垛组等地层单元。系统的沉积和古构造分析表明，溱潼凹陷古近系经历了两期大的走滑伸展裂陷成盆演化和沉积充填过程，盆地总体上经历了从干旱湖盆到潮湿湖盆，从滨浅湖盆、浅湖—半深湖盆、深水湖盆，到浅湖—半深湖盆，最后为冲积平原、浅湖的充填演化过程。阜二段（Ef_2）为苏北盆地页岩油最具勘探潜力的页岩层系，该页岩层系在苏北盆地中分布广，几乎覆盖整个苏北盆地，在溱潼凹陷中主要发育半深湖—深湖沉积。阜二段纵向上可划分为 5 个亚段，底部为厚层泥灰岩夹薄层粉砂质泥岩，泥灰岩单层厚度最大可达 10m，中部为泥岩和泥灰岩组合，以及少量凝灰岩，顶部发育厚层深灰色泥岩（图 1–3–7）。

阜二段沉积早期，即 5 亚段沉积时期，湖盆处于封闭状态，蒸发量大于降水量，且周围地表径流注入少，没有陆源物质输入，水体介质以高盐度为主，湖盆咸化程度最高，由于气候干燥，不利于生物发育，因此烃源岩品质较差。阜二段沉积中期，即 2 亚段、3 亚段、4 亚段沉积时期，气候由干热向湿热逐渐过渡，降雨频发，湖平面频繁震荡，水介质逐渐向淡水环境转变，处于较强还原环境，有利于有机质生长和保存，形成优质烃源岩。阜二段沉积晚期，即 1 亚段沉积时期，湖平面持续上升，陆源生物输入较多，处于湿热气候，有利于生物生长，但水体盐度较低，处于弱还原环境，不利于有机质保存。

2）苏北盆地溱潼凹陷阜二段页岩油形成与富集条件

（1）深凹—内斜坡带阜二段是一套好—优质烃源岩且厚度大，具备页岩油形成与富集的物质基础。阜二段烃源岩以灰黑色、黑色泥岩为主，中下部夹泥灰岩、生物碎屑灰岩和油页岩，各亚段有机质丰度特征见表 1–3–2。从地球化学参数来看，1 亚段烃源岩有机质丰度中等偏低，生烃基础较差；2 亚段有机质丰度较高，生烃基础较好；3 亚段和 4 亚段烃源岩有机质丰度较高，生烃基础好；5 亚段烃源岩有机质丰度较低，生烃基础较差。

表 1–3–2 苏北盆地溱潼凹陷阜二段烃源岩有机地球化学特征

亚段	腐泥组 /%	TOC/%	S_1+S_2/（mg/g）	HI/（mg/g）
1 亚段	（56.5～70.8）/61.6	（1.09～1.98）/1.45	（0.38～9.95）/3.85	（48～547）/287
2 亚段	（88.6～96.9）/93.4	（1.56～2.76）/2.17	（3.05～12.12）/8.26	（267～509）/437
3 亚段	（65.4～96.9）/85.5	（0.81～3.49）/2.25	（1.25～25.2）/13.98	（185～828）/587
4 亚段	（64～70.4）/67.2	（1.15～4.91）/2.09	（1.81～41）/12.1	（143～822）/488
5 亚段	（30～4）/47.5	（0.99～1.04）/1.01	（2.15～3.6）/2.6	（201.12～313）/259

注：（56.5～70.8）/61.6 表示（最小值～最大值）/ 平均值。

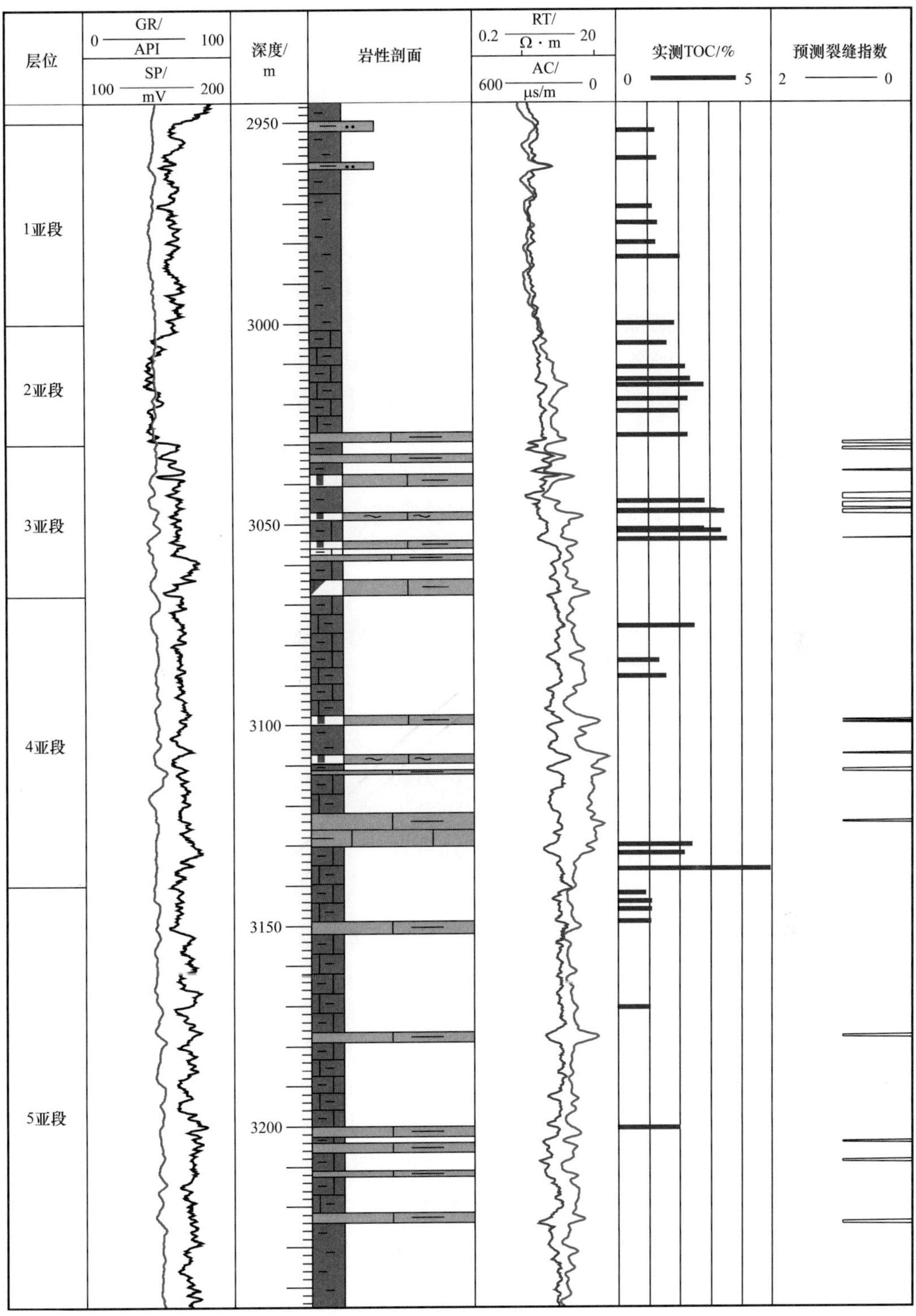

图 1-3-7　苏北盆地溱潼凹陷阜二段综合柱状图

干酪根显微组分定量统计表明，阜二段烃源岩镜质组和腐泥组的含量较高，惰质组和壳质组含量较低。其中，腐泥组含量为29.30%～97.30%、平均值为83.61%，镜质组含量为2.70%～56.30%、平均值为14.75%，壳质组平均含量为0.02%，惰质组平均含量为1.62%，类型指数为12.9%～95.3%、平均值为71.47%，说明阜二段烃源岩从Ⅰ型到Ⅲ型均有分布，但以Ⅰ型、$Ⅱ_1$型为主。同时，溱潼凹陷TOC大于2%的优质烃源岩主要分布在深凹—内斜坡带，深凹带优质烃源岩厚度可达70m以上，内斜坡带厚度介于40～70m。因此，溱潼凹陷深凹—内斜坡带具备形成与富集一定规模页岩油的物质基础。

（2）深凹—内斜坡带阜二段烃源岩处于成熟阶段，热演化程度适中。对溱潼凹陷阜二段开展热演化史模拟揭示，在溱潼凹陷深凹带，阜二段烃源岩成熟度主要处于1.0%～1.3%，局部大于1.3%，内斜坡带阜二段烃源岩成熟度则处于0.8%～1.0%，表明溱潼凹陷深凹—内斜坡带阜二段已处于成熟阶段，演化程度适中，具备页岩油形成的适合热演化条件。

为了进一步评价不同热演化阶段阜二段优质烃源岩的生排烃特征，以盐城凹陷新洋1井阜二段灰质页岩为例，开展了生排烃模拟实验研究，样品的基本特征见表1-3-3。该样品的基本地球化学特征为：TOC=4.65%、S_1=0.64mg/g、S_2=25.60mg/g、HI=551mg/g，有机质类型为$Ⅱ_1$型，成熟度R_o=0.54%。

表1-3-3 新洋1井灰质页岩基础地球化学参数表

样品号	岩性	井深/m	地质年代	S_1/mg/g	S_2/mg/g	T_{max}/℃	TOC/%	HI/mg/g	R_o校/%
新洋1-4L	灰质页岩	1613.5	Ef_2	0.64	25.60	433	4.65	551	0.54

对阜二段湖相灰色页岩烃源岩在不同温压条件下（不同热演化阶段）的生油与生烃气、排出油与残留油（滞留油）产率特征见表1-3-4。可见，随着模拟温度与压力的增高（有机质热演化程度的增大），该页岩烃源岩的生油（生烃气）、排出油与滞留油产率变化特征呈现明显差异的三个阶段，具体如下：

① 模拟温度250～300℃（R_o介于0.59%～0.68%）阶段：该阶段为灰色页岩烃源岩相对缓慢生油、生烃气很低阶段，总油产率随温度（或成熟度）的增高而缓慢增大，而烃气产率随模拟温度增高而变化很小。模拟温度250℃时总油产率和烃气产率分别为171.88kg/t和2.77kg/t，至300℃时总油产率和烃气产率分别321.16kg/t和7.47kg/t。同时，该阶段排出油产率很低，模拟温度250℃和300℃时的排出产率分别为17.94kg/t和39.27kg/t。

② 模拟温度300～350℃（R_o介于0.68%～0.84%）阶段：该阶段为灰色页岩烃源岩相对快速生油、缓慢生烃气阶段，总油产率随温度（或成熟度）的增高而明显增大，至350℃时总油产率达到最大值为631.3kg/t，而烃气产率随模拟温度增高而缓慢增大，至350℃时烃气产率为39.41kg/t。同时，该阶段排出油产率也快速增大，325℃时已增高至180.16kg/t，350℃时的排出油产率达到最大值494.28kg/t，排油效率可达78.30%。

③ 模拟温度350～375℃（R_o介于0.84%～1.20%）阶段：该阶段为灰色页岩烃源岩生

油的开始裂解成气阶段，残留油产率和排出油产率随温度（或成熟度）的增高而降低，而烃气产率则显著增大，至375℃时残留油产率和排出油产率分别120.84kg/t和311.48kg/t，烃气产率增高至117.33kg/t，排油效率可达72.05%。

上述模拟实验结果进一步表明，阜二段优质烃源岩当处于成熟度阶段时，不仅可以大量生烃，并且可以有效排烃，具备形成与富集页岩油的热演化条件。

表1-3-4　阜二段页岩不同热演化阶段生排滞产率与占比统计表

模拟温度/℃	成熟度 R_o/%	烃气产率/kg/t	排除油产率/kg/t	残留油产率/kg/t	总油产率/kg/t	总烃产率/kg/t	排除油/总油/%	残留油/总油/%
250	0.59	2.77	17.94	153.94	171.88	174.65	10.44	89.56
275	0.64	6.61	11.88	202.41	214.29	220.9	5.54	94.46
300	0.68	7.47	39.27	281.89	321.16	328.63	12.23	87.77
325	0.78	23.23	180.16	275.36	455.52	478.75	39.55	60.45
350	0.84	39.41	494.28	137.02	631.3	670.72	78.3	21.7
375	1.2	117.33	311.48	120.84	132.32	54965	72.05	27.95

（3）深凹—内斜坡带阜二段具有良好的含油气性与储集条件。2020年度中国石化华东油气分公司在溱潼凹陷深凹区部署了阜二段页岩油探井沙垛1井，现场解吸气和冷冻密闭碎样热解含油性分析结果显示：阜二段解吸气含量0.12～0.42m^3/t、平均0.30m^3/t，损失气含量0.38～1.21m^3/t、平均0.86m^3/t，总含气量0.51～1.61m^3/t、平均1.16m^3/t。同时，阜二段 S_1 和油饱和度指数（OSI）较前期其他钻井样品的常规热解分析结果明显增高，近一半样品的 S_1 大于1.0mg/g，部分样品大于2.0mg/g，OSI超过100mg/g，部分样品大于200mg/g，表明含油气性较好，具有页岩油勘探潜力（图1-3-8）。

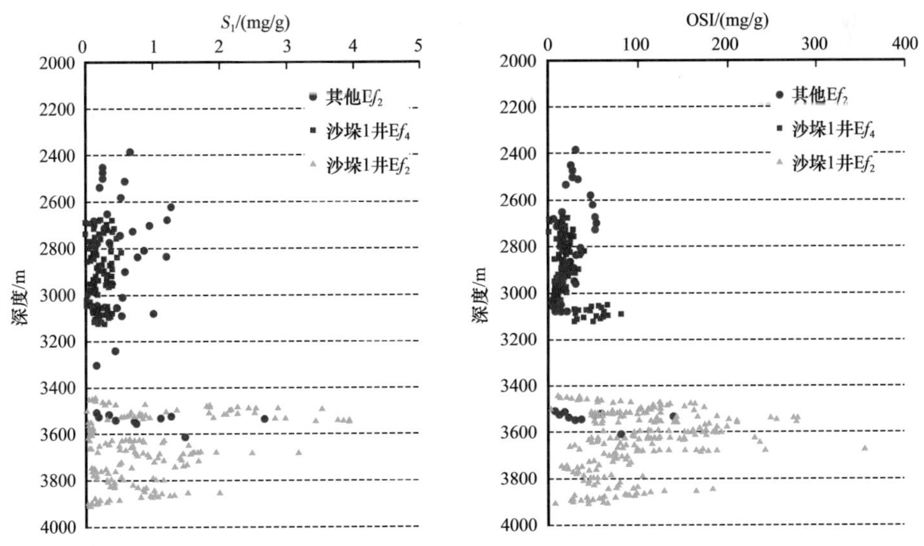

图1-3-8　苏北盆地溱潼凹陷沙垛1井阜二段 S_1、OSI与深度交会图

优选阜二段下部微裂缝发育、高气测异常段实施大斜度井——沙垛1井补充井。该井完钻井深4500m，定向段长566m，气测显示活跃（全烃含量22%～99.99%），脆性矿物含量为64%～76%，以石英、方解石、铁白云石为主，黏土矿物含量为23.9%～36%、平均为27.8%，易于压裂改造形成复杂缝网，设计分七段压裂，测试最高日产油50.89t。至2021年3月21日，已累计产油4700t，充分说明溱潼凹陷深凹带阜二段具有良好页岩油形成与富集条件，具有勘探潜力。

沙垛1井阜二段泥页岩测井解释孔隙度为7.5%～10.3%、平均8.84%。实测孔隙度5.56%～7.19%。渗透率为0.308～1.061mD、平均0.586mD。成像测井表明侵入岩以下储层有效孔隙度2.0%～6%，可动孔隙度2%～4%。储集空间主要为粒间孔和微裂缝。渗透率整体较低，但微裂缝能显著提高渗透性，具备良好的储集条件。沙垛1井阜二段岩心显示天然裂缝发育，成像测井揭示裂缝类型主要为高导缝和高阻缝，并且纹层状页理异常发育（图1-3-9），为页岩油赋存提供优越储集空间。阜二段27号至30号层（深度3692.7～3742.5m）裂缝、小断层比较发育，34号至39号层（深度3790.3～3891.7m）录井裂隙见油气且气测异常明显。应用曲率属性预测裂缝，工区裂缝主要为北东向和近东西向，剖面显示沙垛1井所处位置表现为较高曲率特征，沙垛1井补充井沿北东东向裂缝发育可能性大。

（4）深凹—内斜坡带阜二段的顶底板封盖条件较好，使生成的油气得以富集。北港1井页岩油富集段系统剖析认为，阜二段泥灰岩页岩油富集段为源储一体型油藏，北港1井初始产量22t/d，2016年8月21日至2020年9月27日期间，累计产油约1170t。地面原油密度为0.867g/cm^3，地面原油黏度18.4mPa·s，平均初馏点116.43℃，凝固点33℃，气油比46～49（原油伴生气组分齐全，甲烷和乙烷占74%），为轻质油。据声波时差曲线计算压力系数1.3，表明页岩油富集段保存条件较好。分析认为泥灰岩顶部的深湖相泥岩厚度70～80m，在整个金湖凹陷普遍发育，泥岩突破压力高，达到25.9MPa，是金湖凹陷阜二段的良好盖层；而阜二段底部为灰黑色泥岩、泥灰岩与灰色粉砂、细砂岩不等厚互层，地层厚度为80～100m，砂岩厚度为1～4m，渗透率为0.146～0.025mD，渗透性较差，油气显示不活跃，构成了页岩油富集段的良好底板。

3. 济阳坳陷沙三下亚段和沙四上亚段

1）济阳坳陷沙三下亚段和沙四上亚段页岩油形成与富集的地质背景

济阳坳陷位于渤海湾盆地东南部，东邻郯庐断裂，西北以大型基岩断裂与埕宁隆起相接，南邻鲁西隆起区，面积25510km^2，是在华北地台基底上发育的中—新生代断陷—坳陷叠合盆地，内部被青城、滨县、陈家庄、义和庄等凸起分隔成东营、惠民、沾化、车镇4个凹陷。自晚侏罗世以来，经历了燕山运动和喜马拉雅运动，发育了一系列拉张型箕状凹（洼）陷，形成了多凸多凹、相间排列的构造格局。根据构造演化、气候变化等特征，对主力烃源岩沉积时期湖盆的岩石组合、古生物组合、微量元素含量以及Eh值、pH值、古盐度、水化学性质资料进行详细分析认为，济阳坳陷沙河街组三段下亚段（简称沙三下亚段）和沙河街组四段上亚段（简称沙四上亚段）在岩性组合和古生物发育

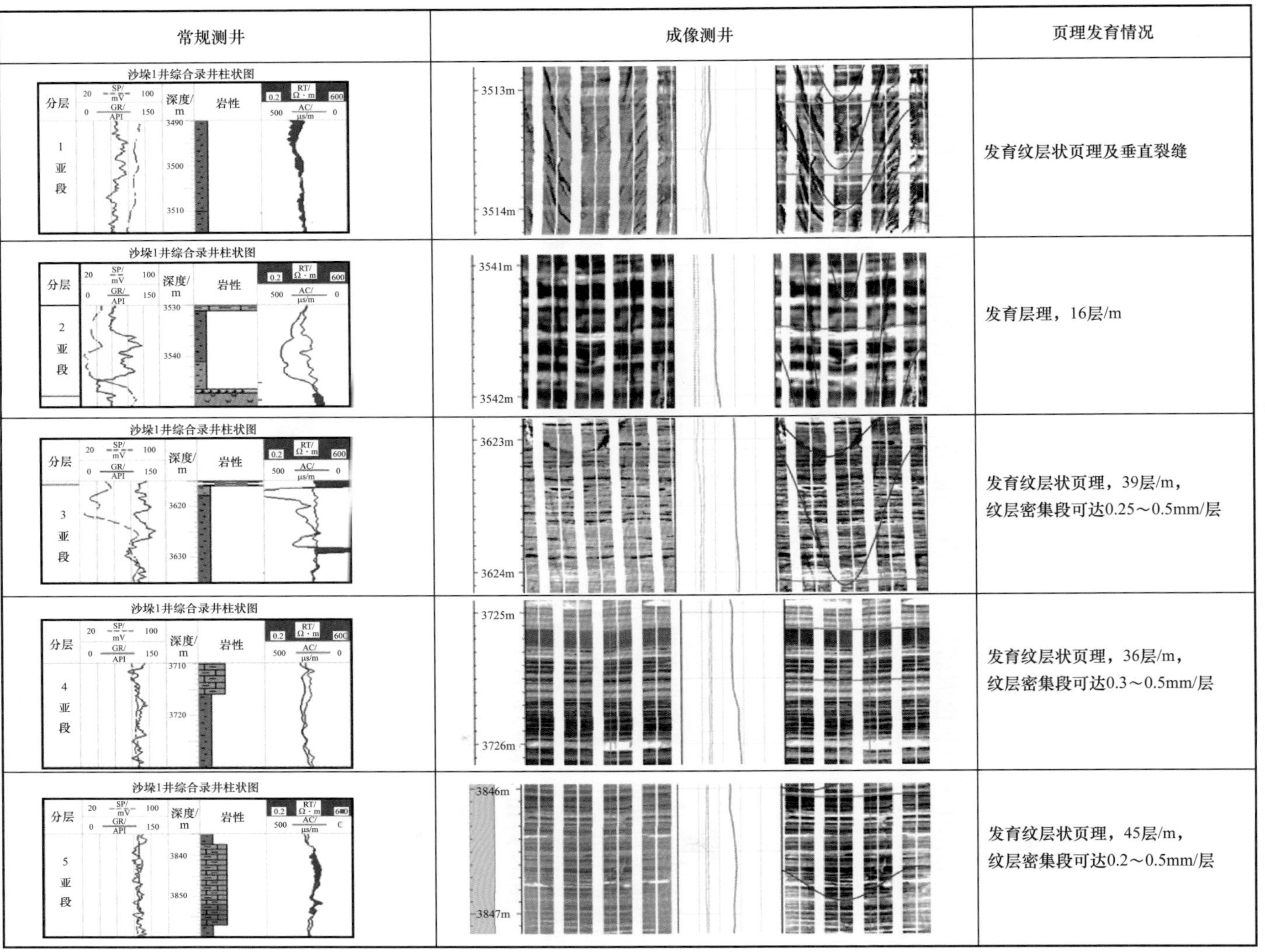

常规测井
成像测井
页理发育情况
沙垛1井综合录井柱状图
分层
深度/m
岩性
1亚段
2亚段
3亚段
4亚段
5亚段
3513m
3514m
3541m
3542m
3623m
3624m
3725m
3726m
3846m
3847m
发育纹层状页理及垂直裂缝
发育层理，16层/m
发育纹层状页理，39层/m，
纹层密集段可达0.25～0.5mm/层
发育纹层状页理，36层/m，
纹层密集段可达0.3～0.5mm/层
发育纹层状页理，45层/m，
纹层密集段可达0.2～0.5mm/层

图 1-3-9 苏北盆地溱潼凹陷沙垛 1 井富有机质纹层状泥岩页理发育图

上表现出较好的韵律性。不同盐度的藻类交错排列，真实记录了气候变化对湖泊沉积环境的影响过程。沙四上亚段和沙三下亚段沉积时期分别属于断陷加速期欠补偿沉积和断陷鼎盛期欠补偿闭流湖沉积，而沙三中亚段沉积时期为断陷鼎盛期均衡补偿和过补偿沉积。济阳坳陷优质烃源岩主要发育于欠补偿沉积期的沙三下亚段和沙四上亚段沉积时期（宋国奇等，2018）。

沙四上亚段沉积时期，济阳坳陷的沉降不均衡，烃源岩的沉积环境、沉积厚度、岩性等差别较大。在东营凹陷和沾化凹陷的渤南洼陷，沙四上亚段为一套咸水—半咸水深湖—半深湖沉积，烃源岩最为发育，岩性以灰褐色钙质纹层泥页夹含膏泥岩、泥灰岩、白云岩等，厚度也存在较大差异，从 40m 至 300m 不等。其他地区沙四上亚段烃源岩相对较差。惠民凹陷沙四上亚段以杂色泥岩、浅灰色泥岩与粉细砂岩、砂岩互层为主，烃源岩以砂岩层中夹的灰色泥岩为主。车镇凹陷为一套砂岩夹泥岩的河流冲积沉积，烃源岩以灰色泥岩及少量碳质泥岩为主。

沙三下亚段沉积时期，各凹陷沙三下亚段以一套微咸水—淡水深湖—半深湖沉积为主，在各个盆地差异不大，分布广泛。烃源岩岩性以深湖相泥岩、灰褐色油页岩及页岩为主，厚度 150～300m。该套烃源岩纹层理非常发育，为滞水环境的产物。该亚段沉积时期，济阳坳陷进入断陷鼎盛期，湖广水深，沉积物平面展布较广，岩相也最为稳定。

2）济阳坳陷沙三下亚段和沙四上亚段页岩油形成与富集条件

（1）沙三下亚段和沙四上亚段为一套好—优质烃源岩，有机质类型好，厚度大，具备页岩形成与富集的物质基础。对前期济阳坳陷页岩油专探井（沾化凹陷罗 69 井，东营凹陷樊页 1 井、牛页 1 井和利页 1 井）沙三下亚段和沙四上亚段泥页岩层系系统取心段典型样品开展热解分析揭示，沙三下亚段和沙四上亚段泥页岩层系均为一套好—优质烃源岩（图 1-3-10、图 1-3-11）。

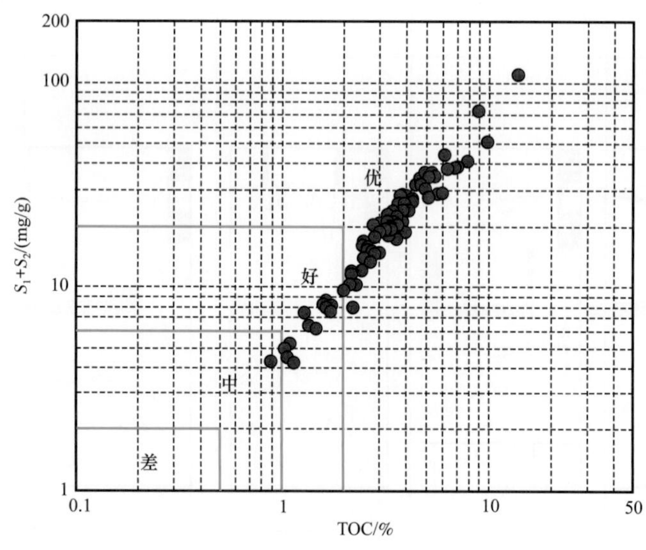

图 1-3-10　济阳坳陷页岩油探井沙三下亚段泥页岩层系烃源品质评价图

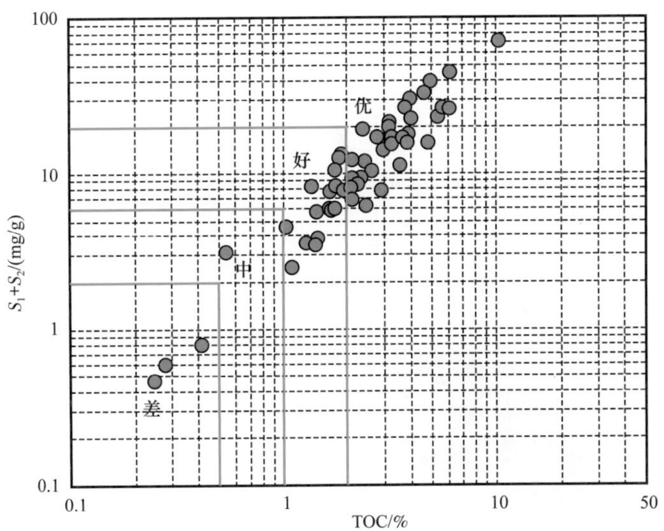

图 1-3-11 济阳坳陷页岩油探井沙四上亚段泥页岩层系烃源品质评价图

沙三下亚段 TOC 介于 0.89%～13.9%，主要介于 2.0%～8.0%，平均为 3.7%（n=88）；生烃潜量（S_1+S_2）介于 4.31～108.87mg/g，主要介于 10.00～40.00mg/g，平均为 22.09mg/g（n=88）。沙四上亚段 TOC 介于 0.3%～10.3%，主要介于 1.0%～7.0%，平均为 2.7%（n=50）；生烃潜量（S_1+S_2）介于 0.49～71.34mg/g，主要介于 6.00～40.00mg/g，平均为 13.209mg/g（n=50）。同时研究表明，沙四上亚段和沙三下亚段有机质主要来源是水生生物，有机质类型以Ⅰ型和$Ⅱ_1$型为主，具有很强的生烃能力，加上两套富有机质页岩发育厚度大，具备页岩油形成与富集的丰厚物质基础。

（2）沙三下亚段和沙四上亚段泥页岩层系含油气性好，在生油窗内游离油占总滞留油的比例随成熟度增大而增高。前期页岩油专探井沙三下亚段和沙四上亚段泥页岩层系含油性评价结果如图 1-3-12 至图 1-3-15 所示。

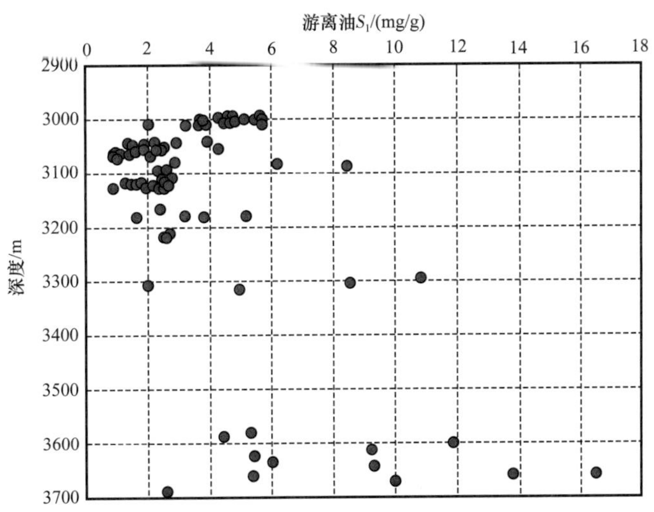

图 1-3-12 济阳坳陷页岩油探井沙三下亚段泥页岩层系游离油 S_1 含量与深度交会图

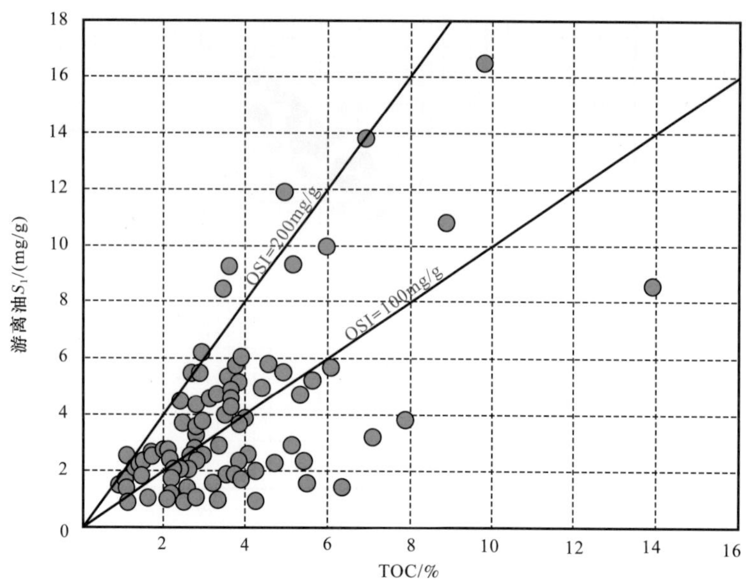

图 1-3-13　济阳坳陷页岩油探井沙三下亚段泥页岩层系 TOC 与游离油 S_1 交会图

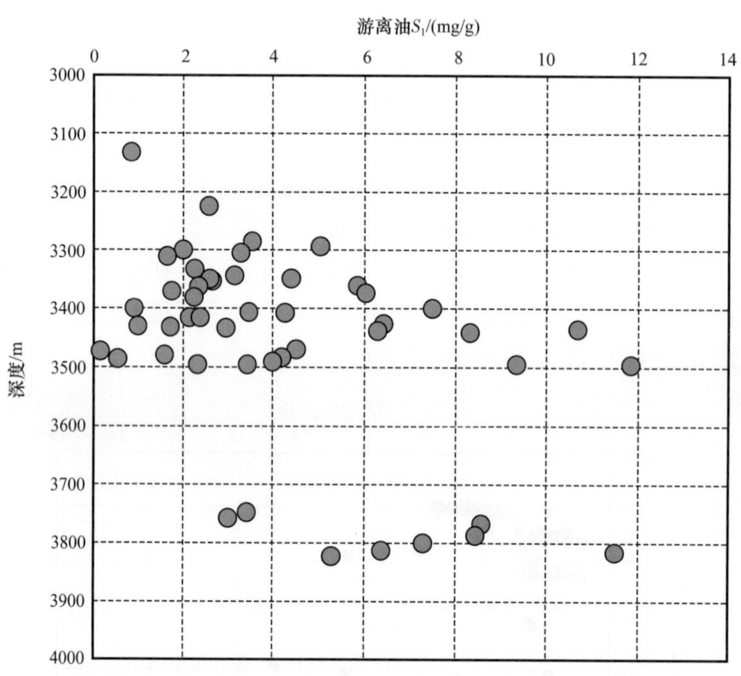

图 1-3-14　济阳坳陷页岩油探井沙四上亚段泥页岩层系游离油 S_1 与深度交会图

沙三下亚段泥页岩层系热解游离油 S_1 介于 0.89～16.50mg/g，主要介于 2.00～10.00mg/g，平均为 3.83mg/g（n=88），并且油饱和度指数（OSI）普遍大于 100mg/g，平均为 110mg/g（n=88），随埋藏深度增大其热解游离油 S_1 呈增高趋势。沙四上亚段泥页岩层系热解游离油 S_1 含量介于 0.17～11.85mg/g，主要介于 2.00～10.00mg/g，平均为 4.19mg/g（n=50），并且油饱和度指数（OSI）普遍大于 100mg/g，平均为 164mg/g（n=50），随埋藏深度增

大其热解游离油 S_1 含量也呈增高趋势。对东营凹陷 3 口页岩油探井（樊页 1 井、牛页 1 井和利页 1 井）沙三下亚段—沙四上亚段取心段典型样品的多温阶热解分析结果解剖表明：轻质烃校正后游离油 S_{1-1}、游离油 S_{1-2} 以及总游离量均值均以利页 1 井最高，次为牛页 1 井，樊页 1 井最低；而吸附—互溶油量均值则以牛页 1 井最高，次为利页 1 井，樊页 1 井最低。同时樊页 1 井、牛页 1 井和利页 1 井取心段滞留油均以游离态赋存的油为主，总游离油量均值分别占总含油量均值的 63.65%、64.69%、73.25%，其中轻质烃校正后游离油 S_{1-1} 均值分别占总含油量均值的 21.28%、21.22%、24.32%，与中—低成熟湖相富有机质泥页岩中互溶—吸附油 S_{2-1} 含量占总含油量的 68%～84%（平均达 75%），而总游离油量仅占总含油量的 16%～32%（平均 25%）（李志明等，2017），具有显著差异。

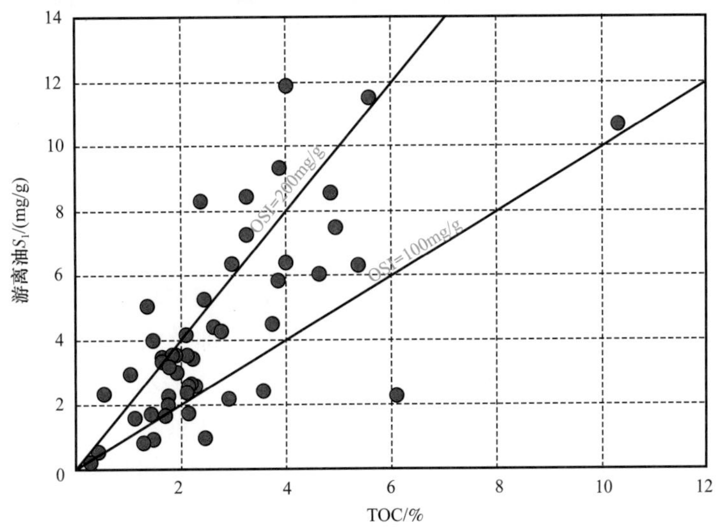

图 1-3-15　济阳坳陷页岩油探井沙四上亚段泥页岩层系 TOC 与游离油 S_1 交会图

樊页 1 井、牛页 1 井、利页 1 井 3 口页岩油探井沙三下亚段—沙四上亚段取心段互溶—吸附油 S_{2-1} 占总含油量的百分率均总体随深度增大（成熟度增高）而降低，而总游离量占总含油量的百分率均总体随深度增大（成熟度增高）而增高。这应与随着热成熟度增高，歧化作用导致固体有机质杂原子脱出较多，有机大分子结构逐渐芳构化，极性相对降低，使得页岩中油与干酪根间互溶—吸附能力相对降低有关。东营凹陷页岩油专探井樊页 1 井、牛页 1 井、利页 1 井取心段与沾化凹陷新义深 9 井出油段典型样品不同赋存状态油量对比结果如图 1-3-16 所示。很显然，樊页 1 井沙三下亚段—沙四上亚段取心段典型样品的轻质烃校正后游离油 S_{1-1} 平均含量、游离油 S_{1-2} 平均含量与总游离油平均含量均明显低于新义深 9 井出油段典型样品的结果，牛页 1 井沙三下亚段—沙四上亚段取心段典型样品的轻质烃校正后游离油 S_{1-1} 平均含量、游离油 S_{1-2} 平均含量与总游离油含量则均与新义深 9 井出油段典型样品的结果基本相当，而利页 1 井沙三下亚段—沙四上亚段取心段典型样品的轻质烃校正后游离油 S_{1-1} 平均含量、游离油 S_{1-2} 平均含量与总游离油含量均显著高于新义深 9 井出油段典型样品的结果。

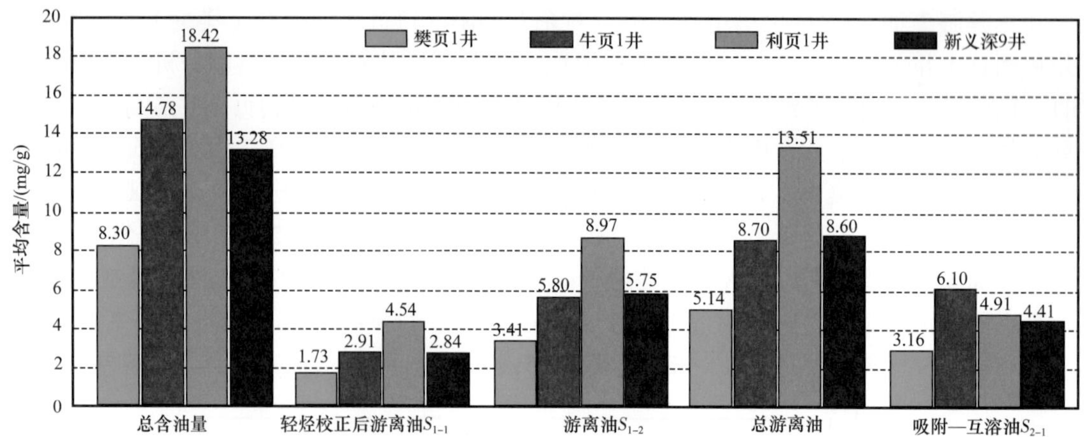

图 1-3-16　东营凹陷页岩油探井取心段与沾化凹陷新义深 9 井出油层段不同赋存状态油平均含量对比图

（3）沙三下亚段和沙四上亚段纹层状页岩为最有利储集岩相，产出的页岩油源自纹层状页岩。济阳坳陷东营、沾化凹陷沙三下亚段和沙四上亚段泥页岩层系多尺度储集空间表征分析结果揭示：纹层状页岩为最有利储集岩相，纹层发育的岩相通常由富有机质纹层和储集条件较好的长英质或碳酸盐纹层交互而成，形成良好的生储组合。济阳坳陷咸水湖相纹层状泥质灰岩、纹层状灰质泥岩，不仅具有相对较好的储集物性，而且宏孔相对发育，含油性也相对更高。东营凹陷樊页 1 井页岩油及纹层状页岩和块状页岩抽提物弱极性大分子化合物高分辨质谱分析结果（图 1-3-17）揭示：樊页 1 井页岩油与纹层状页岩抽提物组成相近，反映页岩油源自富有机质纹层状页岩。同时从原油及块状和纹层状页岩抽提物高分辨质谱细节放大图（图 1-3-17 右侧图）可以看出：在原油和纹层状页岩中 DBE 分别为 13、12 和 11 的含氮化合物的分布中 DBE 为 12 的含量最高，其质谱峰分布形态相似；在块状页岩抽提物中 DBE 为 13 和 12 的相对含量相当，而 DBE 为 13 的含氮化合物相对丰度最高。这些进一步揭示东营凹陷樊页 1 井页岩油中弱极性化合物分布与纹层状页岩抽提物相近，与块状页岩无关，反映页岩油源自纹层状页岩。

（4）沙三下亚段和沙四上亚段富有机质泥页岩层系在洼陷区与内斜坡带热成熟度适宜，处于生油窗内，具有异常压力，利于页岩油形成与赋存、富集。针对济阳坳陷沙三下亚段和沙四上亚段富有机质泥页岩镜质体缺乏或富氢而导致实测 R_o 值受到明显抑制的问题，利用中国石化石油勘探开发研究院无锡石油地质研究所建立的可有效解决镜质组反射率抑制的 FAMM 技术，对济阳坳陷东营凹陷不同深度段典型样品开展的等效镜质组反射率（EqVR）结果进行了整理，建立了现今埋藏深度与成熟度的关系图解（图 1-3-18），为厘定济阳坳陷沙三下亚段和沙四上亚段富有机质泥页岩真实成熟度奠定基础。

结合东营凹陷各洼陷带沙三下亚段和沙四上亚段富有机质泥页岩的埋深，依据埋深与成熟度关系图，厘定了东营凹陷沙三下亚段和沙四上亚段富有机质泥页岩层系在洼陷带与内斜坡带主要处于生油窗内，热演化程度适宜。同时，典型富有机质泥页岩样品的生排烃模拟实验结果（图 1-3-19）表明，在成熟阶段（R_o 为 0.80%～1.30% 时），不仅处于生烃高峰阶段，也处于排烃高峰阶段，气油比较高，油气可动性较好。因此，济阳坳陷各洼陷区的

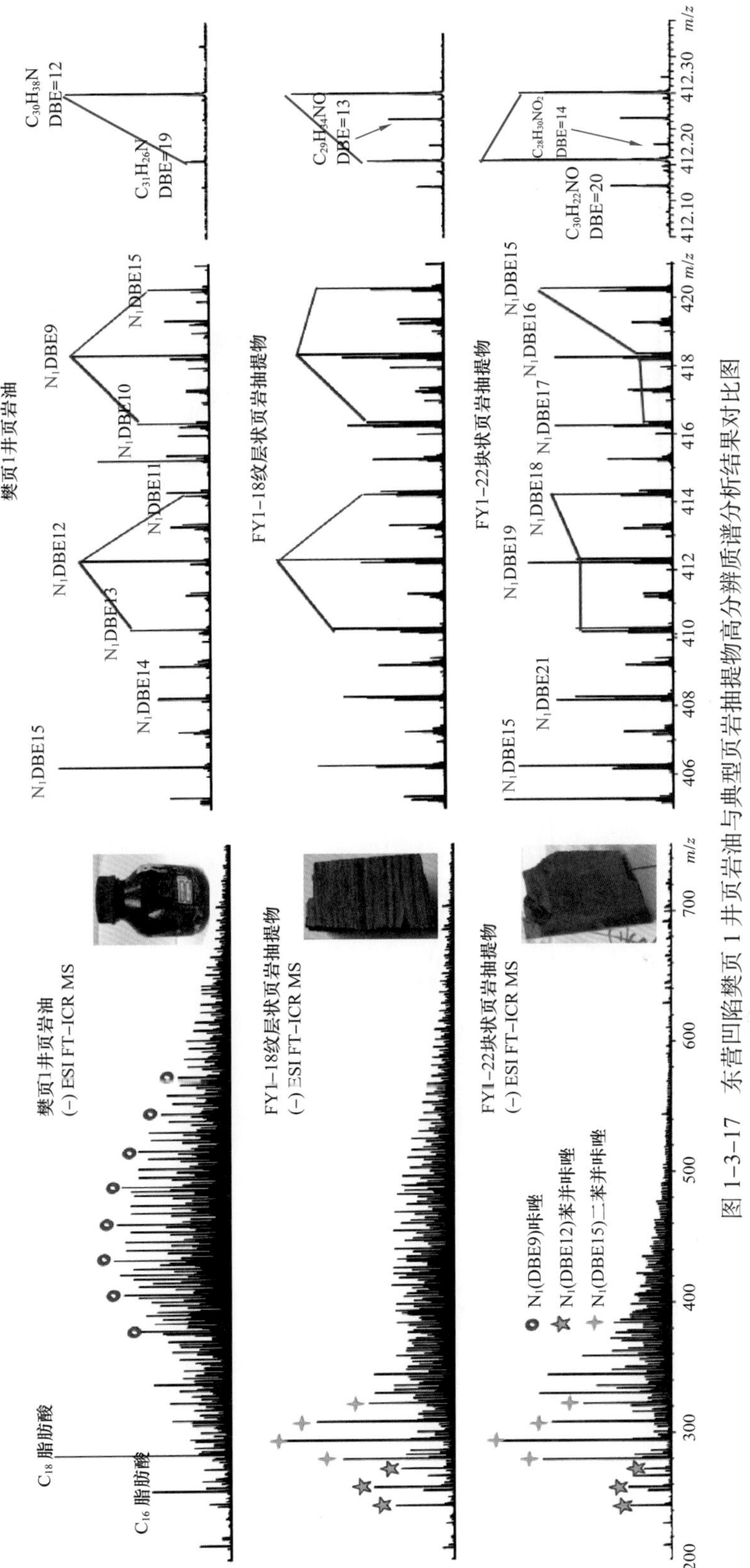

图 1-3-17　东营凹陷樊页 1 井页岩油与典型页岩抽提物高分辨质谱分析结果对比图

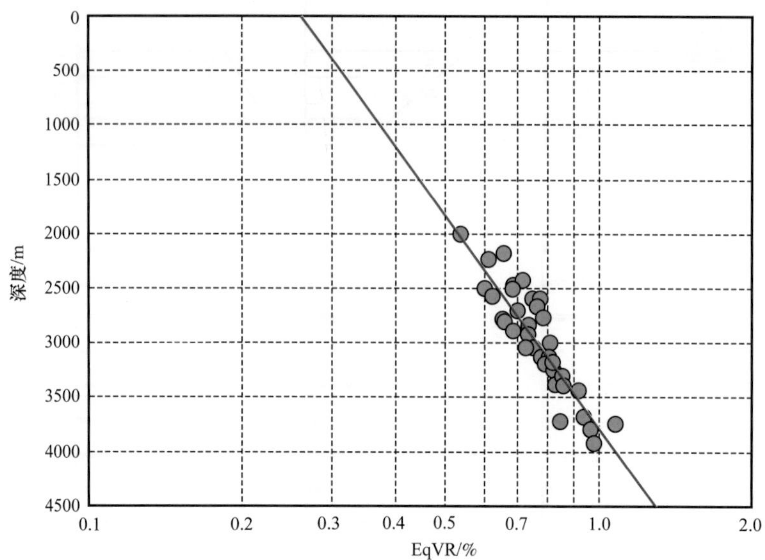

图 1-3-18 东营凹陷富有机质泥页岩埋深与成熟度关系图

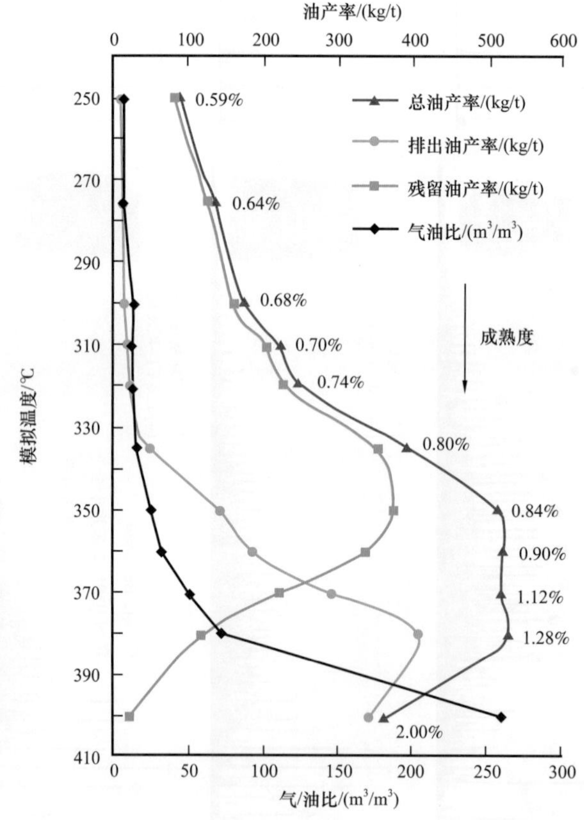

图 1-3-19 东营凹陷富有机质泥页岩生排烃模拟结果图

沙三下亚段和沙四上亚段富有机质泥页岩层系，现今主要处于成熟阶段，利于页岩油形成与赋存，尤其在富有机质纹层状泥质灰岩与灰质泥岩层段。另外，研究表明，东营凹陷和沾化凹陷沙三下亚段和沙四上亚段现今埋藏深度超过3000m层段（表1-3-5、图1-3-20），均处于异常压力带，保存条件较好，利于页岩油滞留赋存与富集，异常压力发育段、高孔隙度段与高含油性段相对应（图1-3-21）。因此，沙三下亚段和沙四上亚段主力烃源岩成熟的各生烃洼陷区，是页岩油形成与富集有利区。

表1-3-5 东营凹陷沙三下亚段与沙四上亚段特征

页岩名称	埋藏深度/m	井底温度/℃	地层压力系数/MPa/100m	总孔隙度/%	石英+碳酸盐/%
沙三下亚段	3000～4200	120～160	1.0～1.5	3～12	一般40～75
沙四上亚段	3000～5000	120～173	1.0～2.0	4～12	一般40～83

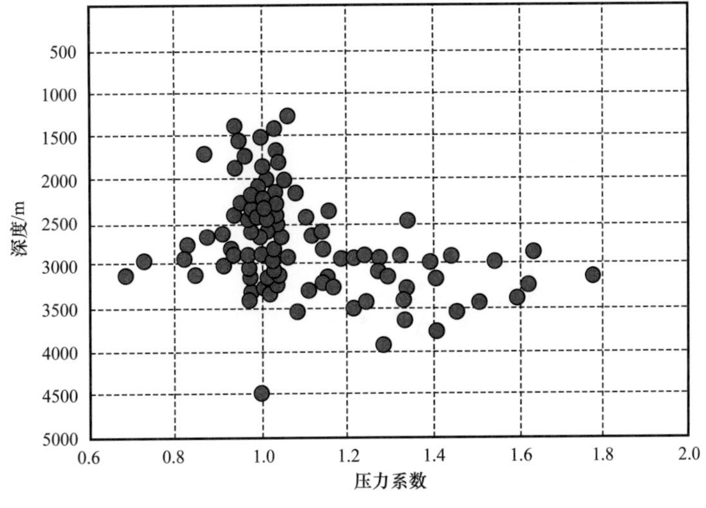

图1-3-20 沾化凹陷富有机质泥页岩埋深与压力系数交会图

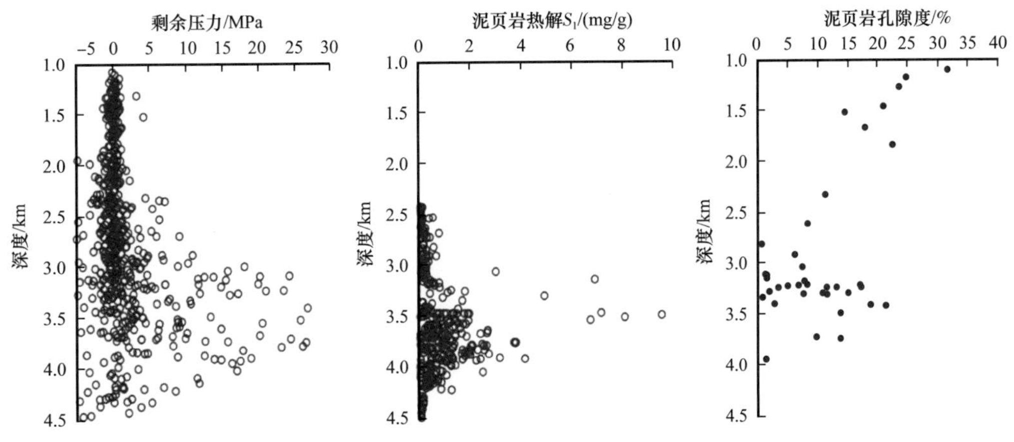

图1-3-21 济阳坳陷富有机质泥页岩压力—含油性与孔隙度对应性（据包友书等，2018）

三、重点探区陆相页岩油赋存机理

富有机质泥页岩等成烃过程已被公认，但对富有机质泥页岩等滞留烃量和滞留机理却存在不同的认识。目前普遍认为富有机质泥页岩内滞留油的主要以吸附态赋存于有机质内部和表面，干酪根吸附作用是油滞留的主要机制，其次则以游离态赋存于泥页岩的孔、缝系统内（Ritter，2003；邹才能等，2013；Larter et al.，2012）。利用建立的页岩中不同赋存状态烃表征技术，对济阳坳陷页岩油专探井取心段典型样品进行了系统分析测试。分析结果显示，页岩中束缚烃 S_{2-1} 主要与固体有机质相关，但不同类型有机质吸附能力不同，咸水碳酸盐烃源中含硫有机质吸附能力约为碎屑岩有机质的两倍。游离烃含量与束缚烃含量比值随 TOC 含量增加而降低，表明页岩中游离烃主要与无机矿物基质孔隙和裂缝体系有关（图 1-3-22）。页岩中束缚烃 /TOC 比值随深度的增加而降低，表明页岩中干酪根—烃类相互作用强度随成熟度增加而降低，游离烃比例因此显著增加（图 1-3-23），

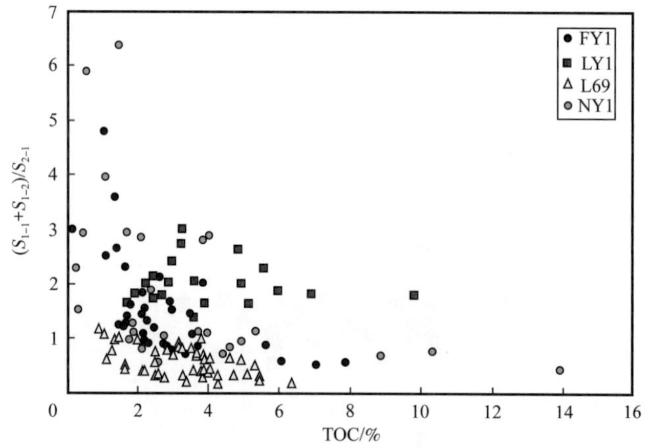

图 1-3-22 济阳坳陷页岩油专探井页岩（$S_{1-1}+S_{1-2}$）/S_{2-1} 与 TOC 关系图

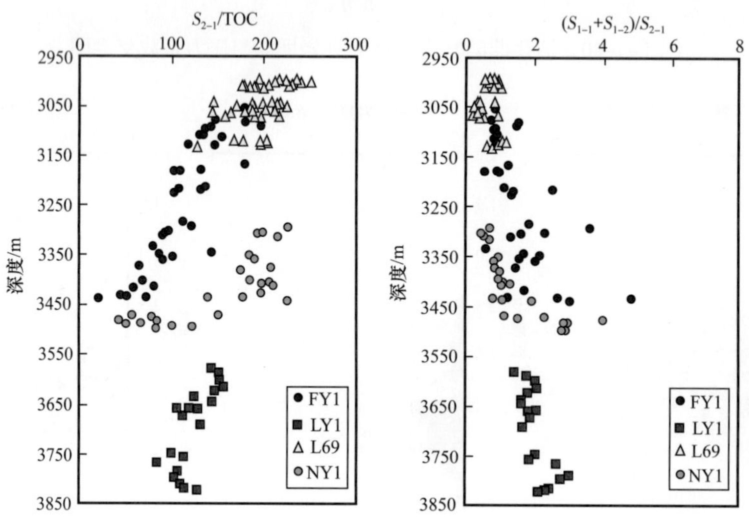

图 1-3-23 济阳坳陷页岩油专探井页岩 S_{2-1}/TOC、（$S_{1-1}+S_{1-2}$）/S_{2-1} 随深度变化图

并且不同相显示系统差异性。束缚烃含量 /TOC 含量比值—氢指数的相关性表明，页岩中束缚烃实际上以干酪根互溶相为主；而游离烃含量 /TOC 含量比值与氢指数相关性不明显，揭示干酪根不是液态游离烃赋存的主要场所（图 1–3–24）。

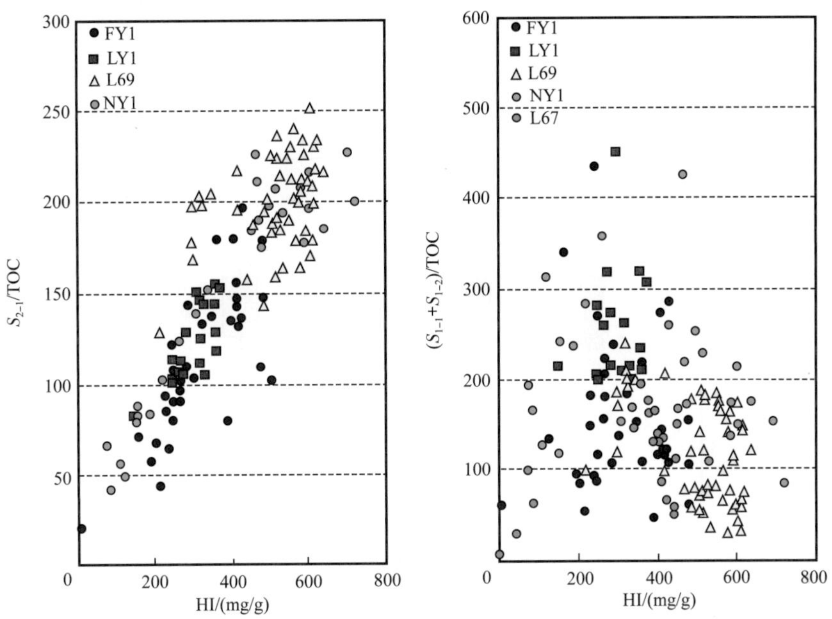

图 1–3–24　济阳坳陷页岩油专探井页岩 HI 随 S_{2-1}/TOC、（$S_{1-1}+S_{1-2}$）/TOC 变化图

同时无机矿物表面原油吸附实验揭示：黏土矿物吸附油的能力较石英和碳酸盐矿物而言相对最大，平均为 18mg/g，而石英的吸附油量平均为 3mg/g，碳酸盐岩矿物吸附油能力最小，平均为 1.8mg/g（图 1–3–25），说明对无机矿物而言，黏土矿物吸附油的能力相对最大。同时，研究结果显示泥页岩样品无机矿物吸附总量在生油窗内随成熟度变化不明显，约为 1.5mg/g。

干酪根溶胀实验，以及热解和自然演化剖面解剖揭示，随着成熟度的增加，溶胀比下降，干酪根留烃量随之降低，液态烃中各组分的留烃量也不同，饱和烃量最低，最容易从烃源岩中排出，而 NSO_s 留烃量最大，最不易排出。在未成熟样品留烃量最大，大于 120mg/g，至成熟度 R_o 为 0.90% 时留烃量降至 100mg/g 左右，在成熟度 R_o 为 1.20% 时留烃量降至小于 50mg/g。对不同热演化阶段的干酪根开展核磁共振研究揭示：随着干酪根热成熟度增高，其脂肪碳比例降低、芳香碳比列增加、烷基链长度变短（图 1–3–26），这导致热演化过程中干酪根与烃类产物结构差异性变大，这是造成高—过成熟阶段干酪根滞留烃能力下降的根本原因。故而，陆相页岩中游离油主要赋存于基质孔隙和裂缝体系中，束缚油主要与岩石有机质有关，主要与干酪根之间呈互溶态赋存而不是传统认可的吸附态，其含量受岩相控制，且随成熟度增加而降低。因此，只有中—高成熟度页岩中的滞留油，其可动性才较好，这是陆相基质型页岩油勘探必须向中—高成熟度的生烃凹陷区聚焦的关键所在。

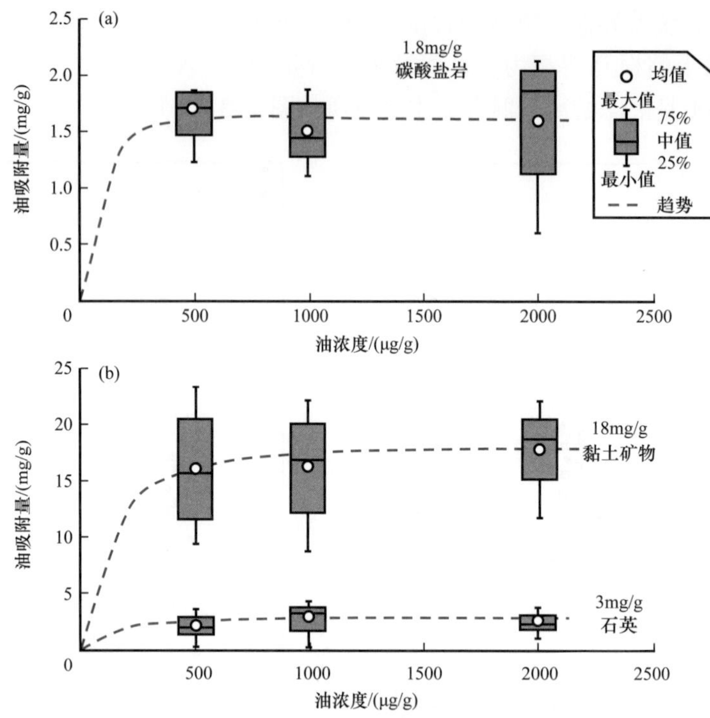

图 1-3-25 不同矿物表明吸附油实验结果

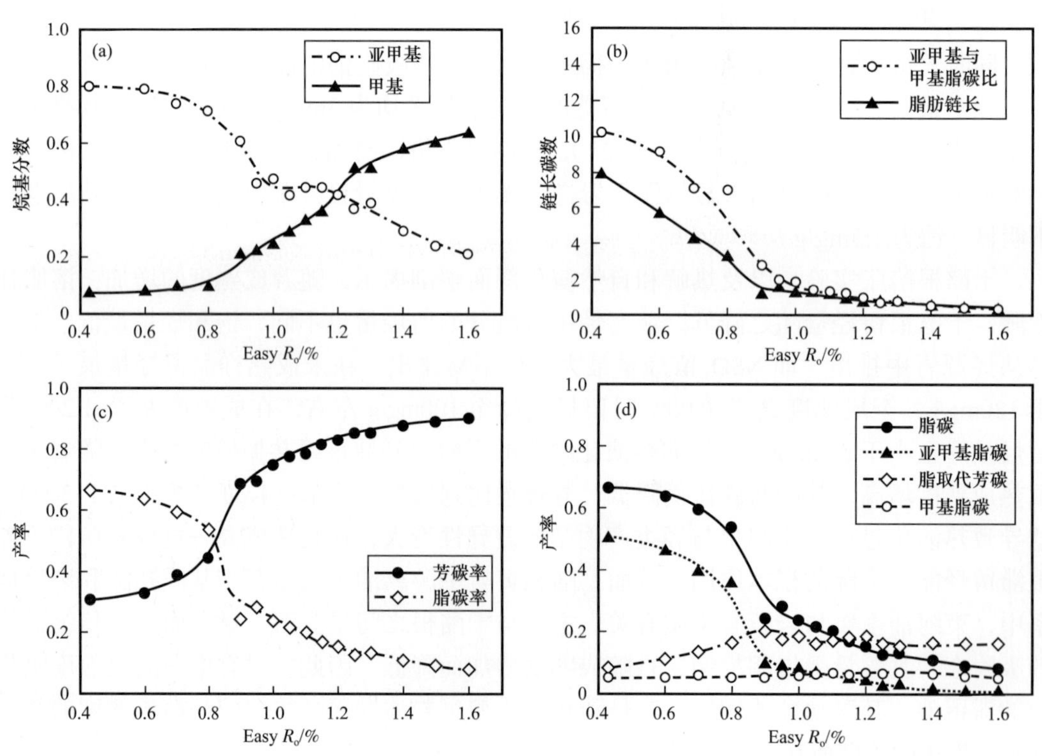

图 1-3-26 不同热演化阶段干酪根核磁共振分析结果图

四、重点探区陆相页岩油富集主控因素与富集模式

通过对北美海相与中国陆相页岩油形成条件的对比，以及重点探区陆相页岩油形成条件的剖析基础上，明确陆相页岩油富集可以归结为主要受沉积岩相、热成熟度和边界条件三大因素控制（图 1–3–27）。

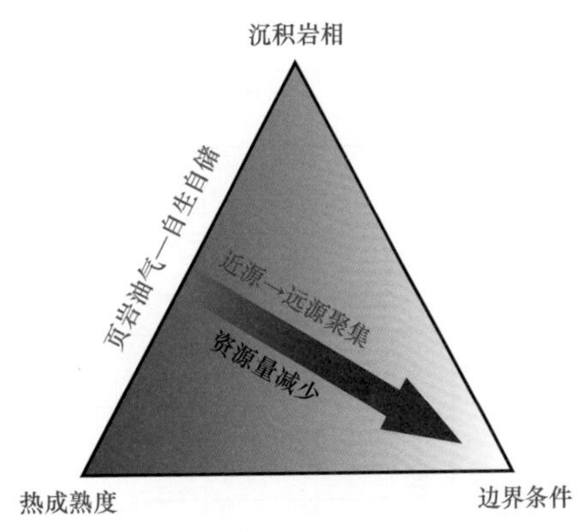

图 1–3–27　陆相页岩油“三元”控富模式

沉积岩相是陆相页岩油富集的基础，其不仅制约着烃源品质，包括富有机质泥页岩层系的发育厚度与分布以及有机质类型，而且控制着生储组合特征。前面重点地区页岩油形成与富集条件剖析揭示：江汉盆地潜江凹陷潜 3^4–10 韵律盐间页岩油主要受富碳纹层状泥质云岩相和富碳纹层状云质泥岩相控制，分布于蚌湖洼陷区，其源储一体；苏北盆地溱潼凹陷阜二段页岩油主要受深凹—内斜坡带深湖—半深湖相富有机质泥页岩层系控制；济阳坳陷沙三下亚段和沙四上亚段同样受深湖—半深湖相富有机质泥页岩层系，尤其是纹层状泥质灰岩、纹层状灰质泥岩相制约。

适中的热成熟度则是陆相页岩油富集的核心，其决定页岩层系内页岩油含量与赋存状态、气油比、可动性等。由于不同盆地、不同富有机质泥页岩层系沉积的水体环境和发育的有机质类型等存在一定差异，故主要生排烃高峰期的热成熟度也存在一定的区别，随水体咸化程度变高呈现降低趋势。如图 1–3–28 为济阳坳陷沙三下亚段（半咸水湖相沉积）和沙四上亚段（咸水湖相沉积）两套富有机质泥页岩层系页岩油富集模式。在低成熟阶段页岩油以吸附—互溶态（束缚态）赋存为主，随着热演化程度的增高，有机质的吸附能力降低，滞留油主要以游离态赋存；而至高成熟—过成熟阶段，随着油裂解成气，游离油含量将呈降低趋势，并且不同沉积环境的页岩层系，其页岩油赋存富集的模式存在一定差异，这与沉积水体盐度差异有关，咸水环境沉积的沙四上亚段富有机质泥页岩层系游离油富集层段埋深相对较浅。

边界条件和岩相组合特征则控制着页岩油的富集类型（原地滞留富集、运移富集，泥页岩基质富集型、夹层富集型等）与富集程度，边界条件包括了顶底板发育情况、侧向封堵以及裂缝系统。顶底板封盖条件控制着页岩油富集程度，并且优越的顶底板封盖条件可导致生烃洼陷区成熟的富有机质页岩生成的油气在层系内可通过层理缝、页理缝侧向运移至原地富有机质页岩尚处于低熟甚至未熟的斜坡带和构造高部位聚集。

对潜江凹陷王场背斜带上页岩油兼探井 W4X7–7 井、W99 井等系统剖析发现，潜 3^4–10 韵律盐间细粒沉积岩较其上、下盐岩内泥页岩薄夹层不仅具有相对高的 TOC、S_1 和油饱和度指数，并且游离油的生物标志物成熟度参数特征具有显著差异，潜 3^4–10 韵律盐间页岩油以及泥质白云岩等游离油生物标志物成熟度参数显示已处于成熟阶段，而其上、下盐岩内泥页岩薄夹层的游离油生物标志物成熟度参数显示则处于低熟阶段（图 1–3–29），表明王场背斜带潜 3^4–10 韵律盐间细粒沉积岩发育段存在成熟运移油的贡献。

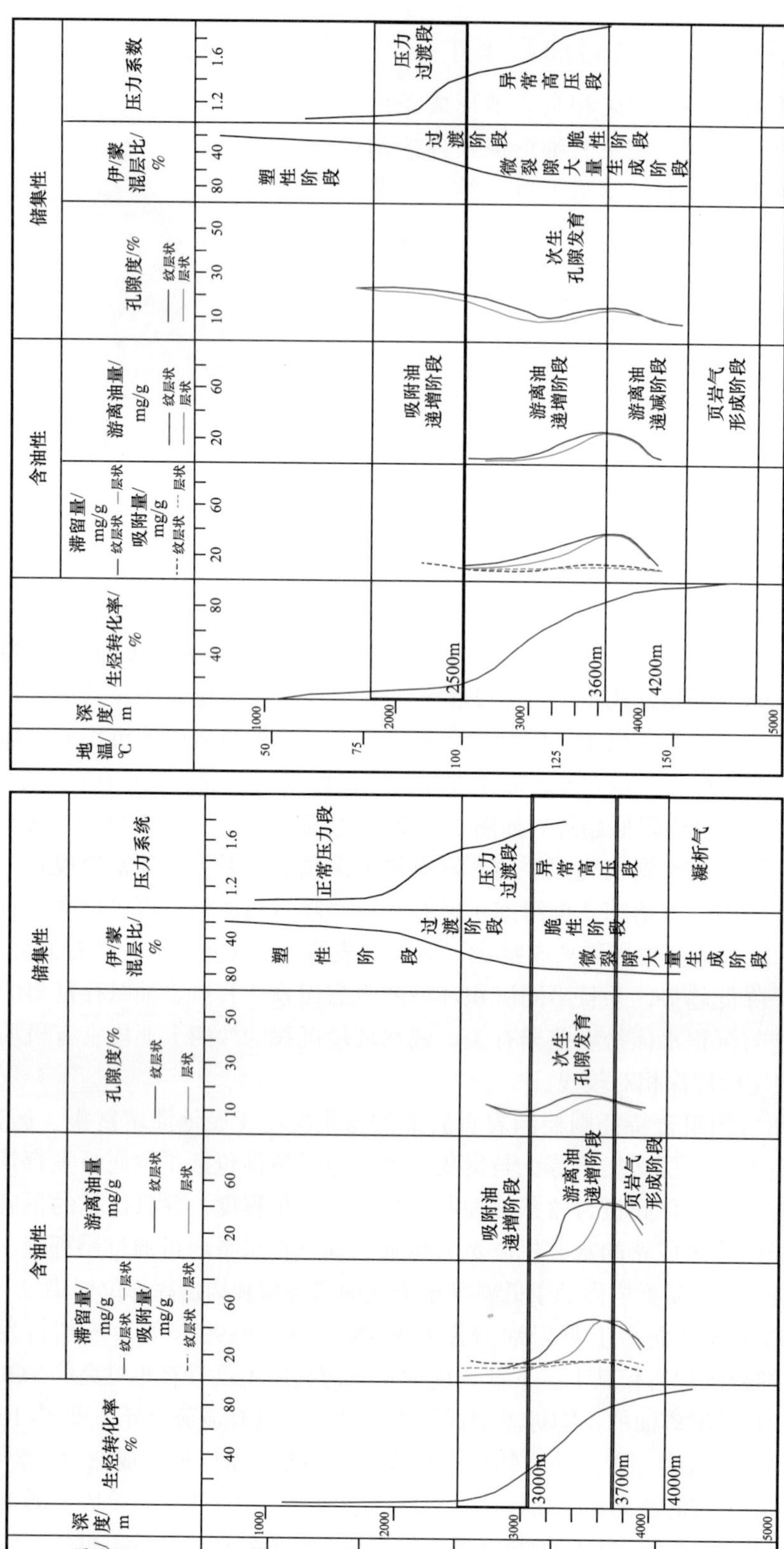

图 1-3-28 济阳坳陷沙三下亚段和沙四上亚段富有机质泥页岩层系页岩油富集模式

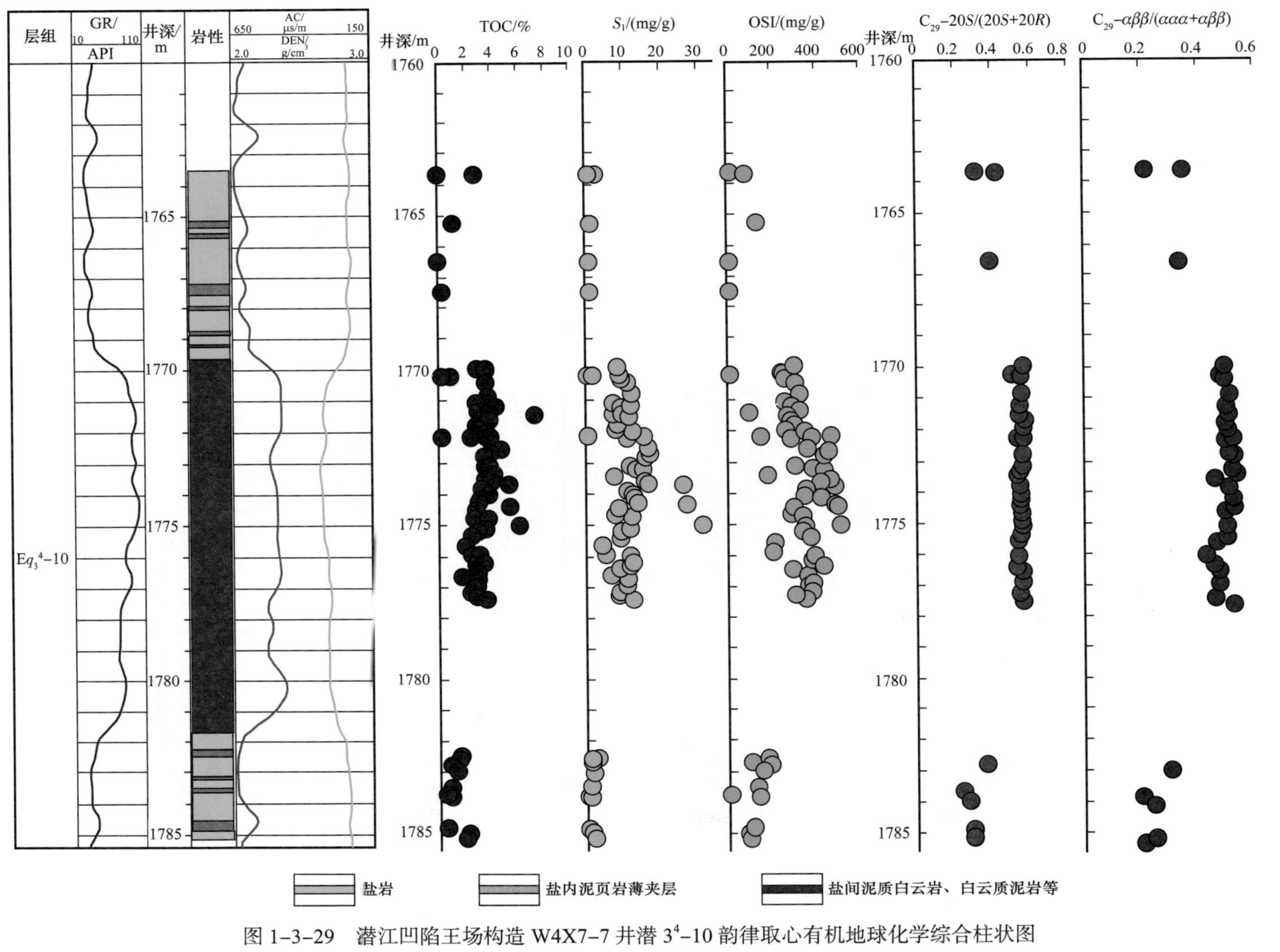

图 1-3-29 潜江凹陷王场构造 W4X7-7 井潜 3^4-10 韵律取心有机地球化学综合柱状图

同时，通过王场背斜带潜 3^4–10 韵律盐间页岩油与蚌湖洼陷区潜 3^4–10 韵律盐间烃源岩生物标志物特征对比以及王场背斜带潜 3^4–10 韵律盐间页岩油与潜四上亚段砂岩油生物标志物特征对比，发现王场背斜带潜 3^4–10 韵律盐间页岩油生物标志物特征与蚌湖洼陷区潜 3^4–10 韵律盐间成熟的富有机质泥质白云岩等细粒沉积岩游离油的生物标志物特征一致，但背斜带上潜 3^4–10 韵律页岩油与潜四上亚段砂岩油生物标志物特征具有明显差异。这说明王场背斜带潜 3^4–10 韵律页岩油应属蚌湖洼陷区成熟富有机质泥质白云岩等生成的油在同一层系内通过侧向运移而成。由此，针对潜江凹陷潜 3^4–10 韵律盐间页岩油，提出了两类页岩油富集模式（图 1–3–30）。A 类富集模式属层内侧向运移富集型，发育于王场背斜构造带。在王场背斜构造带潜 3^4–10 韵律盐间细粒沉积岩本身总体尚处于低成熟阶段，原地生成的油其油质偏重，气油比低，主要以吸附—互溶态（束缚态）赋存，但运移油则油质轻，气油比高，以游离态赋存；同时背斜带由于埋藏相对浅，细粒沉积岩尤其是泥质白云岩和云质、灰质泥岩孔隙度普遍大于 10.0%，并且层理缝、微裂缝异常发育，多为微米级以上，W99 井潜 3^4–10 韵律盐间细粒沉积岩段层理缝、微裂缝密度高达 138～252 条 /m，为源自蚌湖洼陷区成熟富有机质泥质白云岩、白云质和灰质泥岩的运移油赋存提供了重要的储集空间。B 类富集模式则属典型原位—近源聚集富集型，发育于蚌湖洼陷的深洼与南斜坡带，BYY2 井、BYY1HF 井揭示潜 3^4–10 韵律盐间页岩油富集就属此类型。该类型页岩油在蚌湖洼陷的深洼区与南斜坡带连续大面积分布，油质轻、气油比高，以游离态赋存为主，并且相对王场背斜带的 A 类页岩油富集区，B 类页岩油富集区分布范围大，页岩油勘探潜力更大。

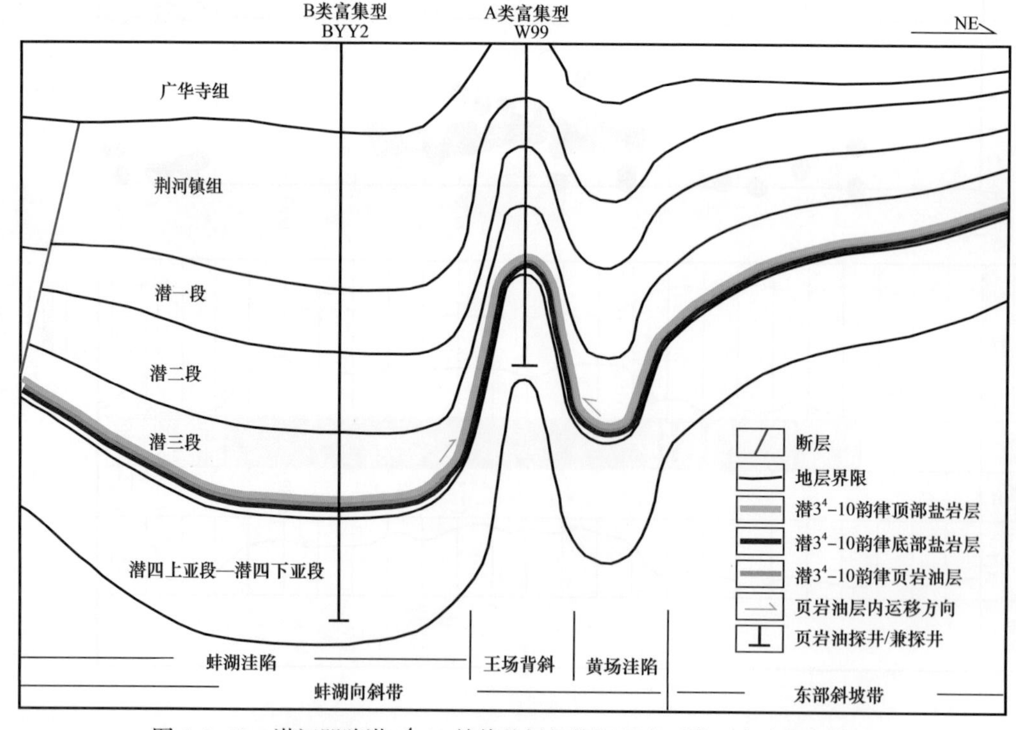

图 1–3–30　潜江凹陷潜 3^4–10 韵律盐间细粒沉积岩两类页岩油富集模式

同时，对济阳坳陷沾化凹陷渤南洼陷区不同构造区页岩油探井 / 兼探井揭示的页岩油解剖认为，可以将济阳坳陷页岩油的富集模式分为三类。斜坡断阶带沙三下亚段富有机质泥页岩层系成熟度总体较低，有利于运移烃在纹层发育的页岩层段或夹层段形成构造裂缝型 / 夹层型油藏；生烃洼陷区烃源岩处于中—高成熟阶段，有利于原位—近源聚集的基质型页岩油发育；边缘断垒带烃源岩处于未熟—低熟阶段，原油含蜡量高，流动性差（图 1-3-31）。

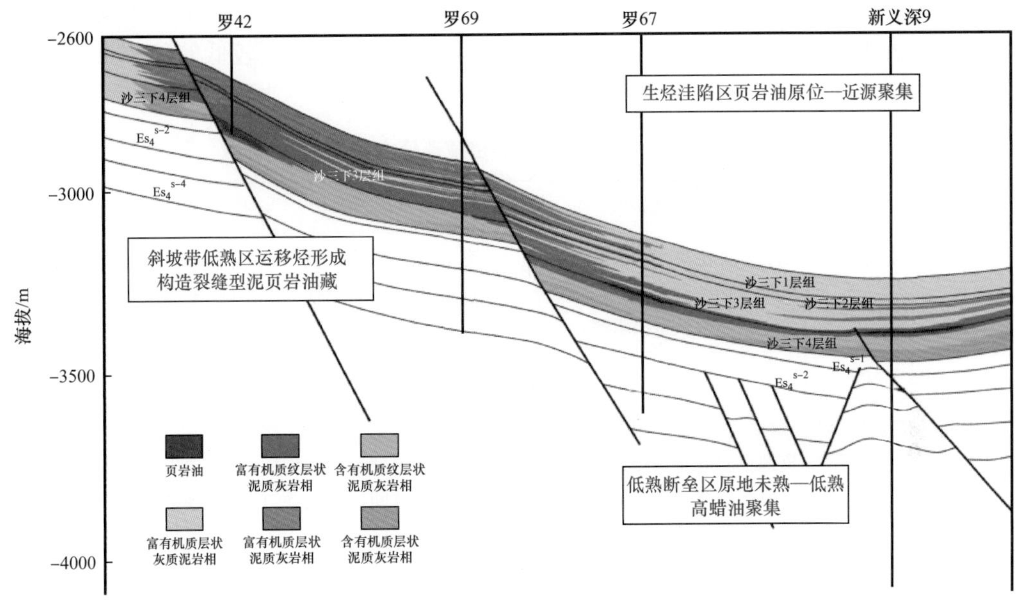

图 1-3-31　济阳坳陷沾化凹陷渤南洼陷页岩油富集模式

第四节　重点探区陆相页岩油资源潜力

在对国内外页岩油资源评价方法系统调研基础上，基于 PetroV 和 TSM 软件系统，研发陆相页岩油资源与选区评价软件平台，对中国石化 7 个盆地、19 个凹陷开展了页岩油资源评价与选区评价，明确了中国石化探区陆相页岩油勘探潜力及分布规律，优选了 6 个亿吨级有利区带及 28 个有利勘探目标。

一、陆相页岩油资源、选区评价技术及软件实现

1. 资源评价方法

1）国外进展

页岩油作为非常重要而且极为现实的非常规资源类型，其资源评价方法和技术的研究得到广泛重视。部分学者根据“能源三角”理论，通过确定常规与非常规资源之间的量化比例关系，以常规资源量为基础，推测评价非常规资源量，这是一种较为粗略的资

源评价方法。

页岩油资源评价是基于页岩油形成地质原理和条件，对地质单元中页岩油聚集数量和分布区进行评价。通常采用静态法和动态法，其中静态法包括类比法、成因法和统计法。国外，尤其是北美地区页岩油勘探程度相对较高，最常用的方法总体以类比法、统计法和动态法为主。类比法以美国埃克森美孚（Exxon Mobil）公司EUR类比法、资源网格密度法为代表，统计法包括美国地质调查局的FORSPAN法、随机模拟法、发现过程法和油气资源空间分布预测法等，动态法主要包括美国ARI公司提出的单井（动态）储量估算法等（表1-4-1）。统计法与动态法并不适用于中国勘探程度较低的陆相页岩油资源评价。

表1-4-1 国外页岩油资源评价方法体系

方法	主要类型	方法原理特点	适用性	优点	缺点
类比法	EUR类比法	用已知评价单元的参数类比评价目标区资源量，采用蒙特卡罗随机模拟法求解	中高勘探地区	输入参数少，数学模型简单，可依据勘探程度不同采用适用的评价方法	类比标准及类比系数确定难度大，未充分考虑EUR空间相关性等
	资源网格密度法				
统计法	FORSPAN法	资源空间分布预测法：统计已发现油藏分布，确定油藏分布趋势来计算资源	中高勘探地区	考虑了储层的非均质性和参数空间位置关系，资源分布可视化	要求参数多，要有已发现储量分布；计算过程比较复杂
	随机模拟法				
	发现过程法				
	油气资源空间分布预测法				
	容积法				
动态法	单井（动态）储量估算法	根据页岩油在开发过程中的动态资料计算	高勘探地区	应用生产数据进行较准确的进行直接估算	生产数据少的地区不适用
成因法	美国Humble地球化学服务中心热解模拟法	利用盆地模拟软件模拟计算	中低勘探地区	系统评价油气成藏过程及资源分布	计算过程复杂，评价周期长

2）建立陆相页岩油资源评价方法体系

中国陆相页岩不同于海相页岩，具有沉积相变快，页岩非均质性强的特点。因此，在勘探程度较低，页岩油生产井数据较少情况下，预测页岩油资源空间分布难度大。根据评价区勘探程度和资料情况，选择适用的评价方法。

（1）TSM盆模法。

TSM盆模法依托TSM页岩油盆地模拟系统，在一定地质作用和地质框架下进行，它是基于陆相页岩非均质性特征和生排烃过程，通过“三场”与五史模拟，结合地层热压模拟、页岩可动油定量表征最新实验技术获取游离系数与可动系数，从“生—滞留—游离—可动”四个层次计算页岩油资源量。陆相页岩油盆地模拟资源分级评价流程如图1-4-1所示。

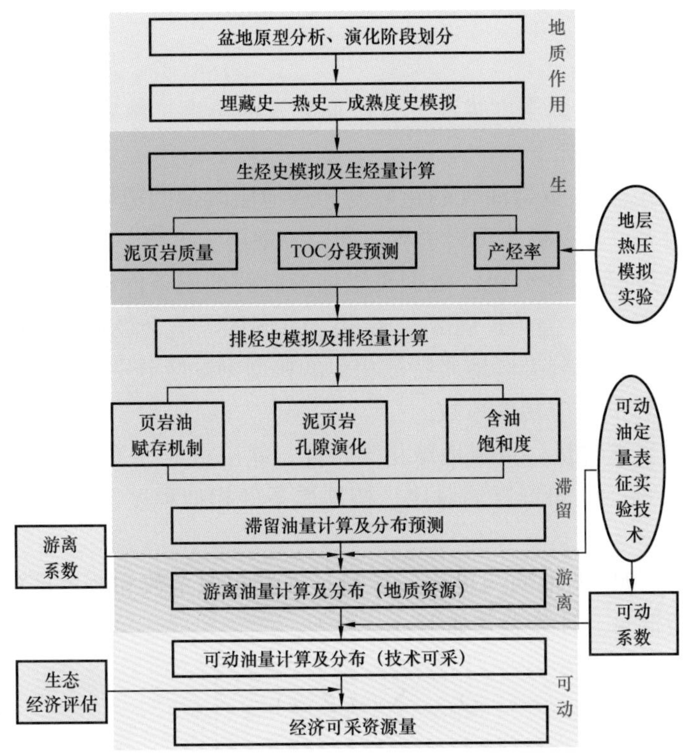

图 1-4-1　TSM 页岩油资源评价与资源分布预测技术流程

① 滞留油资源评价：针对陆相页岩非均质性强的特征，建立了基于泥页岩非均质性的泥页岩空间分布定量表征及细分层页岩生烃量计算方法。由于陆相页岩纵向 TOC 变化大、生油窗产烃率曲线变化大的特点，通过构建等效埋深指数和分散系数两个定量表征泥页岩纵向非均质性的参数，快速逼近计算各精细小层（测井识别尺度 0.125m）的累计生烃量。再针对泥页岩孔隙类型多样性，对于不同成因（压实作用、生烃作用及构造作用等）孔隙采用不同孔隙度计算模型。其中，在中浅埋藏阶段，采用泥岩压实曲线模型主要计算粒间孔孔隙度变化量；在生烃阶段，建立有机质孔隙度与 ΔTOC 关系预测生烃作用相关的孔隙度变化量。从而实现了不同埋藏阶段不同类型泥页岩孔隙度及总孔隙度平面分布预测，进而得到滞留油丰度平面分布。

② 可动油资源评价：页岩油可动性影响因素多样，通过可动性单因素分析，多要素非线性耦合，建立了基于地质多参数的 BP 神经网络算法的可动油分布预测方法。该方法是基于页岩油可动性地质评价，落实影响可动性的关键参数（埋深、R_o、TOC、物性、岩相等），以多温阶热解、核磁 + 离心实验法等可动油含量测试数据为基础，设定可动系数迭代运算的初值条件，应用 BP 神经网络算法，以已有的实测数据点为目标，多要素非线性迭代，提取总体误差较小（相对误差<5%）的可动油分布预测结果，应用算术平均算法，综合计算可动油分布。研发的页岩油资源评价软件系统可实现按照 R_o、埋深、TOC、泥页岩厚度等要素分类统计页岩可动油资源量及资源分布。

该项技术具有两个特色，即“地质—盆地模拟—实验多学科一体化评价”和“资源分类分级评价”。

（2）资源丰度类比法。

一种由已知区面积资源丰度推测评价区面积资源丰度，然后计算出评价区页岩油资源量的方法。类比法步骤如下：

① 确定评价区边界：页岩油气的边界与岩性地层区带的边界一致，主要边界类型包括盆地构造单元边界、富有机质页岩边界、断层、地层尖灭线、储层岩性或物性边界。

② 地质评价与内部区块分级：依据页岩油形成的地质条件和地质评价结果，把评价区分成 A 类（核心区）、B 类（扩展区）、C 类（外围区）三个级别若干地质单元。

③ 选择刻度区：与所分类区地质特征相似的典型刻度区分别进行类比评价。

④ 计算各评价区的对应相似系数。

根据评价区页岩油含量、页岩地球化学特征、储层特征等关键因素，结合页岩沉积、构造演化等地质条件，已知页岩油对比，按地质条件相似程度，估算评价区资源丰度或单储系数。

⑤ 计算不同评价区的地质与可采资源量：根据相似系数和刻度区的面积资源丰度，求出评价区地质资源量。计算公式如下：

$$
\left.\begin{aligned}
Q_{\text{ip-c}} &= \sum_{i=1}^{n}\left(A_{\text{c}i}Z_{\text{c}i}a_i\right)\\
Q_{\text{ip-e}} &= \sum_{i=1}^{m}\left(A_{\text{e}i}Z_{\text{e}i}\beta_i\right)\\
Q_{\text{ip-p}} &= \sum_{i=1}^{k}\left(A_{\text{p}i}Z_{\text{p}i}\delta_i\right)\\
Q_{\text{ip}} &= Q_{\text{ip-c}} + Q_{\text{ip-e}} + Q_{\text{ip-p}}
\end{aligned}\right\} \tag{1-4-1}
$$

式中 Q_{ip}——评价区页岩油地质资源量，10^8m^3 或 10^4t；

$Q_{\text{ip-c}}$、$Q_{\text{ip-e}}$、$Q_{\text{ip-p}}$——分别为 A 类区、B 类区和 C 类区页岩油地质资源量，10^8m^3 或 10^4t；

$A_{\text{c}i}$、$A_{\text{e}i}$、$A_{\text{p}i}$——分别为 A 类区、B 类区和 C 类区第 i 个评价单元面积，km^2；

$Z_{\text{c}i}$、$Z_{\text{e}i}$、$Z_{\text{p}i}$——分别为 A 类区、B 类区和 C 类区第 i 个评价单元对应的刻度区页岩油资源面积丰度，$10^8\text{m}^3/\text{km}^2$ 或 $10^4\text{t}/\text{km}^2$；

α_i、β_i、δ_i——分别为 A 类区、B 类区和 C 类区第 i 个评价单元与对应刻度区类比的相似系数；

n、m、k——分别为 A 类区、B 类区和 C 类区对应的评价单元个数。

（3）体积法：评价区页岩体积乘以页岩含油率即为页岩油地质资源量。含油率是体积法计算页岩油资源量的核心参数，含油率的直接获取比较困难。主要通过间接的方法获得：岩心实测法、地球化学法（氯仿沥青“A”法、全烃法、热解法等）、统计法（建立有机碳含量—含油率、孔隙度—含油率关系图版等）、含油饱和度法（通过孔隙度、含油饱和度、泥页岩密度等参数计算获得）。

在地球化学法中又有针对实验原理的限制，采用轻质烃校正或重质烃校正等方法进行恢复，或采用不同极性溶剂逐次冷抽提方法，定量的分步剥离页岩中游离烃和吸附烃，获取尽量可靠地含油率。

根据测定页岩含油率实验测试方法，体积法划分为氯仿沥青“A”法、热解 S_1 法、含油饱和度法及小面元容积法。

① 氯仿沥青“A”法：应用常规油气评价中氯仿沥青“A”含量近似代替页岩中的含油量。计算公式如下：

$$\left.\begin{aligned} Q_{\text{油}} &= V\rho A K_{\text{a}} \\ Q_{\text{吸附油}} &= V\rho \text{TOC} K_{\text{吸}} \\ Q_{\text{游离油}} &= Q_{\text{油}} - Q_{\text{吸附油}} \end{aligned}\right\} \tag{1-4-2}$$

式中 $Q_{\text{油}}$——评价区页岩油总地质资源量，10^4t；

$Q_{\text{吸附油}}$——评价区页岩油中吸附油地质资源量，10^4t；

$Q_{\text{游离油}}$——评价区页岩油中游离油地质资源量，10^4t；

V——评价区有利含油页岩体积；

ρ——有利含油页岩岩石密度，t/m^3；

A——有利含油页岩单位岩石氯仿沥青“A”含量，%；

K_{a}——氯仿沥青“A”轻质烃补偿系数；

$K_{\text{吸}}$——氯仿沥青“A”吸附比例系数，为氯仿沥青“A”/TOC 比值与深度关系图中拐点处氯仿沥青“A”/TOC 比值（常取 0.2）；

TOC——有利含油页岩总有机碳含量，%。

氯仿沥青“A”法的前提条件是：评价区属于中低勘探程度，地质条件较清楚，评价单元有利含油页岩面积、厚度、氯仿沥青“A”、总有机碳含量（TOC）等参数取值较可靠。该方法关键是如何获得准确的氯仿沥青“A”轻质烃补偿系数 K_{a}。中国石化胜利油田研究院利用低温抽提法定量表征轻质烃，恢复了不同成熟度泥页岩样品的氯仿沥青“A”轻质烃补偿系数（表 1-4-2）。

表 1-4-2　东营凹陷氯仿沥青“A”轻质烃恢复系数（据中国石化胜利油田研究院，2017）

R_o/%	0.2	0.3	0.35	0.5	0.7	1.0	1.4
恢复系数	1	1.015	1.04	1.09	1.16	1.36	1.56

② 热解 S_1 法：由热解 S_1、富有机质页岩面积、厚度估算页岩油地质资源量的方法。计算公式与氯仿沥青“A”法类似，如下：

$$\left.\begin{aligned} Q_{\text{油}} &= V\rho S_1 K_{\text{s}} \\ Q_{\text{吸附油}} &= V\rho \text{TOC} K_{\text{吸}} \\ Q_{\text{游离油}} &= Q_{\text{油}} - Q_{\text{吸附油}} \end{aligned}\right\} \tag{1-4-3}$$

式中 S_1——有利含油页岩热解 S_1 总量，mg/g；

K_s——热解 S_1 校正系数；

$K_{吸}$——热解 S_1 吸附比例系数，为 S_1/TOC 比值与深度关系图中拐点处 S_1/TOC 比值（常取 0.1）。

该方法的关键是如何获得热解 S_1 校正系数。目通过液氮冷冻条件下的热解分析，随放置时间的增加热解 S_1 逐渐减少，热解 S_1 平均损失量为 50%，热解 S_2 基本未遭受损失。因此，热解 S_1 校正系数可近似取值 2。不同成熟度泥页岩样品的 S_1 损失量比例是否发生变化，需要进一步开展研究。

③ 含油饱和度法：通过估算页岩储集空间中的游离油总量获得页岩油地质资源量的方法。计算公式如下：

$$Q_{ip}=100\sum_{i=1}^{n}\left(A_i h_i \phi_i S_{oi} \rho_o / B_{oi}\right) \tag{1-4-4}$$

式中 ϕ_i——第 i 个评价单元富有机质页岩有效孔隙度，%；

S_{oi}——对应的原始含油饱和度，%；

B_{oi}——原油体积系数。

④ 小面元容积法：传统的体积法计算资源量过程中，将不均质的储层近似地看作均质的几何体，参数取值时采用平均值，这样的计算过程简单，但是无法体现结果在平面上的变化。小面元容积法是将评价区划分为若干网格单元（或称面元），考虑每个网格单元页岩油气有效厚度、有效孔隙度等参数的变化，然后逐一计算出每个网格单元资源量。

上述方法中，建议砂岩夹层型页岩油资源量计算采用含油饱和度法或小面元容积法。

2. 选区原则

逐级选区，地质—工程双“甜点”评价确定目标。

远景区评价主要参数包括构造沉积背景、富有机质页岩分布、含油性评价指标（TOC、S_1/TOC、R_o）及资源规模与丰度。

有利区评价主要通过含油性、储集性、可动性、可压性这“四性”对不同类型页岩油分类分区进行评价，优选有利区带。

3. 软件平台

中国石化石油勘探开发研究院无锡石油地质研究所研究团队通过科研攻关，以朱夏盆地原型理论为指导，在常规油气资源评价 TSM 盆地模拟软件平台的基础上，紧密结合近年中国陆相页岩油研究进展以及页岩含油性、可动性评价实验新技术，建立了基于 TSM 盆地模拟与泥页岩孔隙演化机理的生排烃、页岩滞留油与页岩可动油分布预测的新方法，研发了 TSM 页岩油盆地模拟资源评价系统 V1.0。该系统已集成到“TSM 盆地模拟 2.0”与“中国石化区块评价与优选系统 V2.0”，并通过了中国石化测试。

二、重点探区陆相页岩油资源潜力及分布特征

基于实验与地质的深化研究与紧密结合，统一方法与平台，完成了中国石化重点探

区页岩油资源评价，摸清了家底，落实了资源分布，为页岩油选区评价提供了资源依据。

1. 评价单元划分

页岩油资源评价是按照层系进行评价，基本的评价单元为凹陷。在主要的含油气盆地区，评价单元按照一级构造单元（盆地）、二级构造单元（凹陷）/ 区块进行划分，资源的汇总是把按二级构造单元 / 区块的资源汇总到一级构造单元，即汇总到盆地资源量。

2. 评价范围与起评条件

主要针对中国石化矿权区页岩油资源较丰富的中东部 7 个含油气盆地、18 个重点凹陷主力烃源层系进行了评价，评价方法统一采用资源丰度类比法、TSM 盆模法、热解 S_1 法（或氯仿沥青“A”法）、体积法（砂岩夹层型），最后按照特尔斐法加权平均。评价范围见表 1–4–3。

表 1–4–3　中国石化探区页岩油资源评价范围

大区	盆地	评价凹陷	评价层系
东部区	渤海湾盆地	东营凹陷	沙三下亚段、沙四上亚段
		沾化凹陷	沙三下亚段、沙四上亚段
		车镇凹陷	沙三下亚段、沙四上亚段
		惠民凹陷	沙三下亚段、沙四上亚段
		东濮凹陷	沙三段、沙四上亚段
	江汉盆地	潜江凹陷	潜三段、新沟嘴组
		江陵凹陷	新沟嘴组
		沔阳凹陷	新沟嘴组
		陈沱口凹陷	新沟嘴组
	南襄盆地	泌阳凹陷	核三段（6 个含油层段）
	苏北盆地	高邮凹陷	阜宁组、泰州组
		金湖凹陷	阜宁组、泰州组
		海安凹陷	阜宁组、泰州组
		溱潼凹陷	阜宁组、泰州组
		盐城凹陷	阜宁组、泰州组
	松南盆地	长岭凹陷	嫩一段、嫩二段、青一段
中部区	鄂尔多斯盆地南部伊陕—天环地区		三叠系长 7 段
	四川盆地及周缘		侏罗系

1）起评标准

为含油页岩层段中，泥页岩厚度占到地层厚度的60%以上，TOC大于1%，R_o在0.5%～1.3%之间，具体见表1–4–4。

表1–4–4 “十三五”全国页岩油资源评价起算条件

关键参数	标准
有效厚度	泥页岩段泥地比大于60%，连续厚度根据各评价区实际情况；计算时应采用有效（处于生油阶段且有可能形成页岩油的）厚度进行赋值计算；砂岩、碳酸盐岩等夹层中的致密油或常规石油，若达不到单独开采价值，纳入页岩油资源范畴
有效面积	有利含油泥页岩连续分布的面积大于30km^2
有机碳含量	≥1.0%
热演化程度	0.6%～1.3%
深度	4500m以浅
保存条件	无规模性通天断裂破碎带、非岩浆岩分布区、不受地层水淋滤影响等

2）中高熟与中低熟页岩油划分标准

页岩成熟度是决定页岩油流动性的关键因素之一。盐水与淡水环境富有机质泥页岩有机质类型、成烃动力学、原油性质，以及原油裂解成气需要的活化能与热成熟度具有明显差异，因此相同演化程度咸化环境形成的页岩油流动性更好。根据湖盆含盐类型，淡水湖盆与半咸化湖盆页岩R_o在0.5%～0.9%之间为中—低成熟度，R_o在0.9%～1.3%之间为中—高成熟度；而盐湖盆地R_o在0.5%～0.7%之间为中—低成熟度，R_o在0.7%～1.3%之间为中—高成熟度。

3. 评价结果与页岩油资源分布特征

1）地区分布

中国石化矿权区七大含油气盆地，包括渤海湾盆地、苏北盆地、江汉盆地、南襄盆地、松辽盆地、鄂尔多斯盆地、四川盆地，主要富烃层系的页岩油地质资源量约84.9×10^{8}t、地质储量仅5273×10^{4}t，页岩油可采资源量约10.5×10^{8}t、可采储量仅617×10^{4}t，未发现页岩油可采资源量占比近99.4%，绝大部分页岩油资源未被发现，页岩油勘探潜力大（表1–4–5）。

中国石化陆相页岩油资源总体集中分布，地区分布有差异。

从大区分布来看，中国石化矿权区页岩油资源主要分布在东部区，其次为中部区。其中，东部大区页岩油地质资源量约77.3×10^{8}t，占比91.1%，可采资源量约9.9×10^{8}t，占比94.3%；中部大区页岩油地质资源量约7.6×10^{8}t，占比8.9%，可采资源量约6014×10^{4}t，占比仅5.7%。

从盆地分布来看，中国石化矿权区页岩油资源主要分布在渤海湾盆地，页岩油地质

资源量约 47.7×10^8t、占比 56%，可采资源量约 6.8×10^8t、占比 64.9%；其次为江汉盆地，页岩油地质资源量约 14.3×10^8t、占比 16.8%，可采资源量约 2.0×10^8t、占比 19.4%；苏北盆地约 7.1×10^8t、占比 8.4%，可采资源量约 0.6×10^8t、占比 5.3%。

表 1-4-5　中国石化矿权区页岩油资源量盆地分布统计表

大区	盆地	地质储量/10^4t	地质资源量/10^4t	占比/%	未发现地质资源量/10^4t	可采储量/10^4t	可采资源量/10^4t	占比/%	未发现可采资源量/10^4t
东部区	渤海湾盆地	0	477449	56.2	477449	0	68102	64.9	68102
	江汉盆地	4036	142896	16.8	138860	464	20371	19.4	19907
东部区	南襄盆地	0	28610	3.4	28610	0	2232	2.1	2232
	苏北盆地	1237	70985	8.4	69748	153	5576	5.3	5423
	松辽盆地	0	52950	6.2	52950	0	2648	2.5	2648
中部区	鄂尔多斯盆地	0	68193	8.0	68193	0	5455	5.2	5455
	四川盆地	0	7766	0.9	7766	0	559	0.5	559
合计		5273	848849		843576	617	104943		104326

从凹陷分布来看，中国石化矿权区页岩油地质资源主要分布在东营凹陷，页岩油地质资源量约 23.2×10^8t，占比 27.4%。中国石化矿权区页岩油地质资源量超过 5×10^8t 的凹陷有 6 个，分别是东营凹陷、潜江凹陷、沾化凹陷、东濮凹陷及鄂南的伊陕—天环地区和长岭凹陷，占到中国石化矿权区内页岩油地质资源总量的 72.4%。中国石化矿权区页岩油可采资源超过 1×10^8t 的凹陷有 4 个，分别是东营凹陷、潜江凹陷、沾化凹陷和东濮凹陷，占到中国石化矿权区内页岩油可采资源总量的 67.5%。

2）*层系分布*

中国石化矿权区页岩油资源基本上分布在古近系，其次为三叠系和白垩系。其中，古近系页岩油地质资源量约 71.7×10^8t、占比 84%，可采资源量约 9.6×10^8t、占比 92%；三叠系页岩油地质资源量约 6.8×10^8t、占比 8%，可采资源量约 0.5×10^8t、占比 5%；白垩系页岩油地质资源量约 5.5×10^8t、占比 7%，可采资源量约 0.3×10^8t、占比 3%（图 1-4-2）。

3）*成熟度分布*

中国石化矿权区页岩油资源以中低成熟度为主，约 52.2×10^8t、占比 61.1%，可采资源量为 6.3×10^8t、占比 59.8%；中—高成熟度页岩油地质资源量约 33.2×10^8t、占比 38.9%，可采资源量约 4.2×10^8t、占比 40.2%。渤海湾盆地的东濮凹陷古近系、四川盆地侏罗系及准噶尔盆地二叠系以中高熟页岩油为主，如四川盆地及周缘的页岩油属于凝析型页岩油，演化程度高，基本上为高演化程度的页岩油，其地质资源量为 0.8×10^8t。此外江汉盆地的盐间型页岩油以中高熟为主，中高演化程度的页岩油地质资源量为 11.6×10^8t，占比高达 81.3%（图 1–4–3）。

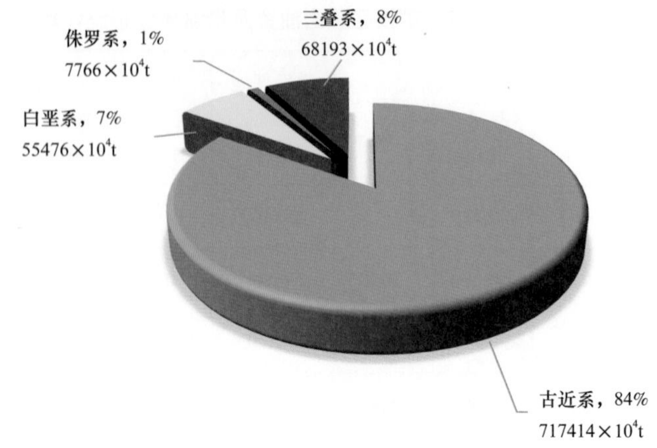

图 1–4–2　中国石化页岩油地质资源量层系分布图

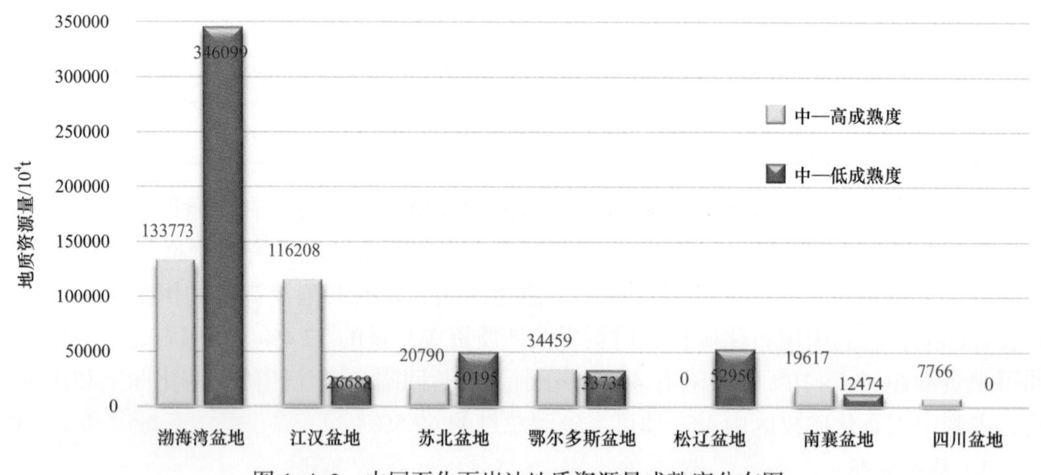

图 1–4–3　中国石化页岩油地质资源量成熟度分布图

4）深度分布

页岩油主要位于生油窗范围，中国石化矿权区页岩油资源分布埋深较大，主要分布在 2000～4500m 范围，地质资源量约 71×10^8t、占比 84%；2000m 以浅，页岩油地质资源量约 13.2×10^8t、占比 15.5%，可采资源量约 1.0×10^8t、占比 9.7%，该深度范围的页岩油资源主要分布在鄂尔多斯盆地长 7 段、江汉盆地潜江组和松辽盆地嫩江组；4500m 以深的超深层基本上不形成页岩油，仅在苏北盆地有分布，地质资源量仅为 2830×10^4t（图 1–4–4）。总体上苏北、江汉和渤海湾等盆地页岩油资源纵向分布范围大，而南襄、松辽和四川等盆地页岩油资源纵向分布较集中。

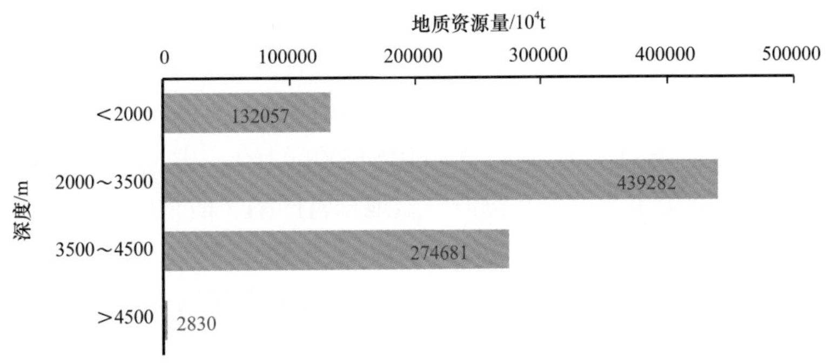

图 1-4-4　中国石化不同深度页岩油地质资源深度分布图

5）分级分布

页岩油为连续性油气藏，分布具有较强的非均质性，资源禀赋差异大，勘探开发成本高。在目前低油价的情况下，亟须回答最优质的资源分布在哪，勘探“甜点”区分布在哪，为此突出了对页岩油资源的分级评价，尤其强调勘探“甜点”区的资源评价。

泥页岩成熟度不仅影响泥页岩的生、排、滞留烃演化过程，也与页岩油的性质（密度、黏度、气油比）及泥页岩有机质孔隙的发育程度密切相关，成熟度是页岩油含油性与可动性的关键指标之一；压力系数与页岩油富集程度和产量也密切相关。基于以上认识，提出泥页岩的成熟度和压力系数是页岩油资源分级评价和有利区优选中的关键参数，建立了以泥页岩油饱和指度（OSI）、有机质成熟度（R_o）、压力系数和脆性矿物含量为关键参数的页岩油资源分级评价参数及标准（表 1-4-6）。

表 1-4-6　中国石化探区页岩油资源评价关键参数分级标准

级别	OSI/（mg/g）	R_o/%	压力系数	脆性矿物含量/%
Ⅰ类	≥100	淡水及半咸化湖盆：0.9～1.3+	≥1.2	>60
		盐水湖盆：0.7～1.3+		石英≥30、黏土<30
Ⅱ类	50～100	淡水及半咸化湖盆：0.5～0.9	1.0～1.2	30～60
		盐水湖盆：0.5～0.7		石英<30

泥页岩热解 S_1、有机碳含量、成熟度 R_o 和脆性矿物含量主要通过样品实测获得，地层压力系数可通过钻井实测、测井拟合计算或地震预测综合获得。评价分为三级：① 泥页岩 OSI≥100mg/g、成熟度 R_o 为 0.9%～1.30%（盐湖盆地 R_o 在 0.7%～1.3% 之间）、压力系数≥1.2、脆性矿物含量≥60% 地区泥页岩可压性好，产出的页岩油黏度低、气油比高，页岩油可流动性好，该类资源为Ⅰ级资源，为页岩油勘探突破的“甜点”目标区；② 泥页岩 OSI 为 50～100mg/g、成熟度 R_o 为 0.6%～0.9%（盐湖盆地 R_o 在 0.5%～0.7% 之间）、压力系数为 1.0～1.2，脆性矿物含量在 30%～60% 地区泥页岩可压性一般，页岩油黏度中等、气油比中等，页岩油可流动性一般，该类资源为Ⅱ级资源，对应勘探有利区，是技术和经济条件改善后有望可动用的资源；③ 泥页岩 OSI≤50mg/g、成熟度 R_o 为

0.5%～0.9%、压力系数≤1.0，脆性矿物含量<40% 地区泥页岩可压性和页岩油品质都较差，为Ⅲ级资源，对应资源的远景区，Ⅲ级资源品位较差，基本不具备经济价值。

热解 S_1 法关键参数 S_1 是在岩石热解测试分析数据基础上进行轻质烃恢复后获得。

中国石化矿权区Ⅰ类页岩油地质资源量约 38.1×10^8t、占比 44.8%，可采资源量约 5.6×10^8t，Ⅰ类页岩油资源主要分布在渤海湾盆地东营凹陷、沾化凹陷、车镇凹陷及江汉盆地潜江凹陷；Ⅱ类页岩油地质资源量约 26.9×10^8t、占比 31.7%，可采资源量约 3.0×10^8t；Ⅲ类页岩油地质资源量约 19.9×10^8t、占比 23.5%，可采资源量约 1.9×10^8t（图 1-4-5）。

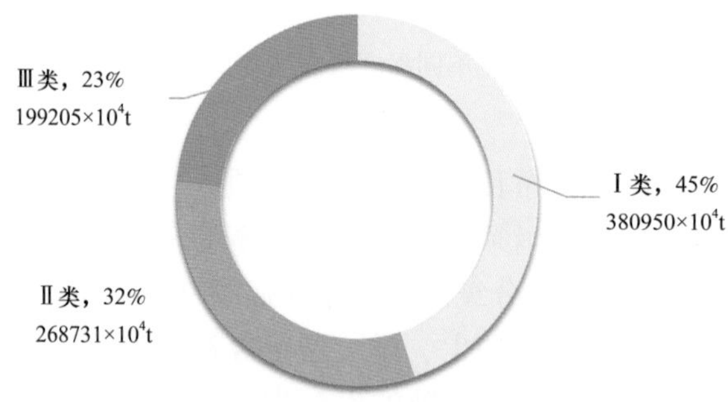

图 1-4-5　中国石化页岩油地质资源量成熟度分布图

三、重点探区陆相页岩油区带评价及目标优选

1. 区带评价

根据页岩油资源规模与丰度特征，优选出东营凹陷利津洼陷和博兴洼陷、沾化凹陷渤南洼陷、东濮凹陷濮卫—文留—柳屯地区、潜江凹陷蚌湖—王场地区及泌阳凹陷中央洼陷带 6 个亿吨级有利区带（表 1-4-7）。

表 1-4-7　中国石化页岩油亿吨级有利区汇总表

盆地	凹陷	有利区	层系	地质资源 /10^4t	可采资源 /10^4t
渤海湾	东营	利津洼陷	沙四上亚段	50743	4567
		博兴洼陷	沙四上亚段	17348	1561
	沾化	渤南洼陷	沙三下亚段	41525	3737
	东濮	濮卫—文留—柳屯地区	沙三中—下亚段	11314	1018
江汉	潜江	蚌湖—王场地区	潜三段（4—10 韵律）	18505	2976
			潜四下亚段（4—34 韵律）	16542	2524
南襄	泌阳	中央洼陷带	核三段	19617	973
合计				175594	17356

2. 目标优选

在资源评价基础上，基于“四性”特征确定页岩油靶区，并汇总相关课题有利勘探目标 28 个（表 1-4-8）。主要是中高演化程度的砂岩夹层型、碳酸盐岩夹层型、混积岩夹层型和盐间混积岩型页岩油，基质型仅有元坝中南部的元页 3 井和川西坳陷永太向斜的永太 2 井。从构造位置看，主要分布在中高成熟区洼陷带—内斜坡、洼中低幅正向构造，这也是下一步页岩油重点突破方向。

表 1-4-8 “十三五”期间中国石化页岩油目标评价汇总表

盆地	凹陷	目标	目的层	类型	钻探情况
渤海湾	东营	樊页平 1	沙四上纯上 2 层组	中演化混积岩型	工业油流
		牛页 1HF	沙四上纯上 2 层组	中演化夹层型	工业油流
		利页 1HF	沙三下 3 层组	中演化基质型	工业油流
	沾化	义页平 1	沙三下 3 层组	中演化夹层型	工业油流
		渤页 5HF	沙三下 3 层组	高演化基质型	工业油流
	东濮	濮 156	沙三中 5—6 号小层	砂岩夹层型	低产油流
		卫 456	沙四上 3 号小层	砂岩夹层型	—
		文 410	沙三中 4—6 号小层	盐间混积岩夹层型	低产油流
		文页 1	沙三下 6—8 号小层	盐间混积岩夹层型	—
江汉	潜江	蚌页油 1HF	潜 3^4-10 韵律	盐间混积岩型	工业油流
		蚌页油 2	潜四下亚段（4—34 韵律）	盐间混积岩型	显示好
	陈坨口	陈页油 1HF	新沟嘴组下段Ⅱ油组	盐间混积岩夹层型	低产油流
南襄	泌阳	阳页 1	核三段	混积型	试油中
苏北	高邮	花页油 1	阜二段	碳酸盐岩夹层型	工业油流
	盐城	盐城 1 侧 HF	阜二段	中、低成熟砂岩夹层型	—
	秦潼	沙垛 1	阜二段	混积岩型	工业油流
四川及周缘	元坝	元页 3	千佛崖组二段	凝析型（基质型）	—
	涪陵	泰页 1	凉高山组一 + 二段	凝析型（砂岩夹层型）	—
	川西坳陷	永太 2	大安寨段	基质型	—
		中江 120	大安寨段	介壳灰岩型	工业油流
	阆中地区	阆页 1	大安寨段二亚段	中高熟基质型	正钻
	复兴地区	忠 1	凉高山组	砂岩夹层型	完钻

续表

盆地	凹陷	目标	目的层	类型	钻探情况
鄂南	彬长区块	彬 1	长 7 段 3 亚段	砂岩夹层型	完钻
	富县区块	JY1	长 7 段 3 亚段	砂岩夹层型	—
		JY2	长 7 段 3 亚段	砂岩夹层型	—
	旬邑地区	渭北 40	长 7 段 3 亚段	砂岩夹层型	待压裂试油
准噶尔	准北地区	哈山 11	风城组二段	砂岩夹层型	—
松辽	梨树断陷	吉利页油 1	沙河子组一段	砂岩夹层型	工业油流

第二章　陆相页岩油“甜点”地球物理识别与预测方法

陆相页岩油“甜点”一般分为地质“甜点”和工程“甜点”。地质“甜点”要素包括岩相、TOC、R_o，孔隙度、孔隙结构、渗透率、含油饱和度等；工程“甜点”要素包括脆性指数、裂缝、地层压力、地应力等，其中裂缝和地层压力也是地质“甜点”的一部分。这些“甜点”要素可以归结为描述页岩油层的含油性（TOC、R_o、S_1、OSI、含油饱和度）、储集性（岩相、孔隙空间类型、孔隙结构、孔隙度）、可动性（裂缝及层理发育、孔隙压力、渗透率、流体性质、气油比）、可压性（脆性、裂缝、地应力、埋深、构造背景、可压指数等）。“甜点”地球物理识别与预测，就是在明确地球物理响应特征的基础上，充分利用测井和地震资料，对有关“甜点”要素进行测井评价和地震预测，结合“甜点”评价指标体系，识别有利“甜点”段，预测有利“甜点”段空间分布区。

陆相页岩油“甜点”测井评价，一是评价页岩油储层特征及其分布，为页岩油含量评估提供孔隙度、有效厚度和饱和度等关键参数；二是评价烃源岩特征，并与储层特征相结合，筛选出井点纵向页岩油“甜点”分布层段，并通过多井对比分析初步确定横向“甜点”分布区，支持开发建产；三是为钻井和压裂改造提供技术支持，如有利层段优选、井眼方位设计和压裂参数优化等，促进页岩油资源的有效经济动用。通过系统配套的岩心实验，开展陆相页岩油储层测井响应特征与机理分析，建立针对性的页岩油储层岩性、物性、含油性及工程力学性质参数测井综合评价方法和技术系列。包括：以岩相识别为基础的陆相页岩油物性、含油性测井评价技术，结合数值模拟的页岩裂缝测井识别与评价方法，陆相页岩可动性测井定量表征方法，以及陆相页岩工程品质测井评价技术。

陆相页岩油“甜点”地震预测，针对页岩层系微观复杂性、非均匀性、宏观强地震各向异性等导致的地球物理响应规律不清、不同尺度信息融合困难、“甜点”特别是多尺度多角度裂缝预测精度低等问题，研究页岩油气“甜点”要素地球物理响应机理与预测方法。围绕陆相页岩油层“甜点”要素，基于岩石物理实验测试分析，构建各向异性岩石物理模型，形成岩石物理正反演技术，明确了陆相页岩油“甜点”岩石物理特征；针对陆相页岩油层薄、非均质及各向异性等特征，以岩石物理、测井评价及地震成像为基础，以高分辨率、高精度地震反演为核心，研发形成物性、脆性、裂缝、压力及地应力等“甜点”要素预测方法，建立陆相页岩油“甜点”地震识别与预测技术系列，探索“甜点”综合评价方法。

在“甜点”识别评价和预测方法研究的基础上，集成一套陆相页岩油“甜点”地球物理识别与预测软件系统，实现陆相页岩油“甜点”识别与预测技术系列化和有形化。

在济阳坳陷、泌阳凹陷和潜江凹陷等陆相页岩油区进行“甜点”识别评价与综合预测应用，取得较好的应用效果。

第一节 陆相页岩油“甜点”地球物理响应与敏感参数分析

一、陆相页岩油“甜点”要素及地球物理参数

1. 陆相页岩油“甜点”要素

人们通常将沉积地层中局部油气有利区称为“甜点”(sweet spot)，页岩“甜点”地质综合识别是利用地震、测井等地球物理方法，联合微地震及岩心数据识别页岩“甜点”。陆相页岩油具有成熟度低、可动性差的特点，其地质“甜点”的预测包括总有机碳含量(TOC)、压力、物性、保存条件、含油性与流体分布等，其工程“甜点”即可压性评价包括脆性(矿物成分、岩石力学)、地应力、裂缝尺度和裂缝发育密度。

页岩油储层基本物性特征：(1)页岩厚度控制着页岩油藏的含油量和经济效益，富含有机页岩的厚度越大，页岩油的富集程度越高。(2)页岩油储层本身就是烃源岩层系，大面积稳定分布且有机质含量较高的页岩层系才能获得页岩油的经济开发，有机质在页岩油储层的形成中起着举足轻重的控制作用，有机质含量决定页岩油富集潜力与含油量。(3)微裂缝在页岩油储层中非常发育，类型多样，成因上可分为构造缝、层间缝、矿物收缩缝及生烃超压缝等；微裂缝不仅是页岩储层的渗流通道，起到沟通油气和改善物性的作用，还能降低岩石的抗张强度，增强压裂效果，天然裂缝越发育，在实施人工压裂时就越容易形成诱导裂缝并相互连通。(4)孔隙空间形态复杂，分布形式多样，包括基质孔隙、微裂缝、有机质固有孔隙等。(5)在页岩矿物组成上，脆性矿物含量越高，黏土矿物含量越低，则页岩脆性越大，可压裂性越大。(6)在岩石力学性质方面，常用的表征参数有杨氏模量和泊松比；杨氏模量反映岩石的刚性大小，即页岩被压裂后保持裂缝的能力；而泊松比的大小反映了岩石弹性的大小，即页岩在压力下破裂的能力，因此，杨氏模量越高，泊松比越低，页岩可压裂性越大。

页岩各向异性：主要源于黏土矿物颗粒沉积、成岩过程中的水平定向排列的程度。干酪根的分布形式也可能产生各向异性。干酪根的分布与TOC有关，可能为离散分布，也可能为薄透镜状、水平层状分布。

页岩油可动性与产能密切相关，而储层渗透率、原油密度及黏度、地层压力等是影响页岩油可动性的核心参数。

1）岩相—裂缝控物性

泥页岩“甜点”中，岩相类型和裂缝发育情况主要控制了孔隙度大小，即物性好坏。以济阳坳陷为例，纹层状、层状泥页岩、裂缝发育段，孔隙度较大，成藏较好(图2-1-1)。

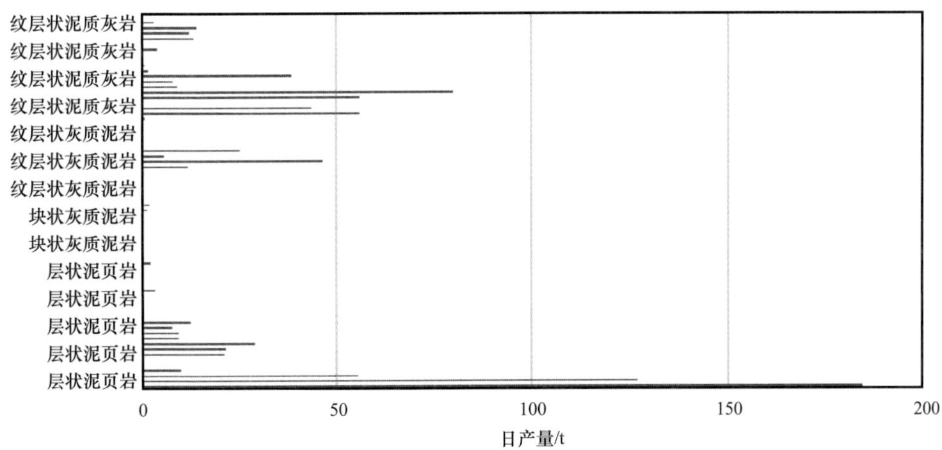

图 2-1-1　济阳坳陷泥页岩不同岩相与产量的关系图

2）TOC 丰度控含油量

TOC 越高，S_1、氯仿沥青“A”含量越高，含油量越高。以济阳坳陷陆相页岩油为例，1.8%＜TOC＜4.0% 易于高产；TOC＜1.8% 多未见到油气显示，表明泥页岩本身未达到生油门限或残余油量较少，是泥页岩“甜点”的下限值；TOC＞4.0% 多见到油气显示，但均未获高产，表明泥页岩本身的含油量较好，但可动性差，不易开采，是泥页岩“甜点”的上限值（图 2-1-2）。

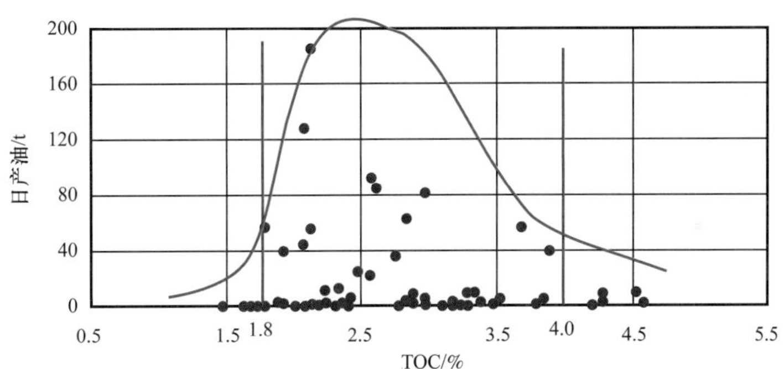

图 2-1-2　济阳坳陷泥页岩 TOC 与产量的关系图

3）脆性—延展控可压性

脆性指数和延展性的大小控制泥页岩的可压性好坏，一般情况下，脆性指数越高、延展性越低，可压性越好，易于压裂成网，易于高产（图 2-1-3）。

4）应力—黏度控可动性

一般地，原油密度、原油黏度对页岩油的流动性有较大影响。以济阳坳陷陆相页岩油为例，原油密度小于 0.9g/cm^3、原油黏度小于 50mPa·s 时，油气流动性好，多见工业产能。同时，张性低地应力区控制了油气的富集，在此区域中，泥页岩“甜点”压裂后，缝张开状态良好，易于高产，应力值小于 60MPa 的区域，多见页岩油的工业产能（图 2-1-4）。

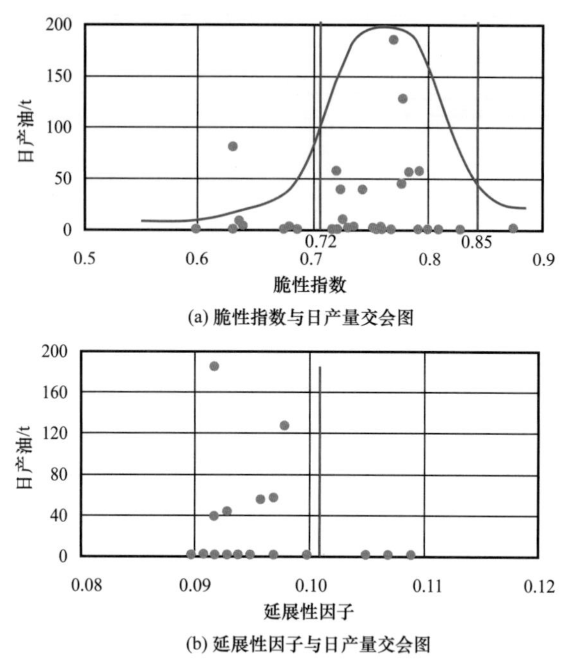

图 2-1-3 济阳坳陷页岩油储层脆性指数、延展性因子与日产量的关系图

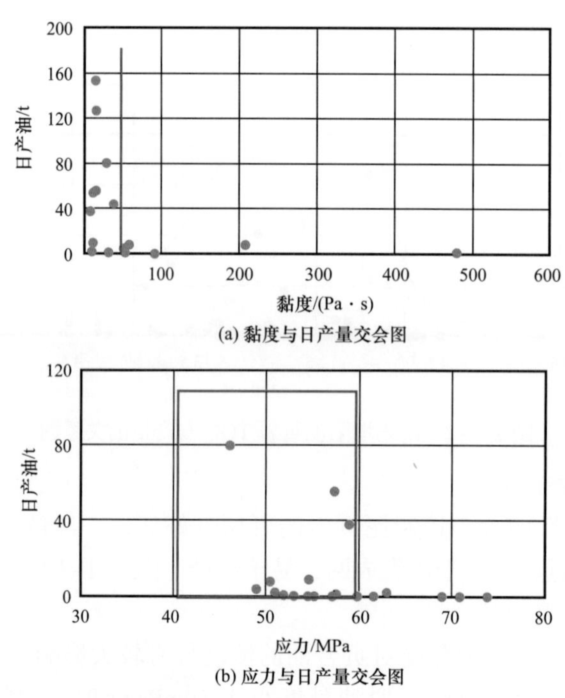

图 2-1-4 济阳坳陷页岩油黏度、应力与日产量的关系图

2. “甜点”地球物理参数

评价陆相页岩油含油性（TOC、R_o、S_1、OSI、含油饱和度）、储集性（岩相、孔隙

空间类型、孔隙结构、孔隙度）、可动性（裂缝及层理发育、孔隙压力、渗透率、流体性质、气油比）、可压性（脆性、裂缝、地应力、埋深、构造背景、可压指数等）等“甜点”要素的变化，引起相应的地球物理参数的变化，也就是测井和地震响应的变化。对于地震响应而言，主要是弹性参数和各向异性参数的变化。岩石物理分析的主要目的就是厘清“甜点”要素地球物理响应特征、规律，遴选出敏感弹性参数，为“甜点”地球物理识别与评价奠定基础。图 2-1-5 为通过地震岩石物理计算方法得到的“甜点”要素敏感地球物理参数，综合考虑储层各向异性参数和地震波速度，建议 TOC、裂缝密度预测敏感参数为各向异性参数与纵波速度比值。

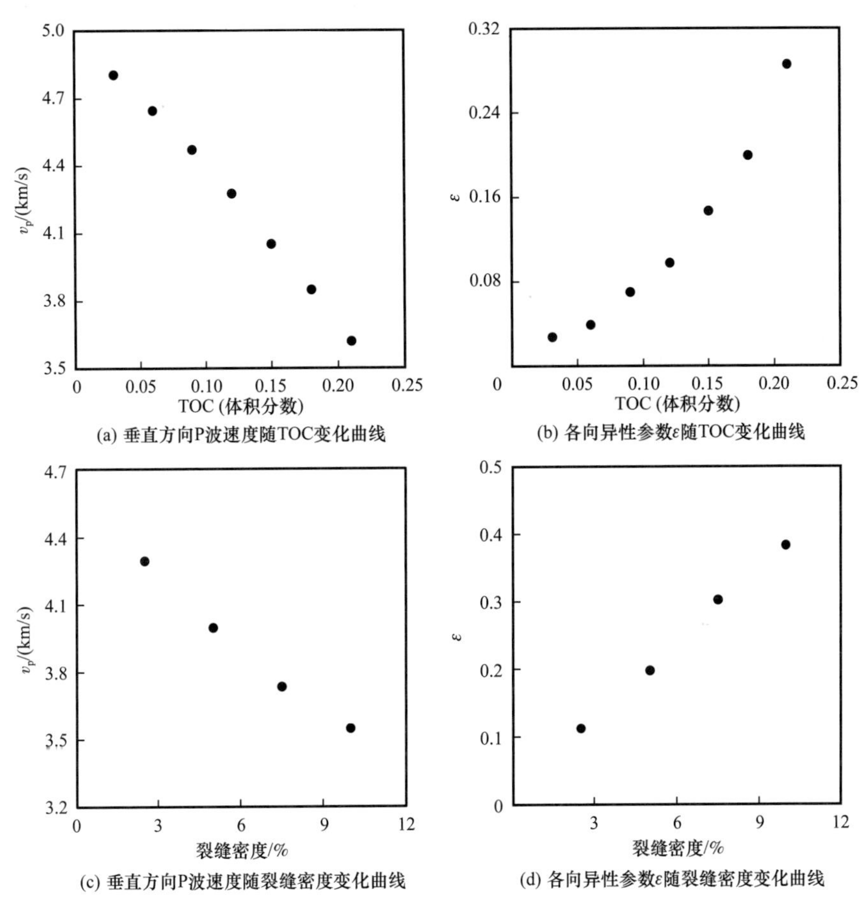

(a) 垂直方向P波速度随TOC变化曲线
(b) 各向异性参数ε随TOC变化曲线
(c) 垂直方向P波速度随裂缝密度变化曲线
(d) 各向异性参数ε随裂缝密度变化曲线

图 2-1-5 地震岩石物理计算得到的“甜点”要素敏感地球物理参数

二、陆相页岩油层岩石物理分析方法

1. 页岩油储层各向异性岩石物理建模

结合地球物理测井及岩心等资料的分析表明，储层岩石的微观特征主要为方解石、石英及钙芒硝等非黏土类矿物分布于黏土矿物组成的基质中。其中，黏土基质是以伊利石和蒙皂石矿物颗粒为主组成的混合物，黏土混合物具有微观定向排列的结构，使页岩固体基质在宏观上表现出水平层理结构，因而具有 VTI（具有垂直对称轴的横向各向同性，Transversely isotropy with a vertical symmetry axis）类型的固有各向异性。此外，固体基质中顺层发育的水平层理缝引起页岩附加 VTI。更重要的，由于长期以来对黏土混合物中束缚水存在状态的定量表征较为困难，限制了对黏土弹性性质的精确描述及岩石物理正演、反演的应用效果。Sayers（2017）近期针对不同地区页岩的研究发现，黏土矿物颗粒之间广泛存在体积模量接近水而剪切模量不为零的“软”物质，为束缚水存在状态的描述提供了方法。另外，与富有机质黑色页岩不同，页岩油储层中有机质干酪根一般呈分散地分布于页岩基质中。针对页岩油层复杂微观特征，为了对储层复杂微观物性特征定量表征，以建模流程的方式构建岩石物理模型。

图 2-1-6 为岩石物理建模流程。首先，应用岩石物理 HSB（Hashin-Shtrikman-Backus）界限理论计算石英、白云石及钙芒硝等非黏土类矿物的体积模量和剪切模量，并应用改进的各向异性 Backus 理论计算黏土混合物与非黏土类矿物组成固体基质的 VTI。其中，黏土混合物的岩石物理描述将在后文详细论述。之后，应用各向异性等效场理论，将有机质干酪根填充到 VTI 固体基质中。最后，利用 Chapman 裂缝介质理论，计算固体基质背景中发育水平裂缝引起的附加 VTI。

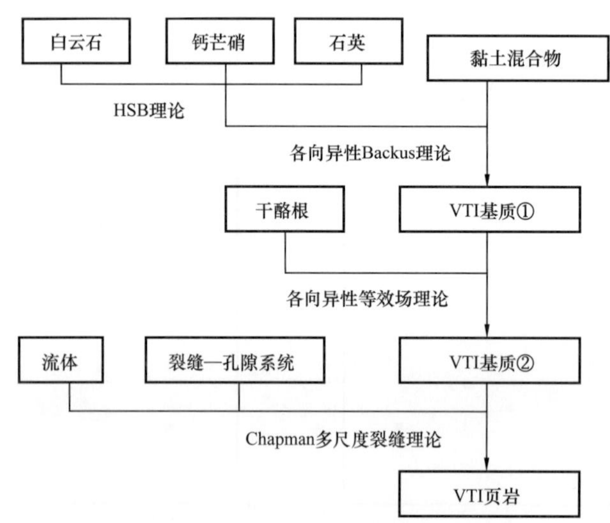

图 2-1-6　页岩油储层岩石物理建模流程图

2. 页岩油储层各向异性岩石物理反演

1）黏土混合物弹性参数及水平缝纵横比反演

据图 2-1-6 的岩石物理模型，图 2-1-7 所示为构建的岩石物理反演流程，将黏土混合物垂直方向的纵波、横波速度 $v_{\text{p-clay}}$ 和 $v_{\text{s-clay}}$，以及水平缝纵横比 α_{H} 作为待反演参数，通过寻找岩石物理模型计算的速度与井中实测速度的最佳拟合来预测这些待定参数。目标函数的求解过程应用粒子群粒子滤波方法实现多参数寻优。岩石物理反演用到的各矿物组分的弹性参数见表 2-1-1。

WY11 井岩石物理反演结果如图 2–1–8 所示，其中岩石物理正反演针对韵律层中的页岩层段。实际纵波、横波速度测井数据（黑色曲线）与反演过程得到的拟合值（红色曲线）拟合较好，表明岩石物理模型与反演方法对该研究区页岩具有适用性。图 2–1–8（c）为页岩中水平裂缝纵横比 α_H，其数值趋近 0 表明裂缝越狭长，趋近 1 表明裂缝越接近于球形，该参数可用于表征水平裂缝的几何形态。如图 2–1–8（c）所示，各页岩层段水平缝纵横比数值呈现较大的变化范围。研究表明，该参数可反映储层裂缝系统的连通性，因此可为裂缝网络的发育情况及储层渗透率评估提供参考（Guo et al.，2016）。图 2–1–8（d）为预测得到的页岩层段黏土混合物的纵波速度（黑色）及横波速度（灰色），可以观察到，黏土混合物的横波速度较低，使得如图 2–1–8（e）所示的黏土混合物纵波、横波速度比的数值一般高于 2，远大于页岩中固体矿物颗粒的纵波、横波速度比的数值范围。根据表 2–1–1 所示，黏土混合物固体颗粒的纵波、横波速度比应处于 1.55（伊利石）至 1.65（蒙皂石）之间。对上述现象，Sayers（2018）认为，黏土混合物伊利石、蒙皂石等固体颗粒之间存在粒间软物质，体积模量接近于水，剪切模量很小但不为零。

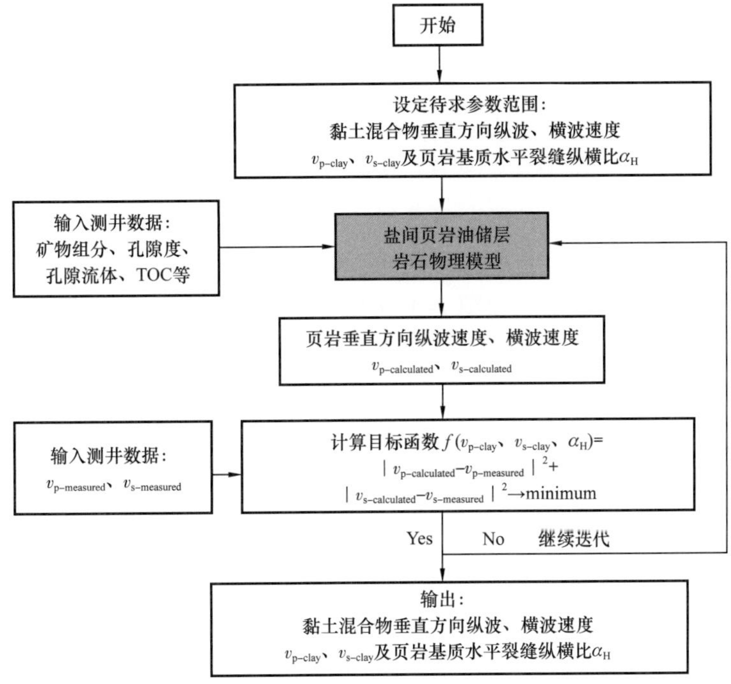

图 2–1–7　黏土混合物及裂缝参数的岩石物理反演流程图

表 2–1–1　黏土类矿物弹性参数（据 Carcione et al.，2015）

类别	ρ/ g/cm³	v_{33}/ km/s	v_{55}/ km/s	v_{66}/ km/s	v_{13}/ km/s
伊利石	2.90	4.5	2.9	3.15	1.96
蒙皂石	2.20	2.8	1.7	1.7	1.43

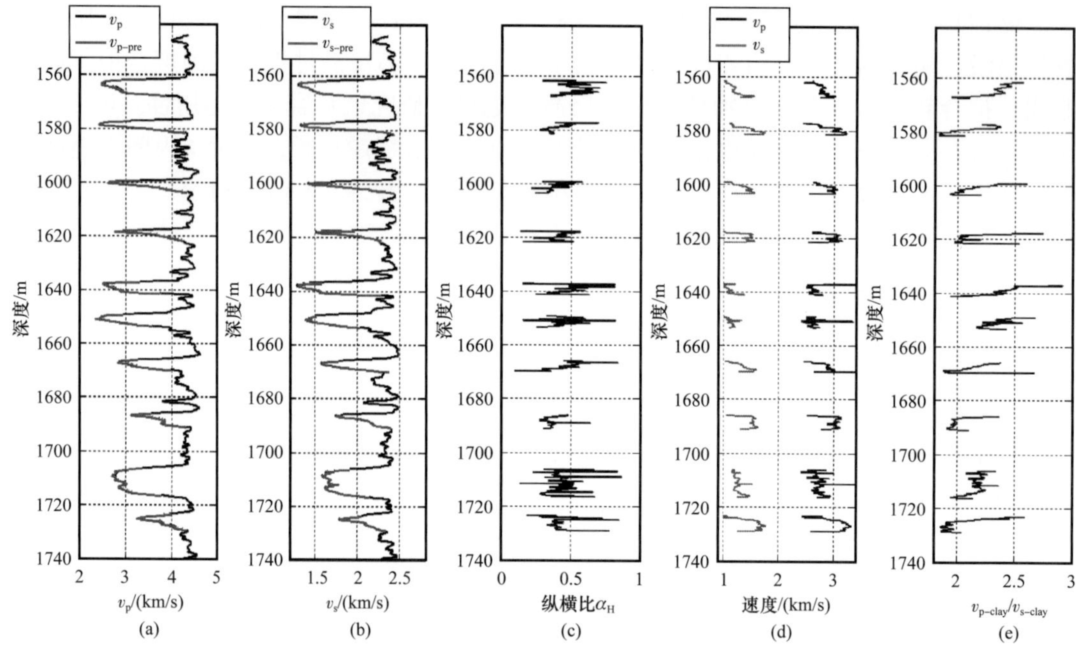

图 2-1-8 WY11 井裂缝及黏土混合物参数的岩石物理反演结果

（a）纵波测井曲线（黑色）及拟合曲线（红色）；（b）横波测井曲线（黑色）及拟合曲线（红色）；（c）页岩基质裂缝纵横比 α_H；（d）黏土混合物纵波速度 v_p（黑色）、横波速度 v_s（灰色）；（e）黏土混合物纵波、横波速度比

进一步依据黏土混合物的岩石物理模型，由各向异性 Backus 理论计算伊利石、蒙皂石矿物颗粒的弹性各向异性，并应用各向异性等效场理论计算粒间软物质的影响，得到黏土混合物的 VTI 的弹性模量。如图 2-1-9（a）所示，当其他参数保持不变，粒间软物质的比例 f_{soft} 由 0 增加到 0.5 时，黏土混合物垂直方向的纵波、横波速度均呈现降低趋势，横波速度降低得更快；并且，在 0～0.1 之间，即少量的粒间软物质能够显著降低黏土混合物的速度。相应地，如图 2-1-9（b）所示，黏土混合物纵波、横波速度比 v_p/v_s 随粒间软物质比例的增加而迅速增加，当其含量比例到仅为 0.05 时，v_p/v_s 即能达到约 2.5。因此，粒间软物质的存在可解释黏土混合物纵波、横波速度比的高异常现象。

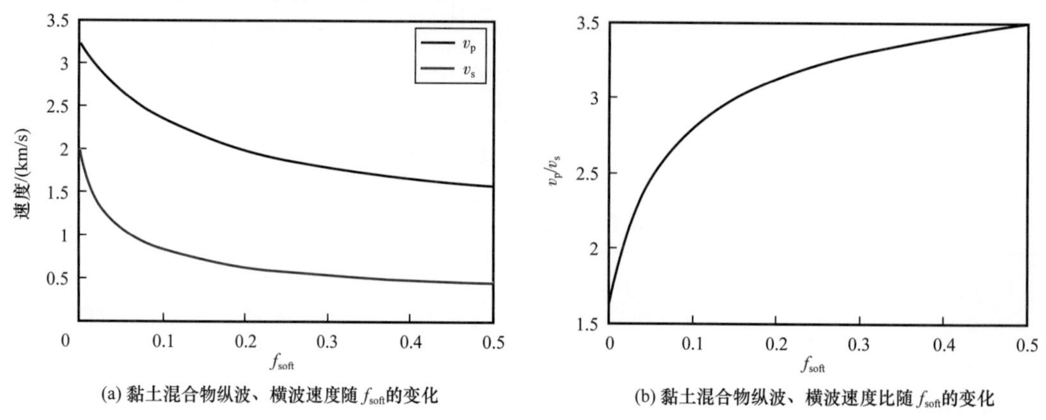

(a) 黏土混合物纵波、横波速度随 f_{soft} 的变化

(b) 黏土混合物纵波、横波速度比随 f_{soft} 的变化

图 2-1-9 粒间软物质比例 f_{soft} 对黏土混合物弹性参数的影响

图 2–1–10（a）所示为伊利石矿物比例 f_{illite}（伊利石与蒙皂石比例之和为 1）的变化对黏土混合物各向异性弹性模量的影响。如表 2–1–1 所示，由于伊利石具有各向异性，并且相对蒙皂石具有更高的弹性模量，因此当其比例增加时，黏土混合物的各向异性弹性模量也呈增加趋势。图 2–1–10（b）所示为黏土混合物的各向异性参数随伊利石比例的变化。各向异性参数极大值出现在伊利石和蒙皂石比例约各占一半的附近。根据 Backus 平均理论，以该比例混合时两种组分的弹性差异最大。

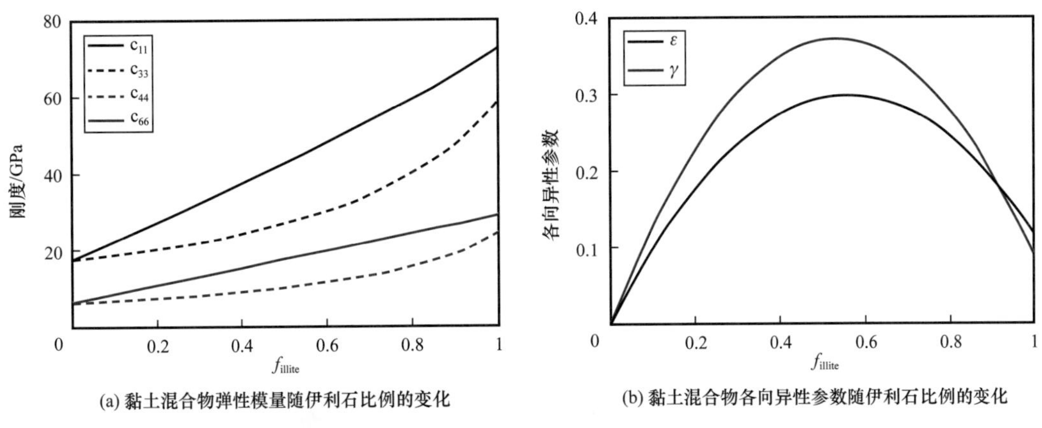

图 2–1–10　伊利石比例 f_{illite} 对黏土混合物各向异性弹性模量的影响

进一步构建图 2–1–11 所示的岩石物理反演流程，预测黏土混合物中的伊利石比例 f_{illite} 以及粒间软物质比例 f_{soft} 等参数，为深入理解页岩微观结构及宏观各向异性提供依据。

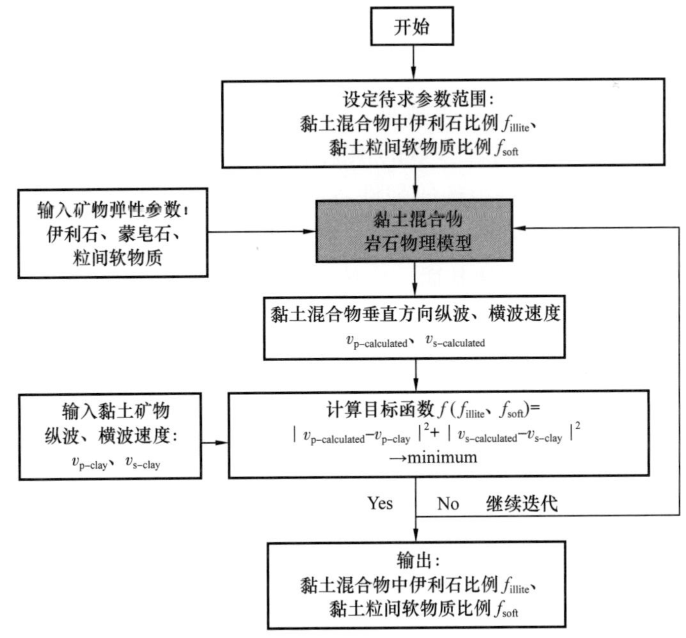

图 2–1–11　黏土混合物微观物性参数的岩石物理反演流程图

WY11 井的反演结果如图 2-1-12 所示。图 2-1-12（b）和（c）中，岩石物理反演过程计算的黏土混合物的速度（红色曲线）与图中的预测值（黑色曲线）具有较高的拟合程度，说明了黏土混合物岩石物理模型的适用性。预测得到的伊利石比例f_{illite}如图 2-1-12（d）所示，粒间软物质比例f_{soft}如图 2-1-12（e）所示。与前述反演方法相似，反演过程应用粒子群粒子滤波方法实现目标函数多参数寻优过程。

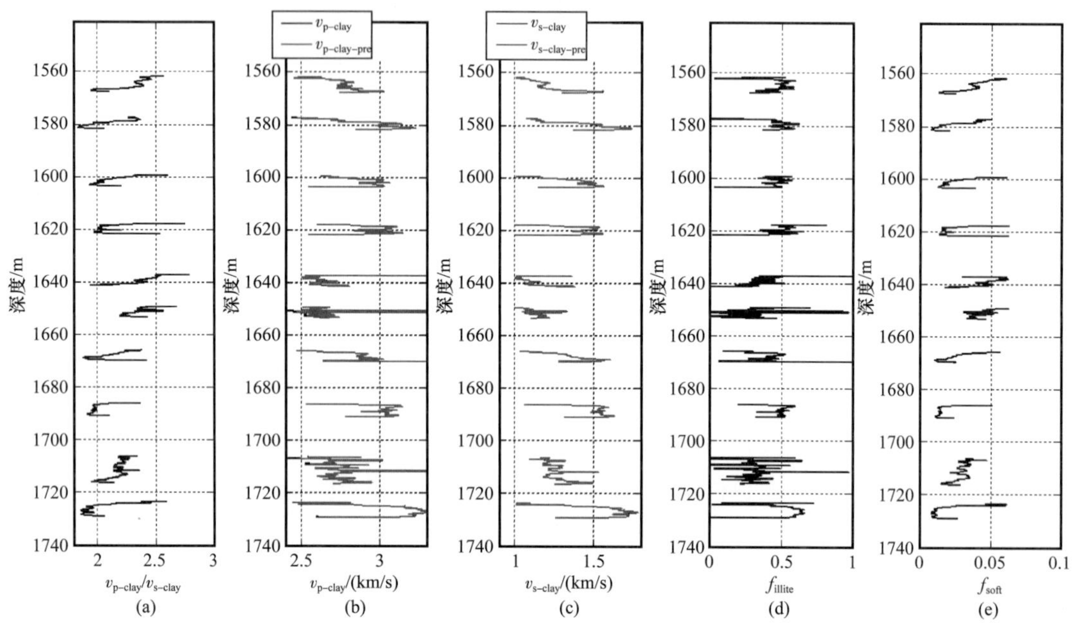

图 2-1-12 WY11 井黏土混合物微观物性特征的岩石物理反演结果

（a）黏土混合物纵波、横波速度比；（b）黏土混合物纵波速度（黑色）及拟合值（红色）；（c）黏土混合物横波速度（黑色）及拟合值（红色）；（d）黏土混合物中伊利石比例；（e）黏土混合物中粒间软物质比例

2）页岩中各组构各向异性参数预测

根据前述页岩微观结构及物性参数的预测结果，下面将由岩石物理建模流程，计算从微观到宏观各尺度上，页岩各组构的弹性各向异性参数。其中，页岩各尺度结构包括：伊利石 / 蒙皂石矿物颗粒、伊利石 / 蒙皂石颗粒以及粒间软物质组成的黏土混合物、包含各类固体矿物和干酪根的页岩固体基质、固体基质背景下发育水平层理缝的页岩整体。

WY11 井的计算结果如图 2-1-13 所示，伊利石 / 蒙皂石矿物颗粒纵波、横波各向异性参数（黑色曲线），以及向其中加入粒间软物质组成黏土混合物的纵波、横波各向异性参数（红色曲线）。可以观察到该测井层段的各页岩韵律中，黏土混合物的各向异性一般高于伊利石 / 蒙皂石固体颗粒。根据 Backus 理论，由于粒间软物质具有体积模量接近于水、剪切模量不为零的弹性性质，使得其与固体颗粒的弹性性质存在显著差异，进而使得黏土混合物表现出更高的弹性各向异性。

图 2-1-14 所示为页岩固体基质（黑色曲线）及页岩整体（红色曲线）的纵波、横波各向异性曲线。可以观察到，图 2-1-14（a）中各层段页岩整体的纵波各向异性参数（红色曲线）高于固体基质（黑色曲线），这是由于固体基质背景下发育的水平裂缝能够增强

页岩的 VTI。然而，观察图 2-1-14（b）发现页岩整体和固体基质的横波各向异性很接近，说明横波各向异性受水平裂缝的影响较小。原因在于流体填充的水平缝其剪切模量为零、体积模量不为零，因此能够影响纵波的传播规律而对横波的影响较小。

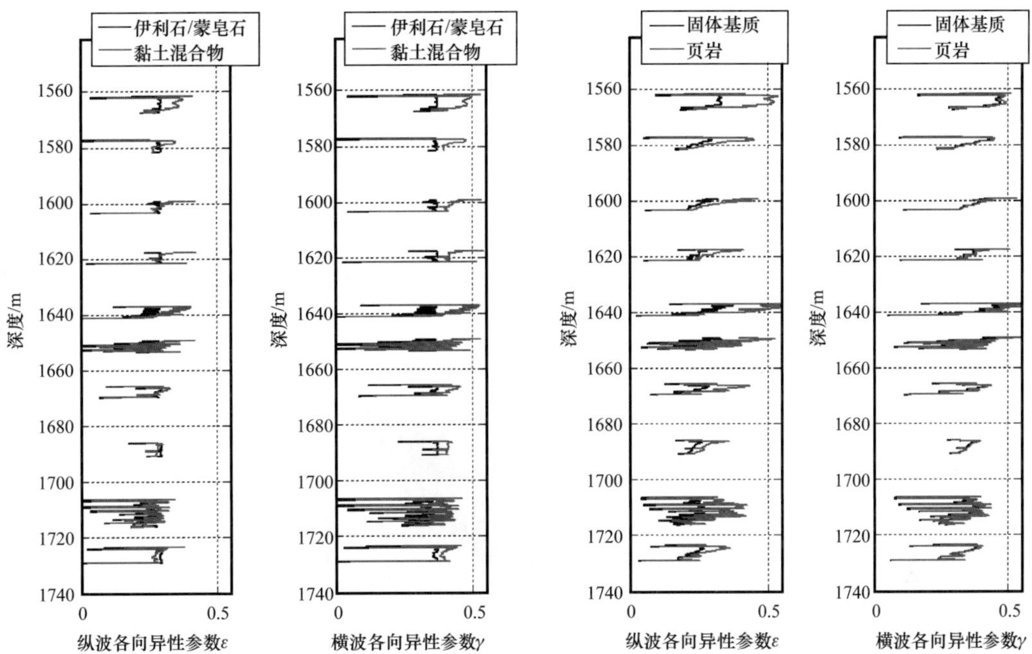

图 2-1-13 WY11 井伊利石 / 蒙皂石、黏土混合物各向异性参数

图 2-1-14 WY11 井页岩固体基质、页岩整体各向异性参数

图 2-1-15（a）为与图 2-1-13 中 WY11 井预测的纵波、横波各向异性参数交会图。可以观察到，对于相同数值的纵波各向异性参数，黏土混合物较伊利石 / 蒙皂石固体颗粒表现出更高的横波各向异性，原因在于粒间软物质具有数值很小的非零剪切模量，使得黏土混合物中各组分间剪切模量的差异比体积模量的差异更为明显，因此根据 Backus 理论预测得到的横波各向异性参数更高。

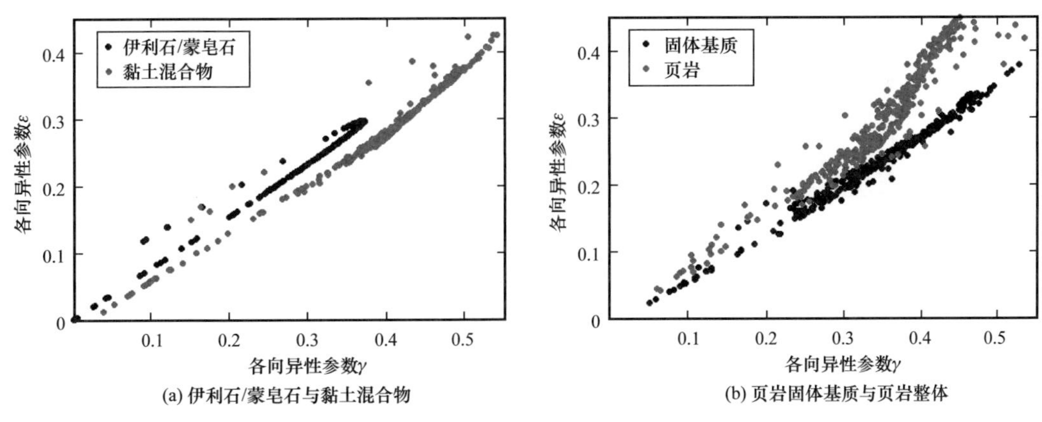

(a) 伊利石/蒙皂石与黏土混合物

(b) 页岩固体基质与页岩整体

图 2-1-15 WY11 井各向异性参数 ε 与 γ 交会图

三、陆相页岩油“甜点”地球物理响应特征与敏感参数分析

结合实钻井特征和岩石物理建模分析，可在泥页岩不同岩相组合条件下，由于TOC、脆性矿物含量、裂缝及各向异性等特征变化引起的地震反射特征，建立不同构造带泥页岩岩相、TOC和脆性变化的地震响应典型模式，实现泥页岩优势岩相、高TOC和高脆性区的地震识别敏感性分析，为平面预测属性优选提供依据。下文以济阳坳陷页岩油储层为例开展地震响应特征分析。

1. TOC地震响应

通过统计济阳坳陷渤南地区多口实钻井岩石物理性质交会分析，拟合了TOC与速度的关系曲线（图2-1-16）。在此基础上，由于不同TOC含量所引起速度反射模式。

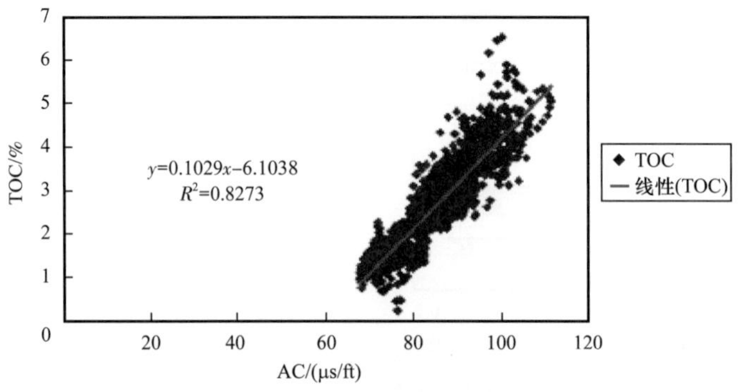

图2-1-16　TOC与速度关系曲线

模型为箱形模式（图2-1-17）：三层水平介质，上部围岩速度为3800m/s，厚度为60m；中间储层为不同TOC含量所对应的相应的速度值，厚度为40m，当TOC分别为5.5%、4.5%、3.5%、2.5%时，其速度分别对应为2700m/s、2950m/s、3250m/s、3650m/s；下部围岩速度为4000m/s，厚度为60m。

图2-1-17　模型Ⅰ箱形正演模型（TOC）

在正演模拟的过程中，分别选择20Hz、25Hz、30Hz、35Hz作为优势频率进行模拟，得到了如下正演模拟结果（图2-1-18至图2-1-21）。

从正演模拟结果可以看出，箱形模式储层上界面对应于波谷，为中强波谷拖长尾反射。TOC的变化引起了地震反射特征的变化。频率较高时（f=35Hz），TOC值较高时（TOC=5.5%、TOC=4.5%），在储层内部出现了旁瓣反射。在此基础上对正演结果进行了

多种波形类属性的提取，根据所统计的属性值，对此进行了数值分析，分别得到了瞬时振幅 / 瞬时频率、瞬时频率与 TOC 的散点关系图（图 2-1-22）。

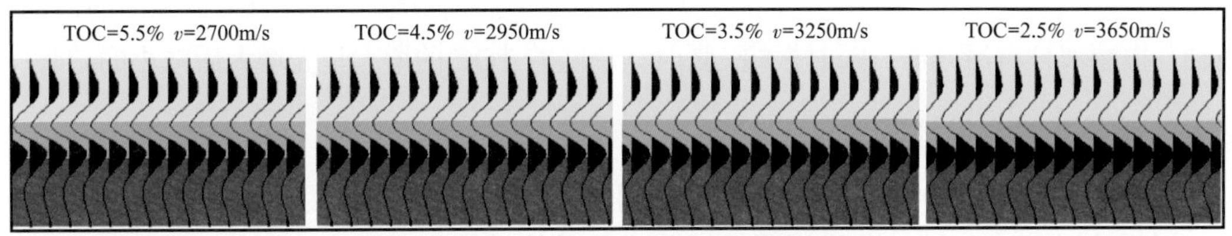

图 2-1-18　f=20Hz 时波动方程正演模拟

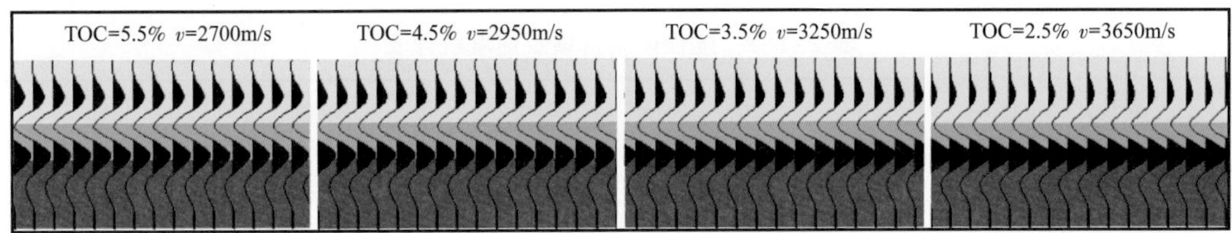

图 2-1-19　f=25Hz 时波动方程正演模拟

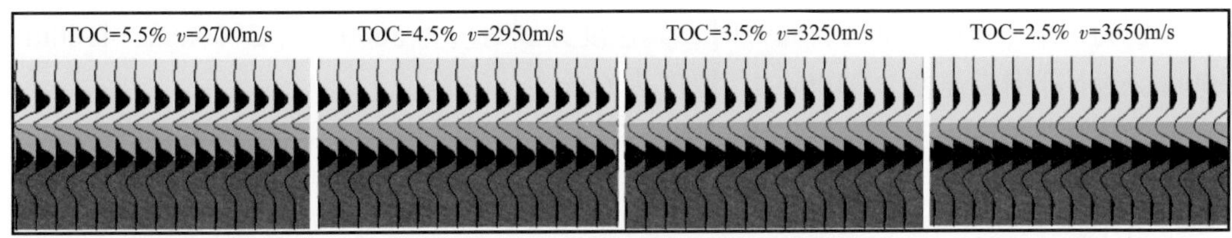

图 2-1-20　f=30Hz 时波动方程正演模拟

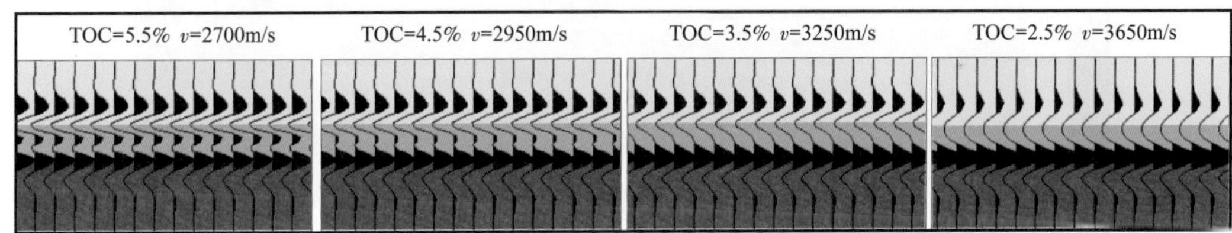

图 2-1-21　f=35Hz 时波动方正程演模拟

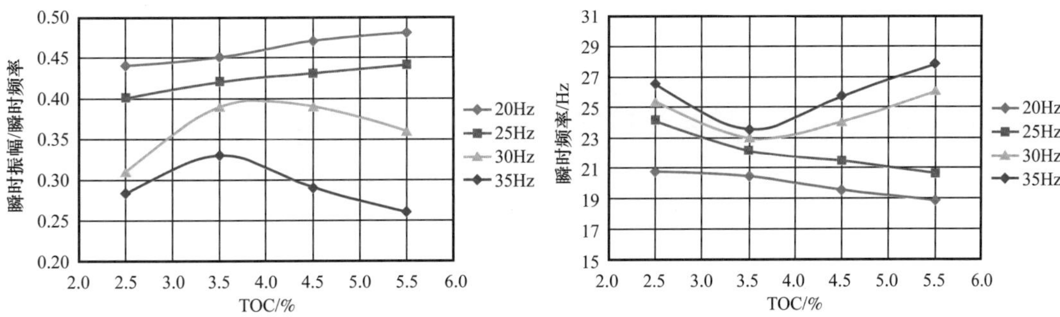

图 2-1-22　TOC 与瞬时振幅 / 瞬时频率、瞬时频率的散点关系图

从图 2-1-22 中可以看出，在低频条件下，即频率分别为 20Hz、25Hz 时，随着 TOC 的增大，瞬时振幅属性逐渐增大，而瞬时频率逐渐较小，则瞬时振幅 / 瞬时频率变化幅度较大；而在高频条件下，随着频率的增大，单一强地震反射轴变为两组中等强度的地震反射轴，振幅属性有所减弱，瞬时振幅 / 瞬时频率随着 TOC 的增大呈先增大后减小的趋势。

2. 脆性矿物含量地震响应

泥页岩脆性矿物的含量多少也会引起不同的地震反射特征，为了详细研究变化规律，通过对渤南地区多口实钻井进行脆性矿物含量的统计，可以得出不同脆性矿物含量及相对应的速度关系（表 2-1-2）。

表 2-1-2 脆性矿物含量及速度统计表

脆性矿物含量 /%	20	40	60	80
速度 /（m/s）	3600	3900	4100	4300

模型为箱形模型（图 2-1-23）：三层介质，水平层，上部围岩速度为 3300m/s，厚度为 60m；中间储层为不同脆性矿物含量所对应的相应的速度，厚度为 40m，当脆性矿物含量分别为 20%、40%、60%、80% 时，其速度分别对应为 3600m/s、3900m/s、4100m/s、4300m/s；下部围岩速度为 3100m/s，厚度为 60m。

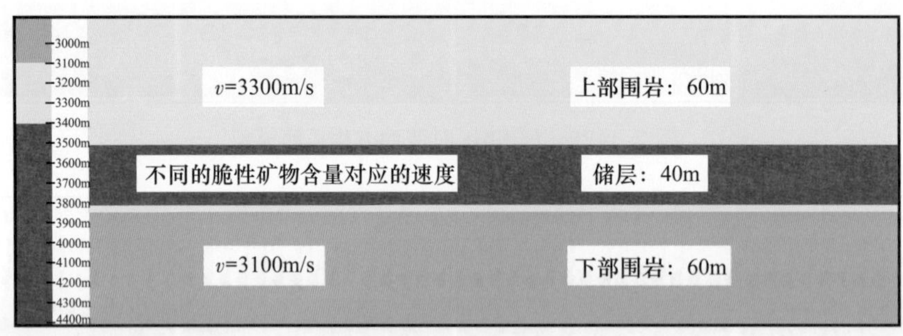

图 2-1-23 模型 I 箱形正演模型（脆性矿物含量）

在正演模拟的过程中，分别选择 20Hz、25Hz、30Hz、35Hz 作为优势频率进行模拟，得到了正演模拟结果如图 2-1-24 至图 2-1-27 所示。

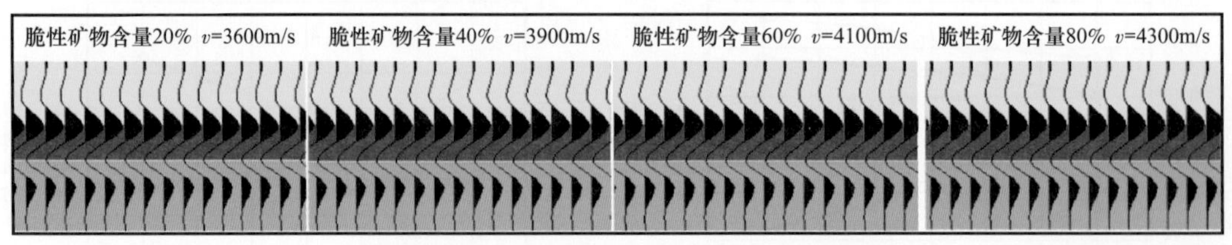

图 2-1-24 f=20Hz 时波动方程正演模拟

对正演结果进行波形类属性提取，将统计的属性值与脆性矿物含量做散点图。从图 2-1-28 中可以看出，随着脆性矿物含量的增加，瞬时振幅、瞬时频率均增加，呈正相关关系。无论在低频还是在高频，瞬时振幅随着脆性矿物含量的增加变化很明显，而瞬

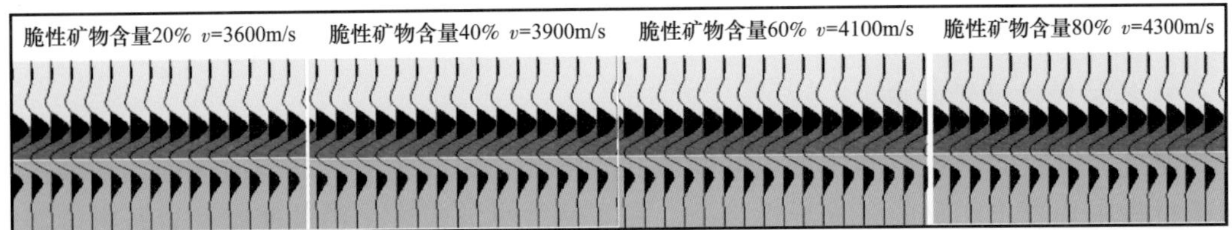

图 2-1-25　f=25Hz 时波动方程正演模拟

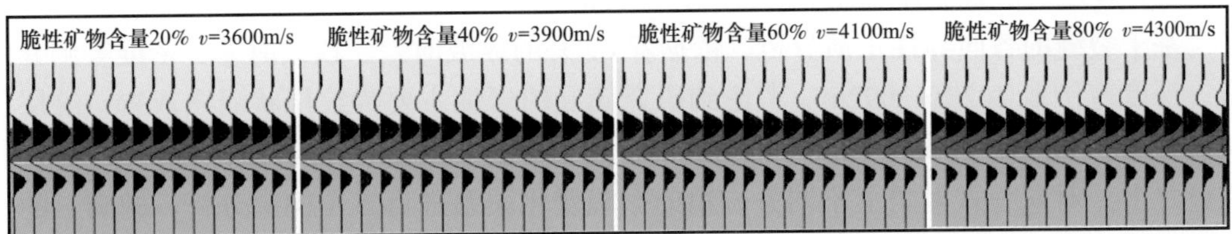

图 2-1-26　f=30Hz 时波动方程正演模拟

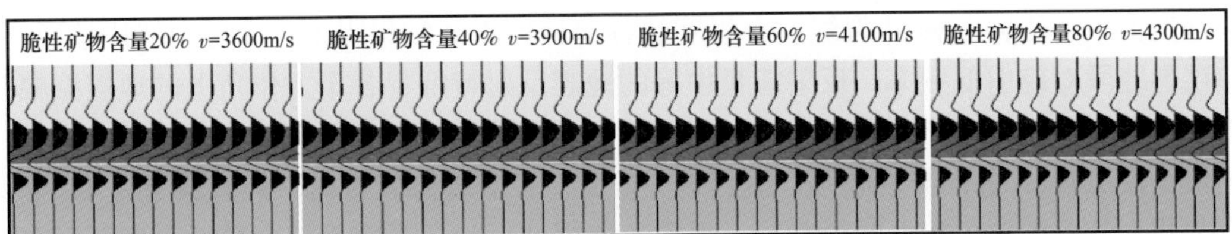

图 2-1-27　f=35Hz 时波动方程正演模拟

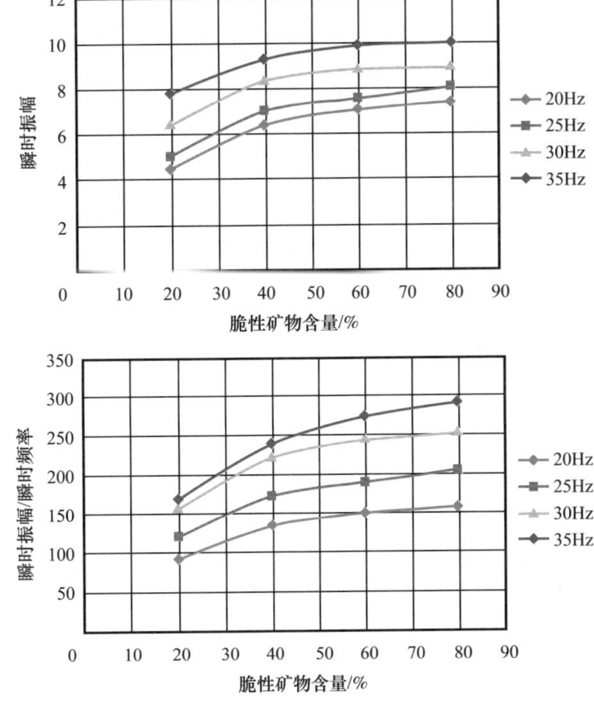

图 2-1-28　脆性矿物含量与瞬时振幅、瞬时频率的散点图

时频率在低频尤其是 f=20Hz 时变化不明显。

3. 各向异性地震响应

泥页岩储层的储集空间主要以晶间微孔、溶孔、裂缝为主，非均质性强，在地震波传播过程中表现出明显的各向异性特征。在实钻井纵波速度、横波速度及岩石密度等岩石物理数据已知的基础上，利用叠前各向异性正演模拟技术，探讨了泥页岩储层在岩相、裂缝发育程度及所含流体变化下的各向异性特征。

基于裂缝的各向异性正演分析。依据罗 69 井的纵波时差、横波时差、密度等测井曲线，深度范围取 3022～3092m。考虑到研究储层的岩性主要为纹层状泥质灰岩、纹层状灰质泥岩，将 v_p/v_s 值取为 1.82，并充填油，建立裂缝段岩石方位各向异性正演模拟图。在此之上，对同一入射角上不同方位角的振幅变化关系进行方位椭圆分析。椭圆上的任意一点对应方位角上的振幅值。此椭圆称之为振幅方位椭圆，定义此椭圆长短轴之比为各向异性强度。当介质为各向同性时，各个方位角的振幅相同，椭圆变为圆，其各向异性强度为 1。根据罗 69 井裂缝发育程度的各向异性正演结果得出：含有裂缝段情况下，储层裂缝段对应中低频率、反射能量中等的地震反射特征；各个方位角上的地震振幅都随着入射的增加而递减，呈典型的 AVO 现象。裂缝发育的层段椭圆扁率（长轴和短轴的比值）为 1.411，各向异性较强，裂缝较为发育。在裂缝不发育时，椭圆扁率为 1，椭圆变为圆，各个方位角的振幅值相同，说明各向同性，验证了应用各向异性强度可以有效地检测裂缝的发育情况。

在建立泥页岩含油岩石物理模型基础之上，设计不同裂缝密度下的含油模型，对研究区泥页岩储层不同裂缝密度对应的各向异性强度进行分析。其裂缝体密度依次为 0、3%、5%、10%、20%、40%，正演不同裂缝密度下的叠前道集结果发现，各个方位角上归一化后的反射振幅都随着入射的增加而递减，呈典型的 AVO 现象。统计不同裂缝密度下的地震各向异性强度（图 2-1-29），当裂缝体密度小于 3% 时，裂缝的地震各向异性强度较小；当裂缝体密度大于 5% 后，裂缝的地震各向异性强度迅速增大，归一化后的振幅反射系数也增大。也就是说裂缝越发育，地震响应特征越强。

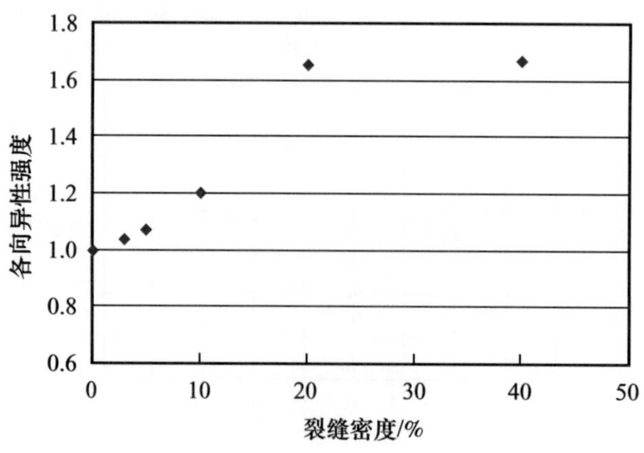

图 2-1-29 裂缝密度对地震各向异性强度影响分析

第二节　陆相页岩油“甜点”测井评价方法

一、陆相页岩油储集性测井评价方法

1. 基于常规测井的孔隙度评价

陆相储层岩性岩相复杂，相变频繁，薄夹层/薄互层发育，为孔隙度测井精细评价提出难题。采用岩心刻度测井曲线、测井交会图技术、变骨架等方法，分别建立评价模型，可解决不同精度要求下，陆相页岩油储层孔隙度测井评价问题。

解决复杂岩相变化背景下的高精度孔隙度评价问题，需要从储层骨架参数精细评价入手，利用复杂矿物组分与有机质含量测井评价结果，结合矿物与有机质密度骨架，确定储层纵向连续深度的骨架参数值，建立变混合骨架高精度孔隙度评价模型，实现陆相页岩油储层高精度孔隙度评价。具体评价流程及各种矿物的骨架密度值如图2–2–1所示。

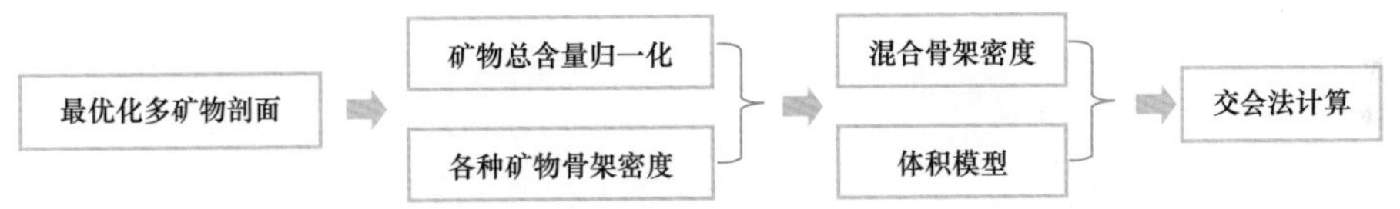

图2–2–1　变混合骨架密度的孔隙度评价方法基本流程图

该方法的精度强烈依赖于复杂矿物组分剖面与有机质含量的测井评价结果，其优势在于可在连续深度确定混合骨架值，利用最接近储层矿物骨架密度的曲线逐点计算孔隙度，对于井眼条件好、密度曲线质量较好的井段，该方法的评价结果适应性更强，精度更高。

如图2–2–2所示，基于交会图技术及混合骨架的评价方法精度更高，与岩心孔隙度测试结果吻合良好，能够满足陆相储层孔隙度评价需求。

实际开展陆相页岩油储层孔隙度测井评价时，可根据井眼条件，针对不同应用目的和精度需求，快速有效地开展陆相页岩油储层孔隙度测井评价。

2. 基于核磁孔隙结构参数的渗透率评价

陆相页岩油储层受孔隙发育和连通性影响，孔渗关系复杂（图2–2–3），值得注意的是，在裂缝不发育的层段（图中蓝色虚线框内的点），陆相储层渗透率与孔隙度之间甚至呈现出负相关关系，这一现象是在常规砂岩储层及页岩气储层中未观察到的。

由于陆相储层孔隙类型多样，孔隙结构复杂，导致孔渗关系较差，很难用常规的基于孔渗关系的渗透率模型进行精确评价，给渗透率的精确评价带来困难和挑战。图2–2–4显示的为W99井核磁共振孔隙度与氦气孔隙度吻合较好，表明核磁共振测井质量可靠，可用于孔隙结构及渗透率定量评价。考虑从岩心压汞孔隙结构实验和核磁共振测井出发，

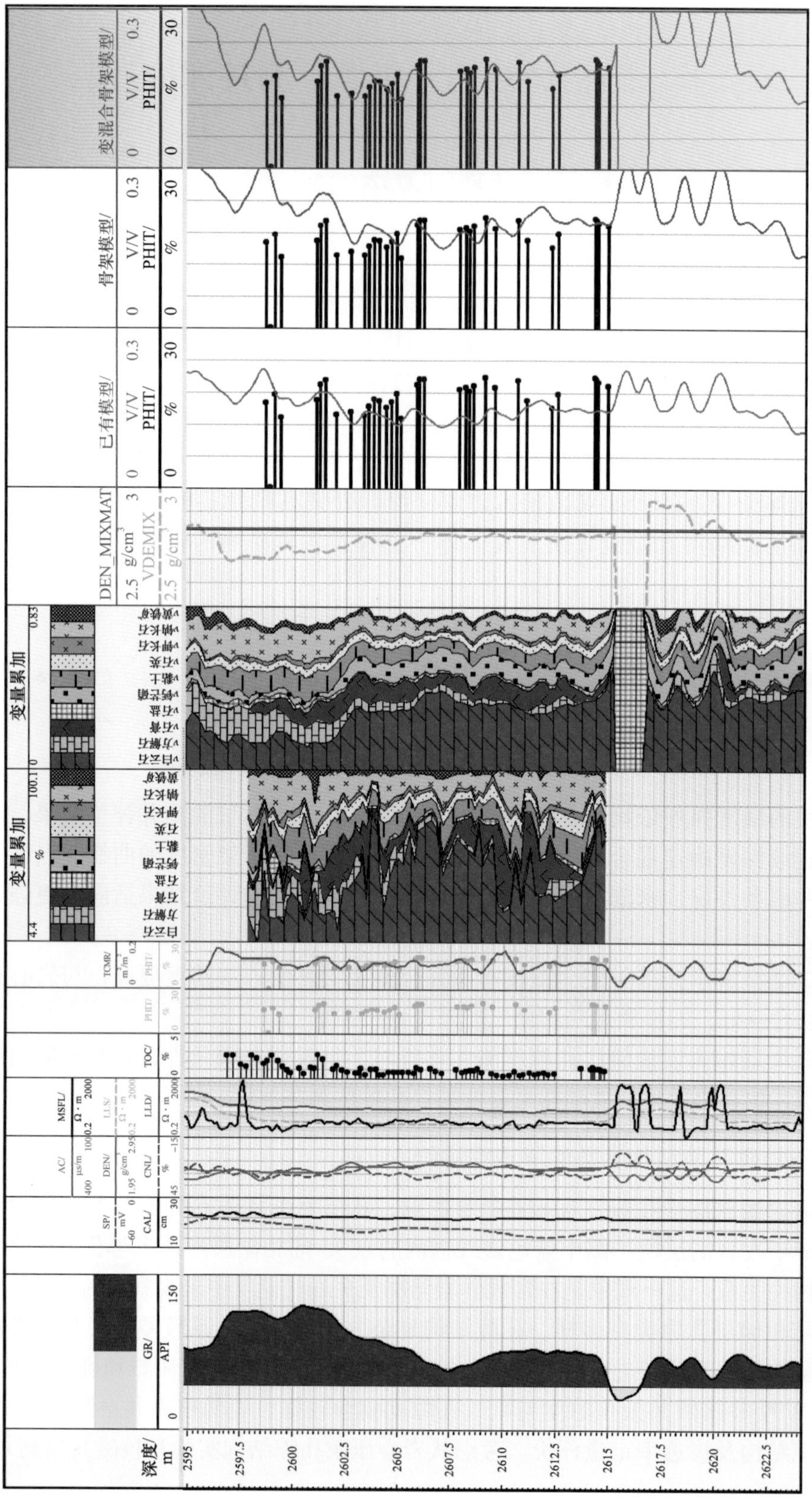

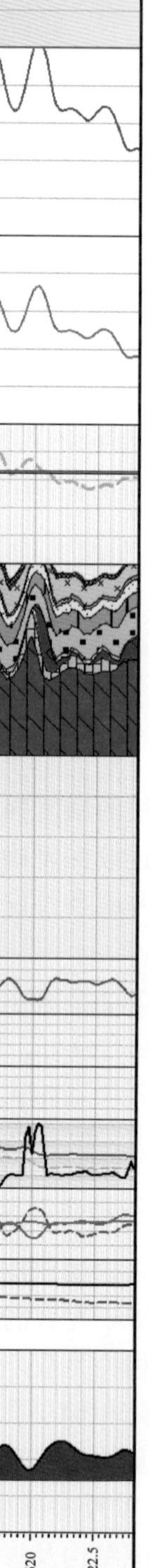

图 2-2-2 几种孔隙度评价模型精度对比（W99 井）图

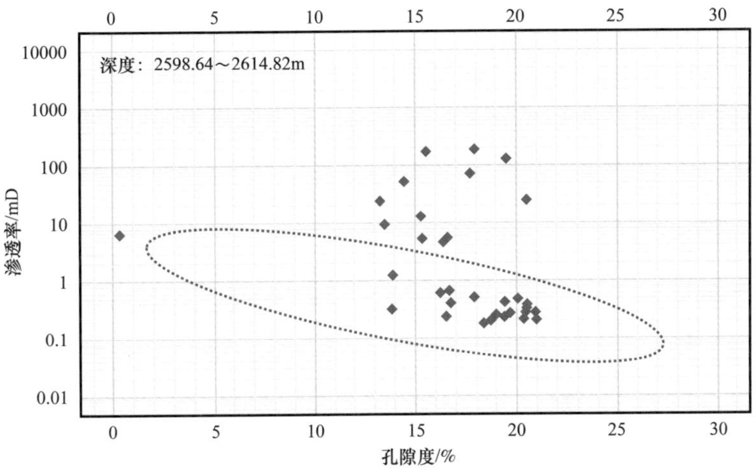

图 2-2-3　陆相储层孔渗关系图

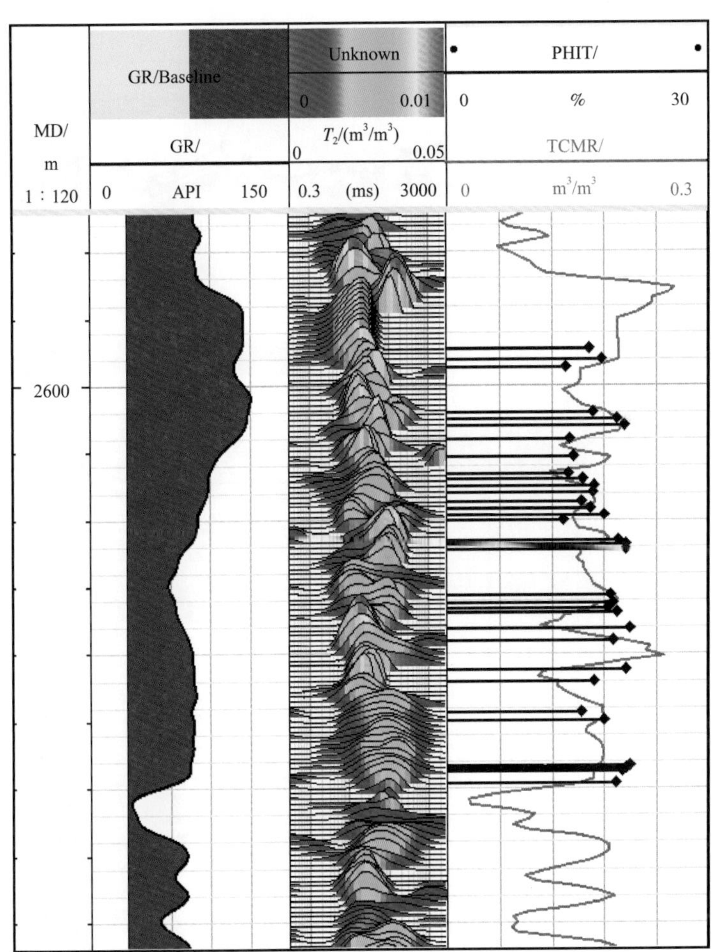

图 2-2-4　W99 井核磁共振孔隙度与氦气孔隙度对比图

建立基于孔隙结构的渗透率评价模型和方法。

首先从压汞实验和核磁共振测井资料分析出发，对比压汞实验得出的储层孔径分布和 T_2 谱分布特征（图 2-2-5），建立了储层孔径分布与 T_2 谱的刻度转换关系［式（2-2-1）］，然后利用转换后的核磁共振孔径分布曲线重构伪毛细管压力曲线，从伪毛细管压力曲线中提取能够反映储层渗透率的孔隙结构参数（图 2-2-6），进而利用岩心渗透率与孔隙结

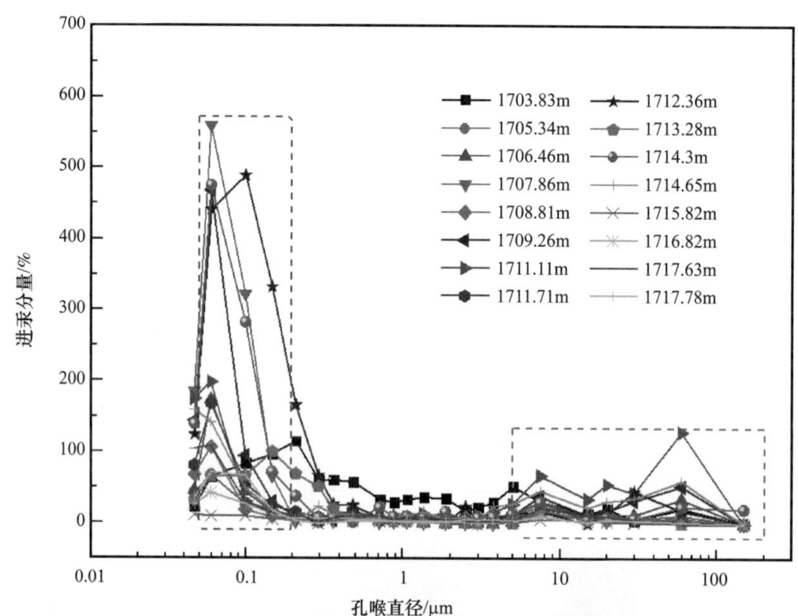

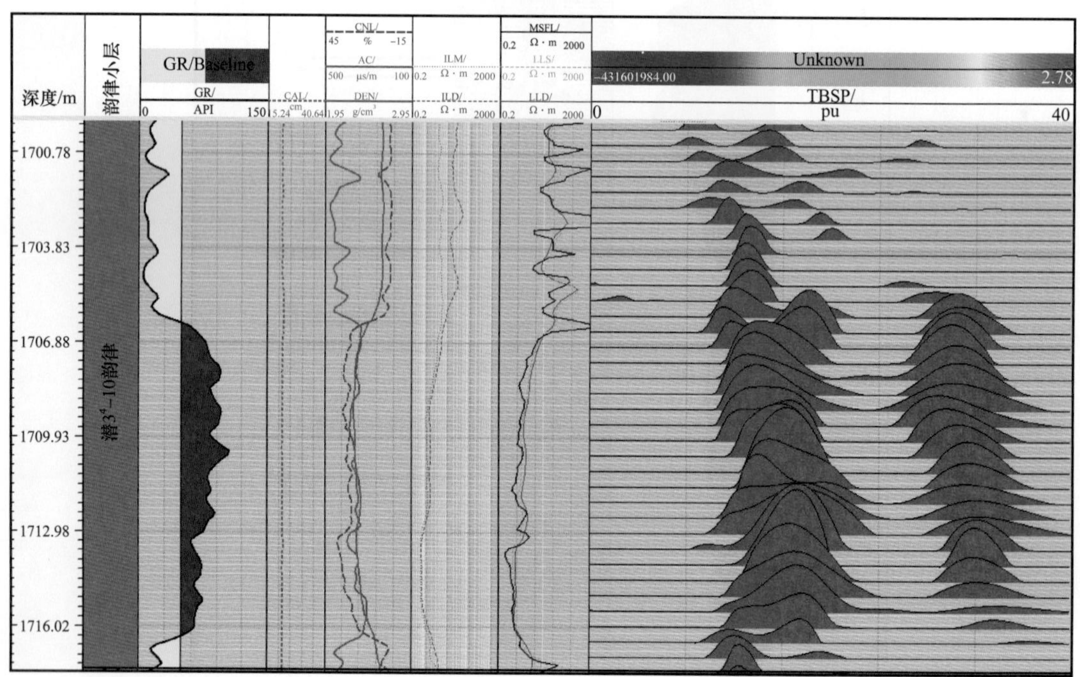

图 2-2-5　WY11 井岩心压汞孔径分布及 T_2 谱特征图

构参数建立关系，用于渗透率评价，提高渗透率测井评价精度。孔径分布与 T_2 谱的定量转换关系为

$$R_d = 50T_2 \tag{2-2-1}$$

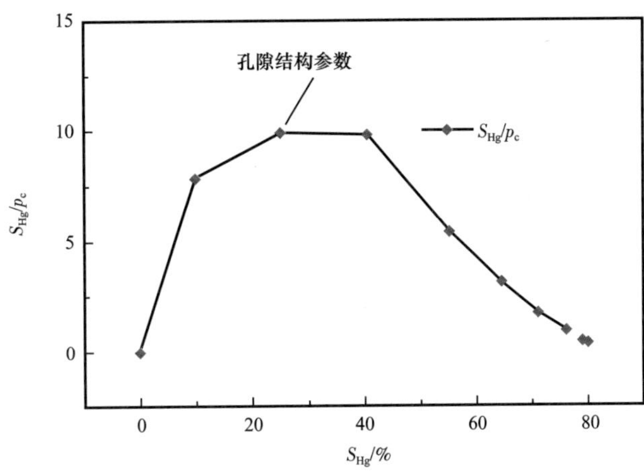

图 2-2-6　孔隙结构参数定义

式（2-2-2）基于孔隙结构参数的渗透率评价模型，陆相储层中 $A=100$、$B=2$。

$$K = A\left(S_{Hg}\big/p_c\right)_{max}^{B} \tag{2-2-2}$$

式中　S_{Hg}——总进汞饱和度；

p_c——孔喉进汞压力。

如图 2-2-7 所示，渗透率评价结果与斯伦贝谢的 SDR 模型及 COATES 模型的评价精度相当，且在局部裂缝发育段评价结果优于斯伦贝谢模型，评价结果与实际更加吻合。此外，采用基于孔隙结构的方法，利用核磁共振测井资料对 WY11 井不同特征层段进行了渗透率评价，评价结果及直方图对比，分别如图 2-2-8 和图 2-2-9 所示。

二、陆相页岩油含油性与可动性测井评价方法

1. 基于总有机碳含量的含油性评价

陆相页岩油储层孔隙结构复杂、导电机理不明，地层水电阻率值难以确定（储层通常经过酸化、压裂等措施才能实现开采，产出的水并非原始地层水，或不产水，地层水电阻率难以取得），依靠电阻率测井资料定量评价储层含水饱和度十分困难。

通过对比研究区储层含油饱和度分析结果与有机质含量关系（图 2-2-10），可探索建立以有机质含量为基础的储层含油饱和度评价模型：

$$S_o = 62.3\lg(\text{TOC}) + 56.5 \tag{2-2-3}$$

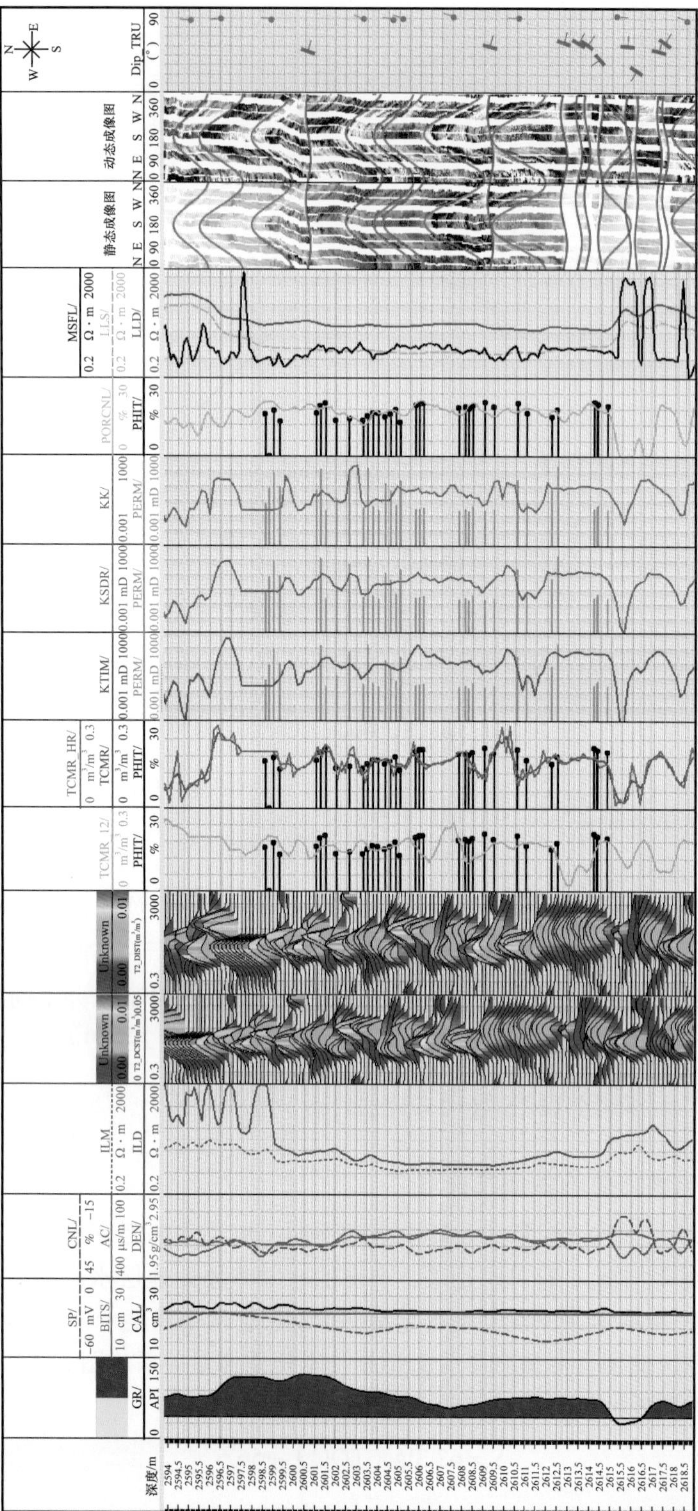

图 2-2-7 基于孔隙结构参数的渗透率评价结果

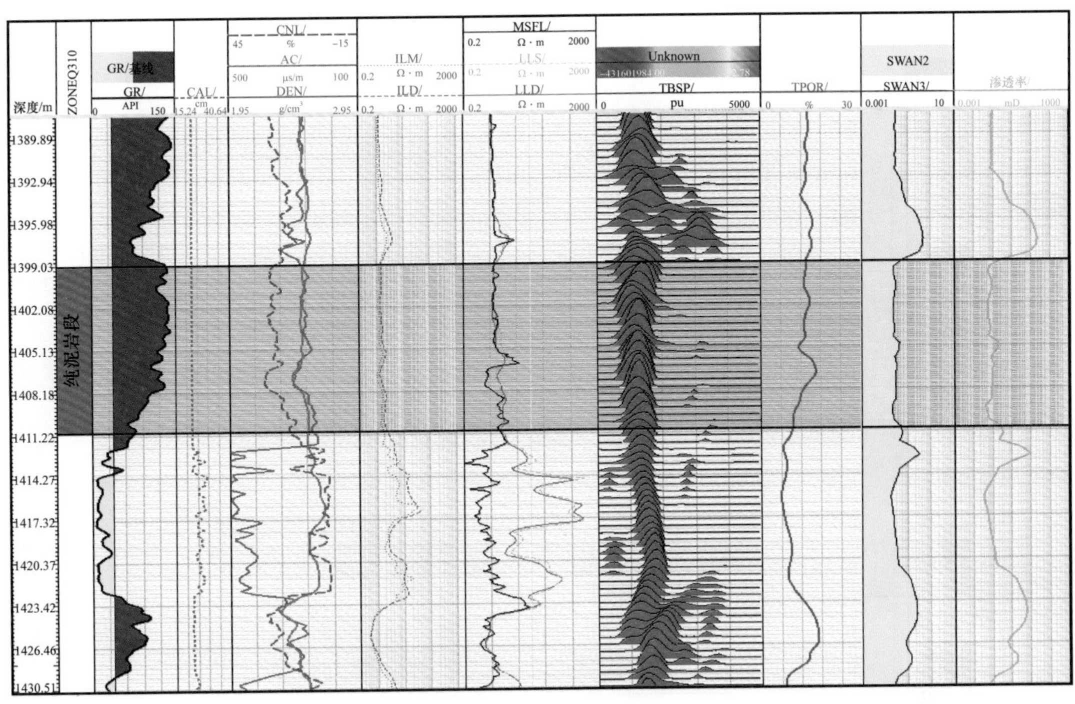

(a) WY11井纯泥岩段

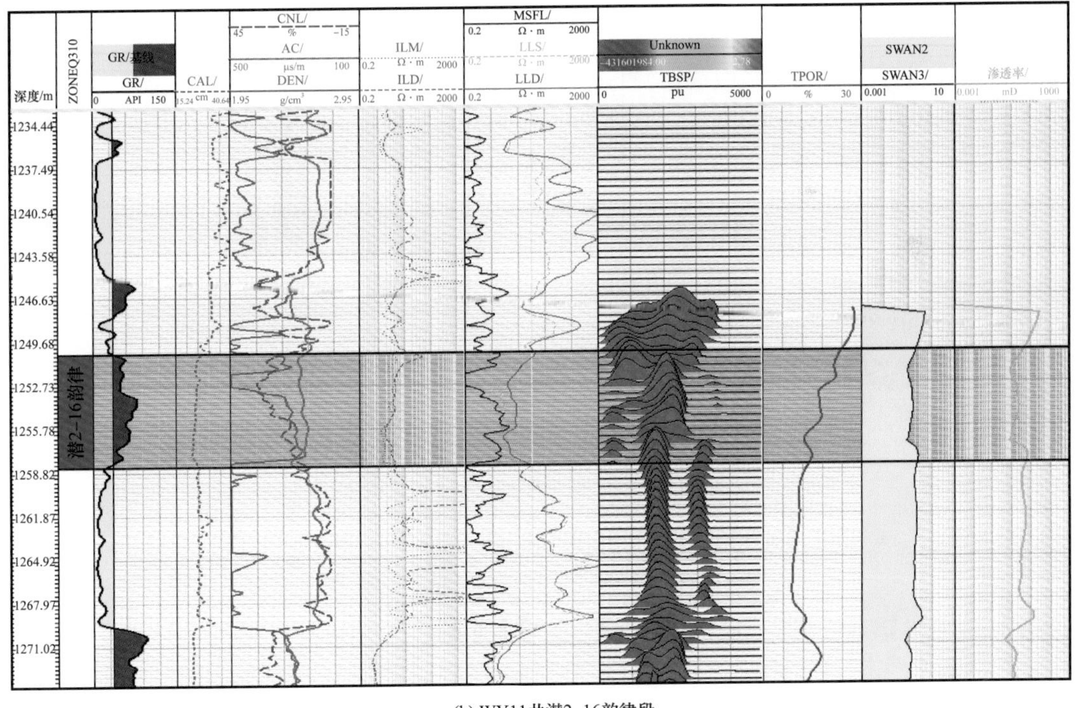

(b) WY11井潜2-16韵律段

图 2-2-8　WY11 井三个不同层段的核磁共振特征及渗透率评价结果

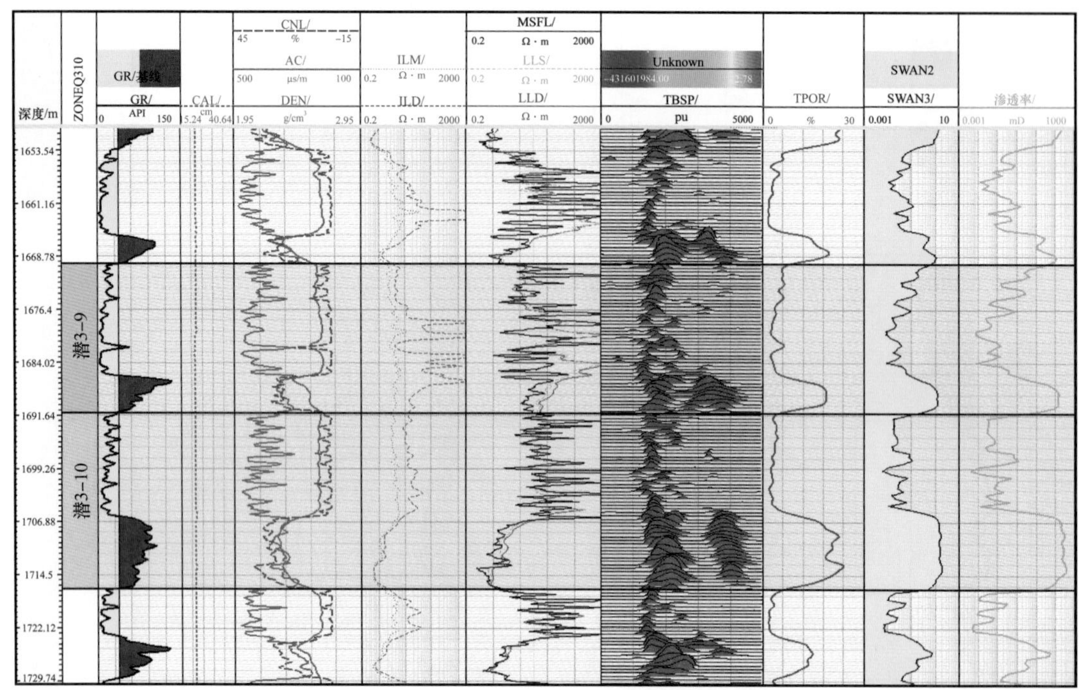

(c) WY11井潜3-9和潜3-10韵律段

图 2-2-8 WY11 井三个不同层段的核磁共振特征及渗透率评价结果（续）

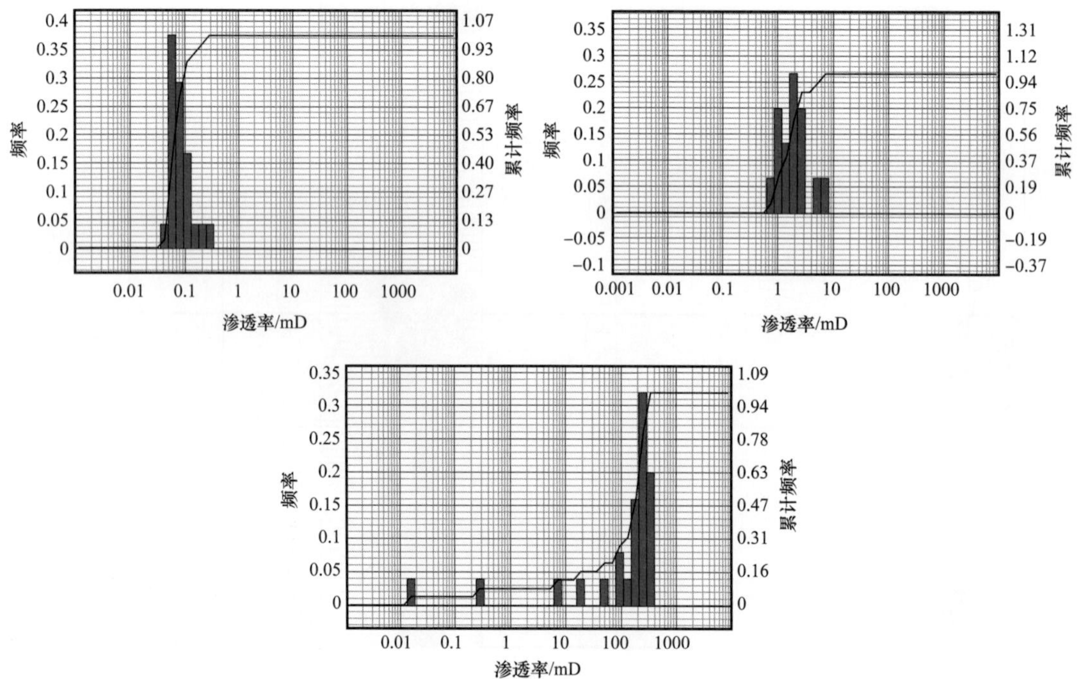

图 2-2-9 WY11 井三个不同层段的渗透率评价结果直方图对比（从左到右依次增大）

分析含油饱和度与总有机碳含量关系认为，页岩油储层总有机碳含量实质为烃类流体及固体干酪根的总含量，其中烃类流体在总有机碳含量中占有大量比重，故二者之间存在较好相关关系。据此可建立统计关系模型，用于初步解决陆相页岩储层含油饱和度评价问题，评价结果与岩心含油饱和度分析结果有较好吻合性（图 2-2-11）。

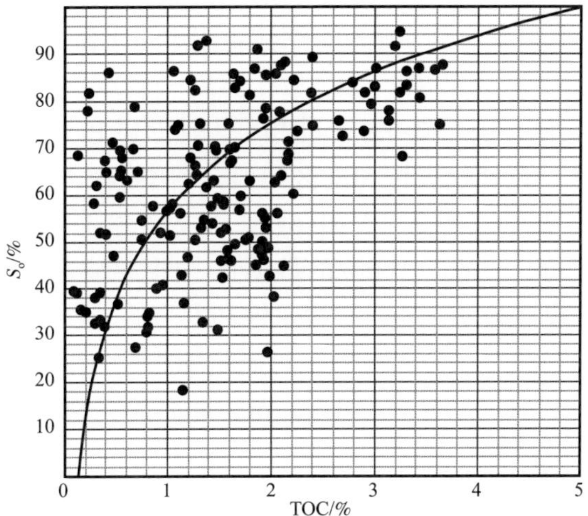

图 2-2-10　陆相页岩油储层含油饱和度与 TOC 关系图

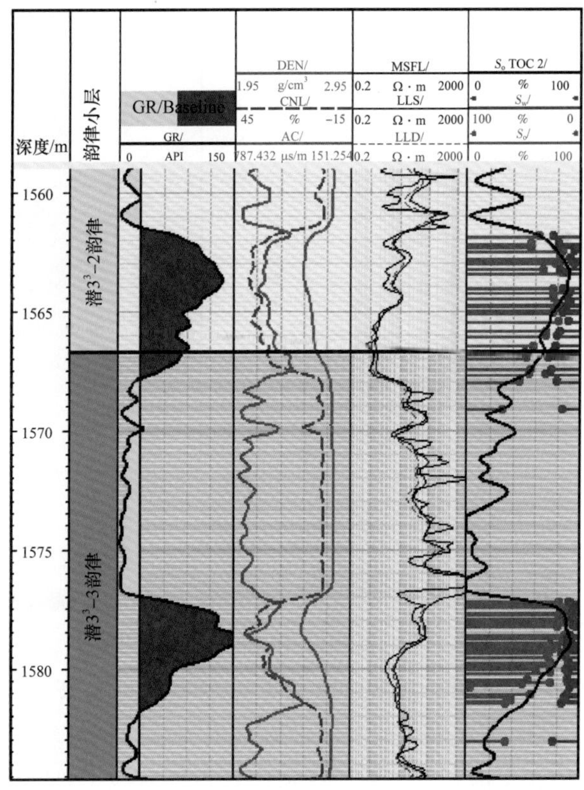

图 2-2-11　基于有机质含量的含油饱和度评价结果

2. 基于微球形聚焦测井的含油性评价

为进一步探索页岩储层含油性在电测井上的响应机理与特征，系统对比页岩油储层含油 / 水饱和度岩心分析结果与电阻率测井响应关系可以发现，陆相页岩油储层电阻率响应中，微球形聚焦电阻率曲线可较好反映陆相页岩薄层间饱和度差异。相比传统用于评价储层饱和度的深侧向电阻率而言，微球形聚焦电阻率对于薄层的分辨率更好。

结合已评价的储层孔隙度结果，建立总孔隙度—微球形聚焦电阻率—含水饱和度（岩心分析）Pickett 交会图（图 2–2–12）。陆相页岩油储层 Pickett 图版中的数据点为实测岩心分析含水饱和度点，色标代表饱和度区间值，图中饱和度数据点来自 6 口井（W83 井、W99 井、WP1 井、WX8–1 井、WY10–6 井、WY11 井）。从图 2–2–12 中数据点分布趋势看，含水饱和度介于 90%～100% 的数据点［图 2–2–3（b）蓝色点］分布在图版左下位置，且有明显的线性趋势，随岩心含水饱和度降低，数据点向右上方向依次移动。利用上述岩心分析结果在图中的分布位置，可确定陆相页岩油储层 Pickett 图版岩电参数大小分别为：a=1、m=2、n=2、R_w=0.016Ω · m。进而建立利用 Pickett 图版评价陆相页岩油储层含水饱和度的模型为

$$\lg S_w = -\lg\phi - 0.9 + \lg b - 0.5\lg(\mathrm{MSFL}) \tag{2–2–4}$$

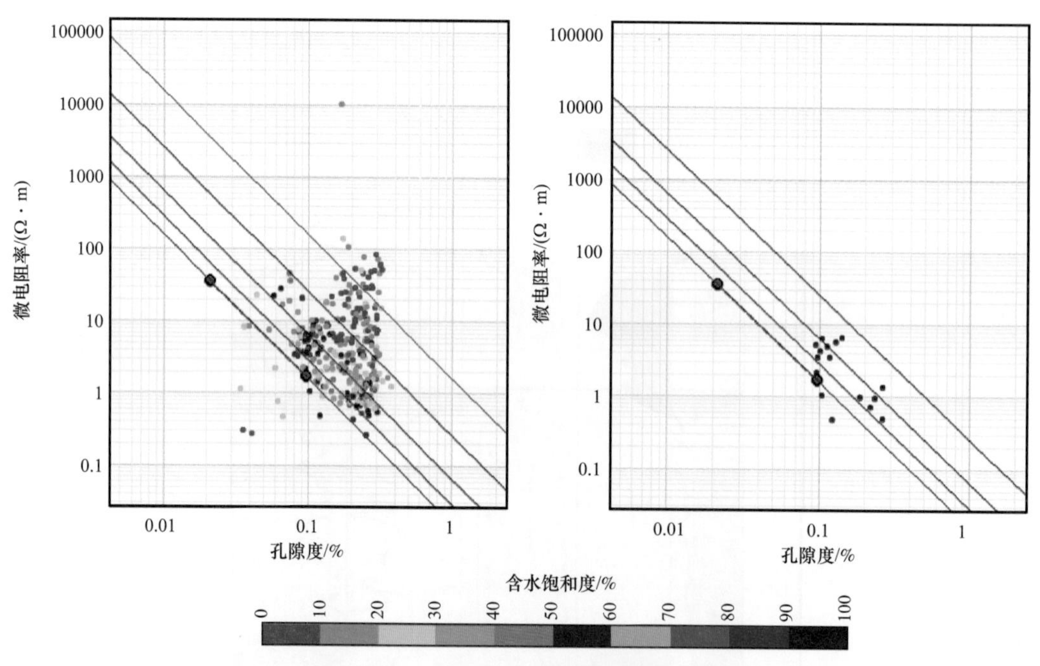

图 2–2–12　陆相页岩油储层 Pickett 图版

将上述利用 Pickett 图版建立的含水饱和度模型及模型参数应用于 W99 井，计算结果如图 2–2–13 所示，其中含水饱和度曲线计算结果为最后一道黑色曲线。该结果与该井中核磁共振录井得到的含水饱和度（最后一道内蓝色杆状线）具有极好的吻合性。同时，该结果与含油率折算的含油饱和度结果（最后一道内紫色杆状线）也有极好的吻合性。

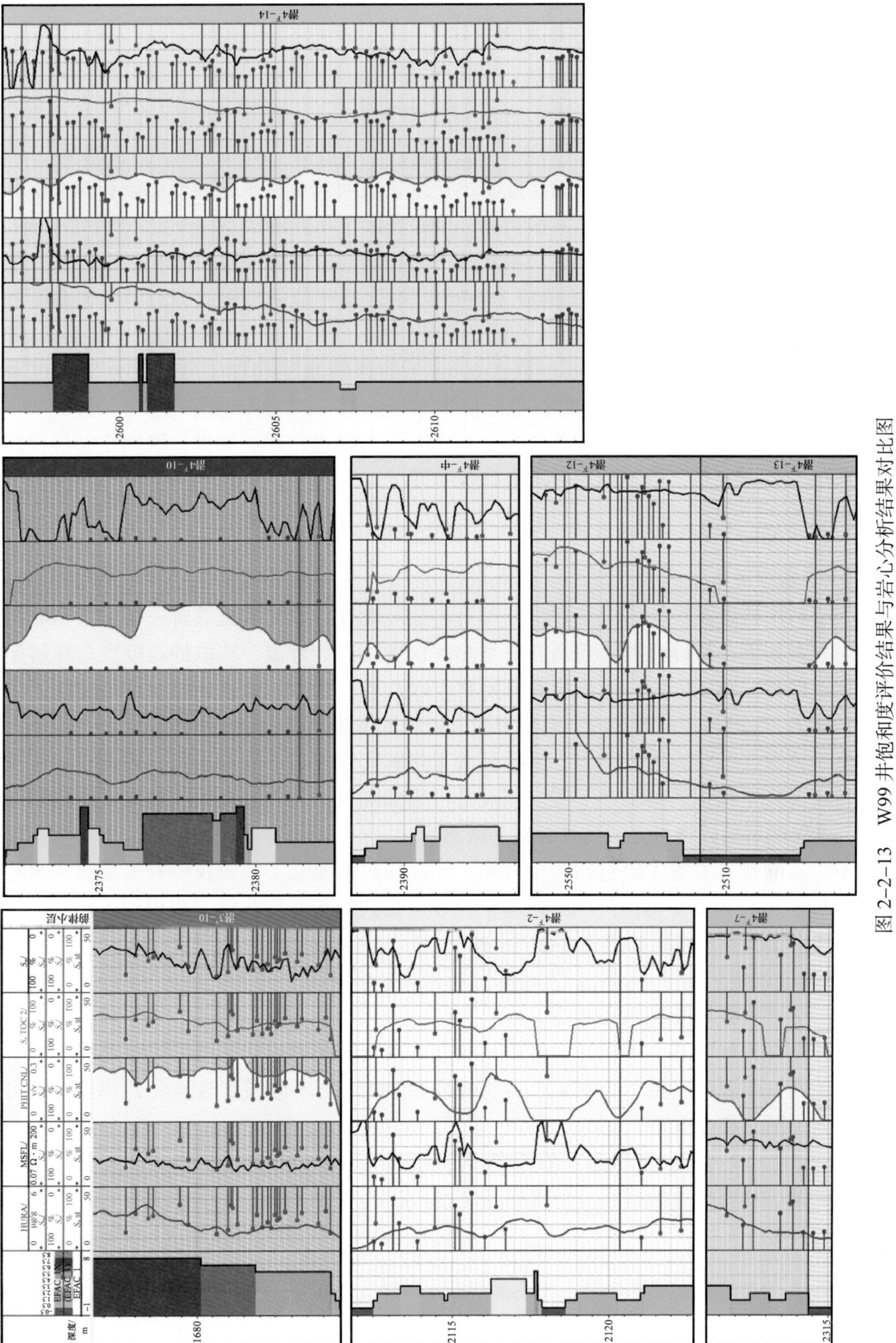

图 2-2-13　W99 井饱和度评价结果与岩心分析结果对比图

3. 基于核磁共振测井的含水饱和度评价

核磁共振测井只要 T_2 截止值准确，所提供的孔隙度具有唯一性。以往在处理常规油气储层核磁资料时，选取黏土束缚水的 T_2 截止值为 4.5ms、毛细管束缚水的 T_2 截止值为 33ms。W99 井测核磁共振测井资料时同时测量了介电扫描（ADT）测井，ADT 测井能得到地层的总含水饱和度，由于储层基本不产水，表明其束缚水饱和度应该和含水饱和度十分接近。由于缺乏岩心核磁共振实验，该井选取了不同的 T_2 截止值，分别为 10ms、33ms、60ms、100ms，计算了不同 T_2 截止值下的核磁共振束缚水饱和度来进行 T_2 截止值的敏感性分析，综合认为 T_2 截止值应为 60ms。不同截止值的核磁共振束缚水饱和度和 ADT 含水饱和度的叠合见图 2–2–14 和图 2–2–15 的右数第 7 道至第 10 道。图 2–2–14 和图 2–2–15 的右数第 11 道为 T_2 截止值在 60ms 下的束缚水饱和度、ADT 含水饱和度及 ELAN 总含水饱和度的叠合，可见 T_2 截止值为 60ms 时，三者吻合较好。

需要说明的是，T_2 截止值还需要岩心核磁共振实验进行最终刻度，以确定储层核磁束缚水孔隙 T_2 截止值，计算储层含水饱和度结果。

4. 基于岩心热解—核磁共振联测的可动性测井评价

1）实验方法简介

为了利用核磁共振技术定量评价陆相页岩油可动性，设计实施热解—核磁共振联测实验。方案如下：将碎样放入超高温真空热解仪中，进行升温，选取的温度点与热解实验温度点保持一致。同时，监测岩心原始状，以及各温度点，页岩碎样一维核磁共振 T_2 谱与二维 T_1–T_2 谱，定量确定因升温热解损失的烃流体核磁共振分布特征。

由于核磁共振实验需要的岩心质量远大于热解实验所需的岩心质量，因此设计了专门的超高温真空模拟热解加热装置。该设备可确保隔氧、均匀、高效、加热大质量岩心碎样，确保热解后碎样可完成后续核磁共振测量。

本实验的技术关键主要包括两个方面：碎样在超高温真空热解仪中升温导致的岩心变化与热解实验岩心变化保持一致；基于岩心核磁共振与并行热解实验得到可动油含量计算方法。实验技术路线如图 2–2–16 所示。

2）实验数据分析

（1）一维核磁共振 T_2 实验数据。

将柱塞样原始状态、不同压力饱和油状态，以及碎样原始状态、不同温度热解后 T_2 谱绘制于同一图表内（图 2–2–17a），并将碎样原始状态与不同温度热解后 T_2 谱绘制于另一图表内（图 2–2–17b）。

从图 2–2–17 可知，各状态下岩心 T_2 谱峰幅度、分布位置等差异明显。柱塞样不同压力饱和油、柱塞样原始状态、粉碎样品原始状态 T_2 谱间的差异，表明页岩岩石样品取心、粉碎过程中，均有大量轻烃散失，且这部分可动性最好的轻烃位于 T_2=6ms 左右。

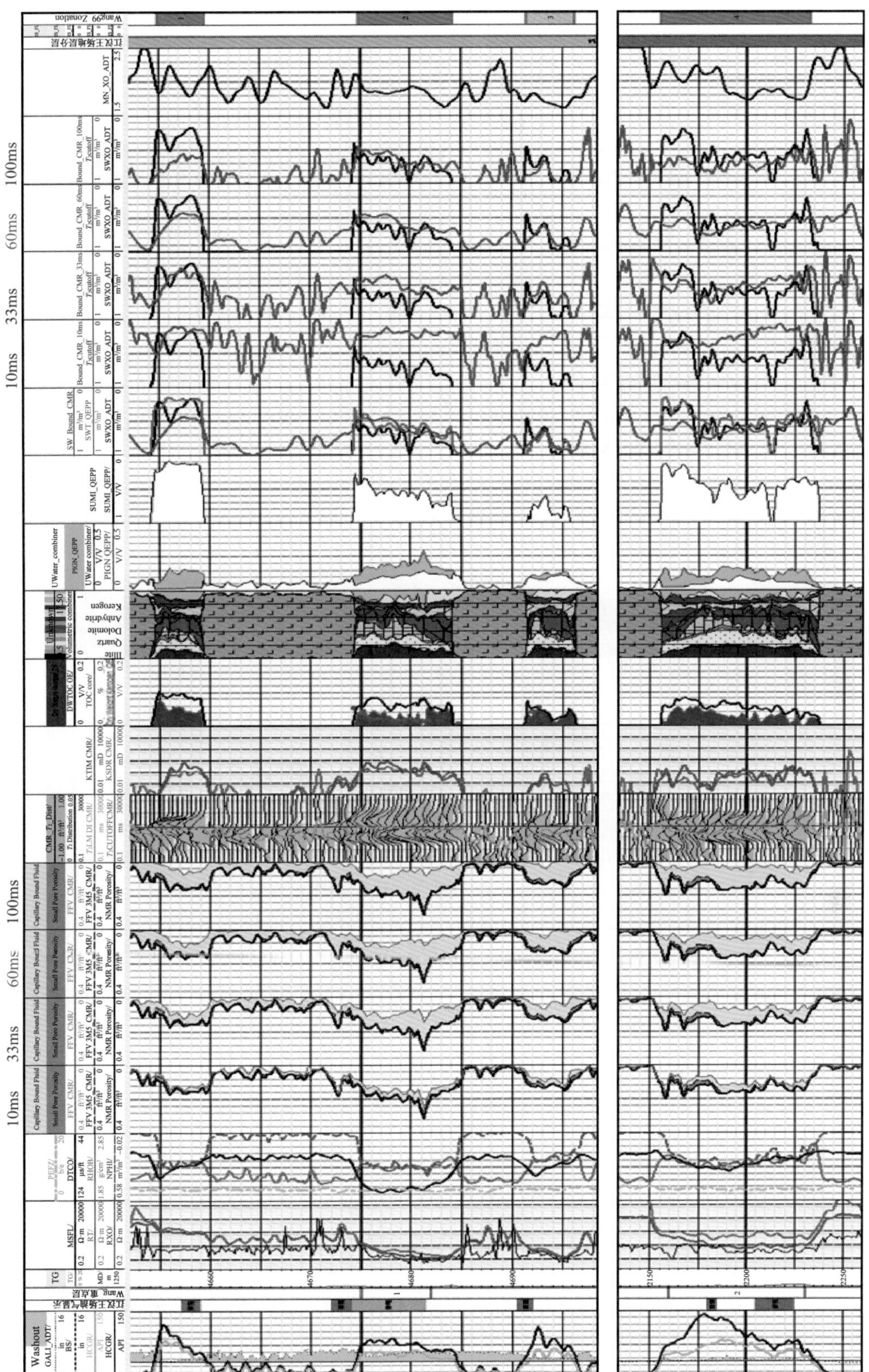

图 2-2-14　W99 井 T_2 截止值选取（1644.0~1705.0m、2179.0~2216.0m）

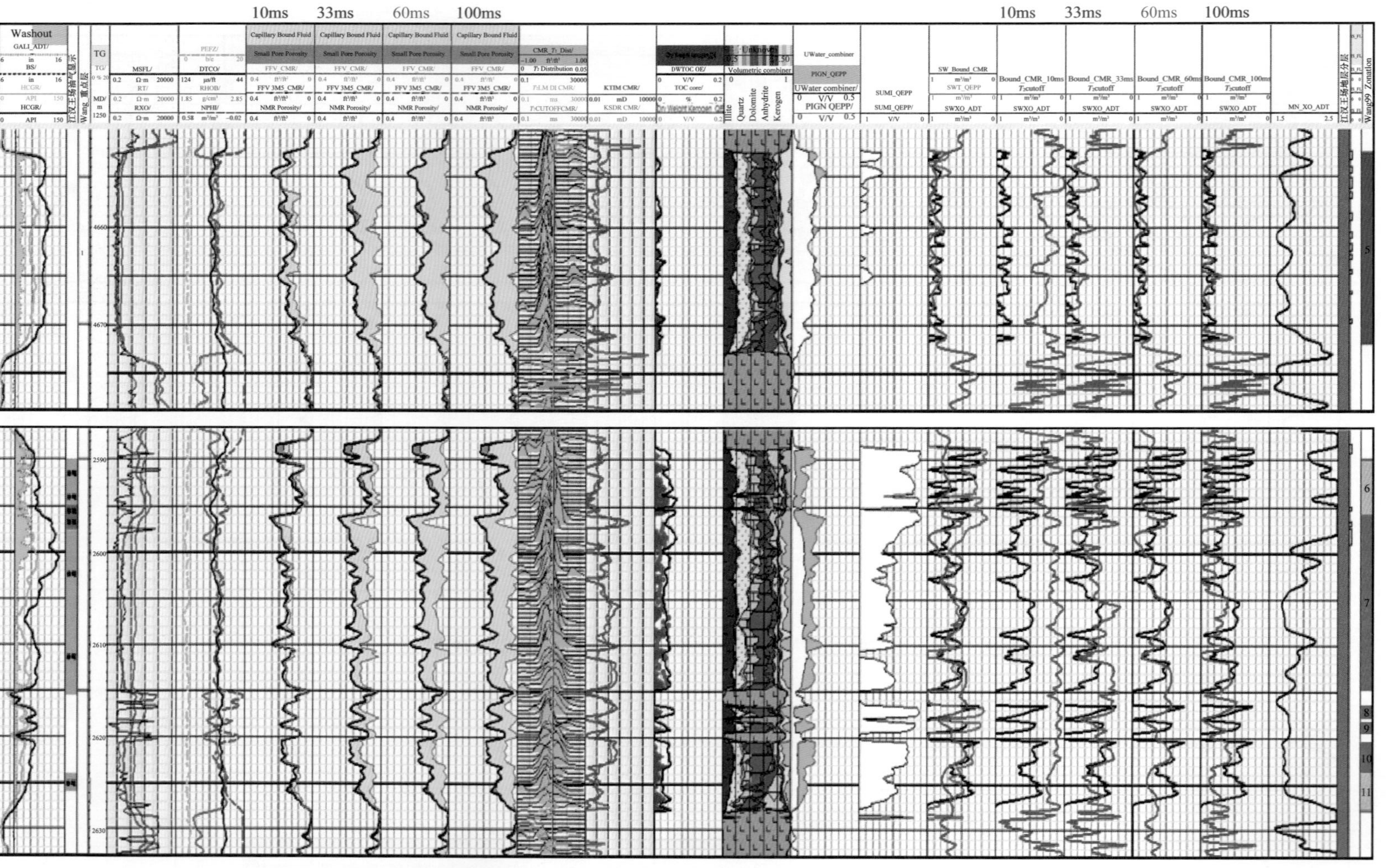

图 2-2-15 W99 井 T_2 截止值选取（2443.5～2487.0m、2587.0～2647.0m）

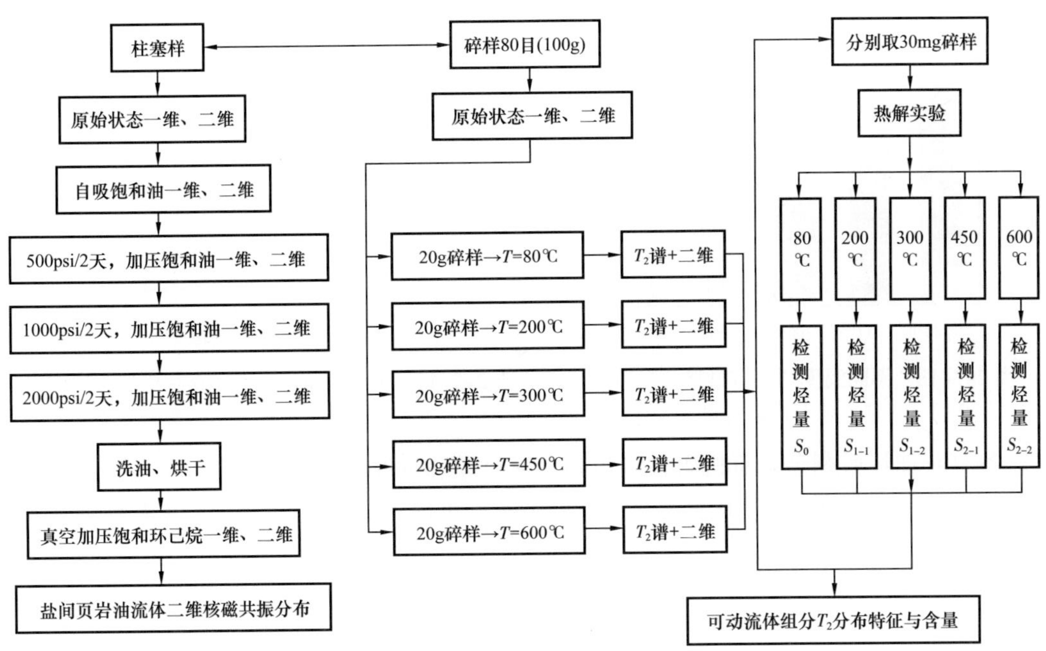

图 2-2-16 热解—核磁共振联测实验技术路线图

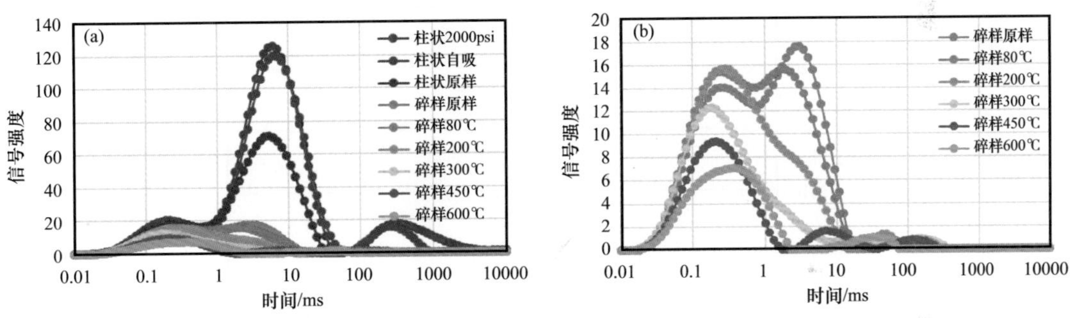

图 2-2-17 柱塞样与碎样一维核磁实验 T_2 谱图

碎样加热后 T_2 谱间差异，表明页岩中可动性不同的烃组分随温度升高依次释放，温度越高释放出的烃可动性越差，对应 T_2 越小。图 2-2-17b 到差，烃组分 T_2 依次约 3.1ms、1.7ms、0.28ms、0.22ms、0.19ms。

分析不同温度“大质量热解”后样品剩余总有机碳含量（图 2-2-18），与对应温阶的核磁共振总孔隙度，可知二者之间存在极好的线性关系（图 2-2-19），其表达式为

$$\mathrm{TOC}_{未散失}=0.31\phi_{\mathrm{NMR}}-0.44 \tag{2-2-5}$$

式中 ϕ_{NMR}——加压（500psi 以上）饱和油状态 T_2 谱计算总孔隙度，%；

$\mathrm{TOC}_{未散失}$——岩心未发生轻烃散失时的总有机碳含量，%。

利用式（2-2-5），可通过柱状样品加压饱和状态 T_2 谱（图 2-2-17）总孔隙度，求得该岩心未发生轻烃散失之前，原始状态下的总有机碳含量。

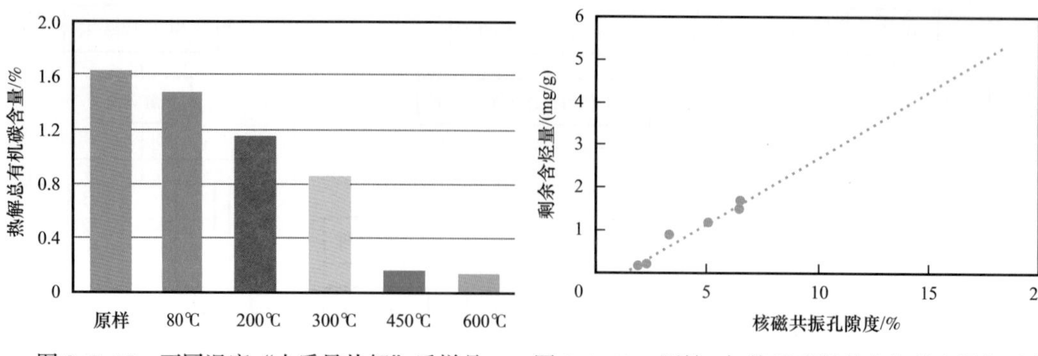

图 2-2-18 不同温度“大质量热解”后样品剩余总有机碳含量

图 2-2-19 原始/加热后碎样总有机碳含量与对应核磁共振孔隙度关系图

各温阶加热后剩余总有机碳含量与剩余热释烃总量 $S_T=S_0+S_{1-1}+S_{1-2}+S_{2-1}+S_{2-2}$ 具有极好的线性关系，如图 2-2-20 所示。通过该关系，可以计算出页岩岩心未散失轻烃时的热释烃总量 S_T 为

$$S_{T示散失}=15.613\times TOC_{未散失} \tag{2-2-6}$$

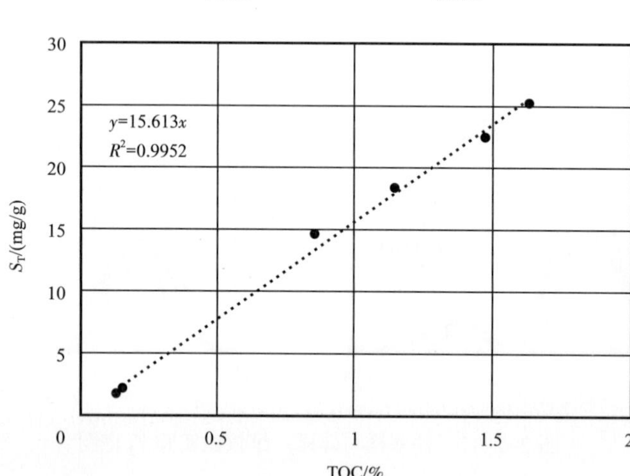

图 2-2-20 总有机碳含量与热释烃总量相关关系图

其中，S_0、S_{1-1}、S_{1-2}、S_{2-1}、S_{2-2} 分别为 50 ℃ /min 升温速率，连续测定 80 ℃、200 ℃、350℃、450℃和 600℃这 5 个温度点的热释烃含量，mg/g。

图 2-2-21 为碎样原始状态热释烃含量分布，可见岩心粉碎过程中，可动性最好的轻烃 S_0 与绝大部分 S_{1-1} 均已散失。利用上述计算得到的未散失时岩心热释烃总量 $S_{T未散失}$开展轻烃恢复，可得到图 2-2-22 所示轻烃恢复后岩心热释烃含量分布图。

经过轻烃恢复，可进一步计算该岩心可动烃含量（$S_{可动}=S_0+S_{1-1}+S_{1-2}$）占热释烃总量 $S_{T未散失}$的比例为 90%。与通过有机溶剂组合抽提法确定的可动烃饱和度结果吻合（图 2-2-23）。证明利用本方法开展页岩油赋存特征定量表征具有较高可靠性。

（2）二维核磁共振 T_1–T_2 实验数据。

岩心扫描电子显微镜资料显示，可动油主要赋存在溶孔、晶间孔中，泥晶云岩、白云石晶间孔发育，孔径为200～3000nm，孔壁残留油膜（图2-2-24）。试油和岩心分析资料都已证明，潜江凹陷陆相页岩油一般不含自由水，而束缚水含量则普遍较高。

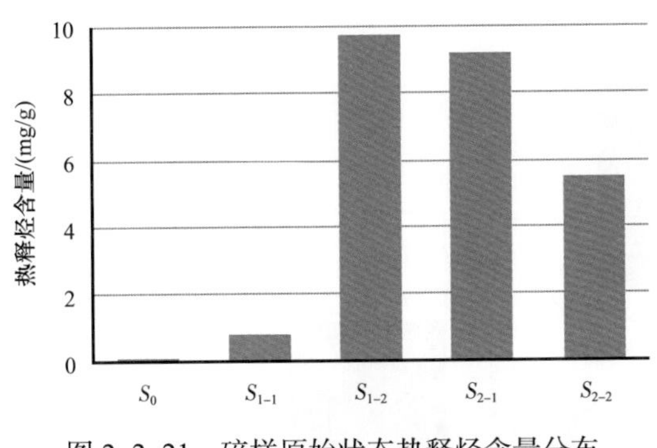

图2-2-21　碎样原始状态热释烃含量分布

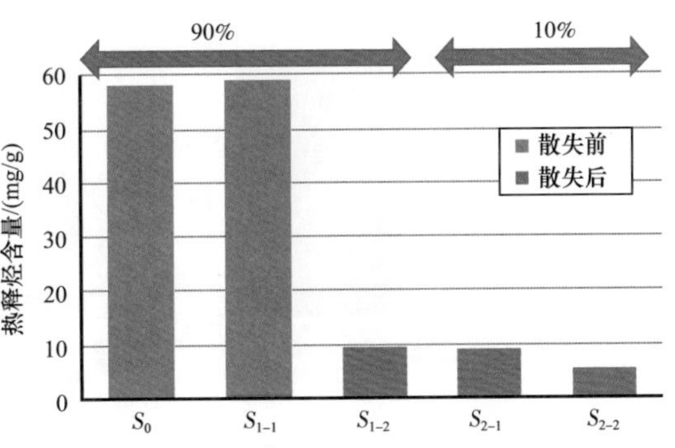

图2-2-22　轻烃恢复后岩心热释烃含量分布

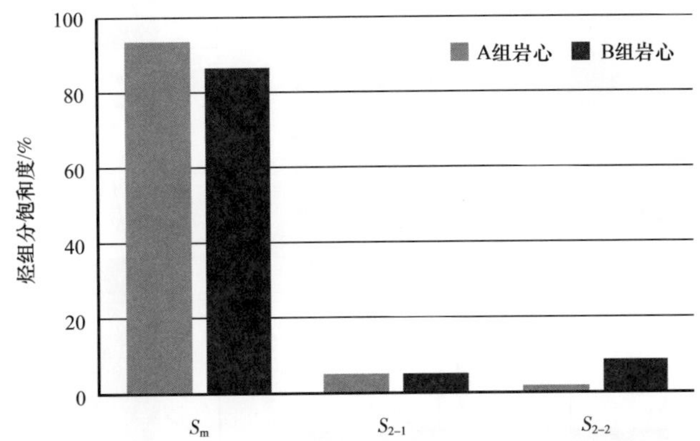

图2-2-23　有机溶剂洗油法确定的烃组分饱和度

图2-2-24　扫描电子显微镜资料显示含油性图

利用二维核磁共振实验开展的陆相页岩油流体赋存特征研究，完成柱塞样品原始状态、不同压力饱和油状态，以及碎样原始状态、不同温度热解后的二维核磁共振测量（图2-2-25和图2-2-26），绘制页岩油流体赋存特征图版（图2-2-27），并确定页岩油流

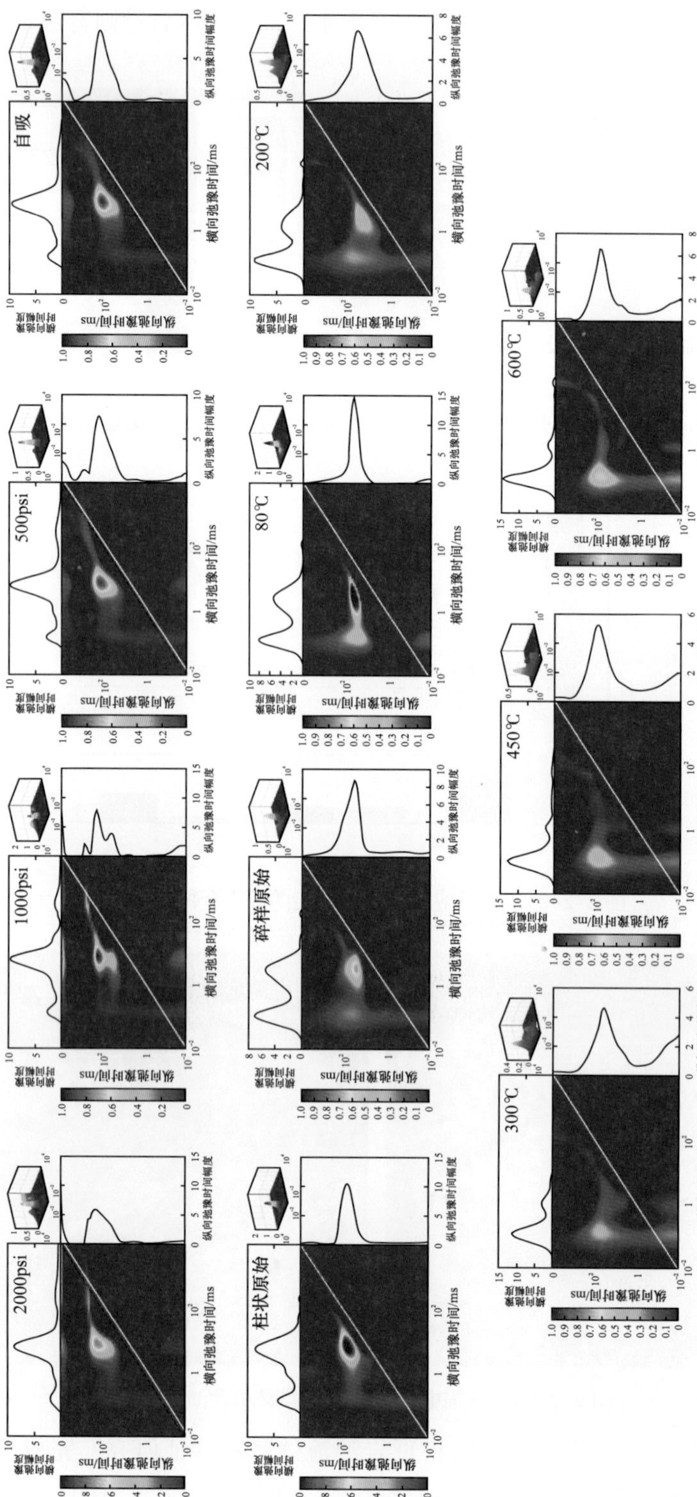

图 2-2-25 柱样 1 与碎样 1 二维核磁共振 T_1-T_2 谱图

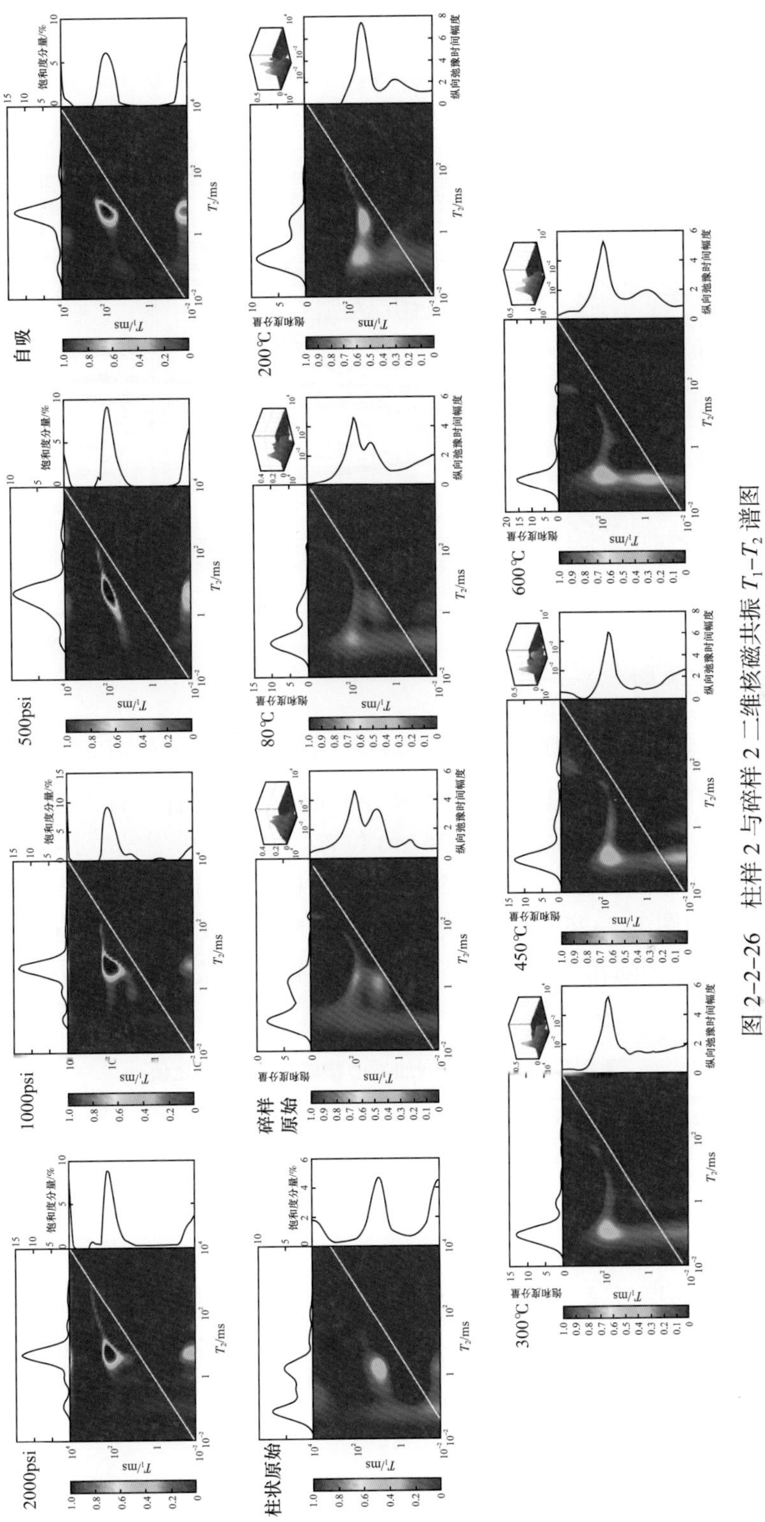

图 2-2-26　柱样 2 与碎样 2 二维核磁共振 T_1–T_2 谱图

体 T_2 截止值。

结合试油及岩心分析资料的认识，分析陆相页岩油岩心实测二维核磁共振 T_1–T_2 谱，可首先确定，可动性较好的主要以游离状态赋存的油，主要赋存于非有机质矿物孔隙中，该部分流体主要分布于 T_1/T_2 为 4～50、T_2=3.05ms 位置。

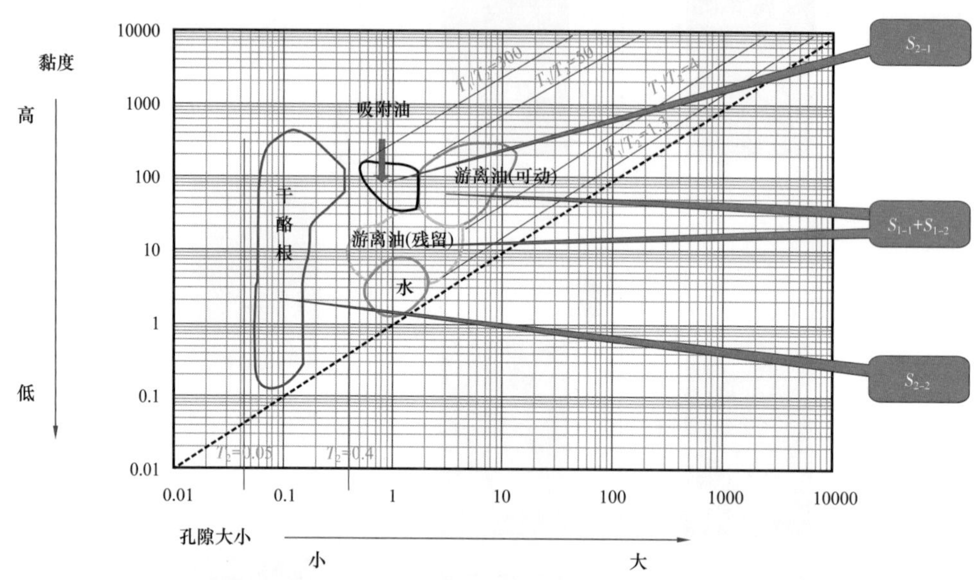

图 2-2-27　陆相页岩油储层二维核磁共振 T_1–T_2 流体赋存特征图版

其次，可动性较差的主要以吸附状态赋存的油，主要赋存于有机孔隙中，该部分流体主要分布于 T_1/T_2 为 50～300、T_2=0.0367ms 位置。

再次，页岩油储层中的干酪根在二维核磁共振 T_1–T_2 谱上也有较为典型的分布范围，从图 2-2-25 与图 2-2-26 中的实验图谱看，干酪根主要分布于 T_2=0.285ms，且 $T_1 > T_2$ 范围内。实验确定的陆相页岩油储层一维核磁共振不同赋存状态烃流体 T_2 截止值见表 2-2-1。

表 2-2-1　陆相页岩油岩心核磁共振 T_2 截止值

参数	吸附油	游离不动油	游离可动油
岩心 T_{2lab}/ms	0.285	0.376	3.05

3）井下核磁共振测井资料流体组分定量评价

根据实验核磁共振岩样，找到对应深度的井下核磁共振测量结果，并根据井下核磁共振和实验核磁共振 T_2 分布，确定井下核磁共振和实验核磁共振的转换关系如下：

$$T_{2log}=43.8T_{2lab}^{\ 1.1} \tag{2-2-7}$$

式中　T_{2log}——井下横向弛豫时间，nm；

T_{2lab}——实验横向弛豫时间，nm。

利用这一关系，可以实现实验 T_2 与井下 T_2 的转换（图 2-2-28）。

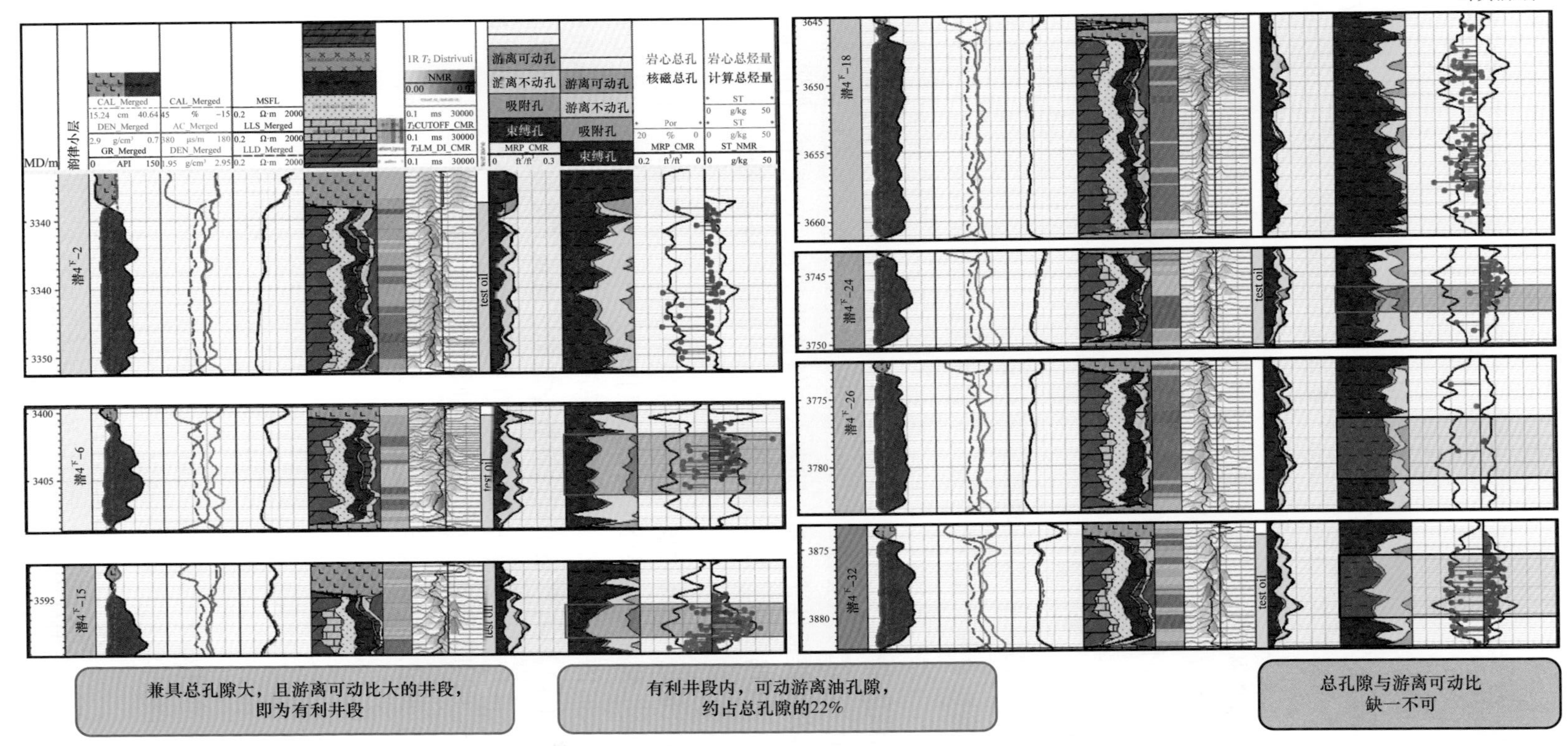

图 2-2-28　页岩油储层流体组分与可动油含量核磁井解释成果图

第三节 陆相页岩油“甜点”地震预测方法

陆相页岩油“甜点”地震预测包含陆相页岩油地质“甜点”预测、工程“甜点”预测以及陆相页岩油“甜点”综合评价。陆相页岩油地质“甜点”要素通常包含裂缝、TOC、物性、岩相等要素，工程“甜点”要素通常包含脆性、压力、应力以及应力差比等要素，“甜点”地震预测方法是建立在岩石物理分析及测井评价基础之上，基于地球物理模型驱动或数据驱动，进行“甜点”要素预测，提高预测精度。陆相页岩油的综合评价需要在对各“甜点”要素进行预测的基础上，根据地区的实际情况，将各要素的预测结果进行再处理和评估，综合多重因素给出最终的综合评价结果。

一、陆相页岩油地质“甜点”地震预测方法

1. 页岩油地层物性及 TOC 地震预测方法

页岩层的物性中地层孔隙度参数与页岩油储集性能和地层产能密切相关，也是利用地震预测方法有可能实现有效预测的“甜点”因素之一。TOC 既决定了油藏的丰度，又影响着地层的储集空间。孔隙度及 TOC 的预测对于评价陆相页岩油储集性和产能情况至关重要。同时，二者对地层岩石物理性质的影响又是复杂和非线性的，常规基于物理模型的地震预测方法普适性比较差。随着人工智能的发展，可采用支持向量机的机器学习方法进行预测，数据驱动，方法具有普适性，只要学习样本充分，学习策略得当，能够保证预测精度。

支持向量机是近年来迅速发展的一种非线性映射，它具有以下优点：（1）优化目标基于结构风险最小化原则，保证了良好的泛化能力；（2）建立在统计学习理论基础之上，研究的是小样本时的最优解；（3）可将求解问题转化为凸优化问题，从而避免了陷入局部极小的缺陷；（4）具有严格的理论和数学基础，避免了类似神经网络实践中的经验成分。研究表明，支持向量机技术具有较强的非线性建模和反演能力。支持向量机用于储层参数预测中属于回归问题，为此详细讨论回归支持向量机的原理。

训练样本集假定为 $\{(x_i,y_i),i=1,2\cdots,l\}$，其中输入值 $x_i\in R^n$、$y_i\in R$，为对应的目标值，l 为样本数。定义 ε 不敏感损失函数为

$$|y-f(x)|_\varepsilon=\begin{cases}0,\text{if}\,|y-f(x)|\leqslant\varepsilon\\|y-f(x)|-\varepsilon,\text{if}\,|y-f(x)|>\varepsilon\end{cases}\tag{2-3-1}$$

其中，$f(x)$ 为通过对样本集的学习而构造的回归估计函数，y 为 x 对应的目标值，$\varepsilon>0$ 为与函数估计精度直接相关的设计参数，该 ε 不敏感损失函数形象地比喻为 ε 管道。学习的目的是构造 $f(x)$，使与目标值之间的距离小于 ε，同时函数的误差为最小，这样对于未知样本 x，可最优地估计出对应的目标值。具体关键技术点如下：

1）非线性支持向量回归机

现实生活中回归函数估计问题相当复杂，常常需要在另一个高维空间中才能找到最优逼近函数。对于训练集为非线性情况，通过某一非线性函数 $\phi(\cdot)$ 将训练集数据 x 映射到一个高维线性特征空间，在这个高维数的线性空间中构造回归估计函数。因此，在非线性情况，估计函数 $f(x)$ 为如下形式：

$$f(x)=\omega\phi(x)+b \tag{2-3-2}$$

其中，特征空间维数为 ω 的维数。类似线性情况得到下面的优化问题：

$$\begin{aligned} &\min_{w,b,\xi}\frac{1}{2}\|\omega\|^2+C\sum_{i=1}^{l}\left(\xi_i+\xi_i^*\right)\\ &y_i-\omega\cdot\phi\left(x_i\right)-b\leqslant\varepsilon+\xi_i\\ &\omega\cdot\phi\left(x_i\right)+b-y_i\leqslant\varepsilon+\xi_i^*\\ s.t:\ &\xi_i\geqslant 0;\xi_i^*\geqslant 0,i=1,2,\cdots,l \end{aligned} \tag{2-3-3}$$

其中，$C>0$ 为惩罚系数，C 越大表示对超出 ε 管道数据点的惩罚越大。采用拉格朗日乘子法求解这个具有线性不等式约束优化问题为

$$\begin{aligned} &\max_{\alpha_i,\alpha_i^*}\left\{-\frac{1}{2}\sum_{i=1}^{l}\sum_{j}^{l}\left(\alpha_i-\alpha_i^*\right)\left(\alpha_j-\alpha_j^*\right)K\left(x_i,x_j\right)-\varepsilon\sum_{i=1}^{l}\left(\alpha_i-\alpha_i^*\right)+\sum_{i=1}^{l}y_i\left(\alpha_i-\alpha_i^*\right)\right\}\\ &s.t:\sum_{i=1}^{l}\left(\alpha_i-\alpha_i^*\right)=0\\ &0\leqslant\alpha_i\leqslant C\\ &0\leqslant\alpha_i^*\leqslant C \end{aligned} \tag{2-3-4}$$

式中，α_i、α_i^* 为拉格朗日乘子。由最优化理论可知：$\alpha_i\times\alpha_i^*=0$，$0\leqslant\alpha_i\leqslant C$，$0\leqslant\alpha_i^*\leqslant C$。称非同时为零的 α_i、α_i^* 所对应的 x_i 为支持向量（Support Vect，简称 SV）；其中 $0<\alpha_i<C$，$\alpha^*=0$；$\alpha_i=0$，$0<\alpha^*<C$ 所对应的 x_i 为标准支持向量（Normal Support Vector，简称 NSV）。

式中，$K(x_i, x_j)=\phi(x_i)\phi(x_j)$ 称为核函数，相应的回归估计函数为

$$f(x)=\sum_{x_i\in \mathrm{SV}}\left(\alpha_i-\alpha_i^*\right)K\left(x_i-x_j\right)+b \tag{2-3-5}$$

其中，b 为

$$b=\frac{1}{N_{\mathrm{NSV}}}\left\{\sum_{0<\alpha_i<c}\left[y_i-\sum_{x_j\in \mathrm{SV}}\left(\alpha_j-\alpha_j^*\right)K\left(x_j,x_i\right)-\varepsilon\right]+\sum_{0<\alpha_i^*<C}\left[y_i-\sum_{x_j\in \mathrm{SV}}\left(\alpha_j-\alpha_j^*\right)K\left(x_j,x_i\right)+\varepsilon\right]\right\} \tag{2-3-6}$$

核函数 $K(\cdot)$ 的选择是很重要的问题。常见的核函数有：

（1）多项式核 $K(x,y)=(x\cdot y+1)^d$

（2）高斯核函数 $K(x,y)=\exp\left(\frac{-\|x-y\|^2}{\sigma^2}\right)$

（3）多层感知器核函数 $K(x,y)=\tanh(ky\cdot x+\theta)$

只要满足 Mercer 条件的函数在理论上都可选为核函数，但对于特定问题，由不同的核函数得到的回归估计也会有很大不同。因此，针对某一特定问题，如何选择核函数以及核函数参数的选择是至关重要的。

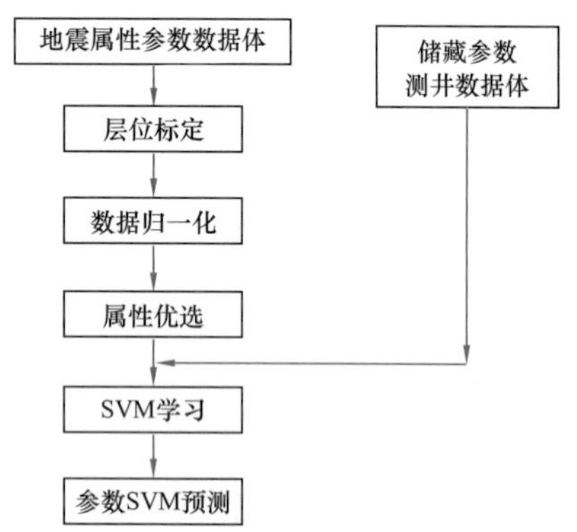

图 2-3-1　支持向量机储层参数预测流程

2）支持向量机储层参数预测

支持向量机的学习模型是一种监督学习过程，由测井及地震数据预测储层参数最常用的过程包括：（1）通过测井曲线计算储层参数结果；（2）地震属性对储层参数敏感性分析；（3）确定地震属性与储层参数之间的拓扑关系，利用这一关系推断出未知井所有井中储层参数的结果。

基于支持向量机的储层参数预测设计流程如图 2-3-1 所示。

实际资料应用中，优选地震属性组合，采用 SVM（support vector machine）学习技术，完成页岩油藏孔隙度及 TOC 预测，图 2-3-2、2-3-3 分别为利用 SVM 技术预测在泌阳探区的一个预测结果。图 2-3-4 为预测结果

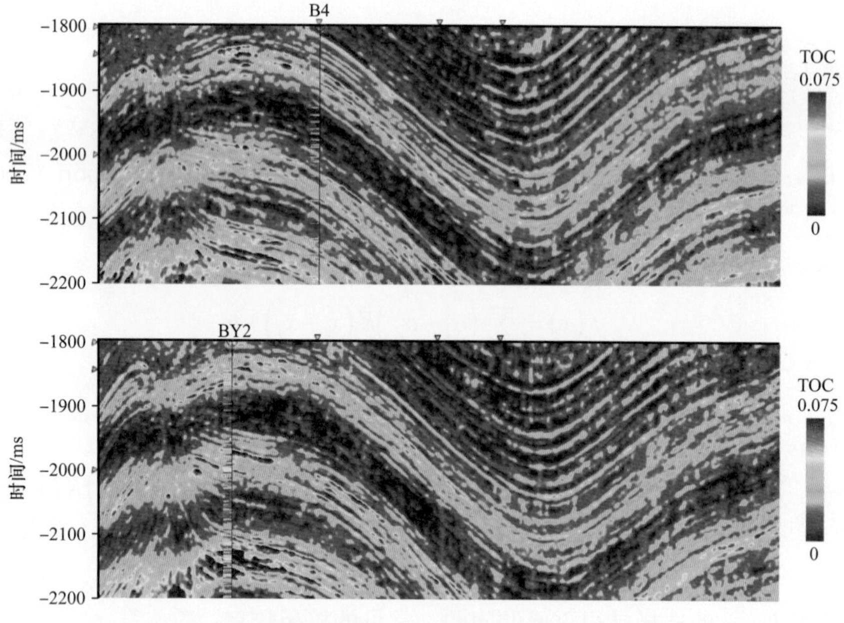

图 2-3-2　过 B4 井和 BY2 井 SVM 预测 TOC 剖面

与测井解释曲线的对比，由二者对比可以看出SVM预测可以与测井解释结果吻合度很高。

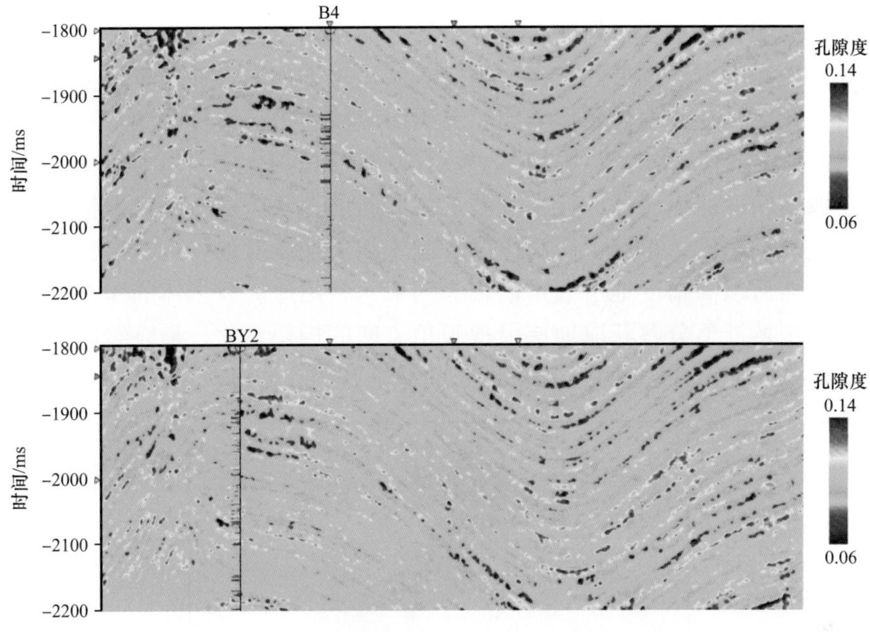

图 2-3-3　过B4井和BY2井SVM预测孔隙度剖面

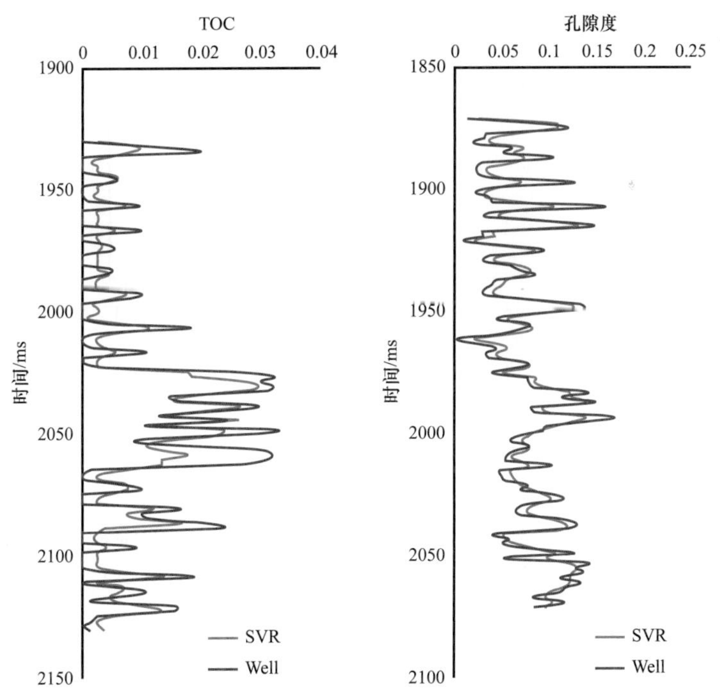

图 2-3-4　BY2井井旁道TOC和孔隙度预测结果与测井解释结果对比图

2. 页岩油地层裂缝地震预测方法

1）叠后地震裂缝预测方法

叠后裂缝预测方法主要包括相干属性方法、曲率属性方法及蚂蚁体技术。利用相干属性进行裂缝预测的方法发展的已经较为完善，这类方法通常适用于较大尺度的断层或裂缝发育带的预测，在此不做具体介绍。利用曲率属性进行裂缝预测有可能对某些潜在的裂缝局部发育做出有效指示，因此成为叠后裂缝预测的重要技术手段。

围绕获取高精度曲率属性，近来发展了一些新的方法。基于瞬时振幅的结构梯度张量方法具有较高的精度，得到了广泛应用。首先利用地震复地震道技术获取高精度的地层倾角信息，然后以高精度地层倾角信息为约束，利用地震数据体的瞬时振幅构造梯度结构张量，利用特征值分解获取地层沿视倾角方向的振幅变化，最终给出地层曲率的稳定估计。图 2-3-5 为该方法应用于潜江凹陷的一个算例。

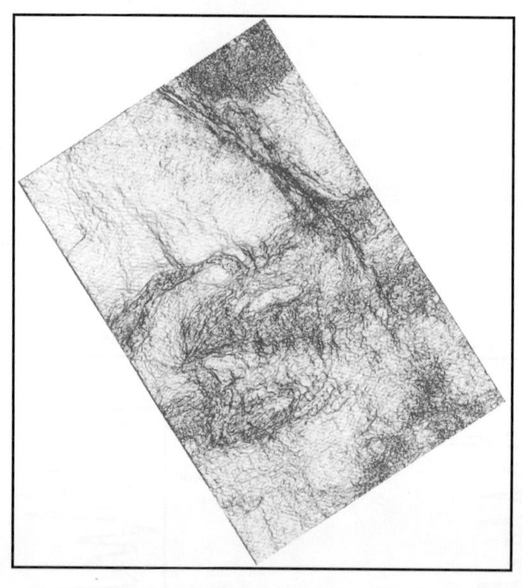

图 2-3-5　基于主分量分析高精度曲率预测（潜江凹陷潜 3^4-10 韵律）

蚂蚁体技术又称断裂系统自动追踪技术，是基于蚂蚁算法刻画地下断层和裂缝空间分布的技术。蚂蚁算法是由 Dorigo 等提出的随机优化算法，该算法遵循类似于蚂蚁在其巢穴和食物源之间，利用可吸引蚂蚁的信息素传达信息，以寻找最短路径的原理。在地震属性体中，"蚂蚁"根据地震振幅及相位之间的差异，发现满足预设断裂条件的断裂痕迹，沿着可能的断层和裂缝向前移动，直至将其完全刻画出来。而其他不满足断裂条件的断裂痕迹，将不再进行标注，最终将获得一个低噪声且具有清晰断裂痕迹的蚂蚁属性体。蚂蚁追踪技术在一定程度上克服了传统的对断面解释的主观性。根据需求，开展分角度的蚂蚁体分析，通过调整相应的参数设置，既可以清晰识别区域上的大断裂，又可以定性描述地层中发育的小断层及裂缝，以满足勘探、开发不同研究阶段的要求。

图 2–3–6 为王广浩—王场地区潜 3^4–10 韵律沿层蚂蚁体切片，从结果可以看出，蚂蚁体分析技术对区内裂缝的识别有很大提高，识别结果显示裂缝发育区主要集中在王北、王场构造脊两翼、车挡断层前缘、王南和高场地区。其中，大断层走向主要呈北东向，小断层的走向主要呈北西向，王北地区发育北西向、近东西向小断层，这与区域断裂发育特征基本一致，与曲率分析相比更加直观。

2）叠前地震裂缝预测方法

叠前地震裂缝预测主要原理：若地层发育裂缝，地震波在其中传播会表现出明显的各向异性，进而在叠前地震道集上地震波的振幅与旅行时会出现随不同方位角而有规律变化的现象。叠前纵波方位各向异性裂缝预测技术流程：（1）叠前相对保幅保真预处理；（2）对 CMP 道集按各个方位角数据覆盖次数基本相等原则进行分方位处理；（3）对方位角道集进行属性分析；（4）优选裂缝响应敏感地震属性对方位角道集进行各向异性分析；（5）结合岩石物理模型正演模拟，计算裂缝的方向和发育密度。

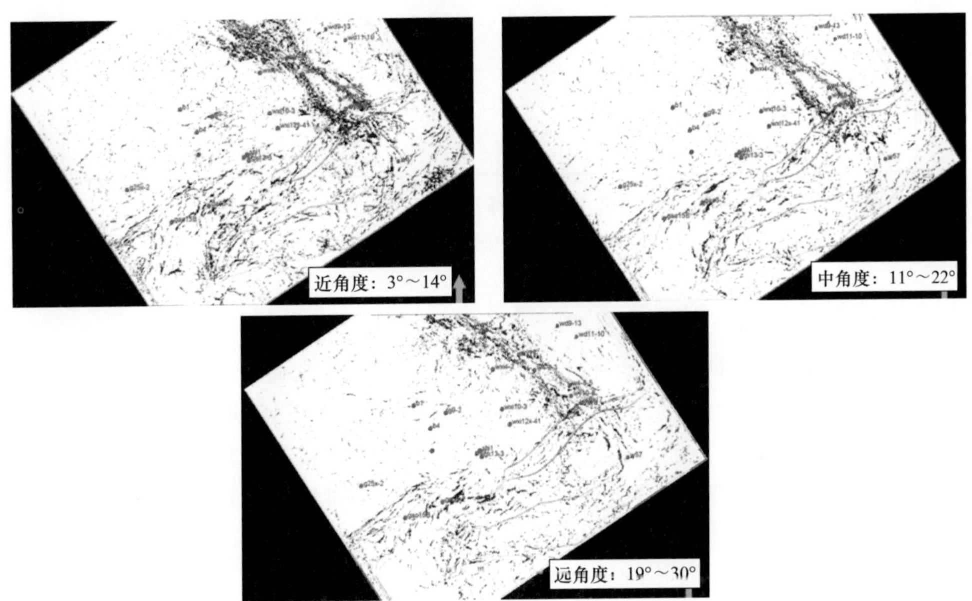

图 2–3–6　王广浩—王场地区潜 3^4–10 韵律沿层蚂蚁体切片

利用叠前地震各向异性裂缝预测方法，对王广浩—王场地区潜 3^4–10 韵律裂缝发育情况进行预测。在潜 3^4–10 韵律裂缝密度与方位分布图（图 2–3–7）上，红色、黄色代表各向异性强，即裂缝密度高值区。平面上看，研究区的裂缝发育呈北西向和北东向，这与该区所受应力相符。整体裂缝密度高值沿王场背斜北西—南东方向延伸，向东西两端呈扩散状，高场地区存在小型密度高值区域。在主要油气产区，如王云 10–6 井区，方位各向异性整体呈片状。将裂缝密度与生产情况较好的井进行对比发现，产量较高的井分布在方位各向异性中强—强区域，这为使用各向异性进行储层预测提供了一个标准，即所选择的裂缝发育区带是方位各向异性强的区域。根据该规律，王广浩—王场地区划分 3 块主要裂缝发育区：王场背斜、王北和高场地区（图 2–3–7 黑色圈出部分）。

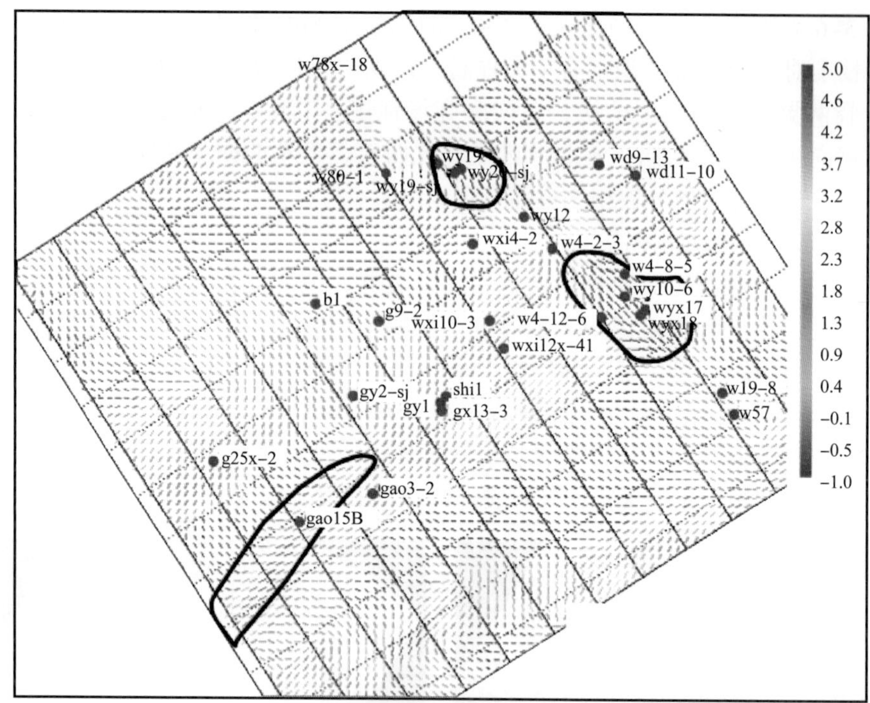

图 2-3-7 潜 3^4–10 韵律裂缝密度与方位分布图

颜色代表密度，小棒代表分布方向

3. 页岩油层岩相地震预测方法

由于页岩的各类岩相地球物理特征差异较小，地震属性难以与岩相建立较为匹配的关系，根据地震属性差异直接预测岩相的空间变化会存在较强的多解性。针对该问题，根据页岩储层地震、地质特征，结合新钻井的各类地质资料，采用了基于沉积参数的泥页岩岩相预测方法。该方法综合运用地震数据与钻井资料信息，以地震属性表征沉积参数为基础，通过敏感沉积参数的神经网络融合来表征岩相。其数学模型为

$$\begin{bmatrix} y_1 \\ y_2 \\ \vdots \\ y_n \end{bmatrix} = \begin{bmatrix} w_{11} & w_{12} & \cdots & w_{1m} \\ w_{21} & w_{22} & \cdots & w_{2m} \\ \vdots & \vdots & & \vdots \\ w_{n1} & w_{n2} & \cdots & w_{nm} \end{bmatrix} \begin{bmatrix} x_1 \\ x_2 \\ \vdots \\ x_m \end{bmatrix} + \begin{bmatrix} c_1 \\ c_2 \\ \vdots \\ c_n \end{bmatrix} \tag{2-3-7}$$

式中 y_i——重点井的沉积参数，$i=1, 2, \cdots, n$；

n——沉积参数个数；

x_j——重点井的地震属性，$j=1, 2, \cdots, m$；

m——地震属性个数；

w_{ij}——沉积参数，y_i（$i=1, 2, \cdots, n$）相对于地震属性 x_j（$j=1, 2, \cdots, m$）的权系数；

c_k——常数，$k=1, 2, \cdots, n$。

在具体的应用工区，统计有利岩相的沉积参数分布范围，确定有利岩相对应的沉积

参数组合，并根据 2-3-7 对参数进行预测，进而根据预测的沉积参数圈定有利岩相，实现有利岩相预测。方法的关键是利用测井资料及对应的地震资料通过相关性分析及多元回归分析等技术手段筛选各类沉积参数的敏感地震属性。在胜利油田罗家地区选取了 TOC、碳酸盐矿物含量、石英与长石含量、孔隙度等沉积参数来表征泥页岩岩相，利用上述方法进行沉积参数及有利岩相预测（图 2-3-8）。

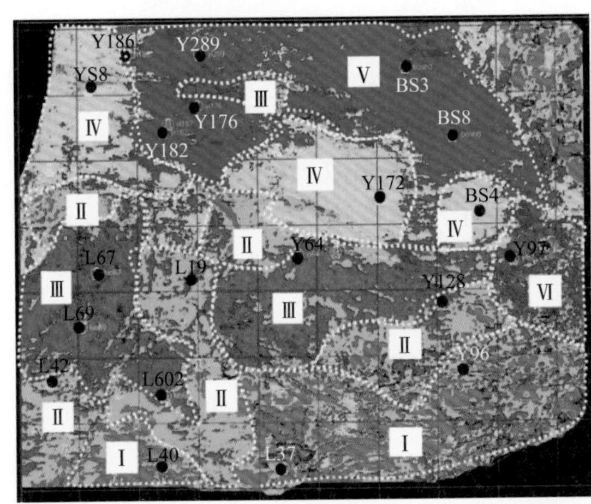

(a) 12下—13上砂层组

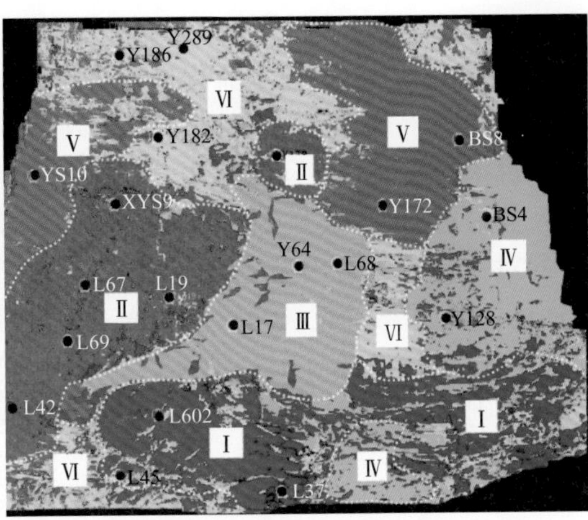

(b) 13下砂层组

图 2-3-8　罗家地区沙三下 12 下—13 上砂层组、13 下砂层组的岩相分布预测图

Ⅰ—块状泥质灰岩相；Ⅱ—纹层状灰质泥岩相；Ⅲ—纹层状泥质灰岩相；Ⅳ—层状泥页岩夹砂岩条带相；Ⅴ—层状泥页岩夹碳酸盐岩条带相；Ⅵ—砂岩相

二、陆相页岩油工程“甜点”地震预测方法

1. 页岩油层脆性地震预测方法

脆性指数指当应力由某一初始弹性态加载到峰值强度后，将发生突变而迅速跌落至残余强度面上，反映了岩石受力后破坏变形的难易程度。岩石力学特征脆性指数对非常规含油储层“甜点”和工程压裂改造的指导意义重大，地层岩石脆性越大，越有利于储层后期压裂改造。实际中很难对力学特征脆性指数进行直接预测，但是大量的岩石物理实验数据表明力学特征脆性指数与利用动态弹性参数定义的脆性指数间存在较好的相关性，因此利用高精度的叠前弹性参数反演算法获取地层的动态弹性参数，并将之转化为脆性指数即可实现对脆性指数的间接预测。

利用动态弹性参数定义脆性指数有多种形式，主要有如下几种：

$$\mathrm{BI_E}=(E-E_{\min})/(E_{\max}-E_{\min})\times 100$$

$$\mathrm{BI}_\sigma=(\sigma_{\max}-\sigma)/(\sigma_{\max}-\sigma_{\min})\times 100$$

$$\mathrm{BI}=(\mathrm{BI_E}+\mathrm{BI}_\sigma)/2$$

$$\mathrm{BI}=E/\sigma$$

$$\mathrm{BI}=(\lambda+2\mu)/\lambda$$

式中 E——岩石的杨氏模量；

σ——岩石的泊松比；

λ、μ——岩石的拉梅系数。

在实际应用中，可以根据不同脆性指数与力学特征脆性指数或与矿物成分脆性指数的相关性选择上述脆性指数之一进行脆性指数预测。

按照这个思路和技术流程进行页岩地层脆性预测，关键是实现高精度的叠前弹性参数反演。基于L1范数的叠前弹性参数反演方法是业界普遍公认具有较高反演精度和较高分辨率的叠前弹性反演算法。该算法的基本原理是对地震系数进行奇偶分解，并对地震系数进行L1范数意义下的稀疏约束。图2-3-9展示了该算法与常规反演算法反演结果的对比，可以看出基于L1范数的反演算法具有较高的分辨率。图2-3-10为泌阳凹陷地层脆性指数的反演结果。从岩石脆性数据体中提取井点岩石脆性虚拟曲线，并与井点的岩性曲线进行对比，从图2-3-11中可以看出，脆性高值对应砂条发育区域，而脆性低值则对应泥页岩发育层段，与岩性结果吻合较好。说明方法适用于靶区的岩石脆性预测。

2. 页岩油地层压力地震预测方法

地层压力又称地层孔隙压力，地层孔隙压力是地应力模型中非常重要的关键参数，准确预测地层的孔隙压力一直是石油工程技术人员关心和急待解决的技术难题。形成地层孔隙压力异常的机理比较复杂，如应力增压（包括欠压实和构造挤压）、水热增压（泥质矿物成岩作用和生烃作用）、流体运移（油气密度差导致的浮力和流体后期运移作用）等。页岩层的地层压力往往与地层产能密切相关，因此页岩油地层压力预测是页岩油“甜点”地震预测的重点。进行页岩油地层压力预测首先要对地层压力进行单井评价，在此基础上进行地层压力的三维地震预测。

1）地层压力单井评价

利用测井解释孔隙压力，广泛应用的是Eaton公式，Eaton原始方法是Eaton在1972年提出来的一种基于正常压实趋势线计算地层压力的方法，公式如下：

$$P_{\mathrm{p}}=S_{\mathrm{v}}-\left(S_{\mathrm{v}}-P_{\mathrm{h}}\right)\left(\frac{v_0}{v_{\mathrm{n}}}\right)^N \qquad (2\text{-}3\text{-}8)$$

式中 P_{h}——正常静水压力，$P_{\mathrm{h}}=\rho_{\mathrm{w}}gh$；

P_{p}——地层孔隙压力；

S_{v}——上覆岩层压力；

v_{n}——给定深度泥页岩正常趋势线时差值；

v_0——给定深度实测的泥页岩地层时差值；

N——Eaton指数，与地层有关的系数。

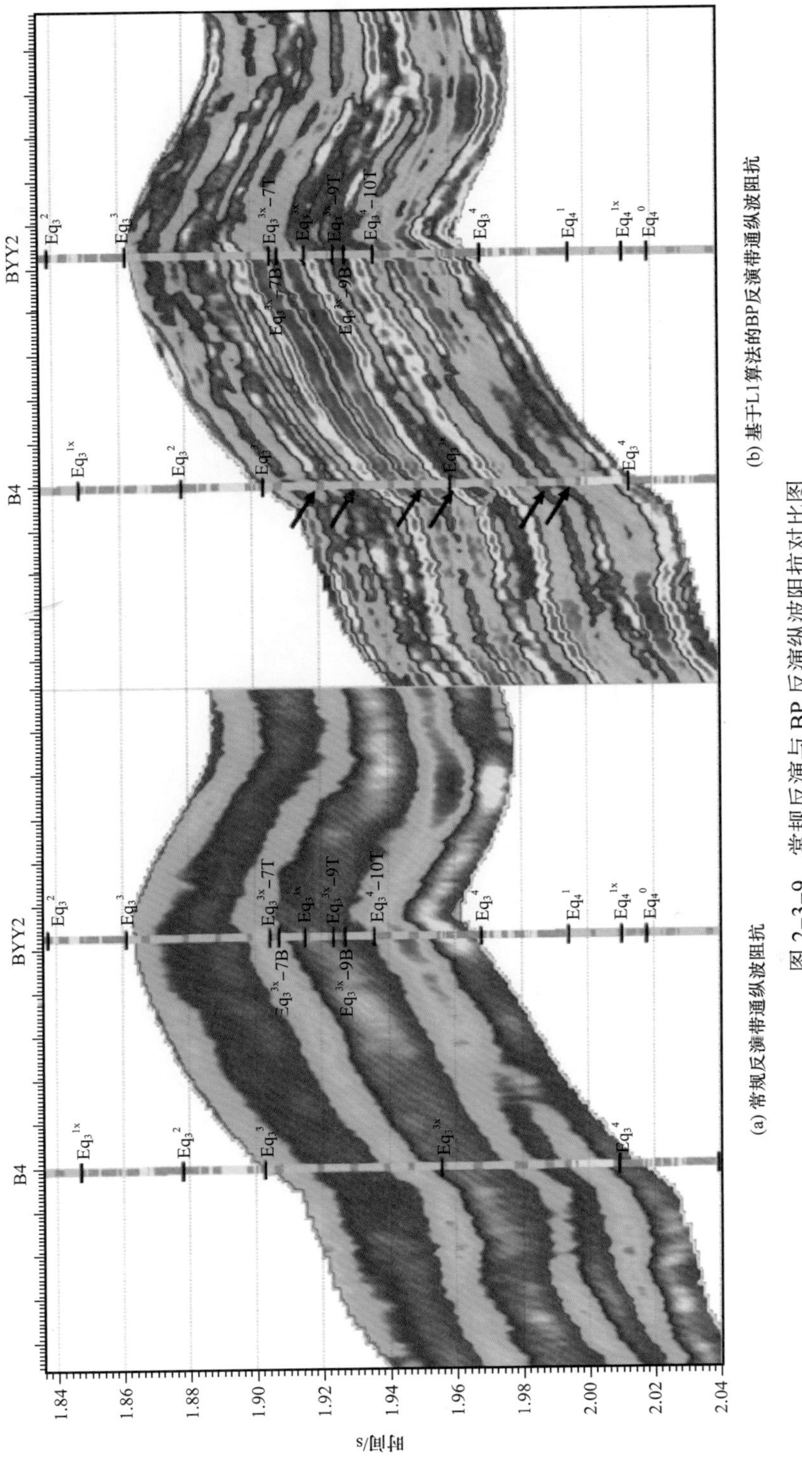

(a) 常规反演带通纵波阻抗

(b) 基于L1算法的BP反演带通纵波阻抗

图 2-3-9　常规反演与 BP 反演纵波阻抗对比图

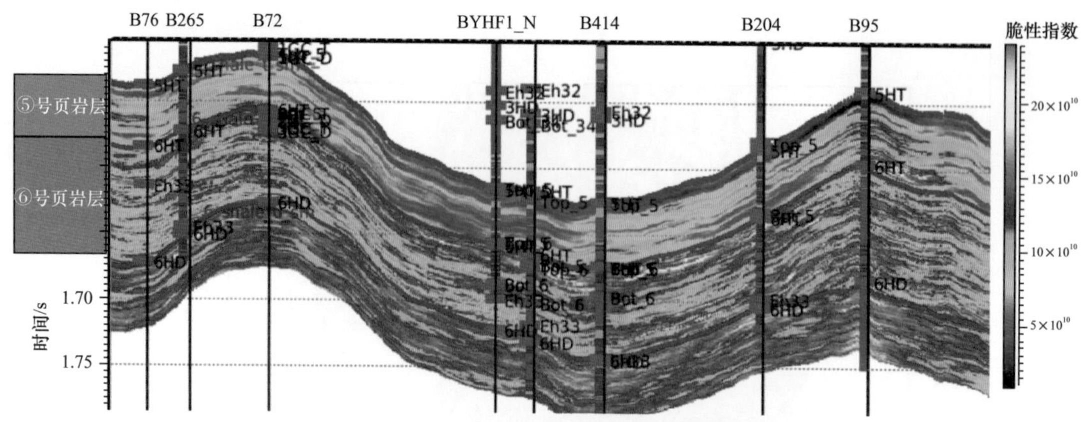

图 2-3-10 泌阳凹陷深凹区地震反演脆性指数剖面

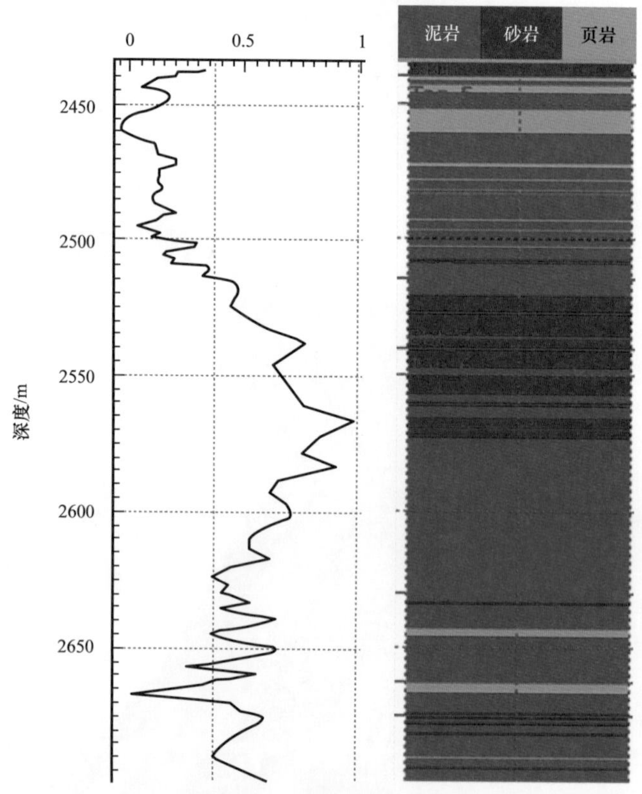

图 2-3-11 预测地层脆性曲线与井点岩性数据对比图

根据 Eaton 公式进行地层压力预测具体需要如下步骤：

（1）利用 GR 曲线、泥质含量曲线等反映岩性的曲线，通过给定砂泥岩门槛值，门槛值可以分段编辑，生成砂岩、泥岩解释结论。

（2）选取非渗透性地层，比如砂泥岩剖面中的泥岩。剔除渗透层，保留非渗透层的声波时差曲线（或纵波速度曲线），基于层速度曲线，在半对数坐标图上做出 v 随深度变化的散点图（$\ln v$—h）；在半对数坐标图上用直线 $\ln v=\ln v_0-ch$，最小二乘拟合这些散点图，可以得到 v_0、c。v_0、c 分别为半对数坐标图上时差正常压实趋势线的截距和斜率。在实际应用中可以对正常压实趋势线根据实际情况和经验进行微调。

（3）根据 Eaton 公式计算地层压力。

2）地层压力三维地震预测

对于二维或三维地层压力预测，需要基于单井的压力预测结果，并结合空间地震速度体及地震解释层位，开展相应预测。虽然三维地层压力预测仍基于之前提及的地层压力预测理论，但其模型参数（如正常压实趋势、Eaton 指数等）需要符合三维地质体的特征。因此，如何获取三维地质体的地层压力预测参数是压力体预测的前提。

单井地层压力预测完成后，首先需要完成工区内多井的地层压力预测。多井预测并不是简单的重复，因为在同一工区，沉积成岩环境大体相同，故工区内压实趋势应大体相似。所以在利用多井构建的区域压实趋势时，需要综合考虑多井的压力预测结果，以获取最合理的空间预测系数。在此基础上，通过常规反演得到地震速度数据体，二者结合就可以得到最终的压力预测结果。由图 2-3-12 可知，王场背斜表现为异常高压区。蚌湖凹陷、广华地区为弱高压区，王场和广华地区交界处压力较低。这与地区的实际钻探资料一致，证实了方法的适用性。

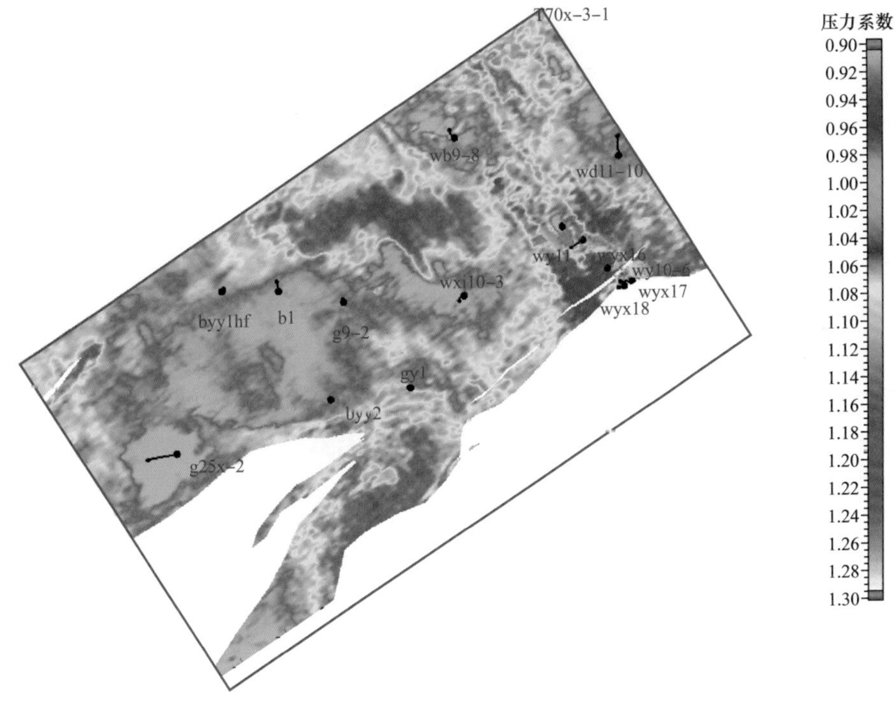

图 2-3-12 潜江凹陷潜 3^4 亚段压力系数预测结果

3. 页岩油地层地应力地震预测方法

地应力状态对于页岩油开发中水平井轨迹设计及压裂设计都有至关重要的影响。因此，地应力的大小、方向、分布规律是页岩油勘探开发中地应力研究的主要内容，而岩石的力学性质、储层的孔隙压力、地层的温度、构造应力、重力及地层剥蚀等是影响油田应力场状态的主要因素。正是因为影响应力状态的因素异常复杂，研究过程中必须要抓住主要因素进行研究。

对页岩油地层而言，多数地层可以看成是宏观的 VTI 介质。其地应力的计算可以采用式（2–3–9）和式（2–3–13），岩石在最小水平主应力、最大水平主应力方向的应变无法直接确定，计算过程中使用地震曲率代替，地层垂直方向与水平方向上的泊松比、垂直方向与水平方向上的杨氏模量使用叠前同步反演得到，地层孔隙压力使用 Eaton 方法进行计算，最终求得研究区目的层的最大水平主应力和最小水平主应力，并基于应力分析地层的可压性，指导压裂施工设计。

$$\sigma_v=\rho gh \tag{2-3-9}$$

$$\sigma_h=\frac{E}{E'}\frac{\mu'}{1-\mu}\left(\sigma_v-p_p\right)+\frac{\varepsilon_h E}{1-\mu^2}+\frac{\mu\varepsilon_H E}{1-\mu^2}+p_p \tag{2-3-10}$$

$$\sigma_H=\frac{E}{E'}\frac{\mu'}{1-\mu}\left(\sigma_v-p_p\right)+\frac{\varepsilon_H E}{1-\mu^2}+\frac{\mu\varepsilon_h E}{1-\mu^2}+p_p \tag{2-3-11}$$

$$\sigma_{eh}=\frac{E}{E'}\frac{\mu'}{1-\mu}\sigma_v+\frac{\varepsilon_h E}{1-\mu^2}+\frac{\mu\varepsilon_H E}{1-\mu^2} \tag{2-3-12}$$

$$\sigma_{eH}=\frac{E}{E'}\frac{\mu'}{1-\mu}\sigma_v+\frac{\varepsilon_H E}{1-\mu^2}+\frac{\mu\varepsilon_h E}{1-\mu^2} \tag{2-3-13}$$

式中 ρ——密度；

g——重力加速度；

h——上覆地层厚度；

σ_h、σ_H——分别为最小、最大水平主应力；

σ_{eh}、σ_{eH}——分别为最小、最大有效水平主应力；

σ_v——垂向地应力；

μ'、μ——分别为垂直方向与水平方向上的泊松比；

E'、E——分别为垂直方向与水平方向上的杨氏模量；

ε_h、ε_H——分别为岩石在最小、最大水平主应力方向的应变；

p_p——孔隙压力。

如图 2–3–13 所示，在计算最大水平主应力和最小水平主应力之后，计算其最大水平主应力的方向，而最小水平主应力的方向则垂直于最大水平主应力的方向。实际计算中根据曲率异常走向求取最大、最小地应力方位，曲率异常走向垂直于最大地应力方向。

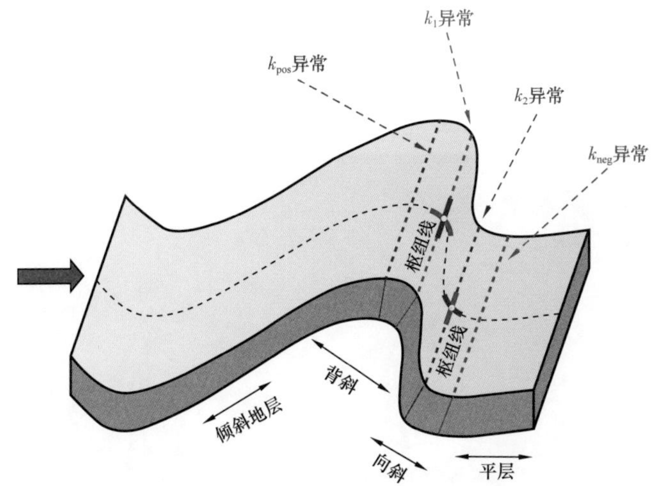

图 2-3-13　水平最大主应力方向计算方法

三、陆相页岩油储层综合评价方法

1. 陆相页岩油“甜点”地球物理识别与预测软件系统简介

依托“十三五”国家科技重大专项课题“陆相页岩油‘甜点’地球物理识别与预测方法”（2017ZX05049-002），研发了“页岩油‘甜点’地球物理识别与预测软件系统（Petro-SOS V1.0）”，集成了岩石物理、测井评价、地震反演、“甜点”预测等方法技术，实现技术有形化，为页岩油储层地质“甜点”和工程“甜点”综合预测提供平台和工具。软件采用面向对象的 C++ 语言在 QT 环境下开发，可以在 Windows 和 Linux 环境下使用，以满足不同的需求。软件采样插件式模块管理方式，可以方便对系统进行功能扩充。此外软件底层还集成了 Python 解释器，对于 Python 功能函数，软件通过平台提供的接口将其封装到模块中，模块启动时，同时启动 Python 解释器，将数据和参数传入 Python 功能函数，计算完成后再返回结果，实现 C++ 与 Python 的混合编程开发，方便 Python 软件模块的集成。图 2-3-14 是“页岩油‘甜点’地球物理识别与预测系统”软件系统的启动界面。它主要包括主菜单、工具条和启动图片 3 部分。软件的主要功能模块包括油气检测子系统（JTFA）、测井评价子系统（Well）、岩石物理分析子系统（Rock-Physics）、地震反演子系统（Seismic-inversion）和地震“甜点”预测子系统（Comprehensive-prediction）5 个部分。每个子系统又包括一些相关的子功能模块。

1）油气检测子系统

油气检测子系统主要为页岩“甜点”预测提供高分辨率数据处理技术、基于时频域内地震波吸收衰减的油气检测技术和时深转换工具。

2）测井评价子系统

测井资料分析子系统主要通过测井资料数据计算储层的相关地球物理参数。如地球化学参数计算 TOC，矿物含量计算脆性指数，测井参数交会分析储层孔隙度，伊顿法计算孔隙压力等。

图 2-3-14 “页岩油‘甜点’地球物理识别与预测系统”软件系统的启动界面

页岩油“甜点”地球物理识别与预测系统的测井分析子系统包括页岩油评价、裂缝识别、地质“甜点”、工程“甜点”以及配套分析工具5个部分的测井功能模块组。其中裂缝识别模块组包括裂缝识别、裂缝定性、定量评价模块和人工智能裂缝参数预测模块，主要提供裂缝测井的评价和识别方法。页岩油评价模块组包括弹性参数测井评价模块。地质“甜点”模块组包括上覆压力计算、弹性阻抗参数计算、孔隙度/TOC/饱和度3个功能模块。工程“甜点”测井模块组包括脆性评价、地应力计算、孔隙压力计算、有效地层压力计算、岩石可压性计算模块，主要为页岩油储层井上工程“甜点”的预测提供方法。配套分析工具组包括岩石弹性计算、交会分析、井曲线处理、合成记录、单井分析和测井综合评价，主要为井震标定、井曲线编辑和显示，岩石弹性参数计算及测井综合评价提供功能模块。

3）岩石物理分析子系统

岩石物理分析子系统主要通过对页岩油储层岩石物理规律的评价，研究储层的敏感属性参数，制定岩石物理量板，为地震资料的进一步解释提供相关基础和依据，为页岩油“甜点”预测提供参考。它主要包括各向同性岩石物理模块组和各向异性岩石物理模块组。其中各向同性模块包括各向同性岩石物理分析模块以及基于各向介质假设前提下的流体替代和横波预测模块。各向异性模块组包括页岩各向异性岩石物理建模、页岩各向异性全波场模拟和页岩储层岩石物理反演模块。

4）地震反演子系统

地震反演子系统主要包括地震资料目标性处理部分和弹性参数反演部分。其中叠前、叠后资料处理部分包括谱聚焦重排、Alpha滤波、地震体数据计算、叠后地震资料拓频和作业流。这部分主要对反演前的数据进行一些处理，以便后续更好的弹性参数反演。而弹性参数反演部分是地震反演子系统的核心，它包括反演中需要的井旁道提取、子波分析、模型建立及贝叶斯系数脉冲反演、基于L1范数的叠前数据反演和Fatti高精度反演，最后输出弹性参数。

5）地震“甜点”预测子系统

地震“甜点”预测子系统分为叠后属性、裂缝预测、“甜点”预测、综合评价、含油性、TOC计算、孔隙度计算和工具部分，是软件系统的核心功能部分，能够实现模型确定和数据驱动两种方式的“甜点”要素预测和综合评价。

2. 陆相页岩油储层综合评价的基本方法

陆相页岩油“甜点”综合评价需要优选对页岩油开发贡献高的地质和工程参数（“甜点”要素），这些“甜点”要素通过地球物理方法进行了有效识别和预测，并根据贡献值大小赋予不同的权值，建立地震综合评价参数表，同时通过研究建立综合评价方法。通常的评价参数包括：

（1）地质条件参数（“甜点”要素）包括岩性岩相、储集条件、含油性条件、地层压力系数。由于王广浩地区潜江组盐间地层TOC普遍高，平均值为3.19%，TOC值大于2%，地层厚度大于8m，整体为优质烃源岩，且全区稳定、变化不大，因此烃源条件不作为主要评价参数；本次地质条件还是以孔隙度、含油性、压力系数为主。

（2）工程改造条件参数（“甜点”要素）包括埋深、盐间地层的脆性、裂缝发育程度。其中有些参数，根据评价的重点和目标，既可以归入地质条件参数也可以归入工程改造条件参数，并无确定性的划分。

陆相页岩油储层综合评价通常可以分为两个步骤：首先按不同评价参数类型中的单因素进行评分赋值，根据不同的权值，累加得到某一类型参数的分值；其次将不同类型参数的评分与权系数相乘后，进行累加得到最终评分。

以江汉盆地潜江凹陷盐间页岩油储层综合评价为例，采用表2–3–1的评价体系，综合评价根据储集条件和工程改造条件计算得出，计算公式如下：

$$S=0.5\times S_{地质条件}+0.5\times S_{工程改造条件} \tag{2-3-14}$$

$$S_{地质条件}=0.4\times S_{孔隙度}+0.3\times S_{含油性}+0.3\times S_{压力系数} \tag{2-3-15}$$

$$S_{工程改造条件}=0.4\times S_{脆性}+0.3\times S_{埋深}+0.3\times S_{裂缝} \tag{2-3-16}$$

其中，S为页岩油综合评价值，$S_{孔隙度}$、$S_{裂缝}$、$S_{含油性}$、$S_{埋深}$、$S_{脆性}$和$S_{压力系数}$等可根据页岩油关键参数资料及其分值和权值进行赋值，并参与计算。

对潜江凹陷盐间页岩油层“甜点”进行综合分类评价，用S值加以表示，评价结果可分为Ⅰ、Ⅱ两大类“甜点”区（表2–3–2）：Ⅰ类是指综合评价好，具有较高经济开发价值的区块；Ⅱ类是指综合评价较好，具有一定经济开发价值，但受条件制约的区块。据此可以给出较为直观的页岩油综合评价结果。

陆相页岩油评价的另外一个方法是在成熟开发区，根据产能情况，建立产能与各类“甜点”参数的关系，应用人工神经网络进行预测评价，这是一个正在开展的热点工作，但是方法受各种数据条件的制约，仍不成熟。

表 2-3-1　盐间页岩油评价参数赋值表

参数类型（权值）	参数名称	权值	分值		
			0.6～1.0	0.4～0.6	0～0.4
地质条件（0.5）	孔隙度 /%	0.4	＞15	10～15	＜10
	含油性	0.3	＜0.22	0.22～0.27	＞0.27
	压力系数	0.3	≥1.2	1.1～1.2	＜1.1
工程改造条件（0.5）	脆性	0.4	≥12	10～12	＜10
	埋深 /m	0.3	1500～2500	2500～3300	≥3300
	裂缝发育程度	0.3	发育	较发育	不发育

表 2-3-2　盐间页岩油“甜点”综合评价参数分值表

类型分值	Ⅰ类“甜点”区	Ⅱ类“甜点”区
S 值	$0.6<S$	$0.4<S<0.6$

第四节　陆相页岩油“甜点”识别与预测技术在典型地区的应用

一、济阳坳陷陆相页岩油“甜点”地球物理综合评价

1. 研究区概况

济阳坳陷是中国东部陆相页岩油的典型盆地之一，沙三下亚段和沙四上亚段是两套主要的页岩油发育层系，分布在东营凹陷和沾化凹陷的洼陷中，如渤南、博兴、利津等评价单元，页岩油类型可分为基质型、基质—夹层型、基质—裂缝型。

研究表明济阳坳陷陆相页岩油富集的主控因素包括：富有机质纹层状岩相是页岩油富集的基础，压力是页岩油富集产出的重要因素，可流动性是页岩油富集产出的前提，（微）裂缝是页岩油富集产出的关键。与国外海相页岩油气相比，胜利油田湖相页岩油具有相变快、油品偏重的特点，“甜点”以游离的页岩油为主。页岩油井产能测试在义页平1井和樊页平1井取得了重要突破。

陆相页岩油“甜点”识别与预测技术主要选择济阳坳陷渤南洼陷罗家地区作为应用靶区。研究表明本地区陆相页岩油“甜点”的主要指标体系为：层状或稳层状岩相、裂缝发育、孔隙度大于4.5%，TOC含量大于1.8%，脆性指数大于0.72，张性应力区，原油密度小于0.9g/cm^3，原油黏度小于50mPa·s。

2. 地球物理响应特征

基于岩石物理模型和地震岩石物理计算，研究不同“甜点”要素变化引起的地震响应的特征，例如，随 TOC 含量增加，储层小和中等角度的反射系数相应减小，而大角度的反射系数增加；随 TOC 含量增加（由 3% 增加到 21%，步长 3%）（图 2-4-1），反射系数减小的幅度也随之减少（曲线自上而下 TOC 增加）。在实钻井的纵横波速度和密度基础上，采用叠前各向异性正演模拟技术，探讨泥页岩储层在岩相、裂缝发育程度和所含流体变化下的各向异性特征。不同构造部位、不同岩相的实钻井正演分析表明：纹层状、层状泥页岩的各向异性特征明显，块状泥页岩的各向异性特征较弱，缓坡带、洼陷带各向异性特征强，斜坡带各向异性特征弱；泥页岩所含流体不同，各向异性特征有微弱的变化，但不同构造带差别较大，在缓坡构造带，含油的各向异性最大，含水次之，含气最小。

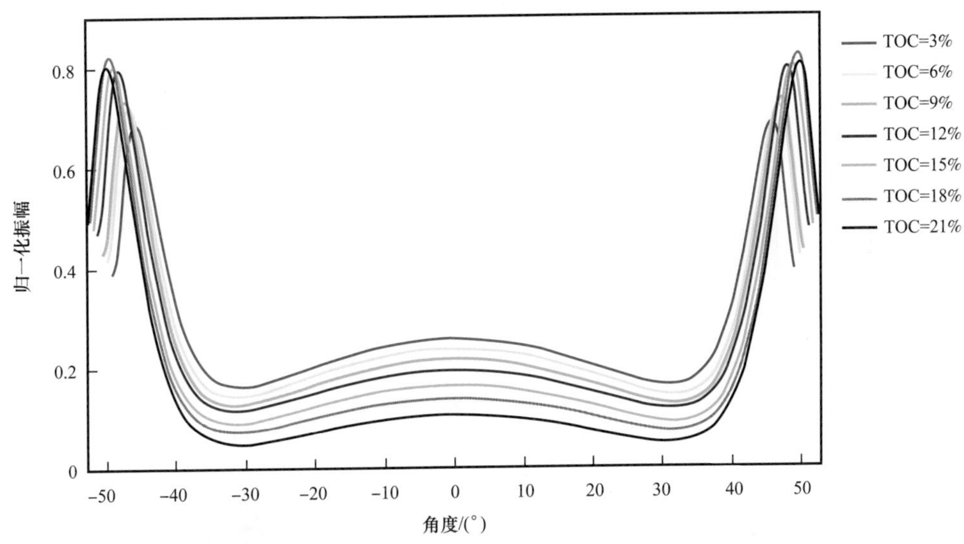

图 2-4-1 不同 TOC 含量储层随角度变化的反射系数比较

3. 基于各向异性的“甜点”要素预测

1）水平层理缝密度地震预测

水平层理缝密度地震预测包括以下步骤：（1）构建页岩油气层水平层理缝密度各向异性岩石物理模型；（2）基于所述岩石物理模型，根据测井曲线进行岩石物理反演，获得水平层理缝密度的数值以及各向异性参数的数值；（3）对所述水平层理缝密度与所述各向异性参数进行统计交会分析，获得所述水平层理缝密度与所述各向异性参数之间的关系，以建立预测模型；（4）利用反演的页岩油气层 VTI 介质底界面 AVO 属性估算上覆页岩油气层纵波各向异性参数的数值；（5）利用所述预测模型将估算的纵波各向异性强度 ε 的数值转换为水平层理缝密度的数值，得到水平层理缝地震预测结果（图 2-4-2）。

2）基于水平层理缝密度属性的纹层状优质页岩岩相精细描述

综合运用地震数据与钻井资料信息，以水平层理缝密度等地震属性表征沉积参数为基础，通过敏感沉积参数的神经网络融合来表征岩相。在提取 30 余种地震属性基础上，特别是引入水平层理缝密度地震预测属性，通过井—震相关分析，优选敏感属性，建立更为精确的 TOC 含量、碳酸盐矿物含量、石英与长石含量、孔隙度 4 种沉积参数的定量关系，实现岩相地震预测。这种实现策略避免直接利用地震属性预测岩相的多解性，增加了沉积参数的约束项，融合了更多的地震、地质信息，预测结果与实钻井吻合较好，比常规的波形分类地震相预测更加精细准确（图 2-4-3）。

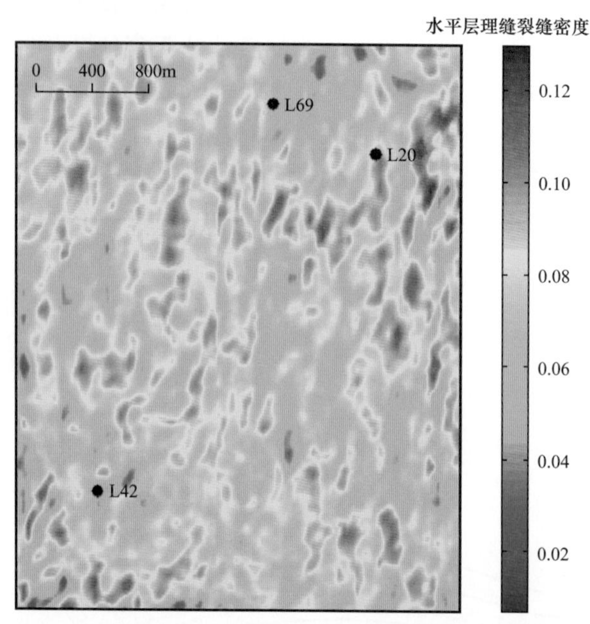

图 2-4-2　济阳坳陷罗家地区沙三下亚段水平层理缝裂缝密度

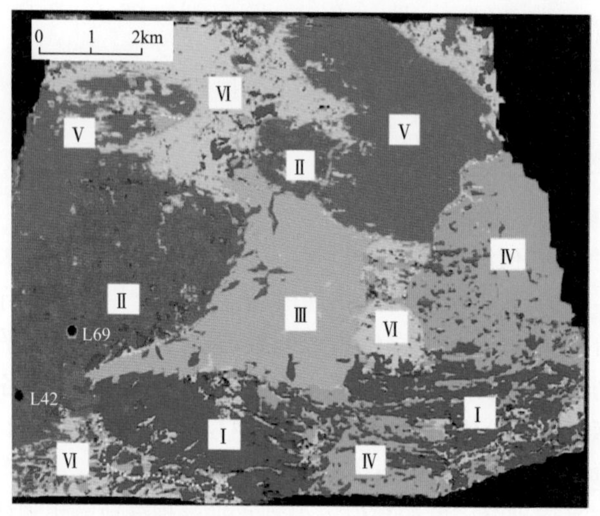

图 2-4-3　罗家地区沙三下亚段 13 上砂层组岩相分布预测图

Ⅰ—块状泥质灰岩相；Ⅱ—纹层状灰质泥岩相；Ⅲ—纹层状泥质灰岩相；Ⅳ—层状泥页岩夹砂岩条带相；Ⅴ—层状泥页岩夹碳酸盐岩条带相；Ⅵ—砂岩相

3）基于正交各向异性介质 AVAZ 属性的垂直裂缝表征

将 HTI 介质反射系数近似公式拓展到 OA 介质（orthotropic anisotropy media），拟合 AVAZ 反射系数公式中的两个属性，分别表征裂缝发育程度，较传统的 HTI 各向异性裂缝预测精度明显提高和改善。技术应用于济阳坳陷义东地区，沙三段底部各向异性发育区主要集中在义东断裂带附近，在义东、义南断层交会处的义东 301—义古 24 井区域，裂缝最为发育，各向异性最强（图 2-4-4）。

4）基于三模量的泥页岩地应力大小表征

地应力大小预测，以有限元数值模拟为基础，界面预测为主，预测精度低。以基于各向异性介质的岩石 3 个模量（杨氏模量、体积模量、剪切模量）的泥页岩地应力表征为核心，考虑岩性、深度、流体等影响，在叠前道集优化和叠前弹性参数反演方法研究的基础上，实现地应力的三维定量地震预测。以岩石物理的弹性参数为基础，通过多元线性回归，建立基于 3 个弹性参数的应力计算公式，并进行多因素校正；通过叠前反演，获得工区的杨氏模量、体积模量、剪切模量 3 个弹性参数体，利用拟合校正公式计算得到最大主应力体、最小主应力体，取得较好的应用效果（图 2-4-5）。

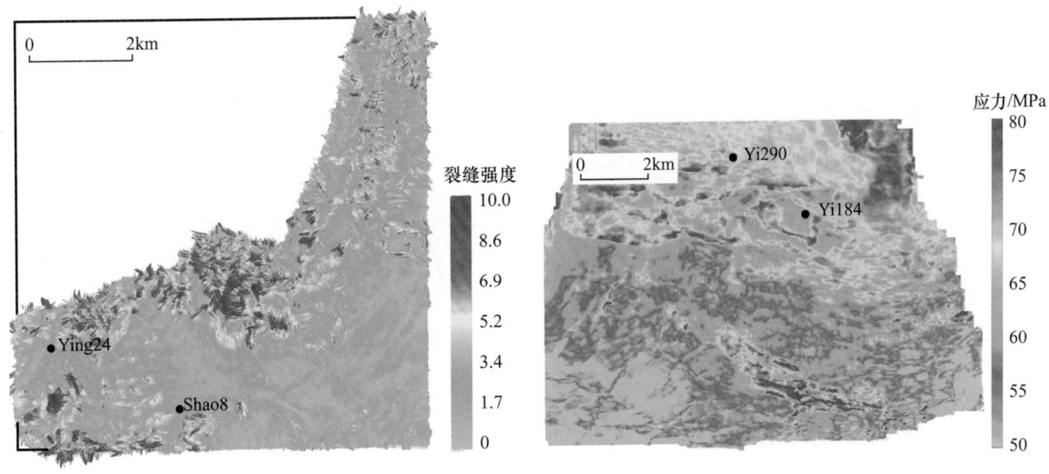

图 2-4-4　济阳坳陷义东工区正交各向异性 AVAZ 属性预测裂缝分布图

图 2-4-5　渤南地区沙三下亚段 12 下—13 上砂层组最大水平主应力大小分布图

5）基于层间速度变化率的地应力方向预测

地应力方向预测，主要是以构造曲率为基础，受构造约束性大，且对经过多期构造变动的地层，预测精度低，误差大。基于层间速度变化率的地应力方向地震预测，主要是利用地应力方位各向异性导致的横波速度差异与叠前方位属性之间的关系来进行应力方位的地震预测。最大主应力方位横波速度大，最小主应力方位横波速度小，利用方位 AVO 梯度的大小，判断地应力方向范围。根据各向异性理论，最大主应力方向上波速传播速度最大，幅度最大，AVO 梯度与截距值越小。渤南洼陷沙三下亚段 12 下—13 上砂层组最大水平主应力方向预测取得较好效果（图 2-4-6）。

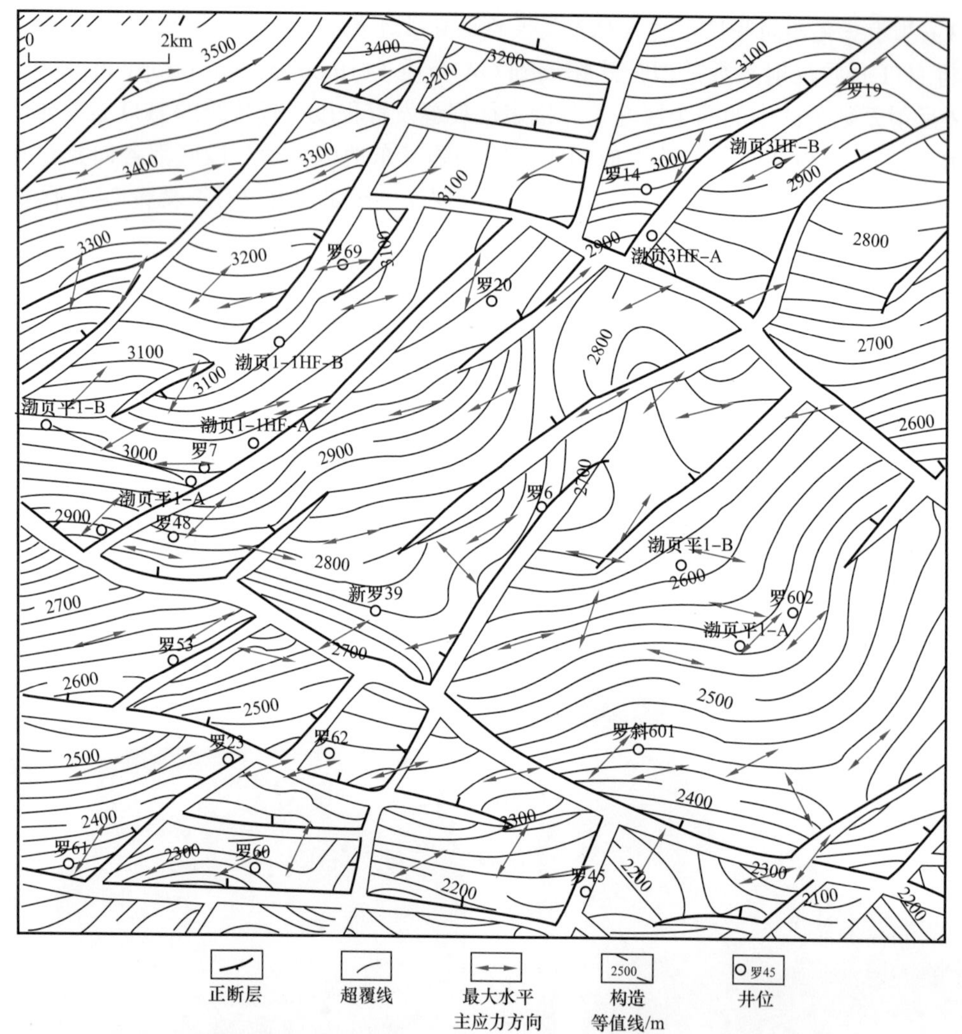

图 2-4-6 渤南地区沙三下亚段 12 下—13 上砂层组最大水平主应力方向分布图

4.“甜点”综合评价与有利区预测

以地质定量评价为基础，以测井定量评价为约束，从泥页岩“甜点”的指标体系出发，对通过叠前—叠后地震预测获得的岩相、TOC、裂缝、脆性、地应力等“甜点”要素进行多次融合回归，构建“甜点”地震表征因子，进行“甜点”的平面综合评价。以沾化凹陷罗家地区泥页岩典型井为例，统计 25 口井中“甜点”的日产油、岩相、TOC、裂缝指数、脆性指数、地应力等基础地震表征数据，分为岩相类型、油气富集、地层脆性和油气流动四大类因素，拟合构建“甜点”地震表征因子：

$$S=0.064L+0.024TF+0.066B+0.023N-0.11 \qquad (2\text{-}4\text{-}1)$$

式中 S——“甜点”地震表征因子；

L——岩相类型；

T——TOC；

F——裂缝指数；

B——脆性指数；

N——地应力。

在完成岩相、TOC、裂缝指数、脆性指数、延展性和地应力差等6个参数四大因素的叠前—叠后属性预测基础上，采用上述建立的叠前—叠后属性融合公式，进行“甜点”地震综合表征与评价，与页岩油出油井情况吻合较好（图2-4-7，红色为出油井）

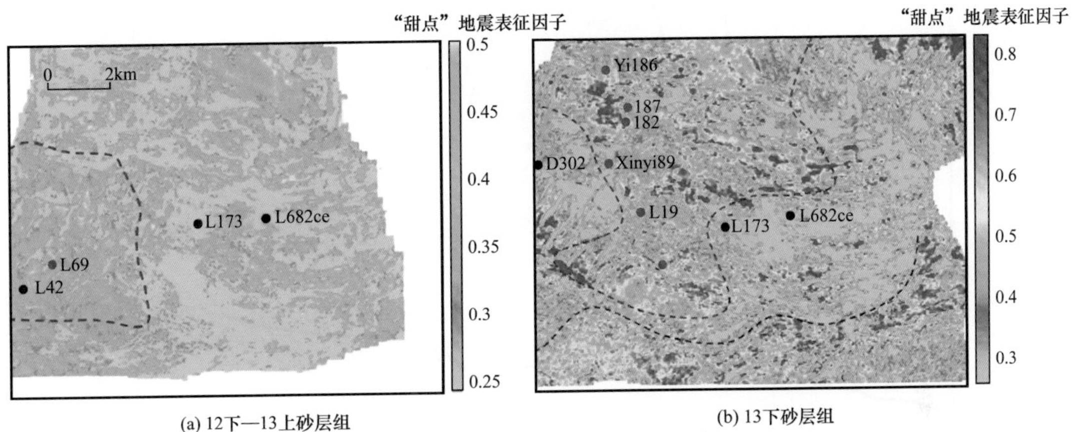

图2-4-7　济阳坳陷罗家地区沙三下亚段12下—13上和13下砂层组页岩油“甜点”综合表征

济阳坳陷陆相页岩油综合评价分为四级：一级要素定层段、二级要素选区带、三级要素找“甜点”、四级要素选目标。时频特征可反映泥页岩的沉积环境变化和层序等变化，可以作为控制泥页岩空间发育的一级要素；构造埋深反映泥页岩的压力、温度的变化和成熟度特征，是泥页岩平面分布的重要控制因素，作为二级控制要素；泥页岩的众多要素，如裂缝、异常高压、TOC、脆性、优势岩相等控制着泥页岩富集、产能差异等情况，决定了泥页岩油藏的生产方式，是三级控制要素；泥页岩的岩石物理特征，如延展性、各向异性等决定压裂时网状缝的发育和形成，是控制泥页岩油气产能的四级要素。沙三下亚段12下和13上砂层组“甜点”要素关系最明显的特点是地层脆性矿物含量整体偏低、TOC含量普遍较高，说明该层组烃源岩生烃能力好，“甜点”的分布受脆性影响较小，受裂缝的影响较大。图2-4-8是济阳坳陷渤南洼陷沙三下亚段12下和13上砂层组有利区综合评价图，其中岩相为稳层状泥质灰岩和层状泥页岩、TOC含量大于2.0%、压力系数大于1.4、裂缝发育等区带为Ⅰ类有利区。

二、泌阳凹陷陆相页岩油“甜点”地球物理综合评价

1. 研究区概况

泌阳凹陷是中国东部地区典型的富含油气的陆相断陷湖盆。核桃园组沉积时期是凹陷湖盆发育的鼎盛时期，中部深凹区既是沉降中心，也是沉积中心，沉积了一套巨厚的生油岩系。深凹区多口井从核桃园组二段（以下简称核二段）、核桃园组三段上亚段（以

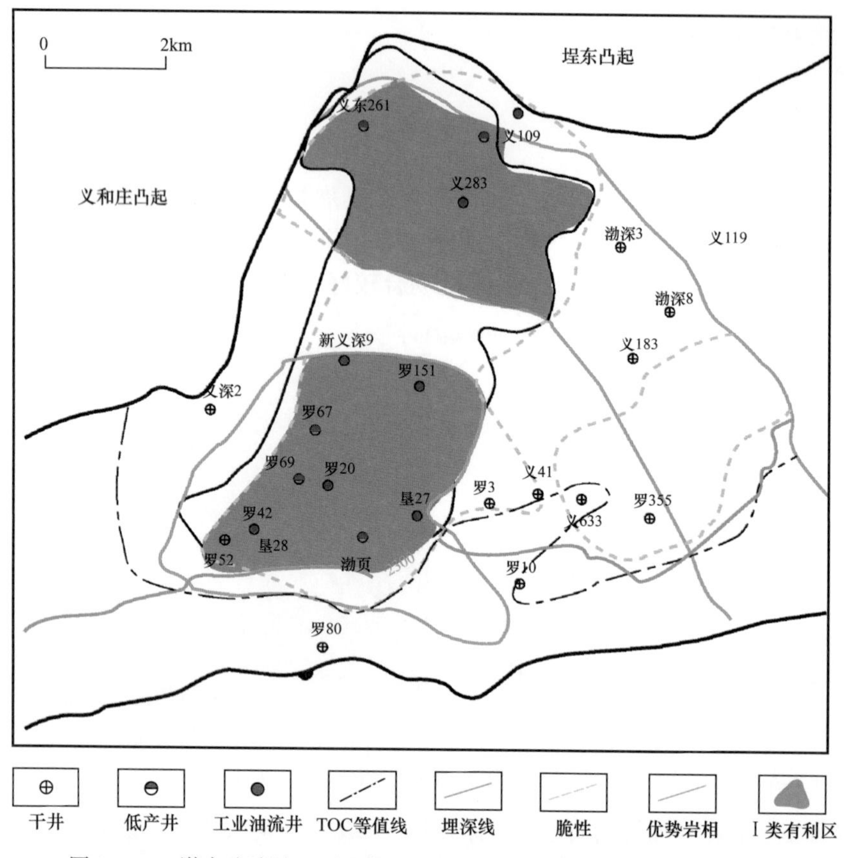

图 2-4-8　渤南洼陷沙三下亚段 12 下—13 上砂层组有利区综合评价图

下简称核三上亚段）、核桃园组三段下亚段（以下简称核三下亚段）泥页岩中均见到油气显示。以探页岩油气藏为目的的安深 1 井压裂取得最高日产油 4.68m^3 的工业油流，并在此基础上部署了泌页 HF1 及泌页 2HF 两口页岩水平井，经分段压裂，泌页 HF1 井取得最高日产油 23.6m^3、日产气 1132m^3，泌页 2HF 井取得最高日产油 28.1m^3 的效果，充分显示泌阳凹陷陆相页岩油气良好的勘探开发前景。图 2-4-9 为泌阳凹陷陆相页岩油研究工区位置图。泌阳凹陷陆相页岩油主要目标层系核三段⑤号和⑥号页岩层系，“甜点”主控因素为薄砂体发育程度、裂缝、脆性、压力系数。

2. 正交各向异性介质地震属性裂缝预测

针对页岩层系具有正交各向异性介质 OA（Orthotropic anisotropy）的特性，利用基于各向异性介质理论的相关技术（刘宇巍，2022）拟合 OA 介质反射系数公式中的两个系数，能够更加有效地反映裂缝发育程度。利用基于 OA 介质理论的叠前裂缝预测方法对靶区的构造及裂缝发育情况进行预测，与 FMI 测井数据进行对比，分析⑤号页岩层段裂缝发育情况（图 2-4-10）。图 2-4-10（a）、（c）分别为 BYHF1 井及 Ansh 1 井的⑤号页岩层段 FMI 测井，图 2-4-10（b）为基于 OA 介质理论的叠前裂缝预测方法得到的裂缝预测结果的沿层属性平面图，图中箭头代表方向，颜色代表裂缝发育强度。可以看出 Ansh 1 井裂缝方

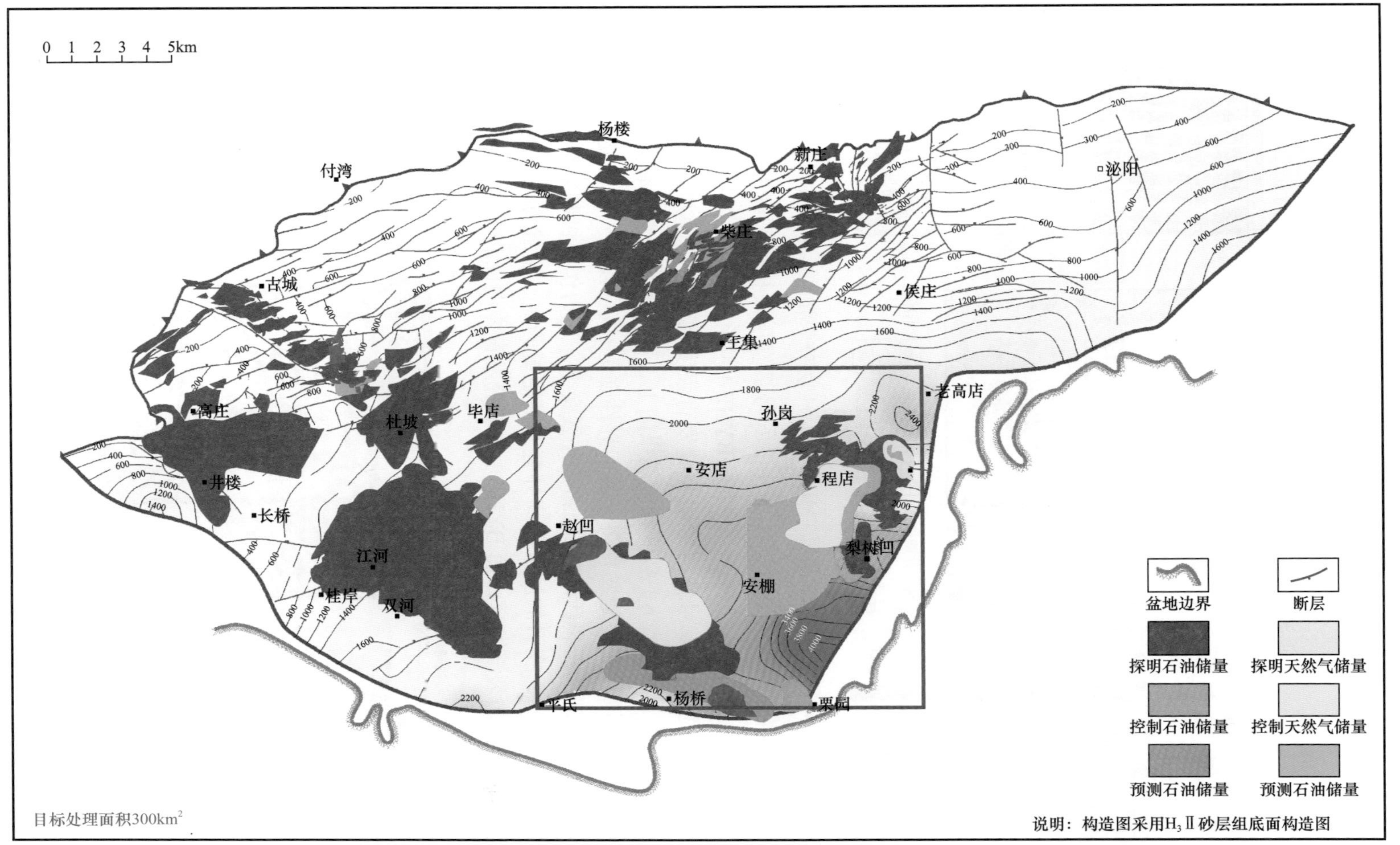

图 2-4-9　泌阳凹陷陆相页岩油研究工区位置图

向以北东向为主，BYHF 1 井裂缝发育方向以北西方向为主。对比可见，利用新方法预测得到的裂缝发育结果与 FMI 测井结果相符。表明新方法适合于该地区的裂缝预测研究。

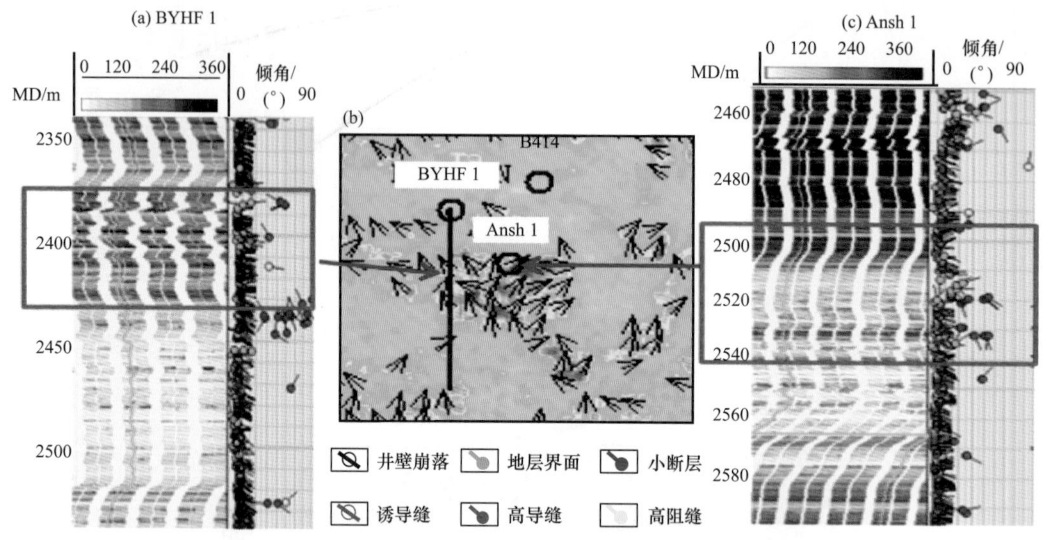

图 2-4-10 ⑤号页岩层段 FMI 测井与各向异性裂缝预测沿层平面图对比

在裂缝发育特征预测结果数据体上，沿⑥号页岩层段提取裂缝发育强度和裂缝发育方向属性图。图 2-4-11（a）、（c）分别是 BYHF 1 井和 Ansh 1 井的井点成像测井数据，图 2-4-11（b）是提取的⑥号页岩层段裂缝发育强度和裂缝发育方向的叠合显示图的井点局部放大图。图 2-4-11（b）裂缝预测结果图上，箭头代表裂缝发育方向，颜色代表裂缝发育强度（暖色调代表裂缝发育多，各向异性强）。该层段地质活动复杂，靶区东部的断裂活动及靶区南部的断裂活动在 Ansh 1 井区交会，应力作用机制复杂。Ansh 1 井的成像测井解释结果显示，在目的层段以高导缝及高阻缝为主，裂缝方向较为复杂，北西向、北北东向及北北西向裂缝发育；而 BYHF 1 井裂缝发育方向以北东向为主，其他方向也有

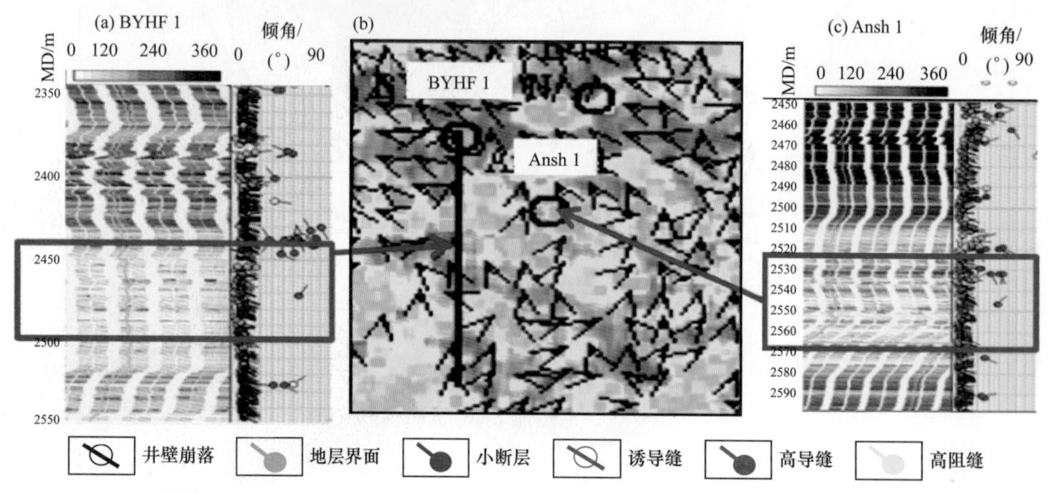

图 2-4-11 ⑥号页岩层段 FMI 测井与各向异性裂缝预测沿层平面图对比

发育。利用基于 OA 介质叠前裂缝预测技术预测的裂缝发育结果显示，在 Ansh 1 井附近，裂缝发育方向以北东向为主，北西向为辅，与成像测井数据结果一致；BYHF 1 井裂缝发育特征为北北东向、北北西向及北西向裂缝皆有发育，与成像测井数据结果一致。

3. 基于线性滑脱理论的地应力预测

以线性滑脱理论（Schoenberg et al.，1995）为理论基础，并结合弯曲薄板模型，运用地震资料预测地应力。该方法考虑了水平方向上应变、薄互层及裂缝引起的各向异性对储层水平应力的影响。当地层中的裂缝可以忽略不计时，沉积岩的等效介质模型为 VTI 各向异性介质，当地层中的裂缝不能忽略不计时，其等效介质模型为 HTI 各向异性介质。图 2-4-12 为具体实现的技术流程。

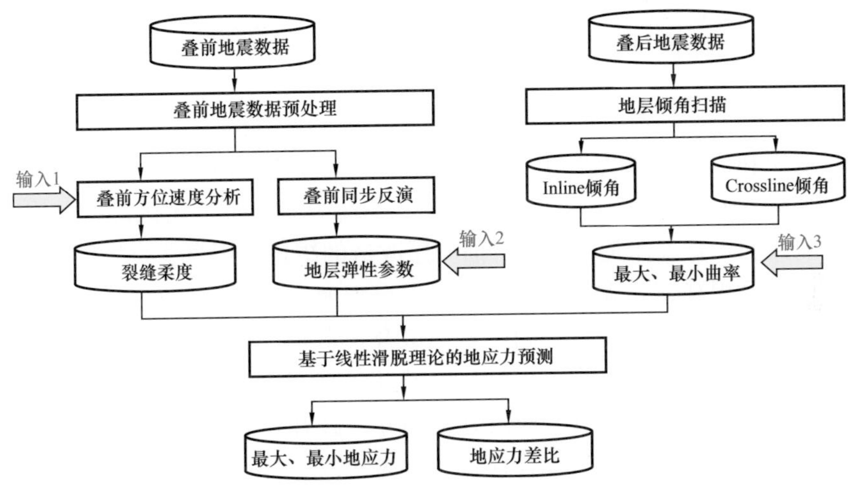

图 2-4-12　地应力预测技术流程图

基于叠加地震数据进行靶区的曲率计算，然后利用方位角道集数据，进行了靶区的叠前方位速度分析和叠前同步反演，利用反演得到的地层弹性参数结果和叠后最大、最小曲率实现基于线性滑脱理论的地应力预测，如图 2-4-13 和图 2-4-14 所示。

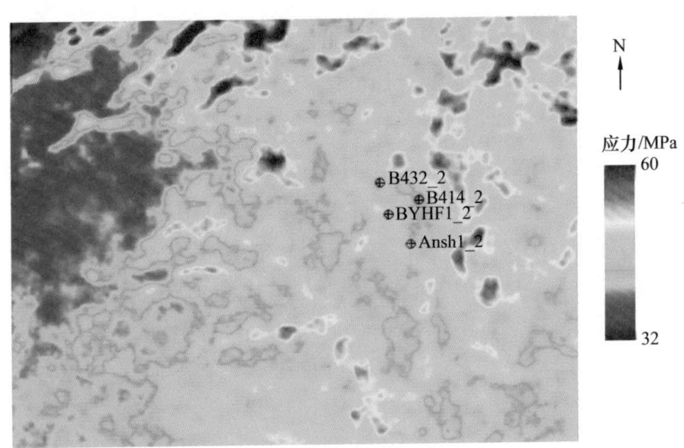

图 2-4-13　⑤号页岩层最大水平主应力图

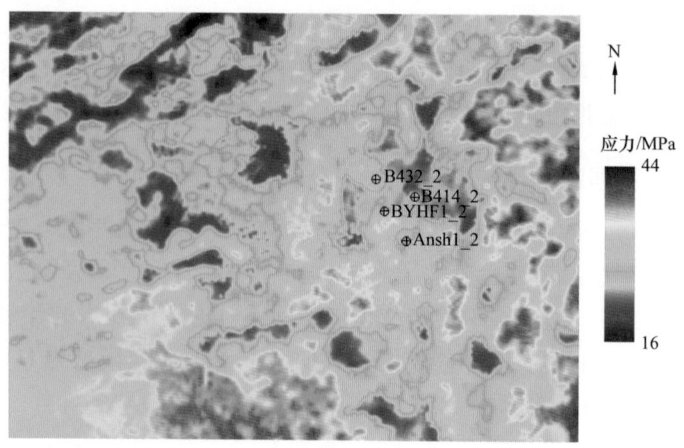

图 2-4-14 ⑤号页岩层最小水平主应力图

4."甜点"综合评价与有利区预测

以地质认识和成藏规律为指导，平面上利用地震属性确定砂体的分布规律，纵向上以地震数据时频分析、反演处理等方法确定砂体的分布特征。靶区勘探开发经验显示，砂条及岩石脆性的发育规律是该区页岩油产层改造的决定性因素，页岩层厚度和 TOC 是页岩油高产的物质保障，孔隙度和天然裂缝发育程度决定了页岩油富集程度。综合以上各个因素，针对不同的层段特点，利用多元拟合技术及不同页岩层段的特点，对不同的页岩油"甜点"要素进行加权叠加，综合评价靶区的页岩油"甜点"发育情况。

由于本地区只有 3 口针对页岩地层开发的井，且开发的地层均为⑤号页岩层，仅对⑤号页岩层展开页岩油"甜点"综合评价。首先读取⑤号页岩层段页岩油"甜点"要素的值，将其与页岩油开发井产量进行多元拟合分析，得到综合评价⑤号页岩层段的页岩油"甜点"的多元拟合公式为：

$$\begin{aligned}\text{Sweet5} = & 1153.96\times\text{BI}-1032.81\times\text{Sand}+3903.03\times\text{TOC}-37.38\times\text{Shale}\\ & +29453.6\times\text{Pres}-2338.62\times\text{Por}+6664.54\times\text{Fract}-28532.8\end{aligned} \tag{2-4-2}$$

其中，BI 为岩石脆性值，Sand 为砂条厚度值，TOC 为总有机碳含量，Shale 为页岩厚度，Pres 为地层压力系数，Por 为总孔隙度，Fract 为裂缝发育强度。

"甜点"综合结果如图 2-4-15 所示。根据图中规律划分了 4 个区域。1 号区域为 BYHF 1 井区，2 号区域为 BY2HF 区，这两个区域页岩最厚，TOC 含量高，砂岩发育，岩石脆性中等，地层压力及孔隙度相对较高，裂缝发育，为Ⅰ类页岩"甜点"区；3 号区域砂岩较厚，岩石脆性中等，页岩厚度较薄，TOC 含量中等，孔隙度发育，裂缝较少，地层压力小，为页岩油"甜点"Ⅱ类区域；4 号区域砂体较薄，脆性相对差，但是页岩厚度中等，TOC 含量中等，而孔隙度发育，地层压力中等，综合来看为Ⅲ类页岩油甜点区。

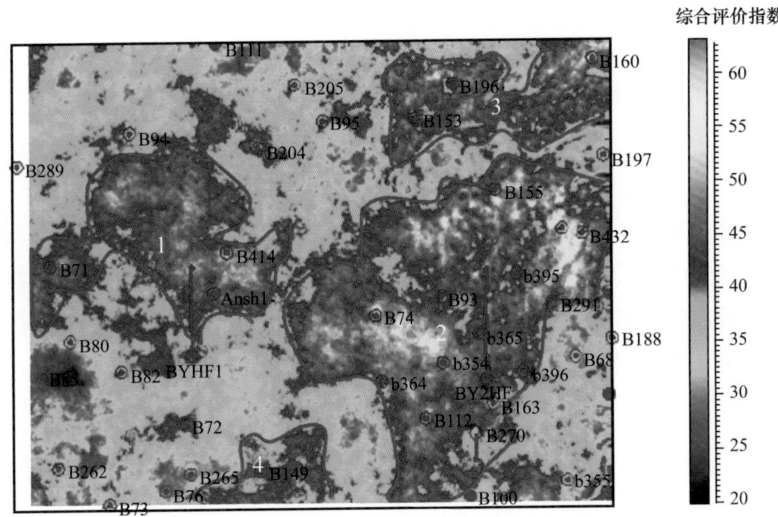

图 2-4-15　⑤号页岩层段页岩油“甜点”综合评价图

第三章　陆相页岩油流动机理及开采关键技术

陆相页岩油孔隙结构及渗流特征复杂，在充分认识陆相页岩油微观孔缝结构特征、流体流动机理和流动特征、页岩油渗流规律、页岩油储层岩石力学特征、裂缝延伸规律、导流能力特性基础上，形成陆相页岩油流动性改善、储层改造、储层流动数值模拟、增产增效工艺等开采关键技术，显著提高陆相页岩油开采效果。

第一节　陆相页岩油储层流体流动机理与开发实验技术

自美国的非常规油气勘探与开发取得成功以来，页岩油气一直是非常规油气勘探领域的亮点与热点，针对页岩储层的研究总体上分为微观孔隙特征、渗流特征和有效开发动用技术研究，这也是页岩储层研究的重点与难点。页岩微观孔隙不仅在一定程度上影响了页岩的吸附性能，而且其结构特征更影响了油气的渗流能力，决定了页岩油气勘探层位的选取和资源潜力评价。因此，本章以物理模拟实验为基础，进行单相渗流实验，通过自主研发的流动评价装置对衰竭开发的渗流特征和影响因素进行分析，并对注水、注气开发效果进行评价，研究注水、注气开发效果、影响因素及原油动用特征。

一、陆相页岩油微观油水识别技术

1. 核磁共振油水识别原理

原子核由核子（质子和中子）组成。核子绕着自身的轴不停地做旋转运动，核子之间也有相对运动。核子这些运动综合起来可以使某些原子核具有所谓的自旋特性。原子核的自旋常常简单理解为原子核绕自身轴线的转动，它是有方向性的物理量，常用矢量 $\vec{I}$ 表示。核磁共振成像绝大多数是利用质子 ^{1}H 成像。

将含有 ^{1}H 的化合物样品置于空间均匀分布、不随时间变化的恒定磁场 B_0（静磁场）中，向样品发射电磁波进行激励。若激励样品的电磁波的频率满足拉莫方程：

$$\omega_0=\gamma \cdot B_0 \tag{3-1-1}$$

式中　ω_0——角频率；

γ——旋磁比，它是磁矩与角动量矢量的比值；

B_0——磁感应强度。

物质中的 ^{1}H 原子自旋磁矩在外磁场中被定向为两个方向：沿磁场方向或磁场的反方向。在拉莫尔频率下，处于这两种自旋量子态的 ^{1}H 原子具有不同的能量，当某个处于低能级的 ^{1}H 原子从外部环境的电磁辐射中吸收特定的能量时原来处在低能级的自旋将被激发，即吸收电磁波能量而改变能量状态，从低能级跃迁到高能级。此时原子进动频率与射频频率相同，这种现象就是一般所说的有自旋特性的原子核与入射的电磁波的核磁共振（NMR）。

停止激发后，跃迁至高能级的原子核可以以非辐射的形式重新回到低能级，这种过程被称为弛豫（Relaxation）。对于流体系统而言，处于激发态的 ^{1}H 原子磁矩平行于外磁场的分量增加到最大值的过程称为纵向弛豫，弛豫快慢遵循指数递增规律，把从 0 增大到最大值的 63% 所需的时间定义为纵向弛豫时间，相应的弛豫时间常数为 T_1。处于激发态的 ^{1}H 原子磁矩的垂直于外磁场的分量衰减至 0 的过程称为横向弛豫，弛豫快慢遵循指数递减规律，把从最大值下降到最大值的 37% 的时间定义为横向弛豫时间，相应的弛豫时间常数为 T_2，该过程与流体系统内分子间、分子与表面间的相互作用有关。

CPMG 射频序列是一种常用的 T_2 测量序列，在多孔介质的孔隙中，含氢流体的横向弛豫时间 T_2 为

$$\frac{1}{T_2}=\frac{1}{T_{2,\mathrm{bulk}}}+\frac{\rho_p K}{r}+\frac{\left(\gamma G T_{\mathrm{E}}\right)^2 D}{12} \tag{3-1-2}$$

式中 $T_{2,\mathrm{bulk}}$——流体的体相横向弛豫时间；

ρ_p——孔隙的表面弛豫率；

r——流动通道半径；

γ——旋磁比；

G——磁场局部梯度；

T_{E}——CPMG 射频序列的回波间隔；

D——流体的体相扩散系数。

公式等号右侧第二项反映多孔介质表面弛豫，对页岩等比表面积较大的样品的横向弛豫贡献较大；第三项是磁场非均匀性造成的扩散弛豫，在磁场均匀性较好且流体扩散系数较小时可以忽略。页岩中不同尺度的有机质或无机质孔隙的表面弛豫率和比表面积各不相同，这导致正十二烷在不同孔隙中的表面弛豫规律复杂，使得页岩孔隙中的正十二烷具有多种特征 T_2 时间，相应的 T_2 谱呈现复杂的分布规律。

核磁共振实验系统示意图如图 3-1-1 所示，可实现对页岩柱塞样进行静态核磁测量以及高温高压在线核磁测量。

高温高压在线核磁系统，型号为纽迈 Macro MR12-100H-GS，磁感应强度 0.3T，共振频率 12.5MHz，较高的磁场强度可以提高信噪比，从而在 ^{1}H 密度较低时也能准确测量。实验系统主要分为主流路和围压油路两个部分。注入流体放置于中间容器中，通过恒压恒流泵维持所需注入及驱替压力，恒压恒流泵通过推动中间容器活塞进而推动注入流体向岩心夹持器中岩心流动。岩心样品被组装在夹持器中，夹持器被组装在陶瓷线圈中，线圈放置于激发射频场和永磁体形成的磁场中心。通过回压阀及回压泵控制出口背压，注入流体从岩心加持器中流出后通过回压阀流入天平中。围压油路提供循环流动的油浴从而模拟真实地层温度与压力，为防止引入 ^{1}H 的信号，使用 Fluorinert 公司的 FC40 氟油作为围压油路的工质。氟油从储油罐经过热箱循环泵升温，再经环压跟踪泵增压后

进入陶瓷线圈中包围在岩心夹持器周围的围压流体空间，最终返回储罐。陶瓷材料具有无磁信号、不产生涡流、强度高、耐高温和高压的特点，被用于线圈的制作。本实验系统中，陶瓷线圈可耐温 150℃，耐压 70MPa。

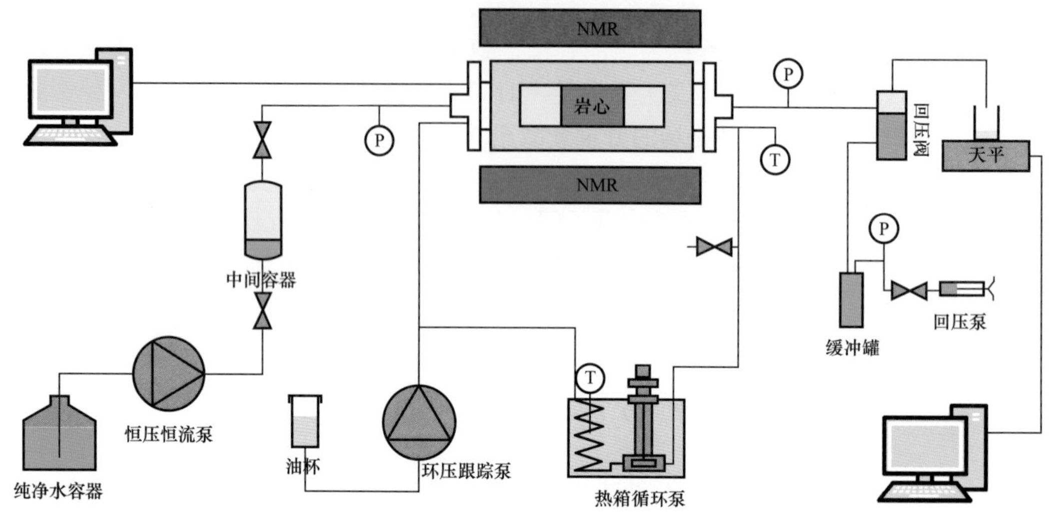

图 3-1-1　核磁共振实验系统示意图

实验系统照片如图 3-1-2 所示。图 3-1-3 和图 3-1-4 分别为陶瓷线圈及岩心夹持器以及静磁场照片。进行静态核磁测量时，将样品放置于试管并置于线圈中，使用核磁共振测试仪进行测量即可。实验使用反转恢复（IR）序列进行纵向弛豫时间的检测，使用 CPMG 自旋回波序列进行横向弛豫时间的检测，使用 IR-CPMG 序列进行 T_1–T_2 二维核磁共振谱的检测。

图 3-1-2　实验系统整体图

在页岩中有多种含氢物质，如基质中的含氢物质、游离油、吸附油、游离水和吸附水等，通过核磁共振 T_1–T_2 二维谱图可以区分页岩中的不同含氢物质种类，但磁场强度、共振频率的不同会使同种含氢物质在核磁共振 T_1–T_2 二维谱图中的位置有轻微偏移。因此，针对核磁共振实验系统，测定各类含氢物质在磁场强度为 0.3T、共振频率为 12.5MHz 条件下的 T_1–T_2 二维核磁共振分布，以及对应的 T_2 和 T_1/T_2 的数值范围（表 3-1-1）。并给出实验系统对应的含氢物质 T_1–T_2 二维核磁共振谱图标定图（图 3-1-5）。

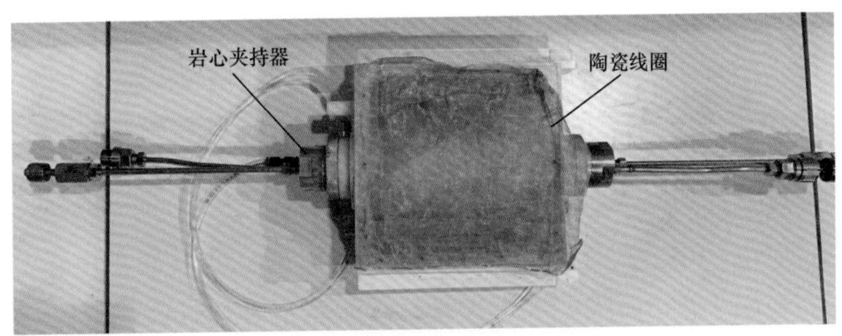

图 3-1-3 陶瓷线圈及岩心夹持器

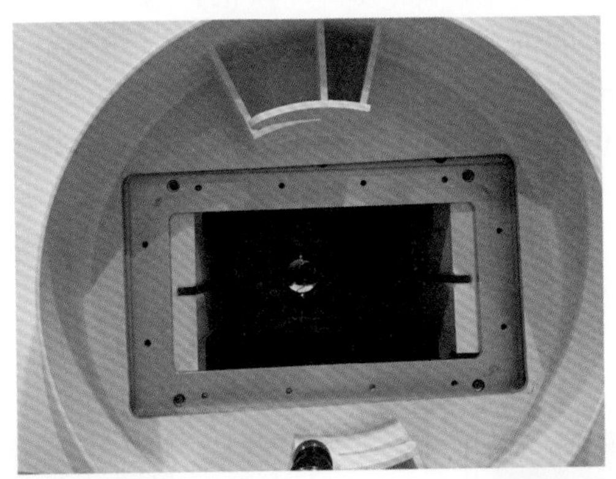

图 3-1-4 放置陶瓷线圈及岩心夹持器的静磁场

表 3-1-1 含氢物质二维核磁共振谱图特性

含氢物质	T_2/ms	T_1/T_2
基质中的含氢物质	0.1～1	＞100
无机质孔隙中的不可动油	0.1～1	＜15
无机质孔隙中的可动油	1～10	10～100
无机质孔隙中的可动水	18～200	＜10

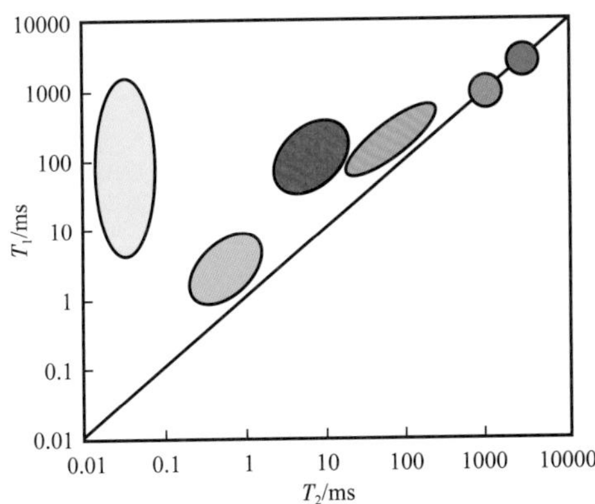

	含氢物质
○	基质中的含氢物质
○	无机质孔隙中的不可动油
●	无机质孔隙中的油
○	无机质孔隙中的水
●	体相油
●	体相水

图 3-1-5 含氢物质二维核磁共振谱图标定图

各种含氢物质的弛豫特性总结如下：基质中的含氢物质有最高的 T_1/T_2 比值；水体相状态比游离水状态的横向弛豫时间大；油体相状态的横向弛豫时间大于游离油状态的横向弛豫时间，也大于束缚油状态的横向弛豫时间。

2. 岩心微观油水识别应用

如图 3-1-6 所示，103 号、159 号、262 号样品都来自蚌页油 2 井潜 3^4-10 韵律，且井深相似，但岩性不同，分别属于云质泥岩、含泥白云岩和含钙芒硝白云岩，孔隙度分别为 5.726%、6.009%、4.104%。从横向弛豫曲线图 3-1-7 可以看出，3 个样品的信号峰分布具有很高的相似性，其第一个峰、第二个峰的位置基本完全一致；在峰值上有些差异，103 号样品在介孔中的峰最低，在大孔中最高；而 159 号样刚好相反，在介孔中的峰最高，在大孔中最低；262 号样品则在微孔和小孔都处于 103 号样和 159 号样之间，信号主要分布在孔径范围为 0.003～10μm 的孔隙中。但是从二维谱图中可以看出，它们的流体分布存在明显的差异，这也说明，相同井深、相同层位的岩心样品，不同岩性样品孔径分布比例有较大差别。因此岩性对于页岩的特性具有很大的影响，同一井深、同一层

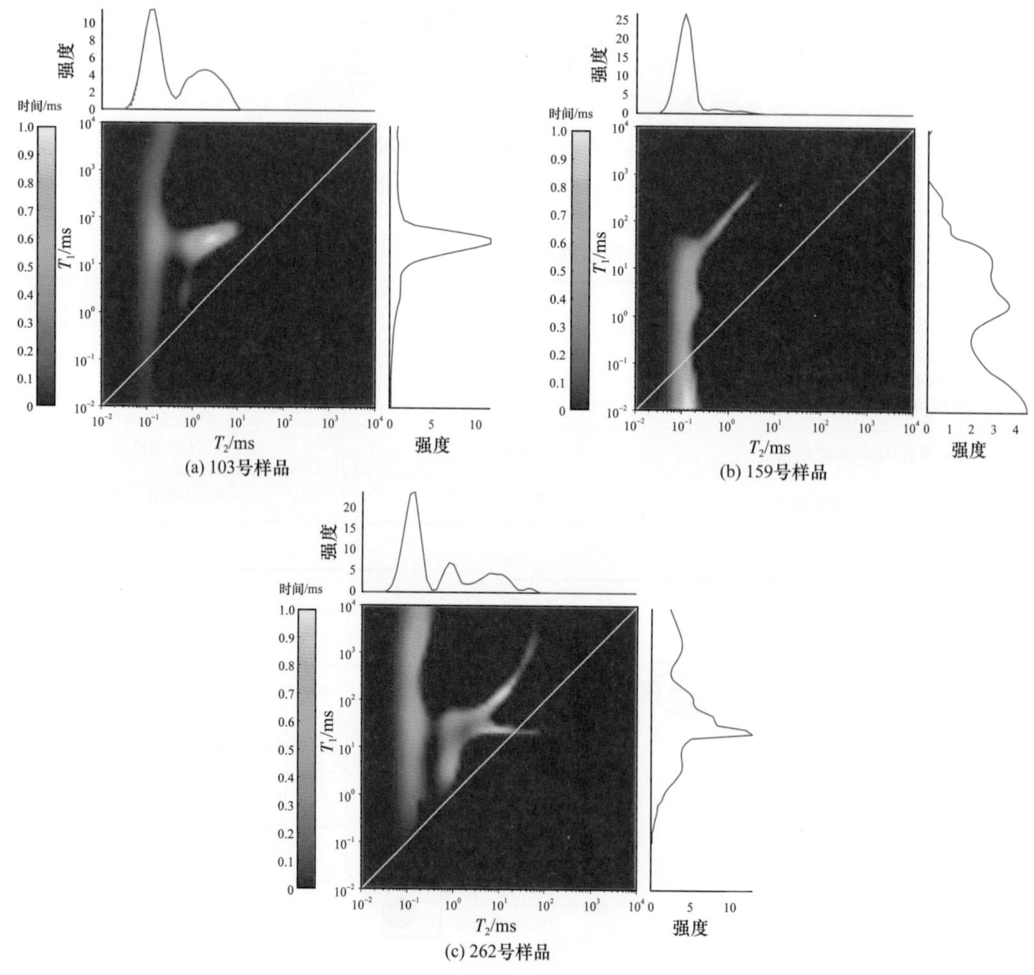

图 3-1-6 不同样品二维核磁共振 T_1–T_2 谱图

位的页岩岩心，由于岩性的不同也会在核磁特性上产生较大的不同，而且岩性不同，油水赋存也会呈现不同。

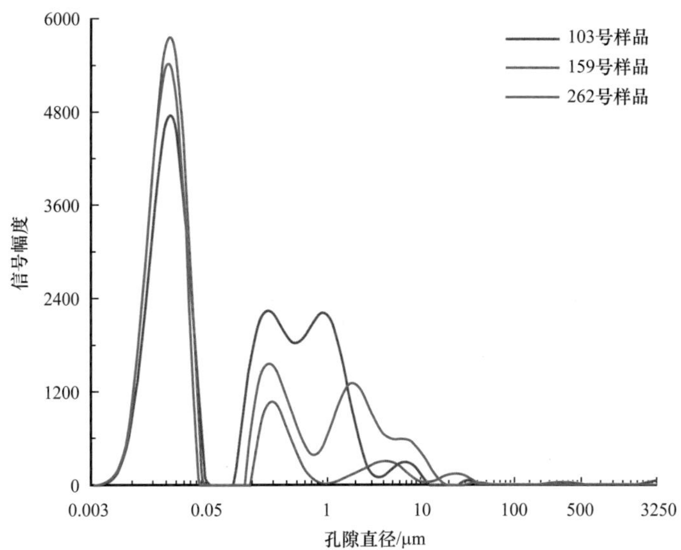

图 3-1-7 103 号、159 号、262 号样品横向弛豫曲线对比图

根据前面形成的页岩核磁共振二维谱油水识别界限对不同韵律段的岩心进行二维谱图测试，将信号分为油信号和水信号，并计算得到油 / 水饱和度情况。从表 3-1-2 看出，随着深度的增加，总信号量不断增加，表明含烃物质更多，总体不含水或者含水饱和度较低。相比之下，从图 3-1-8 可以看出潜四下亚段的油水饱和度情况更复杂，韵律段的上半段含油性较差，平均含油饱和度不到 30%，下半段的含油性明显增加，平均含油饱和度 65% 以上。整体上来看，潜 3^4–10 韵律的含油饱和度更高，油水分布更均匀，潜四下亚段的含油性分布变化更大。

表 3-1-2 实验各样品参数

岩心编号	归位后井深 /m	层位	岩性	长度 /cm	直径 /cm
103 号	2817.56	潜 3^4–10 韵律	云质泥岩	4.752	2.472
159 号	2820.16	潜 3^4–10 韵律	含泥白云岩	3.173	2.470
262 号	2823.74	潜 4 中油组 3 韵律	含钙芒硝白云岩	5.780	2.470

二、陆相页岩油单相流动物理模拟技术

油藏以天然能量开发可以最大限度节省开采原油的成本，而页岩油藏自身致密性孔渗特征使得直井开发难以获得较好的经济效益，因此页岩油藏的开发多采用多段压裂水平井技术。本节通过物理模拟实验对页岩衰竭开发过程中渗流规律进行描述，并对比分析基质岩心和裂缝岩心在衰竭开发过程中的渗流规律，来研究压裂后岩心的渗流规律。

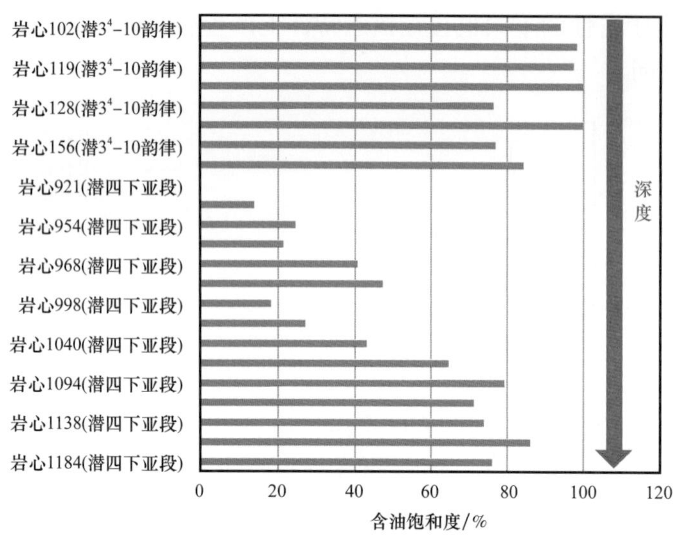

图 3–1–8 不同韵律段含油饱和度柱状图

1. 页岩油衰竭开发物理模拟研究

页岩储层渗透率低，微纳米级孔隙发育，流动尺度的减小导致基于连续介质和达西方程的传统渗流力学无法准确刻画页岩油藏流体在微纳米级孔隙中的流动机制。页岩油渗流机理研究主要是通过分子模拟、数字岩心、boltz–mann 等微观流动模拟方法，通过页岩油在微尺度条件下的流动机理研究，揭示液体滑移现象的作用机制，阐明页岩油的流动规律。但是在实验模拟方面有关页岩油流动机理的实验技术还没有建立，也没有针对微纳米级尺度孔缝内流体运移的研究方法和实验模拟技术。

本次研究形成了页岩油藏衰竭开发流动特征评价实验技术（图 3–1–9），通过该技术可以揭示页岩油藏衰竭开发时原油动用过程及动用特征（图 3–1–10、图 3–1–11），页岩储层基质到裂缝中动用原油的有效距离，以及基质中参与流动的孔隙尺度。

图 3–1–9 页岩油衰竭开发流动特征评价实验装置

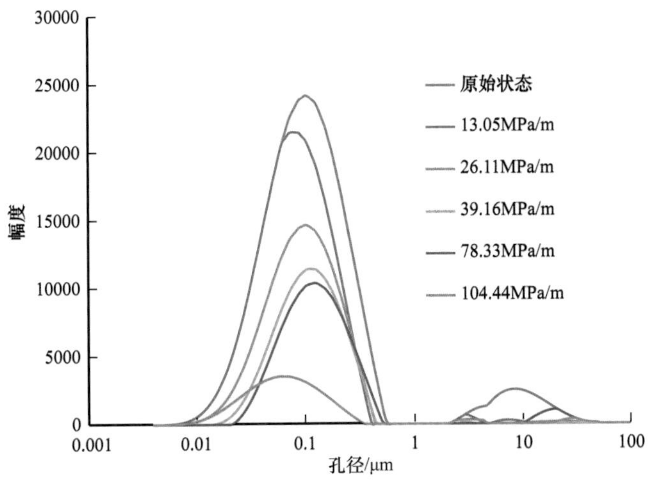

图 3-1-10 衰竭开发孔隙原油动用特征图

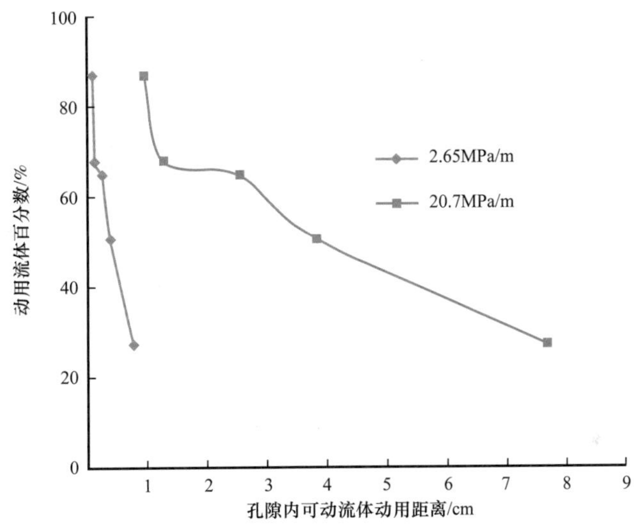

图 3-1-11 衰竭开发原油动用距离特征图

实验方法如下所示：

（1）测量新鲜未萃取样品的 T_1、T_2 谱图，以及 T_1–T_2 二维谱图进行静态实验。

（2）洗油：用酒精和苯对原来样品中的残余油进行驱替，除去样品中成分复杂的原油。

（3）干燥：洗油后的样品，用热缩管包裹后，在 50℃恒温干燥箱中干燥，直至样品质量不在发生变化。除去岩心中的酒精苯，以免对后续实验产生影响。页岩岩心易碎，因此不能采用较高温度干燥，干燥过程大约为 2 天。

（4）高温高压在线注入。注入复配活油，注入压力从 0.5MPa 逐渐升高，每隔 2h 升高一次，每次升高 0.5MPa，注入直至 T_2 谱核磁总信号不再发生改变。

（5）逐渐降低压力，每次降低 0.5MPa，直至 T_2 谱核磁总信号不再发生改变，然后再继续降低压力。

采用渗透率为基质岩心开展衰竭开发模拟实验。从图 3-1-12 中可以看出，在初始衰竭开发过程中，并非所有孔喉中的原油都能被动用。当压力梯度在 2.6MPa/m 时，首先参与流动的是较大孔隙（>0.1μm）中的原油，整体可动油百分数为 3.54%。随着压差进一步增大，可动流体逐渐增加，但主要都来源于大于 0.1μm 的孔隙原油，直到压力梯度增加至 21MPa/m 时，0.01～0.1μm 孔隙中的原油才逐渐被动用，这时可动油百分数为 55%，但是这个压力梯度在现场中不可能实现，所以衰竭开发主要动用的是较大孔隙中的原油。

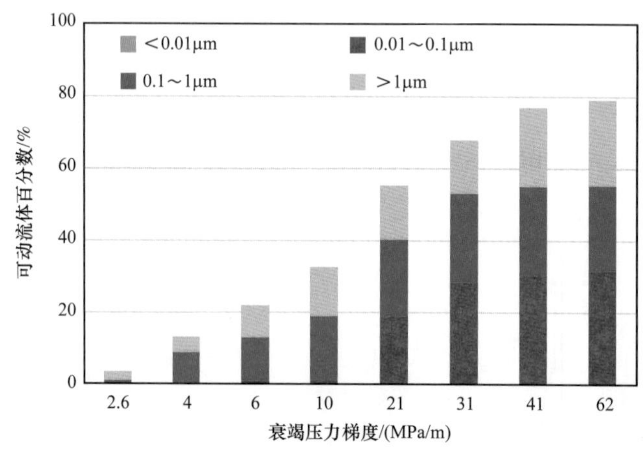

图 3-1-12 不同衰竭压力下可动流体

从另外一方面也可以看出，衰竭开发生产压差越大，有效动用距离越长，也就是离裂缝越远的基质孔隙中原油可以参与流动。在一定生产压差下，距离裂缝越近，基质中参与流动的孔隙越多，离裂缝越远，动用效果越差，参与流动的主要是较大孔隙中的原油。

2. 页岩单相渗流物理模拟研究

1）潜江页岩单相渗流物理模拟研究

（1）实验条件。

实验所用岩心为潜江凹陷、济阳坳陷页岩油藏天然岩心，实验用油为复配活油。页岩油自生自储的成藏机理及现场岩心干馏实验结果表明，潜江凹陷、济阳坳陷页岩储层中几乎不含或者含有少量地层水。因此，研究过程中不考虑地层水对渗流的影响。实验流程如图 3-1-13、图 3-1-14 所示。

（2）实验步骤。

在实验过程中，系统维持在 50℃，具体实验步骤如下所示：

① 测定岩心渗透率、孔隙度、干重等基础物性参数。

② 岩心抽真空饱和油：如图 3-1-14 所示，采用高真空加压饱和装置将岩心预饱和油，核心设备为帕纳分子泵，最高真空度为 5×10^{-5}Pa，可确保岩心饱和要求。

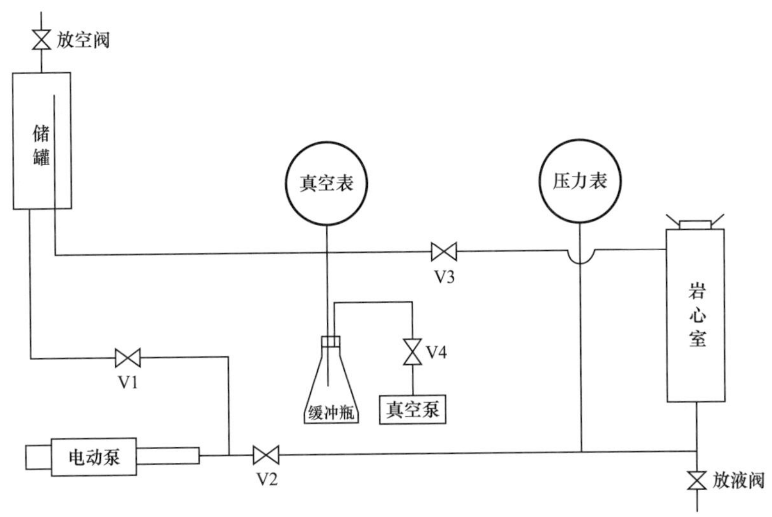

图 3-1-13 岩心饱和油流程图

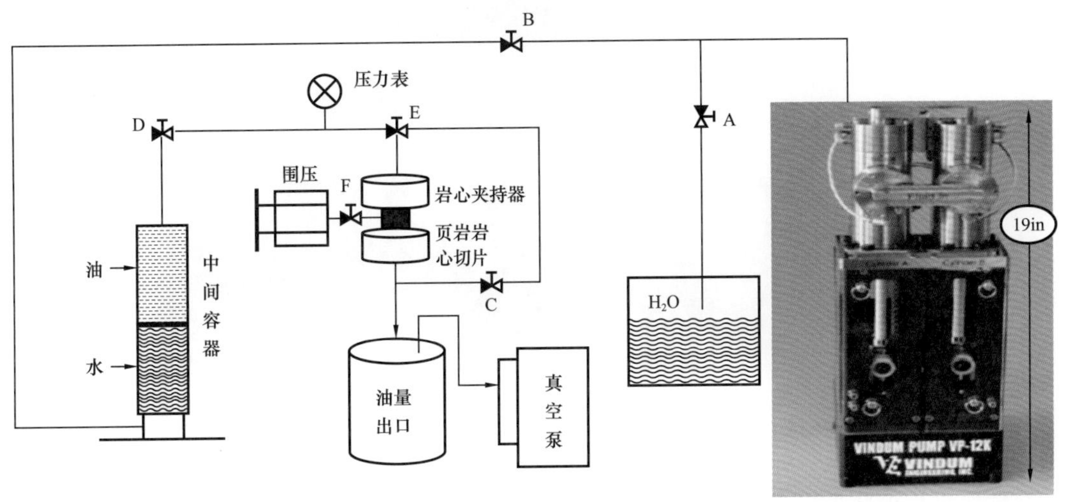

图 3-1-14 页岩油低速驱替流程图

③ 将饱和后的岩心装入岩心夹持器，压力升至 12.0MPa，为了模拟实际地层条件下的渗流规律，模型老化 24h 以上，以便体系恢复初始平衡状态。

④ 开展不同流速（0.0001～0.001mL/min）的单相渗流实验，通过数据采用系统自动记录实验过程中相关数据。当岩心两端压差稳定后，观察运行一段时间内的压力变化，若变化趋势稳定，则仪器运行完好，无泄漏；若两端压力逐渐降低，则仪器存在泄露，应该立即停止实验，待泄露消除后再继续实验，实验过程中采用围压跟踪泵，始终维持围压与系统压力在 10MPa。

⑤ 设泵流量为某定值向岩心注入油驱替，待流量压力稳定后记录下稳定压差，然后改变流量重复测定；实验结束后，关闭入口阀静置，待出口不出油且压力稳定时，记录压差。流量设定从最小 0.0001mL/min 依次增大，最少 8 个测试点。

⑥ 渗流实验完成后，开展下一组实验，重复步骤③至步骤⑤。

（3）实验解释。

对潜江凹陷页岩油岩心进行渗流实验，所用岩心及岩心参数见表 3-1-3。实验所用岩心如图 3-1-15 所示。

表 3-1-3 实验用潜江凹陷岩心物性参数表

样品号	长度 /cm	直径 /cm	孔隙度 /%	渗透率 /mD
样品 2-13-2	1.43	2.53	17.33	1.202
样品 6-12-1	1	2.46	14.02	0.245
样品 6-15-2	1	2.46	15.49	0.102
样品 6-15-3	1	2.46	15.66	0.114

图 3-1-15 潜江凹陷实验所用岩心

对于启动压力梯度，从实验结果来看，多孔介质岩心尺度，驱替流速在 0.0001mL/min 已经存在一定的压差。从图 3-1-16 中可以看到如果延长渗流曲线非线性段至纵坐标轴，渗流曲线与横轴的焦点非常靠近于原点，可以预测如果进一步提高驱替泵精度，降低流量，应该可以测量到更低的压力梯度，该曲线的端点可能会继续向原点靠近。可以推断只要存在压力梯度，微纳米级孔隙内的流体就会流动，只是压力梯度较小时流量非常小，无法连续流动达到可测量流速。

对于是否启动压力梯度的争议一直未曾停止，研究多基于分子模拟、单管模型和孔隙模拟结果。普遍结果认为，在纳米级尺寸的石英孔隙中正滑移的存在油的流动速度比无滑移 Poiseuille 方程的预测结果快，但由于其滑移长度较小，因此孔隙表面粗糙度的存在增大了流体的渗流阻力，导致石英孔隙中极易出现“负滑移”现象。而且当压力梯度较小时，受粗糙元遮挡的那部分流体很难被采出，而在压力梯度较大时，粗糙元附近的流线变密，使得多余部分的流体被驱动，由此导致了流量与压力梯度之间的非线性关系。虽然原油在有机质孔隙内的滑移长度较大，单管内的流速远大于无滑移 Poiseuille 方程的计算结果，但由于页岩中有机质孔隙的直径较小，常常比无机质孔隙低一个数量级，因此在孔隙尺度流动中的作用并不显著。方解石孔隙与烷烃之间较强的相互作用使得原油在单管内流动时就出现“负滑移”现象，流速比 Poiseuille 方程的计算结果小，因此在粗糙度的影响下流动得更慢。

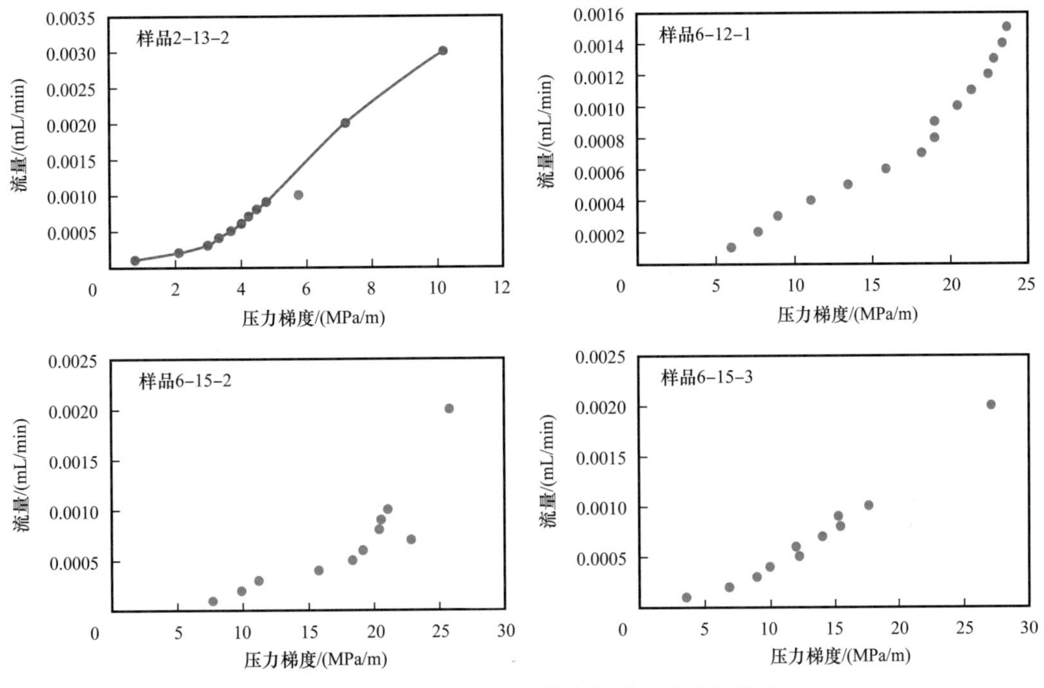

图 3-1-16 不同岩心压力梯度与流量关系曲线图

通过不同渗透率岩心低速渗流实验，如图 3-1-17 所示，潜江凹陷页岩油岩心随着流速的增大，压力梯度逐渐增大，呈现典型的“勺”形非线性特征，原油在页岩储层中流动时的流量与压力梯度之间是指数函数关系。相同压力梯度下，渗透率高的岩心中原油流动速度快。产生“勺”形渗流特征主要是由岩心微纳米级孔隙中液—固界面边界层效应与滑移长度导致的，渗透率越小，储层中液—固界面作用力越强，非线性渗流特征越明显。随流速增大，受边界层影响减弱，滑移长度增大，表观渗透率增大。岩心两段的压力差控制在 30psi 以内，远远小于围压 10MPa，因此，可以忽略应力敏感效应。

工程上经常将流量—压力梯度曲线的后期直线段进行线性拟合，将其延长线与横坐标轴的交点称为“拟启动压力梯度”，并将拟启动压力梯度作为储层评价的一个重要指标。但由于原油在页岩储层中流动时的流量与压力梯度之间是指数函数关系，因此取不同流量测试段进行延长所得的拟启动压力梯度存在较大不同。测量区间越小，得到的拟启动压力梯度越小。

2）济阳页岩单相渗流物理模拟研究

对济阳坳陷页岩油岩心进行渗流实验，所用岩心及岩心参数见表 3-1-4。济阳坳陷实验所用岩心如图 3-1-18 所示。

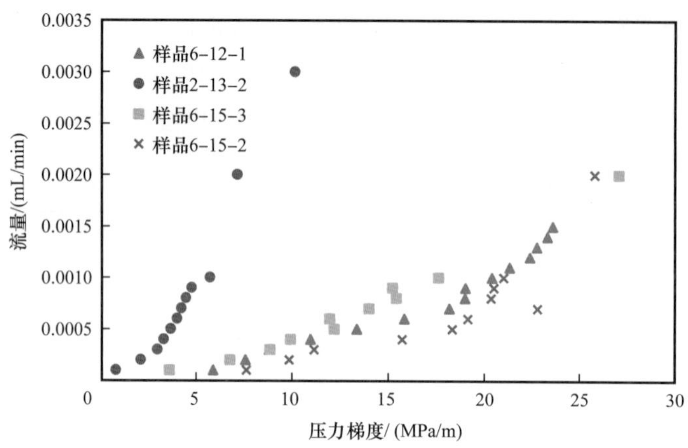

图 3-1-17 不同渗透率对渗流特征的影响

表 3-1-4 实验用济阳坳陷岩心物性参数表

样品号	长度 /cm	直径 /cm	孔隙度 /%	渗透率 /mD
FY296	2.66	2.511	3.02	0.0012
FY747	2.39	2.464	3.18	0.0035
FY5041	2.5	2.548	14.03	0.0082

图 3-1-18 济阳坳陷实验所用岩心

将 3 块不同渗透率岩心的渗流特征进行对比，结果如图 3-1-19 所示。

由实验数据表分析可知此济阳坳陷岩心的流量—压力梯度曲线也呈现非线性特征，但与潜江凹陷不同之处为济阳坳陷的岩心 FY296 与 FY747 的流量随压力梯度的增大先迅速增大，后增幅降低，呈现反“勺”形特征，与潜江凹陷及其他常规低渗、特低渗砂岩储层典型的渗流特征完全相反。岩心 FY5041 呈现非线性特征，但也与潜江凹陷不同，在低渗流速度 0.0001～0.0003mL/min 阶段呈现线性上升特征，随后表现出与潜江凹陷岩心相同的“勺”形特征，即流量随压力梯度的增大，增幅由小变大，最后呈线性关系。

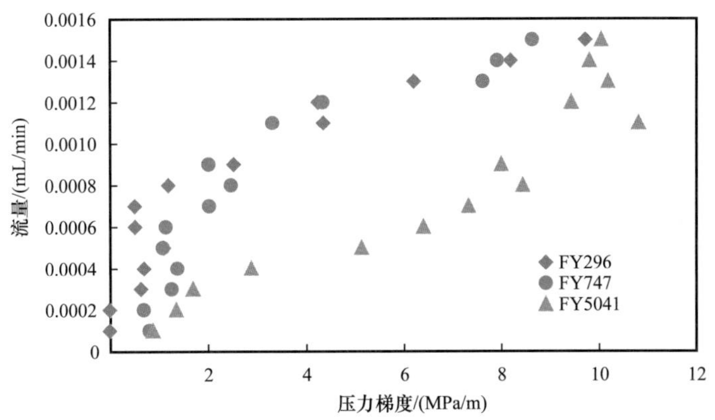

图 3-1-19 不同渗透率对渗流特征的影响

与潜江凹陷相比，济阳坳陷岩心的渗透率要低两个数量级，但实验中济阳坳陷岩心相同流量下的驱替压力梯度却低于潜江凹陷岩心。分析其主要原因在于：（1）岩心中裂缝发育程度，（2）岩石矿物组成。观察岩心可得，虽然济阳坳陷岩心的基质渗透率要比潜江凹陷的低两个数量级，但济阳坳陷岩心裂缝发育，易形成流动通道，裂缝尺度较大，边界层影响可忽略，其流动通道的表面粗糙度及迂曲度要低很多，原油流动性增大。另外，同样由观察可得，潜江凹陷岩心的泥质含量高，相比于砂岩成分，其岩心比表面积显著增大，对油造成吸附量多，阻碍原油流动，因此潜江凹陷岩心流动阻力更大。

通过实验可知随着岩心渗透率从 0.0012mD 到 0.0082mD，涉及的渗透率范围并不大，济阳坳陷岩心渗流特征主要受裂缝发育的影响。呈现出的反“勺”形特征说明低压力梯度下流动时，流动阻力小，岩心表观渗透率高，随着压力梯度增大，流量增大，流动阻力变大，岩心表观渗透率降低。分析主要原因在于压力梯度较小时，流体主要通过微裂缝和大孔道流动；当压力梯度增大，流量增大时，流体进入小孔隙，流动阻力增大，亦呈现出表观渗透率降低的现象。从实验结果来看，压力梯度在低于 3MPa/m 时，无机质孔隙、微裂缝等大孔隙中的流动占主导，流动阻力小；当压力梯度大于 5MPa/m 后，呈现稳定的线性流动特征；压力梯度在 3～5MPa/m 之间，流动通道由较大的无机质孔隙逐渐扩大到小孔隙及有机质孔隙，流动在过渡阶段，波动较大，流动阻力逐渐增大。

三、页岩油注 CO_2 开发物理模拟实验技术

一般的，任何一种物质都会存在包括气态、固态和液态在内的三种相态，这三种相态达到平衡态的时候，三相共存的点称为三相点。其中，气相和液相达到平衡状态时候的点便称为临界点。在此时的温度称为临界温度（T_c），此时的压力称为临界压力（P_c）。对于不同的物质，它的临界点所需要的压力值和温度值大小是不相同的。

超临界流体（Supercritical Fluid，简称 SCF）是指该物质的温度和压力分别处在其临界温度（T_c）和临界压力（P_c）之上时的一种特殊的流体状态。超临界流体具有液体的性质，同时还保留了气体性质，向该状态气体继续加压，气体不会液化，只是密度增大。

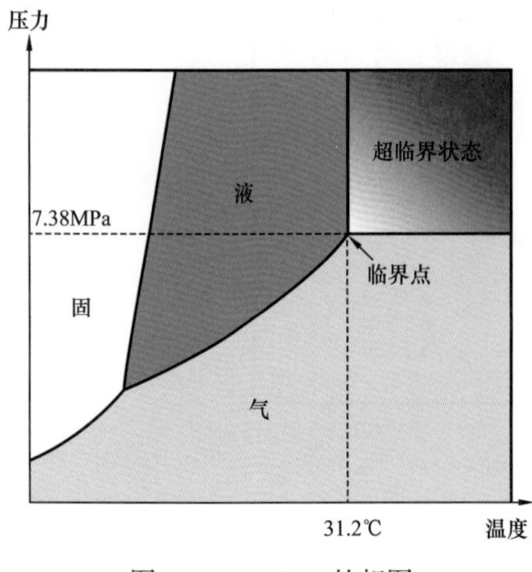

图 3-1-20 CO_2 的相图

目前研究较多的超临界流体是 CO_2，超临界 CO_2 是指当温度大于 31.26℃，压力大于 7.38MPa 时，处于该条件的二氧化碳。要想达到超临界状态，温度和压力两个条件缺一不可。

超临界 CO_2 的相图如图 3-1-20 所示，图中红色区域即为 CO_2 的超临界状态。超临界 CO_2 是应用比较广泛的超临界流体：一是因为 CO_2 是一种惰性气体，一般条件下不会燃烧，和很多物质也不会发生反应，并且自身也无毒无害，而且制备也很简单，价格低廉，正因为有这么多的优点，使其得到很普遍的应用；二是因为 CO_2 的临界温度和临界压力条件比较低，很容易达到；三是由于 CO_2 价格便宜，获取很容易；四是超临界 CO_2 具有很强的传质速率和高效的萃取能力。因此，CO_2 常作为超临界萃取剂得以广泛的应用。

CO_2 在超临界状态下，具有气体和液体的特征，而且是同时具备双重性质。和气体比较，既有与气体相当的扩散系数，也有与气体同样的低黏度；和液体相比较，其密度和液体相近，对物质的溶解能力也相差无几。同时，超临界 CO_2 具较强的亲脂性，容易萃取和气化低沸点饱和烃类。

超临界 CO_2 对温度和压力非常敏感，细小变化都会改变它的性质，这种变化在一定的压力范围内，和溶解度是呈正相关的。因此，在实际的使用中，可以通过改变系统环境的温度和压力，来改变超临界流体的性质，进而改变对物质的萃取能力。

超临界 CO_2 在石油工业中也有很大的应用。比如，可以应用超临界 CO_2 来脱除渣油当中的沥青和含油污泥等，也可以用来萃取难开发储层中的油。超临界 CO_2 依靠分子的扩散作用进入储层的基质中，和基质里面的原油发生传质作用，使原油溶解于超临界 CO_2 中；溶解后的原油，利用超临界流体极强的携带力，使其通过孔道扩散出来，在这个过程中，实现了超临界流体与原油二者之间的交换；此时，从基质里面出来的 CO_2 又重新扩散到基质中，与原油接触，只要系统始终处于超临界状态，CO_2 便会反复的扩散、携带。

1. 页岩油注 CO_2 吞吐实验技术

1）页岩样品饱和油实验

由于页岩岩心渗透率非常低，孔喉在微纳米级尺度，利用常规抽真空方法对页岩岩心抽真空，难以完全对页岩岩心抽真空，岩心中会残留部分空气，页岩岩心难以完全饱和。

影响岩心真空度的因素主要有：真空泵的极限真空、真空泵与岩心的接触面积、气体的热运动能力，而气体的热运动能力主要跟气体的温度有关。室内实验过程中提出了两种改进抽真空方法：一是升温抽真空方法，整个抽真空装置置于恒温箱中，温度的升高会使气体体积膨胀，增加气体的热运动，气体的逸散能力增强，从而使更多的气体被抽出，通过前期研究温度的影响较小，因此，室内未采用此方法；二是两级抽真空方法，采用两级真空泵，一级真空泵采用旋片式真空泵，其原理是通过不断的吸入和排出气体实现抽真空的目的，可以达到0.06～10Pa 的极限真空，二级真空泵采用分子真空泵，是利用高速旋转的转子把能量传输给气体分子，使之压缩、排气，可以达到 10^{-8}～10^{-6}Pa 的极限真空，实验过程先采用旋片式真空泵抽真空，再利用分子真空泵，这样可以更好的饱和页岩岩心。

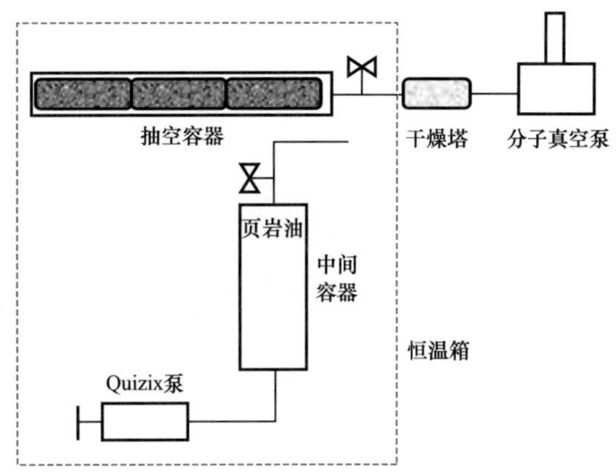

图 3–1–21 页岩岩心饱和原油装置

室内建立了页岩岩心抽真空及饱和流程（图 3–1–21），该流程由分子真空泵、干燥塔、抽空容器、中间容器、恒温箱及注入 Quizix 泵组成，实验过程中首先采用普通真空泵对整个实验流程抽真空 24 小时，然后关闭前段两通阀，再采用分子真空泵对整个流程抽真空。

抽完真空后，把整个流程放入恒温箱中，高温加热，然后通过注入泵向页岩样品的容器内注入油样，然后缓慢升高压力，直到压力为 40MPa，在 40MPa 压力下饱和一周，以尽量实现页岩样品的饱和化和老化。

建立了高温高压页岩油注 CO_2 吞吐实验装置，实验流程如图 3–1–22 所示，由于在高温高压条件下，无法直接获得注 CO_2 采出的原油体积，实验采用核磁共振仪来监测页岩样品中原油饱和度的变化。

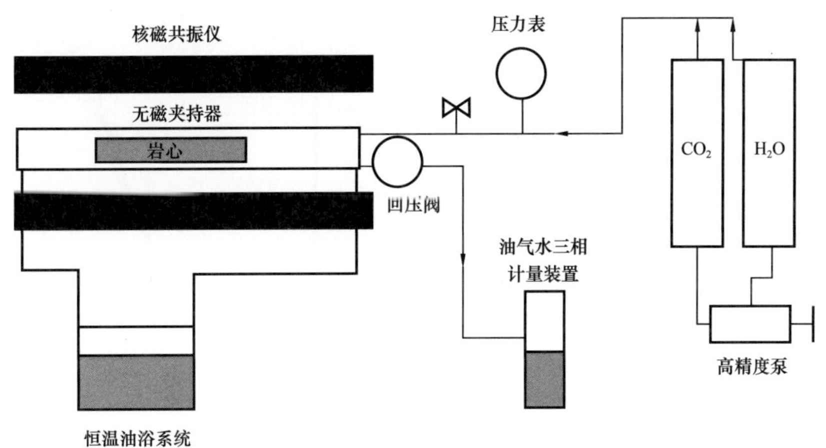

图 3–1–22 页岩油注 CO_2 吞吐流程图

2）实验流程

整个实验流程包括：无磁夹持器、核磁共振仪、中间容器、恒温油浴系统及注入泵（图 3–1–23）。恒温油浴系统是用来给夹持器加热，循环流体采用无核磁信号的油；核磁共振仪用来检测岩心中原油饱和度。

图 3-1-23　无磁夹持器

3）实验步骤

（1）把饱和好的页岩样品放入无磁夹持器中，与恒温油浴系统相连接，设定好实验温度。

（2）按照实验流程图，把整个实验装置连接好，检查密封性。

（3）利用核磁共振仪对饱和岩心进行扫描，获得初始饱和油状态下的 T_2 谱曲线，同时利用成像装置，获得饱和油状态下的岩心剖面图。

（4）注入一定压力的 CO_2，开始模拟焖井的过程，实验过程中不断利用核磁共振仪对岩心进行扫描，获得不同时间下的岩心 T_2 谱曲线；进行动态吐实验时，降低压力排出一部分气体，再重新注入一定量的 CO_2，多次重复直至岩心 T_2 谱曲线趋于稳定。

（5）当 T_2 谱曲线变化不大时，停止实验，此时利用成像装置，获得最终状态下的岩心核磁共振谱图（图 3-1-24）。

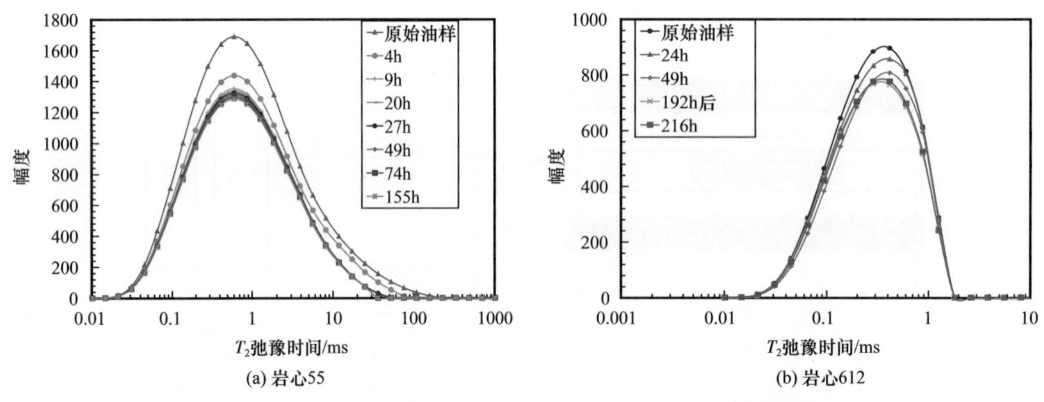

图 3-1-24　岩心 55 和岩心 612 不同时间核磁共振谱图

4）实验解释

岩心 55 和岩心 612 分别属于白云质泥岩和泥质云岩，不同注入时间下岩心不同孔径含油饱和度变化如图 3-1-25 所示。随着接触时间的延长，主要含油孔隙中的含油饱和度不断减小。其中泥质云岩（岩心 612）原油主要分布在小于 1ms 的孔隙中，而白云质泥岩（岩心 55）的原油分布范围更广，主要集中在 0.1～10ms 的孔隙中，可以直接看出白云质泥岩的含油性更好，这也是导致吞吐效率更高的一个重要因素。

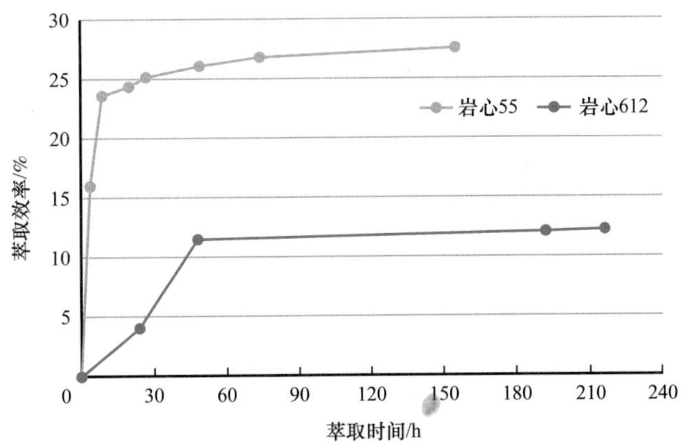

图 3-1-25 吞吐效率随注入时间变化

从图 3-1-26 中对比发现，白云质泥岩（岩心 55）的吞吐速度更快，在 9 小时的时候基本达到最高，且在不同孔隙中都有采出，其中小孔隙和中孔隙的吞吐原油占了总吞吐原油的 75%，这与泥质云岩（岩心 612）的分布具有明显差异。泥质云岩（岩心 612）当注入时间达到 60 小时后才达到平衡，主要对小孔隙中的原油有效动用。

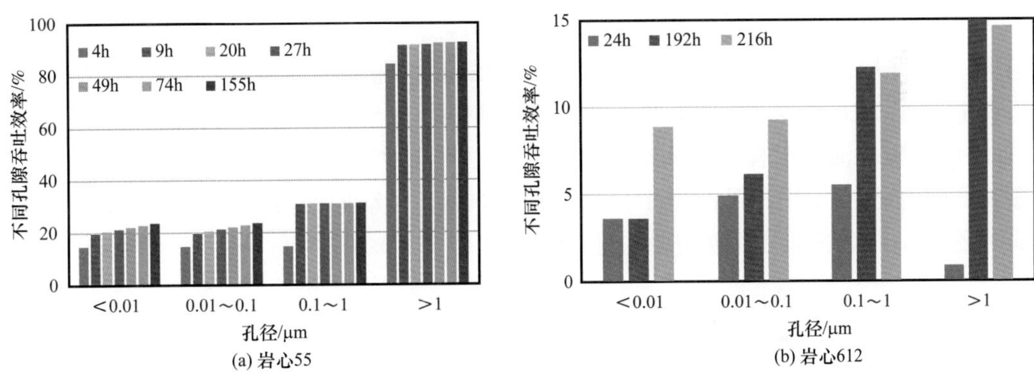

图 3-1-26 不同时间岩心 55 和岩心 612 不同孔径吞吐效率

2. 裂缝对页岩注 CO_2 动态吞吐效果的影响

微裂缝是页岩油富集产出的关键。在对野外露头和钻井岩心观察的基础上，结合成像测井资料，对研究区目的层段泥页岩微裂缝发育情况进行了系统研究，发现泥页岩中主要发育构造缝、层间页理缝、层面滑移缝、成岩收缩微裂缝和有机质演化异常压力缝等多种裂缝。微裂缝的存在在某种程度上提高了储集的有效性，极大改善了泥页岩的渗流能力，为页岩油从基质孔隙进入井孔提供了必要的运移通道。微裂缝的产生主要受断裂和岩性控制。岩性控制了裂缝发育层系，岩性与断层共同控制了裂缝的发育程度。

页岩储层由于渗透率非常低，一般需要经过人工压裂才能生产，人工裂缝与天然微裂缝相互形成了复杂的裂缝网络。微裂缝不仅为 CO_2 气体提供了流动通道，还促使了裂缝—基质之间的物质交换。因此，本节通过室内实验对比了含微裂缝岩心和基质岩心注 CO_2 动态吞吐效果。

如图 3-1-27 所示，白云质泥岩岩心 89 存在的是微裂缝，在核磁共振谱图上并没有明显的双峰，白云质泥岩岩心 89 和白云质泥岩岩心 55 均呈现单峰的形式，主要含油孔隙也都分布在 0.1～10ms 范围内，不同的是岩心 55 在大于 10ms 的范围内还有信号，而岩心 89 超过 10ms 范围外没有原油信号。

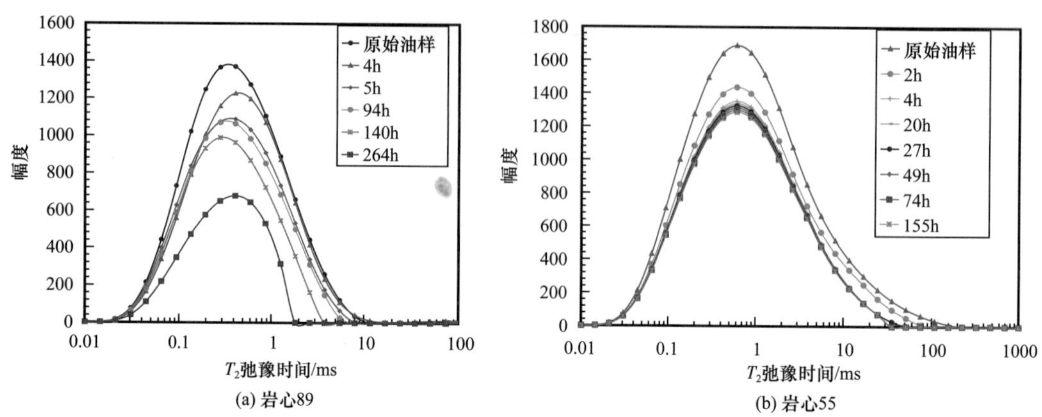

图 3-1-27　微裂缝岩心 89 和基质岩心 55 不同时间核磁共振谱图

从不同时间驱油效率对比图 3-1-28 和图 3-1-29 可以看出，由于岩性相同，二者又处于同一韵律层，注 CO_2 吞吐能快速动用微裂缝和中孔隙中的原油，2 次吞吐后（5 小时）就达到了 23.63% 和 28.21% 的吞吐效率。其中岩心 55 大孔隙连通性较好，导致其大于 1μm 的孔隙原油采出程度约 80%，后续吞吐也不能增加动用程度，虽然小于 0.1μm 的孔隙中的原油也有动用，可能由于孔隙结构的原因，可动原油占比较低，多次吞吐和长时间浸泡并不能对这部分孔隙中原油进行动用。

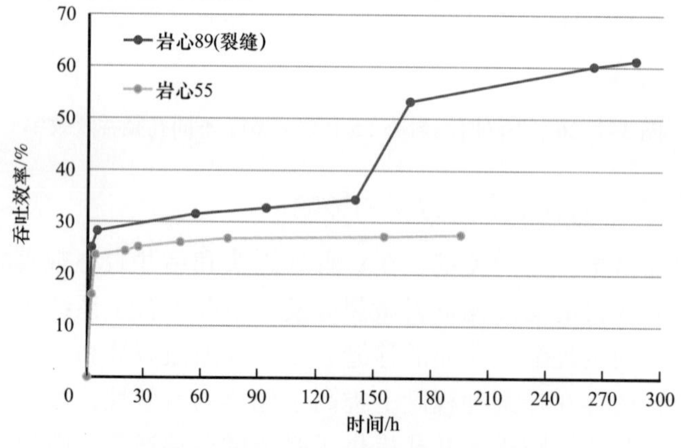

图 3-1-28　不同时间驱油效率对比图

反观岩心 89，由于其微裂缝作用，对于大于 1μm 的孔隙中的原油吞吐效率刚开始并不是特别高，只达到 40% 左右，最开始主要对不同孔隙的都能有效动用，特别是中孔隙的动用程度大于岩心 55 相同孔隙的吞吐效率，这也反应微裂缝尺度应在 T_2 时间为 0.1～10ms 这个范围内，与孔隙尺度相近，但是连通性可能更好，能沟通更多的微小孔隙。值得一提的是，当浸泡时间超过 140 小时后，整体驱油效率有大幅度增加，其中小孔隙的驱油效率从 18.46% 提升至 33.89%，中孔隙从 11.68% 提高至 18.49%，而且微孔隙也能从 2.27% 提高至 6.85%，微孔隙的动用程度是所有岩心中最高。这也表明，微裂缝除了增加了渗流通道，提高小孔隙和中孔隙中驱油效率，还能进一步提高微裂缝和微小孔隙之间的物质交换。

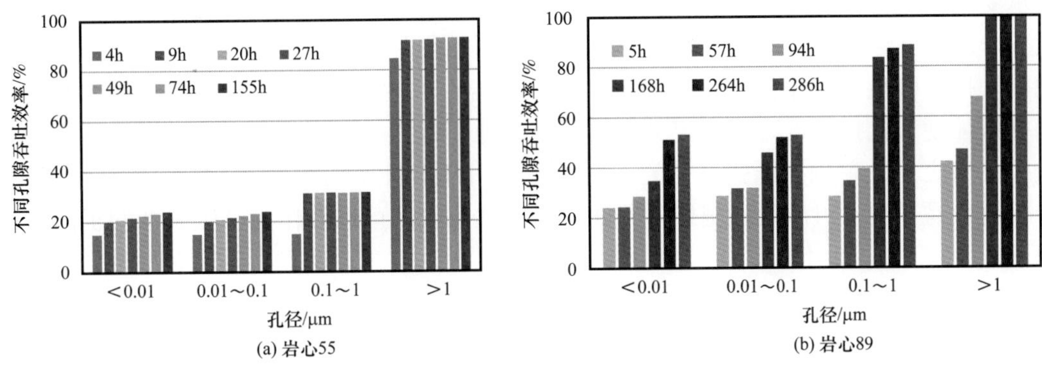

图 3-1-29 基质岩心 55 和微裂缝岩心 89 孔径吞吐效率图

第二节 陆相页岩油压裂改造与增产技术

一、页岩油储层可压性及复杂裂缝有效性评价

1. 页岩油储层可压性评价

脆性是岩石的一个重要特征，也是影响可压裂性最重要的因素，脆性因素是考虑岩石可压裂性评价中首要被考虑的因素，以至于很长一段时间，人们把脆性作为评价可压裂性的唯一影响因素。脆性因素有很长时间都被与可压裂性混为一谈，这也可以看出岩石脆性对可压裂性影响之大。目前国内外还没有统一的关于脆性的定义，如 Morley 等定义脆性为材料塑性的缺失；Ramsey 认为岩石黏聚力被破坏时，材料即发生脆性破坏等。

除了脆性物质和黏土物质之外，岩石中还含有一些对可压裂性没有影响的中性物质。根据以往的关于矿物含量的研究结果，发现随着地质环境和页岩储层的变化，所含矿物种类和含量都在变化。综合考虑所研究区域的地质情况，本书关于可压裂性的研究中，测量了石英、长石和白云石含量作为脆性矿物含量；伊利石以及蒙皂石的混合物，还有伊利石含量作为黏土矿物含量。

在有效应力情况下，于总抗剪强度的基础上去除摩擦强度即为黏聚力。黏聚力是破坏面没有任何正应力作用下的抗剪强度。黏聚力表征的是没有纵向应力情况下的岩石剪切强度，反映了连接面间剪切滑动的能力。根据摩尔库仑定律，最大剪切力超过岩石黏聚力的时候才会出现裂缝。这意味着黏聚力越大，岩石越难压出裂缝，因此，黏聚力是可压裂性的一个负向指数。

内摩擦角代表岩石沿着节理面滑移的难易程度。内摩擦角越小，岩石越容易沿节理面滑移。岩石破坏之前，脆性岩石或坚硬岩石阻碍沿节理面滑动的能力要比塑性或软的岩石更强。因此，学者们把内摩擦角认为是岩石可压裂性影响的正向因素，可用莫尔圆和破坏包络线来描述。

岩石单轴抗压强度是指岩石试件在无侧限条件下，受轴向力作用破坏时单位面积上所承受的荷载。很显然矿物成分会对岩石的抗压强度有影响，石英就是一种已知的高强度成分，石英含量高的岩石会具备高脆性。单轴抗压强度对可压裂性有重要影响，Breyer 把单轴抗压强度和内摩擦角综合起来重新修正岩石脆性概念。Hucka 和 Das 提出利用单轴抗压强度和抗拉强度之比来定义岩石脆性。他们认为脆性岩石具有高单轴抗压强度与抗拉强度之比，单轴抗压强度与岩石的脆性和可压裂性密切相关。单轴抗压强度越高，岩石越容易压裂，可压裂性越好。因此，单轴抗压强度可以看作为可压裂性的正向影响因子。

页岩可压裂性影响因素之间，并非独立，而是相互牵制，共同影响着页岩的可压裂性。除本书测量分析的这几种因素外，还有成岩作用、热成熟度等其他因素影响。

针对具有明显层理特征和塑性性质的页岩油储层岩石，开展了页岩油储层可压裂性的定量评价方法研究。对页岩可压裂性的影响因素进行了分析，考虑了页岩可压压裂性的 8 个影响参数，包括：黏聚力、内摩擦角、弹性模量、泊松比、抗拉强度、断裂能、塑性、层理，分析了 8 个影响参数的正负向作用（表 3-2-1），并对每个参数的影响作用强弱进行对比。利用层次分析法，建立了页岩可压裂性评价的量化解析模型。层次分析法最显著的特征就是计算简便，以及在处理综合评价问题上可以主观确定多重因素的权重。页岩可压裂性评价的目的即是评价所考察页岩资源可开采候选区，判断哪些地带或层段适于压裂，从而提高油气采收率及经济效益。

表 3-2-1 不同影响因素的正负关系特征

	黏聚力	内摩擦角	弹性模量	泊松比	抗拉强度	断裂能	塑性	层理
正向		√	√					√
负向	√			√	√	√	√	

基于上述方法，选取了代表性页岩油储层岩心（表 3-2-2），定量分析了其可压裂性特征（图 3-2-1）。该成果为定量评价页岩油储层岩石的可压裂性提供了新的有效方法。

2. 复杂裂缝有效性评价

复杂裂缝有效性的核心问题就是支撑剂在复杂裂缝网络中的运移规律。水力压裂后形成的复杂裂缝网络中的支撑剂运动过程非常复杂，会受到裂缝几何形态与网络结构、支撑剂密度、粒径及种类、携砂液性质以及施工条件等多种参数的影响。比如由于入口处输送排量的增加，会使流动从层流向湍流改变；随着支撑剂砂比的增加或者液体的滤失，裂缝中携砂液的流动会从泊肃叶流动转变为达西流动。因此，研究支撑剂在复杂裂缝网络中的运移以及铺置规律，是影响页岩油气有效开发的重要理论基础。

表 3-2-2 代表性页岩岩心的物理力学特征

编号	黏聚力 / μN	内摩擦角 / (°)	弹性模量 / GPa	泊松比	抗拉强度 / MPa	断裂能 / MJ/m^3	塑性	层理 / 条
1	7.24	52.77	23.4	0.27	1.58	1.010	1.74	2
2	6.6	52.71	17.2	0.33	3.6	1.631	2.19	4
3	9.4	50.12	21.6	0.32	3.54	1.270	2.14	6
4	25	36.52	16.8	0.31	8.17	1.939	2.85	4
5	22.8	37.31	16.6	0.29	5.19	1.839	2.65	10
6	21.64	20.88	14.8	0.15	4.6	1.939	2.3	15
7	32.41	23.65	19.4	0.27	8.86	1.944	3.03	20
8	33.1	18.5	13	0.33	9.53	1.960	3.37	10

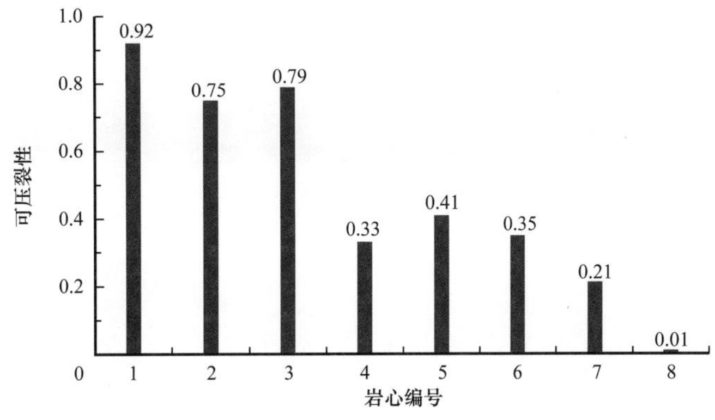

图 3-2-1 不同页岩岩心的可压裂性评价结果

1）主裂缝与分支裂缝内支撑剂堆积形态对比

支撑剂进入裂缝网络后在重力作用下沉降到裂缝的底部堆积形成沙堤，沙堤的高度随输送时间逐渐增大，在此过程中沙堤的长度变化很小。沙堤的形成是先在高度方向上增加，达到平衡高度以后才慢慢向前推移（图 3-2-2）。主裂缝内与分支裂缝内支撑剂堆积的形态有很大不同，主裂缝内支撑剂堆积的形态呈梯形，而分支裂缝内支撑剂堆积形态呈抛物线型（图 3-2-3）。主要区别在于入口处的堆积形态，在主裂缝内入口效应相对较小，分支缝内入口效应较强。

2）主裂缝内支撑剂堆积特征

主裂缝内支撑剂堆积中间存在间断［图 3-2-2（a）］，间断处沙堤呈“月牙”形，间断位置处于分支裂缝的入口处。携砂液流动到主裂缝与分支裂缝的交界处时，过流面积增大，导致携砂液流速降低，支撑剂颗粒受到的携砂液携带作用力减小，使支撑剂在主裂缝与分支裂缝交界处的运动速度减小，主裂缝与分支裂缝的交界处相当于是支撑剂与携砂液的流速突变区域，如果分支缝的宽度较大，相应的流速突变也会很大。

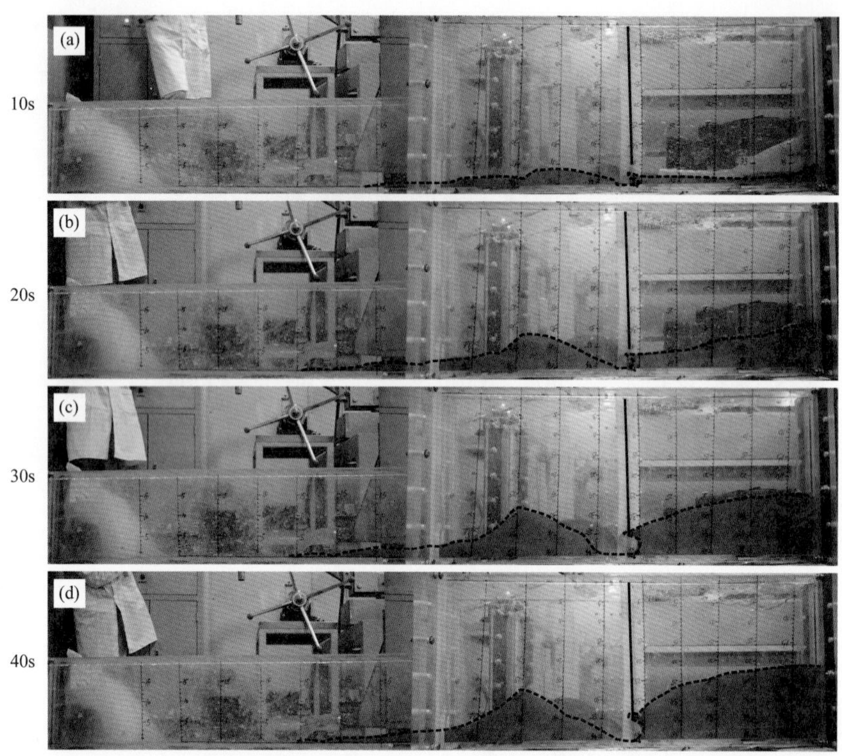

图 3-2-2　主裂缝内支撑剂堆积形态随时间的变化（实验 1）

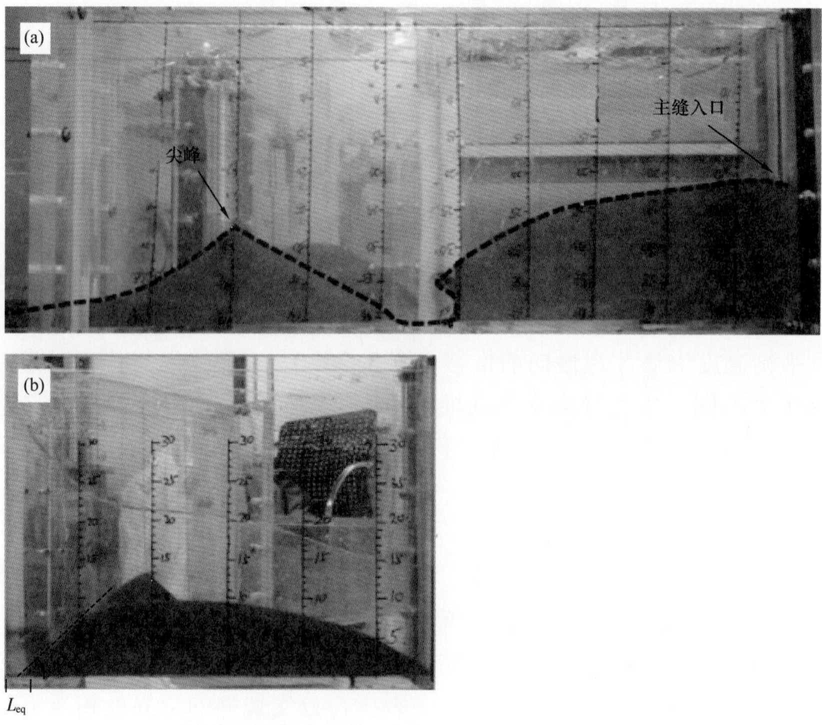

图 3-2-3　主裂缝与分支裂缝内支撑剂堆积形态的对比

3）砂比

随着输送砂比增大，支撑剂堆积高度变大，同时支撑剂的运动最远距离变大，但支撑剂堆积床层的整体形态不变（图 3–2–4）。当输送砂比增大时，裂缝入口处沙堤的坡度逐渐减小，同时支撑剂堆积可更快达到平衡高度，主裂缝内支撑剂铺置高度与裂缝高度之比从 0.44 增大到 0.465。砂比较大时支撑剂堆积床层将更快达到平衡高度，但是在裂缝入口处却存在着砂堵的风险，砂比不是越大越好。与主裂缝类似，随着砂比增大，分支裂缝内支撑剂铺置高度变高，进入的支撑剂也更多（图 3–2–4、图 3–2–5），随实验时间与总实验时间之比的变化，随着砂比增大，支撑剂进入分支裂缝的质量占比增加，从 21% 增大到 25%（图 3–2–6）。

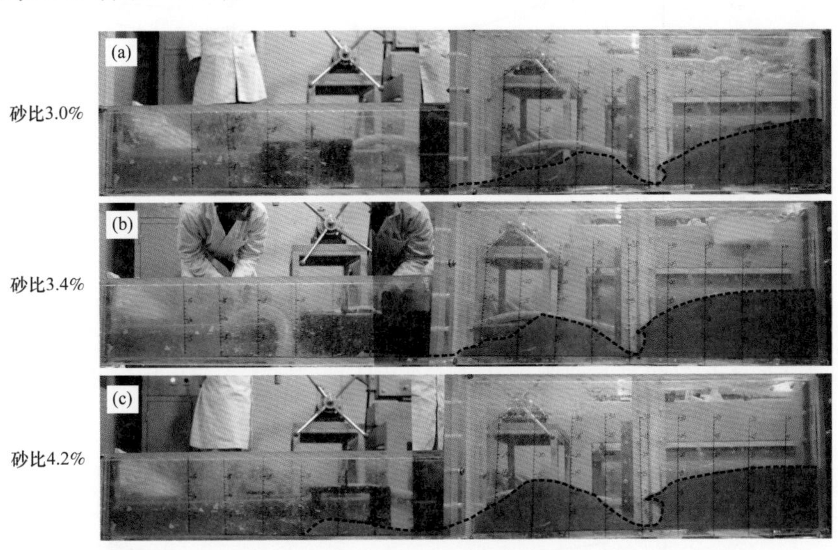

图 3–2–4 不同输送砂比时主裂缝内支撑剂的堆积形态图（T=35s）

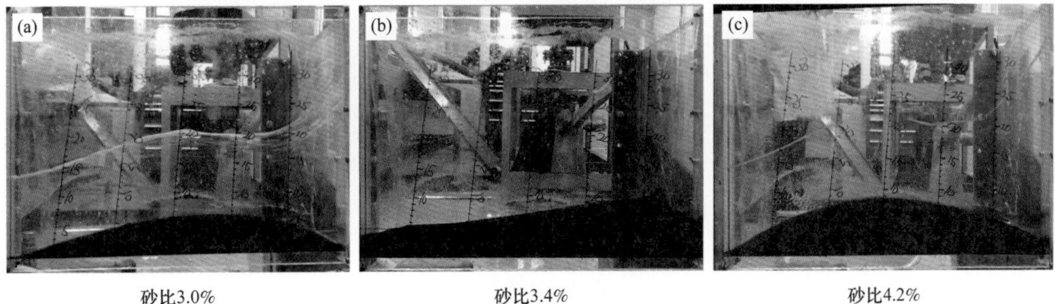

图 3–2–5 不同输送砂比时分支裂缝内支撑剂的堆积形态图（T=35s）

4）主裂缝与分支裂缝夹角

随着主裂缝与分支裂缝夹角从 90°减小到 30°，支撑剂进入分支裂缝的质量占比明显增大，从 22% 增大到 30%。主裂缝与分支裂缝夹角越小，支撑剂越容易进入分支裂缝（图 3–2–7）。此外，研究发现在主裂缝与分支裂缝夹角较小时，支撑剂在分支裂缝内铺置高度和堆积范围更大（图 3–2–8），且在不同的主裂缝与分支裂缝夹角时，主裂缝内支撑剂的堆积形态基本相同（图 3-2-9）。说明在主裂缝与分支裂缝夹角较小时，支撑剂更容易进入分支裂缝，同时主裂缝与分支裂缝夹角对支撑剂在主裂缝中的运移影响很小。实验时间与总实验时间之比呈先快速增加后缓慢增加的趋势，当实验时间与总实验时间之比为 0.6 时复杂裂缝网络内支撑剂进入量为 65%～80%（图 3-2-10），结果还表明砂比及主裂缝与分支裂缝夹角对复杂裂缝网络内支撑剂进入量的影响很小（图 3-2-10）。

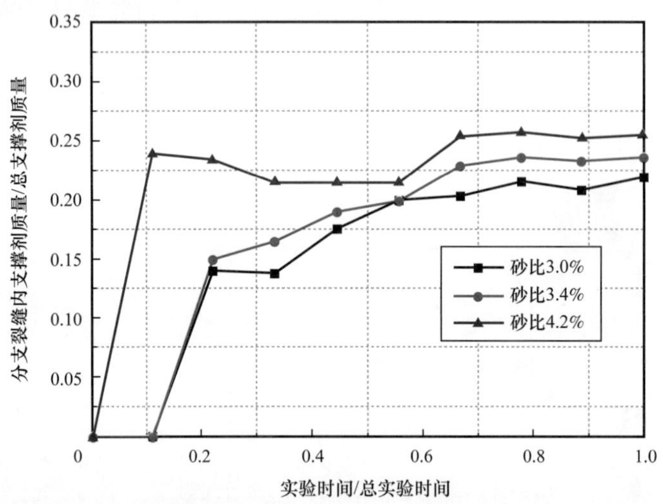

图 3-2-6 不同砂比条件下支撑剂进入分支裂缝的质量占比随实验时间与总实验时间之比的变化

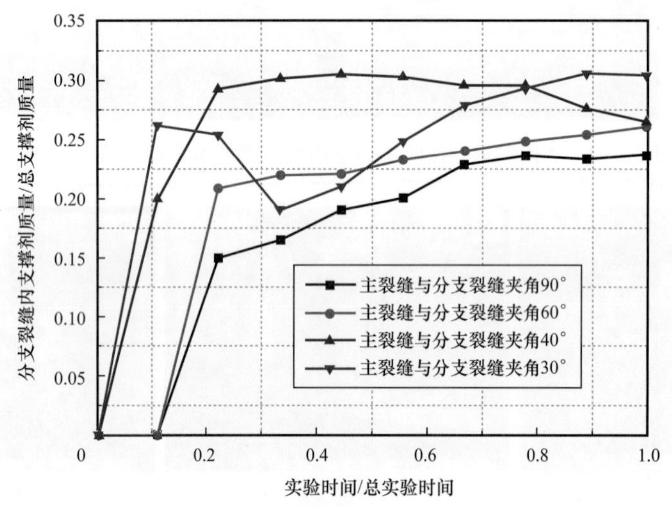

图 3-2-7 不同主裂缝与分支裂缝夹角条件下支撑剂进入分支裂缝的质量占比随实验时间与总实验时间之比的变化

5）不同种类的支撑剂输送分析

研究发现，石英砂、陶粒和自悬浮支撑剂在主裂缝内的铺置高度基本相同，但陶粒和自悬浮支撑剂的运动距离远大于石英砂（图 3-2-11）。这是因为陶粒密度较低，而自悬浮支撑剂由于膨胀性材料增大其所受浮力，导致陶粒和自悬浮支撑剂在裂缝内的下沉速度远小于石英砂，运动距离相应变大，在主裂缝高度变化处，陶粒的铺置高度很高，容易造成砂堵（图 3–2–11b）。

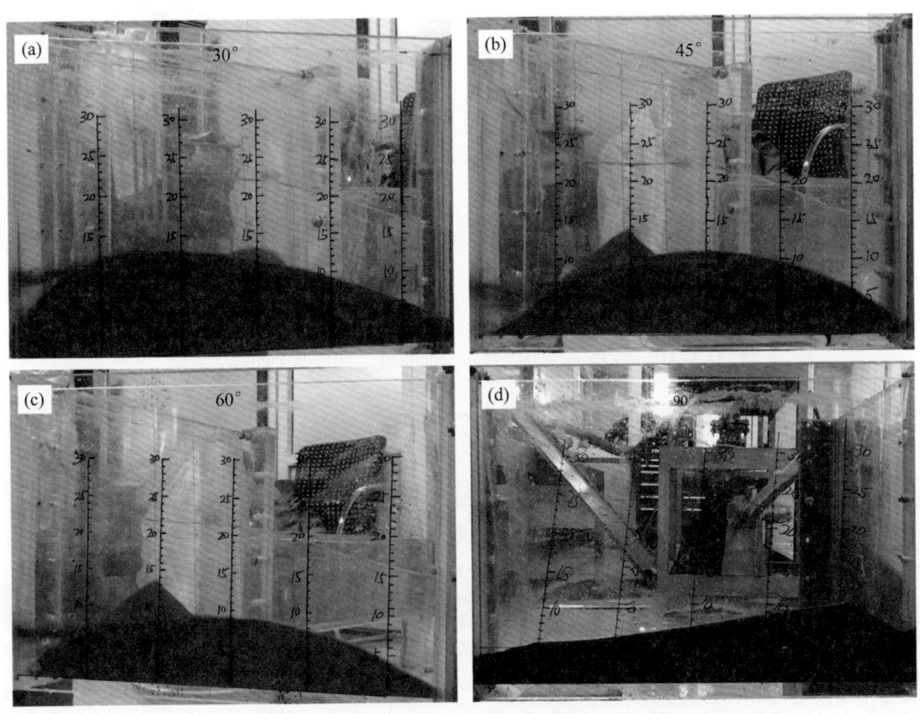

图 3–2–8 不同夹角时分支裂缝内支撑剂的堆积形态

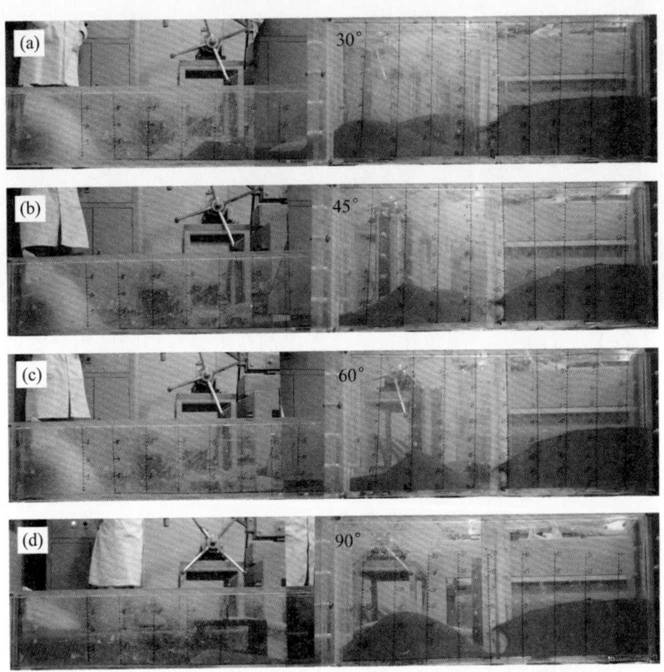

图 3–2–9 不同夹角时主裂缝内支撑剂的堆积形态

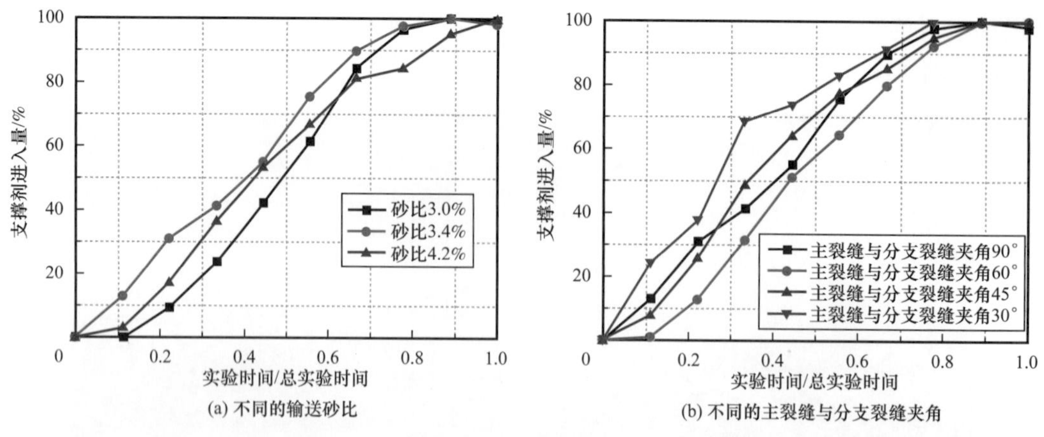

图 3-2-10　支撑剂进入量随实验时间 / 总实验时间的变化

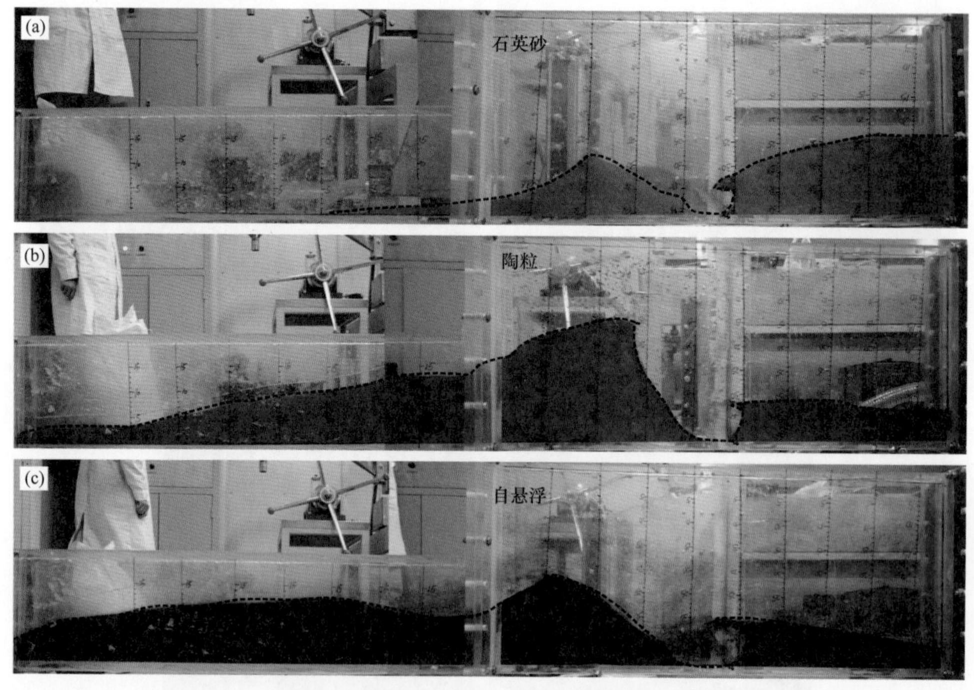

图 3-2-11　石英砂、陶粒和自悬浮支撑剂在主裂缝内的堆积形态对比

最后基于大量的数值模拟算例，给出了不同参数组合时分支裂缝中支撑剂的质量与复杂裂缝网络中支撑剂的总质量之比的等值线图（图 3-2-12）。通过图 3-2-12 所给出的图版，可以判别在一定参数组合下，支撑剂能否进入分支裂缝内。

二、页岩油储层复杂裂缝扩展机理

1. 页岩油储层裂缝扩展室内模拟分析

现阶段室内水力压裂模拟实验，依然是认识深部岩石裂缝起裂及扩展规律的最佳手段。室内水力压裂物理模拟实验通过模拟储层岩石真实的应力环境，可真实再现地下岩石的压裂过程，借助声发射三维定位技术对裂缝扩展进行实时监测，并通过工业 CT 扫描对压后裂缝形态进行表征。以潜江凹陷页岩油储层为例，盐间页岩油由于储层岩性更加复杂、油层含盐、单层厚度薄、渗透率低且顶底板为盐岩层，导致其岩石破裂机理及裂缝延伸规律更加复杂，储层改造难度更大。

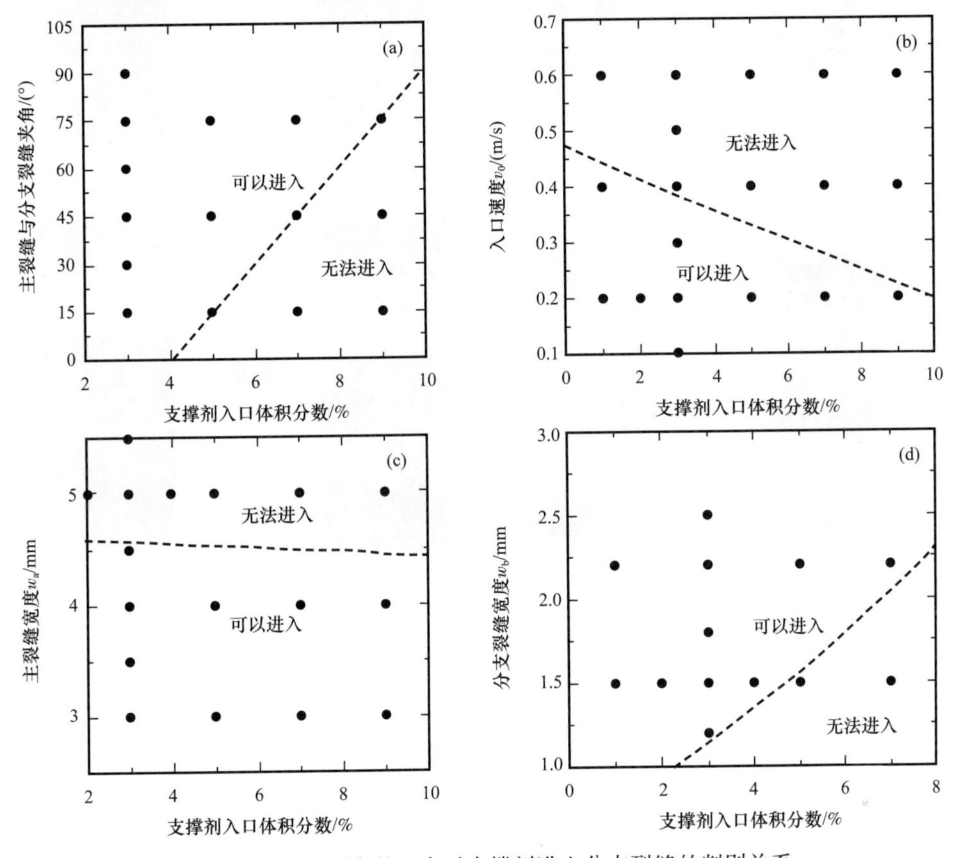

图 3-2-12 不同参数组合时支撑剂进入分支裂缝的判别关系

分别选用蚌页油 2 井潜四下亚段岩心开展了室内滑溜水压裂物理模拟实验。在低黏、低注入速率条件下，水力裂缝率先克服围压约束，自井底起裂并扩展，扩展过程中遇到开启的层理缝转向沿层理扩展。由实验前岩心 CT 扫描结果可知，盐间页岩由于层理极其发育，井下岩心由于应力释放，部分层理发生开启。泵压曲线可以分为明显的 3 个阶段：0～760s 为稳定注液阶段；760～890s 为裂缝萌生发育阶段；890～980s 为峰后裂缝扩展阶段。初期随着压裂液的注入，井底部分微裂隙发生损伤产生少量声发射事件，且能量较低，小于 100mV·ms；当注入时间持续至 760s 时，声发射能量曲线开始迅速上升，说明起裂点出现，水力裂缝开始萌生发育；当井底压力继续升高至破裂压力 27.57MPa 时，试样发生宏观破坏，由于破裂压裂略小于轴向应力，说明水力裂缝沟通了原生开启的层理缝；随着压裂液继续注入，更多层理面发生膨胀开启，由于受到围压的限制，前期积累的能量，以弹性波的形式迅速向周围释放，声发射能量峰值密集出现（图 3-2-13 至图 3-2-15）。

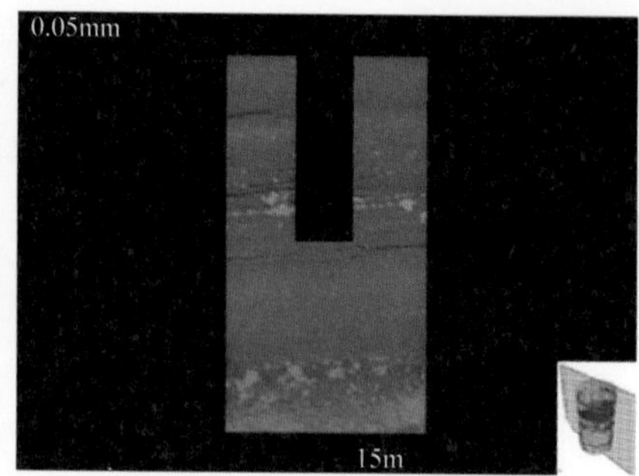

图 3-2-13 实验前岩心照片及 CT 扫描结果

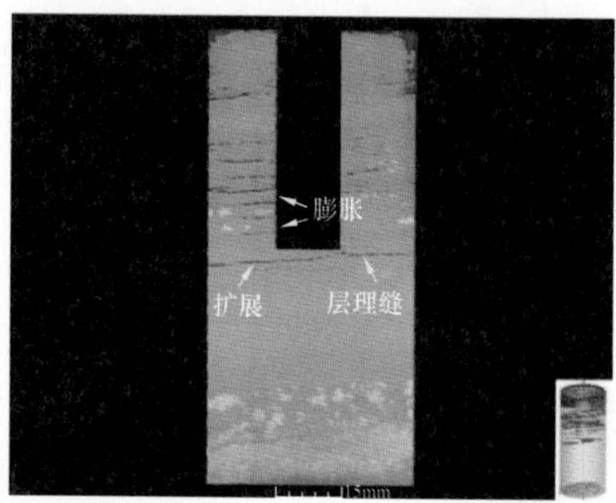

图 3-2-14 实验后岩心照片及 CT 扫描结果

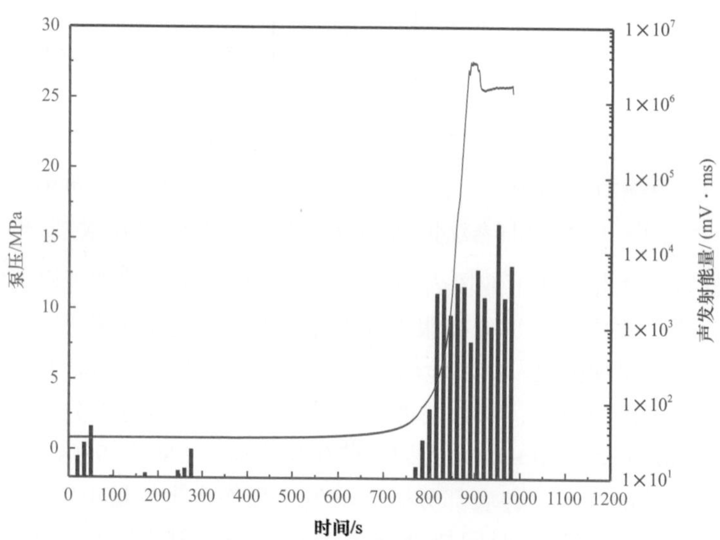

图 3-2-15 泵压及声发射特征曲线

瓜尔胶压裂物理模拟实验样品同样取自蚌页油 2 井（3665 号样品），为层理发育页岩岩心，试样表面肉眼可见若干盐岩薄夹层条带（图 3-2-16）。实验后裂缝形态及声发射定位如图 3-2-17 所示，声发射事件主要集中在井底位置处，并且沿层理面方向出现部分声发射事件点，表明压后开启多条层理缝。

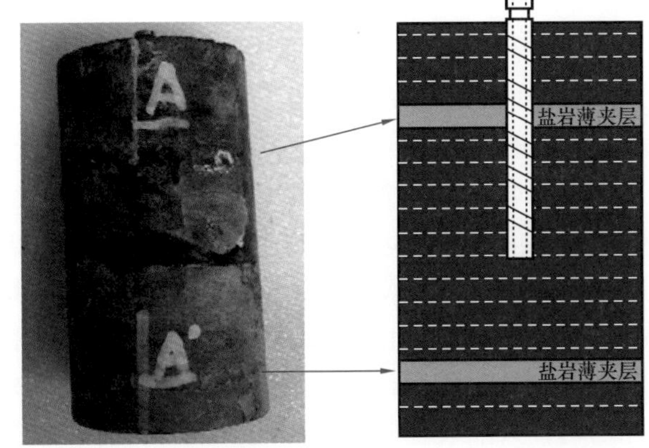

图 3-2-16　实验前岩心照片

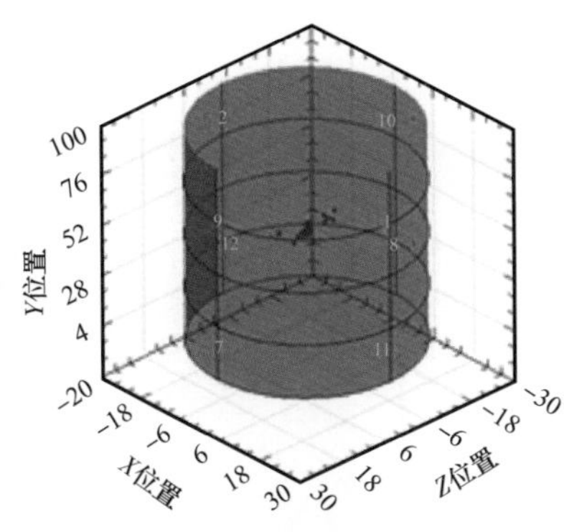

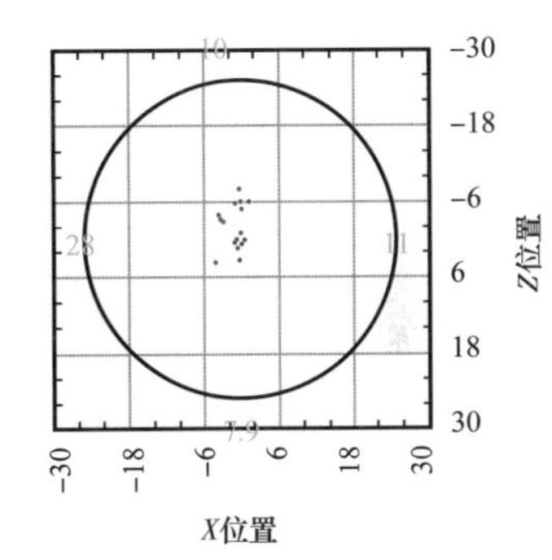

图 3-2-17　实验后岩心照片及声发射定位结果

超临界二氧化碳压裂物理模拟实验样品取自蚌页油 2 井（样品号 1690），依然为层理发育页岩岩心。实验后裂缝形态及声发射定位，如图 3-2-18 所示，声发射事件在试样内部呈离散分布，表明随着超临界二氧化碳注入排量的增加，得益于超临界二氧化碳较低的界面张力和极高的扩散能力，试样内部多个层理面被开启。实验后试样表面肉眼可见开启的层理裂缝。

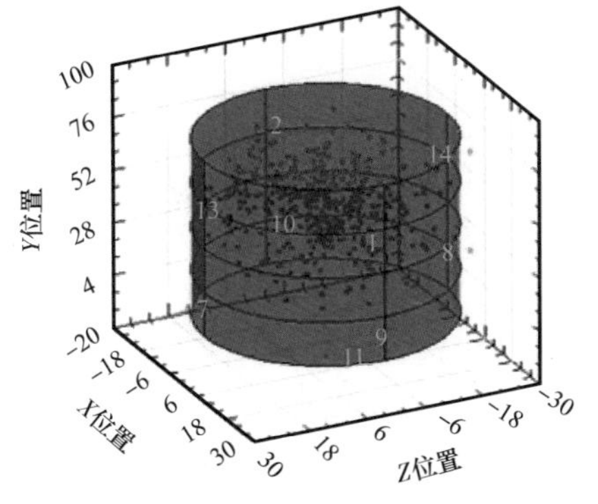

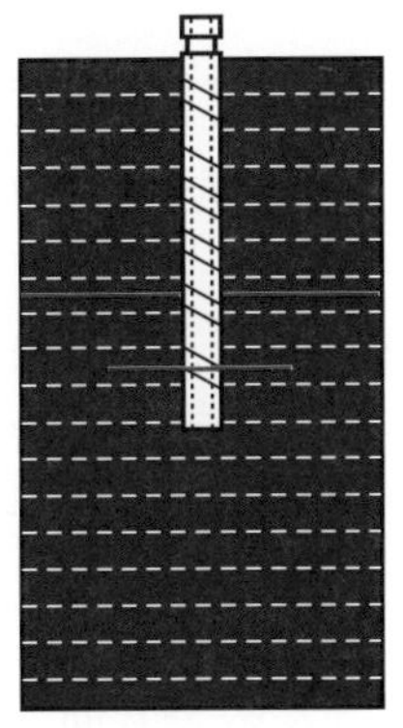

图 3-2-18　实验后岩心照片及声发射定位结果

2. 页岩油储层裂缝扩展数值模拟分析

当天然裂缝面的摩擦系数为 0.2、最大水平地应力为 10MPa 时，由于差应力为 0，初始阶段水力裂缝的扩展方向受地应力影响较小，主要受初始裂缝的控制而沿着预制裂缝的方向扩展。注入时间约为 20s 时，水力裂缝尖端与天然裂缝相交的几何形态如图 3-2-19 所示（变形放大倍数为 300），可以看出，最大缝宽约 0.36mm，同时从相交部位的局部放大图可以看出，此时天然裂缝已经张开，此后，水力裂缝沿着天然裂缝转向并继续扩展。41.8s 后裂缝的扩展形态如图 3-2-20 所示，两条天然裂缝已经完全张开，水力裂缝的最大开度约为 0.6mm。随后，天然裂缝两端部位均有向外扩展的趋势，但由于网格并不是完全对称均匀，天然裂缝两端点处的扩展压力存在轻微差别，当天然裂缝的一端成功扩展后，所需的扩展压力降低，另一端则不会再扩展。100s 时刻的裂缝形态如图 3-2-21 所示，上侧的天然裂缝从左端点开始扩展，一段时间之后，下侧天然裂缝则从右端点开始扩展。

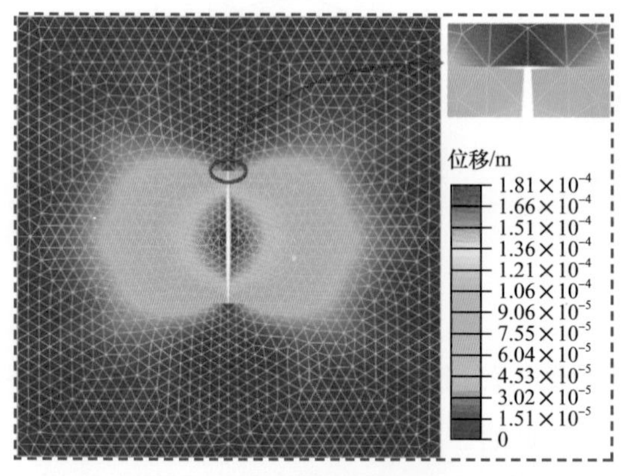

图 3-2-19 注入时间为 20s 时裂缝几何形态

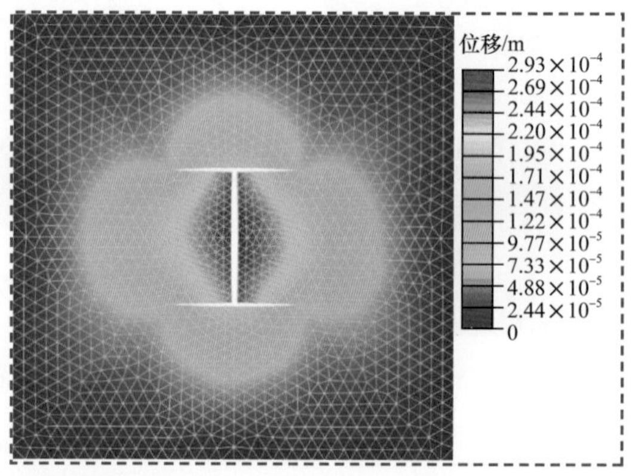

图 3-2-20 注入时间为 41.8s 时裂缝几何形态

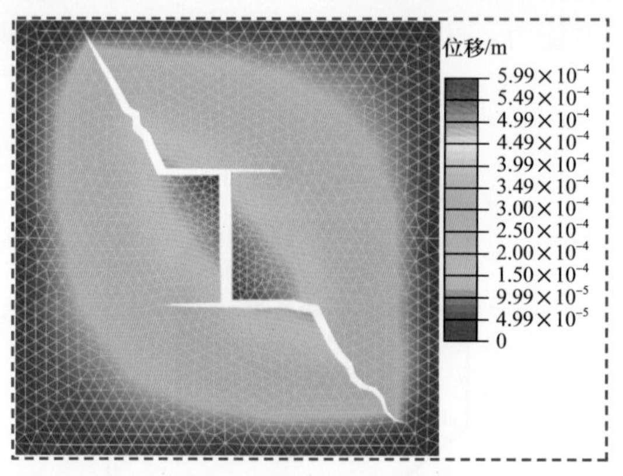

图 3-2-21 注入时间为 100s 时裂缝几何形态

当天然裂缝面的摩擦系数为 0.2、最大水平地应力为 20MPa 时，裂缝先沿着最大水平地应力方向扩展。流体注入 19.8s 后，水力裂缝和天然裂缝相交形态如图 3-2-22 所示，此时最大缝宽约为 0.37mm。与最大水平地应力为 10MPa 情况不同，此时天然裂缝并没有张开，而是发生了剪切滑移。随着流体的持续注入，裂缝开度逐渐增加，天然裂缝面的剪切滑移量也逐渐增大。在 44.2s 时，所有的天然裂缝面均发生了剪切破坏但仍然没有张开，如图 3–2–23 所示，此时最大缝宽约为 1.76mm。随后，水力裂缝在上侧天然裂缝左端点再次起裂并沿着最大水平地应力方向扩展。在 60.1s 时，裂缝扩展至上边界处，由于外边界是固定位移且不可渗透边界条件，裂缝扩展至边界后将停止，但随着流体的继续注入，裂缝内的流体压力逐渐升高。在 73.9s 时，下侧裂缝的左端点开始起裂，此时裂缝形态如图 3–2–24 所示。接下来，裂缝沿着最大地应力方向扩展，在 86.8s 时扩展至下边界。在 100s 时，裂缝的形态如图 3–2–25 所示。

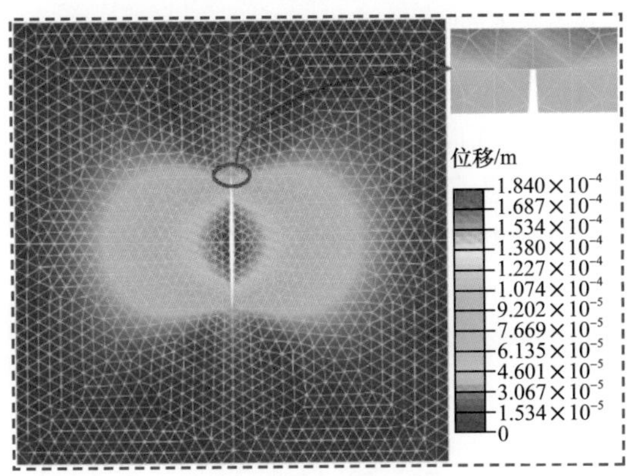

图 3–2–22 注入时间为 19.8s 时裂缝几何形态

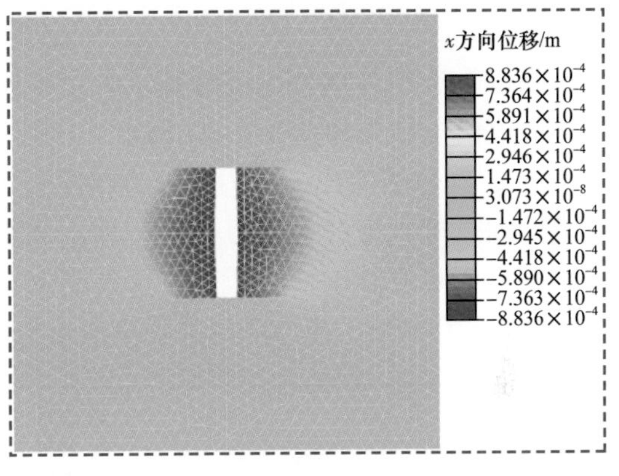

图 3–2–23 注入时间为 44.2s 时裂缝几何形态

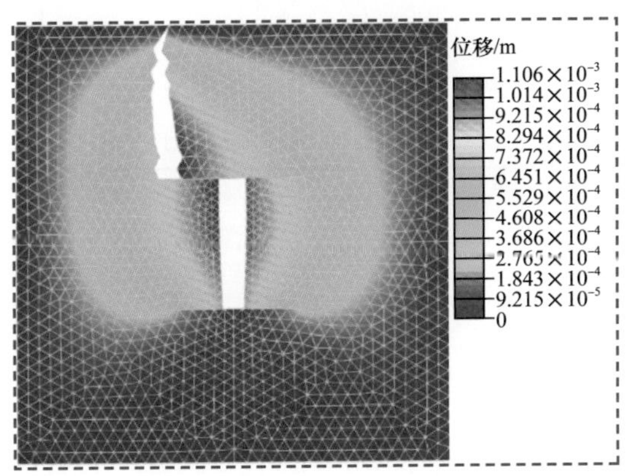

图 3–2–24 注入时间为 73.9s 时裂缝几何形态

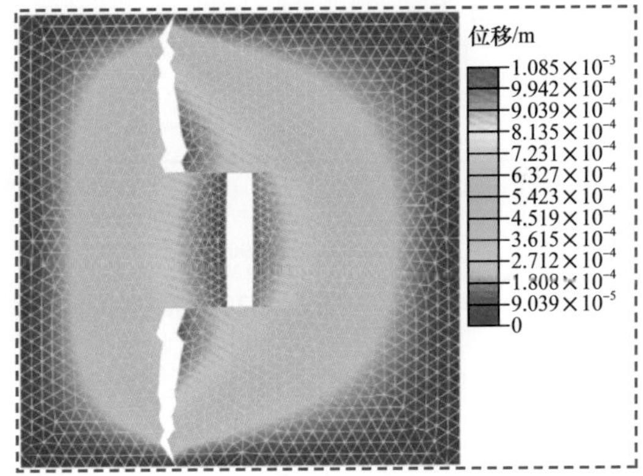

图 3–2–25 注入时间为 100s 时裂缝几何形态

天然裂缝面的摩擦系数仍保持为 0.2，最大水平地应力增大至 25MPa 时，水力裂缝初始阶段也是沿着 σ_H 方向扩展。在 17.5s 时，水力裂缝开始与天然裂缝接触（图 3–2–26），随着流体持续注入，裂缝尖端处出现小幅度滑移，当滑移量达到一定程度后，裂缝尖端前方 x 方向拉伸应力达到岩石的抗拉强度，从而水力裂缝穿过天然裂缝继续向前扩展，26.0s、26.1s 和 26.2s 时刻裂缝尖端形态演化如图 3–2–26 所示。

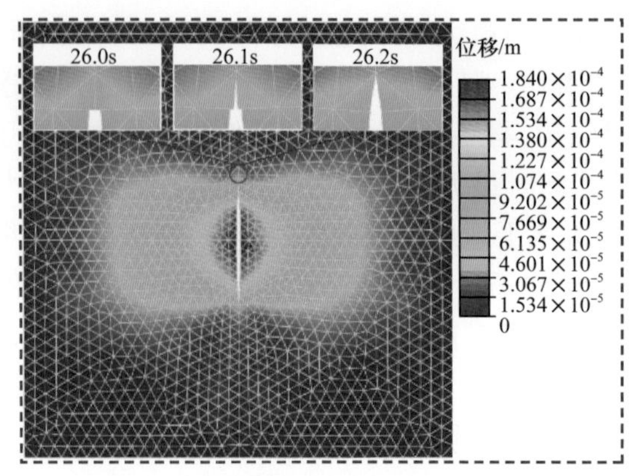

图 3-2-26　注入时间为 17.5s 时裂缝几何形态及不同时刻裂缝尖端演化情况

除以上典型算例外，还计算了大量不同摩擦系数和地应力条件下水力裂缝的扩展情况，数值模拟结果如图 3-2-27 所示。横轴为天然裂缝面摩擦系数 μ_f，纵轴为最大水平地应力 σ_H，红色圆圈代表水力裂缝直接穿过天然裂缝，蓝色正方形代表水力裂缝沿着天然裂缝转向，黑色虚线是程万等基于理论和实验提出的判断准则。可以看出数值模拟结果和判断准则具有高度的一致性，这表明本项目所开发的页岩油储层裂缝扩展有限元—离散元混合（FDEM）模型能够准确模拟水力裂缝和天然裂缝的相互作用行为。

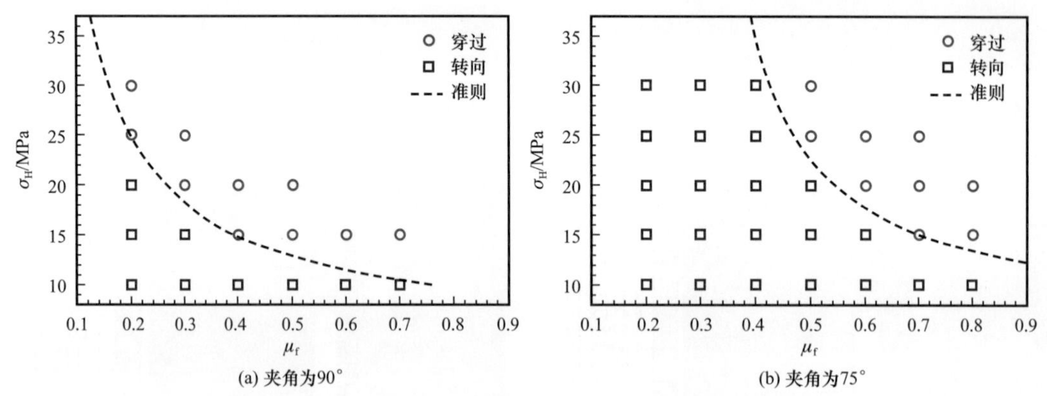

图 3-2-27　水力裂缝与天然裂缝相互作用数值模拟结果

三、页岩油储层增效压裂技术

本书重点阐述二氧化碳干法压裂工艺技术。基于测井曲线解释及岩心实验，明确储层物性，使用压裂设计软件优化缝长、泵注程序等，并在 CO_2 摩阻预测的基础上进一步地进行压力预测，最终结合理论推导及经验公式确定焖井方案，形成系统的 CO_2 干法压裂设计方案。

模拟计算不同压裂缝长条件下的产量变化，模拟输入参数见表 3-2-3。计算结果如图 3-2-27 所示，合理裂缝半长为 180m。随着 CO_2 用量的增加，裂缝半长与改造体积快速增加。优化缝长为 180m 时 CO_2 用量 800m^3，同时 CO_2 用量超过 800m^3 后裂缝半长及改造体积增速减缓。因此，优化 CO_2 用量 800m^3 以上。

表 3-2-3 模拟输入参数

参数	取值	参数	取值
层厚 /m	9.6	原始地层压力 /MPa	34
单井泄油面积 /km^2	0.20	原油密度 /（g/cm^3）	0.9
渗透率 /mD	0.7	原油黏度 /（mPa·s）	15
孔隙度 /%	15	地层温度 /℃	102

根据不同管柱的 CO_2 摩阻图版，计算出管柱的摩阻。根据邻井压裂的延伸压力分析，4～6m^3/min 的排量注入 CO_2，井口压力 67.5～86.5MPa。考虑到设备限制等因素，选取排量 4m^3/min。

针对纯的液态 CO_2 具有黏度特低、悬砂能力和降滤失性能差等缺点，添加 SKY-SC-1 型 CO_2 稠化剂来提高压裂效果。性能如下：外观为乳白色液体，易分散和溶解于液态 CO_2、超临界 CO_2 及亲 CO_2 的有机溶剂；动态携砂能力良好，可实现 5%～15% 砂比甚至更高。加入稠化剂后，不同相态条件下的 CO_2 压裂液体系黏度明显增大。

加入不同增稠剂浓度（0.5%、1%、2%）的 CO_2 压裂液体系降阻性能评价对比得出：加入增稠剂的 CO_2 压裂液体系比纯液态 CO_2 具有一定的降阻性能，保持约 20% 的降阻率。加入增稠剂后，支撑剂沉降速度降低，表明加入增稠剂后携砂效果显著提高，单颗粒沉降速度下降 26.19%，5% 砂比沉降速度下降 24.08%（表 3-2-4）。另外，CO_2 压裂液体系伤害评价结果表明：该增稠剂体系与地层具有良好的配伍性，渗透率伤害率低于 5%（表 3-2-5）。根据邻井压裂施工资料，计算地层闭合压力梯度约为 0.023Pa/m，该井地层闭合压力 60MPa，选择 40/70 目耐压 69MPa 超低密度覆膜陶粒（表 3-2-6、表 3-2-7）。

表 3-2-4 CO_2 携砂沉降评价测试结果

沉降方式	增稠剂加量 /%	温度 /℃	压强 /MPa	初始沉降速度 /cm/s	末端沉降速度 /cm/s
单粒沉降	0	-10	20	16.25	18.13
5% 砂比沉降	0	-10	20	18.39	20.14
单粒沉降	2	-10	20	10.34	15.23
5% 砂比沉降	2	-10	20	12.21	17.21

前置液造缝后，低砂比加入 40/70 目超低密度覆膜陶粒，并视压力情况逐步提高砂比，阶段砂比进入地层后，观察地层压力变化情况，压力平稳后调整提高砂比。泵注设计总体为：CO_2 前置液 300m^3+CO_2 携砂液 500m^3+ 顶替液 12.6m^3，加砂 26m^3，平均砂比 5.20%。

表 3-2-5 CO_2 压裂液体系伤害评价结果

岩心	伤害前渗透率 /mD	伤害后渗透率 /mD	伤害率 /%
蚌页油 2-1	0.2538	0.2424	4.5

表 3-2-6 支撑剂主要性能指标

型号	预固型	粒径范围 / 目数	40/70
体积密度 / (g/cm^3)	1.24	圆度	≥0.7
视密度 / (g/cm^3)	2.02	球度	≥0.7
浊度 /NTU	≤50	酸溶解度 /%	≤3.0
破碎率（52MPa）/%	≤2.0	破碎率（69MPa）/%	≤3.0

表 3-2-7 SY/T 6302 支撑剂导流能力测试结果

闭合压力 /MPa	导流能力 /（D·cm）	渗透率 /D
6.9	60.3	74.9
13.8	53.5	67.7
27.6	43.7	56.1
41.4	34.9	45.0
55.2	26.2	34.0
69.0	18.2	23.5

注：支撑剂粒径为超低密度陶粒 40/70 目。

利用油管注入，根据邻井压裂的延伸压力分析，该区裂缝延伸压力较高，为 0.025～0.026MPa/1000m，以延伸压力梯度 0.025MPa/1000m 计算，综合计算管柱摩阻，得到该井注入 CO_2 过程中井口压力为 67.5MPa（表 3-2-8）。

表 3-2-8 注入 CO_2 过程中井口压力表

延伸压力梯度 /（MPa/1000m）	延伸压力 /MPa	不同 CO_2 排量（m^3/min）下的井口压力 /MPa					
		2	3	4	5	6	7
0.024	62.4	48.9	56.8	64.9	73.9	83.9	93.4
0.025	65	51.5	59.4	67.5	76.5	86.5	96
0.026	67.6	54.1	62	70.1	79.1	89.1	98.6
0.027	70.2	56.7	64.6	72.7	81.7	91.7	101

根据邻井现场施工资料估算井底压力为 51MPa，计算关井 14.7 天时井底压力降至地层压力（估算地层压力 34.4MPa），推荐焖井 10～14 天。焖井后，初期采用 3mm 油嘴放喷，根据井口压力变化逐级更换放大油嘴，控制井口压降 2MPa/d，以不出砂为原则，合理调整控制放喷。返排时井口安装压力计，全程进行监测，主要包括井口压力、井底温度、压力，以及返排液的矿化度和固体颗粒含量。地面安装气液分离装置，井口控制压力返排。可参考表 3-2-9 中油嘴执行：

表 3-2-9 压后返排油嘴与压力关系表

压力 /MPa	>20	10～20	5～10	<5
油嘴 /mm	3	4	5	10

四、盐间页岩油储层改造机理及增产技术

通过分析盐间历年措施效果，结合盐间特殊矿物与结构特征、岩石可压性评价结果，分析不同工艺的改造机理及优缺点；针对不同井眼轨迹、埋深和储层地质条件，开展不同工艺的适应性分析，优选出有利于保持长期渗流能力的工艺类型与组合。

盐间不同区块的改造思路：（1）王场背斜浅层页岩储层岩石特征表现为杨氏模量偏低、抗压强度低，岩石稳定性差，支撑剂嵌入严重，岩石破裂程度高，需要提高裂缝导流能力和增强裂缝稳定性，提出以“提高改造体积、扩大基质连通、保持裂缝稳定性及导流能力”的压裂工艺思路。（2）蚌湖地区深层页岩储层具有中低孔、纳米级孔喉发育、连通性差的特征，需要提高改造体积，水平井提出“长分段、密切割 + 投球暂堵转向”的改造工艺，辅助前置大液量减阻水或液态 CO_2 增能提效。（3）CO_2 干法压裂在盐间页岩油的适应性研究，结果表明液态 CO_2 压裂增加裂缝复杂程度，增大改造体积，在增能增效方面体现了较好的技术优势。

在措施工艺适应性评价的基础上，结合储层改造理念和裂缝延伸规律，开展岩石硬度试验，确定储层改造理念和相应的增产工艺；以措施效果为指标，结合施工工艺的要求，利用软件模拟和现场试验结果，优化施工规模、排量、压力等工艺参数。

1.“一低三高”复合压裂工艺

王场背斜为代表的盐间储层具有杨氏模量偏低、抗压强度低、稳定性差及应力敏感的特征，需要提高压裂裂缝导流能力及稳定性；同时储层具有孔隙喉道小、渗透率低、连通性差的特点，需要扩大改造体积及裂缝复杂程度，基于此提出了“扩大改造体积、建立纳米孔喉有效连通、保持裂缝稳定性及导流能力”的“一低三高”复合压裂工艺。该技术采用“前置减阻水低排量促缝长 + 高液量提高改造体积 + 高砂量强化导流能力 + 高砂比封口提高裂缝稳定性”的压裂模式达到增大改造体积及裂缝饱填砂的目的，也缓解了盐岩对储层改造及生产的干扰问题，具有较强的推广应用价值：

（1）针对储层塑性强、岩石胶结弱、支撑剂嵌入严重的特点，为提高裂缝导流能力及近井稳定性，采用高强度连续加砂模式，并提高缝口加砂强度达到类似近井砂塞充填

的效果。

（2）针对储层渗透率低、孔隙喉道小、连通性差的特点，采用高液量组合压裂液（减阻水 + 胶液）提高改造体积。

（3）为提高裂缝铺砂效果，防止储层颗粒运移堵塞，采用组合支撑剂（30/50 目 + 20/40 目），并采用段塞 + 连续加砂模式提高裂缝及近井铺置效果。

1）入井材料推荐

（1）减阻水：

配方为 0.10% 减阻剂 +0.3% 黏土稳定剂 +0.1% 助排剂，性能指标见表 3–2–10。

表 3–2–10 滑溜水体系的基本性能指标

序号	项目	0.1% 滑溜水体系
1	密度（25℃）/（g/cm³）	0.99～1.02
2	pH 值	2.5～7.5
3	表观黏度（25℃、170s⁻¹）/（mPa·s）	≥2.0～3.0
4	表面张力 /（mN/m）	<25
5	防膨率 /%	70～80
6	热稳定性	80℃静置 48 小时无变化
7	耐温性	120℃前后减阻率无变化
8	减阻率（12000s⁻¹）/%	65～70

（2）压裂液：

配方为 0.35%HPG+0.1%JT1021+0.5%JW–201+1%JC–NW2+0.025% NaOH+0.02% 杀菌剂，性能指标见表 3–2–11。

表 3–2–11 压裂液液体性能检测表

HPG 浓度 /%	基液黏度 /（mPa·s）	0.9% 硼砂、170s⁻¹ 剪切 2 小时 /（mPa·s）
0.3	25	111
0.35	29	230
0.4	43	272

（3）支撑剂：

所选支撑剂应符合的技术指标见表 3–2–12。

2）压裂参数优化

（1）施工排量：

施工排量过大会引起裂缝在纵向上过渡扩展，施工排量过小、砂子沉降较快，不利于裂缝的整体铺置效果，推荐施工排量在 3～4m³/min。

表 3-2-12 支撑剂推荐技术指标

推荐技术指标		30～50 目陶粒	20～40 目覆膜陶粒
粒径	规格范围内样品百分含量 /%	≥90	≥90
	顶筛上样品百分含量 /%	≤0.1	≤0.1
	系列底筛上样品百分含量 /%	≤1.0	≤1.0
圆度		≥0.85	≥0.8
球度		≥0.85	≥0.8
酸溶解度 /%		≤5	≤5
视密度 /（g/cm^3）		≤3.35	≤3.00
体积密度 /（g/cm^3）		≤1.80	≤1.65
浊度 /NTU		≤50	≤50
破碎率（69MPa）/%		≤7.0	≤3.0
导流能力（41.4MPa）/（D·cm）		≥40	≥50

（2）裂缝导流能力优化及砂量：

盐间储层基质渗透率为 0.5～1.0mD，根据软件模拟结果，需要的裂缝导流能力达到 40～50D·cm。

通过软件模拟初步推荐加砂量在 $60m^3$ 以上，可以获得足够的缝宽（2.2～2.4cm），有效裂缝长度达到 150～170m（导流能力达到 40～80D·cm），近井铺砂浓度最高，导流能力达到 160～320D·cm。

（3）泵注程序设计：

潜 3^4-10 韵律上下盐层具备较好的阻挡作用，裂缝扩展形态符合缝高受限的 PKN 模型，PKN 模型裂缝长度延伸公式如下：

$$L=\frac{{P_{net}}^3h^3}{E^3\mu Q^{1/2}}$$

式中 L——裂缝缝长，m；

P_{net}——裂缝净压力，MPa；

h——油层厚度，m；

E——岩石杨氏模量，MPa；

μ——液体黏度，mPa·s；

Q——排量，m^3/s。

前置液阶段采用 3～$4m^3/min$ 排量促缝长，然后提高排量进一步增加裂缝宽度，并携带 30/50 目陶粒支撑充填裂缝；再采用高黏冻胶携带 20/40 目覆膜陶粒提高裂缝导流能力；最后采用降排量顶替进一步提高砂比到75%，强化近井支撑剂充填，提高近井稳定性。

2. 水平井“密切割 + 暂堵转向”多簇暂堵压裂工艺

针对蚌湖凹陷盐间页岩油水平井，埋深大、超过3000m，受地层压实作用，孔渗条件差、纳米级孔喉发育、泄流半径小、力学偏塑性、岩石破裂形态简单、可溶盐影响大的特点，形成了以“细分段多簇密切割暂堵改造 + 高强度加砂再造储层 + 大液量压裂扩缝增能 + 强穿透渗析驱油”为主体的压裂工艺思路，配套二氧化碳增能及焖井辅助手段，能够实现蚌湖地区深层低孔—特低渗—超低纳米级孔喉储层的水平井有效改造及见油稳产。

针对蚌湖深层页岩孔渗条件差、纳米级孔喉发育、泄流半径小、力学偏塑性、岩石破裂形态简单、可溶盐影响大的特点，为提高压裂改造体积，实现全水平段的充分改造，采用桥塞分段 + 密切割 + 暂堵转向 + 组合压裂改造工艺。

（1）基于蚌页油1HF井储层渗透率低、连通性差的特点，改造方向应由“井控可采储量”向“缝控可采储量”转变，实现储层的彻底改造。

（2）基于页岩油层微裂缝不发育、岩石破裂以双翼裂缝为主的特征，采用“细分段、密切割”的改造工艺，增大缝控面积，降低渗流距离和最小驱动压差，实现储量动用最大化；为解决“密分割”引起的“簇集效应”和“应力阴影”对裂缝开启的不利影响，配合暂堵转向工艺，实现全射孔簇的充分改造。

（3）优化压裂液体系，选择“功能型”压裂液材料，改善地层渗透性及原油流动性；优选支撑剂组合和支撑剂加入方式，增大裂缝导流能力和延长裂缝的稳定性；低黏造缝高黏携砂，采用变黏、变排量注入方式，避免裂缝高度的过度延伸。

1）分段分簇设计

（1）簇间距优化：

基于“细分段、密切割”的改造原则，结合页岩油层的渗透率、孔隙度、纳米级孔喉连通性及原油性质，采用公式优化缝控间距为4.5～11m（表3-2-13）。

表3-2-13 不同渗透率裂缝距离优化

渗透率/mD	孔隙度	压裂液黏度/（mPa·s）	压裂液压缩系数	裂缝距离/m
0.001	0.05	3.75	1.20×10^{-3}	0.25
0.10	0.05	3.75	1.20×10^{-3}	2.5
0.30	0.05	3.75	1.20×10^{-3}	11.4
0.5	0.05	3.75	1.20×10^{-3}	14.8
1.00	0.05	3.75	1.20×10^{-3}	20.9
10.00	0.05	3.75	1.20×10^{-3}	25

（2）射孔参数见表3–2–14。

表3–2–14 射孔参数表（1～10段）

射孔簇数	每簇长度/m	每段射孔长度/m	孔密度/孔/m	相位角/（°）	孔径/mm	枪型	弹型推荐
4～6	1～1.5	2.5	10	60	9.5	89	SDP35HMX25–4XF

2）压裂参数优化

（1）缝长优化：

结合储层孔渗特征及流体性质，采用Meyer软件优化裂缝缝长大于120m。

（2）裂缝导流能力优化：

无因次裂缝导流能力C_{fD}对压后措施效果有很大关系，自然生产时储层的流动模式为径向流，压裂后流动模式由径向流向线性流转变，当C_{fD}越大（10）储层流体才是标准的线性流，此时裂缝饱和填砂增产效果最好。结合压裂半长及储层渗透率条件，优化裂缝平均导流能力大于360mD·m（36D·cm）。

（3）液量及砂量：

以高导流充填为目标，优化单级液体在500～1000m^{3}之间，裂缝有效填砂最佳；结合液量与砂量关系图版，单级砂量55～90t（1.5g/cm^{3}低密度陶粒37～60m^{3}砂）；一次暂堵两阶压裂总砂量74～120m^3，二次暂堵三阶压裂总砂量117～180m^3。

（4）施工排量优化：

基于ABAQUS2017有限元分析平台，将内聚力单元引入水力压裂模型中，模拟层间界面的非线性变形破坏特征。当储层存在弱胶结界面条件下，随着压裂液的泵注，当施工排量过高时，压裂缝缝高扩展到层间界面导致界面损伤区增加，裂缝以沿缝长方向及层间弱界面进行扩展为主。

结合水力压裂分析模型模拟结果：单条裂缝控制高黏水基液体施工排量小于10m^3/min。

3. 现场应用概况

截至目前，盐间页岩油措施增产方面形成了王场浅层、蚌湖深层两套盐间页岩油藏3套压裂模式，现场应用3井4井次，王99井采用“一低三高压裂”，王57斜–16井采用纯液态二氧化碳干法压裂，蚌页油1HF井应用“细分段、多簇、密切割、暂堵改造”压裂工艺，1段至5段采用二氧化碳组合方式，6段至10段采用水基压裂方式。成功率100%、有效率100%，提高单井产量30%以上，延长稳产周期是原来的2.7倍，为盐间页岩油藏的勘探开发提供了技术支撑（表3–2–15）。

其中二氧化碳干法压裂虽然可以形成复杂缝网，具有降低原油黏度、改善原油流动性等优点，但由于压裂设备的限制，加砂量有限，不能维持裂缝的长期导流能力，实现不了稳产目的。王57斜–16井压后焖井27天，9月28开始放喷，采用不同油嘴制度，开展了4个阶段的试油，压后初期最高日出油15.16m^3，压后不含水，不出盐，累计出油231.9t。

表 3-2-15 盐间油井措施效果统计表

井名	施工时间	工艺类型	施工参数					施工后		累计增油/t
			CO_2量/m^3	水基液量/m^3	总砂量/m^3	加砂强度/m^3/m	排量/m^3/min	日产液/t	日产油/t	
王 99 井	2018-1-15	一低三高	730	—	99.7	3.87	6		30.4	1200
王 57 斜-16 井	2018-8-31	CO_2压裂	—	701.4	13.8	0.33	2～4.6			231.9
蚌页油 1HF 井	2019-6-21	1 段至 5 段 CO_2组合	1564	6035.6	433.75	2.86	6～8.5	10.5	4.5	600
	2019-9-29	6 段至 10 段大规模减阻水	—	11320	821.8	4.54	12	—	1.7	

第三节 陆相页岩油储层流体流动数值模拟技术

一、陆相页岩油储层流体流动数学模型

本书实现了页岩油组分模型，组分模型描述了页岩油各组分随气相、液相转移的情况，并能够计算碳氢混合物的相态。

1. 页岩油组分模型

本书的页岩油模拟器是基于状态方程（EOS）的组分模型，其基本思想是用 EOS 描述碳氢混合物的相变、密度、黏度、界面张力。相比黑油模型或拟组分模型，基于 EOS 的组分模型可以更准确地模拟凝析气藏、挥发性油藏、注气开采等。

组分模型方程有微分形式和离散形式两种写法，数值模拟器关心的是离散形式的写法，式（3-3-1）是离散形式的质量守恒方程。

假设已将模拟区域离散为网格，对编号为 i 的网格单元（网格 i）、碳组分 c 的物质守恒方程可以写为

$$\left(\frac{\partial m_c}{\partial t}\right)_i + \sum_j \left(x_c q_o + y_c q_g\right)_{ij} + \left(q_c^{\mathrm{W}}\right)_i + \left(q_c^{\mathrm{b}}\right)_i = 0 \tag{3-3-1}$$

其中

$$\left(\frac{\partial m_c}{\partial t}\right)_i = \frac{\partial}{\partial t}\left[V\phi\left(S_o x_c \rho_o + S_g y_c \rho_g\right)\right]_i$$

式中 $\left(\frac{\partial m_c}{\partial t}\right)_i$——累积项；

V——网格单元体积；

ϕ——孔隙度；

S_o 和 S_g——分别为油饱合度和气饱合度；

ρ_o 和 ρ_g——分别为油相摩尔密度和气相摩尔密度；

x_c 和 y_c——分别为组分 c 在油相和气相的摩尔分数；

$(q_o)_{ij}$ 和 $(q_g)_{ij}$——分别为油相和气相的摩尔流速，下标 ij 代表从网格 i 流向网格 j，j 是与网格 i 接触的网格，在双孔或多孔模型中，式（3-3-1）的第二项还包含从网格 i 流向上一级介质网格的流动（如果有）及从网格 i 流向下一级介质网格的流动（如果有），在流动项中，x_c、y_c 以及流度采用来流方向网格的值，即上游权格式；

$(q_c^{W})_i$ 和 $(q_c^{b})_i$——分别为组分 c 流向井和边界的摩尔流速，在双孔 / 多孔模型中，如果网格 i 是基质网格，则 $(q_c^{W})_i$ 和 $(q_c^{b})_i$ 总是等于零。

网格 i 的水的物质守恒方程相对简单，可以写为

$$\left(\frac{\partial m_w}{\partial t}\right)_i + \sum_j (q_w)_{ij} + \left(q_w^{W}\right)_i + \left(q_w^{b}\right)_i = 0 \tag{3-3-2}$$

式（3-3-2）中各项的定义类似式（3-3-1）。

表 3-3-1 总结了在不同模型中、不同状态下油藏方程主变量的选取，方程主变量的选取不是唯一的，但必须选择当前状态下有物理意义的变量。可以注意到组分模型选取气相压力（p_g）作为主变量，而非油相压力（p_o）或水相压力（p_w）。Coats 也是选择 p_g 作为主变量。

表 3-3-1　油藏方程主变量的选取

	油气共存	气相消失	油相消失
组分模型	p_g，S_w，S_g，x_1，…，x_{N_h-2}	p_g，S_w，x_1，…，x_{N_h-1}	p_g，S_w，y_1，…，y_{N_h-1}
黑油模型	p_o，S_w，S_g	p_o，S_w，x_g	p_o，S_w，y_o

2. 相平衡计算

在求解组分模型时，每一个牛顿步之后，模型的未知量被更新，此时需要判断气相或油相的消失或重现，并计算新出现的相的组分和体积分数，这个过程称为相平衡计算，油藏网格和井节点都需要进行相平衡计算。黑油模型中，执行的是最简单的相平衡计算；组分模型的相平衡计算更复杂，包含两个步骤：相态判定和 P-T 闪蒸。本书的模型只考虑油—气互溶，所以只涉及气—液相态判定和两相 P-T 闪蒸。

1）气—液相态判定

组分模型中，相重现的判断是通过相态判定（stability analysis），油气共存时两相的组分和体积分数的计算是通过闪蒸计算，相消失的判断是通过负向闪蒸（negative flash）。本组分模型的相平衡计算采用的是已经成熟的摩尔分数变量方法（conventional variable，CV），而非后来发展起来的 reduced variable（RV），但为了加快求解，需要会对摩尔分数

做简单的变量替换。

相态判定的原理是检测单相烃类混合物能否分离出新的一相，使整个系统的 Gibbs 自由能降低。新的相体积无穷小，不会影响压力，也不会影响原有相的成分，因此被称作测试相（trail phase），Gibbs 自由能的变化量被定义为 *tpd* 函数。相态判定分为油相判定（测试相为气相）和气相判定（测试相为油相），为确定一个混合组分的相态，可能需要进行这两种相态判定。以油相判定为例，问题从数学上表述为，在固定压力下，*tpd* 函数的极小值是否为负，如果为负，则原有相是不稳定的，反之原有相是稳定的。

$$tpd(\boldsymbol{w})=\sum_{c=1}^{N_h} w_c\left(\ln f_{c,\mathrm{g}}(\boldsymbol{w})-d_c\right) \tag{3-3-3}$$

式中 $\boldsymbol{w}$——测试相（气相）各组分的摩尔分数，$\boldsymbol{w}=(w_1,\cdots,w_{N_h})$；

$f_{c,\mathrm{g}}$——组分 c 在测试相的逸度；

d_c——组分 c 在原有相（油相）的逸度，$d_c=\ln f_{c,\mathrm{o}}(\boldsymbol{z})$，$\boldsymbol{z}=(z_1,\cdots,z_{N_h})$ 是原有相的各组分摩尔分数，关于逸度的计算公式参考的是 Michelsen。

$\boldsymbol{w}$ 需要满足归一化条件 $\sum_{c=1}^{N_h} w_c=1$，这使问题变为求约束极值，在实际编程中，约束极值问题不易求解，因此把问题转化为求非约束函数的极值：

$$tm(\boldsymbol{W})=1+\sum_{c=1}^{N_h} W_c\left(\ln W_T+\ln f_{c,\mathrm{g}}-d_c-1\right) \tag{3-3-4}$$

其中，$W_T=\sum_{c=1}^{N_h} W_c$，被称作摩尔数（mole number），搜索 $tm(\boldsymbol{W})$ 极小值的方法是找到 $\boldsymbol{W}$，使得 $\frac{\partial(tm)}{\partial W_c}=0$（$c=1,\cdots,N_h$），即找到方程组的解。

$$\ln W_T+\ln f_{c,\mathrm{g}}-d_c=0,\ (c=1,\cdots,N_h) \tag{3-3-5}$$

2）两相 P–T 闪蒸

如果相态判定指示烃类混合物会分离为两相，或在上一牛顿步烃类混合物就是两相，则可用闪蒸计算求油相的摩尔分数（L）以及所有 x_c 和 y_c。已知总摩尔分数（$z_1,\cdots,z_{N_h}$），求各相摩尔分数的计算称为两相闪蒸计算，闪蒸计算的目标是使各组分在各相的逸度相等。本组分模拟器需要的是两相 P–T 闪蒸，即在定压力和温度假设下计算气、液两相的组分摩尔分数，其数学形式为

已知（$z_1,\cdots,z_{N_h}$）、p、T，解方程组。

$$\begin{cases} f_{c,\mathrm{o}}\left(p,x_1,\ldots,x_{N_h}\right)=f_{c,\mathrm{g}}\left(p,y_1,\ldots,y_{N_h}\right) \\ x_c L+y_c(1-L)=z_c \\ \sum_{c=1}^{N_h} x_c=1 \end{cases} \tag{3-3-6}$$

如果闪蒸计算之前做了相态判定计算，可以用相态判定的结果做方程的初始解，具体做法是解 Rachford-Rice 方程：

$$\sum_{c=1}^{N_h}\frac{z_c\left(K_c-1\right)}{L+\left(1-L\right)K_c}=0 \tag{3-3-7}$$

其中，K_c 是相态判定得到的平衡常数，求得 L 后，令 $x_c=\frac{z_c}{L+\left(1-L\right)K_c}$，$y_c=\frac{K_c z_c}{L+\left(1-L\right)K_c}$

如果混合物原本就是两相，则可用上一牛顿步的状态作为初始解。搜索解的方法是 SSI 配合牛顿法，SSI 的具体流程在 Broyden 的文献中有详细叙述，本模拟器是依照此文献方法实现的。

通过相平衡计算知道 L 和所有 x_c、y_c 后，可以从 EOS 求出气相和油相的压缩因子，进而计算气相摩尔密度 ρ_{g} 和油相摩尔密度 ρ_{o}，然后更新饱和度。

气相的饱和度等于

$$\frac{1-S_{\mathrm{w}}}{1+\left(\frac{L}{1-L}\right)\frac{\rho_{\mathrm{g}}}{\rho_{\mathrm{o}}}}$$

油相的饱和度等于

$$\frac{1-S_{\mathrm{w}}}{1+\left(\frac{1-L}{L}\right)\frac{\rho_{\mathrm{o}}}{\rho_{\mathrm{g}}}}$$

其中，S_{w} 是上一牛顿步求得的水饱和度。

接下来，可以通过摩尔质量计算气相和油相的质量密度；用 LBC 公式计算气相和油相的黏度；用等张比容的方法计算气相和油相之间的界面张力。这些量将被用作油藏流动方程的物性参数。如果只存在油或气单相，则消失那一相的性质被设置为等于另一相，油—气界面张力设置为零。油气共存时，逸度方程作为约束方程削去主方程中关于二级变量的导数；只有油或气单相时，约束方程则简化为油相和气相的组分摩尔分数相等。

3. 页岩油流动机理模型

在页岩油开发中，人们发现了一些对生产影响显著的渗流机理，本模型整合了这些渗流机理，用于满足实际应用的需要。

1）滞后效应

滞后效应由历史最大的非湿润相饱和度决定，页岩气模拟器会存储历史最大和最小的 S_{g}、S_{w} 值。本模拟器采用 Killough 方法模拟滞后效应，该方法可以一致地处理相对渗透率和毛细管力的滞后，Killough 方法的基础是估计 trapped 非湿润相饱和度 S_{nT}：

$$S_{nT}=S_{ncr}^{\mathrm{Dr}}+\frac{S_{nhy}-S_{ncr}^{\mathrm{Dr}}}{1+C\left(S_{nhy}-S_{ncr}^{\mathrm{Dr}}\right)} \tag{3-3-8}$$

式中 S_{ncr}^{Dr}——排水曲线上的临界非湿相饱和度（$k_{rn}=0$）；

S_{nhy}——历史最大非湿相饱和度；

$C=\dfrac{1}{S_{ncr}^{\mathrm{Im}}-S_{ncr}^{\mathrm{Dr}}}-\dfrac{1}{S_{n\max}-S_{ncr}^{\mathrm{Dr}}}$，其中 S_{ncr}^{Im} 为自吸曲线上的临界非湿相饱和度。

式（3-3-8）确保了 S_{nT} 位于排水和吸胀临界非湿润相饱和之间，即 $S_{ncr}^{\mathrm{Dr}}<S_{nhy}<S_{n\max}$，$S_{ncr}^{\mathrm{Dr}}<S_{nT}<S_{ncr}^{\mathrm{Im}}$。

2）*启动压力梯度、拟启动压力梯度模型*

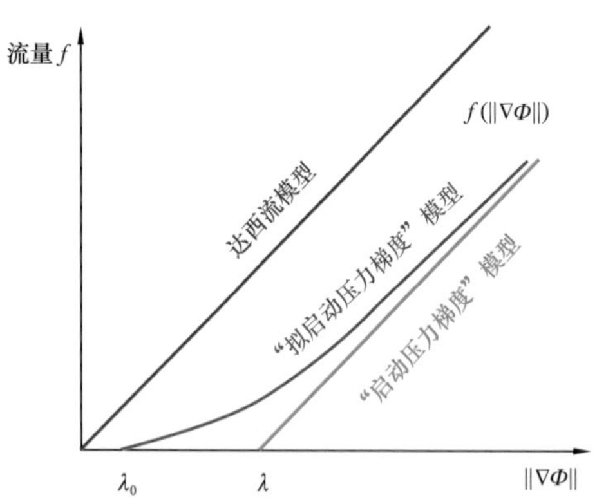

图 3-3-1 “启动压力梯度”和“拟启动压力梯度”模型

在致密介质中可以观察到“流量—压力梯度”的一种非线性关系（图 3-3-1），图 3-3-1 中 $\|\nabla\Phi\|$ 是压力梯度，纵轴是流量。函数 f（$\|\nabla\Phi\|$）在横轴上的截距大于 0 说明，压力梯度要大于一定的阈值流动才能发生，此阈值用符号 λ_0 表示，称为“最小启动压力梯度”。在页岩气模拟器中，可以用关键字 MINPTH 设置 λ_0 的值。

如果 $\|\nabla\Phi\|$ 大于 λ_0 后，f（$\|\nabla\Phi\|$）的斜率逐渐变大，在 $\|\nabla\Phi\|$ 很大时才接近恒定，则称为“拟启动压力梯度模型”，f（$\|\nabla\Phi\|$）的渐近线在横轴上的截距用符号 λ 表示，称为“拟启动压力梯度”，在页岩气模拟器中用关键字 PSDTPH 设置。在考虑“最小启动压力梯度”和“拟启动压力梯度”时，相 P 的流量的表达式可写为

$$q_{P,ji}=\frac{\rho_P k_{rP}}{\mu_P}T_{ij}\cdot\left(\Phi_{P,j}-\Phi_{P,i}\right)\left[1-\frac{\lambda}{\left(\left\|\nabla\Phi\right\|_{ij}-\lambda_0\right)+\lambda}\right] \tag{3-3-9}$$

式中 $\Phi_{P,j}$、$\Phi_{P,i}$——分别为网格 i、j 的压力势；

$\|\nabla\Phi\|_{ij}$——网格 i、j 之间的压力梯度。

注意，式只在 $\|\nabla\Phi\|_{ij}>\lambda_0$ 时成立，当 $\|\nabla\Phi\|_{ij}\leqslant\lambda_0$ 时，$q_{P,ji}=0$。

一种特殊情况是 $\lambda=\lambda_0$，此时 $f\|\nabla\Phi\|$ 退化为经过（λ_0，0）的直线，称为“启动压力梯度模型”。当用户只定义了 MINPTH 而没有定义 PSDPTH，或 PSDPTH 的值小于 MINPTH 时，模拟器会采用启动压力梯度模型，式（3-3-9）退化为式（3-3-10）。

$$q_{P,ji}=\frac{\rho_P k_{rP}}{\mu_P}T_{ij}\cdot\left(\Phi_{P,j}-\Phi_{P,i}\right)\left[1-\frac{\lambda_0}{\left\|\nabla\Phi\right\|_{ij}}\right] \tag{3-3-10}$$

启动压力梯度 / 拟启动压力梯度会影响“基质—基质”的流动计算，也会影响“基质—裂缝”的流动计算，但不影响“裂缝—裂缝”的流动计算。裂缝内部不存在启动压力梯度 / 拟启动压力梯度。

二、陆相页岩油储层网格剖分及裂缝描述方法

页岩油流动模型的基质部分使用块中心网格、岩石力学模型使用六面体有限元网格，这两点与大多数商业油藏模拟器是一样的，区别在于页岩油模型还要考虑复杂裂缝系统。

本书在页岩油模拟器中实现了嵌入式离散裂缝方法，编写了 EDFM 离散和传导率计算模块，支持任意角点网格、支持局部加密。本书所实现的 EDFM 以四边形为基本单元，可模拟天然裂缝、人工裂缝，通过多裂缝片组合，可以模拟交叉裂缝和曲面裂缝，灵活性很强。

1. 嵌入式离散裂缝方法

本书中，嵌入式裂缝的基本单元采用四边形，一条裂缝可以由一个四边形表示，也可以由多个四边形组合而成，构成裂缝的四边形单元称为“子片”，子片被基质网格剖分后，又可能形成多个多边形。一个多边形就是数值求解中的一个网格，称为“裂缝网格”。因此，在本书的页岩油模拟器中，裂缝系统的构成分为三个级别，按尺寸从大到小依次为裂缝、子片（四边形）、子多边形（裂缝网格）（图 3–3–2）。

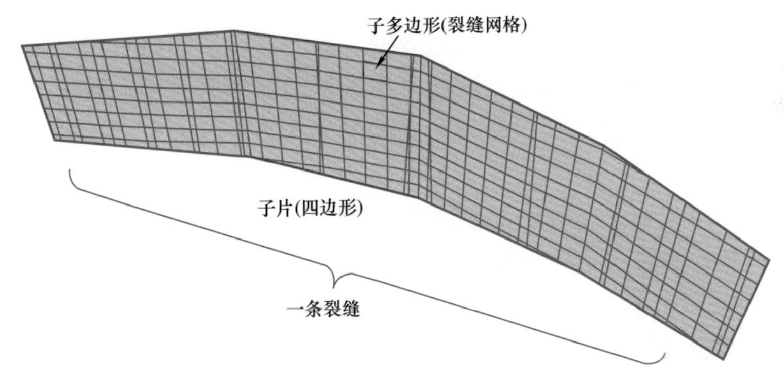

图 3–3–2　裂缝系统的三个级别：[裂缝、子片（四边形）、子多边形（裂缝网格）]

本书深度发展和耦合了嵌入式离散裂缝方法（EDFM），可用于任意角点网格，使用简便、计算速度快，对于裂缝模拟具有以下优点：

（1）耗费网格数目少，能精确描述单个裂缝的几何与物理属性，精度较高；

（2）可以灵活修改裂缝参数，无需对基质网格进行重新剖分；

（3）可以与局部网格加密同时使用，精细描述裂缝区域的状态变化；

（4）裂缝数据体简单，易与压裂模拟软件的计算结果衔接。

现有的 EDFM 剖分算法存在稳定性差、不够通用等问题，本书实现了一种更简洁、更普适的剖分算法，具体流程如下：

（1）筛选所有可能与子片相交的基质网格，如果子片所在的平面与基质网格的某条楞有交点，则子片可能与该基质网格相交 [图 3–3–3（a）]，否则不可能相交；

（2）生成平面与基质网格的交面，交面可能是三角形、四边形、五边形或六边形 [图 3–3–3（b）]；

（3）根据子片的轮廓剪裁交面，本书的页岩油模拟器只处理四边形轮廓［图 3–3–3（c）］，任意边数的轮廓也是可以程序实现的，经剪裁后的交面成为子多边形，当轮廓是四边形时，子多边形的边数最多等于 9；

（4）计算基质网格到子多边形的传导率；

（5）搜索子片内部的连接，计算多边形之间的传导率；

（6）搜索子片之间的连接，子片可能接壤、也可能交叉，先找到子片之间的公共边或交线，然后找到接壤或交叉的多边形，计算多边形间的传导率。

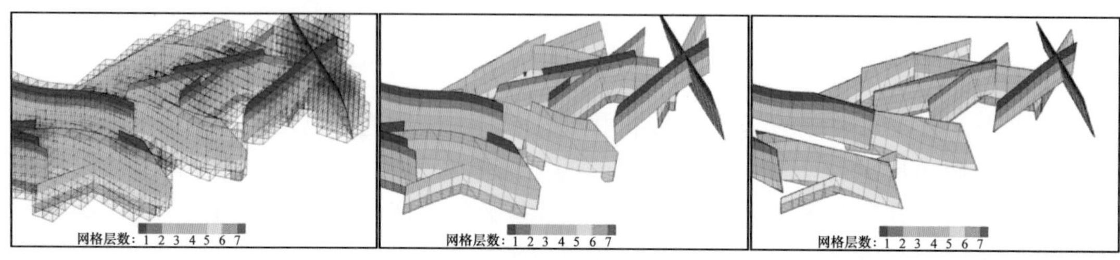

(a) 筛选所有可能与子片相交的基质网格 (b) 生成平面与基质网格的交面 (c) 根据裂缝轮廓剪裁交面

图 3–3–3 嵌入式裂缝子片剖分示意图

此算法既不要求基质网格的交面是对齐的，即允许基质网格有错层和尖灭，也不要求基质网格具有 I–J–K 形式的编号，因此可用于有局部加密的角点网格；甚至对子片是四边形或基质网格是六面体的要求也不是必需的，此算法未来可以扩展到任意多边形子片和多面体基质网格。

计算基质网格至交面、子片内部多边形、相交多边形的传导率采用 Lee 等和 Moinfar 等的方法。这些传导率是用于计算单元之间的流量的，统一用符号 T 表示，T 是与流体属性无关的量。任意两个单元 a 至 b 的流速可以一般地写为 $\lambda T(\Phi_a-\Phi_b)$；其中 λ 是流度，定义为（流体密度 × 相对渗透率）/ 流体黏度，λ 是与网格的几何特征完全无关的量；Φ_a 和 Φ_b 分别为单元 a 和单元 b 的压力势，即附加了重力势的流体压力。

对子片内部的多边形或子片间接壤的多边形，传导率按平面多边形的差分格式计算。对于相交的多边形［图 3–3–4（a）］，传导率取两个多边形到交线的传导率的调和平均：

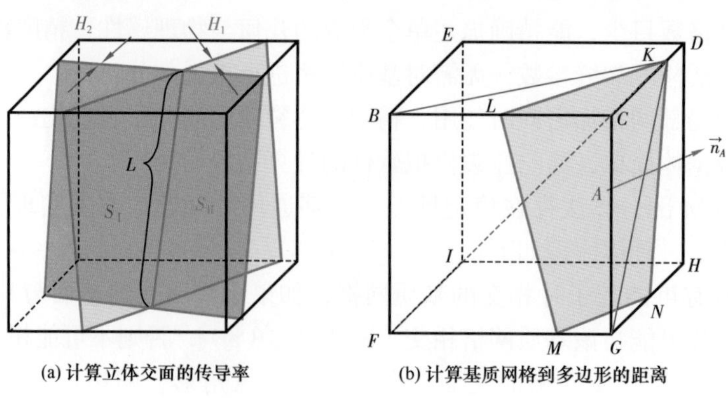

(a) 计算立体交面的传导率 (b) 计算基质网格到多边形的距离

图 3–3–4 EDFM 传导率的计算

$$T_{\mathrm{ff}}=\frac{1}{2}\left(\frac{1}{T_{\mathrm{f}_1}}+\frac{1}{T_{\mathrm{f}_2}}\right)^{-1} \tag{3-3-11}$$

其中，$T_{\mathrm{f}_1}=\dfrac{2H_1L}{\bar{d}_{\mathrm{f}_1}}K_{\mathrm{f}_1}$，$T_{\mathrm{f}_2}=\dfrac{2H_2L}{\bar{d}_{\mathrm{f}_2}}K_{\mathrm{f}_2}$

式中 H——裂缝开度；

L——交线长度，L 乘以 2 是因为交线的两侧都能流入；

K_{f}——裂缝渗透率；

$\bar{d}_{\mathrm{f}}$——多边形内微元到交线的平均距离；下角标 1、2——分别代表两个多边形。

用 S 表示多边形面积，$\bar{d}_{\mathrm{f}}$ 的定义为

$$\bar{d}_{\mathrm{f}}=\frac{\int_s\|\vec{d}\|\mathrm{d}S}{S} \tag{3-3-12}$$

过交线的多边形都会被交线分割为两部分，分别用下角标Ⅰ、Ⅱ表示，则 $\bar{d}_{\mathrm{f}}$ 可以按式（3-3-13）快速计算，不需要数值积分。

$$\bar{d}_{\mathrm{f}}=\frac{S_{\mathrm{I}}d_{\mathrm{I}}+S_{\mathrm{II}}d_{\mathrm{II}}}{S_{\mathrm{I}}+S_{\mathrm{II}}} \tag{3-3-13}$$

在基质网格与裂缝片之间，基质网格与多边形的传导率不能按常规方法计算，因为多边形嵌在基质网格内，而且为了保留基质网格的完整性，不希望将基质网格劈分为两部分。基质网格与多边形的传导率等于：

$$T_{\mathrm{mf}}=\frac{2A}{\bar{d}}K_{\mathrm{m}} \tag{3-3-14}$$

$$\bar{d}=\frac{\int_V\|\vec{d}\|\mathrm{d}V}{V} \tag{3-3-15}$$

式中 A——多边形的面积，A 乘以 2 是因为多边形的双面都能流入；

K_{m}——基质渗透率；

$\bar{d}$——基质网格的微元到多边形的平均距离；

V——基质网格的体积。

如果基质渗透率是张量，则 $T_{\mathrm{mf}}=\dfrac{2A}{\bar{d}}\left(\vec{n}_A\cdot\boldsymbol{K}_{\mathrm{m}}\cdot\vec{n}_A\right)$，其中，$\vec{n}_A$ 是多边形的归一化面法向，$\boldsymbol{K}_{\mathrm{m}}$ 是张量渗透率。

在求 $\bar{d}$ 时，Moinfar 等用的是数值积分，即将基质网格拆分为多个小单元，求 $\|\vec{d}\|$ 的

体积加权平均，此方法存在精度和效率问题。实际上，在角点网格内，式（3-3-15）等于6个四棱锥到多边形的距离的加权平均，可用解析方法精确计算6个四棱锥到多边形的距离，从而避免数值积分。如图3-3-4（b）所示，每个四棱锥的底分别是六面体的一个面，四棱锥的顶点取多边形上的任一点，为方便计算，取多边形的一个顶点K［图3-3-4（b）］，则六面体到多边形KLMN的平均距离可表示为

$$\bar{d}=\frac{(V\cdot d)_{\mathrm{K-BCDE}}+(V\cdot d)_{\mathrm{K-FGHI}}+(V\cdot d)_{\mathrm{K-BFIE}}+(V\cdot d)_{\mathrm{K-CDHG}}+(V\cdot d)_{\mathrm{K-BCGF}}+(V\cdot d)_{\mathrm{K-DEIH}}}{V_{\mathrm{K-BCDE}}+V_{\mathrm{K-FGHI}}+V_{\mathrm{K-BFIE}}+V_{\mathrm{K-CDHG}}+V_{\mathrm{K-BCGF}}+V_{\mathrm{K-DEIH}}} \tag{3-3-16}$$

当四棱锥的底面在多边形同侧时（如K-BFIE），$\bar{d}$ 等于四棱锥的体心到多边形的距离，而四棱锥的体心在四棱锥的中轴线距顶点3/4的地方；当四棱锥的底面被多边形的某条边分割时（如K-BCGF，BCGF被LM分割），$\bar{d}$ 等于两个棱锥（K-BLMF、K-LCGM）到多边形的距离的加权平均。图3-3-4（b）中有两个特殊四棱锥，K-BCDE、K-CDHG的 $\bar{d}$ 等于零，体积也等于零，这与顶点K的选取有关，但无论怎么选择顶点，只要K在多边形上，式（3-3-16）的值是相同的。

为了方便使用，EDFM的子片剖分和传导率计算都已整合进了页岩油模拟器，用户只需输入子片的四个顶点，模拟器将自动完成多边形的生成，然后调整模型的网格数量和连接关系。用户定义基质网格时，则与模拟不含裂缝的问题没什么区别。

模拟压裂井要考虑裂缝与井的连通，在常规油气藏模拟中，网格单元与井的连接强度用“井指数（WI）”来表示，常规角点网格的井指数用Peaceman公式计算，Peaceman公式计算的是长方形内点源井的井指数。嵌入式裂缝在被基质网格分割之后是一系列不规则的多边形。Moinfar等只考虑了长方形的井指数，MRST的EDFM实现则没有考虑井与嵌入式裂缝直接相连。

当井平行于裂缝时，问题归结为求多边形内线源井的井指数；当井穿过裂缝时，问题归结为求多边形内点源井的井指数。多边形线源井的井指数容易计算，但多边形点源井的井指数与Peaceman公式非常不同，Wolfsteiner等提出了这种公式，但还没有文献将其应用于EDFM，本书将其应用于EDFM。如图3-3-5所示，倒梯形是裂缝的一个子片，它被基质网格剖分为一些多边形，设井从多边形 i 内穿过，穿孔位置为点 n，用 j 表示多边形 i 周围的某个多边形，设裂缝沿翼展方向的渗透率为 K_x、沿上下方向的渗透率为 K_y。由Peaceman的各向异性径向流公式，流入井的质量流量可以表达为

$$q_n=\lambda\frac{2\pi H\sqrt{K_xK_y}}{\ln\left(L_{nj}/r_{\mathrm{w}}\right)}\left(p_j-p_{\mathrm{w}}\right) \tag{3-3-17}$$

其中

$$L_{nj}\approx\frac{2\left[\left(K_y/K_x\right)^{\frac{1}{2}}x_{nj}^{\ 2}+\left(K_x/K_y\right)^{\frac{1}{2}}y_{nj}^{\ 2}\right]^{1/2}}{\left(K_x/K_y\right)^{\frac{1}{4}}+\left(K_x/K_y\right)^{\frac{1}{4}}}$$

式中 λ——流度；

H——裂缝开度；

p_w——井的压力；

r_w——井半径。

其中，(x_{nj}，y_{nj}) 是连接点 n 与多边形形心 j 的向量；约等号右侧是 L_{nj} 的近似公式，在 $K_x/K_y \in$ (0.1，10) 的范围内，此公式的误差是非常小的。

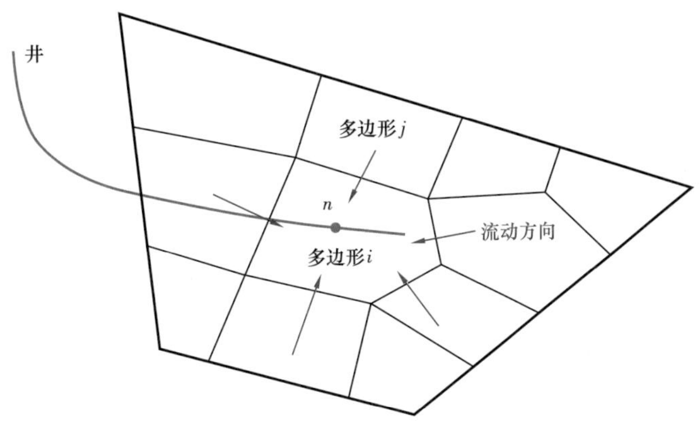

图 3-3-5 井穿过裂缝示意图（红色箭头为流动方向）

接下来消去 p_j，根据 Moinfar、Varavei、Sepehrnoori 和 Johns 的多边形汇流公式：

$$q_n = \sum_j \lambda T_{ij}\left(p_j - p_i\right) = \sum_j \lambda T_{ij}\left(p_j - p_w\right) - \sum_j \lambda T_{ij}\left(p_i - p_w\right) \tag{3-3-18}$$

式中 T_{ij}——多边形 i、j 之间的传导率系数（量纲为渗透率 × 长度）；

q_n——流入多边形 i 的总流量。

式（3-3-18）的 q_n 与式（3-3-17）的 q_n 是相等的，因为在稳态情况下，流入多边形 i 的流量等于流入井的流量。用式（3-3-17）和式（3-3-18）消去 p_j，得到只关于 q_n、p_w 和 p_i 的表达式：

$$q_n = q_n \sum_j \frac{T_{ij}\ln\left(L_{nj}/r_w\right)}{2\pi H\sqrt{K_x K_y}} - \sum_j \lambda T_{ij}\left(p_i - p_w\right) \tag{3-3-19}$$

或写为

$$\begin{aligned}\frac{q_n}{\lambda} &= \frac{2\pi H\sqrt{K_x K_y}\left(p_i - p_w\right)}{\left(\sum_j T_{ij}\ln\left(L_{nj}/r_w\right) - 2\pi H\sqrt{K_x K_y}\right)\Big/\sum_j T_{ij}} \\ &= \frac{2\pi H\sqrt{K_x K_y}\left(p_i - p_w\right)}{\left(\sum_j T_{ij}\ln L_{nj} - 2\pi H\sqrt{K_x K_y}\right)\Big/\sum_j T_{ij} - \ln r_w}\end{aligned} \tag{3-3-20}$$

将式（3-3-20）与井指数的定义 $\frac{q_n}{\lambda}=\mathrm{WI}\left(p_i-p_\mathrm{w}\right)$ 对比，得到井指数的表达式为

$$WI=\frac{2\pi H\sqrt{K_xK_y}}{\left(\sum_j T_{ij}\ln L_{nj}-2\pi H\sqrt{K_xK_y}\right)\Big/\sum_j T_{ij}-\ln\left(r_\mathrm{w}\right)} \tag{3-3-21}$$

可见井穿过裂缝的井指数不仅与穿孔的多边形有关，还与周围的一圈多边形有关，因为 T_{ij}、L_{nj} 同时与多边形 i 和多边形 j 有关。在以上井指数的推导中仅用到两个假设：（1）裂缝子片内，射孔点附近的流动是径向流；（2）流入多边形 i 的流量等于流入井的流量。这两个假设基本是符合实际情况的。

2. EDFM 与 DFM 对比验证

DFM 是一种可以精细模拟裂缝内流动的方法，从而验证 EDFM 的准确性。本测试采用一个水平井算例，水平井与一些垂直裂缝相连，井为定 BHP 生产，生产中储层的油会脱气。分别用 EDFM 和 DFM 模拟，从图 3-3-6 可以看出，EDFM 和 DFM 模拟得到的压力场和油饱和度场非常一致；从图 3-3-7 可以看出，EDFM 和 DFM 模拟得到的日产油、日产气和累计产油基本一致。在本测试中，EDFM 使用了 23736 个网格，模拟耗时 180s；DFM 使用了 116337 个网格，模拟耗时 3490s。可见 EDFM 因节省了很多网格而在速度上有较大优势，而且在本算例中，EDFM 的网格尺寸普遍更大，因此模拟时间步可以更大，进一步减少了耗时。

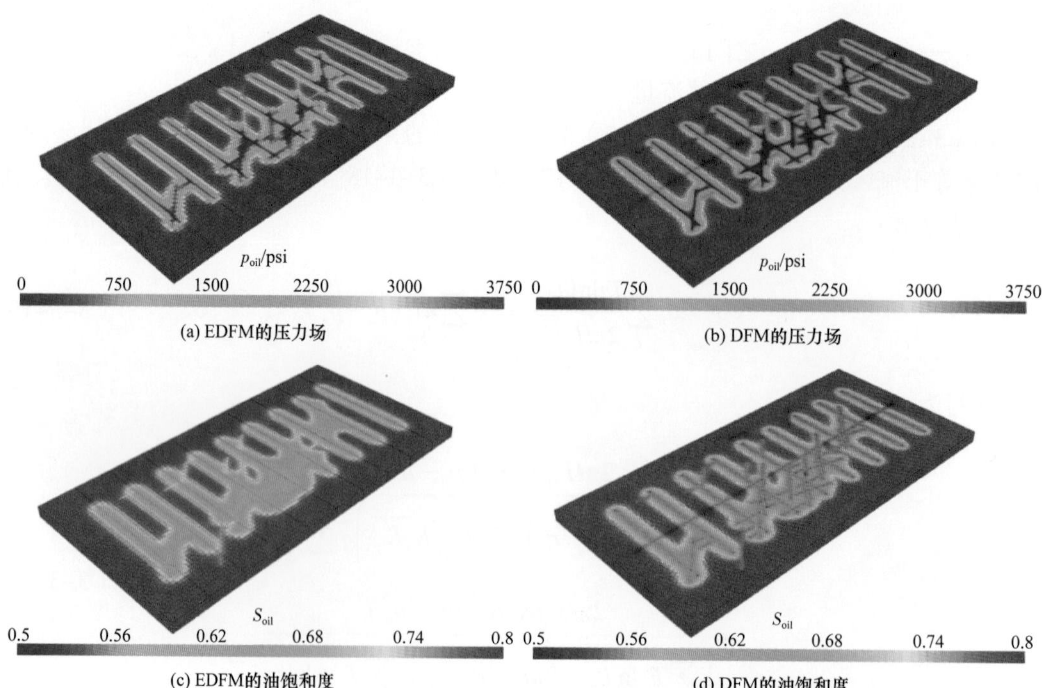

图 3-3-6　EDFM 和 DFM 模拟至第 1000 天的压力场和油饱和度场（水平井算例）

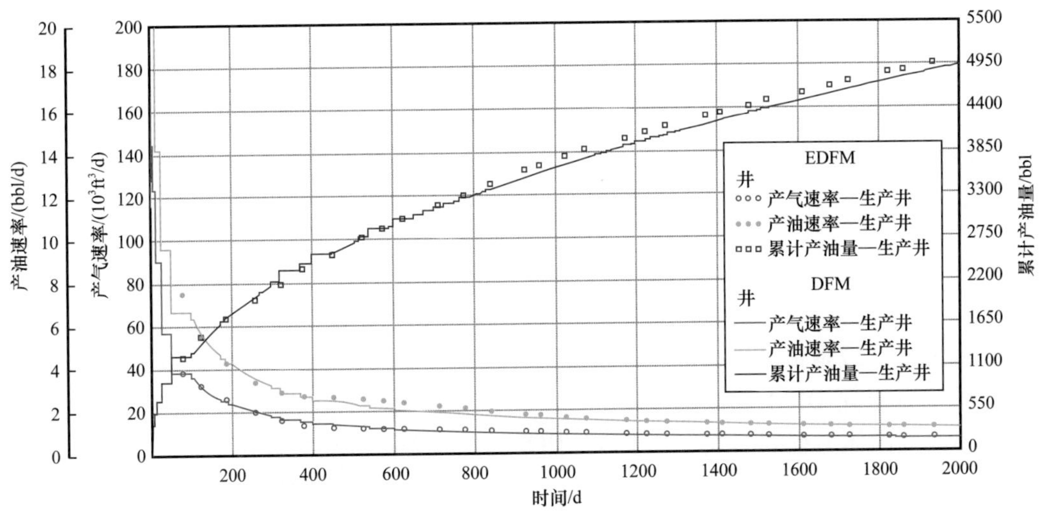

图 3-3-7 EDFM 和 DFM 的产量模拟结果（水平井算例）

三、陆相页岩油储层流体流动数值模拟方法

本书在组分模型的基础上，实现了流—固耦合模型，并发展了针对性的求解技术，最终实现准确、高效、实用的流—固耦合模拟。模型综合考虑了流动、孔隙压实、裂缝正变形、裂缝剪切膨胀作用。本书用拟连续体模拟固体变形和基质流动，用离散裂缝网格模拟裂缝流动。在固体模型中，裂缝被等效化而不用额外的网格模拟，因此，流体模型有裂缝网格而固体模型没有。更进一步，本书实现了“双网格”法，分别模拟固体和流体，允许固体网格和流体网格不重合、允许固体网格的范围大于流体网格。

本书采用迭代法求解流—固耦合方程，其一次循环的步骤如图 3-3-8 所示。图 3-3-8 中，步骤［1］是分别求解流体的质量守恒方程和固体的动量守恒方程，以获得各基本变量的值；步骤［2］是根据拟连续体的应力应变分配系数，获取裂缝的应力应变；步骤［3］是根据裂缝的应力，更新裂缝的开度；步骤［4］是根据裂缝开度，更新裂缝渗透率；步骤［5］、步骤［6］分别将更新后的裂缝应力应变及渗透率导入拟连续体，通过步骤

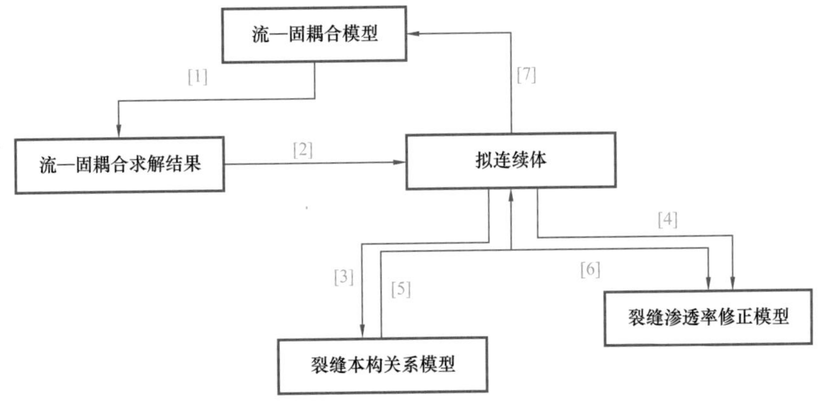

图 3-3-8 全流—固耦合模型各模块关系示意图

[7]修正流动方程。步骤[1]至[7]是顺序执行的，为了保证这种求解是隐式的，在一个时间步中步骤[1]至步骤[7]要循环多次，直至流体方程的余误差足够小。为了减少循环数，本书引入了“固定应力分解（fixed stress split）”方法，对流体方程做修正，使流体方程即使单独求解也能体现一些固体形变的影响，从而加快迭代收敛速度。

1. 流固耦合模型的控制方程

在不考虑裂缝时，可以将基质看作两套拟连续体，即流体连续体与固体连续体；并假设（1）固体的变形是线弹性的，（2）固体的变形是一个准静态过程，（3）固体变形相对于整个油藏区域是很小的，即小变形假设，以及（4）在开采过程中是恒温的。考虑裂缝后，流动部分用DFM模拟裂缝，不改变流体方程的形式，固体部分用等效法模拟裂缝，也不改变固体方程的形式。基于以上假设，建立岩石力学控制方程如下：

$$\begin{cases}\mathrm{Div}\left(\boldsymbol{C}_{\mathrm{dr}}:\boldsymbol{\varepsilon}-bp\boldsymbol{\delta}\right)+\left[\phi\rho_{\mathrm{f}}+\left(1-\phi\right)\rho_{\mathrm{s}}\right]\boldsymbol{g}=\boldsymbol{0}\\ \boldsymbol{\varepsilon}=\dfrac{1}{2}\left(\boldsymbol{u}\nabla+\nabla\boldsymbol{u}\right)\end{cases}\tag{3-3-22}$$

式中 Div（·）——散度算子；

$\boldsymbol{C}_{\mathrm{dr}}$——四阶弹性排水体积模量；

$\boldsymbol{\varepsilon}$——变张量；

b——Boit 系数；

p——孔隙压力；

$\boldsymbol{\delta}$——2 阶克罗内克张量；

ϕ——真孔隙度，该孔隙度表示岩石在当前变形情况下的孔隙体积与总体积的比；

ρ_{f}——流体平均密度，$\rho_{\mathrm{f}}=S_{\mathrm{w}}\rho_{\mathrm{w}}+S_{\mathrm{o}}\rho_{\mathrm{o}}+S_{\mathrm{g}}\rho_{\mathrm{g}}$；

ρ_{w}，ρ_{o}，ρ_{g}——分别为水、气、油三相的密度；

ρ_{s}——岩石密度；

$\boldsymbol{g}$——重力向量；

$\boldsymbol{u}$——位移向量，是未知量。

流动方程通过质量守恒方程描述，在考虑到固体变形的情况下，要将流体方程的累积项写为随体导数的形式，以组分模型为例，碳组分 i 的质量守恒方程为

$$\frac{\partial\left[\left(x_iS_{\mathrm{o}}\rho_{\mathrm{o}}+y_iS_{\mathrm{g}}\rho_{\mathrm{g}}\right)\phi\right]+\left[\left(x_iS_{\mathrm{o}}\rho_{\mathrm{o}}+y_iS_{\mathrm{g}}\rho_{\mathrm{g}}\right)\phi\right]\partial\varepsilon_{\mathrm{v}}}{\partial t}=\nabla\cdot\left[x_i\frac{\rho_{\mathrm{o}}K_{\mathrm{ro}}}{\mu_{\mathrm{o}}}\boldsymbol{K}\left(\nabla p_{\mathrm{o}}-\rho_{\mathrm{o}}\vec{g}\right)+y_i\frac{\rho_{\mathrm{g}}K_{\mathrm{rg}}}{\mu_{\mathrm{g}}}\boldsymbol{K}\left(\nabla p_{\mathrm{g}}-\rho_{\mathrm{g}}\vec{g}\right)\right]-q_i\tag{3-3-23}$$

式中 x_i 与 y_i——分别表示碳组分 i 在油气两相中的摩尔分数；

ε_{v}——体应变，在流动方程中，其被定义为应变张量 $\boldsymbol{\varepsilon}$ 的迹；

μ_{o} 与 μ_{g}——分别为油相和气相的黏度；

K_{ro} 与 K_{rg}——分别为油气两相的相对渗透率；

$\boldsymbol{K}$——渗透率张量；

q_i——组分 i 从网格到井或到边界的摩尔流速。

式（3-3-23）等号左边就是随体导数 $\frac{\mathrm{d}m_i}{\mathrm{d}t}$。每个流体单元碳组分的质量守恒方程有 N_c 个，此外还有一个水的质量守恒方程，形如方程：

$$\nabla \cdot \vec{q}_{\mathrm{w}} + q_{\mathrm{w}}^{\mathrm{well}} + q_{\mathrm{w}}^{\mathrm{b}} = \frac{\mathrm{d}m_{\mathrm{w}}}{\mathrm{d}t} \tag{3-3-24}$$

其中，$q_{\mathrm{w}}^{\mathrm{b}}$ 是水体流向储层的流量，本模拟器采用 Fetkovitch 水体。

当气相与油相同时存在时，方程是不闭合的。此时，需要辅助方程来约束变量，它们是逸度方程和摩尔分数归一化方程：

$$\begin{cases} f_{\mathrm{L}i} - f_{\mathrm{V}i} = 0, i = 1, \cdots, N_c \\ \sum_{i=1}^{N_c} x_i - 1 = 0 \\ \sum_{i=1}^{N_c} y_i - 1 = 0 \end{cases} \tag{3-3-25}$$

固体部分每个节点有三个动量平衡方程（三个方向）和三个位移变量。流体部分每个控制体单元有（$2N_c$+3）个方程，（$2N_c$+3）个变量：$\left\{p, S_{\mathrm{g}}, S_{\mathrm{o}}, x_1, \ldots, x_{N_c}, y_1, \ldots, y_{N_c}\right\}$。因此控制方程是闭合的。流体单元的约束方程个数等于（N_c+2），每个单元的自由度等于（N_c+1），因此流体模型的实际自由度等于［（N_c+1）× 流体单元数］，降低流体 Jacob 矩阵维数采用高斯消去法，用式（3-3-25）的 Jacob 矩阵消去式（3-3-23）的 Jacob 矩阵中的一些元素，最终得到维数等于实际自由度的方阵。

裂缝形变模型分为三部分，分别是裂缝本构关系、拟连续等效模型及裂缝渗透率修正模型。裂缝形变模型的作用是建立裂缝所受应力与渗透率的联系。本书基于 Bandis 等的方法建立裂缝本构模型，裂缝的柔度模型采用对角矩阵的形式：

$$\boldsymbol{C}_{\mathrm{j}} = diag\left(K_{\mathrm{n}}^{-1}, K_{\mathrm{s}}^{-1}, K_{\mathrm{s}}^{-1}\right) \tag{3-3-26}$$

式中 K_{n}，K_{s}——分别表示正向和剪切向的刚度，其定义如下：

$$K_{\mathrm{n}} = K_{\mathrm{n}i}\left[1 - \frac{\sigma_{\mathrm{n}}}{v_{\mathrm{m}} K_{\mathrm{n}i} + \sigma_{\mathrm{n}}}\right]^{-2}, K_{\mathrm{s}} = K_{\mathrm{ms}}\left(2 - \frac{\sigma_{\mathrm{n}}}{\mathrm{UCS}}\right)\left(\frac{\sigma_{\mathrm{n}}}{\mathrm{UCS}}\right) \tag{3-3-27}$$

其中，$K_{\mathrm{n}i}$ 为零应力条件下的刚度；σ_{n} 为有效正应力；v_{m} 为最大闭合量；K_{s} 为剪切刚度；K_{ms} 为最大剪切刚度；USC 为无量纲压缩强度。$K_{\mathrm{n}i}$ 与 v_{m} 都是裂缝壁面粗糙度（JRC）、裂缝压缩强度（JCS）以及初始开度 a_0 的函数，可表示为

$$
\begin{aligned}
K_{ni} &= -7.15 + 1.75\text{JRC} + 0.02\frac{\text{JCS}}{a_0} \\
v_m &= -0.1023 - 0.0074\text{JRC} + 1.135\left(\frac{\text{JCS}}{a_0}\right) - 0.251
\end{aligned}
\qquad (3\text{-}3\text{-}28)
$$

固体力学模型对裂缝的处理是：将裂缝与基质等效一个拟连续体，使该连续体所表现的整体的力学性质与裂缝—基质不连续体的力学性质一致。图 3–3–9 说明了拟连续体等效的概念。对于大尺度裂缝，拟连续体所获取的裂缝信息为与固体单元相交的裂缝体积，对于小尺度裂缝，拟连续体的裂缝信息为裂缝的密度。考虑到在流动数学模型中，固体单元的变形信息仅为一维标量 ε_v，所以无论裂缝的尺度如何，裂缝单元的基本构型均表示为裂缝与基质按某种顺序排列，如图 3–3–9 右侧所示。

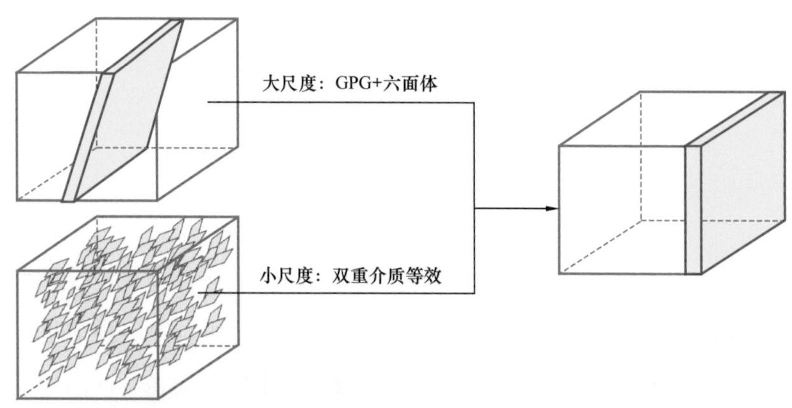

图 3–3–9　拟连续固体网格概念图

拟连续体是通过柔度叠加进行等效的，拟连续体的柔度计算公式为

$$
\boldsymbol{C}_t = \boldsymbol{C}_m + \sum_{j=1}^{n_f} \frac{1}{s_j} \boldsymbol{T}_j^{T} \boldsymbol{C}_j \boldsymbol{T}_j \qquad (3\text{-}3\text{-}29)
$$

式中　$\boldsymbol{C}_m$——基质的柔度矩阵；

n_f——裂缝系列数；

s_j——裂缝系列的平均间距；

$\boldsymbol{T}_j$——3×6 的方向转换矩阵，$\boldsymbol{T}_j$ 的作用是将局部坐标 $\boldsymbol{C}_j$ 转换到全局坐标下，$\boldsymbol{T}_j^{T}\boldsymbol{C}_j\boldsymbol{T}_j$ 不再是对角矩阵。一个拟连续单元中可以有多个系列的裂缝，不同系列的裂缝可以方向不同。柔度矩阵的逆就是刚度矩阵，即式（3–3–22）中的 $\boldsymbol{C}_{dr}$。

裂缝的渗透率变化基于立方公式计算，最简单的方法是将裂缝等效为两条光滑且平行的平板，此时裂缝渗透率的计算公式为

$$
K_f = K_{f,0} \times \frac{w_f^3}{w_{f,0}^3} \qquad (3\text{-}3\text{-}30)
$$

式中　下标 0——表示参考状态；

K_f——裂缝渗透率；

w_f——裂缝的水力开度。

在压裂工程中，机械开度是裂缝面的真实距离，但由于裂缝的壁面粗糙性，机械开度不满足立方关系。定义满足立方关系的开度为水力开度，水力开度是一种等效开度。关于水力开度的计算，本书采用 Barton 模型计算受压裂缝的开度，采用 Nassir 模型计算受拉裂缝的开度，采用由 Asadollahi 提出的修正后的 Barton 模型估计受压受剪的裂缝开度。

2. 双网格离散和迭代求解方法

本模型采用双网格分别模拟流体和固体。流体与固体分别根据算法特征采取特定的网格，流体与固体网格不需要重合。双网格系统概念图如图 3-3-10 所示，其中，固体网格为一阶六面体有限元，网格覆盖区域在纵向上从地表直至油藏底板，横向上包含油藏区域及围压岩石区域。流体为角点网格或非结构柱线网格。双网格系统固体网格在流—固耦合模拟过程中有以下优点：（1）固体网格范围大，可以设置更真实的力学边界条件；（2）固体网格只使用一阶六面体单元，因此可以应用成熟的有限元解法；（3）流体网格可以显式模拟裂缝，从而使流动模拟更精确。

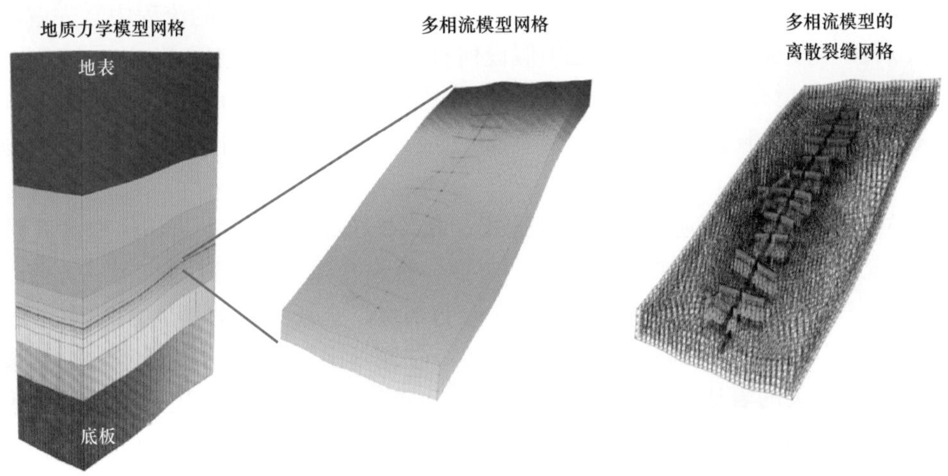

图 3-3-10　双网格系统示意图

本书针对流—固耦合的双网格系统提出了局部守恒插值算子，以保证两套网格之间参数映射的精准度。固体到流体网格的插值算子基于有限元分片线性插值建立，其表达式为

$$\begin{cases}\varepsilon_{v,\mathrm{cell}_i}=\sum\limits_{n=1}^{8}\left(\mathrm{M}_{n,x}\times disp_{x,n}+\mathrm{M}_{n,y}\times disp_{y,n}+\mathrm{M}_{n,z}\times disp_{z,n}\right)\\ \begin{bmatrix}\mathrm{M}_{n,x} & \mathrm{M}_{n,y} & \mathrm{M}_{n,z}\end{bmatrix}=\begin{bmatrix}\dfrac{\partial N}{\partial x} & \dfrac{\partial N}{\partial y} & \dfrac{\partial N}{\partial z}\end{bmatrix}\end{cases} \tag{3-3-31}$$

式中　$\varepsilon_{v,\ \mathrm{cell}_i}$——单元 i 体应变；

$disp_{\alpha,\ n}$——节点 n 的位移增量。

流体网格到固体网格的插值算子基于有限元弱形式推导而来，其表达式为

$$\mathbf{R}(p)=\frac{1}{\mathrm{Vol}\left(\mathrm{cell}_i\cap\mathrm{ele}_j\right)}\sum_{i=0}^{N}\mathrm{Vol}\left(\mathrm{cell}_i\cap\mathrm{ele}_j\right)\cdot p_{\mathrm{cell}_i} \tag{3-3-32}$$

式中 $\mathbf{R}(p)$——映射后的压力；

Vol——体积计算符号，式（3-3-32）的本质是体积加权平均；

p_{cell_i}——单元 i 的压力；

Vol（$\mathrm{cell}_i\cap\mathrm{ele}_j$）——代表流体单元 i 和固体单元 j 的重叠体积，求两个多面体的重叠体积不是一件简单的事，但如果两个多面体都是凸多面体，则重叠的部分也是凸多面体，可以先求出重叠部分所有的面，然后由高斯定理计算重叠部分的体积。

为保证求解效率、稳定性与精度，本书提出一种可用于双网格的流—固迭代隐式解法。“固定应力分解（Fixed stress split）”是实现这种迭代隐式的关键。所谓迭代隐式，就是求解固体方程（或流体）后，更新流体（或固体）方程，如此循环，直至两套方程的余误差都足够小。迭代隐式与全隐式不同，虽然二者都是隐式解法，全隐式在牛顿迭代的每一步将所有方程的偏导数组成一个大矩阵一起求解；而迭代隐式是对方程组做了适当拆分，形成子系统，分别求解子系统的 Jacob 矩阵。在迭代隐式的流程中，先解固体方程还是先解流体方程，先求解的方程中假设何种物理变量不变，都会影响迭代的收敛性。“固定应力分解”指先求解流体方程，解流体方程时假设有效应力不变，然后求解固体方程，并在求解过程中假设流体压力不变。“固定应力分解”被证明是适用于开采模拟的收敛速度稳定的方法。

式（3-3-33）是有效应力增量的表达式，式（3-3-34）是考虑了体应变的孔隙度增量 $\delta\phi$。$\delta\phi$ 是计算流体随体导数的前提，一方面，更新孔隙度要用到 $\delta\phi$，另一方面，需要更新方程中的 ε_{v}。式（3-3-33）中的 $\delta\varepsilon_{\mathrm{v}}$ 是 ε_{v} 的增量，在还未求解固体方程时，$\delta\varepsilon_{\mathrm{v}}$ 是未知的，但根据“固定应力”假设，式（3-3-33）左侧等于零，于是可以得到 $\delta\varepsilon_{\mathrm{v}}$ 的表达式以及 $\delta\phi$ 与 $\delta\varepsilon_{\mathrm{v}}$ 无关的表达式，从而使流体方程彻底与固体无关。上述过程就是“固定应力分解（Fixed stress split）”对流体方程的处理。

$$\delta\sigma_{\mathrm{v}}=K_n\delta\varepsilon_{\mathrm{v}}-b\delta p_j \tag{3-3-33}$$

$$\delta\phi=\frac{b-\phi}{K_s}s_j\delta p_j+(b-\phi)\delta\varepsilon_{\mathrm{v}} \tag{3-3-34}$$

式中 K_{s}——剪切刚度；

K_{n}——正向刚度；

$\boldsymbol{\delta}$——2 阶克罗内克张量；

ϕ——真孔隙度；

b——Boit 系数；

ε_{v}——体应变；

σ_{v}——体应力；

s_j——多边形 j 裂缝系列的平均间距；

p_j——多边形 j 内的压力。

基于这种方法，本书实现了流—固耦合的迭代求解法。考虑到裂缝模型的非线性及可替换性，在求解流程中，裂缝模型的计算及更新是在时间步外进行的。在循环中，流体方程的 Jacob 矩阵采用 AMG–CPR 线性求解器求解，固体方程的刚度矩阵采用 Pardiso 线性求解器求解。

本书对迭代隐式求解的收敛性进行了测试。测试算例包括图 3–3–10 所示的一口气井的算例（Large–scalecase 1）和图 3–3–11 所示的 3 口油井的算例（Large–scalecase 2），两个算例都考虑了裂缝形变模型。测试对比了这两个算例分别用迭代隐式（Fixed stress split）和全隐式（Fullycoupled）在每时间步消耗的循环数。迭代收敛的条件设置为油藏网格的最大相对质量误差小于 10^{-4}。研究 Large–scalecase1 时，调整了固体的杨氏模量和裂缝粗糙度参数（JRC），目的是测试变形程度不同时迭代隐式的有效性。对比结果如图 3–3–12，可以看出，迭代隐式只比全隐式额外消耗 0～2 个循环，杨氏模量越小或 JRC 越大，迭代隐式消耗的额外循环越多（因为变形程度变大了），而且迭代隐式的循环数对 JRC 很敏感（因为 JRC 对裂缝形变的影响很大）。迭代隐式的优势是能分别利用流体和固体的专用线性求解器（CPR–AMG 和 Pardiso），而全隐式只能用通用求解器，因此即使迭代隐式多消耗了 1～2 个循环，其速度也远远快于全隐式。

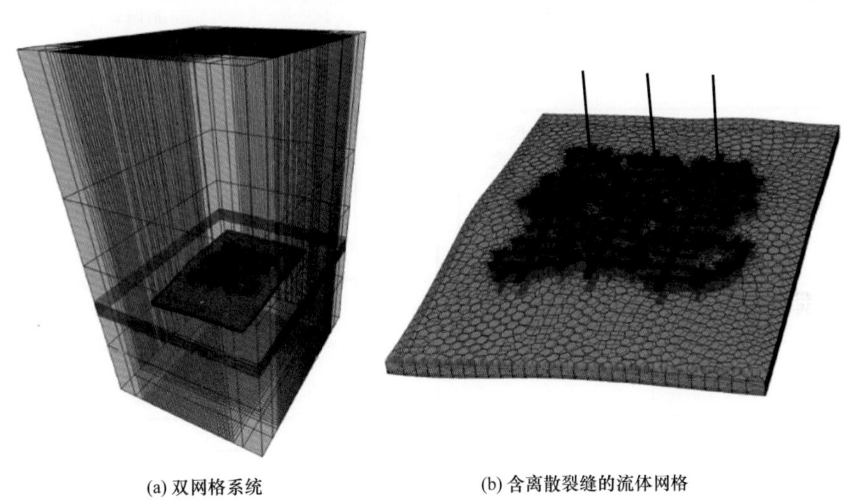

(a) 双网格系统　　(b) 含离散裂缝的流体网格

图 3–3–11　三口水平井测试算例

将本书实现的流—固耦合模拟器与商业模拟器 CMG 的流—固耦合模型进行对比。本模拟器采用图 3–3–13（a）所示的非结构网格模拟流体、采用图 3–3–13（b）所示的网格模拟固体；CMG 采用图 3–3–13（b）所示的网格同时模拟流体和固体，CMG 的流体网格不支持非结构网格。两个模拟器的对比结果如图 3–3–14 所示，表明本模拟器与 CMG 的产量计算结果是一致的。但两个模拟器迭代耦合的收敛速度差距很大：本模拟器总时间步为 15，总耗时 15.87s；CMG 总时间步为 164，总耗时 306.32s。CMG 采用的是普通的双路耦合，收敛性较差，时间步截断较多，最终耗费了更多时间步。

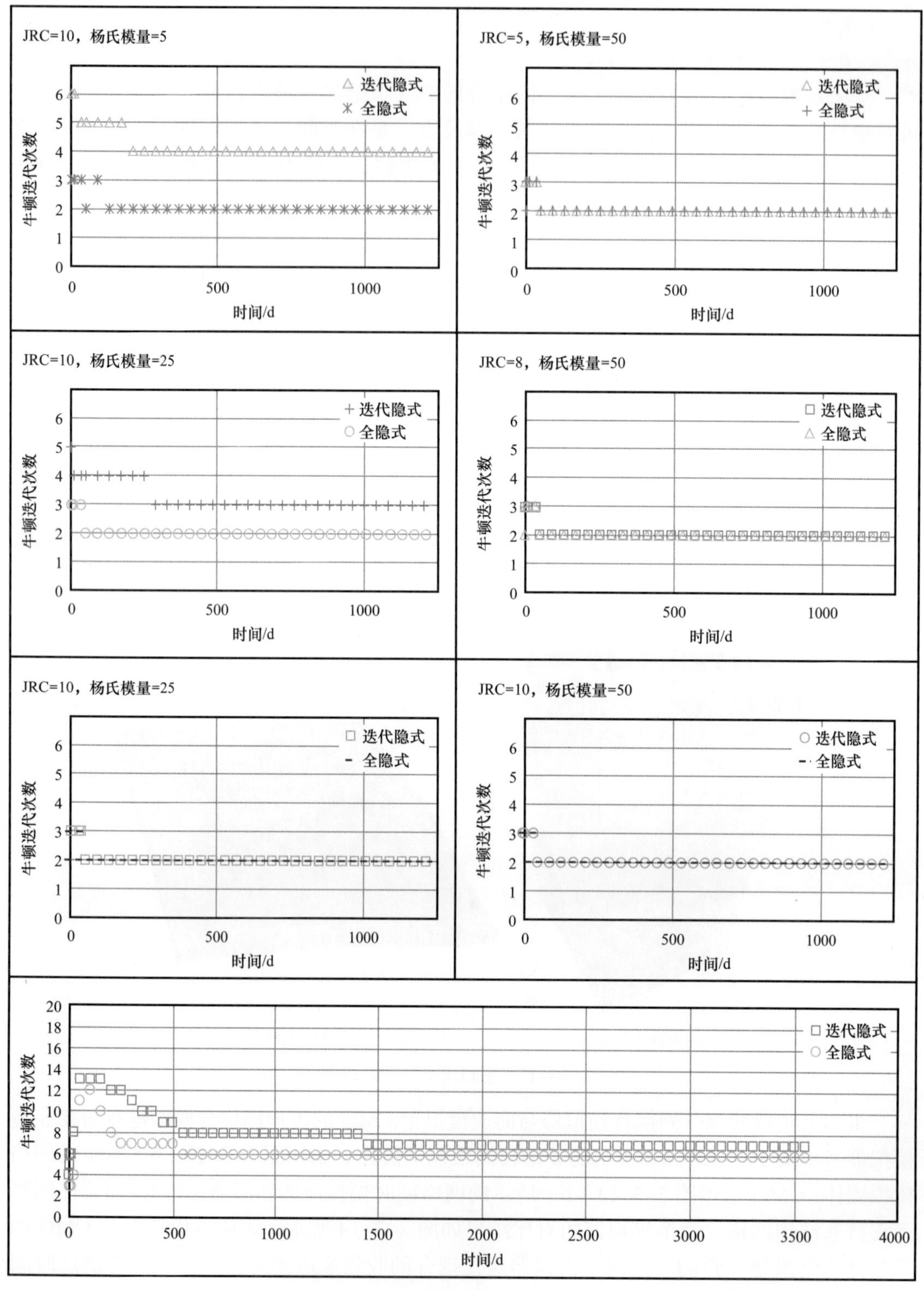

图 3-3-12 迭代隐式和全隐式求解流—固耦合问题时所需的循环数

图中绘制了不同时间步的循环数

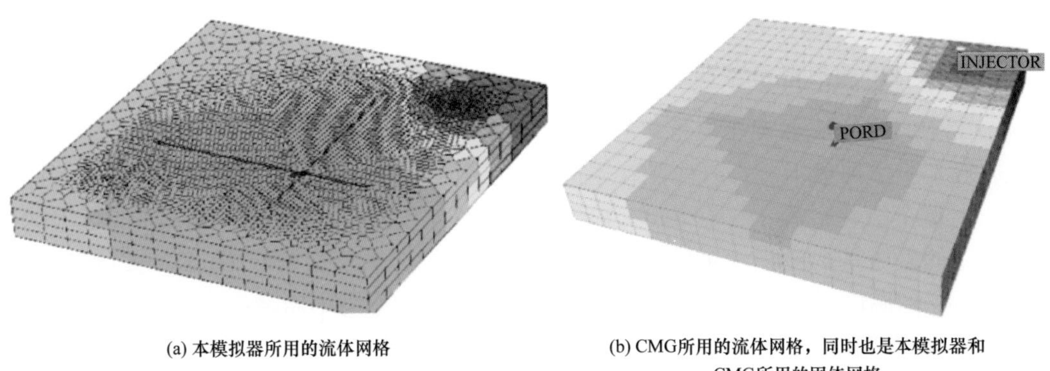

(a) 本模拟器所用的流体网格

(b) CMG所用的流体网格，同时也是本模拟器和CMG所用的固体网格

图 3-3-13 与 CMG 对比的算例

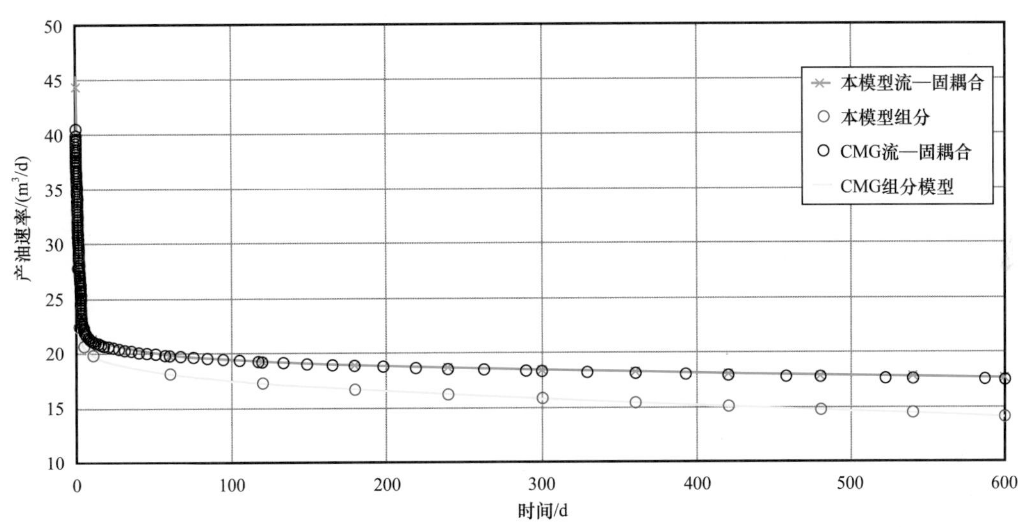

图 3-3-14 与 CMG 对比算例（生产井日产量对比）

第四节 低成熟度页岩油加热开采机理

低成熟度页岩油处于生烃早期阶段，重质组分含量高，流动能力差，地层压力相对较低，常规的水平井多分段压裂难以实现有效动用。针对此类页岩油储层，探索通过原位加热改质实现低成熟度页岩油有效动用的方法。加热地层使固体有机质热解生成油气，同时使已经生成的页岩油裂解为更容易流动的轻质组分，提高地层压力，实现有效动用。

一、地层有机质热解机理

在地层条件下地层有机质热解机理是低成熟度页岩油加热改质机理的重要组成部分。通过针对固体有机质及页岩油开展热模拟实验、反应动力学研究分析地层固体有机质及地层页岩油的热解规律。

1. 固体有机质热解及反应动力学研究

1）济阳坳陷Ⅱ—Ⅲ型干酪根热解特征

热解实验数据显示，页岩样品在不同温度点下生成的气态烃产率具有明显的不同变化特征。整个演化过程中，在450℃前生气量较少，之后大量生成，到实验终温600℃时，气体的生成基本停止。而湿气产率具有峰值特征，由于裂解作用，C_2—C_5烃气在达到峰值后，随温度增高的减弱及最后消失，但甲烷的产率则不断增高，说明C_2—C_5的裂解产物最终都转化成了甲烷。烃类气体的最大产率为274.34mg/g，反映出该样品具有较高的生气潜力，但是距离典型的页岩的产气率仍有较大的差距。

图3-4-1显示了样品的C_6—C_{14}轻烃与C_{14+}重烃随着Easy R_o变化的情况。油的生成及裂解也符合随着温度增高而逐渐增高，并在一定温度下达到峰值，随后即随温度升高而下降的规律。

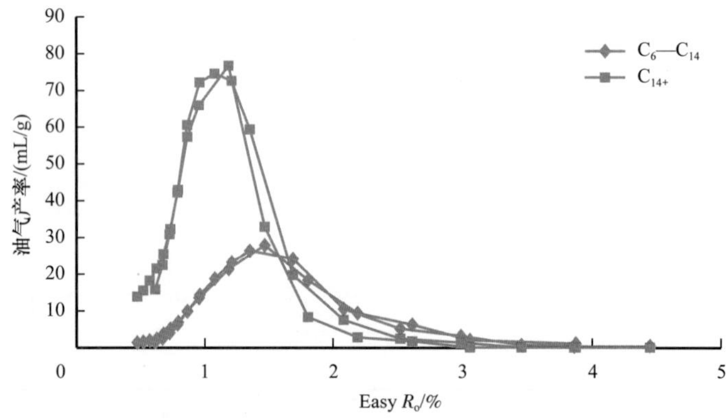

图3-4-1 C_6—C_{14}与C_{14+}随R_o变化的规律

图3-4-2中可以看出，烃类气体的总质量在Easy R_o大于2.0%时增加缓慢，但其体积却增长较快。这是因为甲烷持续增加而C_2—C_5不断裂解所致。

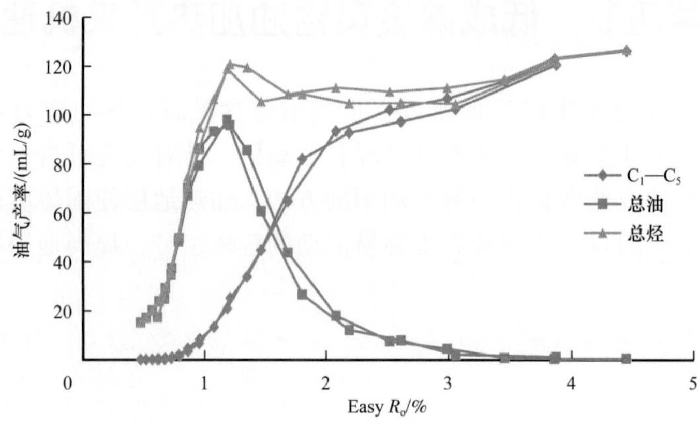

图3-4-2 油—气—总烃随R_o变化的规律

利用动力学软件推导了热解产物各组分的生烃动力学参数。其中，把烃类气体分为甲烷与 C_2—C_5，分别计算其生成动力学参数，同时把 C_1—C_5 作为一个总体，计算了其生成动力学参数。用于生烃动力学计算的数据来自不同升温速率的两条曲线各温度点的甲烷产率，甲烷的数据为各温度点的累积产率，根据各个温度点甲烷的转化率计算出生烃动力学参数。

油气的活化能呈现离散型分布，较低的活化能代表了较早生烃的母质，其活化能百分比代表了该母质在生烃物质中的相对含量。甲烷的活化能分布较为离散，说明甲烷的生成经历了干酪根直接生烃与油气的裂解生烃共同的作用，形态基本上符合正态分布，其中心值在 58kcal/mol 左右；而 C_2—C_5 的生成活化能，分布较为集中，但是相对于甲烷，缺少大于 60kcal/mol 的部分，说明 C_2—C_5 的生成与甲烷的早中期生成速率同步，但随之进入裂解阶段。

C_6—C_{14} 轻烃的活化能中间值为 52kcal/mol，C_{14+} 重烃的中间值为 50kcal/mol，说明重烃的生成早于轻烃。比较气体和油的生烃动力学参数，可以看出，在频率因子相似的情况下，油的生烃活化能低于气体的生成活化能，差距达 9kcal/mol，说明油的生成远早于气体的生成，这在页岩的原位加热生烃工程中是一个有利的因素。

根据反应动力学研究成果，结合实际矿场条件下的地层温度变化历史数据，计算了加热时间为 324 天，最终温度为 358℃的产率（图 3-4-3）。

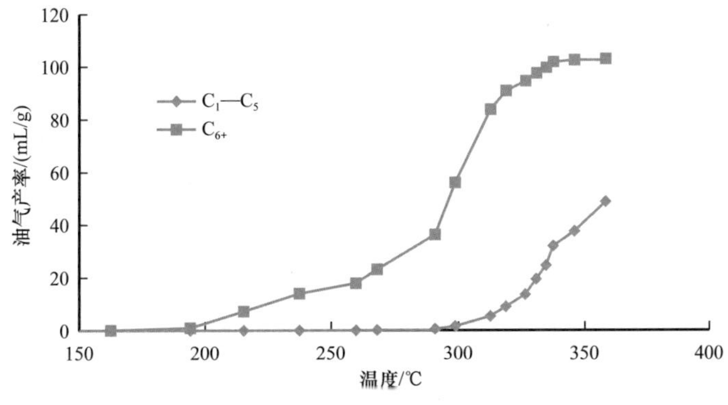

图 3-4-3 油气产率与温度的关系

生烃动力学参数的应用计算结果说明，在最高的温度点，总烃气（C_1—C_5）仅为实验中最大产率（180mL/g）的 27.1%，CO_2 为最大实验产率的 18.7%；H_2S 的产率可以忽略不计。油的产生分为 194～291℃、291～338℃、338～358℃ 3 个阶段，第三阶段油产量达到峰值且基本保持稳定，而且轻质油与总油的比值也基本趋于稳定，但气体的增加趋势仍较为明显，如不追求气体的产率，则温度达到 338℃即可停止加热。

2）济阳坳陷Ⅰ型干酪根页岩热解

Ⅰ型干酪根类型富氢而贫氧，实验数据说明Ⅰ型干酪根页岩热解烃类气体的最大生成量达 271mL/g，而且在此温度点生气的反应并非终点。而值得注意的是，H_2 的产率相对较高，说明 H_2 的产率与烃类气体的产率呈正相关，即生烃母质含氢较高，可以生成较高的烃气与 H_2（图 3-4-4、图 3-4-5）。

油的生成经历了3个阶段。第一阶段：开始加热到260℃，此时生油过程非常微弱；第二阶段：260～312.8℃，在此阶段油产率迅速增加；第三阶段：312.8～358.3℃，在此阶段，油的生成与裂解同时发生。在第三阶段，油的总量增加缓慢，但是轻烃组分（C_6—C_{14}）的比例有所增加，因此，在实际生产过程中，可以根据对油品质量的要求，适当的设定加热时间、加热温度。

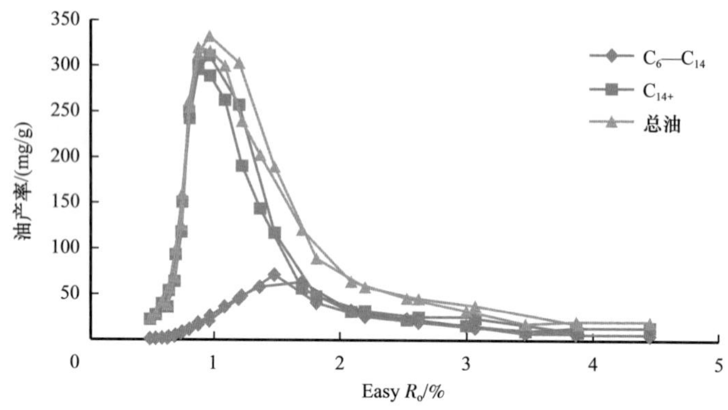

图3-4-4 油产率与Easy R_o的关系

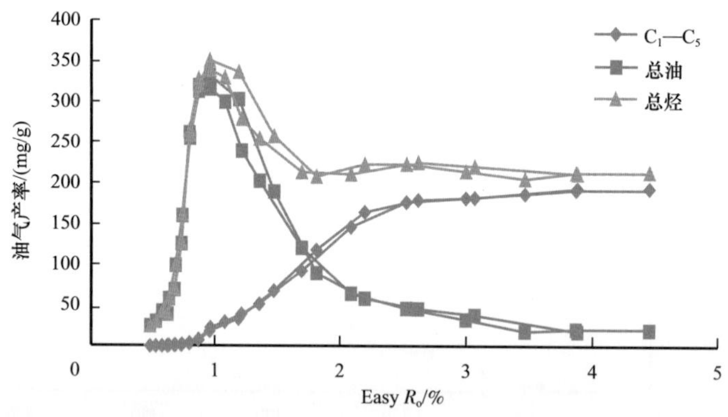

图3-4-5 气体的生成与油的生成、油的裂解

综合考虑油品产量、质量及能耗，最佳的热解终止温度为318.9℃，对应的加热时间为225天。

2. 地层页岩油热解及油气生成动力学

地层加热过程中必然对地层中已经生成的页岩油产生影响，低成熟度页岩油地层流体组分复杂，重质组分含量相对较高，是加热改质的主要对象。应用井下取心中获得的沥青作为重质组分，将井口取样作为轻质油开展热解研究（图3-4-7、图3-4-8）。

室内实验结果显示，来源于Ⅰ型干酪根的沥青A含氢高、含氧低，Ⅲ型干酪根的沥青A则反之；两个样品的生成烃气和C_6—C_{14}轻烃的生烃动力学参数没有明显差异，其地质意义就是在相同的地温条件下，生成气体和轻烃的相对速率是一样的；在原位加热条件下，烃气的产生仅处于早期阶段，产生的气体对于气体总量来说不占主要部分；

而在最高温度时，C_6—C_{14}的产率已达到最大产率的99.4%与97.3%，接近反应的终末阶段。

页岩原地加热的目的是通过人工加热来产生石油，如果在加热之前，页岩已经产生了一定数量的石油，这时就要评估加热过程对这一部分现存石油的影响。加热过程会促使石油从重质油变为轻质油，同时也产生一定数量的气体，掌握加热的尺度，使之促使页岩生油，又不至于使现存石油遭到严重的破坏，这是加热工程设计中应充分考虑的问题之一。

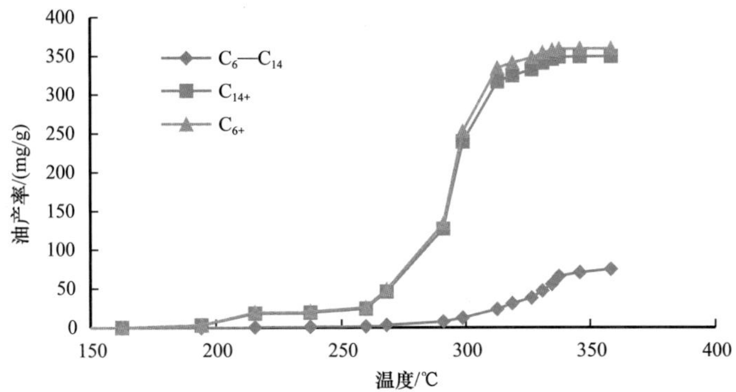

图3-4-6　油产率与原位加热温度的关系

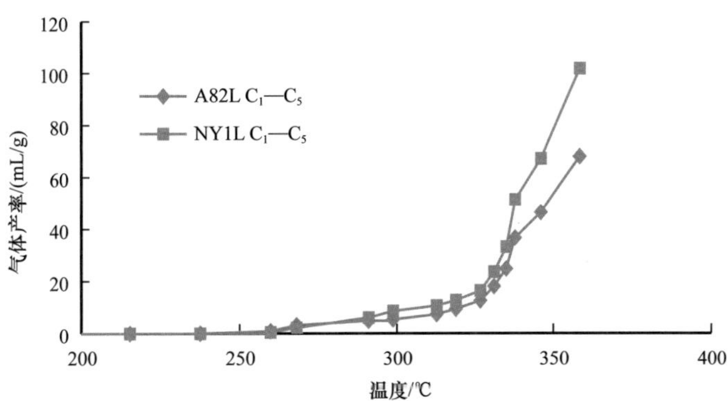

图3-4-7　沥青热解产生烃气的曲线

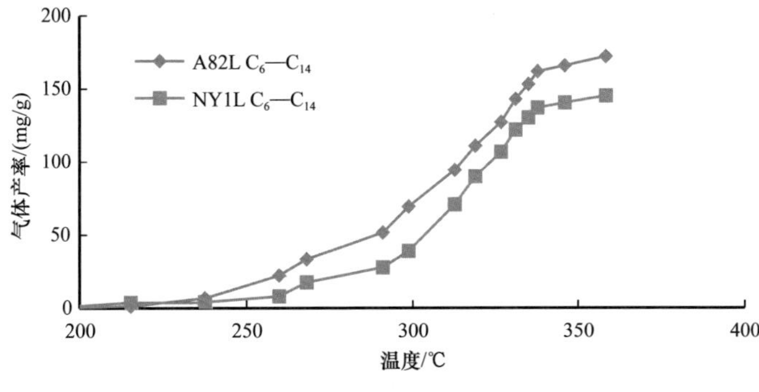

图3-4-8　沥青裂解产生C_6—C_{14}的曲线

地层轻质油的热解实验研究结果显示裂解产物与沥青质有一定区别，主要表现为烃类气体更高、CO_2 产率更低。两个油样生成 C_1—C_5 的动力学参数略高于石油裂解动力学参数的统计值，说明此两个油样具有较高的热稳定性。

通过数据推测页岩油样品 1 的 C_6—C_{14} 和 C_{14+} 的存留量分别为 160mg/g 和 290mg/g，而页岩油样品 2 的对应值为 200mg/g 和 300mg/g。这些数据说明，在地下加热的最高温度下，原油已经发生了一定程度的裂解，主要表现为轻烃在总油中比例的提高。在最高温度时，生成的烃气量为最大生气量的 11.6%～15.7%，说明在原位加热的温度范围内，原油裂解产生气体的作用是比较弱的。考虑不同问题产物和产率的变化，地下原位加热工程在设计温度和加热时间的程序时，应该综合权衡油产率和油品类型、经济效益等多个因素。

二、页岩地层孔渗变化

页岩原始渗透率很低，但加热后由于有机质转化、无机质组成及结构变化、高温热作用等，孔隙度增大、层理缝张开，使页岩渗透率提高，从而使高温转化生成的油气得以产出。

1. 页岩油孔渗变化机理

在页岩加热裂解过程中，页岩会逐渐产生裂隙并最终破裂，其孔隙度、渗透率、热扩散系数等物理性质因此会发生明显改变，对产出油气的输运、热量的传导过程都会产生较大影响。同时加热过程中，由于温度的变化及油气的产出，岩石会发生热破裂和孔渗条件变化，这些过程对于油气产出产生重要影响。

通过对精度为 1μm 的 CT 扫描图像观察，得知该精度下可识别的孔隙（有机质）占比为 0.13%，且均为非连通孔隙。

通过对精度为 0.5μm 的 CT 扫描图像观察，得知该精度下可识别的孔隙（有机质）占比为 0.38%，且均为非连通孔隙。其中半径长度在 1μm 以上的孔隙是可识别的真实孔隙，占比为 0.25%。

通过对 Y1 样品的纳米 CT 扫描图像观察，发现该岩样发育较好的有机质。孔隙占比为 11.06%，其中连通孔隙占比为 9.6%，表明该模型中孔隙类型主要为连通孔隙。从总孔隙度提取模型中可以看出，非连通孔隙主要为小于 100nm 的孤立孔隙。

通过对加热后的 Y1 样品纳米 CT 扫描图像观察，发现孔隙明显增多，占比为 28.88%，其中连通孔隙占比为 26.88%，表明该模型中孔隙类型主要为连通孔隙，且连通孔隙明显增加。

在常温情况下，精度为 65nm 的 CT 扫描结果显示，该样品的非连通孔隙半径主要分布在 0.001～0.01μm 之间，页岩孔隙半径主要分布在 50～250nm 之间，主要集中在 100～200nm 之间，占比约为 43%。孔隙类型主要是含油黏土孔，孔隙的形状因子主要分布在 0.04～0.07 之间，表明孔隙以长方形孔隙为主，球形孔隙次之。

在加热 300℃的情况下，精度为 65nm 的 CT 扫描结果显示，孔隙半径主要分布在 50～250nm 之间，主要集中在 100nm 左右；非连通孔隙半径主要分布在 0.01～1μm 之间；

孔隙类型主要是含油黏土孔，孔隙的形状因子主要分布在 0.03～0.06 之间，表明孔隙以三角形和长方形孔隙为主，球形孔隙次之。

通过上述 CT 扫描分析测试，得出以下结论：

（1）温度升高至 300℃时，有机质（孔隙）的连通性增强，含油气空间扩增至原来的 2 倍以上，但温度的升高对孔隙的形状因子和孔隙的连通数影响不大。

（2）温度升高会使半径为 0.01～1μm 的孔隙大规模扩大油气的分布空间。

使用 GB/T 21650.1—2008 压汞法测定时最大实验压力 432MPa，对应的最小孔隙直径 3nm。氮气吸附法测得的最小孔隙直径 1.9nm。从测得的实验数据看，吸附法和压汞法在孔隙直径分别为 11.7nm、15.7nm、22nm 3 个测点处，微分孔体积数据基本一致。因此，取吸附法获得的 22nm 以下的孔体积数据，取压汞法 22nm 以上的孔体积数据，进行分析不同加热终温页岩孔径分布及孔隙度变化规律。

实验表明，页岩热解过程中，加热终温在 300℃以下时，孔隙度变化较小。当温度为 300～375℃时，孔隙度增加，平均孔径及中位孔径上升，主要因为这个温度期间，油气大量生成，产生较多有机孔，增加了孔隙度。但 375～400℃之间，孔隙度降低，分析认为，这期间由于油气大量产出，孔隙内压力降低，收缩导致孔隙度减小。温度大于 400℃后，页岩孔隙度快速增大，这与之前的研究结果相似，因为在 400℃后干酪根开始分解生成页岩油以及烃类气体本身会产生孔隙，同时由于高温热应力作用，导致原有的不连通孔道连通、小孔扩孔等情况，温度为 400～500℃这一阶段孔隙度直线上升。

从数据可知，375℃恒温 2～48h，随着恒温时间增加，水分不断蒸发、固体干酪根热解成页岩油气，不断产生有机孔，原有的无机孔在压力和热应力的作用下，由小变大，表现为：孔隙度不断增加、平均孔径及中位孔径增大、岩石密度降低。但是，恒温时间由 48h 增加到 96h，孔隙度略有下降、平均孔径及中位孔径也略有下降、密度略有升高，这可能是由于产出的油气多于热转化生成的油气，岩心内压力下降引起部分孔隙缩小或闭合，导致孔隙度降低。

2. 页岩油渗透率变化

利用自主研发的高温三轴应力页岩渗透率测定装置，开展了高温在线页岩渗透率评价实验。选取了无天然裂缝的岩心样品，在 3MPa 围压下一边加热一边实时气测高温渗透率变化情况。从图 3-4-9 中可以看出，加热初期页岩原始渗透率为 0.037mD；持续加热，一边生成油气一边注气采出油气，此时页岩渗透率缓慢上升；当加热到 15h 后，渗透率上升速度加快，说明油气生成和采出速度在加快；3MPa 围压下 480℃加热约 17h，继续注气，油气不再产出，渗透率基本稳定在 0.6mD，地层基质渗透性得到大幅度提高。

页岩岩心样品中普遍存在的是层理缝，这些层理缝岩心样品的渗透率随围压变化较大。实验分别针对页岩岩心样品，各选取加热后保存条件较好的岩心，进行不同围压下的渗透率测试，结果如图 3-4-10 所示。从图 3-4-10 中看出，页岩岩心渗透率随着围压的升高会明显降低，后期趋于平稳，这主要是由于形成的层理缝，随着围压升高、层理缝闭合、渗透率下降。

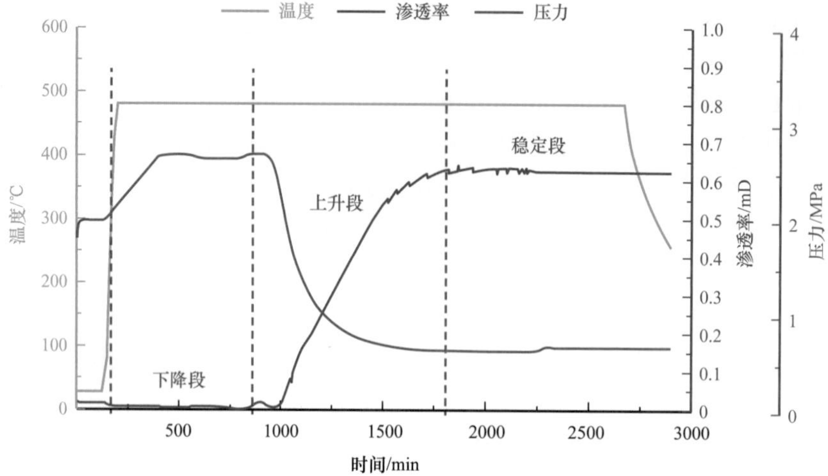

图 3-4-9　34-36-36-1 号岩心高温在线渗透率变化曲线

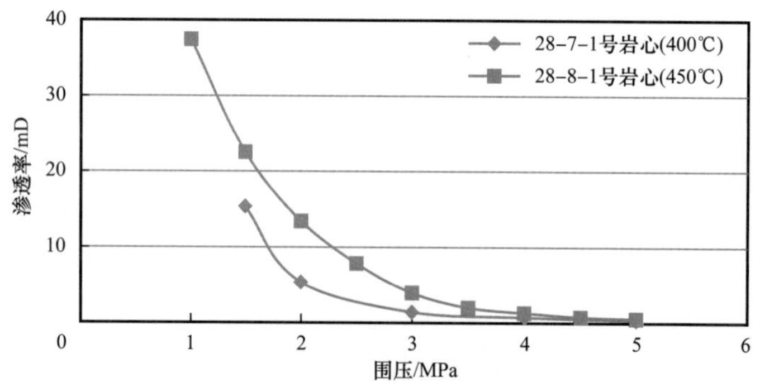

图 3-4-10　不同围压下的页岩岩心渗透率

第五节　页岩油流动改进剂研究

页岩油作为一种重要非常规资源，其勘探开发日益受到高度广泛的关注。国内陆相页岩油勘探开发尚处在起步阶段，面临一些技术瓶颈，如济阳坳陷部分地区页岩油组分复杂、流动性差。页岩油储层孔径为 30～400nm。与常规储层相比，构造沉积—成岩“三位一体”式的综合作用使得页岩储层的非均质性强，储层内矿物种类和有机质类型繁多，孔隙结构更为复杂，造成了油（气）吸（解）附特性、表面润湿性、饱和度分布和相态分布等均难以把握。因此页岩油在地层中的流动性受到地层的物理性质、页岩油自身特性、地下赋存状态等多种因素影响。如何改善页岩油在地层中的流动性是开发过程中面临的主要技术瓶颈之一。

针对中低成熟度陆相页岩油，通过对页岩油组分进行分析，结合页岩油油藏特点，研究影响页岩油流动性因素，化学法改善流动性的机理与方法；开发与储层具有良好配伍性的页岩油流动改进剂，探索化学方法对页岩油流动性改善机理及效果。

一、页岩油基本性质分析

潜江凹陷潜 3^4–10 页岩油基本性质分析表明：页岩油中胶质含量高，胶质占原油质量分数为 13.90%，沥青质质量分数为 4.6%。饱和烃和芳香烃含量高，质量分数为 81.50%。页岩油中蜡质量分数为 9.2%，蜡含量较高；硫、氧和氮元素的质量分数分别为 1.5%、0.5% 和 0.11%；总酸值为 0.62mg/g，属含酸原油。页岩油中轻质组分含量较高，沸点小于 350℃组分约占 40%，而重质组分（沸点大于 500℃组分）约占 37%。碳原子数小于 27 的小分子烃类约占总量 50%。产出水总矿化度为 21989mg/L，页岩油在 50℃时黏度为 19mPa·s，剪切速率为 $4s^{-1}$ 时原油由非牛顿流体向牛顿流体转化。

二、页岩油流动性影响因素研究

页岩油的流动性与多种因素相关，诸如页岩的储层性质、孔渗特征、页岩内滞留原油的性质、含油饱和度、原油组成、原油相态、黏度等。

1. 润湿性

储层润湿性是控制油藏中流体流动及分布的主要因素之一。在清洁的玻璃表面采用硅烷将玻璃表面预先处理为亲油表面，再将亲油表面的载玻片浸泡在煤油中 6h，在玻璃表面吸附一层煤油油膜。采用润湿测定仪对比分析水及润湿剂溶液对吸附有油膜玻璃表面的影响，实验结果如图 3–5–1 所示。

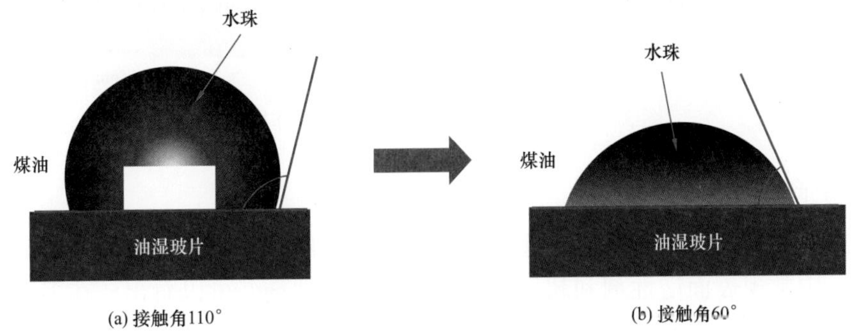

图 3–5–1 润湿性对油膜影响

图 3–5–1 中，当采用含水润湿剂的水滴接触至吸附有油膜的固体表面时，水滴在表面铺展导致接触角由纯水的 110°下降至 60°，润湿性的改变导致水滴易于在油膜表面铺展，润湿改变后水滴在表面铺展面积明显高于纯水接触的油润湿表面，因此表面由亲油向亲水转变，有利于吸附在玻璃表面的油膜解吸，可以提高吸附在岩石表面原油流动性。

不同的润湿表面会对毛细管中油的流动方向产生不同的影响，如图 3–5–2 所示。

由图 3–5–2 可见，在驱替毛细管中的原油时，由于表面润湿性的不同，驱替过程中所需的动力不同，对于油润湿表面毛细管力会对原油形成阻力，而对于水润湿表面毛细管力会形成原油排驱过程的驱动力，将油湿表面转变为水润湿表面有利于驱动毛细管中

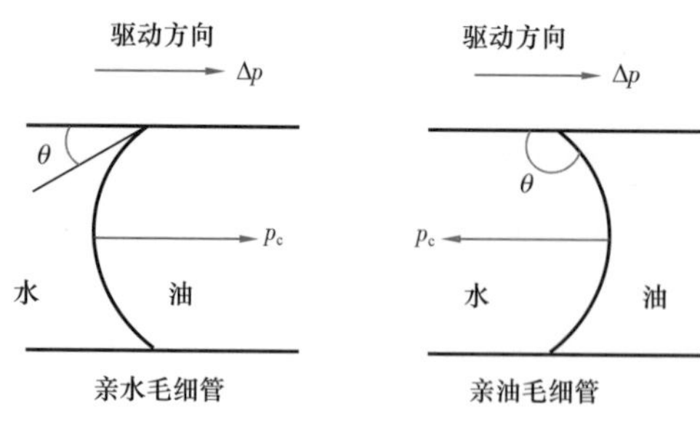

图 3-5-2 不同润湿性孔道的毛细管力方向

原油，提高流动性。

采用微观模型，研究了润湿性对毛细管中原油驱替过程的影响，试验时，首先向模型注入油相，待油相充满整个模型。再注入润湿剂使药剂运移到微通道中部时，停泵进行观察，结果如图 3-5-3 所示。

图 3-5-3 中，初始表面亲油的毛细管中注入亲水型的润湿剂，随着时间的延长，油水两相的接触界面，油相界面逐渐由凹液面转变为凸液面，使驱动力方向发生改变；同时随着时间的延长，毛细管中油的赋存状态也发生了变化。水相逐渐进入油与管壁之间，在油与管内壁间形成一层水膜。加入水润湿型化学剂后，油水接触一段时间后将亲油壁面逐渐转换为亲水壁面，促进油水界面发生运移，因而能够明显改善油流动性。

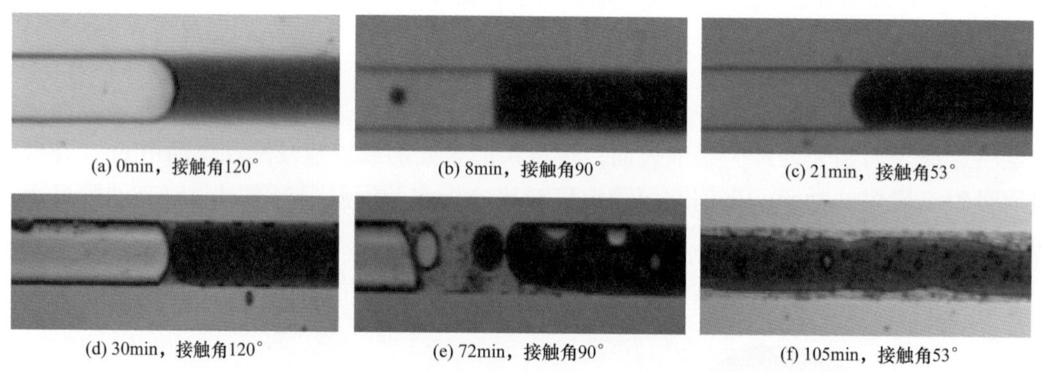

(a) 0min，接触角120° (b) 8min，接触角90° (c) 21min，接触角53°

(d) 30min，接触角120° (e) 72min，接触角90° (f) 105min，接触角53°

图 3-5-3 微观模型中润湿剂与油相作用效果

2. 界面张力

流动改进剂不仅需要有较好的润湿改善能力，还需与原油产生较低的界面张力。对比图 3-5-4 中常规表面活性剂和超低界面张力表面活性剂，可以看出，在多孔介质中流动时，常规表面活性剂作用下，油滴在孔喉处容易产生贾敏效应，使得注入压力升高。而超低界面张力可以使油滴拉伸成细长的油丝，在孔喉处易于变形，提高了束缚孔隙原油的流动能力。

毛细管力公式如下：

$$p_c=\frac{2\sigma\cos\theta}{r}$$

两相界面张力越小，毛细管力越小，流体的流动阻力越小。页岩油流动改进剂是研究化学方法来改善页岩油在地层中的流动性，针对页岩油在地层中的赋存状态，通过化学剂的润湿作用提高吸附在岩石表面原油的解吸能力，增加流动性；通过降低界面张力提高毛细管数来提高原油的流动性。

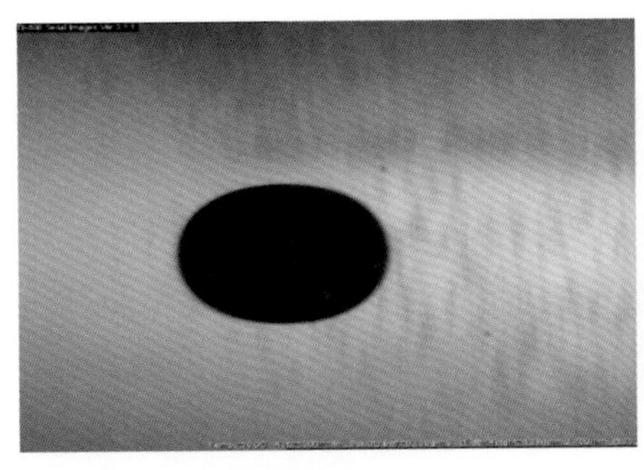

(a) 界面张力为1.23mN/m

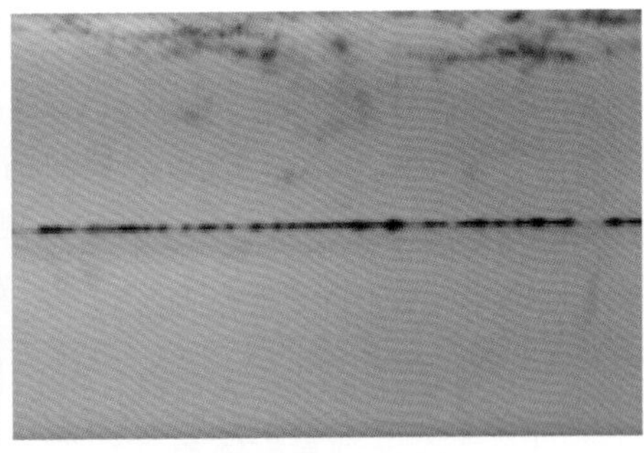

(b) 界面张力为0.0045mN/m

图 3-5-4 表面活性剂的油水界面张力测试

三、页岩油流动改进剂的研发及性能

通过研究化学剂的结构和性能之间的关系为基础，进行流动改进剂分子结构和体系设计，开发针对中低成熟度页岩油的流动改进剂体系。构效关系研究结果表明：表面活性剂 LHSB 与页岩油之间能够形成超低界面张力；双十亲油尾链单亲水头基表面活性剂（简称双十）具有良好的水湿功能。将以上两种化学剂复配形成了页岩油流动改进剂复合体系。研究了体系的界面活性、润湿性、抗温抗盐能力及页岩油的流动改善性能及采收率影响。

1. 表面活性剂单剂的性能

以 LHSB 作为低界面张力单剂，在总矿化度为 50000mg/L 条件下，考察了不同钙镁含量条件下 LHSB 的油水界面张力，结果如图 3-5-5 所示。

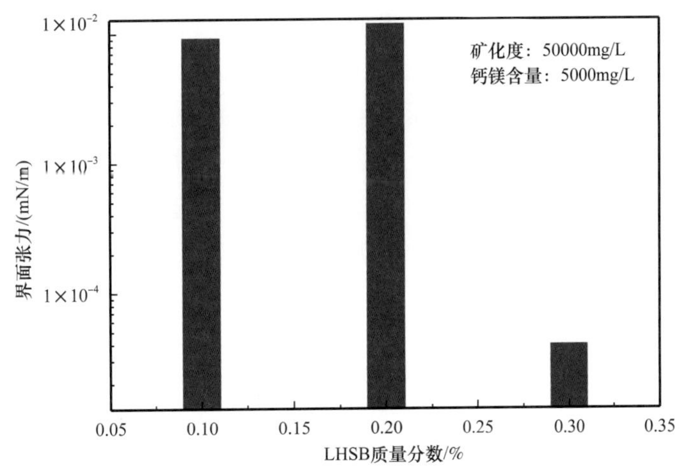

图 3-5-5 不同浓度条件下 LHSB 单剂的油水界面张力

图 3-5-5 中，当 LHSB 质量分数为 0.3% 时，油水界面张力低至 10^{-5}mN/m 数量级，当 LHSB 质量分数下降为 0.2% 和 0.1% 时，油水界面张力可达到 10^{-3}mN/m 数量级。结果表明，流动改进剂主剂 LHSB 与页岩油之间可以形成低至 10^{-5}mN/m 数量级超低界面张

力。双十亲油尾链单亲水头基表面活性剂作为润湿改进剂，与页岩油之间的界面张力在 10^{-1}mN/m 数量级。两种化学剂耐矿化度达到 50000mg/L，抗钙镁离子达到 5000mg/L。

研究了双十亲油尾链单亲水头基表面活性剂的润湿性能，在质量浓度为 1000mg/L 时，测试接触角随时间的变化过程，试验结果如图 3–5–6 所示。

从图 3–5–6 可以看出，随着时间延长，双十表面活性剂可以大幅度降低水在油湿表面的润湿角，能将润湿角降低至 21°，可作为润湿改进剂。

2. 页岩油流动改进剂复配体系的研发

采用不同比例的 LHSB 和双十构建了页岩油流动改进剂复合配方，评价了配方的界面张力和润湿性能。不同比例条件下界面张力研究结果如图 3–5–7 所示。

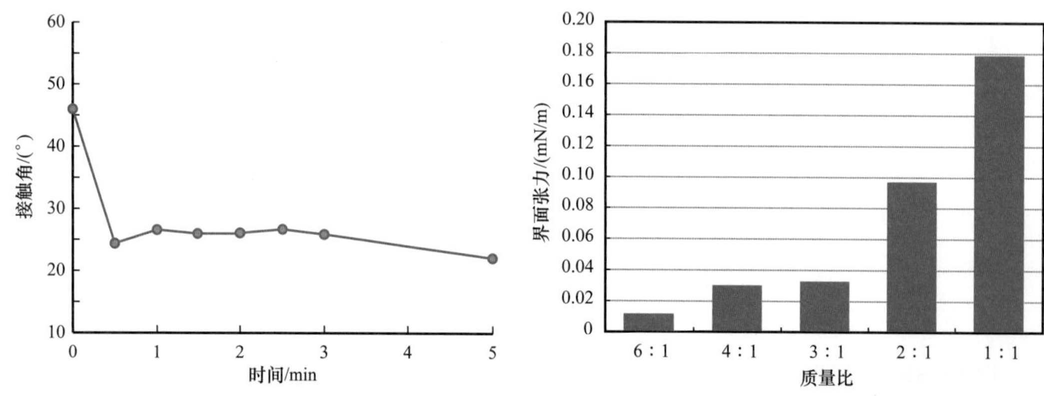

图 3–5–6　双十表面活性剂随时间变化的润湿角　　图 3–5–7　不同组成复合流动改进剂的油水界面张力

图 3–5–7 中，随 LHSB 比例升高，界面张力逐渐下降。LHSB 和双十的质量比超过 2：1 时，界面张力达到 10^{-2}mN/m 数量级，6：1 时界面张力值接近 10^{-3}mN/m 数量级。

润湿性能研究结果如图 3–5–8 所示。随双十比例的升高，其在石蜡基底表面的润湿接触角呈现下降趋势，在 LHSB 和双十质量比超过 3：1 时，润湿角下降趋势变缓，介于 30°～40°。考虑组成比例对界面张力和润湿角的影响，优选复合流动改进剂的配方 LHSB/双十（m/m）为 3：1，复配体系的界面张力 3.2×10^{-2}mN/m；润湿角为 32.8°。

3. 页岩油流动改进剂的性能

对流动改进剂复合体系的耐温性能进行了分析如图 3–5–9 所示。温度小于 180℃时经过高温老化处理，界面张力均能在 10^{-2}mN/m 数量级；经过 200℃老化处理后，界面活性稍有升高。因此，体系在温度小于 180℃范围内对界面活性的影响较小。

用矿化度 50000mg/L 溶液配制质量分数为 0.3% 复配体系溶液。压力为 3MPa 下测定不同温度下的界面张力，密度差恒定为 $0.1g/cm^3$，试验结果如图 3–5–10 所示。

从图 3–5–10 可以看出，高温高压情况下，流动改进剂依然能有效降低油水界面张力，流动改进剂复配体系界面张力达到了 10^{-2}mN/m 量级。

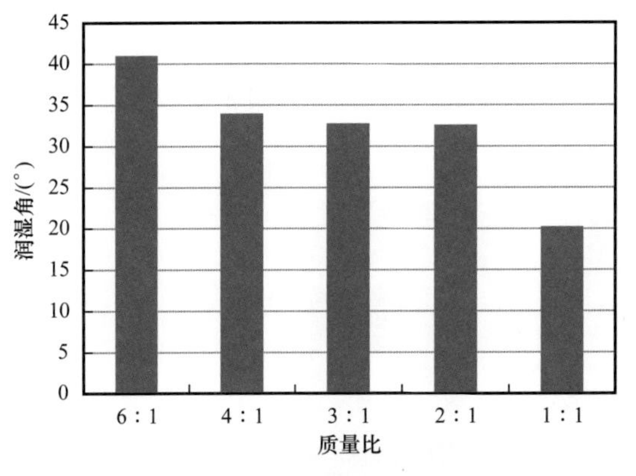

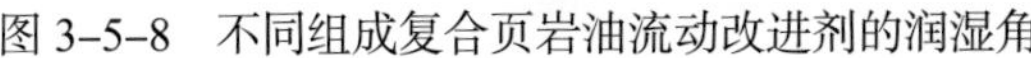
图 3-5-8 不同组成复合页岩油流动改进剂的润湿角

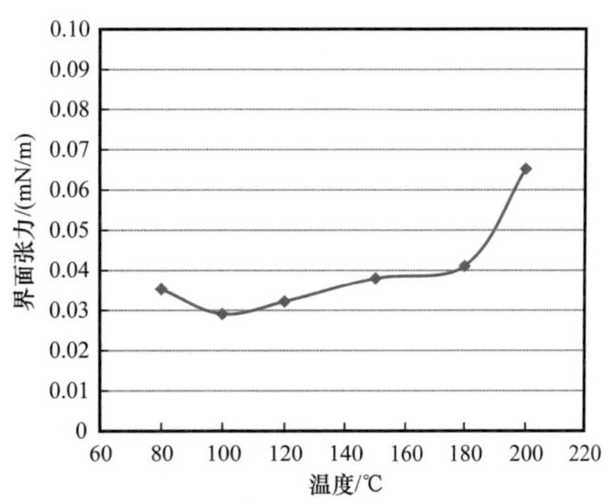

图 3-5-9 高温处理后界面张力变化

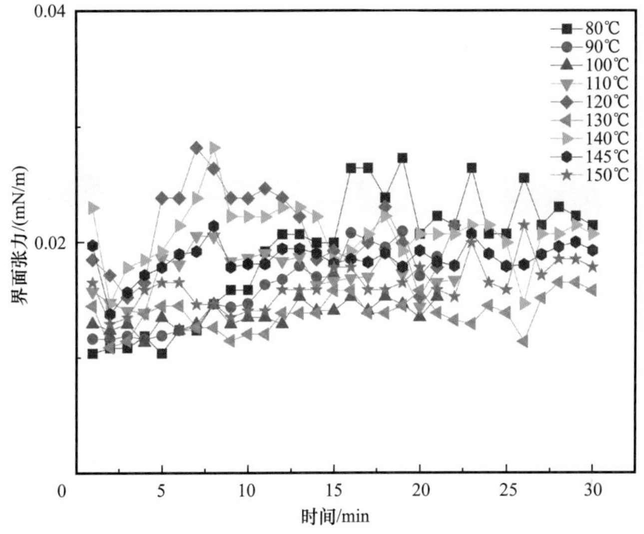

图 3-5-10 不同温度下浓度 0.3% 的复配体系溶液的动态界面张力

将含油的天然岩心制成岩心砂，对流动改进剂复合体系与常规驱油用表面活性剂的静态洗油性能进行对比，如图 3-5-11 所示。

图 3-5-11 中③为流动改进剂的静态洗油试验，其他三种为常规驱油用表面活性剂。可以看出，相同质量浓度下，流动改进剂对油砂的洗油能力明显优于其他三种表面活性剂，油砂表面吸附的原油大部分得到剥离。

4. 页岩油流动改进剂物理模拟试验

采用人造岩心进行物理模拟驱油试验，评价注入流动改进剂后，流动压力的变化及对采收率的影响。岩心规格：4.5cm×4.5cm×300.0cm，渗透率为 200mD；使用模拟地层水，矿化度为 50000mg/L；流动改进剂质量浓度为 4000mg/L。

具体步骤如下：（1）将岩心烘干称干重，抽真空饱和水，称湿重，计算孔隙体积（PV）。（2）以 1mL/min 速度向岩心饱和油，老化 48h，记录驱出水体积，计算原始含油饱和度。(3)80℃下恒温 4h，用地层水以恒速(1mL/min)驱替岩心至出口端含水大于 95%，记录累计产油量，计算水驱采收率。(4)注入 0.4PV 改进剂段塞。(5)后续水驱，以 1mL/min 速度水驱至含水率达到 98%，记录累计产油量，计算二次水驱采收率。

驱替实验结果如图 3-5-12 所示。

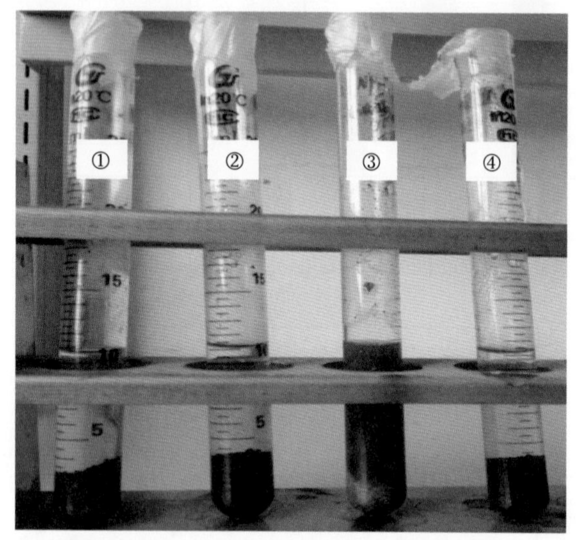

图 3-5-11 不同化学剂洗油效果对比

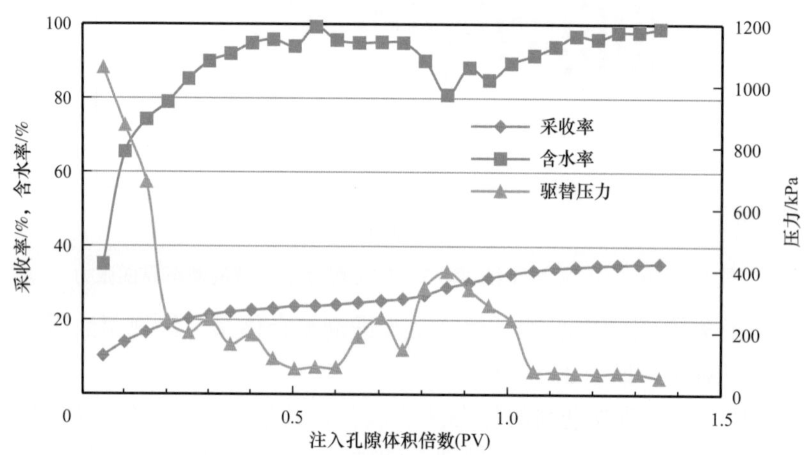

图 3-5-12 流动改进剂模拟评价结果

图 3-5-12 中，在水驱 0.5PV、含水 96% 以后注入 0.4PV 流动改进剂，含水明显下降，含水率由 100% 下降至 80%，下降 20%；采收率由 24% 提高至 35%，提高 11%。注入化学剂后驱替压力先上升后下降；后续水驱的驱替压力下降，主要由于改进剂形成的低界面张力造成渗流阻力下降，后续水驱结束时驱替压力为 55kPa，与一次水驱结束时驱替压力 84kPa 相比，压力下降 35%。

采用氯化钠 50000mg/L、钙离子 5000mg/L 的矿化水、改进剂单剂和复合体系(简称 HSB)在渗透率为 31mD 的岩心上分别进行岩心减阻实验，结果如图 3-5-13 和图 3-5-14

所示。与水驱相比，质量浓度为0.3%的页岩油流动改进剂可以降低最大驱替压力24.6%～40.9%，平均降低最大驱动压力30.1%。

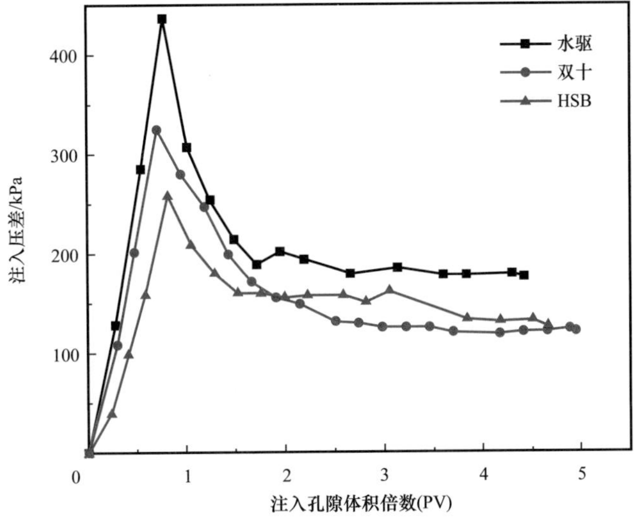

图3-5-13 三种驱油体系注入压差对比

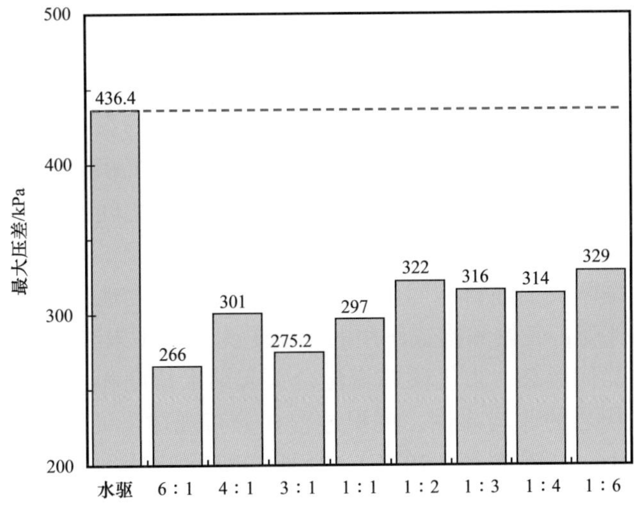

图3-5-14 不同驱油体系最大压力对比

第四章　济阳坳陷页岩油勘探开发目标评价及现场实践

济阳坳陷是中国东部断陷盆地陆相页岩沉积的代表。近年来在理论认识不断深化的基础上，通过对济阳坳陷沙三下亚段和沙四上亚段两套主力烃源岩段的岩相特征及相控条件下的含油性、储集性、可动性及可压性的精细解剖，加深了对陆相页岩油富集成藏及分布规律的认识，确定了页岩油远景资源量和有利勘探目标区，建立了页岩油“甜点”的地质评价方法技术体系，实现了“甜点”的地质—地球物理综合预测，攻关了配套的钻完井及压裂改造等工程工艺技术，通过现场实践，在中等演化富碳酸盐页岩储层中实现了产能突破。

第一节　泥页岩细粒沉积与层序地层

近年来，全球非常规油气资源勘探和开发的不断突破，对细粒混合岩的研究也越来越受到学者们的重视，并在沉积和储层特征、生烃潜力和成藏机理等方面取得了一定的成果（邓远等，2020；李乐等，2015；周立宏等，2019）。由于细粒混合岩一般沉积于缺氧的深水环境，离湖岸较远，受陆源碎屑输入等外界因素的影响较小，为研究富烃的断陷湖盆提供了完整且翔实的地质记录。然而，如何从这些沉积记录中反演古湖泊的水文演化规律和古气候特征、获取与其对应的储集性和含油性之间的对应关系、建立优质细粒岩相分级标准和评价方法是目前亟待解决的重要科学问题。系统分析细粒混合岩的沉积过程和成因演化是解决上述科学问题的基础。由于湖盆的地理分布面积较为局限，湖平面和湖泊水文条件受古气候和构造作用的影响更为明显（朱红涛等，2018）。而且构造作用控制了盆地的几何形态，古气候的变化会引起湖水盐度和生物区系的改变，从而进一步控制了细粒混积岩的非均质性、沉积过程和分布规律（吴松涛等，2015；Ma et al.，2016；Xie et al.，2016；王东东等，2016）。中国东部渤海湾盆地济阳坳陷具有相对封闭的盆地形态，坳陷内的系统取心井及其附近区域的沙三下亚段未受到明显构造作用的影响，完整记录了湖盆演化和细粒混合岩相发育和演化过程。而且，这套细粒混合岩已成为中国东部页岩油勘探开发的重点层段（Wang et al.，2015）。

一、不同凹陷层序地层划分与统层

在钻井、测井、高精度化学元素和地震剖面各级等时界面识别的基础上，对东营凹陷和沾化凹陷沙三下亚段—沙四上亚段细粒混合岩相沉积学与层序地层学进行了研究。

1. 层序地层划分及特征

利用 T_7、T_6、T_6^s 三个界面将沙四上纯上次亚段—沙三下亚段页岩层序划分为两个三级层序，即沙四上纯上层序和沙三下层序（图 4-1-1）。目前对于加速沉降不整合相关层序的结构认识基本趋于一致，即普遍认为层序界面之上缺乏低位体系域，而直接被海进或湖扩体系域覆盖（Abouelresh，et al.，2012；Slatt，et al.，2012；杜学斌等，2016；马义权等，2017）。基于此，再将两个三级层序各自划分出湖扩体系域（EST）和高位体系域（HST）。

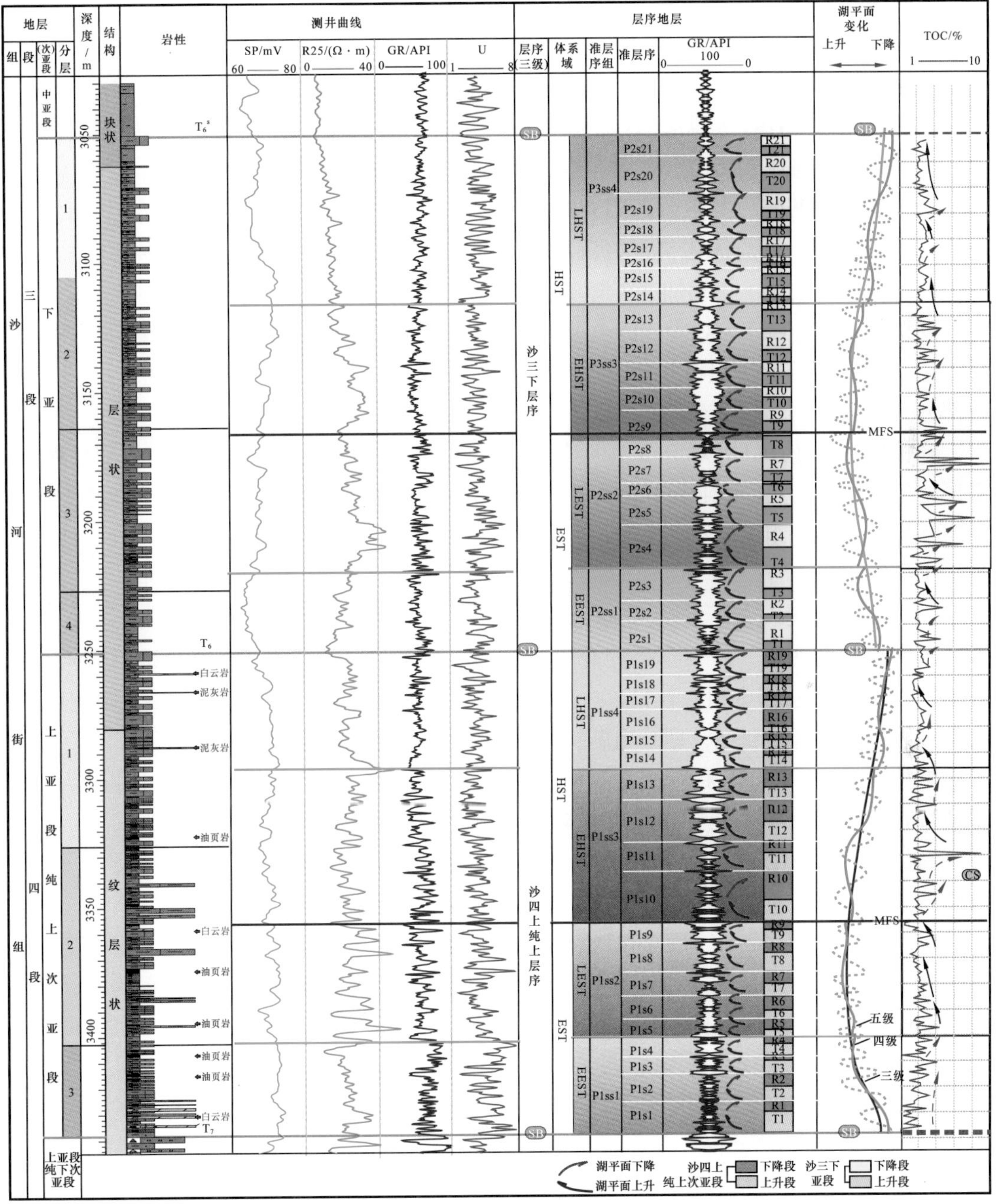

图 4-1-1 东营凹陷樊页 1 井层序地层划分综合柱状图

1）沙四上纯上层序

（1）在东营凹陷，沙四上纯上层序介于 T_7 界面与 T_6 界面之间，为一套页岩夹碳酸盐岩或砂岩的层序。沙四上纯上层序代表了初始加速沉降期层序地层特点（图 4–1–1）。

根据测井曲线结构的变化，划分出湖扩体系域（EST）和高位体系域（HST）。

湖扩体系域（EST）对应沙四上纯上 3 油组和沙四上纯上 2 油组，响应划分出两个准层序组。准层序组 P1ss1（沙四上纯上 3 油组）底部较富白云质，特别是在层序组底部发育 1～3 层白云岩，樊页 1 井最为发育（图 4–1–1）。之上主要为石灰岩与泥岩互层。准层序组 P1ss2（沙四上纯上 2 油组）主要为纹层状灰岩与富有机质页岩互层。

高位体系域（HST）对应沙四上纯上 1 油组，划分出两个准层序组。准层序组 P1ss3 主要为灰质泥岩与泥岩互层；准层序组 P1ss4 主要为泥岩夹少量灰质泥岩。

（2）在沾化凹陷，与东营凹陷相对应，沙四上纯上层序介于 T_7 界面与 T_6 界面之间，其下部为膏盐层、膏质泥岩夹泥岩沉积，上部为灰质泥岩与泥岩互层。这种富膏盐的沙四上纯上层序也代表了初始加速沉降期层序地层特点。

湖扩体系域（EST）对应沙四上纯上 3 油组和沙四上纯上 2 油组，响应划分出两个准层序组。这两个准层序组沉积特征相同，主要为膏质泥岩及膏岩与泥岩互层。在凹陷边缘部分膏盐减少。

高位体系域（HST）对应沙四上纯上 1 油组和沙三下 4 油组，划分出两个准层序组。准层序组 P1ss3（沙四上纯上 1 油组）下部主要为石灰岩与泥岩互层；上部为灰质泥岩与泥岩互层；准层序组 P1ss4（沙三下 4 油组）主要为泥岩与灰质泥岩互层，特征与沙四上纯上 1 油组相似。

2）沙三下层序

（1）在东营凹陷，沙三下层序介于 T_6 与 T_6^s 之间，为一套灰质页岩—油页岩夹少量碳酸盐岩或砂岩的层序（图 4–1–1）。反映水体处于最深阶段，属于最大加速沉降期层序。根据测井曲线结构的变化，划分出湖扩体系域（EST）和高位体系域（HST）。

湖扩体系域（EST）对应沙三下 3 油组和 4 油组，划分出两个准层序组，主要为富有机质页岩夹纤柱状方解石纹层或透镜体。反映其沉积极静极深的水体。

高位体系域（HST）对应沙三下 2 油组和沙三下 1 油组，划分出两个准层序组。二者沉积特征相似，普遍碳酸盐含量减少，多为块状泥岩沉积。

（2）在沾化凹陷，与东营凹陷相对应，沙三下层序介于 T_6 与 T_6^s 之间，为一套灰质页岩—油页岩夹少量碳酸盐岩或砂岩的层序（图 4–1–2）。反映水体处于最深阶段，属于最大加速沉降期层序。根据测井曲线结构的变化，划分出湖扩体系域（EST）和高位体系域（HST）。

湖扩体系域（EST）对应沙三下 3 油组和 4 油组，可划分出两个准层序组，主要为富有机质页岩夹灰质泥岩沉积。AC–R 高异常段显著。

高位体系域（HST）对应沙三下 2 油组和沙三下 1 油组，可划分出两个准层序组，主要为灰质泥岩与泥岩的互层。

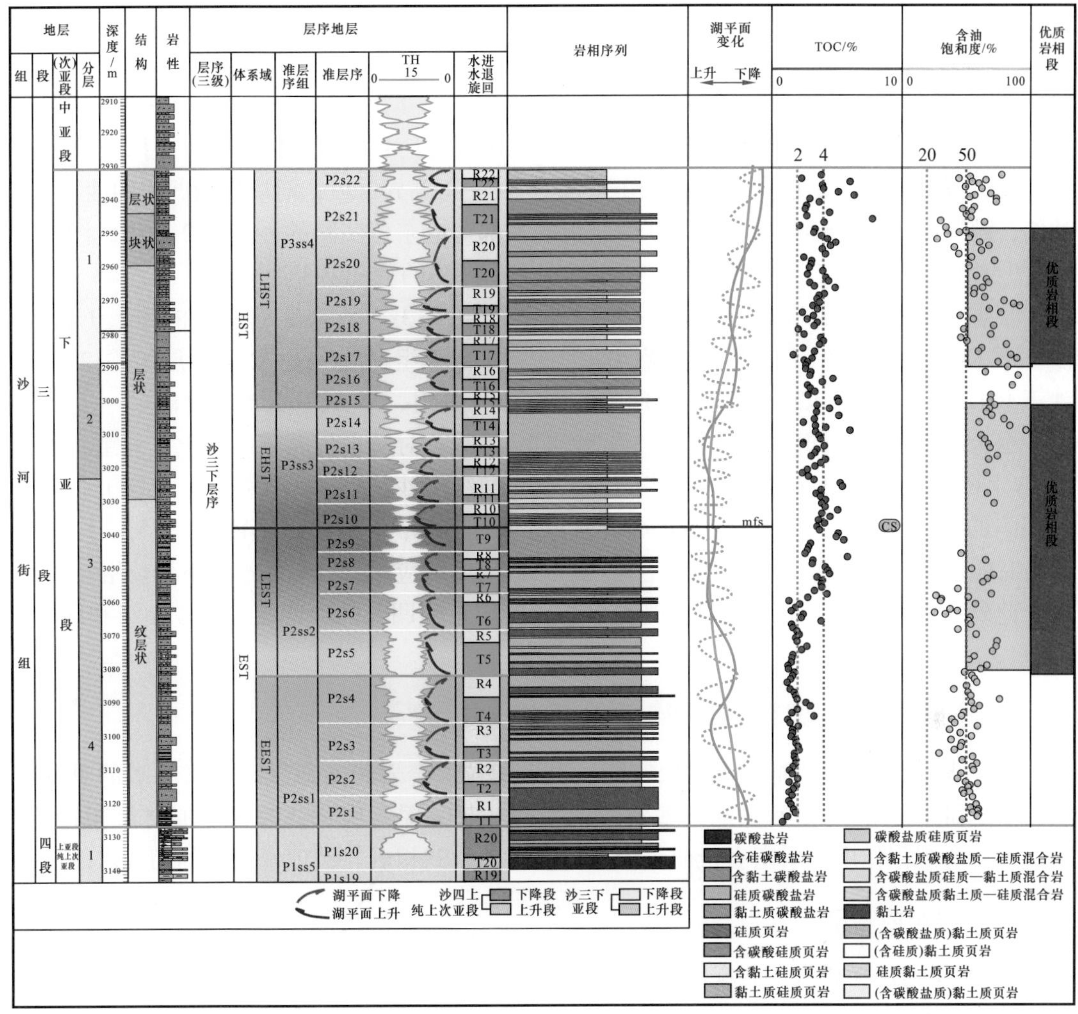

图 4-1-2 沾化凹陷罗 69 井层序地层划分综合柱状图

2. 层序地层统层

长期以来济阳坳陷东营凹陷页岩油勘探层位为沙四上纯上次亚段—沙三下亚段。其中，沙四上纯上次亚段划分为 3 个油组，自下而上分别为纯上 3 油组（Cs3）、纯上 2 油组（Cs2）、纯上 1 油组（Cs1）；而沙三下亚段自下而上划分出 4 个油组，分别为沙三下 4 油组（S3x4）、沙三下 3 油组（S3x3）、沙三下 2 油组（S3x2）、沙三下 1 油组（S3x1）。

沾化凹陷加速沉降不整合界面也非常显著，界面之上电阻率高幅异常明显。与东营凹陷相对比，沾化凹陷也可以划分出两个三级层序，分别为沙四上纯上层序和沙三下层序。

1）济阳坳陷页岩标示界面

与东营凹陷一致，均存在 T_7、T_6 和 T_6^s 界面。T_7 界面为初始加速沉降界面。钻井显示 T_7 界面之下主要以滩坝砂沉积为主，一些地区发育碎屑岩—碳酸盐岩混合层，主体为较浅水的沉积。界面之上主要为膏盐层与膏质泥岩、泥岩的互层，以化学沉积与泥岩沉积为主。具有加速沉降初期沉积特征。T_6 界面位于 AC–R 高异常段的底部，与东营凹陷一致。

T_6^s 界面与东营凹陷也一致，属于 R 异常结束界面，代表加速沉降后层序的底界面。

2）济阳坳陷页岩层序对比

罗 69 井显示，沾化凹陷的沙三下 13 下砂层组（13x）对应东营凹陷的沙三下 4 油组和纯上 1 油组；沙三下 13 上砂层组（13s）下部对应沙三下 4 油组，上部与沙三下 12 下砂层组（12x）及沙三下 12 上砂层组（12s）下部为 AC—R 高异常段，对应东营凹陷的沙三下 3 油组；沙三下 11 砂层组和沙三下 10 砂层组的下部对应东营凹陷的沙三下 2 油组；沙三下 10 砂层组的上部和沙三下 9 砂层组的下部对应东营凹陷的沙三下 1 油组。

根据义 176 井，沾化凹陷的沙三下 13 下砂层组（13x）对应东营凹陷的纯上 1 油组；沙三下 13 上砂层组（13s）对应东营凹陷的沙三下 4 油组；沙三下 12 下砂层组（12x）与沙三下 12 上砂层组（12s）对应东营凹陷的沙三下 3 油组，即 AC—R 高异常段。

综合所有，沾化凹陷的沙三下 13 下砂层组（13x）对应东营凹陷的纯上 1 油组；沙三下 13 上砂层组（13s）对应东营凹陷的沙三下 4 油组；沙三下 12 下砂层组（12x）对应东营凹陷的沙三下 3 油组，即 AC—R 高异常段；沙三下 12 上砂层组（12s）—沙三下 11 砂层组对应东营凹陷的沙三下 2 油组；沙三下 10 砂层组对应东营凹陷的沙三下 1 油组。

此外，沾化凹陷下部上发育富膏盐沉积，对应东营凹陷的沙四上纯上 3 油组和纯上 2 油组。

二、不同凹陷细粒沉积特征及相控

为了揭示细粒岩或页岩的沉积特征，引入细粒混合岩相的概念。越来越多的研究表明，全球陆相盆地细粒沉积绝大多数表现为砂—灰—泥互层（或韵律）混合沉积特征。因此从混合沉积作用揭示富有机质页岩非均质性，是湖相页岩油理论研究的切入点。

1. 页岩组成特征

1）济阳坳陷页岩组成具有相似性

沾化凹陷罗 69 井 412 个页岩样品 X 射线衍射结果显示：黏土矿物类平均含量为 18.23%、石英平均含量为 17.71%、长石平均含量为 2.47%、方解石平均含量为 53.13%，白云石平均含量为 6%，菱铁矿平均含量为 1.27%，黄铁矿平均含量为 3.8%，石膏平均含量为 1%。其中碳酸盐岩矿物总的平均含量达 60.4%。显然在页岩中夹有很多灰岩纹层或薄层。

东营凹陷利津洼陷利页 1 井 815 个页岩样品 X 射线衍射结果显示：黏土矿物类平均含量为 29.11%、石英平均含量为 25.52%、长石平均含量为 6.89%、方解石平均含量为 30.5%，白云石平均含量为 7.95%，菱铁矿平均含量为 1.76%，黄铁矿平均含量为 2.81%。其中碳酸盐岩矿物总的平均含量达 40.21%。

东营凹陷博兴洼陷樊页 1 井 800 个页岩样品 X 射线衍射结果显示：黏土矿物类平均含量为 21.09%、石英平均含量为 24.07%、长石平均含量为 6.08%、方解石平均含量为 37.44%，白云石平均含量为 9.97%，菱铁矿平均含量为 1.67%，黄铁矿平均含量为 3.06%。其中碳酸盐岩矿物总的平均含量达 49.08%。

东营凹陷牛庄洼陷牛页 1 井 183 个页岩样品 X 射线衍射结果显示：黏土矿物类平

均含量为 21.73%、石英平均含量为 22.26%、长石平均含量为 6.09%、方解石平均含量为 35.36%，白云石平均含量为 12.89%，菱铁矿平均含量为 1.30%，黄铁矿平均含量为 3.16%。其中碳酸盐岩矿物总的平均含量达 49.55%。

综合上述，济阳坳陷富有机质页岩属于富碳酸盐岩型（表 4–1–1）。

表 4–1–1 济阳坳陷富有机质页岩主要矿物成分及平均含量 单位：%

井名 / 样品数	罗 69 井 /412	牛页 1 井 /183	樊页 1 井 /800	利页 1 井 /815
黏土矿物	18.23	21.73	21.09	29.11
石英	17.71	22.26	24.07	25.52
钾长石	1.02	1.8	2	2.38
斜长石	1.45	4.29	4.08	4.51
方解石	53.13	35.36	37.44	30.5
白云石	6	12.89	9.97	7.95
菱铁矿	1.27	1.30	1.67	1.76
石膏	—	1	1.01	—
黄铁矿	3.8	3.16	3.06	2.81

2）页岩的混合沉积特征

根据 X 射线衍射结果和岩石薄片鉴定结果，济阳坳陷的富有机质页岩普遍具有混合沉积的特征。

东营凹陷牛页 1 井、樊页 1 井、利页 1 井显示（图 4–1–3）：富有机质页岩类型以碳酸盐岩大类为主，但纯碳酸盐岩比例很小，主体为碳酸盐矿物为主，黏土矿物和陆源碎屑矿物的混合，其中陆源碎屑矿物含量略微高于黏土矿物含量或近似相等。其次，牛页 1 井页岩以碳酸盐矿物、黏土矿物和陆源碎屑矿物中没有哪类超过 50% 的混合，属于狭义的混合沉积类。此外，还有少量的以黏土矿物为主的和以陆源碎屑矿物为主的混合沉积。

沾化凹陷罗 69 井富有机质页岩类型与东营凹陷相似，只是缺乏以黏土矿物为主的和以陆源碎屑矿物为主的混合沉积。

2. 细粒混合沉积的分类

1）混合岩的概念

陆源碎屑颗粒、陆源碎屑泥、碳酸盐颗粒等的混合沉积物即为混合岩。一般包括分散混合（结构混合）及条带状或细纹层状混合方式。以往对于粗颗粒混合岩的研究，特别是碎屑岩 – 碳酸盐岩混合沉积的研究比较普遍，但对细粒岩的混合沉积作用研究刚刚兴起。

2）细粒混合岩的分类方案

采用基于矿物含量的细粒混合岩（页岩）三元图分类方案（图 4–1–3）。该方案三端元分别是：（1）黏土矿物端元（A），高岭石、伊利石、绿泥石等黏土矿物的总和。当然，它们粒度均为黏土级的。（2）碳酸盐矿物端元（C），包括化学、生物—化学成因的各类矿物，主要有碳酸盐岩、硫酸盐岩、盐岩等以及各类氧化物（铁、铝、锰等）。常见的是碳酸盐岩，包括石灰岩和白云岩。在细粒岩或页岩中，碳酸盐岩矿物常为泥晶的，偶夹粒度较粗的颗粒碳酸盐岩。（3）陆源碎屑矿物端元（S），主要指碎屑石英、长石等。在富有机质页岩中，陆源碎屑颗粒的石英和长石粒度一般为分散状混入的粉砂级颗粒。此外陆源碎屑颗粒常呈砂岩条带混合到细粒岩中。

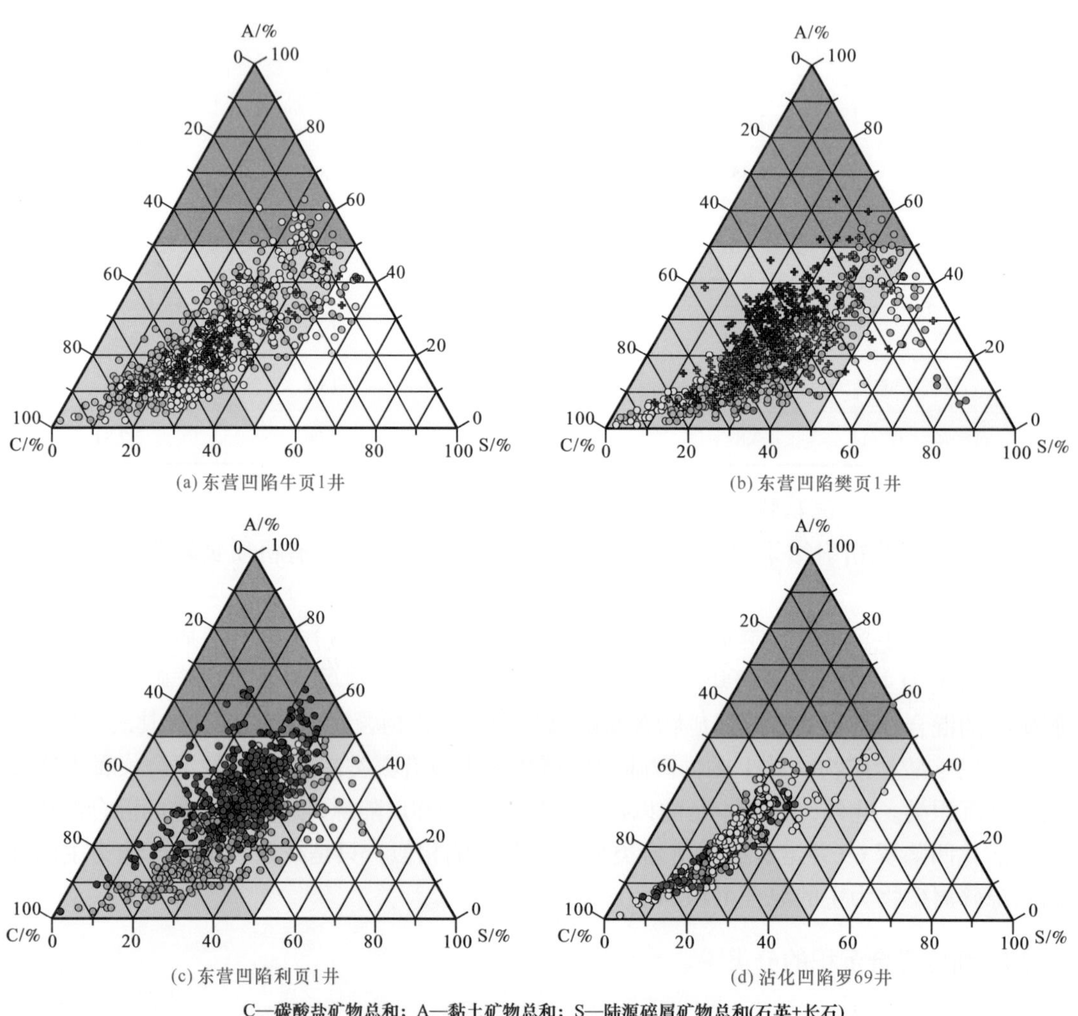

图 4-1-3 济阳坳陷页岩矿物组成三角图

利用 S–A–C 三角图可以划分出 4 大类 18 类岩石类型，其中 4 大类分别为富碳酸盐大类、富黏土大类、富硅质大类和混合质大类。许多研究者指出混合质大类属于真正的混合岩或狭义的混合岩。富碳酸盐大类、富黏土大类、富硅质大类分别按照 10%、25%、50% 含量标准。这样的分类可以很好地区分混合作用趋势。对于二元混合沉积的岩石分类，最常见的就是黏土与碳酸盐矿物的混合沉积。

3）济阳坳陷细粒混合岩类型

东营凹陷以樊页1井为例。沙四上纯上次亚段与沙三下亚段各油组主要混合岩类型如下：

纯下（CX）2个样品为粉砂岩及1个样品为粉砂质灰岩。

纯上3油组（CS3）主要为碳酸盐岩大类，偏陆源碎屑质，其次为三元混合岩大类，少数为陆源碎屑质混合岩大类。

纯上2油组（CS2）主要为碳酸盐岩大类，偏陆源碎屑质；其次为三元混合岩大类，偏陆源碎屑质与碳酸盐质混合；再次为陆源碎屑质混合岩大类和黏土质混合岩大类。

纯上1油组（CS1）主要为碳酸盐岩大类，偏陆源碎屑质；其次为三元混合岩大类。

沙三下4油组（S3x4）主要为偏陆源碎屑质的碳酸盐质混合岩大类，其中碳酸盐矿物含量一般为50%～75%；其次为三元混合岩大类，偏碳酸盐矿物与陆源碎屑矿物的混合。

沙三下3油组（S3x3）主要为偏陆源碎屑质的碳酸盐质混合岩大类，其中碳酸盐矿物含量一般为50%～75%；其次为三元混合岩大类，包括陆源碎屑矿物与黏土矿物混合以及碳酸盐矿物与陆源碎屑矿物混合。

沙三下2油组（S3x2）主要为偏陆源碎屑质的碳酸盐质混合岩大类，其中碳酸盐矿物含量一般为50%～75%；其次为三元混合岩大类，包括陆源碎屑矿物与碳酸盐矿物的混合以及黏土矿物与碳酸盐矿物的混合。

沙三下1油组（S3x1）主要为偏黏土质的碳酸盐质混合岩大类，碳酸盐矿物含量一般为50%～75%；其次为三元混合岩大类，以黏土矿物与碳酸盐矿物的混合为主；还有少量黏土质混合岩大类。

沙四上纯上次亚段的碳酸盐质混合岩大类中碳酸盐矿物含量除了50%～75%占优势外，大于75%的碳酸盐质混合岩也占很大比例。沙三下亚段的碳酸盐质混合岩大类中碳酸盐矿物含量一般为50%～75%。在S3x2和S3x1油组中黏土矿物参与较多。整体上来讲，从下往上碳酸盐矿物含量由多到少，陆源碎屑矿物和黏土矿物由少到多。

3. 细粒混合沉积相的分类

1）混合沉积相的概念

细粒混合沉积（fine-grained mixed sediments）是指机械搬运的陆源碎屑与生物成因颗粒或化学沉淀颗粒同时沉积并以单层（或纹层）混积的方式产出的沉积岩类型。主要成分包括：（1）碎屑成分，以黏土矿物（高岭石、伊利石、绿泥石等）和陆源碎屑矿物（石英、长石、云母等）为主；（2）化学成分，各类氧化物（铁氧化物、铝氧化物、锰氧化物等）、碳酸盐岩、硫酸盐岩、盐岩等；（3）生物成分，钙质和硅质生物微粒；（4）有机质等，郑荣才等（2010）指出在特定的沉积环境中由硅质碎屑与碳酸盐的混合沉积形成的沉积相类型称之为混合岩相，包括硅质碎屑与碳酸盐在结构上的相互掺杂，或者成分上纯的硅质碎屑岩与碳酸盐岩旋回性互层或侧向彼此相互交叉的沉积环境的产物。王越等（2017）提出“混合岩相带”一词表示“混合沉积环境”与“混合沉积体”的综合。

同时强调，沉积相划分原则及依据之一是尊重传统沉积相命名方法，在沉积相划分命名时尽量采用传统沉积相术语，避免针对混合沉积环境划分沉积相时出现多种术语的局面。实际上，上述“混合岩相带”“混合岩相”等术语就是混合岩沉积相的概念。

此次在东营凹陷328口单井岩心、薄片、录井和测井数据统计分析的基础上，以易识别和好预测为目标，在岩相XRD三端元成分划分及宏观岩性 + 沉积构造类型岩相划分的基础上，提出了陆相细粒混合沉积相的沉积成因分类方案（扇形分类方案）（图4–1–4）。

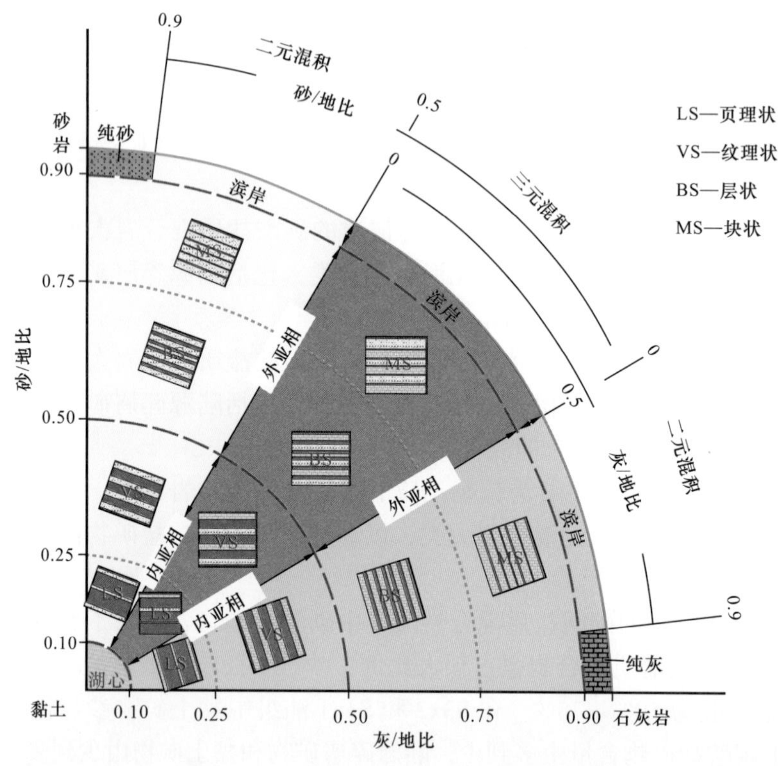

图4–1–4　陆相细粒混合沉积扇形分类方案

该方案以钻井、录井、测井、岩心、薄片和X射线衍射数据为基础，充分考虑了主要结构混合形式（块状结构混合、层状结构混合、纹层结构混合、页理状结构混合），综合岩相特征分类（岩相成分、构造特征）、砂（硅质）/ 灰（碳酸盐质）/ 泥（黏土质）以及砂 + 灰的比值分类（不同等时单元内定量统计，一般以四级准层序组为单元）、细粒混积作用方式分类（物理、化学沉积分异）和混积相带分区（结合古地貌）四大划分原则，对细粒混合岩沉积进行了系统分类（图4–1–4）。其中混合沉积相区可划分为砂—泥二元混合、灰—泥二元混合、灰—砂—泥三元混合沉积相，据砂地、灰地和砂 + 灰地比值线90%、75%、50%、25%、10%，其每个混合沉积相区可划分为外环混合亚相（包括外环外带块状混合沉积微相、外环内带层状混合沉积微相）、内环混合亚相（包括内环外带纹层状沉积微相、内环内带页理状沉积微相），共划分出3类混合沉积相6个亚相12个微相（表4–1–2）。

表 4-1-2 陆相湖盆细粒混合沉积相表

<table>
<tr><th colspan="2">沉积相</th><th>混合亚相</th><th>混合微相</th><th colspan="3">古地理构造单元</th></tr>
<tr><td colspan="4">碳酸盐岩、砂砾岩、粗碎屑混合岩</td><td colspan="3">滨岸带</td></tr>
<tr><td rowspan="12">混合沉积相</td><td rowspan="4">灰—泥二元沉积相</td><td rowspan="2">外环混合亚相</td><td>外环外带微相
（块状灰—泥混合微相）</td><td colspan="2">上斜坡（浅湖）</td><td rowspan="12">斜坡带（浅湖—半深湖）</td></tr>
<tr><td>外环内带微相
（层状灰—泥混合微相）</td><td colspan="2">下斜坡（半深湖）</td></tr>
<tr><td rowspan="2">内环混合亚相</td><td>内环外带微相
（纹层状灰—泥混合微相）</td><td>湖底低凸</td><td rowspan="2">深湖</td></tr>
<tr><td>内环内带微相
（页理状灰—泥混合微相）</td><td>湖盆深凹</td></tr>
<tr><td rowspan="4">砂—泥二元沉积相</td><td rowspan="2">外环混合亚相</td><td>外环外带微相
（块状砂—泥混合微相）</td><td colspan="2">上斜坡（浅湖）</td></tr>
<tr><td>外环内带微相
（层状砂—泥混合微相）</td><td colspan="2">下斜坡（半深湖）</td></tr>
<tr><td rowspan="2">内环混合亚相</td><td>内环外带微相
（纹层状砂—泥混合微相）</td><td>湖底低凸</td><td rowspan="2">深湖</td></tr>
<tr><td>内环内带微相
（页理状砂—泥混合微相）</td><td>湖盆深凹</td></tr>
<tr><td rowspan="4">灰—砂—泥三元沉积相</td><td rowspan="2">外环混合亚相</td><td>外环外带微相
（块状砂—灰—泥混合微相）</td><td colspan="2">上斜坡（浅湖）</td></tr>
<tr><td>外环内带微相
（层状砂—灰—泥混合微相）</td><td colspan="2">下斜坡（半深湖）</td></tr>
<tr><td rowspan="2">内环混合亚相</td><td>内环外带微相
（纹层状砂—灰—泥混合微相）</td><td>湖底低凸</td><td rowspan="2">深湖</td></tr>
<tr><td>内环内带微相
（页理状砂—灰—泥混合微相）</td><td>湖盆深凹</td></tr>
<tr><td colspan="4">页岩和油页岩</td><td colspan="3">湖心带</td></tr>
</table>

2）细粒岩混合岩沉积相的类型与分布

扇形分类方案将细粒混合沉积按照结构组合方式分为灰—泥二元混合、砂—泥二元混合和灰—砂—泥三元混合三种类型。根据统计结果，按照砂、灰、泥三种成分相互间的比值（砂 / 泥、灰 / 泥）以 0.1、0.25、0.5、0.75 为界，进一步在各混合单元内部划分出纹层状、层状和块状的区带，代表了从湖盆中心到湖盆边缘混合结构的变化。砂 / 泥＜0.1 和灰 / 泥＜0.1 指示近湖心区域，发育较纯的页岩和油页岩沉积；灰 / 泥＞0.9 或砂 / 泥＞0.9 指示较纯灰质或砂质沉积发育的近滨岸沉积区，发育碳酸盐岩和粗碎屑混合岩。因此，本分类方案共识别出 3 大类 9 亚类细粒混合沉积类型，第一类为灰—泥二元混合区，包括外环混合亚相外环外带微相块状灰—泥二元混合、外环内带微相层状灰—泥二元混合，内环混合亚相内环外带微相纹层状灰—泥二元混合；第二类为砂—泥二元混合带，包括外环混合亚相外环外带微相块状砂—泥二元混合、外环内带微相层状砂—泥二元混合、内环混合亚相内环外带微相纹层状砂—泥二元混合。第三类为砂—灰—泥三元混合区，包括外环混合亚相外环外带微相块状砂—灰—泥三元混合、外环内带微相层状砂—灰—泥三元混合、内环混合亚相内环外带微相纹层状砂—灰—泥三元混合。

以东营凹陷为例，平面上沙四上纯上次亚段细粒混合沉积呈环带状分布，盆地边缘主要是陆源碎屑发育区和碳酸盐岩发育区，向湖盆区依次发育外环混合沉积亚相（包括外环外带和外环内带二个微相沉积区）、内环混合沉积亚相（包括内环外带和内环内带沉积微相区）和湖心沉积亚相，3类混合沉积相6个亚相12个微相在沙三下层序和沙四上纯上层序均有很好有序的环带分区分布特征。其中，在陆源输入一侧表现为砂—泥二元和砂—灰—泥三元混合沉积特征，碳酸盐岩发育区一侧表现为灰—泥二元混合沉积特征。整体上，三元混合范围比较局限，以二元混合沉积为主（图4-1-5）。

三、济阳坳陷页岩优势相带类型

优势相带定义为具有一定页岩油勘探潜力或获取一定工业价值的页岩油产层的沉积相类型与分布。传统粗碎屑岩的有利相带一般对应的是微相，例如三角洲前缘水下分流河道、河口坝等。这些微相之下还可以划分“岩相”或“岩性相”。亚相控制流体的流动单元。对于富有机质页岩而言，其具有混合成因，包含了黏土质混合岩大类、碳酸盐质混合岩大类和陆源碎屑质混合岩大类以及三者之间均势混合的三元混合岩大类。还有包括以三角洲前缘、浊积扇体等形式混入的粗碎屑（粉砂级以上粒度）的混合岩。

混合沉积相包括混合相、混合亚相、混合微相、混合岩相。对页岩油勘探目的层有利的相带主要是有利混合微相带，即相同沉积环境下的混合岩相的组合。

1. 优势相带的确立

在划分页岩混合岩相的基础上，根据页岩油产能筛选优势相带。济阳坳陷页岩混合岩相与试油结果对比，优势岩相类型包括泥岩夹石灰岩混合岩相、泥岩夹砂岩混合岩相和纯泥岩混合岩相。

2. 优势相带的类型

1）泥岩夹石灰岩混合岩相

泥岩夹石灰岩混合岩相主要发育于沙四上纯上次亚段，因为从沙三下4油组开始，石灰岩含量一般均小于50%，即不发育石灰岩夹层了。CS1、CS2、CS3油组均有油页岩的发现。CS2油组优势最大。主要表现为纹层状泥岩夹纹层状灰岩混合岩相，石灰岩夹层数量最多。纹层状灰岩作为储层，纹层状泥岩富有机质，作为生油岩，二者形成了互层型储盖组合，有利于页岩油的富集。

樊119井显示［图4-1-6（a）］，CS2油组可划分出两个混合岩相，下部混合岩相为纹层状泥岩夹纹层状灰岩混合岩相，而上部石灰岩夹层变少，为纹层状泥岩含纹层状灰岩混合岩相。优势岩相主要为纹层状泥岩夹纹层状灰岩混合岩相。试油结果为日产油15.9t。

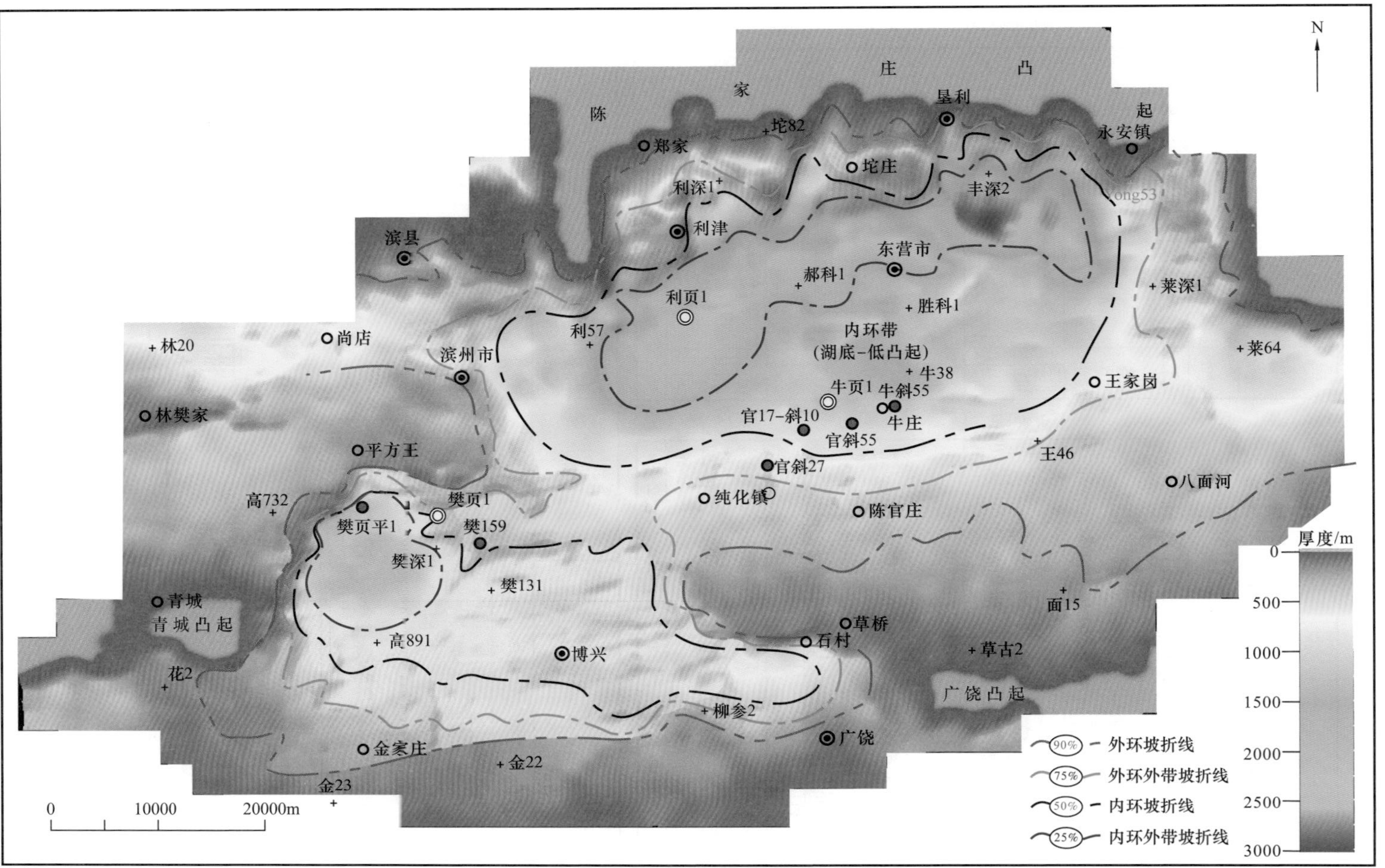

图 4-1-5　东营凹陷沙四上纯上次亚段细粒混合沉积分区分带平面分布图

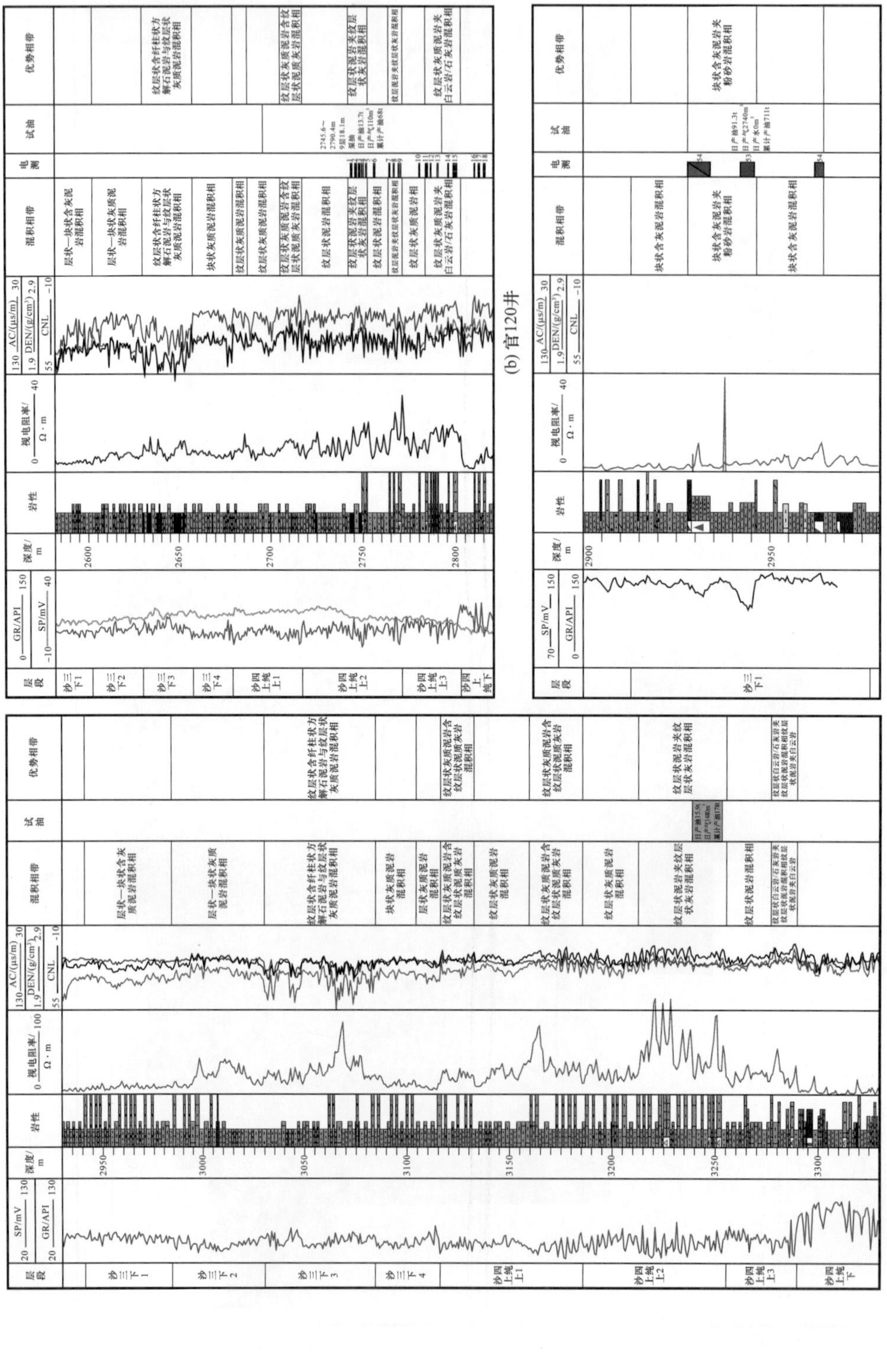

(a) 樊19井

(b) 官120井

(c) 河54井

图 4-1-6 樊 119 井、官 120 井、河 54 井混合岩相带与优势混合岩相带划分柱状图

官 120 井显示［图 4–1–6（b）］，CS1 油组可划分出两个混合岩相，底部为块状—纹层状白云岩夹灰质泥岩混合岩相，主要在其顶底发育两层白云岩，具有很好的储集性能。上部为纹层状灰质泥岩混合岩相，不含石灰岩夹层。因此该井 CS1 下部的块状—纹层状白云岩夹灰质泥岩混合岩相为优势相带。CS2 小层划分出两个纹层泥岩夹纹层状灰岩混合岩相和两个纹层状泥岩混合岩相，几乎不含石灰岩夹层。其中纹层泥岩夹纹层状灰岩混合岩相为优势相带。与樊 119 井相比，虽然优势相带均位于 CS2 油组，但樊 119 井纹层状泥岩夹纹层状灰岩混合岩相集中发育在下部，厚度达 43m。而官 120 井的同类优势岩相分成两层，分别厚 7m 和 11m。

2）*泥岩夹砂岩混合岩相*

河 54 井显示［图 4–1–6（c）］，在 S3x1 油组发育块状泥岩夹细砂岩，其上下为块状泥岩含砂岩混合岩相，砂岩层很少。因此优势岩相为块状泥岩夹细砂岩，日产油 91.3t。

3）*纯泥岩混合岩相*

该类型主要发育在 S3x3 油组，为富有机质的纹层状含纤柱状方解石脉或纹层的纯泥岩混合岩相。该段是烃源岩最好的层段，但是一般不发育碳酸盐岩和碎屑岩夹层。局部地区夹浊积砂岩层，为有利岩相带。

樊 120 井在 S3x3 油组主要为纹层状含纤柱状方解石脉或纹层的纯泥岩混合岩相。该岩相为优势相带，日产油 5.14t。此外 CS2 油组还发育纹层状泥岩夹石灰岩混合岩相，属于优势相带，日产油 1.21t。

3. 优势相带的分布

通过对东营凹陷沙四上纯上次亚段典型的页岩油产油井的产油层段进行分析，表明东营凹陷沙四上纯上 1 小层、纯上 2 小层和纯上 3 小层均有油气显示。其中，东营凹陷页岩油产油层段位于沙四上纯上 3 小层的井以永 54 井、牛 52 井、官 120 井和牛 119 井为例，这些产油层段位于沙四上纯上 3 小层的页岩油产油井，除永 54 井的产油层段主要为纯泥岩以外，其余井的产油层段均主要为泥岩夹石灰岩或泥质灰岩的“泥夹灰”灰—泥二元混合类型。东营凹陷页岩油产油层段位于沙四上纯上 2 小层的井以樊 143 井、樊 120 井、官斜 26 井、王 17 井、王 76 井、永 54 井、牛 52 井、官 120 井和牛 119 井为例，这些产油层段位于沙四上纯上 2 小层的页岩油产油井，除王 76 井的产油层段主要为纯泥岩以外，其余井的产油层段均主要为泥岩夹石灰岩或泥质灰岩的“泥夹灰”灰—泥二元混合类型。东营凹陷页岩油产油层段位于沙四上纯上 1 小层的井以河 88 井、牛 8 井和牛 876 井为例，这 3 口产油层段位于沙四上纯上 1 小层的页岩油产油井，除河 88 井的产油层段主要为纯泥岩以外，其余两口井的产油层段均主要为泥岩夹石灰岩或泥质灰岩的“泥夹灰”灰—泥二元混合类型。东营凹陷页岩油产油层段位于沙四上纯上 3 小层的井均分布于细粒混合沉积微相分类的外环内带当中；页岩油产油层段位于沙四上纯上 2 小层的井大部分位于细粒混合沉积微相分类的外环内带当中，而王 176 井则位于内环带；页岩油产油层段位于沙四上纯上 1 小层的牛 8 井位于细粒混合沉积微相分类的外环内带当中，河 88 井和牛 876 井则位于内环带（图 4–1–7）。

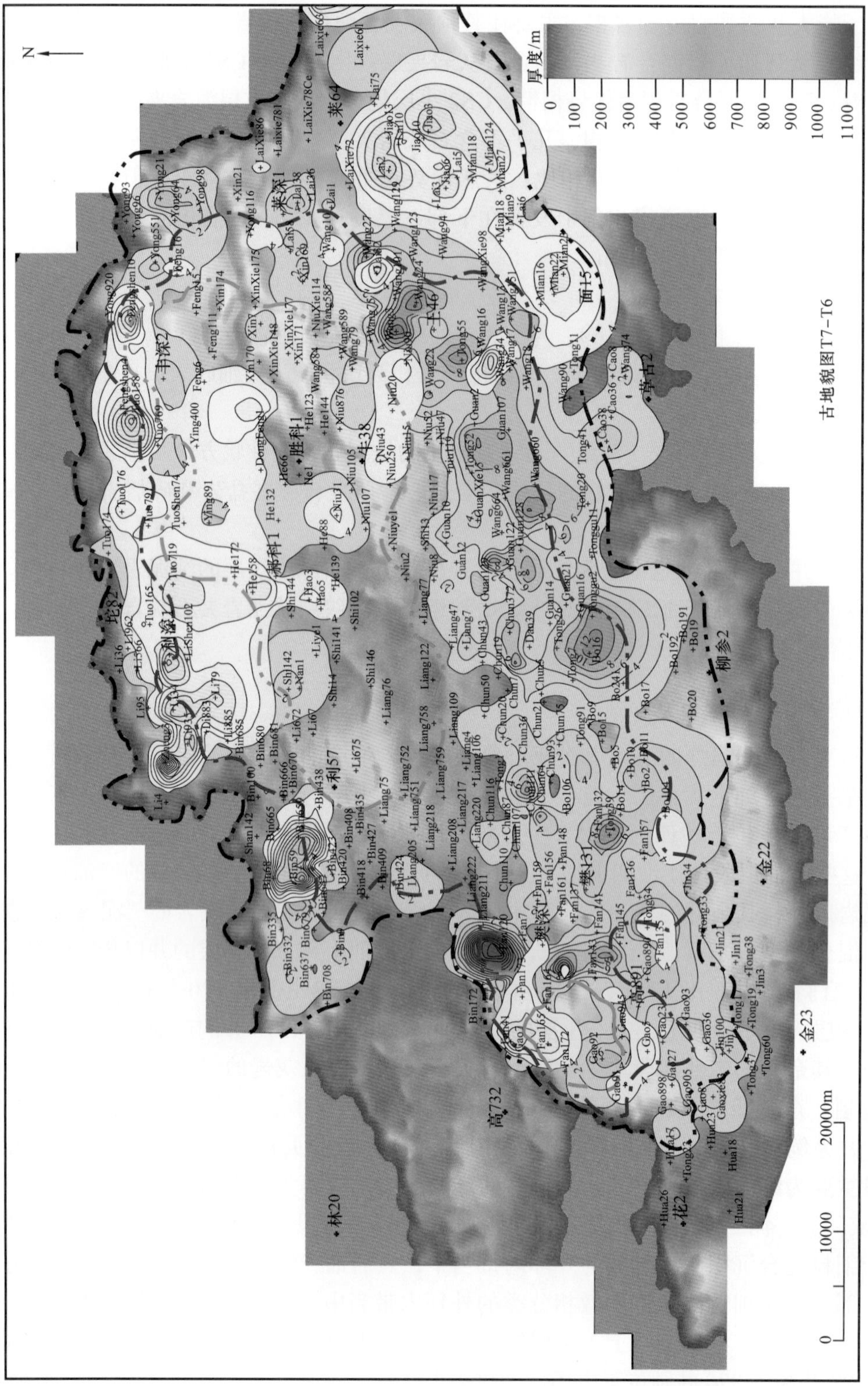

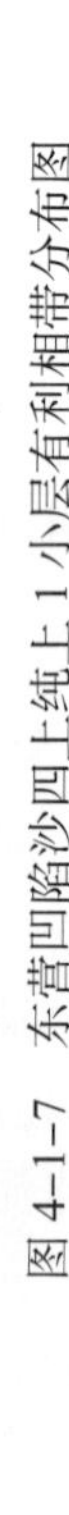

图 4-1-7 东营凹陷沙四上纯上 1 小层有利相带分布图

运用同样的方法对沾化凹陷沙三下亚段13小层页岩油产油井义187井、新义深9井、义182井和罗19井进行分析，表明沾化凹陷沙三下亚段13小层页岩油产油层段主要为泥岩夹石灰岩或泥质灰岩的“泥夹灰”灰—泥二元混合类型。沾化凹陷沙三下亚段13小层页岩油产油井主要分布于细粒混合沉积微相分类的内环带中。

因此，认为“泥夹灰”灰—泥二元混合类型和纯泥岩为东营凹陷沙四上纯上次亚段的优势混合岩类型，“泥夹灰”灰—泥二元混合类型为沾化凹陷沙三下亚段13小层的优势混合岩类型，细粒混合沉积微相分类的外环内带和内环带为东营凹陷沙四上纯上次亚段的优势混合岩相带，细粒混合沉积微相分类的内环带为沾化凹陷沙三下亚段13小层的优势混合岩相带。

第二节 济阳坳陷页岩储集特征与发育规律

一、济阳坳陷页岩储集空间分类

通过岩心观察、偏光显微镜、氩离子抛光—扫描电镜等手段的分析研究，济阳坳陷沙四上亚段—沙三下亚段泥页岩中的储集空间包括泥岩裂缝和孔隙两大类。岩心样品观察，裂缝总体不发育。通过对岩心的观察、描述以及薄片、扫描以电镜、氩离子抛光—扫描电镜的微观分析，总结归纳泥页岩中主要存在4种孔隙和4种裂缝。基质孔隙类型主要划分为无机孔隙和有机质孔隙两大类，孔隙可进一步划分为：陆源碎屑残余粒间孔（或粒缘孔）、碳酸盐矿物（重结晶）晶间孔、有机质演化孔以及黏土矿物晶间孔。裂缝包括：构造裂缝、异常压力裂缝、矿物收缩裂缝、层间微裂缝（王冠民等，2005；陈世悦等，2016；刘惠民等，2017，2018；张守鹏，2019）。

按照有机质孔隙在有机质中发育的位置可分为有机质内部孔、有机质边缘孔和有机质边界孔3种。扫描电镜观察发现，有机质孔隙主要分布在有机质的内部，而边缘部位发育较少。Loucks R G（2009）在研究Barnett页岩时也发现这一现象，并认为是由有机质内部和边缘的物理性质差异造成的。有机质边界孔位于有机质和无机矿物之间，受到有机质热演化和无机矿物成岩演化的双重影响，可以看作一种特殊的“粒间孔”或“粒间溶孔”，为了体现有机质的成孔作用，也将其归于有机质孔隙的范畴。

1. 颗粒粒间孔

实际上，泥页岩中发育的纳米级和微米级的孔隙大多不是一种矿物构成的，而是由许多类矿物共同组构的，如由石英颗粒（可以为陆源碎屑，也可以为自生石英）、黏土矿物、碳酸盐矿物（白云石和方解石），甚至是有机质等构成储集空间的架构。但为了易于区分各类孔隙，以下发现的孔隙类型按照主要的架构矿物类型进行划分（刘惠民等，2018；张顺等，2018）（图4-2-1）。

（1）陆源碎屑主要为石英和长石，一般为粉砂，含量一般在8%以下，主要集中在4%～5%，这类陆源碎屑的粒间孔大多被泥质或者碳酸盐矿物充填，类似于较致密胶结或较致密填充的残余孔隙结构，但不可忽视这些陆源碎屑的差异支撑作用。

（2）在普通照片下另一类的自生石英颗粒孔隙也应该引起重视，在利页1的氩离子抛光—扫描电镜的观察中，发现了一类不可忽视的微孔隙，孔隙架构较好，主要由1.5～3.0μm的石英颗粒架构而成，孔隙形状不规则，直径一般为99～260nm，部分充填了碳质。

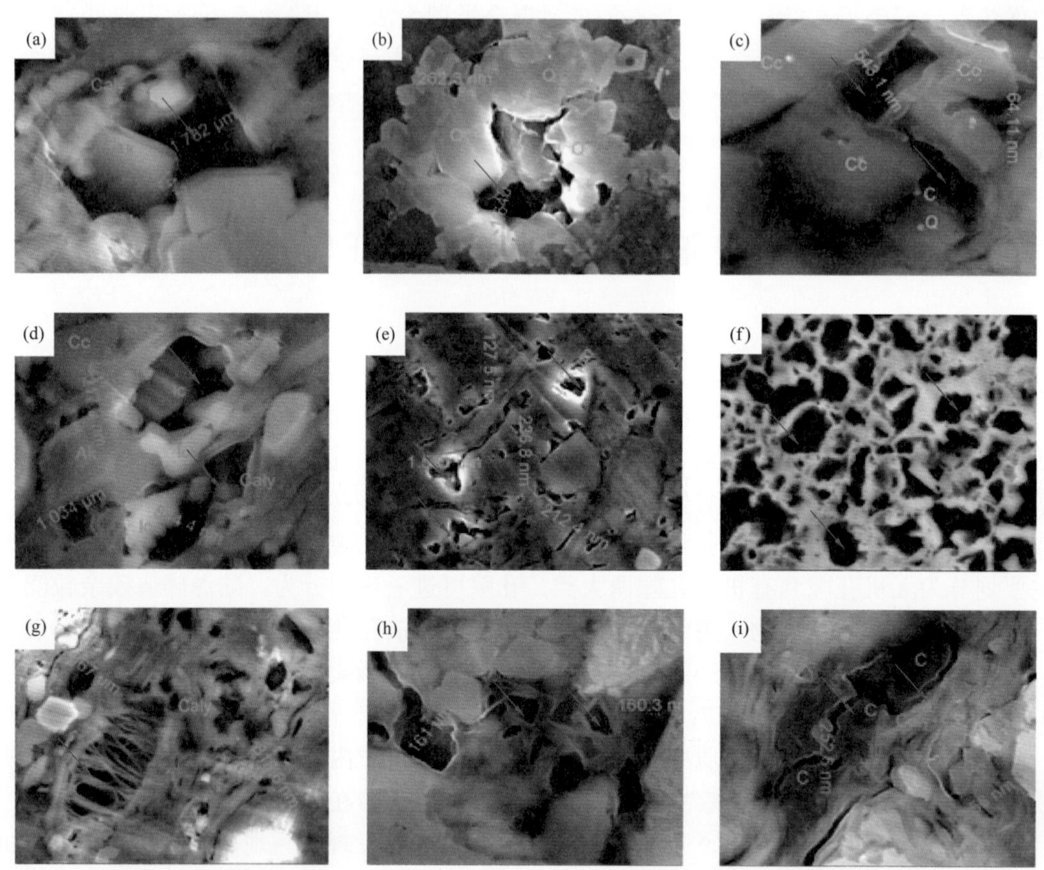

图4-2-1　济阳坳陷沙四上亚段—沙三下亚段泥页岩基质孔类型SEM照片

2. 碳酸盐重结晶晶间孔

重结晶晶间孔是指碳酸盐矿物在重结晶过程中形成的孔隙，主要包括方解石（重结晶）晶间孔以及白云石（重结晶）晶间孔。方解石重结晶晶间孔多分布于纹层状泥质灰岩中，其孔径较大，位于几十微米到几百微米之间，孔隙内一般有油充填，在荧光下观察方解石晶间孔呈现黑色。如罗69井钻遇的渤南洼陷沙三下亚段泥页岩中方解石、白云石含量高，特别是页理发育段，页理缝间几乎被碳酸盐充填，方解石、白云石颗粒间发育大量晶间孔，孔中被沥青质充填。在伊蒙混层层间多见方解石、颗粒溶蚀现象，如井段3112.40～3129.50m；部分溶蚀孔中见自生硅质石英。罗69、利页1、樊页1、牛页1等井的泥页取心层段同样发育了大量方解石和白云石晶间孔。

3. 黏土矿物晶间孔

黏土矿物晶间孔是指存在于黏土矿物间的微孔隙。黏土矿物主要是伊利石和高岭石，次为绿泥石。通过扫描电镜发现，黏土矿物微孔隙发育，伊蒙混层层间偶有方解石、白云石颗粒溶蚀现象，如罗 69 井井段 2990.0～3000.0m；井段 3000～3013m 颗粒溶蚀现象略增，层间缝发育有增多趋势（0.5～1.0μm）；井段 3042.0～3081.0m 伊蒙混层层间颗粒溶蚀现象增多，偶有长石溶蚀现象，层间缝宽度有增大趋势（0.5～2.0μm）。在利页 1 井的泥岩样品中观察到了书页状高岭石和丝状伊利石的晶间孔，高岭石晶间孔切面形状为四边形，直径大小为 50～230nm；伊利石晶间孔直径为 26～330nm。

4. 有机质演化孔

有机质演化孔是指在有机质团块中，有机质生烃对有机质团块中的微晶方解石以及黏土矿物进行溶蚀所形成的孔隙。泥页岩中有机质条带分布密集，荧光薄片分析，有机质条带呈现明显的亮黄色，说明在有机质条带或者有机质团块中会有烃类的富集。在扫描电镜下观察，有机质演化孔多呈椭圆状，孔隙大小介于几微米到几十微米之间。有机质团块的成分较为复杂，对有机质演化孔的成分进行能谱分析，说明成分是有机质。因此，有机质演化孔主要由丰富的无定形有机质、微晶方解石、黏土矿物以及少量黄铁矿混杂而成。有机质在向外排烃过程中会对包裹的微晶方解石以及黏土矿物进行溶蚀，从而形成孔隙。有机质演化孔在泥页岩中普遍存在。

5. 黄铁矿晶间孔

黄铁矿晶间孔非发育在孤立分散分布的黄铁矿中，而是主要发育在富集成凝块状和团块状黄铁矿中，电镜扫描可观察到其晶间微孔隙。菱铁矿也发育部分晶间孔，形状不规则，直径一般为 30～90nm。但菱铁矿形成的晶间孔由于其含量较少，所占孔隙比例不大。

二、济阳坳陷页岩储集空间表征

1. 不同类型储集空间孔径分布区间及占比

济阳坳陷沙四上亚段—沙三下亚段泥页岩微观储集空间尺度从小于 1nm 至几毫米均有分布（刘惠民等，2017，2018；滕建彬，2019；张顺等，2018）。尺度在 100nm 以下的纳米级储集空间类型主要有黏土矿物片间孔、生物结构孔、有机质内部孔和部分方解石晶间孔；100nm～10μm 尺度的微米级储集空间主要有有机质收缩孔、黏土矿物收缩缝、碳酸盐矿物晶间孔（方解石晶间孔、白云石晶间孔）和碳酸盐矿物溶蚀孔缝（方解石 / 白云石溶蚀孔和方解石 / 白云石晶间溶蚀缝）；大于 10μm 的超微米级储集空间主要为碎屑颗粒间孔和微裂缝。统计发现黏土矿物片间孔和方解石晶间孔对总孔隙度的贡献率最高，贡献率可达 50%～70%，其次为黏土矿物收缩缝、碳酸盐晶间孔和构造张裂缝，对总孔隙度的贡献率可达 20%～40%，其他储集空间的总体贡献率一般为 10% 左右（图 4-2-2）。

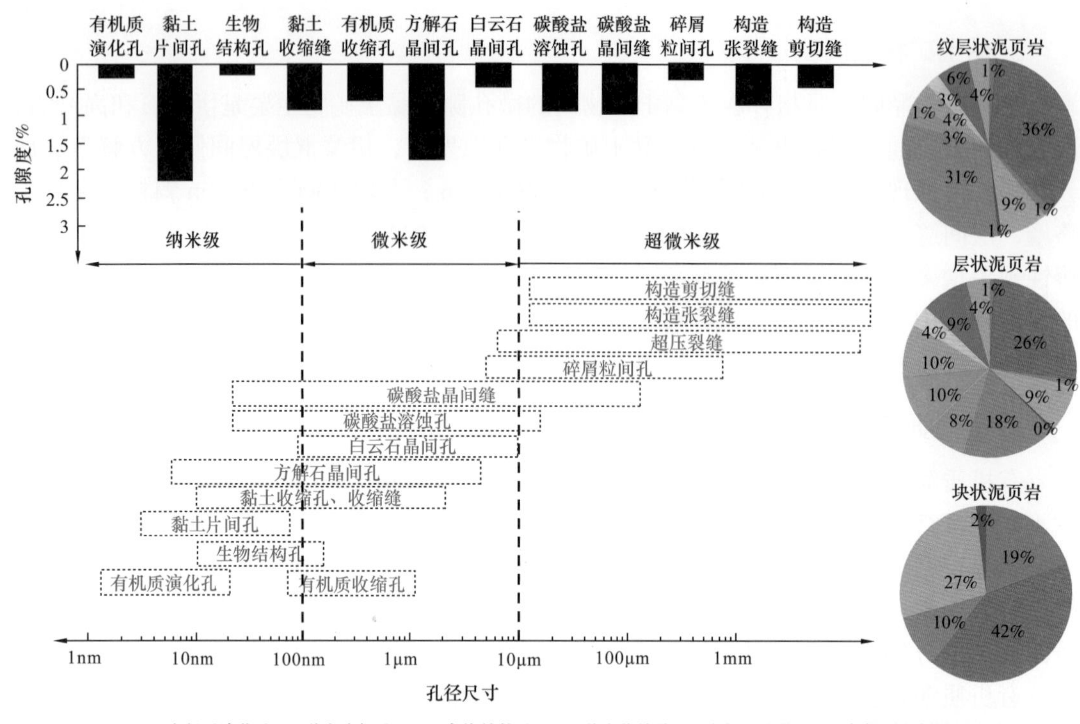

图 4-2-2 济阳坳陷沙四上亚段—沙三下亚段页岩不同储类型集空间的相对百分比

2. 不同岩相泥页岩储集空间特征

富有机质的纹层状岩相有机质、碳酸盐矿物多以富集条带状分布，在不同矿物之间存在接触面，这些接触面可作为流体保存的有利储存空间；而在部分纹层状页岩内，也存在着大量重结晶矿物，包括重结晶的白云石、铁白云石、方解石和铁方解石等，这些重结晶矿物对开启缝隙具有支撑作用，并且矿物之间也存在一定量的粒间孔，以微米级及超微米级储集空间为主；孔隙度最高，分布在 10.2%～17.7% 之间，平均值为 13.4%，孔隙主峰值在 10nm 以上，多尺度的孔隙处于连续分布状态，孔隙连通率较高，10nm 以上的孔隙连通率高，一般大于 50%，渗透率一般在 1～10mD 之间。层状泥页岩以方解石晶间孔和黏土矿物片间孔为主，孔隙度分布范围在 5.9%～11.2% 之间，平均值为 7.9%，孔隙主峰值一般在 10nm 左右，孔隙呈不连续分布，孔隙连通率较低；10nm 以上的孔隙连通率高，一般为 20%～50%，渗透率一般在 0.1～1mD 之间。而块状泥岩有机质、黏土及碳酸盐矿物大多呈分散状分布，以介孔尺度的黏土矿物片间孔、收缩缝及有机质收缩孔为主，孔隙度最低，分布在 2.7%～4.5% 之间，平均值仅为 3.9%；孔隙主峰值在 10nm 以下，孔隙呈不连续分布，孔隙连通率差；10nm 以上的孔隙连通率高，一般小于 20%，渗透率一般小于 0.1mD。因此富含碳酸盐的纹层状岩相是陆相页岩油储集的最有利岩相。

3. 不同层理结构泥页岩储集性特征

进一步细化岩相类型，利用微纳米表征技术序列中的分析手段可以对比不同岩相的储集空间差异，根据孔径分布特点可以区分其储集能力。全岩 X 射线衍射分析表明，济阳坳陷沙四上亚段—沙三下亚段泥页岩主要由泥质、碳酸盐质（主要为灰质，少量白云质）和少量陆源碎屑砂质构成，在划分层理结构类型时考虑这三种成分结构及分布状态。薄片观察下，泥质具有混合状分布、混合层—纹层状分布、层—纹层状分布 3 种；碳酸盐质在晶粒结构上有泥晶、粉—细晶粒状、柱纤状 3 种类型，分布上有透镜—条带状集中分布、纹层状集中分布、混合层状分布、混合状分布、分散状分布 5 种类型；陆源碎屑砂质主要为粉砂级石英、长石碎屑，分布上有层—纹层状集中分布和分散状分布两种。由于富碳酸盐质为济阳坳陷沙四上亚段—沙三下亚段泥页岩典型特征，因此在划分层理结构时，可优先考虑碳酸盐质的结构及分布特征；在碳酸盐质成分和结构确定时，泥质作为背景成分，其分布特征随之确定；而陆源碎屑砂质作为辅助成分分布状态较为单一，可最后考虑。根据以上分析，济阳坳陷沙四上亚段—沙三下亚段页岩可划分为表 4-2-1 所示的 12 类（刘惠民等，2017，2018；张顺等，2018；方正伟等，2019）。

表 4-2-1　济阳坳陷沙四上亚段—沙三下亚段泥页岩层理结构类型详细划分表

层理结构类型	碳酸盐质结构及分布特征		泥质分布特征	陆源碎屑分布特征	层理结构特征简述
	晶体结构	分布特征			
A	泥晶	混合状	混合状	分散状	泥晶碳酸盐质、泥质较均匀混合，砂质分散于泥质、灰质中
B	泥晶	混合层状	混合层—纹层状	分散状	泥晶碳酸盐质与泥质混合，砂质分散于泥质、灰质中，可见介形碎片或碳质定向排列
C	泥晶	透镜—条带状	层—纹层状	分散状	泥晶碳酸盐质呈透镜—条带状富集分布；少量砂质分散于泥质中
D	泥晶	纹层状	层—纹层状	分散状	泥晶碳酸盐质呈纹层状分布，少量砂质分散于泥质纹层中
E	粉—细晶粒状	分散层状	混合层—纹层状	分散状	粉—细晶碳酸盐质、砂质分散分布于泥质中，可见介形碎片或碳质定向排列
F	粉—细晶粒状	透镜—条带状	层—纹层状	分散状	粉—细晶碳酸盐质呈透镜—条带状富集分布；少量砂质分散于泥质中
G	粉—细晶粒状	纹层状	层—纹层状	分散状	粉—细晶碳酸盐质呈纹层状分布，少量砂质分散于泥质纹层中
H	柱纤状	透镜—条带—纹层状	层—纹层状	分散状	柱纤状碳酸盐质（垂直层面生长）呈透镜—条带状富集分布；少量砂质分散于泥质中

续表

层理结构类型	碳酸盐质结构及分布特征		泥质分布特征	陆源碎屑分布特征	层理结构特征简述
	晶体结构	分布特征			
I	泥晶	混合层—纹层状	混合层—纹层状	分散状	泥晶碳酸盐质混于泥质中，灰泥质呈纹层状富集分布，有机质纹层较发育
J	粉—细晶粒状	分散—纹层状	层—纹层状	分散状	碳酸盐质呈粉—细晶粒状分散于泥质中，泥质呈纹层状富集分布，有基质纹层较发育
K	泥晶	混合层状	混合层—纹层状	层状	泥晶碳酸盐质、泥质混合，砂质呈层状富集分布，可见介形碎片或碳质定向排列
L	颗粒泥晶结构（颗粒为砂屑或生物）		混合状	分散状	颗粒泥晶碳酸盐特征

A—D、I、K、L类泥页岩碳酸盐质主要呈泥晶结构，晶间孔不发育，主要的孔隙类型为刚性颗粒间孔和有机质收缩孔，少量碳酸盐溶蚀孔；E、J类泥页岩碳酸盐质呈晶粒结构，但呈分散状分布，也不发育晶间孔，主要的孔隙类型为刚性颗粒间孔和有机质收缩孔，少量碳酸盐溶蚀孔；F—H类泥页岩碳酸盐质呈晶粒状、柱纤状、透镜—条带—纹层状分布，主要发育晶间孔，部分刚性颗粒间孔和有机质收缩孔，少量碳酸盐溶蚀孔。

统计济阳坳陷沾化凹陷罗69井、东营凹陷利页1井系统取心薄片分析层理结构类型发现：沾化凹陷大于10%的层理结构类型为B、C，在1%～10%之间的层理结构类型为A、D、G，其他类型小于1%；东营凹陷大于10%的层理结构类型为B—D，在1%～10%之间的层理结构类型为A、E—J，其他类型小于1%。整体来看，B—D类泥页岩最为发育，占比达80%，其他类型发育比例较低，均小于10%；东营凹陷沙四上亚段—沙三下亚段泥页岩层理性、结晶程度优于沾化凹陷同层位泥页岩（表4-2-2）。

对沾化凹陷罗69井和东营凹陷利页1井不同层理结构泥页岩孔渗特征进行了分类统计（表4-2-3）：罗69井沙四上亚段—沙三下亚段泥页岩不同层理结构的孔隙度平均值范围为4.5%～5.8%，渗透率不同层理结构的平均值范围为4.18～19.44mD，综合考虑G类泥页岩储集性最好，B、C、D类泥页岩次之，A类最差；利页1井沙四上亚段—沙三下亚段泥页岩孔隙度不同层理结构的平均值范围为12.0%～15.6%，渗透率不同层理结构的平均值范围为2.80～34.63mD，综合考虑G、H、B、D类储集性较好，次为E、F、J类，A、C类较差。总体来看，利页1井沙四上亚段—沙三下亚段泥页岩孔渗性优于罗69井；碳酸盐质呈晶粒结构纹层状分布的G类和柱纤结构透镜—条带—纹层状分布的H类孔渗性较好，其次为碳酸盐质呈晶粒结构分散状分布的J类以及呈泥晶结构混合层状分布的B类、纹层状分布的D类，其他类型储集性较差。

表 4-2-2 沾化凹陷、东营凹陷沙四上亚段—沙三下亚段系统取心段层理结构类型统计表

层理结构类型	沾化凹陷罗 69 井（871 个样品点，2911.06～3139.7m）		东营凹陷利页 1 井（814 个样品点，3580.17～3838.32m）	
	块数	比例 /%	块数	比例 /%
A	46	5.3	17	2.1
B	467	53.6	117	14.4
C	242	27.7	191	23.5
D	49	5.6	268	32.9
E	5	0.6	36	4.4
F	3	0.3	54	6.6
G	48	5.5	26	3.2
H	1	0.1	25	3.1
I	0	0	26	3.2
J	0	0	53	6.5
K	3	0.3	1	0.1
L	7	0.8	0	0

济阳坳陷洼陷带基质型页岩油储层主要包括以下 8 类岩相，对应的主要储集空间差异表现为以下特征：

（1）岩相 1：

富有机质纹层状泥质灰岩相：顺层微裂缝普遍发育，总面孔率 12%～18%（扫描电镜样品观察统计），微裂缝占 3%～5%。泥质纹层和灰质纹层亮暗分层明显，易于发育亮晶碳酸盐纹层，多为细晶方解石，晶间孔和溶蚀孔较发育，孔径和储集能力好于黏土矿物晶间孔。灰质纹层的储集性能优于泥质纹层，该类岩相的主要储集空间类型为微裂缝和晶间孔，孔隙主要类型为方解石、白云石晶间孔，次要储集空间为黏土晶间孔、片间孔。泥质层中球粒黄铁矿粒间孔较发育。

（2）岩相 2：

富有机质纹层状灰质泥岩相：微裂缝较发育，微裂缝面孔率一般为 2%～3%，总面孔率 9%～13%。岩石中泥质含量稍高于灰质含量，由于碳酸盐矿物含量变少，造成碳酸盐晶间孔含量低于黏土矿物晶间孔的含量。局部泥质和灰质混杂，碳酸盐晶间孔部分被伊蒙混层等黏土矿物半充填。泥质层中球粒黄铁矿粒间孔较发育。

（3）岩相 3：

富有机质层状泥质灰岩相：微裂缝发育程度一般，总面孔率 5%～8%，而微裂缝占总面孔率的 20%～30%，泥质含量少于碳酸盐矿物，故而碳酸盐晶间孔含量高于泥质微孔的

含量，泥质层中黄铁矿粒间孔发育，局部见长石等溶蚀孔。

（4）岩相4：

富有机质层状灰质泥岩相：微裂缝发育一般，面孔率约占3%，总面孔率8%～12%，泥质层和灰质层厚度一般大于2mm。该类岩相的主要储集空间类型为微裂缝、方解石晶间孔、白云石晶间孔，次要储集空间为黏土晶间孔、片间孔。

表4-2-3 沾化凹陷、东营凹陷沙四上亚段—沙三下亚段不同层理结构泥页岩孔渗统计表

层理结构类型	沾化凹陷罗69井（2911.06～3139.7m）（孔隙度/%/渗透率/mD）				东营凹陷利页1井（3580.17～3838.32m）（孔隙度/%/渗透率mD）			
	块数	最大值	最小值	平均值	块数	最大值	最小值	平均值
A	14/14	10.1/23.4	1.8/0.016	4.5/4.20	5/4	19.1/9.08	10.2/0.102	13.5/2.80
B	194/192	10.4/182	1.2/0.016	4.6/6.47	35/32	19.4/126	8.2/0.113	12.5/15.62
C	82/81	8.9/122	2.3/0.007	5.0/4.18	32/26	17.6/15.1	8.1/0.003	12.0/3.91
D	21/21	10.3/56.2	2.7/0.009	5.7/5.85	74/66	19.4/104	7.5/0.098	12.2/10.13
E	—	—	—	—	9/9	18.4/20.7	8.2/0.007	13.3/5.72
F	—	—	—	—	9/6	15.6/22.9	11.7/0.106	13.5/5.50
G	12/11	8.5/76.8	4.2/0.046	5.8/19.44	7/5	17.1/181	7.7/1.04	14.4/34.63
H	—	—	—	—	6/4	18.2/34.9	10.9/0.065	14.7/18.17
I	—	—	—	—	8/7	15.1/15.7	11.9/1.21	13.5/4.68
J	—	—	—	—	20/13	19.5/44.5	10.3/0.342	15.6/9.21
K	—	—	—	—	—	—	—	—
L	—	—	—	—	—	—	—	—

“—”表示无可统计数据。

表中孔隙度、渗透率统计数据来源于中国石化勘探开发研究院石油地质测试中心煤油法孔渗测试结果。

（5）岩相5：

含有机质纹层状泥质灰岩相：微裂缝发育一般，约占总面孔率的25%，总面孔率为6%～10%，细晶方解石或白云石晶间孔孔径范围50～300nm，泥晶方解石晶间孔孔径介于10～75nm，黏土矿物晶间孔孔径介于2～50nm。储集空间类型主要为碳酸盐晶间孔，黏土矿物晶间孔和片间孔为辅。

（6）岩相6：

含有机质层状灰质泥岩：微裂缝发育，占总面孔率的35%，总面孔率8%～11%，碳酸盐晶间孔含量高于泥质微孔，溶蚀孔局部较发育。储集空间类型主要为黏土矿物晶间孔和片间孔，碳酸盐晶间孔次之。

（7）岩相7：

含有机质层状泥质灰岩：微裂缝含量较低，约占总面孔率的10%，总面孔率6%～10%，碳酸盐晶间孔含量较高，也是其主要储集空间类型。

（8）岩相8：

块状泥质灰岩相：岩石无层理结构，泥质和灰质混合，储集空间以黏土矿物晶间孔为主，方解石晶间孔次之，白云石、黄铁矿以及有机质最少。

以上8种页岩岩相的组合主要形成基质型页岩油储集类型，夹层型页岩油储集类型则包括砂岩夹层型、石灰岩夹层型以及白云岩夹层型。此外第三大类为裂缝型页岩油储集类型，以其发育裂缝储集空间为主。

砂岩夹层型以济页参1井为例，发育泥质粉砂岩、粗粉砂夹层为特征，砂岩夹层厚度在30～110cm之间，厚度集中于30～68cm。砂岩夹层孔隙度5.8%～10.2%，最大孔隙半径9.62μm，平均孔隙半径1.25μm，具有致密砂岩的储集空间发育特点。孔隙间连通性较好，三维最大配位数12，平均值为2～3。

基质型以牛页1井为例，发育纹层状和层状泥质灰岩和灰质泥岩为特征，纹层和层厚度一般介于0.5～5mm之间，表现为页理状特点。孔隙度3.9%～9.5%，最大孔隙半径520nm，平均孔隙半径158nm，如果泥质纹层中含少量石英和长石矿物，形成泥质粉砂或粉砂质泥岩纹层，则其储集性相对优于隐晶灰岩纹层。孔隙间连通性一般，三维最大配位数8，平均值为2。

以岩相组合而论，纹层状、层状、块状泥质灰岩和灰质泥岩叠置也可形成岩相组合，优于块状泥质灰岩和灰质泥岩的储集空间，但次于纹层状、层状、块状泥质灰岩和灰质泥岩的储集性。因为块状泥质灰岩和灰质泥岩的孔隙度区间为2.7%～7.9%，最大孔隙半径312nm，平均孔隙半径87nm，孔隙间连通性较差，三维最大配位数6，平均值为1。

三、济阳坳陷页岩储集空间发育影响因素及空间规律

1. 储集空间发育影响因素

研究区页岩储集空间发育程度和含油性主要受控于两个静态控制因素：一是结构构造类型；二是物质组分含量。纹层状、层状和块状页岩在结构和构造上的差异主要是由于碳酸盐矿物、泥质和陆源碎屑矿物的沉积排列形式不同导致的，本质上这两个静态控制因素可统一归因于物质组分（刘惠民等，2017，2018；滕建彬，2018，2019，2020；张顺等，2018；方正伟等，2019）。

1）结构和构造差异

通过对研究区不同结构类型页岩储集空间类型和孔径分布的统计（表4-2-4），发现不同岩相储集空间发育的优劣顺序。纹层状页岩由于泥质和灰质纹层的力学性质差异，易于发育微裂缝，微裂缝的发育增加了页岩的储集空间类型和输导能力，加之方解石晶间孔和黏土矿物晶间孔，孔渗性能优于另外两类结构类型的页岩储层。因此整体上，页岩储集性顺序依次为：纹层状泥页岩优于层状泥页岩，更优于块状泥页岩。

表 4-2-4 不同结构类型页岩储集空间类型和孔径分布统计表

主要岩相	储集空间类型	孔径范围 / nm	孔径均值 / nm	孔喉二维配位数	孔喉分选	均质性	孔隙度 / %
纹层状泥质灰岩 / 灰质泥岩相	石英等粒间孔	1310～6450	1680	1.3～1.6	39	0.21	5～16
	方解石晶间孔	240～825	560	1.7～2.8	19	0.54	
	黏土矿物微孔	11～489	270	1.5～1.8	22	0.26	
层状泥质灰岩 / 灰质泥岩相	方解石晶间孔	126～525	500	1.5～2.3	76	0.31	4～13
	黏土矿物微孔	7～328	75	1.2～1.9	28	0.25	
块状灰质泥岩 / 泥岩相	方解石和石英晶间孔	68～210	158	0.5～0.9	115	0.29	3～8
	黏土矿物微孔	3～92	28	1.1～1.5	26	0.19	

2）物质组分含量

通过交会图和氩离子抛光扫描电镜观察进一步明确了储集性控制因素（方正伟等，2019）。孔隙度与黏土矿物、陆源碎屑（石英、长石碎屑）、碳酸盐、有机碳含量交会分析结果（以利页 1 井为例，图 4-2-3）表明有如下整体趋势：孔隙度与黏土矿物、陆源碎屑、有机碳含量具正比关系，与碳酸盐含量呈反比关系。该趋势是所有层理结构泥页岩的总体反映，对于碳酸盐呈泥晶结构的 A—D 类泥页岩，孔隙度与黏土矿物、陆源碎屑、有机碳含量呈正比关系，与碳酸盐含量呈反比关系的特征愈加明显；而碳酸盐呈晶粒结构的 E–H 类泥页岩，上述趋势不明显。由于碳酸盐呈晶粒结构的泥页岩占比较少，因此总体趋势主要反映了碳酸盐呈泥晶结构的泥页岩所表现的相关关系。

影响同一种结构页岩孔隙发育的微观因素主要是物质组分，此处着重探讨岩石矿物组分和有机质热演化对孔隙的影响。其中，岩石矿物组分对储集空间的影响可以分为矿物组分含量和矿物结晶程度两种主要的影响方式（王冠民等，2005；陈世悦等，2016；滕建彬，2018，2019，2020；张顺等，2018）。

（1）矿物组分含量和矿物结晶程度对孔隙发育的影响：

通过氩离子抛光样品扫描电镜下逐级放大观察发现，泥页岩碳酸盐呈泥晶结构时，碳酸盐多聚集呈小型团块状与泥质相混合，内部晶间孔不发育，且团块与泥质塑性均较强，团块与泥质、团块与团块之间在压实作用下较紧密接触。以利页 1 井 3762.95m 样品为例，薄片下观察层理结构类型为 B 类，氩离子抛光电镜下观察样品成分泥质与灰质混合发育，部分为陆源碎屑。灰质含量较高区域，孔隙不发育，灰质相对含量较少区域，可见部分孔隙。放大观察孔隙类型以颗粒间孔为主，部分为有机质收缩孔，局部可见碳酸盐溶蚀孔，推测为附近有机质演化过程中产生的有机酸的溶蚀。

因此对于碳酸盐呈泥晶结构的泥页岩，矿物成分对孔隙发育程度具有主导控制作用，碳酸盐含量较高时且与泥质混合分布时，陆源碎屑和泥质相对含量减少，刚性颗粒间孔的形成概率降低。另外黏土所吸附的有机质相对含量减少，有机质收缩孔发育程度减小，有机质演化产生的有机酸溶蚀作用范围受到限制，整体上孔隙均匀性较低，孔隙度较小；反之则孔隙度较高。一般碳酸盐含量小于 50% 时，具有较好的储集性；当碳酸盐富集成透镜或纹层分布时，符合成分控制的整体趋势，但层理结构具有一定的控制作用。

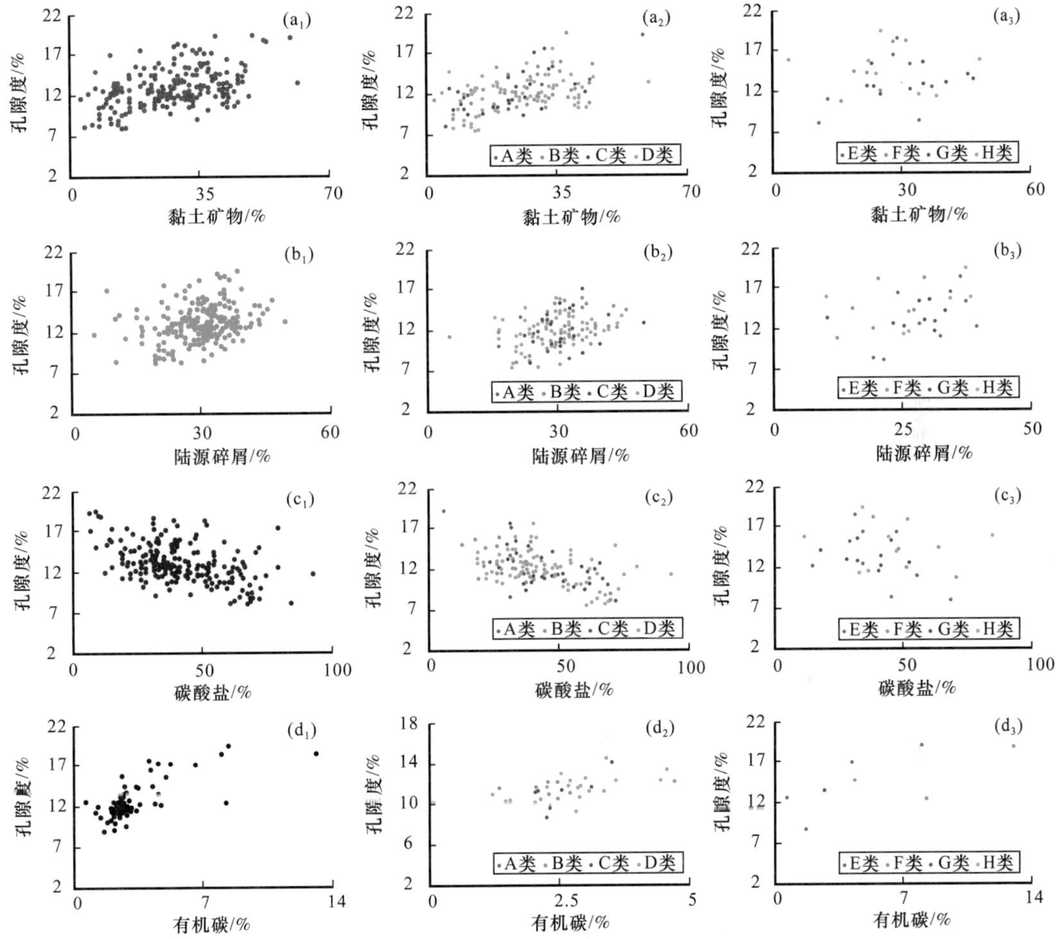

图 4-2-3 利页 1 井页岩孔隙度与黏土矿物、陆源碎屑、碳酸盐、有机碳交会图

纹层状层理结构的 D 类比透镜状层理结构的 C 类孔隙发育程度要好，孔隙主要发育在泥质纹层或有机质纹层内部，孔隙类型主要为黏土和有机质收缩孔，刚性颗粒间孔。

对于碳酸盐呈晶粒结构（包含柱纤结构）泥页岩，层理结构对储集性的控制较强，G 类、H 类泥页岩的孔隙度一般高于 E 类、F 类。由于晶粒状碳酸盐富集呈纹层时晶间孔较发育，孔隙度与碳酸盐含量交会图点分布具有上凸形态，碳酸盐含量在 30%～50% 之间时，孔隙度较高，原因主要为所夹的泥质纹层有机质含量一般较高，有机质收缩孔及产生的有机酸对碳酸盐矿物的溶蚀增加了储集空间。

研究区泥页岩中主要的无机矿物组分包括碳酸盐矿物、陆源碎屑石英和黏土矿物。根据高压压汞和核磁实验分析结果，发现黏土矿物含量高的页岩孔径集中偏向于2～90nm孔径范围，高碳酸盐矿物含量的页岩孔径集中偏向于90～1000nm孔径范围。说明碳酸盐矿物含量对大孔径的贡献更大。矿物结晶程度改善孔隙最明显的现象表现在：方解石晶体的大小决定了孔隙的形状和孔径，马牙状和柱纤状方解石晶间孔的孔径明显优于微晶和泥晶方解石的晶间孔。虽然研究区页岩中白云石的绝对含量少（一般为2%～10%），大多分散状分布，但研究发现白云石化的程度对储集空间的发育和物性的改善具有积极的意义，同时具有重要的层序划分和成岩指示意义。

（2）有机质热演化对孔隙发育的影响：

有机质是泥页岩中不可忽略的组成部分，其体积分数在目的层泥页岩中最高可达32%。与黏土矿物相似，有机质同样对温度和压力反应敏感，生成有机酸和烃类等，是泥页岩中流体产生的另一源泉。因此，有机质可以看作泥页岩组成中的一种"特殊矿物"，而有机质热演化可以看作一种独特的成岩作用，这与常规的砂岩和碳酸盐岩有很大区别。随着镜质组反射率增加，有机质不断成熟并转化成烃类排出，而在残余的有机质中产生越来越多的有机质孔隙，其大小和形态不断变化（陈世悦等，2016；刘惠民等，2017，2018；张顺等，2018）。

利用不同温度下有机质的热模拟实验，对比不同热模拟阶段泥页岩经氯仿洗提前后介孔孔径的量变，可以揭示有机质热演化对页岩孔隙影响方式和程度。从中子小角散射分析实验证实：页岩介孔（2～50nm）的发育具有规律性，随着R_o值的变大，细介孔的含量越来越少，中介孔和粗介孔的含量越来越多。随着有机质热演化程度的升高，细介孔向中介孔和粗介孔转化。以牛页1井为例，埋深约为3380m、R_o约为0.65%时，热演化增加的细介孔与中—粗介孔程度相当。大于此埋深和有机质热演化程度，细介孔（2～10nm）大量转化为中—粗介孔。孔径分布的改变，指示了热演化过程中生烃作用对孔隙结构的改造（滕建彬，2018，2019；张顺等，2018）。这一认识与孙超等热模拟实验发现十分吻合。

由于泥质基质孔孔径主要分布在介孔（2～50nm）的范围，该孔径范围的孔隙占总孔隙的50%左右，细介孔向中介孔和粗介孔的转化不仅对泥页岩孔隙度的增大具有明显贡献，而且提高了孔隙的连通性和渗透率。长条状有机质大多顺层伴生在泥质纹层中，在热演化过程中对黏土矿物微孔发育的影响最显著，这是造成细介孔向中介孔和粗介孔转变的主要原因。也是导致泥页岩物性改善的重要途径。

温度和上覆岩层压力：在缓慢沉降的构造背景中，温度是促使有机质热演化的关键因素。上覆岩层压力一方面促进有机质热演化，有利于有机质孔隙的发育，另一方面产生的压实作用导致有机质孔隙被压缩或坍塌，不利于有机质孔隙的保存。温度和上覆岩层压力联合作用于有机质热演化的整个过程中，控制了有机质孔隙的形成、保存或破坏，是影响有机质孔隙发育的最重要的外部条件。

热演化与有机质生烃对储集空间的控制作用集中体现在三个方面：① 成岩过程中有机质成熟度增加，引起有机质孔隙含量的增大，当烃类生成、进行排烃之后，有机质逐渐变得多孔；② 有机质是碳氢化合物的混合，虽然本身不具有溶解能力，但有机质成熟生烃增大了蒙皂石向伊利石的转化速率并释放有机酸，调节成岩流体的pH值，溶蚀碳酸盐等不稳定矿物，当这种溶解作用与原始孔渗条件以及孔隙结构形成良好配置关系时，会形成有效地次生孔隙；③ 成岩后期排烃停止后，烃类在孔隙中的聚集有效抑制了成岩作用的继续进行，造成水—岩反应的终止，不利于次生孔隙的发育和改造。与海相高成熟度页岩相比，东营凹陷泥页岩有机质热演化程度较低，生成的烃类分子较大，有机质孔隙发育较少且形态不规则，孔径较大，可达几百纳米，连通性较差。此外，高温下有机烃类可作为还原剂还原岩石中的氧化性矿物，进一步影响水—岩平衡。

2. 储集空间发育空间规律

综合热演化程度（R_o）、岩相发育分布特征、地层压力特征、储集空间发育特征（孔隙度和孔径）等因素，建立东营凹陷泥页岩储集空间发育分布模式。自南部缓坡带向北部深洼带，埋深增大，有机质成熟度增加，地层压力增大。早成岩阶段，泥页岩埋深较小，热演化成熟度低，斜坡带主要发育泥质粉砂和块状泥页岩，孔隙类型以基质孔隙为主，储集空间发育模式为块状—早成岩基质孔隙模式，平均孔径小于10nm，孔隙度小于5%。伴随着盆地持续接受细粒沉积，埋深加大，泥页岩主体进入中成岩阶段，从缓坡带向次深洼区热演化成熟度增大（R_o>5%），地层压力变大，发育层状泥页岩，储集空间发育模式为层状—中成岩A—弱超压孔缝局部连通模式，储集空间组合类型为穿层缝—层间缝和基质孔隙，孔径主要为10～20nm，孔隙度集中在5%～8%之间。伴随着埋深增大，R_o为0.7%，泥页岩进入中成岩阶段后期，地层压力系数大于1.5，富有机质纹层状泥页岩发育的储集空间类型多样，储集空间组合类型为网状缝—基质孔，储集空间连通性好，储集空间发育模式为纹层状—中成岩B—超压孔缝网络模式；深洼带主要发育富有机质纹层状灰质泥岩及亮晶灰岩，储集空间类型为重结晶晶间孔、溶蚀孔及黏土矿物晶间缝，压力系数最高达1.8，生烃超压作用酸性流体溶蚀匹配，在重结晶纹层内部形成溶缝，与其他孔隙形成有效的储集空间网络，孔隙度大于10%。

在东营凹陷储集空间发育分布模式的指导下，在单因素评价的基础上，综合各“甜点”要素评价结果，叠合进行优质储集发育区预测（刘惠民等，2017，2018；张守鹏，2019；张顺等，2018）。将富有机质（纹）层状泥质灰岩——R_o>0.8%（沙四上亚段为R_o>0.9%）——地层压力系数>1.8——裂缝叠合部位裂缝最发育区的叠合区域为Ⅰ类优质储集发育区；将富有机质纹层状灰质泥岩和层状泥质灰岩——R_o为0.6%～0.8%（沙四上亚段R_o为0.7%～0.9%）——地层压力系数系数>1.6——裂缝叠合部位裂缝次发育区叠合为Ⅱ类优质储集发育区；将含有机质层状泥页岩和块状泥岩——R_o<0.6%（沙四上亚段为R_o<0.7%）——压力系数1.38～1.6——裂缝叠合部位裂缝欠发育区为Ⅲ类储集发育区。东营凹陷优质储集相带主要发育在东营凹陷利津洼陷北部和博兴洼陷等地区。

第三节 济阳坳陷页岩油赋存机理与资源评价

一、济阳坳陷主力烃源岩含油性特征

济阳坳陷主力烃源岩主要分布在沙四上亚段与沙三下亚段，各凹陷工业性油气流也主要见于这两个层位。S_1 和氯仿沥青“A”含量是烃源岩含油性的重要评价指标。与氯仿沥青“A”相比，S_1 富含轻质组分而贫重质组分。沙四上亚段泥页岩含油量分布范围较宽，氯仿沥青“A”为 0.01%～2.94%，S_1 为 0.01～12.31mg/g，各凹陷以东营含油量最高，平均氯仿沥青“A”和 S_1 分别为 0.57% 和 2.64mg/g，而惠民含油量相对较低。对于沙三下亚段泥页岩，其氯仿沥青“A”为 0.01%～3.27%，S_1 为 0.01～12.59mg/g，东营和沾化凹陷泥页岩中含油量较高，平均氯仿沥青“A”在 0.50% 以上，S_1 在 2.0mg/g 以上，惠民凹陷相对较低。总体来看，东营沙三下亚段和沙四上亚段，沾化和车镇凹陷的沙三下亚段具有较高的含油量（表 4-3-1）。

二、页岩油赋存机理及影响因素

1. 页岩油赋存形态

泥页岩敲开新鲜面后，环境扫描电镜下显示有近似圆球和椭球状的油珠存在，尺寸可达 10～20μm［图 4-3-1（a）］。受岩心放置、制样等因素影响，油珠状形态较为少见，而常见薄膜状，其分布形状不规则，分布面积相对较大，常以浸染状铺于新鲜面或赋存于黏土矿物（伊蒙混层）相关孔、黄铁矿晶间孔中，而对于尺寸较大的石英粒内孔中（1～5μm），孔隙表面见有原油赋存而中心无游离油［图 4-3-1（b）至（e）］。此外，因荷电效应，在有机孔周边多见有薄膜状原油析出［白色裙边，图 4-3-1（f）］。

表 4-3-1 济阳坳陷页岩含油气性参数

构造名称	层位	氯仿沥青“A”/%	S_1/（mg/g）
东营凹陷	沙四上亚段	0.01～2.94（0.57）	0.01～15.31（2.64）
	沙三下亚段	0.01～3.27（0.88）	0.01～12.59（2.09）
沾化凹陷	沙四上亚段	0.01～1.38（0.38）	0.01～7.37（1.62）
	沙三下亚段	0.01～3.23（0.60）	0.01～13.12（2.64）
车镇凹陷	沙四上亚段	0.02～0.33（0.23）	0.08～4.32（1.42）
	沙三下亚段	0.01～0.95（0.44）	0.01～3.83（2.13）
惠民凹陷	沙四上亚段	0.01～1.84（0.18）	0.01～9.40（0.23）
	沙三下亚段	0.01～1.15（0.26）	0.01～8.31（0.66）

注：0.01～2.94（0.57）表示最小值～最大值（平均值）。

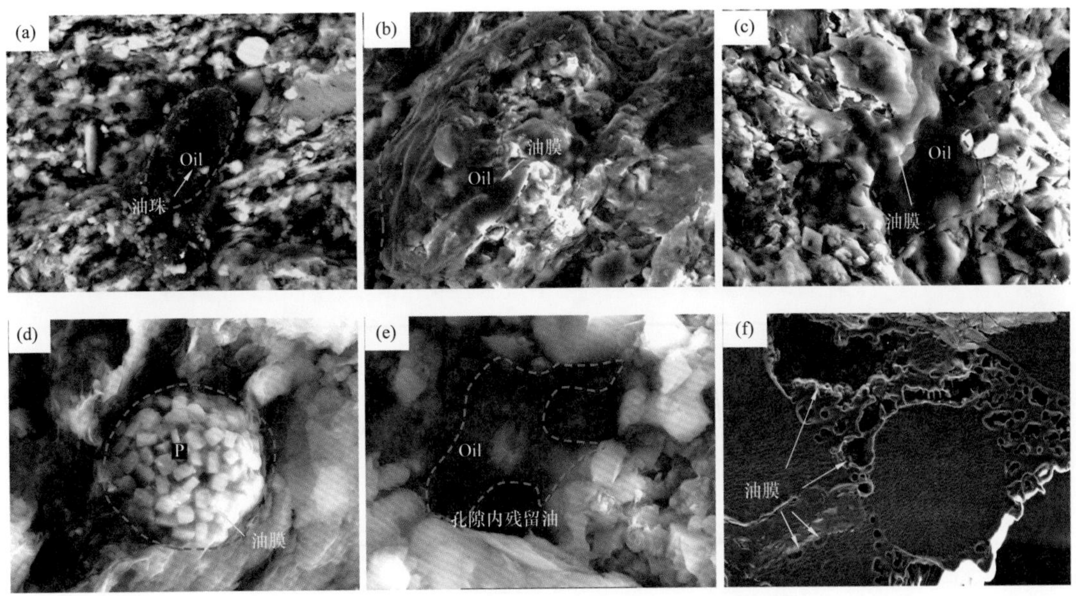

图 4-3-1 泥页岩新鲜壁面及孔隙内页岩油的赋存状态

2. 页岩油赋存孔径特征

通过对比洗油、未洗油泥页岩样品的低温氮气吸附、高压压汞实验检测的孔径分布曲线的变化来反映页岩油所赋存的孔隙孔径范围。结果显示，常温常压状态下页岩残余油主要赋存于孔径小于 100nm 的孔隙中，富有机质岩相页岩中页岩油含量高于含有机质岩相；由纹层状→层状→块状，页岩油赋存于较大孔（孔径＞100nm）中的现象越来越不明显。

一般来说，随孔径变大，页岩油的可动性逐渐增强，即游离油量 / 可动油量逐渐增加。根据泥页岩残留油分布孔径特征曲线，将孔径由大到小逐渐累加含油体积，构建泥页岩含油体积累积曲线，并计算大于某一孔径时的页岩油含量。结果显示，济阳坳陷游离油赋存的孔径下限可能为 5nm，也即小于孔径 5nm 的孔隙中均为吸附态油，该结论与采用分子动力学模拟得到的“4nm 孔径以下孔隙中均为吸附态页岩油”基本一致（Wang et al., 2015）。相似方法，可动油的孔径下限约为 30nm。

3. 页岩油赋存微观特征

从 6nm 的狭缝状石墨烯孔隙内流体密度分布来看（图 4-3-2），在靠近壁面处出现 4 个吸附层，每层厚约 0.442nm；第一吸附层密度约 1.22g/cm^3，是游离态流体密度的 1.67 倍，表现出“类固态”的特征（王森等，2015）；远离壁面，流体受壁面的作用力逐渐减弱，各吸附层密度逐渐降低。从吸附平衡时的模拟快照来看，吸附在表面的分子沿长链方向呈排分布，每层吸附厚度（0.442nm）近似于分子碳链宽度（约 0.48m），即吸附层厚度与烷烃分子的宽度有关；吸附态流体在前三个吸附层成排现象明显，远离壁面作用力减弱，第四吸附层与孔隙中心的游离态流体的混杂分布不易区分。

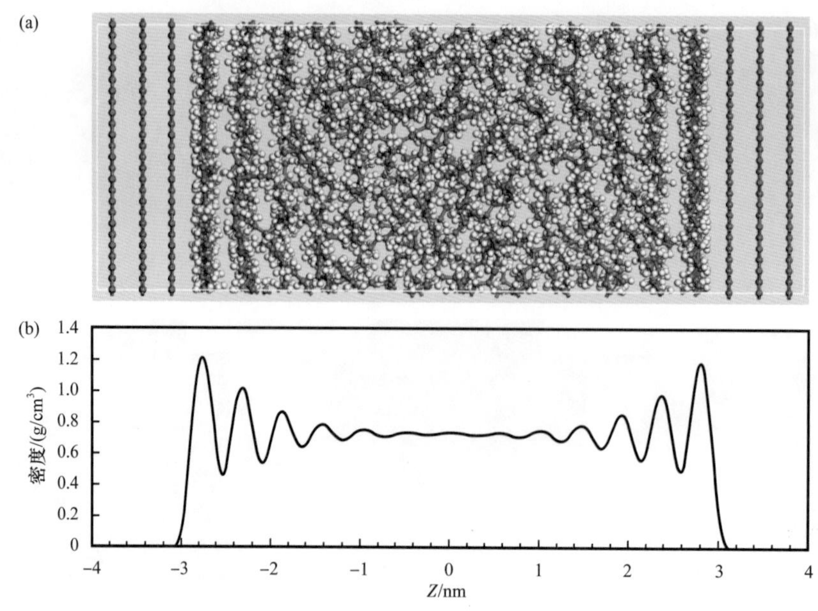

图 4-3-2　在 6 nm 石墨烯狭缝中正十二烷流体吸附特征

4. 吸附油影响因素分析

页岩油的赋存状态（吸附态、游离态）与岩石组成（矿物、固态有机质）、油的性质（族组分、密度、黏度）及油的赋存孔径等有关。从成熟度来看，随埋藏深度的增加吸附油占比降低，因此游离油占比增加。一方面，深度增加，页岩油黏度/密度降低，饱和烃含量增大（油质变轻），油附着在孔隙壁表面的能力降低［图 4-3-3（a）］；另一方面，是随着热成熟程度的增加，干酪根中的脂肪链、羧基、羟基和羰基等逐渐消失，其与页岩油的相互作用力降低，吸附能力减弱。相同成熟度时，纹层/层状的灰质泥岩相吸附油比例高于泥质灰岩相，富有机质岩相吸附油能力高于含有机质岩相，即越富有机质和黏土的页岩，其吸附油比率相对越高［图 4-3-3（b）］、（c）］。

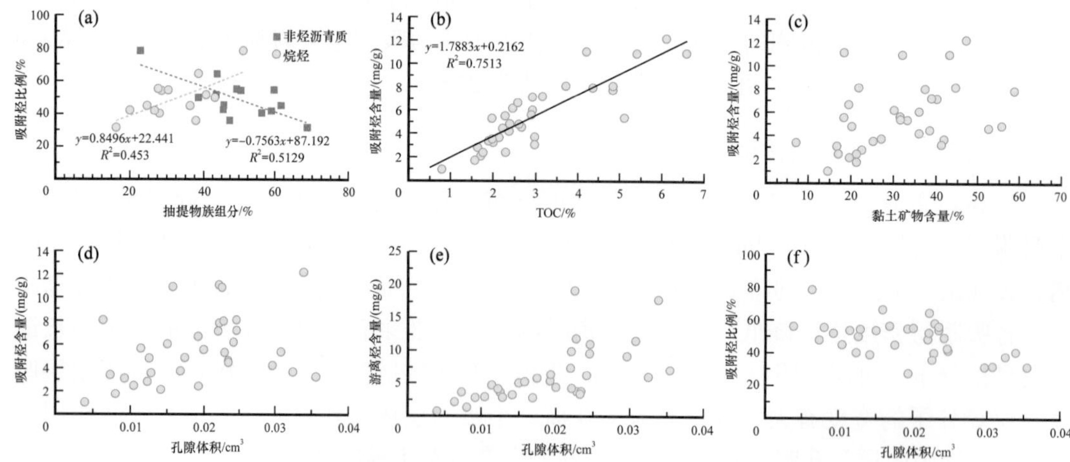

图 4-3-3　济阳坳陷页岩中吸附油量/吸附率与页岩油族组成、岩石组成及孔隙结构的关系

吸附油、游离油量还与页岩中孔隙体积有关。孔隙体积越大，吸附油和游离油量越高，但吸附油比例降低，反之游离油占比则增加［图 4-3-3（d）至（f）］。与页岩气不同，页岩中吸附油含量与孔隙比表面积的相关性并不明显，主要原因是采用分步热解法得到的吸附油除了包含孔隙表面吸附油外，还有较多的干酪根溶解烃。此外，受湖相页岩孔隙混合润湿性的影响，部分水润湿的孔隙表面并不发生烃类吸附，造成比表面积与吸附油含量关系比较复杂。

三、分级评价标准及资源评价

1. 分级评价标准

根据中国石化探区页岩油有利区分级评价（表 4-3-2），有利区预测：应用 TOC 大于 1% 的页岩厚度等值线图、R_o 等值线图、S_1 等值线图、地层压力等值线图叠合成图，将页岩油有利区分为Ⅰ、Ⅱ、Ⅲ类。

表 4-3-2　中国石化探区页岩油有利区分级评价标准

参数	Ⅰ类	Ⅱ类	Ⅲ类
TOC＞1.0% 累计厚度 /m	＞40	30～40	＜30
R_o/%	＞1.1	0.9～1.1	0.7～0.9
游离烃 S_1/（mg/g）	＞3.0	2.0～3.0	1.0～2.0
压力系数	＞1.4	1.2～1.4	1.0～1.2

2. 页岩油资源潜力评价

1）关键参数获取

通过 Δlg*R* 方法根据岩心资料对测井资料的相互关系建立测井解释模型，计算 TOC、热解 S_1 和氯仿沥青“A”参数，利用测井资料连续性的特征进行有机非均质性刻画，从而得到研究区各层位 TOC、热解 S_1 的平面分布。建立 R_o 与深度关系，结合构造埋深资料编制 R_o 等值线图，结果表明无论是沙三下亚段还是沙四上亚段，济阳坳陷这两个层段泥页岩大部分处于成熟生油窗范围内，仅局部地区 R_o 达到 1.3% 以上。

2）资源评价结果

根据研究区不同级别的泥页岩有机质碳含量、热解 S_1 含量、厚度分布、埋深、气油比等参数，计算了泥页岩的滞留油量和页岩油量。计算过程中，为求精确，将不同层组泥页岩分布区在平面上划分成网格，分别计算各网格区内目的泥页岩的滞留油量和页岩油量，所有网格的滞留油量和页岩油量之和即为总滞留油量和页岩油量。

以下计算的目标层组为近期勘探的主要目标层组：渤南洼陷沙三下亚段的 12s 至 13x 砂层组、东营凹陷沙三下亚段的 4 个层组和沙四纯上次亚段的 3 个层组，计算结果见表 4-3-3 至表 4-3-7。渤南洼陷沙三下亚段页岩油基质资源量为 5.22×10^8t，东营凹陷沙四上亚段页岩油基质资源量为 14.33×10^8t、沙三下亚段为 12.11×10^8t。

表 4-3-3 沾化凹陷渤南洼陷沙三下亚段各砂层组资源量计算表

层位	滞留油 / 10^8t	游离油 / 10^8t	伴生气 / 10^8m^3	计算面积 / km^2	页岩体积 / km^3	资源丰度 / $10^4t/km^3$
12 上砂层组	4.36	1.43	79.70	755.76	40.98	348.98
12 下砂层组	3.34	1.18	66.42	755.76	29.86	395.13
13 上砂层组	3.05	1.24	96.00	755.76	25.10	494.09
13 下砂层组	3.14	1.37	120.34	755.76	36.96	370.64
合计	13.89	5.22	362.46	755.76	132.90	392.78

表 4-3-4 东营凹陷沙四上纯上次亚段各小层资源量计算表

地区	层位	滞留油 / 10^8t	游离油 / 10^8t	伴生气 / 10^8m^3	计算面积 / km^2	页岩体积 / km^3	资源丰度 / $10^4t/km^3$
牛庄	1 小层	3.85	1.11	27.43	700.00	31.83	348.70
青南	1 小层	0.81	0.17	4.18	189.51	12.43	134.15
民丰	1 小层	2.63	0.88	23.45	276.79	21.30	414.23
利津	1 小层	5.50	1.70	63.18	973.27	56.98	298.35
博兴	1 小层	3.59	1.45	86.88	605.51	29.45	492.29
合计		16.38	5.31	205.12	2745.08	151.99	1687.72
牛庄	2 小层	4.68	1.61	33.95	754.75	45.11	356.91
青南	2 小层	0.74	0.27	6.27	189.01	12	227.07
民丰	2 小层	2.62	0.98	25.81	280.78	25.28	386.11
利津	2 小层	6.47	2.41	86.22	971.01	58.33	413.17
博兴	2 小层	3.86	1.53	92.11	697.26	40.16	380.93
合计		18.37	6.8	244.36	2892.81	180.88	1764.19
牛庄	3 小层	2.90	0.77	18.64	859.50	32.02	240.26
青南	3 小层	0.25	0.03	0.90	126.51	8.09	42.53
民丰	3 小层	1.00	0.14	3.70	222.77	15.48	89.96
利津	3 小层	3.07	0.74	25.61	911.76	44.20	167.67
博兴	3 小层	1.68	0.53	33.81	601.01	20.64	256.79
合计		8.90	2.21	82.66	2721.55	120.43	797.21

表 4-3-5 东营凹陷沙四上纯上次亚段各洼陷资源量计算表

地区	滞留油 /10^8t	游离油 /10^8t	伴生气 /10^8m^3	页岩体积 /km^3	资源丰度 /（$10^4t/km^3$）
牛庄洼陷	11.43	3.49	80.02	108.96	320.23
青南洼陷	1.79	0.47	11.34	32.52	145.66
民丰洼陷	6.25	2.00	52.96	62.07	321.88
利津洼陷	15.04	4.86	175.01	159.51	304.49
博兴洼陷	9.13	3.51	212.80	90.26	388.88
合计	43.64	14.33	532.13	453.32	316.07

表 4-3-6 东营凹陷沙三下亚段各小层资源量计算表

地区	层位	滞留油 /10^8t	游离油 /10^8t	伴生气 /10^8m^3	计算面积 /km^2	页岩体积 /km^3	资源丰度 /$10^4t/km^3$
牛庄	1 小层	1.72	0.21	8.75	664.75	23.85	88.05
青南	1 小层	0.29	0.02	0.73	147.26	6.18	32.36
民丰	1 小层	0.7	0.09	3.75	188.75	9.94	90.54
利津	1 小层	4.18	0.66	38.45	980	47.16	139.95
博兴	1 小层	1.63	0.28	12.37	486.26	21.52	130.11
合计		8.52	1.26	64.05	2467.02	108.65	115.97
牛庄	2 小层	2.25	0.64	26.59	730.25	27.03	236.77
青南	2 小层	0.34	0.06	2.26	153.76	9.36	64.10
民丰	2 小层	1.03	0.23	9.52	223.5	14.29	160.95
利津	2 小层	7.23	2.6	146.6	922.75	51.28	507.02
博兴	2 小层	2.09	0.53	23.57	534.51	23.38	226.69
合计		12.94	4.06	208.54	2564.77	125.34	323.92
牛庄	3 小层	4.61	0.88	37.71	907	36.28	242.56
青南	3 小层	0.37	0.05	1.87	132.26	6.29	79.49
民丰	3 小层	1.61	0.31	13.18	192.26	12.02	257.90
利津	3 小层	10.91	4.06	229.34	848	56.49	718.71
博兴	3 小层	2.78	0.73	33.36	565.25	28.55	255.69
合计		20.28	6.03	315.46	2644.77	139.63	431.86
牛庄	4 小层	0.96	0.06	2.63	600.5	12.41	48.35
青南	4 小层	0.14	0.01	0.42	128	3.21	31.15

续表

地区	层位	滞留油 / 10^8t	游离油 / 10^8t	伴生气 / 10^8m^3	计算面积 / km^2	页岩体积 / km^3	资源丰度 / $10^4t/km^3$
民丰	4 小层	0.35	0.03	1.36	214.25	5.94	50.51
利津	4 小层	2.34	0.63	37.39	1045.25	27.43	229.68
博兴	4 小层	0.58	0.03	1.39	325.75	8.98	33.41
合计		4.37	0.76	43.19	2313.75	57.97	131.08

表 4-3-7 东营凹陷沙三下亚段各洼陷资源量计算表

地区	滞留油 / 10^8t	游离油 / 10^8t	伴生气 / 10^8m^3	页岩体积 / km^3	资源丰度 / $10^4t/km^3$
牛庄洼陷	9.54	1.79	75.68	99.57	179.77
青南洼陷	1.14	0.14	5.28	25.04	55.91
民丰洼陷	3.69	0.66	27.81	42.19	156.44
利津洼陷	24.66	7.95	451.78	182.36	435.95
博兴洼陷	7.08	1.57	71.69	82.43	190.46
合计	46.11	12.11	632.24	431.59	280.58

就各层组的资源量来看，渤南洼陷12s至13x各砂层组资源量差别不大，在1.18×10^8t～1.43×10^8t之间。东营凹陷沙三下亚段主要集中在沙三下3层组和2层组，平面上看主要在利津洼陷，沙四上亚段主要集中在纯上1砂层组和纯上2层组。

3）有利区分级评价

依据有利区评价标准，将富有机质页岩厚度、TOC、S_1、R_o等多参数叠合圈定了有利区。其中，沙三下亚段10个评价单元内划分了21个不同级别有利区，Ⅰ类面积122.75km^2、Ⅱ类面积420.75km^2、Ⅲ类面积1501km^2；沙四上亚段5个评价单元内划分了9个不同级别有利区，Ⅰ类面积130.5km^2、Ⅱ类面积275km^2、Ⅲ类面积1156.5km^2。

第四节　济阳坳陷页岩油可流动性及产能评价研究

一、试油试采井动态分析

1. 试油试采特征

1）页岩油产能差异大，总体产能低

通过对济阳坳陷不同地区、不同层系的页岩油试油试采资料统计分析，济阳坳陷在65口井、121个层试油获得油气流，单井产能在0～156t之间，平均单井日产油13.2t，

37口井获得5t以上工业油流（表4-4-1）。常规试油总体产量较低，差异很大。沾化地区油气流井数、平均日油、高产井比例相对较高，其次是东营地区，车镇和惠民地区最较少。层段上沙三段井数和产量最大，其次是沙四段、沙一段（表4-4-2）。

表4-4-1 济阳坳陷不同凹陷页岩油井试油结果统计表

地区	井数	层数	平均日产油/t	高产井（产量>5t/d）	
				层数	比例/%
东营凹陷	25	48	10.5	18	31.3
沾化凹陷	26	46	18.6	19	41.3
车镇凹陷	12	22	10.4	6	27.3
惠民凹陷	2	5	1.6	1	20.0
合计	65	121	13.2	44	33.9

表4-4-2 济阳坳陷不同层系页岩油井试油结果统计表

层系	井数	层数	平均日产油/t	高产井（产量>5t/d）	
				层数	比例/%
沙一段	18	20	12.4	9	45.0
沙三段	42	58	15.6	20	34.5
沙四段	31	43	10.5	12	27.9
合计	91	121	13.2	41	33.9

2）初期产量较高，递减快，低产期递减慢，含水率低

济阳坳陷页岩油试采井28口，从试采特征来看，多数表现为初期产量较高，但递减快，低产期长，递减慢，含水率低，累计产量低的特征。其中沙三段、沙四段常规开采累计产量万吨以上的井4口，分别为罗42井、新义深9井、河54井、永54井。新义深9井1996年投入试采，初期采用限产措施，1999年3月以前产量递减快，该阶段累计产油8768t，累计产水147m^3，含水率1.6%；以后进入缓慢递减阶段，该阶段累计产油2578t，累计产水32m^3，含水率1.2%；总产量分别为油11346t、水179m^3，综合含水率1.55%。

3）衰竭开发生产过程呈周期性，阶段初产和累产逐次降低

页岩油井试采过程多呈现周期性，阶段初产和累产依次降低。罗42井1990年投入试采，第一个周期2年2个月初期日产较高，达110t，产量下降较快，一年半后，日产降到20t以下；又过了一年，日产降至5t以下，停产。第二个周期两年半，初期日产15t，至周期末降到1t。第三个周期一年半，日产量更低，初期只有5t。全井累计产油13605t，累计产水1079m^3，综合含水率7.3%。根据义187、河132等19口井试油试采井试井解释渗透率来看，有效渗透率低，基本在0.01～10mD之间，以0.001～0.1mD为主，物性差，供液不足。

2. 产能控制因素分析

1）油藏方面

从试油统计结果分析看，生产气油比高，原油性质好，产能高。地面原油密度变化范围 0.7～0.95g/cm^3，黏度变化范围 0.7～470mP·s，纵向上随深度加深原油性质有变好的趋势。15 口井以产油为主，日产油在 10t 以上，气油比大都在 10～100 之间，原油性质好，易于流动，表明流体性质对产能具有较大影响。

从试油井段压力系数统计结果来看，高地层压力，易获高产。多数油井 86% 地层压力系数大于 1.0，属于高压异常地层。在自然投产情况下，高压力系数为初期流动提高了能量，从日产油大于 5t 的井来看，反映出日产油能力与压力系数有正相关的关系。沾化和东营试油高产井压力系数大多大于 1.4。

2）地质方面

录井资料分析表明试油井段以油页岩和油泥岩主，结合岩心分析认为多为纹层 / 层状灰质泥岩相 / 泥质灰岩相，部分井夹白云岩、砂岩条，不同地区岩相组合有一定差异。结合试油试采井中初产和累产较高的井，大部分都位于断层附近，尤其是交叉断裂处高产井多，如义东断裂带附近的义 182 井、义 187 井试油日产油在百吨以上。东营凹陷民丰洼陷北部胜坨断裂带永 54 井位于交叉断裂处的地垒块，累计产油 17220t；牛庄地区牛斜 55 井、王 76 井均位于断层附近。大部分高产井试油井段声波振荡明显，综合分析认为微裂缝、层理缝发育，产能高。

3）工程方面

射开厚度越大，越利于获得高产，从试油和试采资料直井所取资料来看，射开厚度度小于 5m，产能最低，当厚度增大到 20m 时，产能增大幅度大，厚度大于 20m 后，厚度再增加（厚度最大 80m），产能增大趋势变小。

2019 年下半年以来，以牛斜 55 井、义页平 1 井、官斜 26 井、牛斜 55 井为代表的井，采用体积压裂改造后产能取得了突破。对比东营地区自然投产井官斜 17 井及体积压裂井官斜 26 井、牛斜 55 井，官斜 17 井初产 6.8t，由于压裂规模不同，官斜 26 井初产 14.2t、牛斜 55 井初产 60t，初产产能压裂投产井是自然投产井的 2～6 倍。从单井生产曲线来看，均表现初期产能高，压力下降快，后期产能相对稳定。

陆相页岩油主要供油模式为三种：页岩基质、微裂缝、薄夹层。由于沉积条件的复杂性，三种形式基本是共存，不同地区偏重不同，从而导致产能控制因素在不同地区主次不同。总之，优质烃源岩是物质基础，配优的储集空间组合是保障，压裂投产是高效开发的关键。

二、优势相岩心可流动性评价

1. 微观流动机理研究

本次研究基于泥页岩特殊的微观孔隙结构特征，讨论了微尺度效应和固—液界面的表面效应对流动的影响机制，从微观角度分析了微尺度下产生非线性流动的根本原因，明确了页岩油微尺度条件下存在启动压力梯度的条件。

1）微尺度效应

微观孔隙结构研究表明孔隙直径分布范围在3～30000nm之间，峰值在50～200nm之间，孔隙大小差异大，纳米级孔隙发育，微米级孔隙相对较少，不同储层类型孔隙结构有一定差异。

流体在流动过程中，作用于流体上的力主要为体积力和表面力，随孔隙尺度减小，体积力逐渐减弱，表面力逐渐增强。流体力学中，通常用雷诺数（Reynolds number）来表征流体流动特征参数，定义为惯性力和黏性力的比值，即

$$Re=\frac{\rho vl}{\mu}=\frac{\rho v^2}{\mu\frac{v}{l}}=\frac{F_g}{F_m}=\frac{惯性力}{黏性力} \tag{4-4-1}$$

式中 ρ——流体密度，g/cm^3；

v——流动速度，m/s；

μ——流体黏度，mPa·s；

l——长度，m。

为了分析对比页岩油在泥页岩孔隙中流动的特征与砂岩的差异，利用平面径向流公式分别计算流体在地层中的流动速度和雷诺数。计算结果表明，虽然砂岩孔隙尺度是泥页岩的50倍，但相同驱动压力梯度下，原油在砂岩中流动的真实流速是页岩的250倍，雷诺数是页岩的12500倍。页岩油流动的雷诺数远小于1，流体流动属于低雷诺数流动，呈现高黏度流体特征，这与常规砂岩油藏有很大区别，因此页岩油流动过程中，黏性力起主导。

2）固—液界面的表面效应

在固液吸附作用下，固体表面会形成液体边界层，吸附边界层的厚度与吸附作用力大小和范围有关，孔隙尺度减小时，固液接触面积大幅度增加。低渗透砂岩油藏孔隙直径分布峰值通常在100～200μm之间，而泥页岩孔隙直径分布峰值只为50～200nm，孔隙直径缩小了1000倍。因此相同体积的流体，在泥页岩孔隙中的固—液接触面积就会增加1000倍，流体所受的表面力会增加1000倍，所以微尺度下，固—液界面的表面效应对流动影响巨大。泥页岩固—液界面吸附作用力的大小主要与矿物成分和流体性质有关，不同矿物对原油吸附能力的测试表明，干酪根对原油的吸附能力最强，其次是黏土矿物，石英的吸附能力最弱。

3）微观流动机制分析

页岩油在泥页岩中的流动受微尺度效应和固—液界面表面效应的共同作用，微尺度效应会加剧固—液界面表面效应对流动的影响。固液吸附作用力距离固—液界面越近，作用越强，因此孔隙尺度越小，固液吸附作用力影响越大，阻力越大。

根据微尺度空间流体作用力划分为：不流动区、可流动区、自由流动区，见表4-4-3。

（1）当孔隙半径 R 较大，且大于吸附作用力范围 H（$r_0=R-H$）时：

① 在 $r<r_0$ 的范围内，流体不受固—液界面吸附作用力影响；在流动过程中，与达西流动的作用力相同。

表 4-4-3 页岩油微观流动作用机制

孔隙类型	作用力			流动区域			流动类型		启动压力梯度
	驱动力	黏滞力	吸附阻力	不流动	可流动	自由流动	达西流动	非达西流动	
小孔隙	√	×	√	√	×	×	×	×	√
中孔隙	√	√	√	√	√	×	×	√	√
大孔隙	√	√	√	√	√	√	√	√	×

② 在 $R>r\geqslant r_0$ 的范围内，流体受固—液界面吸附作用力影响形成边界层流体。驱动压力梯度越大，克服吸附阻力参与流动的半径越大，不可动边界层的厚度越薄。因此边界层流体包含两个区域，一是靠近固体壁面的不流动区域；二是远离固体壁面的可流动区域，该区域的流体在流动过程中受驱动压力、流体的内摩擦力和吸附作用力产生的流动阻力 3 个力的作用，属于“非达西流动”。

③ 在 $r<r_0$ 的范围内，流量 Q_1 与压差 ΔP 呈线性关系，不存在启动压力梯度；在 $R>r\geqslant r_0$ 的范围内，流量 Q_2 与压差 ΔP 呈非线性关系，存在启动压力梯度；孔隙中整体流量 Q（Q_1+Q_2）与压差 ΔP 呈非线性关系，不存在启动压力梯度。

（2）当孔隙半径 R 较小，且不大于吸附作用力范围 H（$r_0=R-H$）时：

① 孔隙中的流体受固—液界面吸附作用力的影响，全部属于边界层流体，因此不存在“达西流动区”，只包含的“非达西流动区”和不流动区两部分。

② 流量 Q 与压差 ΔP 呈非线性关系，且存在启动压力梯度。

（3）当孔隙半径 R 远大于吸附作用力范围 H（$r_0=R-H$）时：吸附作用力的影响可忽略不计，此时的流动为达西流动，流量 Q 与压差 ΔP 呈非线性关系。

2. 微尺度流动模拟

由于壁面作用力在页岩油流动模拟中不能忽略，而常规数值模拟方法无法考虑壁面作用力的影响，因而采用考虑壁面作用力的格子 Boltzmann 方法（LBM）对页岩油的流动机理进行研究。基于 LBM 对页岩油微尺度流动进行模拟并对其流动机理进行分析。

基于 LBM 模型，考虑流固间相互作用力对二维通道中的页岩油流动进行了模拟，研究了不同壁面作用力，不同孔隙尺寸下的页岩油流动情况，分析页岩油微尺度流动机理及影响因素。模拟通道宽度分别为 50nm、100nm、150nm、200nm、250nm，选取 5 个不同流固间相互作用力进行不同压力下流动模拟。

通过模拟得到不同宽度通道中不同流固间相互作用力下无因次流量与无因次压力梯度之间的关系。以第 1 组模拟为例，流固间相互作用力会明显影响页岩油流动，随着作用力增加，通道中流量逐渐减小；由于流固间相互作用力的加入，流量与压力梯度之间不再满足线性关系，在低压力梯度下存在非线性关系，随着压力梯度增加，流量与压力梯度关系曲线斜率变大，表明表观渗透率增加，流固间相互作用力影响减小，当压力梯度增大到一定值后，流量与压力梯度间又近似线性关系。

通道宽度也对微尺度流动产生影响，对比不同通道宽度下的模拟结果，随通道宽度增加，不同流固间相互作用力下的流量与压力梯度关系趋于一致，当通道宽度增大到250nm时流固间相互作用力的影响可以忽略。

为进一步分析壁面作用力和通道宽度对微尺度流动的影响，对最大压力梯度下不同壁面作用力、通道宽度下流量的相对变化进行分析。流量相对变化定义为某一压力梯度、某一通道宽度下不考虑壁面作用时的流量与考虑壁面作用力的流量之差与前者之比。研究表明流固间相互作用力和通道宽度都会影响页岩油的流动，随流固间相互作用力的增强和通道宽度的减小，微尺度效应明显增强。

3. 不同岩性微观流动模拟

为对页岩孔隙内原油流动规律进行精确表征，通过引入“润湿性”和“滑移长度”建立页岩油在不同矿物所构成的纳米级孔喉中流动的数学模型。根据实验测得泥页岩均为亲油型岩石，岩石中绿泥石和伊利石、蒙皂石等黏土矿物的含量与接触角具有负相关关系，随着这些矿物含量的增加，岩石储层的接触角逐渐减小。

考虑到泥页岩储层中纳米级孔隙表面的粗糙度较大，滑移长度能表征壁面摩擦力，根据滑移长度和接触角的关系可知，接触角越大，表示流动时流体在壁面处的滑移长度越长，壁面对流体流动的阻碍作用越大。所以提出“滑移长度”的概念对润湿性影响下流体的流动进行表征，进而体现不同岩性。建立不同单孔模型，利用计算流体力学方法对表面滑移长度影响下纳米级单管内油在不同岩性内的流动规律进行研究。

在其他参数相同的情况下：$L=100\text{nm}$、$\mu=0.01\text{Pa·s}$、$P=1\text{MPa}$时流动模拟得到的速度分布，分别对不同半径的模型进行计算，通过对压力及速度云图进行分析。以灰质泥岩模型为例在相同压力及流体性质下，三维孔道的压力场整体上沿着流动的方向，压力线性递减，压力场颜色整体呈现出沿流动方向红—黄—青三段色，过渡均匀，反映出压力场整体变化均匀和微观变化明显的规律。半径为10nm模型的压力降低比半径为35nm的快，说明孔径尺寸越小，壁面对边界流体的阻碍作用越强。对不同岩性模型不同孔隙半径下进行流动模拟，随孔隙半径增加，对应流量逐渐增加，流量增加幅度是先急后缓，当半径为30nm后，增加半径，岩性影响降低。

4. 数字岩心微观流动模拟

应用格子Boltzmann方法对基于真实岩心扫描图像得到的数字岩心进行流动模拟，分析原油性质、地层压力及孔隙结构参数对页岩油流动的影响。模型参数如下：将模型中饱和油，在2MPa的流动压差下用水驱替。水从进口开始逐渐流入，沿着孔隙内的通道不断将油相进行驱替。体积分数的分布呈现阶梯分布，表示驱替过程正常进行，不同位置具有不同饱和度值，体现了油水相渗过程。流体从连通的孔隙通道中进行流动。大部分区域未有明显流线分布。随着孔道特征尺寸的减小，渗流速度逐渐上升，并且喉道的狭窄处渗流速度达到最大。在入口处压力最大，随着液体的流动，压力逐渐变小。

将入口压力分别设置为5MPa、15MPa、20MPa、30MPa进行流动模拟，随着压力梯度增加，流体速度增加较快，但是水体积变化微弱，当达到启动压力5MPa以后，压力并不是决定两相流动的主要因素。分析认为孔径迅速变小，导致压力在孔径狭小处压力迅速降低，这是此时影响流动的主要因素。

三、页岩油产能评价方法研究

1. 评价方法的建立

通常情况下，等直径微圆管中液体流动一般采用Hagen–Poiseuille方程来描述，但是该方程没有考虑固—液界面的吸附作用，流量Q与压降ΔP呈线性关系；后人在考虑了不流动边界层的影响后，对Hagen–Poiseuille方程进行了修正。

$$Q=\frac{\pi\left(R-\delta\right)^4\Delta P}{8\mu l} \qquad (4\text{-}4\text{-}2)$$

式中 δ——有效流体边界层厚度；

R——微管实际半径；

ΔP——微管两端压差；

l——微管长度；

μ——实验流体的表观黏度。

从微观流动作用机制的影响来看，该公式从理论上对微尺度流动作用机制的描述不够全面，虽然该公式考虑了边界层的影响，但没有考虑可流动范围内吸附作用力产生的流动阻力的影响。

1）模型假设条件

（1）岩性和流体一定的情况下，最大吸附作用力f_{max}及影响范围H固定不变；

（2）吸附作用力的大小是半径r的函数；

$$f\left(r\right)=\begin{cases}f_{max}\left(r-r_0\right)^2 & \left(r_0\leqslant r\leqslant R\right)\\ 0 & \left(r<r_0\right)\end{cases} \qquad (4\text{-}4\text{-}3)$$

（3）单相牛顿流体流动，且流体黏度不变；

（4）忽略重力、毛细管力的作用。

2）作用力分析

通过对微观流动机制的研究，页岩油在流动过程中，受驱动力、流体内摩擦力以及固液吸附作用力产生的流动阻力3个力共同作用。

（1）驱动力：

$$F=\pi r^2\Delta P \tag{4-4-4}$$

（2）流体内摩擦力：

$$f_1=2\pi rl\mu\frac{\mathrm{d}v}{\mathrm{d}r} \tag{4-4-5}$$

（3）吸附作用力产生的附加阻力：

$$f_2=-2\pi rl\mu\cdot f_{\max}(r-r_0)^2 \tag{4-4-6}$$

（4）稳定流动平衡方程：

$$F+f_1+f_2=0 \tag{4-4-7}$$

3）模型的建立与求解

（1）模型一：大孔隙模型。

孔隙尺度较大时，吸附作用力影响范围 H 小于孔隙半径 R。

① 流量 Q 包含两部分：

$$Q=Q_{1\,达西流动区}+Q_{2\,非达西流动区} \tag{4-4-8}$$

② 在一定压差下，不流动边界层厚度为

$$\delta=R-r_{可动} \tag{4-4-9}$$

③ 达西流动区域范围：

$$r_0=R-H \tag{4-4-10}$$

④ 微观孔隙中的流体稳定流动时：

$$F+f_1+f_2=0 \tag{4-4-11}$$

已知：可流动半径 $r_{可动}=R-\delta$；达西流动半径 $r_0=R-H$；将可流动半径 $r_{可动}$、达西流动半径 r_0 代入流量计算公式，得到孔隙尺度较大，吸附作用力影响范围 H 小于孔隙半径 R 时，考虑达西流动＋非达西流动＋边界层厚度的微管流动公式：

$$Q=\frac{\pi(R-\delta)^4\Delta P}{8\mu l}-\pi f_{\max}\left[\frac{1}{5}(R-\delta)^5-\frac{1}{2}(R-H)(R-\delta)^4+\frac{1}{3}(R-H)^2(R-\delta)^3-\frac{1}{30}(R-H)^5\right]\ (R\geqslant H) \tag{4-4-12}$$

（2）模型二：小孔隙模型。

孔隙尺度较小时，吸附作用力影响范围 H 不小于孔隙半径 R。

① 流量 Q 仅包含非达西流动区域：

$$Q=Q_{2\,非达西流动区} \tag{4-4-13}$$

② 在一定压差下，不流动边界层厚度为

$$\delta=R-r_{可动} \tag{4-4-14}$$

③ 吸附作用力影响范围 H 不小于孔隙半径 R，不存在达西流动区域，$r_0 \leqslant 0$，$0 \leqslant r \leqslant R$，

④ 微观孔隙中的流体稳定流动时：

$$F+f_1+f_2=0 \tag{4-4-15}$$

已知可流动半径 $r_{可动}=R-\delta$；$r_0=R-H \leqslant 0$；将可流动半径 $r_{可动}$、达西流动半径 r_0，代入流量计算公式，得到孔隙尺度较小，吸附作用力影响范围 H 不小于孔隙半径 R 时，考虑非达西流动 + 边界层厚度的微管流动公式：

$$Q=\frac{\pi(R-\delta)^4\Delta P}{8\mu l}-\pi f_{\max}(R-\delta)^3\left[\frac{1}{5}(R-\delta)^2-\frac{1}{2}(R-H)(R-\delta)+\frac{1}{3}(R-H)^2\right]\ (R<H) \tag{4-4-16}$$

4）影响因素分析

（1）若吸附作用力影响范围 H 等于孔隙半径 R：

$$Q=\frac{\pi(R-\delta)^4\Delta P}{8\mu l}-\frac{1}{5}\pi f_{\max}(R-\delta)^5 \tag{4-4-17}$$

（2）若孔隙尺度非常大，可忽略吸附作用影响，则 $\delta\to 0$，$f_{\max}\to 0$：

完全达西流动（不存在启动压力梯度），计算公式为

$$Q=\frac{\pi R^4\Delta P}{8\mu l} \tag{4-4-18}$$

（3）若流速 $v=0$ 时，可以得到启动压力梯度计算公式：

$$\frac{\mathrm{d}p}{\mathrm{d}l}=2\mu f_{\max}\frac{(H-\delta)^2}{R-\delta} \tag{4-4-19}$$

从以上计算公式可以看出，页岩油启动压力梯度的影响因素主要有吸附作用力的大小、吸附作用力影响范围、孔径大小、流体黏度等。

2. 页岩油流动规律

1）非线性流动特征

根据 Hagen-Poiseuille 方程计算，流量与 R^4 的比值为常数，呈线性流动特征；而页岩油在微尺度条件下受吸附作用力的影响，呈非线性流动特征。

$$Q=\frac{\pi R^4\Delta P}{8\mu l}\qquad 则\ \frac{Q}{R^4}=\frac{\pi\Delta P}{8\mu l}=C(常数) \tag{4-4-20}$$

利用微尺度流动模型分别计算了不同尺寸的微管的流量与压力梯度的关系曲线。分析结果表明：吸附作用机制导致页岩油微尺度流动出现明显的非线性流动特征；大孔隙和小孔隙均存在非线性流动特征，孔隙尺度越小，吸附作用力影响越大，非线性特征越

明显；孔隙尺度越大，线性特征越明显；压力梯度越小吸附作用力影响越大，非线性特征越明显，压差越大吸附力影响越小，线性特征越明显；大孔隙超过吸附作用力范围，不存在启动压力梯度；小孔隙存在启动压力梯度。

2）启动压力梯度

根据页岩油微尺度流动机制研究，尺度降低到一定程度后，整个孔隙半径范围内均受吸附作用力影响，此时流动必须克服吸附作用力产生的流动阻力，即启动压力梯度才能流动。泥页岩孔隙半径主要分布在1～3000nm之间，大多数孔隙半径小于吸附作用力的影响范围，因此多数孔隙存在启动压力梯度。启动压力梯度随孔隙半径的减小而增大，孔隙半径小于0.3μm时，启动压力梯度随孔隙半径的减小迅速增加。

3）边界层厚度变化规律

流体在微管中流动的过程中，由于固体壁面对近壁流体分子的吸引力以及流体分子与分子之间的共同作用，形成了流体边界层。边界流体在驱动压差达到一定程度时这部分流体才会克服两种力的影响而开始流动，即边界层厚度将随着压力梯度的增加而减小，流体的可流动半径也将逐渐增大。与边界层厚度变化规律一致，可流动孔隙的最小值，随驱替压力梯度增加而减小。

计算结果表明压力梯度小于5MPa（边界层厚度为0.254μm）时，随着压力梯度的增加，边界层厚度急剧减小，可动孔隙数量及可动孔隙半径迅速增加；压力梯度大于5MPa时，边界层厚度和可动孔隙半径基本趋于稳定。

3. 产能预测模型

1）计算可流动孔隙度

可流动孔隙度大小取决于压力梯度的大小，在一定的压力梯度下，根据孔隙结构分布和可动用孔隙半径计算，可以得到可流动孔隙度（即可动用储量比例）。

$$\phi_{可动}=\frac{V_{可动体积}}{V_{总体积}}\phi_{有效}=\frac{\sum_{r=\delta}^{r_{\max}}(r-\delta)^2}{\sum_{r=0}^{r_{\max}}(r)^2}\phi_{有效} \tag{4-4-21}$$

可流动孔隙度随驱动压力梯度增加而增大，驱动压力梯度为5MPa时，最小动用孔隙半径为0.254μm。济阳坳陷不同岩性可动用孔隙比例为：灰质白云岩类最高，为66.4%；纹层状灰质泥岩类次之，为50%；纹层状泥质灰岩类为36%。不同岩相随驱动压力梯度的增大，最小动用孔隙半径减小，动用比例增大。

2）计算页岩油井初期产能

根据胜利地区不同岩性的孔隙结构特征，分别计算各岩性页岩油井的产能曲线，密度取0.87g/cm^{3}时，生产压差分别取5MPa、10MPa、15MPa。计算表面，不同生产压差不同岩性可流半径不同，生产压差为5MPa可流动半径在200～300nm之间，生产压差增大，可流动半径减小，动用体积增加。生产压差为10MPa时，灰质白云岩类最好，产能为20.4m^3/d；纹层状灰质泥岩类次之，产能为8.0m^3/d；纹层—层状/泥质灰岩类产能为1.8m^3/d（表4-4-4）。

表 4-4-4 页岩油产能评价表

岩相类型	密度 / g/cm³	压力梯度 MPa/m	可动用半径 / Nm	可动孔隙体积占总体积 / %
灰质白云岩	0.87	5	254	69.8
	0.87	10	133	82.1
	0.87	15	91	87.1
纹层状灰质泥岩	0.87	5	342	47.6
	0.87	10	179	64.8
	0.87	15	122	73.0
纹层状泥质灰岩	0.87	5	298	36.6
	0.87	10	156	53.1
	0.87	15	106	62.4

第五节 济阳坳陷页岩油“甜点”要素预测与目标评价

一、页岩油评价思路与参数体系

济阳坳陷古近系页岩油富集“甜点”评价因素包括岩相、微裂缝、薄夹层和异常高压等。其中，岩相是页岩油富集的基础，页岩油主要富集在储集性和含油性好的富有机质纹层状岩相；微裂缝是游离态页岩油富集的场所，亦为页岩油渗流提供必要通道；薄夹层是页岩油稳定渗流的有利条件，亦是有利的压裂改造通道；异常高压是页岩油富集稳产的保障，异常高压不仅是页岩储集性、含油性的有利因素，也是页岩油运聚产出的动力，亦是页岩油赋存状态和保存条件的直接反映。

通过济阳坳陷已有页岩油井自身特点，结合科技攻关研究成果，将济阳坳陷页岩油划分为基质型、夹层型、裂缝型及复合型4类。复合型为既有夹层又有裂缝的页岩油类型；基质型为不存在裂缝和夹层的页岩油类型，其可认为是原地生产没有经过运移的页岩油，它的富集在于油气生成的能力，也即是烃源岩的品质和演化程度；夹层型是页岩中存在薄层砂条或者灰条的页岩油类型，其可认为是通过夹层有过短距离横向运移储存在夹层和基质中的页岩油，夹层在页岩油的储存和输导方面都有着一定作用，但目前其量化影响程度未知，夹层型页岩油富集高产的因素不但在于油气生成能力，还在于夹层对油气的运移能力；裂缝型是页岩中存在大量裂缝的页岩油类型，裂缝主要是油气输导的通道，基质型页岩油通过裂缝进行或短或较长距离的横向、纵向运移，并储存在裂缝中，其高产的因素在于裂缝的发育程度和运移油气的能力。总的来讲，基质型页岩油是页岩油的富集基础，而夹层和裂缝是页岩油高产的重要因素。

在进行页岩油井类型划分过程中裂缝和夹层的识别是一项关键技术，目前对裂缝的识别思路主要是从取心井段出发，在岩心中观察裂缝的发育情况，识别裂缝的电性特征，据此建立裂缝的测井识别模板。通过此方法，总结出了裂缝“四高两低”的测井组合特征，即高井径、高声波时差、高中子、高电阻率、低密度以及低自然伽马。对于夹层的识别，目前通过测井手段还存在一定困难，研究中主要根据录井情况来定夹层存在与否，其定量评价难度极大。

在夹层和裂缝识别基础上，对页岩油井类型进行了划分统计，发现测试的高产井均为夹层型或裂缝型页岩油，但发现的这些夹层和裂缝型高产稳产井在三套烃源岩层都有分布，平面分布都在优质烃源岩范围内，也即是分布在页岩油富集区。因此，虽然夹层和裂缝是页岩油高产的条件，但页岩油高产稳产必须有物质基础，无论是裂缝型，还是夹层型，评价页岩油有利区首先要保证其富集性，离开页岩油的基质富集区，虽有裂缝和夹层发育，也难以形成较好产能。

页岩油在划分为基质型、夹层型和裂缝型之后，各类型页岩油由于形成、产出的受控因素存在一定差异，因此各类型页岩油富集高产的因素也必然存在差异。

对济阳坳陷所有基质型和夹层型页岩油进行了大量宏观和微观参数的统计，通过日产油和各参数的相关性分析得出以下结论：基质型和夹层型页岩油富集高产的首要控制因素为 TOC 和 S_1，因为 TOC 和 S_1 不但反应烃源岩品质的优劣、原始生烃能力的大小，其更是页岩含油性和可动性评价的主要参数，代表着含油性和可动性的优劣；其次，埋深与日产油具有较好的相关关系，这是因为埋深的大小代表着烃源岩演化程度，埋深越大演化程度越高，原油生成量越大，同时原油密度和黏度也较小，原油的可动性也较好，从而页岩油较易采出，因此原油密度和黏度也是控制基质型和夹层型页岩油高产的重要因素；冉者，压力系数也决定着页岩油的高产，这是因为压力系数高往往是生烃增压所致，大量油气的生成导致了异常高压，同时也代表着含油性和可动性较好；最后，有利岩相是决定基质型和夹层型页岩油高产的又一关键因素，这是因为岩相代表着页岩的沉积环境，决定着有机质的丰富程度和储集空间的大小，反映着含油性和储集性，此外碳酸盐岩含量的高低还决定着可压性，因此有利岩相类型是决定基质型和夹层型页岩油高产的关键条件。

裂缝型页岩油的高产是在基质富集区基础上，裂缝发育程度所决定的。因此，除了与决定基质富集程度的 S_1、TOC、压力系数、原油密度、原油黏度以及岩相等因素有关外，裂缝的发育程度是其高产的关键因素。由此，决定裂缝发育程度的断层数量、断层距离以及断裂组合样式是其高产的重要因素。此外，断层断距也是其高产的又一因素，这是因为断距太小说明断层活动强度较弱，不易产生大规模裂缝，但断距太大则说明断层活动强度较强，会使页岩油逸散，保存条件较差，所以合适的断层断距是决定裂缝型页岩油高产的重要因素。

总的来看，基质型和夹层型页岩油高产的主要因素受控于压力系数、埋深、TOC、S_1、原油密度、原油黏度、岩相。此外，夹层型还受控于夹层发育程度；而裂缝型除受控于基质型的控制因素外，还受控于离断层距离、断距、断裂组合方式以及断层数量多少。各控制因素的具体大小详见表4-5-1。采用的评价参数涵盖了含油性、储集性、可动性、可压性4个方面。

表4-5-1 济阳坳陷各类型页岩油高产受控因素统计表

	评价要素	评价参数	各类型页岩油参数下限			
			基质型	夹层型	裂缝型	复合型
地质“甜点”（控富集）	含油性	R_o/%	＞0.7	＞0.7	＞0.5	＞0.5
		S_1/（mg/g）	＞2.0	＞2.0	＞1.0	＞1.0
		TOC/%	＞2.0	＞2.0	＞1.0	＞1.0
		OSI	＞100	＞100	＞100	＞100
	储集性	岩相	层状	层状	块状	块状
		基质孔隙度/%	＞5	＞5	＞2	＞2
		夹层孔隙度/%		＞8		
		TOC＞1.0%累计厚度/m	＞30	＞30	＞30	＞30
		面积/km^2	＞50	＞50	＞50	＞50
工程“甜点”（控高产）	可动性	原油密度/（g/cm^3）	＜0.82	＜0.87	＜0.92	＜0.92
		气油比	＞100	＞10	＞10	＞10
		压力系数	＞1.4	＞1.2	＞1.4	＞1.2
		夹层发育程度		单层厚度，占比		较发育
		裂缝发育程度			发育	较发育
		渗透率/mD	＞0.1	＞0.04	＞0.04	＞0.04
	可压性	脆性指数	＞0.3	＞0.3	＞0.3	＞0.3
		脆性矿物含量/%	＞50	＞50	＞50	＞50
		应力各向异性	1.1	1.1	1.1	1.1
		可压指数	＞0.62	＞0.62	＞0.62	＞0.62
		埋深/m	＜4000	＜4000	＜4000	＜4000
		构造背景	斜坡	斜坡	斜坡	斜坡

二、页岩油“甜点”要素地球物理方法预测

1.“甜点”要素的测井评价方法

建立了“甜点”要素的测井评价技术体系。济阳坳陷的页岩油新技术测井资料较少，仅在4口重点井中进行了测量，依据常规测井资料进行页岩油的评价还存在一些局限，如纹层的识别、裂缝的识别等。因此页岩油的评价主要以岩心刻度测井，建立测井解释模型为主。在此基础上对测井可计算的各类“甜点”评价的要素进行建模，先后构建了矿物组分及岩性划分技术、地球化学参数评价技术、储集物性评价技术、基于核磁共振的孔隙连通性评价技术、地层压力预测技术、可压性综合评价技术、夹层识别技术及泥岩裂缝测井识别技术共8项技术，形成了页岩“甜点”要素的测井评价技术体系。

2.“甜点”要素的地震预测方法

1）建立了叠后多尺度裂缝预测技术

叠后自动增益控制方法是地震资料处理中的一个常用振幅处理模块。它能使叠后数据振幅趋于均衡，虽然同时也会破坏振幅的相对属性，一般资料处理中只用来满足显示或绘图需要。由于它具有振幅恢复功能和完全可逆性特征，如果在资料处理过程中合理利用，会发挥其他处理模块无法比拟的作用，并且不会对保幅处理产生影响；另外在地震数据几何特征刻画为目的的裂缝预测任务中，对于叠后频谱分解后，大中小尺度的资料在深度上保持均衡，减少不同深度地震数据能量差异会有特别贡献。

谱分解技术通过揭示地震信号的频率组成成分使解释人员对地质体的某个频段的地震振幅和相位响应进行有效的提取，以便更加精细的展现地质目标。在许多的谱分解方法中，短时窗傅里叶变换法（STFT）和连续子波变换（CWT）是目前各软件中常用的技术方法。前者使用一固定长度的子波导致对高频讯号的垂向分辨不够，而后者使用相对较短的子波，但子波周期是固定的，所以对低周期的讯号频率分解不理想。考虑以上两种问题，多尺度通用谱分解方法将上面两种合并，使解释员即可调整垂向时间分辨率也可调整频率分辨。通过对一系列参数的选择，子波的形状可在两个方法之间灵活制定，为下一步多尺度裂缝预测奠定了坚实的数据基础。

在相干、混沌、方差体基础上制作蚂蚁体通常难以取得令人满意的结果，经常出现断裂系统刻画假象或无法识别断裂系统的问题。本次研究中提出了迭代法蚂蚁体制作技术，该技术设置比较消极的蚂蚁来制作初始蚂蚁体，实现断裂系统刻画假象的问题。在这个基础上，逐渐增加蚂蚁的积极性，用以更加清楚地刻画断裂系统，实现某些情况下，断裂系统无法正确识别的问题。

2）建立了页岩岩相的地球物理预测技术

在精细井震标定基础上，开展了岩相的地震敏感属性分析。分析原则是尊重地震数据的纵向分辨能力，把井的分辨率降低到地震频带范围内，这样统计分析所得出的结论才能充分发挥地震资料的横向分辨能力。在以上原则指导下，统计了研究区的井点处碳酸盐岩厚度与测井相对阻抗的关系，建立厚度与阻抗定量关系模板。

反射系数反演，是指求取薄层反射系数的反演方法。基于反射系数奇偶分解原理的谱反演最初由 Charies I. Puryear 和 John P. Castagna（2008）提出，两位学者在 2008 年发表的文献中详细介绍了谱反演的原理，其新颖之处在于：将反射系数进行奇偶分解，推导了谱反演目标函数公式。将谱反演应用于实际资料，指出谱反演能够精确地反演出低于常规地震分辨率的反射系数位置、极性和大小。本书结合高密度地震资料宽频优势，通过宽频子波构建、低频约束、地质先验信息约束，对其进行了改进，使其具有更明显的地质意义，并大大降低其多解性。

3）形成了基于叠前弹性参数的页岩脆性指数预测方法

从目前济阳成藏的页岩井来看，多是在灰质含量高的层段成藏。例如义 187 井，沙三下 13x 层组灰质含量达到 70% 以上，从前期地质分析来看，脆性矿物含量多的层段，更容易形成大的孔缝，有利于油气储集产出，且有利于后期工程压裂，为此预测脆性发育区对页岩油的产出有重大的意义。由于脆性与页岩富集高产关系密切，为此，形成了基于叠前弹性参数的页岩脆性指数预测方法，通过构建页岩脆性指数定量关系表达式以及脆性弹性参数表征方程，研发了页岩脆性叠前非均质反演方法，利用地震反演直接求取地层脆性指数因子，为后续页岩油压裂选层提供了重要依据。

4）形成了基于多曲线联合约束下的 TOC 反演预测技术

TOC 与页岩油气富集相关，是油气富集的关键要素之一，目前对于 TOC 平面预测，还没有形成较好的理论方法。在实际生产过程中，如能较好地预测 TOC 的平面分布情况，将会极大地提高勘探认识，提升勘探成功率。结合实际地质认识，利用 $\Delta\lg R$ 法进行单井 TOC 估算，可以进行平面 TOC 分布规律的预测，但该方法得到的结果带有较大的主观因素，增大了预测误差，在地质复杂区往往难以满足勘探需求。为此研发了基于多曲线联合约束下的 TOC 反演预测技术方法，其技术思路是根据 TOC 测井响应异常，构建电阻率等多条曲线约束下包含 TOC 信息的拟声波时差，井约束下进行 TOC 地震反演，达到页岩 TOC 定量地震预测的目的，约束后的拟波阻抗曲线能够更加精细地反映 TOC 的变化趋势，从而有效地利用反演方法进行 TOC 平面预测，该技术较好解决了 TOC 空间定量预测难的问题。

三、页岩油有利区评价及优选

为了获取商业油流、建立产能试验区的钻探目的，首先按照分级优选的思路，依照烃源岩层系选择、层组选择、钻探区带选择、靶区选择以及最终钻探目标选取这一思路，在评价的过程中根据一系列宏观、微观地质参数，逐级优选。

1. 烃源岩层系评价

以渤南洼陷为例，沙三下亚段烃源岩埋深适中，正处于烃源岩的中演化，乃至高演化阶段，油气生成量大，各项地球化学参数指标均处于较好标准。同时其沉积规模巨大，厚度最大接近 700m，最为重要的是在以往的页岩油钻探和测试过程中主要针对这一层系，这一层系具有页岩油高产、稳产的产出条件已得到证实。

表 4-5-2 页岩油井位部署基本原则

<table>
<tr><th></th><th>评价目标</th><th>评价内容</th><th>主选参数</th><th>参考项</th></tr>
<tr><td rowspan="6">分级优选</td><td rowspan="2">选大区</td><td rowspan="3">含油性</td><td rowspan="3">TOC、S_1、R_o、岩相、埋深</td><td>出油井分布</td></tr>
<tr><td>资源规模</td></tr>
<tr><td>选组段</td><td>演化程度</td></tr>
<tr><td>选区带</td><td rowspan="3">可动性</td><td>构造背景、断裂、夹层、压力、埋深</td><td>邻井情况</td></tr>
<tr><td>选靶区</td><td>断裂组合、夹层厚度、地层倾角</td><td>工程难度</td></tr>
<tr><td>选目标</td><td>测井相、油性、气测、地应力</td><td>地面条件</td></tr>
</table>

2. 层组评价

在沙三下亚段 12s、12x、13s、13x4 个砂层组进一步选择的过程中，首先通过压力系数、S_1 和 TOC 的叠合，分析各个砂层组的有利区范围和资源量，计算结果显示 4 个砂层组中压力系数大于 1.2、S_1 大于 2 且 TOC 大于 4 的区域都较大，资源量也都较大，在本质上 4 个砂层组的页岩油富集程度没有区别；其次，由于渤南洼陷的钻探目标考虑的一个重要因素为夹层发育情况，因此对 4 个砂层组的砂质、灰质夹层统计发现，4 个砂层组都有砂质夹层发育，但只有 13x 砂层组同时具有砂质和灰质夹层，夹层发育厚度更大、类型更多，13x 砂层组灰质夹层的发育多由于 13x 砂层组沉积时期水体的咸化环境所致，而各个砂层组砂质夹层的发育则受碎屑物源和古地貌的控制，这也使得砂质、灰质夹层的发育规律是可分析、可评价、可预测的，夹层的分析结果显示出 13x 砂层组具有相对较好的夹层分布特点；此外，由于 13x 砂层组埋深更大，烃源岩演化程度更高，页岩油可动性更好，同时 13x 砂层组沉积时期的咸化环境碳酸盐岩含量较高，脆性矿物的发育使其脆性更强，易发育裂缝。综合以上分析，沙三下亚段 13x 砂层组在资源规模、夹层发育、可动性、可压性等方面都具有一定的优势，最终选择 13x 砂层组为钻探层组。

3. 区带评价

在区带选择过程中，基于实钻井的分析结果以及实际可操作性，主要考虑 3 个因素，分别为埋深、断裂发育程度以及夹层发育与否。其中，埋深用来评价演化程度，代表着含油性和可动性；断裂发育程度和夹层发育情况则是页岩油的主要高产因素。

4. 靶区评价

综合考虑页岩中有机质富集程度、裂缝发育及夹层发育情况，将渤南洼陷页岩储集类型划分为夹层型、裂缝型和基质型 3 种类型。通过目前的研究来看，页岩油的有利岩相以纹层状和层状为基础，由于裂缝型储层的地质理论和预测技术严重不足，夹层型储层的规模有限，因此是优先选择基质型储层作为页岩油钻探首选的突破类型。

5. 钻探目标评价

靶区确定之后如何精确的落井点是一项重要的工作，部署和钻探核心目标是要实现产能突破，推动页岩油工作有序展开。研究过程中主要参考气测、岩相、埋深、成熟度及 S_1、TOC 的展布，具体选取参数为埋深 4070～4450m、选取富有机质纹层状泥质灰岩展布稳定段以及选取 S_1、TOC 和气测高值展布稳定段，同时再结合地球物理属性对页岩油评价参数的预测来确定最终的目标井点。此次目标井点为位于中演化程度Ⅱ型页岩油发育区的义页平 1 风险探井和高演化程度Ⅰ型页岩油发育区的渤页 5HF 风险探井。

东营凹陷的页岩油风险探井也遵循了同样的原则，最终优选出樊页平 1 井和利页平 1 井。

四、成果应用分析

页岩油在基础地质理论方面取得的众多认识急需勘探实践的检验，因此自 2017 年始，新一轮页岩油勘探实践拉开帷幕，新一轮页岩油水平井部署制定了分地区（东营凹陷、渤南洼陷）、分领域（中、高演化程度）、分类型（夹层型、基质型）的部署方案，秉承先中演化程度、后高演化程度，先夹层、后基质，先易后难的部署原则。开展的勘探实践工作主要包括在常规油直井、斜井钻探过程中对泥页岩层段的试油以及水平井的部署与钻探两个方面。

1. 直 / 斜兼探井试油

济阳坳陷与北美地区相似，发育基质型、夹层型和裂缝型 3 类页岩油，由于基质型页岩油的工程工艺技术尚需攻关、裂缝型页岩油的地质理论和地球物理预测技术尚不成熟，目前夹层型页岩油是胜利油田首选的突破类型。为验证夹层型页岩油的富集、产出情况以及试验近年来形成的“体积缝 + 高导流通道主裂缝”组合缝网体积压裂技术，相继对义 283、官斜 26、牛斜 55 等井开展了页岩层段测试工作 45 段 /19 井，在直井中获得中等—高产工业油流，遍布各个凹陷，累产油超 1.5 万吨。

2. 专探井试油

新一轮页岩油水平井部署秉承分地区（东营凹陷、渤南洼陷）、分领域（中、高演化程度）的部署原则，先后在渤南洼陷沙三下亚段部署了义页平 1 井（中演化程度型）、博兴洼陷沙四上亚段部署了樊页平 1 井（中高演化程度型）、渤南洼陷沙三下亚段部署了渤页平 5 井（高演化程度型）、利津洼陷沙三下亚段部署了利页平 1 井（中高演化程度型）以及民丰洼陷沙四上亚段部署了丰页平 1 井（高演化程度型）。截至 2020 年 12 月底，义页平 1 井、樊页平 1 井已完试投产，渤页平 5 井完钻待试，利页平 1 井、丰页平 1 井待钻。

义页平 1 井位于沾化凹陷渤南洼陷，其目的是了解沙三下亚段页岩油含油气情况。该井于 2019 年 8 月 10 日开钻，11 月 27 日完井，水平段长度 942m，实钻情况与地质设计基本相符。TOC 介于 2%～3%，S_1 平均 1.65mg/g（地球化学参数受钻井液影响），孔隙度 4%～8%，R_o 介于 0.7%～0.9%，脆性矿物含量 60%～70%。测井解释Ⅰ类页岩油层 89.0m/6 层；Ⅱ类页岩油层 169.9m/17 层；Ⅲ类页岩油层 168.4m/25 层。12 月 9 日开始对 3917～4881m 井段分 21 段实施水平井多级压裂施工，2019 年 12 月 20 日完成所有压裂改造，共用液 43545m^3，加砂 2836.8m^3，酸液 830m^3，液态二氧化碳 3270t，施工排量 14～16m^3，平均加砂强度 3m^3/m，随后放喷排液。2019 年 12 月 31 日出现硫化氢，浓度最高达 6300μg/g，于 2020 年 1 月 18 日再度放喷，峰值日产油 93.11t（105.03m^3），原油密度 0.8708g/cm^3，动力黏度 11.2（50℃）。截至 2021 年 3 月 18 日，油压 0.9MPa，日产油 0.74 吨，日产水 3m^3，累计产油 3316.8t，累计产水 11215.47m^3。

樊页平 1 井位于东营凹陷博兴洼陷北部深洼区，目的是了解东营凹陷沙四上亚段碳酸盐岩夹层型页岩油含油气情况。该井于 2020 年 5 月 8 日开钻，8 月 25 日完钻，目的层埋深 3314～3564m，实钻水平段长度 1716m。录井见荧光级显示 917m/22 层，测后效见到油花、气泡，油气显示整体较为活跃。导眼岩心观察与荧光薄片、背散射电子图像分析表明含油性较好。岩相以纹层状泥质灰岩相为主，碳酸盐矿物含量大于 70%，脆性条件良好，R_o 约为 0.9%。实钻脆性“甜点”段 1558m，钻遇率 90.8%，解释Ⅰ类页岩油层 31.5m/5 层，Ⅱ类页岩油层 279m/12 层，Ⅲ类页岩油层 1205m/36 层。分 30 段压裂，CO_2 用量为 5848t，前置酸为 1396m^3，加砂量为 3762.3m^3，压裂液为 80253m^3，施工排量为 14～18m^3/min，压裂后关井 2h 后放喷求产，采用化学示踪剂产液剖面评价技术，30 段均有油气贡献，83.3% 压裂段产油较高，8mm 放喷，峰值日产油 200.89m^3，日产气 14491m^3。截至 2022 年 12 月 31 日，2.5mm 油嘴放喷，油压 15.55MPa，日产油 18.6t，日产水 34.2m^3，日产气 2000m^3，综合含水率 64.7%，累计产油 18720.8t，累计产水 33055m^3，原油密度 0.84g/cm^3，黏度 7.67mPa·s（50℃）。

渤页平 5 井位于渤南洼陷东部深次洼，为高演化程度夹层型页岩油产能试验井。该井导眼井于 2020 年 9 月 17 日开钻，导眼井于 11 月 23 日完钻，导眼井沙三中亚段见荧光 48.0m/6 层，沙三下亚段见油斑 2.4m/4 层、荧光 3.4m/6 层，沙三下亚段目的层段见多层泥灰岩。水平段完钻时间为 2021 年 1 月 26 日，实钻井深 5379.59m，垂深 4309.39m，水平段长度 1059.59m。该井共解释Ⅱ类页岩油气层 710m/19 层、Ⅲ类页岩油气层 641m/20 层，8mm 油嘴放喷，初期峰值油气当量 160t，截至 2022 年 12 月 31 日，日产油 20.7t，日产气 24492m^3，日产水 34.4m^3，累计产油 18152.9t，累计产水 50181.1m^3，累计产气 1962.73×104m^3，油当量接近 4×10^{4}t，创国内页岩油累计油当量之最。

第六节　济阳坳陷页岩油高效钻井技术

一、页岩井壁稳定性分析及高效钻进控制技术

1. 岩石力学三轴测试

1）*岩石力学三轴测试*

对 11 块岩样进行了测试。岩样来自义 17、新义深 9、济页参 1 等井，岩样基本信息见表 4-6-1，测试结果见表 4-6-2。

表 4-6-1　岩样基本信息表

井名	层位	深度 /m	岩性	岩心编号	岩心直径 /mm	高度 /mm	密度 /（g/cm³）
济页参 1 井	沙三下亚段	3489.02	灰色泥页岩	1–1	24.74	41.41	2.53
济页参 1 井	沙三下亚段	3489.02	灰色泥页岩	1–2	24.77	19.36	2.52
济页参 1 井	沙三下亚段	3491.02	灰色泥页岩	2–1	24.78	47.58	2.59
济页参 1 井	沙三下亚段	3491.02	灰色泥页岩	2–2	24.77	44.44	2.56
济页参 1 井	沙三下亚段	3499.80	灰色泥页岩	3–1	24.78	39.85	2.53
济页参 1 井	沙三下亚段	3499.80	灰色泥页岩	3–2	24.63	23.95	2.52
济页参 1 井	沙三下亚段	3569.30	灰色泥页岩	4–1	24.79	48.70	2.58
济页参 1 井	沙三下亚段	3569.30	灰色泥页岩	4–2	24.70	46.42	2.65
济页参 1 井	沙三下亚段	3571.30	灰色泥页岩	5–1	24.65	20.03	2.57
济页参 1 井	沙三下亚段	3571.30	灰色泥页岩	5–2	24.62	48.84	2.60
济页参 1 井	沙三下亚段	3586.40	灰色泥页岩	6–1	24.63	50.49	2.58
济页参 1 井	沙三下亚段	3589.40	灰色泥页岩	7–1	24.71	39.54	2.57
义 17 井	沙三下亚段	3406	灰色泥页岩	B–1	24.89	42.32	2.44
罗 67 井	沙三下亚段	3307.2	灰色泥页岩	D–1	24.65	45.04	2.45
罗 67 井	沙三下亚段	3307.35	灰色泥页岩	D–2	24.78	44.12	2.40
新义深 9 井	沙三下亚段	3381	灰色泥页岩	C–1	24.96	43.71	2.40
新义深 9 井	沙三下亚段	3382	灰色泥页岩	C–2	24.99	49.84	2.38
利页 1 井	沙三下亚段	3639.2	灰色泥页岩	A–1	24.83	47.96	2.41
利页 1 井	沙三下亚段	3639.2	灰色泥页岩	A–2	24.79	50.34	2.51
利页 1 井	沙三下亚段	3616	灰色泥页岩	E–1	24.68	48.52	2.53
利页 1 井	沙三下亚段	3616	灰色泥页岩	E–2	24.94	45.36	2.47

表 4-6-2　岩样岩石力学参数表

井名	深度 /m	岩性	岩心编号	围压 /MPa	强度 /MPa	弹性模量 /MPa	泊松比
济页参 1 井	3489.02	灰色泥页岩	1–1	20	162.78	18883.46	0.166
济页参 1 井	3489.02	灰色泥页岩	1–2	10	128.23	12638.55	0.177
济页参 1 井	3491.02	灰色泥页岩	2–1	20	221.96	24973.13	0.198
济页参 1 井	3491.02	灰色泥页岩	2–2	10	168.28	17529.75	0.208
济页参 1 井	3499.80	灰色泥页岩	3–1	20	152.25	13306.09	0.155

续表

井名	深度 /m	岩性	岩心编号	围压 /MPa	强度 /MPa	弹性模量 /MPa	泊松比
济页参 1 井	3499.80	灰色泥页岩	3–2	10	130.29	10783.07	0.148
济页参 1 井	3569.30	灰色泥页岩	4–1	10	143.15	17758.52	0.110
济页参 1 井	3569.30	灰色泥页岩	4–2	20	179.69	25386.70	0.186
济页参 1 井	3571.30	灰色泥页岩	5–1	10	119.47	10347.74	0.131
济页参 1 井	3571.30	灰色泥页岩	5–2	20	128.06	16371.63	0.161
济页参 1 井	3586.40	灰色泥页岩	6–1	20	113.28	12786.43	0.123
济页参 1 井	3589.40	灰色泥页岩	7–1	20	95.72	10198.85	0.206
义 17 井	3406	灰色泥页岩	B–1	30	123.69	14267.01	0.302
罗 67 井	3307.2	灰色泥页岩	D–1	30	181.28	23594.88	0.247
罗 67 井	3307.35	灰色泥页岩	D–2	10	126.75	19432.16	0.135
新义深 9 井	3381	灰色泥页岩	C–1	10	107.79	20600.44	0.193
新义深 9 井	3382	灰色泥页岩	C–2	30	165.05	22536.37	0.223
利页 1 井	3639.2	灰色泥页岩	A–1	10	89.48	15379.64	0.170
利页 1 井	3639.2	灰色泥页岩	A–2	30	99.79	11148.62	0.111
利页 1 井	3616	灰色泥页岩	E–1	10	114.75	22224.46	0.235
利页 1 井	3616	灰色泥页岩	E–2	30	156.70	25215.06	0.297

2）动静态关系模型

通过三轴岩石力学设备测试围压状态下岩石的力学参数（表 4–6–3）。

表 4–6–3 岩样静态力学参数表

井名	深度 /m	岩性	岩心编号	有效围压 / MPa	弹性模量 / MPa	泊松比
济页参 1 井	3489.02	灰色泥页岩	1	26.01	28513.31	0.207
济页参 1 井	3491.02	灰色泥页岩	2	29.82	39902.52	0.302
济页参 1 井	3499.8	灰色泥页岩	3	23.1	18369.01	0.192
济页参 1 井	3569.3	灰色泥页岩	4	29.85	40639.73	0.335
济页参 1 井	3571.3	灰色泥页岩	5	24.18	24052.35	0.21
济页参 1 井	3586.4	灰色泥页岩	6	21.32	16917.43	0.109
济页参 1 井	3589.4	灰色泥页岩	7	23.21	13589.85	0.12

测井资料获得声波时差参数，见表 4–6–4，经过计算得到的力学参数称为动态力学参数，计算结果统计见表 4–6–5。

表 4–6–4　岩样测井资料的声波时差参数

井名	深度 /m	岩心编号	测井资料纵波时差 / (μs/m)	测井资料横波时差 / (μs/m)	纵波波速 / m/s	横波波速 / m/s
济页参 1 井	3489.02	1	353.98	594.20	2883.74	1631.80
济页参 1 井	3491.02	2	333.57	555.72	3061.07	1719.49
济页参 1 井	3499.8	3	292.61	506.58	3479.44	2000.11
济页参 1 井	3569.3	4	255.79	434.98	3860.72	2204.60
济页参 1 井	3571.3	5	256.77	438.94	3939.88	2345.71
济页参 1 井	3586.4	6	290.35	501.25	3441.58	2007.22
济页参 1 井	3589.4	7	331.14	581.65	3002.16	1801.97

表 4–6–5　岩样考虑围压后的动态弹性参数

井名	深度 /m	岩心编号	有效围压 /MPa	动态弹性模量 /MPa	动态泊松比
济页参 1 井	3489.02	1	26.01	19941.22	0.34
济页参 1 井	3491.02	2	29.82	31954.92	0.40
济页参 1 井	3499.8	3	23.1	26370.46	0.29
济页参 1 井	3569.3	4	29.85	42381.02	0.39
济页参 1 井	3571.3	5	24.18	23884.70	0.27
济页参 1 井	3586.4	6	21.32	24680.88	0.26
济页参 1 井	3589.4	7	23.21	21322.12	0.25

通过拟合得到动静态参数转换关系模型。

弹性模量关系：$E_s=1.3492\times E_d-12782$，$E_s$ 为静态弹性模量，E_d 为动态弹性模量。

动静态泊松比关系 $V_s=1.2872\times V_d-0.1877$，$V_s$ 为静态泊松比，V_d 为动态泊松比。

2. 地应力测试

地应力测试结果见表 4–6–6。

3. 岩石抗压强度测试

在正常的钻井条件下，多孔介质中不但存在压力传递，同时也存在质量传递，质量传递使含水量随时间、地点明显变化，含水量的变化将导致不同岩石强度变化幅度不同。分别对 45 块岩心进行了钻井液浸泡条件下强度变化规律实验，岩心来自义 17 井、新义深 9 井以及济页参 1 井，每口井 15 块岩样。对每种岩心，分别浸泡 0h、4h、8h、12h、

16h、20h、24h、28h、32h、36h、40h、44h、48h、52h、56h 后，测量其单轴抗压强度。测试结果见表 4–6–7，结果显示：岩石强度随钻井液浸泡时间下降比例不大。

表 4–6–6　岩样地应力测试结果

井名	深度 /m	岩性	最大水平应力 /MPa	最小水平应力 /MPa	最大水平应力当量密度 /（g/cm^3）	最小水平应力当量密度 /（g/cm^3）
济页参 1 井	3489.02	灰色泥页岩	69.41	60.54	1.99	1.74
济页参 1 井	3491.02	灰色泥页岩	76.10	64.64	2.18	1.85
济页参 1 井	3499.80	灰色泥页岩	64.24	57.91	1.84	1.65
济页参 1 井	3569.30	灰色泥页岩	76.91	65.14	2.15	1.82
济页参 1 井	3571.30	灰色泥页岩	67.80	60.05	1.90	1.68
济页参 1 井	3586.4	灰色泥页岩	63.25	56.99	1.76	1.59
济页参 1 井	3589.4	灰色泥页岩	65.41	60.76	1.82	1.69
新义深 9 井	3413.7	灰色泥页岩	67.8	60.05	1.9	1.68
新义深 9 井	3382	灰色泥页岩	63.25	56.99	1.76	1.59

表 4–6–7　岩样强度弱化实验结果

浸泡时间 /h	抗压强度 /MPa		
	义 17 井	新义深 9 井	济页参 1 井
0	74.00	65.69	55.38
4	72.78	64.94	54.38
8	71.93	63.98	54.63
12	72.03	64.43	53.54
16	72.32	63.92	53.72
20	71.91	63.48	53.50
24	71.64	64.10	54.08
28	71.51	63.41	53.46
32	71.35	63.65	54.03
36	72.02	63.13	53.50
40	71.92	63.62	53.36
44	71.31	63.59	53.51
48	71.37	63.21	53.27
52	71.85	63.42	53.90
56	71.64	63.01	53.78

4. 井斜方位对井壁稳定的影响

在地应力的基础上，模拟不同井斜、方位情况下的地层坍塌压力和破裂压力，分析不同井斜、方位对井壁稳定性的影响（图 4-6-1、图 4-6-2）。从分析结果可以看出，该区块钻直井有利于井壁稳定。若该区钻水平井，朝最小主应力方向最有利于钻进。因为从图中可以看出，最大主应力方向，坍塌压力随井斜角的增大而增大，破裂压力随井斜角的增大而减小；最小主应力方向、坍塌压力随井斜角的增大而增大，破裂压力随井斜角的增大而增大；沿最小主应力方向钻进，钻井液安全密度窗口相对较大。

推荐钻井方位：315°～30°或者 135°～210°。

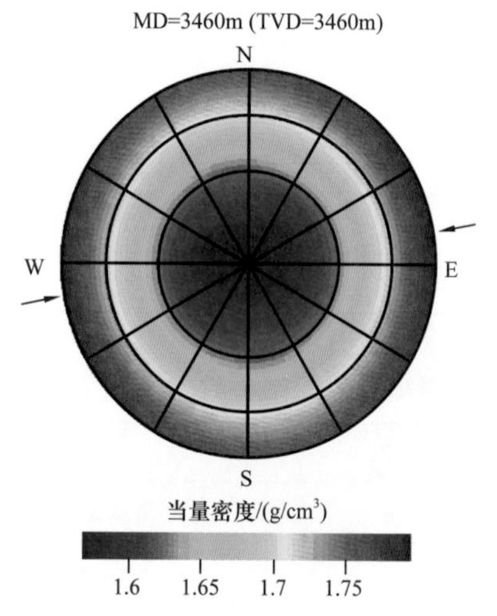

图 4-6-1 井斜方位对坍塌压力的影响

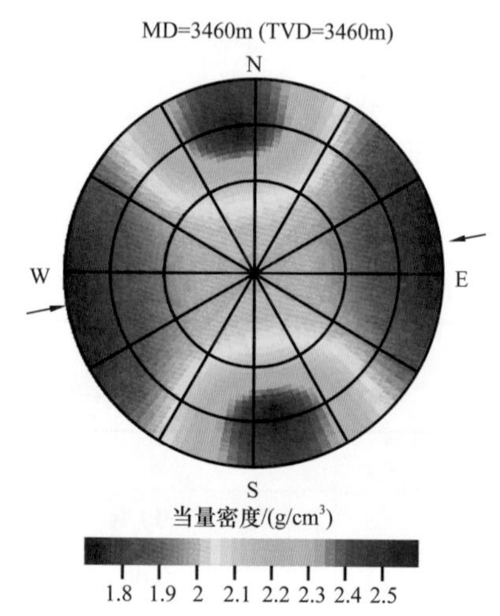

图 4-6-2 井斜方位对破裂压力的影响

5. 页岩油一趟钻高效钻进控制技术研究

1）钻头优选

开展岩石可钻性实验，研究岩石的硬度和脆性，确定其可钻性级别，从而确定最优钻头类型。实验设备采用全自动岩石可钻性测试仪，发现页岩的可钻性级别较低，属软—中软地层，且为塑脆性地层，满足 PDC 钻头对地层条件的要求，适宜使用 PDC 钻头。

通过分析前期施工井渤页平 1 井、渤页平 2 井、渤页 1-2 井和梁页平 1 井的钻头使用情况，进行了钻头可钻性室内实验和经验钻头选型，优选出钻头技术效益指数最高者。

2）泥页岩水平井轨迹高效控制技术

根据不同井段摩阻扭矩水平，结合国内外钻井经验，针对页岩油水平井不同井段轨迹控制特点，选用不同的钻井方式，实现对轨迹的“高效控制”（表 4-6-8）。

为提速提效辅助工具提高轨迹控制效率，开展辅助破岩工具配套，优选水力振荡器工具（图 4-6-3 至图 4-6-6）和变径稳定器工具等。

表 4-6-8 页岩油水平井井控制方式优选

控制方式	特点	备注
旋转导向	可全井段旋转控制轨迹	水平段首选方案
螺杆 + 变径稳定器	稳斜效果好，方位调整能力不足	水平段备选方案
螺杆 + 水力振荡器	降低摩阻，提高定向效率	

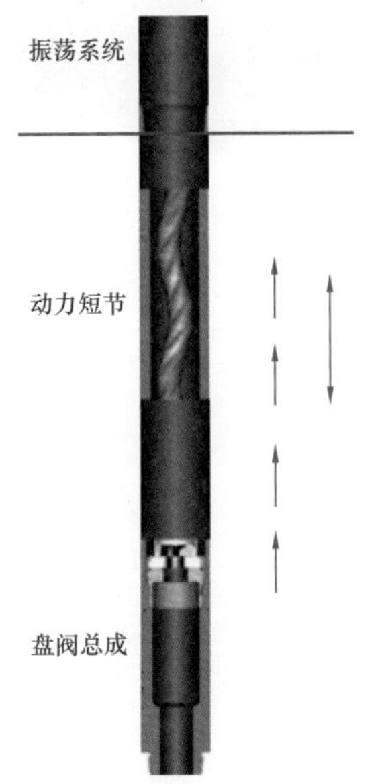

图 4-6-3 水力振荡器整体方案图

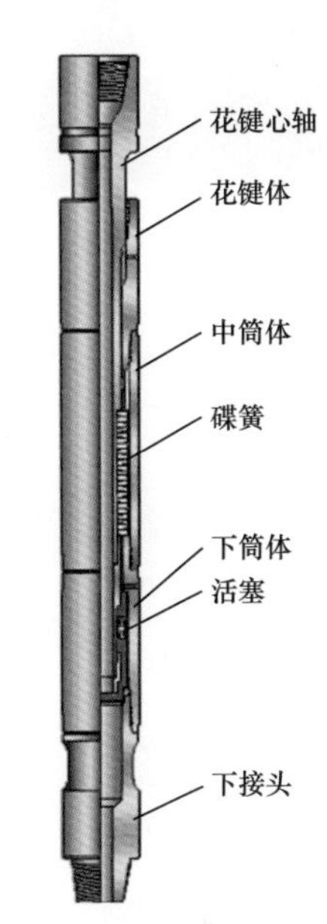

图 4-6-4 振荡短节结构示意图

图 4-6-5 振荡短节

图 4-6-6 动力短节和盘阀短节

在定向钻进过程中，定向工具组合基于三点圆法，下扶正器变径可增强或减弱工具造斜能力，使用变径稳定器可显著提高定向钻进效率，减少定向钻进时间。

变径稳定器由变径结构、变径执行机构、变径控制机构、花键套控制机构和密封系统等组成（图 4-6-7）。

3）技术成果现场应用

2018 年以来胜利油田分公司启动第二轮页岩油勘探开发，已在渤南和樊家岗区块部署并施工了义页平 1 井和樊页平 1 井两口试验井，试验井应用了上述研究成果，实现了高效钻井目的。新实验井全井平均机械钻速 9.69m/h，三开井段机械钻速 5.85m/h，相比前期页岩油试验井分别提高 56.04% 和 33.56%。义页平 1 井三开第 2、第 3 趟钻采用旋转导向系统施工，提速效果明显（平均 10.5m/h）；樊页平 1 井三开仅使用一趟钻旋转导向，进尺 1287m，纯钻时间 225h，纯钻时效 52.8%，机械钻速 5.72m/h，创造了济阳坳陷页岩油水平井单趟进尺最长纪录、旋转导向单趟纯钻时间最长纪录（表 4-6-9）。

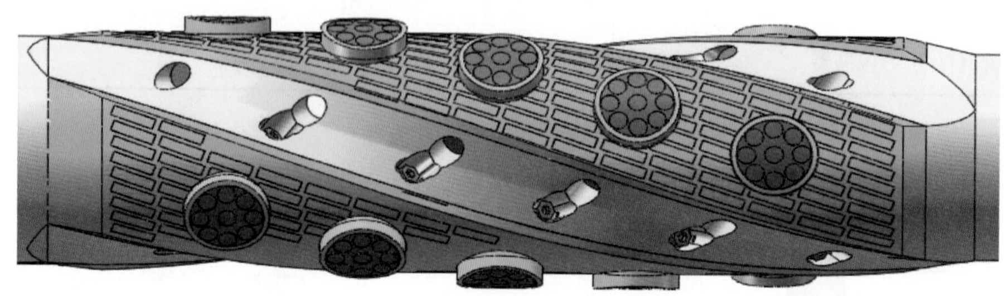

图 4-6-7　变径稳定器结构示意图

表 4-6-9　试验井时效统计表

井名		全井段			三开井段		
		完钻井深 / m	完钻垂深 / m	机械钻速 / m/h	三开段长 / m	水平段长 / m	机械钻速 / m/h
前期井	渤页平 1 井	4336	2969.75	8.13	1351.54	1147	4.42
	渤页平 2 井	3645	2568.29	10.53	1064	716	8.18
	梁页 1HF 井	3970	3206.57	3.84	757	633	3.13
	渤页平 1-2 井	3542	2989.91	6.08	585	373	3.54
	平均	3873.25	2933.63	6.21	939.39	717.25	4.38
试验井	义页平 1 井	4902	3540.52	12.16	1545	942	7.69
	樊页平 1 井	5364	3564.57	8.18	2134	1716	4.99
	平均	5133	3552.54	9.69	1839.5	1329	5.85
同比提高 /%		32.52	21.10	56.04	95.82	85.29	33.56

二、抗高温高密度合成基页岩钻井液体系

1. 钻井液类型对页岩井壁稳定的影响

1）页岩井壁失稳机理

济页参 1 井页岩的全岩矿物和黏土矿物含量分析表明，黏土矿物含量较低，埋深 2400～3300m，黏土矿物以伊蒙混层为主，以水化剥蚀垮塌为主；埋深大于 3300m，黏土矿物中伊利石含量增大，多表现硬脆性垮塌。

页岩的扫描电子显微镜照片表明，页岩结构较致密，但微孔隙、微裂隙和层理发育较好，钻井液滤液容易沿着微孔缝侵入。济阳坳陷页岩线性膨胀和分散实验表明，页岩的膨胀率仅为5.62%，滚动回收率达到了83.87%，说明页岩的水化膨胀能力较弱，这主要因为其黏土矿物基本不含蒙皂石而以伊蒙混层为主。

2）钻井液类型对页岩稳定性的影响

页岩井壁稳定除力学影响因素以外，还包括钻井液与页岩岩石间的化学作用。页岩与外界流体接触后，其强度必然会受到影响。室内选取聚磺钻井液、白油基钻井液和合成基钻井液3种钻井液对济页参1井页岩进行高温高压浸泡实验，实验压力为3.0MPa，实验温度为150℃，浸泡时间为72h，结果见表4–6–10。

经不同类型钻井液浸泡后，借助放大镜能够观察到表面出现细微裂缝，页岩的单轴抗压强度均明显下降，表明无论何种钻井液均能降低页岩强度。比较而言，合成基钻井液浸泡后的页岩岩样抗压强度降低幅度最小，说明合成基钻井液稳定页岩井壁能力最强。

表4–6–10　不同钻井液浸泡下页岩强度变化情况

钻井液	单轴抗压强度 /MPa	强度降低率 /%
原始页岩	116	
聚磺钻井液	74	36.2
白油基钻井液	88	24.1
合成基钻井液	92	20.7

2. 合成基钻井液关键处理剂

1）有机土

考察了6种有机土在气制油中老化前后（180℃ /16h）的流变性能和胶体率。抗高温有机土在气制油中形成的胶体高温条件下不易聚结，胶溶率达到69%，这是因为抗高温有机土能在高温条件下保持完好的空间凝胶网状结构。当抗高温有机土含量为4%～5%时，其塑性黏度和动切力在较为合理的范围。

2）乳化剂

基于油包水乳化原理，选择了HLB值在3～6范围内的表面活性剂进行乳化剂筛选实验，实验方法为破乳电压法和离心法。乳化剂的破乳电压均大于400V，离心析出的体积均小于1mL。进一步通过抗温能力评价，抗高温乳化剂EMUL–3分子形成的界面膜强度高，高温难解吸。

3）油水比

合理的油水比有利于改善高密度条件下钻井液的流变性。随着油水比下降，合成基钻井液的表观黏度、塑性黏度和动切力增加；当水含量大于30%，黏度和切力增加幅度较大，同时乳状液稳定性变差。通过室内实验，推荐合成基钻井液的油水比应不低于80：20。

4）封堵剂

页岩微裂缝尺寸分布范围在2～8μm之间，结合颗粒紧密堆积封堵理论确定了合成基钻井液的复合封堵材料为超细碳酸钙和油溶性封堵剂。超钙对微裂缝起填充作用，油溶性封堵剂易变形封堵纳米级孔隙。通过优化封堵材料的配比，使合成基钻井液能够在页岩表面形成致密层，从而对页岩微裂缝和微孔隙进行有效封堵。

3. 抗高温高密度合成基钻井液配方及性能

1）抗高温高密度合成钻井液配方

在关键处理剂的优选基础上，分别考察了碱度调节剂、降滤失剂和加重剂对体系性能的影响，最终确定了抗高温高密度合成基钻井液体系配方：气制油 +25%$CaCl_2$溶液 + 4%～5%抗高温有机土 +3%～5%高温乳化剂 +2%～3%润湿剂 +2%降滤失剂 +2%CaO+ 2%～3%多级配 +1%～2%油溶性封堵剂 + 重晶石。

2）高温稳定性

将密度为1.50g/cm^3、1.80g/cm^3、1.90g/cm^{3}的合成基钻井液分别在180℃下热滚16h，然后测定热滚前后的流变性能、滤失性能和电稳定性，结果见表4-6-11。

表4-6-11 不同密度合成基钻井液体系配方性能

样品	ρ/（g/cm^3）	试验条件	*ES*/V	*Gel*/（Pa/Pa）	*PV*/（mPa·s）	*YP*/Pa	FL_{HTHP}/mL
1号	1.50	老化前	960	3/5	30	8	
		老化后	1320	2.5/11	31	8.5	2.6
2号	1.80	老化前	830	5/9	49	9.5	
		老化后	1220	5/14	51	10	2.8
3号	1.90	老化前	796	6/8	50	10	
		老化后	970	7/15	54	12	3.0

由实验结果表明，不同密度的合成基钻井液体系配方通过调节油水比和处理剂加量均能获得较好的流变性、电稳定性及低滤失性，研制的合成基钻井液体系抗温能力达到了180℃，可以满足济阳坳陷页岩油水平井钻井要求。

采用M7500型超高温高压流变仪测试合成基钻井液的高温高压流变性，测定条件分别为30℃/常压、90℃/30MPa、120℃/40MPa、150℃/50MPa、180℃/50MPa，试验结果如图4-6-8所示。

可以看出，随着温度的升高，表观黏度和塑性黏度均呈减小的趋势，而动切力随着温度的升高而升高，可能是在高温条件下乳化剂在有机土颗粒的表面吸附能力逐渐降低，造成有机土颗粒的高温分散作用明显。

3）封堵性

模拟微裂缝封堵实验表明，对于2μm、20μm、200μm微裂缝，研制的抗高温高密度合成基钻井液形成的封堵层承压能力均大于5MPa。

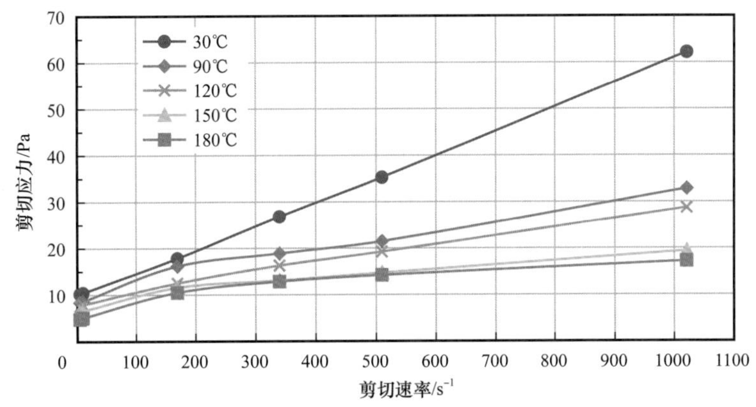

图 4-6-8 合成基钻井液高温高压流变曲线

页岩压力传递实验可有效评价钻井液阻缓压力传递。采用高温高压井壁稳定模拟实验装置进行了压力传递实验，实验选取济页参 1 井页岩岩心。在实验的温度和压差条件下，合成基钻井液滤液无法穿透页岩样品，有效阻止了压力在页岩中传递。扫描电镜照片进一步表明，合成基钻井液能够在页岩表面形成表面光滑的致密层，有效减少进入页岩内部的滤液量，实现了对微裂缝的有效封堵。

4）抑制性

钻井液的页岩回收率越高，抑制岩屑分散的效果越好。采用页岩滚动回收率方法评价了合成基钻井液体系的抑制性能，称取济页参 1 井页岩岩屑 50g，加入钻井液中，在 150℃条件下高温热滚 16h 后，用分样筛回收岩屑并烘干至恒重，所回收的岩屑重量与初始页岩重量之比即为页岩滚动回收率。实验结果表明，研制的抗高温高密度合成基钻井液的页岩滚动回收率达到了 96.5%。

4. 济阳坳陷页岩合成基钻井液技术

1）配制工艺

准备好两个清洁的混合罐，分别为 1 号罐和 2 号罐。先将气制油打入 1 号罐内，依次加入所需的主乳化剂、辅乳化剂、润湿剂和抗高温有机土、流型调节剂等亲油处理剂，进行充分搅拌使所有油溶性组分溶解或均匀分散。在 2 号罐中配制所需浓度的 $CaCl_2$ 盐水，用长杆泵和泥浆枪将盐水缓慢加入 1 号罐的乳状液中。在搅拌条件下加入计算量的石灰、降滤失剂，充分混合以确保乳化良好，并测定其性能。如性能合乎要求，加入重晶石粉以达到开钻要求的密度。

2）乳化稳定工艺

随着井深增加和循环剪切时间增长，合成基钻井液的破乳电压呈增长至平稳趋势。钻进期间，细分散的钻屑不断进入钻井液中，为保证乳化稳定性，有针对性地补充乳化剂及润湿剂，如果破乳电压降低，可以适当补充一定量基浆。

3）滤失量控制工艺

页岩井壁易失稳，要求合成基钻井液的 API 滤失量控制在 1mL 以下、HTHP 滤失量控制在5mL以内。钻进过程中通过调整维护基浆中降滤失剂和封堵材料的加量、油水比保证体系维持低滤失量。

4）封堵调控工艺

合成基钻井液体系的封堵能力主要通过乳化封堵剂、架桥填充、油水比调控乳化形态技术而实现。先期配浆工作中提高乳化封堵剂的加量，同时优化基浆中的粒度分布，加入合理粒度的刚性封堵材料，通过架桥封堵提高基浆整体的封堵性能。循环钻进期间，结合钻井进尺、固控损耗、裸眼段长度变化分析钻井液的综合消耗，同时参考油水比变化分析判断钻井液封堵效果，现场适时适度补充盐水，改变水相的乳化形态提高封堵能力。

5）应用效果

抗高温高密度合成基钻井液在义页平1井和樊页平1井进行了现场应用，两口井钻井施工过程中均未出现任何复杂事故。合成基钻井液的井壁稳定效果显著提高，没有出现明显的掉块和井壁坍塌现象，返出钻屑外形规则。测井结果显示井径近似一条直线，义页平1井三开井段平均井径扩大率为9.0%，樊页平1井三开井段平均井径扩大率为2.19%。由于封堵措施合理，钻井液HTHP滤失量始终控制在5mL以内，微裂缝封堵效果良好，大大降低了钻井液因渗漏造成的损耗，日损耗量小于5m^3。

三、页岩增韧防窜水泥浆体系研究

1. 页岩地层高效冲洗前置液体系研制

从济阳坳陷泥页岩层钻井完井技术特点开展高效冲洗液前置液体系研究，研制对滤饼进行有效冲洗，并形成能与水泥浆接触良好的新生态滤饼，能极大提高后续水泥浆体系的顶替效率及井壁胶结强度的不同密度，能耐盐耐温的前置液体系。

1）冲洗液配方及性能评价

（1）冲洗液配方：

水+0.4%HEC+3%磁铁矿+7%硼酸+1%快速渗透剂-T+2%微硅（以水量计算）。

（2）流变性及抗温性（表4-6-12）：

表4-6-12 冲洗液的流变参数

温度	流动值	Φ_{600}	Φ_{300}	Φ_{200}	Φ_{100}	Φ_6	Φ_3	n	K/（Pa·s^n）
70℃	＞40cm	5	4	4	3	1	1	0.322	0.274
110℃	＞40cm	4	3	3	2	1	1	0.415	0.115

冲洗液具有较低的黏度，流动性能优异，基本接近牛顿型流型。经过110℃热滚之后流变性性能变化较小。

（3）冲洗效率评价（表4-6-13、表4-6-14）：

对钻井液滤饼的冲洗率能达到85%以上，冲洗液对套管的冲洗率达到95.0%以上，对岩心的冲洗率达到80.6%以上。泥饼结构在冲洗液的冲洗作用下得到有效改变，泥饼经过紊流冲洗和固体颗粒的刮削作用后，冲洗率得到有效的提高。

表 4-6-13 钢管冲洗效率

试验编号	钢管质量 /g	浸泡质量 /g	冲洗质量 /g	冲洗效率 /%
1	101.25	135.24	133.71	95.5
2	104.12	135.48	134.26	96
3	102.20	136.12	134.49	95.0

表 4-6-14 岩心冲洗效率

试验编号	岩心质量 /g	浸泡质量 /g	冲洗质量 /g	冲洗效率 /%
1	62.35	81.22	65.77	81.9
2	62.36	80.97	65.72	82.0
3	62.35	81.20	66.02	80.6

2）隔离液配方及性能评价

该系列隔离液经 110℃热滚之后，依然有较好的悬浮稳定性，沉降率都未超过 10%，同时热滚之后隔离液仍有较好的流变性；随着隔离液密度的增大，隔离液的失水量逐渐减小；从整体上来看该系列的前置液能有效地提高对井壁的界面胶结强度，72h 提高幅度均大于 30%（表 4-6-15、表 4-6-16）。

表 4-6-15 不同密度隔离液配方

密度 /（g/cm^3）	水 /mL	重晶石 /%	微硅 /%	HEC/%	FS/%	SZ1-2/%
1.2	100	20	5	0.3	0.5	0.8
1.4	100	60	5	0.4	0.5	0.8
1.6	100	100	5	0.4	0.5	0.8
1.8	100	150	5	0.4	0.5	0.8

注：以上数据的百分比均以水质量计算。

表 4-6-16 不同密度隔离液的基本性能

隔离液密度 /（g/cm^3）	n	K/（$Pa \cdot s^n$）	失水量 /mL	72h 胶结强度 /MPa	沉降率 /%
1.2	0.415	0.115	150	2.01	7
1.4	0.222	0.549	120	1.99	9
1.6	0.823	0.039	80	1.98	10
1.8	0.469	0.713	35	1.97	5

2. 增韧防窜强胶结水泥浆体系研制

固井质量是油气安全、高效、经济开采的重要保障。针对目前常规固井水泥石存在抗拉强度低、抗破裂性能差的先天缺陷，加强改善水泥石力学特性的特殊外加剂或外掺料研制，提高水泥环抗挤、抗裂能力，对于促进和保障泥页岩油气田开发具有重要意义（表 4–6–17、表 4–6–18）。

水泥浆流动性好，初始稠度低，有利于泵送；增韧防窜水泥能有效地控制 API 失水在 50mL 以下，有助于水泥孔隙结构的发育，增大环空的抗渗阻力，减少油、气、水窜的发生。

表 4–6–17 增韧防窜强胶结水泥浆配方

编号	G 级水泥 /g	分散剂 /%	降失水剂 /%	增塑剂 /%	膨胀剂 /%	防气窜剂 /g	W/G
1	800	0.8	1.0	5	0	0	0.45
2	800	1.0	1.0	5	2	4	0.45
3	800	1.2	1.0	5	4	5	0.45

表 4–6–18 增韧防窜强胶结水泥浆的基本性能

编号	密度 / g/cm^3	温度 / ℃	流动度 / cm	初始稠度 / Bc	自由水 / mL	API 失水 / mL	24h 抗压强度 / MPa	稠化时间 / min
1	1.90	90	22	25	0	75	27.3	280
2	1.90	90	21.5	23	0	48	25.5	216
3	1.90	90	20	21	0	45	26.6	198

第七节 济阳坳陷泥页岩增产技术

一、页岩多尺度组合裂缝压裂技术

北美页岩油气沉积特征是海相沉积，不含伊 / 蒙间层水敏性矿物，页岩气为主；而胜利页岩油气沉积特征是陆相沉积，含有伊 / 蒙间层水敏性矿物，页岩油为主。因此，胜利油田页岩特征决定了无法照搬国外体积压裂的经验和技术，因此提出了页岩油多尺度组合裂缝压裂关键工艺技术研究，形成体积缝的同时，加强主裂缝的导流能力，改善页岩油总体渗流能力。

1. 多尺度组合裂缝压裂工艺

1）大排量、低黏度多级交替缝网体积压裂工艺

通过三向应力下水力压裂裂缝破裂—扩展物模实验可以得出，最大最小水平应力差

值越小，越容易形成复杂裂缝网络。缝内净压力越大，越易克服水平应力差，从而形成复杂裂缝网络。

复杂裂缝形成受水平应力差、缝内净压力、液体黏度控制，缝内净压力大于水平应力差且黏度较低时会产生复杂分支缝。针对水平应力差较低的储层，采用大排量、低黏压裂液交替注入的方式可实现复杂缝网的压裂。

2）人工多次暂堵压裂工艺

在较低的地应力差时（例如水平主应力差小于 10MPa 时），较高的排量可以发挥很好的作用；但是，一旦出现较高的地应力差（例如水平主应力差大于 10MPa 时），即使维持较高的排量，也难以改造出复杂裂缝。对于低排量作业，在地应力差高于 8MPa 时，就难以改造出复杂裂缝，需要进一步辅助以暂堵措施，提高裂缝复杂性。

与近百米的裂缝半缝长相比，施加暂堵剂其实是在一个很小的几何空间范围内的施工（暂堵剂仅铺设于缝端十几厘米至几十厘米的范围之内），其带来的压力抬升，是近场应力扰动。因此暂堵剂的关键作用在于阻止压裂液大量滤失，进而带来局部拉张应力的高度集中，由于储层的抗拉伸强度远低于抗压强度，因此，暂堵剂影响区内的储层将更容易诱发新的裂缝及裂缝转向扩展。

3）高导流主缝压裂工艺

与传统的压裂技术相比，高导流裂缝压裂克服了流体流动局限于多孔介质内的限制，打破了常规的支撑裂缝充层的设计思想，提供了很高的裂缝导流能力。该技术的理念是采用含有网络通道的非均匀的结构来取代均匀的支撑剂充填。在该种情况下，裂缝是通过分散的支撑剂团块（或柱）来支撑的。支撑剂团块之间形成的通道为油藏流体提供了低阻力的流动通道。

高导流裂缝压裂和以往的产生非均匀支撑剂铺置的方法是不同。因为，通道的宽度和深度以及总的裂缝系统的导流能力比单层压裂的要高得多。这些通道的稳定性是通过一系列的综合措施实现的，包括地质力学模型的建立、合适的泵注程序和射孔方案、加纤维的压裂液。

2. 多尺度组合裂缝压裂参数优化

1）体积缝网工艺参数优化

（1）射孔优化：为减少孔眼摩阻，应采用较高的孔密度，较大的孔径射孔，建议采用 12 孔 /m、孔径 13.97mm 的射孔弹射孔。建议采用 60°的相位角射孔，以减少近井的裂缝扭曲。对于具体射孔位置，应根据水平井段测井、试验及固井情况进行确定，对于射孔位置的选择应遵循以下原则：

应选择在 TOC 较高的位置射孔；选择在天然裂缝发育的部位射孔；选择在孔隙度、渗透率高的部位射孔；选择在地应力较低部位射孔；选择在地应力差异较小的部位射孔；选择固井质量好的部位。

（2）排量优化：能否形成缝网的关键在于施工净压力能够达到临界压力，因此缝网压裂设计的重点在于如何选择合适的方法来提高缝内净压力。压裂裂缝内的净压力主要受储层特征参数如垂向主应力剖面、弹性模量、泊松比和断裂韧性等控制，对净压力有影响的人为可控因素主要有施工排量、压裂液黏度等参数。

在前期研究的基础上，利用数值模拟方法、压裂模拟软件，研究了不同排量下裂缝扩展形态。通过数值模拟，结合三向应力下水力压裂裂缝破裂—扩展物模实验，为提高裂缝复杂程度，优化最佳施工排量在 10m^3/min 以上。

2）高导流通道压裂工艺参数优化

应用自足研发的“大型平板裂缝可视系统”，对高导流裂缝压裂技术进行物理模拟，将高导流裂缝压裂形成的不均匀、非连续的支撑剂铺置可视化。同时，研究工艺参数对支撑剂铺置的影响，从而优选出一套合理的工艺参数。

（1）纤维加入比例对通道的影响规律：主要研究 3 种不同的纤维比例，纤维的加入比例分别为 0.06% 和 0.08%，楔形加入方式。实验采用 20/40 目陶粒支撑剂，砂比 31%，排量 4.8m^3/h，压裂液黏度 100mPa·s，基液黏度 10mPa·s。测量纤维加入比例下支撑剂在裂缝的铺置情况、支撑剂充填层中的通道占有率。

将裂缝分为 3 个部分，分别测量了每一部分的通道占有率，第一部分的通道占有率为 23.16%，第二部分的通道占有率为 24.35%，第三部分的通道占有率为 24.61%，总体的通道占有率平均值为 24.04%。通道占有率沿裂缝的分布是变化的，其最大值出现在裂缝的出口处。

纤维的加入比例对沙堤的形态有一定影响，随着纤维加入比例的增大，沙堤趋于平缓。对 3 种纤维加入比例下形成的支撑剂铺置分别测量其通道占有率，结果见表 4–7–1。

表 4–7–1　不同纤维比例下的通道占有率对比表

纤维比例 /（kg/m^3）	通道占有率 /%			平均值 /%
	第一部分	第二部分	第三部分	
6	23.16	24.35	24.61	24.04
8	27.26	30.15	28.24	28.55
10	22.35	30.63	32.14	28.37

对比纤维加入比例 6kg/m^3 和 8kg/m^3 下的通道占有率，发现随着纤维比例的增大，通道占有率也增大。

（2）压裂液黏度对通道的影响规律：高导流通道压裂中的压裂液分为加有支撑剂的压裂液（proppant pulse）和不加支撑剂的压裂液（clean pulse），本节中将加有支撑剂的压裂液称为压裂液，而不加支撑剂的称为基液。实验采用 20/40 目陶粒支撑剂，纤维加入比例为 0.07%，砂比 31%，压裂液黏度 100mPa·s，排量 4.8m^3/h，基液黏度分别为 2mPa·s、20mPa·s、40mPa·s。

通过 3 组不同基液黏度的实验得出，基液黏度是影响通道占有率的一个因素。

3 个基液黏度下的 3 组实验的通道占有率对比见表 4–7–2。

表 4-7-2 不同基液黏度下的通道占有率对比表

基液黏度 /（mPa·s）	通道占有率 /%				平均值 /%
	第一部分	第二部分	第三部分	第四部分	
2	22.67	26.53	26.21	26.27	25.42
20	23.86	27.17	34.66	30.27	28.99
40	28.76	34.25	36.08	31.46	32.64

由表 4-7-2 可知，随着基液黏度的增加，通道的占有率也增加。由于基液黏度增大，支撑剂的运移速度增大及沉降速度降低，支撑剂团之间在沉降的过程中比较分散，从而使支撑剂团之间和不同支撑剂段塞之间形成的通道增大，最终形成的沙堤通道占有率也增大。当基液黏度增大到 20mPa·s 时，实验过程中有部分的支撑剂团呈全悬浮状的通过平板，沉积在管线中。当进一步增大黏度时，上述现象越严重。但在现场应用时，可以按照与压裂液黏度相同的基液施工。

（3）支撑剂粒径对通道的影响规律：支撑剂在压裂中的重要性是不言而喻的，支撑剂在输送过程中的运移和沉降是影响缝中铺砂浓度的重要因素。同时，支撑剂在裂缝内的分布情况，决定了压裂后填砂裂缝的导流能力和增产效果。本节实验采用 20/40 目、30/60 目、40/70 目陶粒支撑剂，纤维加入比例为 0.07%，砂比 31%，排量 4.8m^3/h，压裂液黏度 100mPa·s，基液黏度 20mPa·s。支撑剂粒径对支撑剂的运移和沉降速度影响不大，随着支撑剂粒径的减小，沙堤趋于平稳。3 种支撑剂粒径下实验的通道占有率对比见表 4-7-3。

表 4-7-3 不同支撑剂粒径下的通道占有率对比表

支撑剂粒径 / 目	通道占有率 /%				平均值 /%
	第一部分	第二部分	第三部分	第四部分	
20/40	28.28	32.46	32.93	27.61	30.32
30/60	32.33	32.87	34.13	32.26	32.9
40/70	31.64	33.55	33.24	32.67	32.8

由表 4-7-3 可知，20/40 目的支撑剂产生的裂缝内通道占有率为 30.32%，30/60 目的支撑剂产生的裂缝内通道占有率为 32.9%，40/70 目的支撑剂产生的裂缝内通道占有率为 32.8%，可见支撑剂粒径对高导流通道压裂裂缝的内通道占有率的影响不大。

二、电控式全通径多级分段压裂完井工艺管柱

为了满足页岩油需多级、大规模改造的需求，开展了电控式全通径多级分段压裂完井技术研究。电控式全通径多级分段压裂完井技术是在完井管柱上安装有全通径可重复开关的电控式全通径开关滑套，每个滑套内安装有信号识别接收系统、控制电路、动力

机构及执行机构。通过投入指令球，发射无线信号，实现对开关状态的控制。指令球内安装编码信号预设系统和信号发射系统，下井前通过编码写入系统对每个指令球进行初始化，使其和井下的可开关滑套内预置信号相对应。施工时投入指令球，对应的可开关滑套接收到指令球发送的开、关信号后，实现开、关动作。

1. 井下信号接收及控制系统

1）系统总体方案

电控式水平井全通径多级分段压裂完井技术满足油藏开发对大排量、大规模压裂和后期选择性生产、堵水等技术需求。整体系统主要包括指令地面输入设备、指令无线传输设备（信号投球）、指令井下接收执行设备。

2）井下无线通信控制系统

本系统无线通信采用“MCU+ 无线射频收发芯片”的方案，由于无线收发芯片的种类和数量比较多，无线收发芯片的选择在设计中是至关重要的。选择无线收发芯片时应考虑需要以下几点因素：功耗、发射功率、接收灵敏度等。通过对 nRF401、nRF903、CC1101 三种芯片参数的对比以及对整体系统需求的考虑，芯片 CC1101 的灵敏度较高，接收发送电流较小，整体综合参数更适合本系统。因此选取了 CC1101 作为整套系统的无线通信芯片。

3）电机驱动系统

电机驱动系统由直流减速电机、十字万向联轴器、丝杠及换向阀组成。高温电池组对电机进行供电，控制电路发送指令控制电机进行正转、反转、停止动作。电机输出轴—丝杠—换向阀芯由万向联轴器连接，丝杠将电机的转动转化为换向阀芯的直线运动，实现换向阀的挡位切换，从而控制压裂开关的工作状态。

4）地面输入及井下无线发射系统

无线电控分段压裂系统的地面设备主要包括地面指令输入设备和无线信号投球。其中地面输入设备的作用是将压裂作业过程中，不同层段压裂开关所要执行的动作以指令形式进行编写及地面输出；无线信号投球则是作为不同层段动作控制指令的载体，将接收到的地面输入设备导入的控制指令传递给井下压裂设备，实现地面与井下的无线通信控制。

计算机连接着 USB 指令无线发射装置，通过该装置可以对信号投球及井下压裂开关设备进行地面初始地址设定并检查整体系统通信可靠性。现场作业时，通过上位机软件控制地面指令发射装置对投球进行指令编写，之后投入井下，控制压裂开关动作，完成压裂作业。

2. 电控式全通径压裂滑套及配套工具

1）电控式全通径压裂滑套总体方案

电控可开关滑套主要分为四大部分：动力源部分、空气腔部分、电器腔部分以及液控滑套部分。动力源部分主要提供液压动力；空气腔部分是到井下后提供一个低压区与动力源部分形成压差从而对滑套部分产生开关动力；电器腔部分主要为了安装电控部分，该部分的作用是对作用在滑套上的液压力进行换向，从而控制滑套开关。

2）动力源部分

动力源部分主要提供液压动力。

工作原理：动力源部分活塞腔内部预先充满液压油，通过活塞将液压油和井内液体分隔开，然后通过剪钉控制启动压力，下井后当达到剪钉剪断压力后活塞推动液压油将压力传递下去，腔体内预先充满液压油主要作用就是保持电控部分内部清洁，避免因井液问题造成的其他问题。

3）空气腔部分

空气腔部分是到井下后提供一个低压区与动力源部分形成压差从而对滑套部分产生开关动力。

工作原理：空气腔部分腔体内在常压下进行安装密封，形成一个空气腔，下井后该空气腔内为一个大气压，属于低压区，而工具腔体外部则是高压区，为了保证外壳体在高压下不被压坏，在空气腔体上设计了支撑筋，保证外壳体的可靠性。当动力源打开后压力通过传压管线经过空气腔后作用在滑套活塞一面上，活塞的另一面通过回压管线连接空气腔体，从而形成了压力差，产生动力。

4）电器腔部分

电器腔部分主要为了安装电控部分，该部分的作用是对作用在滑套上的液压力进行换向，从而控制滑套开关。

工作原理：电器腔部分中传压管线和回压管线都连接到换向阀上，换向阀的作用是改变液路方向实现开关，而换向阀的换向是通过地面给井下信号，然后通过电机带动换向阀换向。

5）液控滑套部分

液控滑套即在液压动力传递下来后，作用在滑套活塞上，从而控制滑套的开关。

工作原理：液控滑套在没有液压力传递过来之前，活塞滑套通过限位环进行限位，避免活塞滑套自动打开，当换向阀换向到打开的位置时，液压力通过打开管线传递到活塞滑套的上作用面上，推动活塞滑套打开，此时下活塞面的液压油通过关闭管线进入空气腔内。当换向阀换向到关闭的位置时，液压力通过关闭管线传递到活塞滑套的下作用面上，推动活塞滑套关闭，此时上活塞面的液压油通过打开管线进入空气腔内，完成整个打开关闭过程。

三、陆相页岩高效防膨等压裂材料

针对胜利页岩低孔低渗（纳米级、微米级）、灰质含量高、伊/蒙间层水敏性矿物含量高、原油油性偏重等特点，开展超级滑溜水、高效防膨等压裂材料的研发。

1. 超级滑溜水体系

页岩油压裂的主要工作液体系之一是滑溜水，而减阻剂是滑溜水压裂液的主体。为了降低滑溜水在管柱中的摩阻，降低施工压力、提高施工排量，从而达到滑溜水大型压裂的目的，研发一种多组分滑溜水减阻剂 FR-YL，FR-YL 的主要成分属于磺化聚丙烯酰胺类（SPAM），并对 FR-YL 的性能进行了评价。

1）磺酸盐型聚丙烯酰胺的合成及其影响因素

$-SO_3H$ 基团是强阴离子性基团，其很强的亲水作用与静电排斥力使共聚物具有良好的水溶性，能够极大地增加分子链的水动力学体积，且水动力学体积基本不随 pH 值变化，因而，将磺酸基团引入聚丙烯酰胺制得磺酸盐型聚丙烯酰胺具有重要的研究意义和良好的应用价值。开展实验，针对磺酸盐型聚丙烯酰胺的合成、优选及其影响因素进行研究分析。

设计了磺酸盐型聚丙烯酰胺的分子结构，选取 3 种含磺酸基团的单体分别与丙烯酰胺进行共聚，优选出增黏性能较好的单体 S1。通过正交试验，初步确定了单体 S1 与丙烯酰胺共聚的最佳合成条件。考察了反应条件对共聚反应的影响，在反应温度 50℃，单体加量 25%，S1 的含量 17.5%，引发剂加量为单体总质量的 0.05%，反应时间 10h，烘干温度为 60℃条件下制得磺酸盐型聚丙烯酰胺产品（SPAM）。

2）磺酸盐型聚丙烯酰胺的表征与性能评价

单体 S1 与丙烯酰胺共聚后在聚合物分子链上引入了较高热稳定性、较大骨架和强水化能力的基团，从而利于增强聚合物热稳定性和分子链的刚性，增强聚合物水化能力，使得聚合物分子在高矿化度水溶液中可以保持较大的水动力学尺寸，在一定程度上增强聚合物的耐温减阻能力。同时，功能单体 S1 的引入，使聚合物在高矿化度水质条件下水解受到限制，不会出现与钙镁离子发生沉淀的现象，达到减阻的目的。室内对 SPAM 进行了结构分析及基本性能测定。采用红外光谱对 SPAM 和 HPAM 的结构进行分析，通过丙稀酰胺单体（AM）和 S1 特征峰分析，证实反应产品确实为目标产物；测定 SPAM 的特性黏度，根据特性黏度求出 SPAM 的相对分子质量为 1.51×10^7。对比了 SPAM 与 HPAM 的耐温性能，结果初步证明 SPAM 具有较好的耐温性能。

3）FR-YL 及其他减阻剂的性能对比

FR-YL 减阻剂是在合成的 SPAM 中加入少量助溶成分后组成的性能更优良的多组分滑溜水减阻剂。通过室内实验评价，得出 FR-YL 减阻剂具有以下特征：

（1）速溶：配制滑溜水时，减阻剂 10min 之内即可溶解完全，所以适合现场大液量的快速配制；（2）低黏：浓度为 0.08%，初始的表观黏度为 11mPa·s，所以现场可以实施大液量、大排量、大砂量的施工；（3）高效减阻：浓度为 0.05% 时，减阻率可达 80% 以上；（4）耐温：耐温温度≥190℃；（5）耐剪切：140℃、$170s^{-1}$ 连续剪切 60min，减阻剂的减阻效率仍可以保持 80% 以上；（6）耐盐：在 50000μg/g 的氯化钾盐水中，质量分数为 0.05% 的减阻剂添加量，仍可保持 80% 以上的减阻效率；（7）携砂性能好：相比自来水，40 目砂子的沉降速率降低 87.5%；（8）滑溜水体系与储层流体及常用压裂液添加剂具有良好的配伍性；对井下工具及管柱具有极低的腐蚀性。

2. 高效助排剂

胜利油田页岩储层具有超低孔超低渗、孔喉半径小、泥质含量高、强岩石塑性等特点，目前压裂液返排率低是影响压后产能建设的主要因素。众所周知，压裂液若滞留在储层中不能返排至地面，会造成储层中含水饱和度升高、压裂液对储层渗透率伤害大、油气流动困难等问题，因此提高压裂液的返排率对于页岩储层压裂开发至关重要。

1）基础实验

进行表面活性剂筛选工作，选取不同类型的表面活性剂，考察了至少 20 种表面活性剂的表面张力和接触角。测定常温常压下不同浓度表面活性剂的表界面张力，以及在固体清洁表面（云母片、硅片等）上的接触角，获得了近百组实验数据。有数据得出，氟碳类表面活性剂和 Gemini 型表面活性剂降低表面张力的能力最强，但氟碳类表面活性剂对于环境有一定危害，难于降解且对人体毒害性大，价格又较为昂贵。所以，综合目前现有表面活性剂，选择 Gemini 型表面活性剂作为新型泥页岩压裂用高温微乳液助排剂的主要成分。

2）复配体系性能评价及优选

选取阴离子、阳离子、非离子 3 个种类的表面活性剂，选取各类型中 4～5 种表面活性剂与 Gemini 型表面活性剂均以 1：1 的比例进行复配，优选比较其中性能最优的复配体系。根据实验结果，所选表面活性剂与 HP-1、SEO 两种非离子表面活性剂复配效果最好，表界面性能最优。通过不同比例的复配实验得出，Gemini 与 HP-1 复配后表面性能改观不大，但是以 4：1 的比例复配时界面张力出现最低值；而与 SEO 以不同比例复配后表界面性能没有出现好的改观。所以采用 HP-1 与 Gemini 进行复配，并选用助表面活性剂继续改善体系的表面活性及亲水亲油平衡性。

3）复配体系浓度

配方优选的平行实验均以 0.3% 来进行，但 0.3% 并不一定为复配体系的最优浓度值。以复配体系浓度 0.1%、0.2%、0.3%、0.5% 4 个值来进行表界面性能及接触角方面的评价实验，结果可以看出，0.5% 的浓度效果最好，但提升空间并不大，综合成本和效果考虑，则 0.3% 为体系最佳浓度。

4）常温下的表面张力

常温下表面张力的测量，通过德国 Kruss100 表面张力测量仪来进行，0.3% 微乳液助排剂在常温下的表面张力为 25.55mN/m。

5）常温下的界面张力

由于微乳液助排剂的界面张力数值很低，所以选用了超低界面张力仪来进行测定，0.3% 微乳液助排剂在常温下与煤油的界面张力为 0.058mN/m。

6）助排率

微乳液助排剂助排率的测定，根据行业标准《压裂酸化用助排剂性能评价方法 SY/T 5755—1995》，通过助排性能评价仪来进行。

根据测试，微乳液助排剂的助排率达到 36.96%。根据同样的方法，测得体系中单一组分 Gemini 和 HP-1 的助排率，二者均低于 20%，说明复配体系拥有更高的助排效果。

3. 高效防膨剂

1）双季铵盐黏土稳定剂合成

以三烷基胺、季铵化试剂及环氧氯丙烷为原料，制备了双季铵盐黏土稳定剂，并从产品性能及成本角度对合成工艺进行优化，确定了最优反应条件。

设计了一系列单因素试验，对合成工艺和产品防膨性能进行优化。依次考察了三烷基胺季铵盐制备过程中反应时间、反应温度，以及双三烷基羟丙基季铵盐制备过程中混合溶剂比例、环氧氯丙烷滴加时间、反应温度对产品双季铵盐防膨性能的影响。

根据试验结果得出，双季铵盐型黏土稳定剂制备条件为：三烷基胺与盐酸剂反应摩尔比为 1∶1，控制反应温度与加料温度一致，反应时间 5h。将产物三烷基胺盐酸盐与三烷基胺和环氧氯丙烷按 1∶1.2∶1 投料反应，溶剂水占反应体系总质量的 40%，60℃保温反应 8h。双季铵盐有效含量为 1% 时防膨率约为 80.3%，有效含量为 2% 时防膨率约为 90%，基本满足技术标准中的防膨率要求。

2）双季铵盐型复配防膨性能评价及防膨剂配方

单独考察了 KCl 的防膨性能，在此基础上分别将其与双季铵盐按质量比 1∶1 复配，并考察了复配产物的防膨性能。可以看出，双季铵盐与 KCl 按质量比 1∶1 复配后防膨性能有明显提升，复配前后有效含量为 0.5% 和 1% 时防膨率分别由 77.6%、80.6% 提升至 83.8% 和 85.1%。通过进一步室内试验，确定黏土防膨剂配方组成为双季铵盐∶KCl 为 2∶1、有效含量为 1% 时，产品防膨率为 89.6%。

选取了黏土矿物含量在 40%～50% 之间的页岩作为评价岩样，将岩样浸泡在蒸馏水及不同浓度的双季铵盐溶液中，观察实验变化。经过 1.0% 双季铵盐溶液浸泡后，表面本来的松散颗粒崩散出来后，岩样未膨胀、未开裂，防膨效果好。另外，将页岩，磨成粉末。用页岩粉末来测定其防膨性能。分别用有效浓度为 0.5% 的双季铵盐、水和煤油处理页岩粉末，浸泡在 0.5% 的双季铵盐溶液中摇匀后，静置就可从溶液中分离出来。根据实验可得，页岩粉末在 0.5% 的双季铵盐溶液中的防膨率为 80%。

第八节　页岩油勘探开发前景分析

针对中国陆相断陷湖盆特殊的地质条件，胜利油田以济阳坳陷陆相湖盆泥页岩为研究对象，通过多年的科研攻关和近期的钻探实践，在泥页岩岩相、页岩油“四性”以及陆相页岩油“甜点”评价和配套技术上都取得了一定进展和认识，并有效指导了济阳坳陷页岩油的钻探实践，在一定程度上证实了取得的成果与认识的可靠性。据济阳坳陷页岩油选区评价结果显示，已在沾化凹陷渤南洼陷沙三下亚段与东营凹陷博兴洼陷沙四上亚段率先开展勘探实践，取得了显著成效。在页岩油理论与技术指导下，“十四五”期间济阳坳陷按照“地区上优先突破东营和沾化，积极探索车镇、惠民；油性上由中等演化程度向中高演化程度转变；类型上由夹层型向基质型探索”的部署思路，将加大页岩油勘探开发工作力度，实现 4 个凹陷页岩油勘探开发的全面突破。同时，针对沾化、东营凹陷等重点地区建成 2～3 个先导试验区，本书取得的页岩油相关理论与技术在济阳坳陷有着切实可见的应用前景。

同时，对于国家能源安全而言，页岩油是一个新的勘探领域，是重要的接替资源。北美已经在页岩油勘探开发方面取得了巨大成功，但中国页岩油发育的地质条件与北美有着巨大不同，不同于北美海相成因，中国陆相断陷湖盆成因的泥页岩地质条件相对更为复杂，对工程工艺技术要求更高。因此，济阳坳陷页岩油形成的成果认识、评价思路及配套技术在渤海湾盆地乃至中国陆相断陷湖盆页岩油勘探中也具有广阔的推广应用前景。

我们坚信，基于现有成果认识，通过对济阳坳陷页岩油持续攻关、深化认识、完善配套技术、大胆实践，在不远的将来一定能够实现济阳坳陷页岩油勘探开发的新跨越，形成的相关理论技术为中国石化的可持续发展，为国家的能源安全做出积极贡献！

第五章 潜江凹陷与泌阳凹陷页岩油勘探开发目标评价及现场实践

在中国东部陆相湖盆中，江汉盆地潜江凹陷是典型的盐湖盆地，南襄盆地泌阳凹陷是半咸水湖盆。本章以潜江凹陷、泌阳凹陷为例，重点介绍盐湖及半咸水湖陆相页岩油地质评价技术、“甜点”地震预测技术、钻完井关键技术、工艺改造技术、开发技术及现场实践。

第一节 潜江凹陷盐湖及泌阳凹陷半咸水湖陆相页岩油勘探开发现状

一、潜江凹陷盐湖陆相页岩油勘探开发简况

潜江凹陷位于湖北省江汉盆地中部，为典型内陆盐湖盆地，潜江组沉积时期沉积了一套厚达5000m的盐系地层，纵向上发育193个盐韵律。两套盐岩层之间夹持的一套云质页岩层具有良好的烃源条件和储集条件，生产的油气受上下盐岩分隔纵向运移条件差，形成了独特的盐间页岩油系统，资源量约8.0×10^8t。盐间页岩油气显示丰富，平面上满凹皆为“油浸”显示，在常规砂岩油藏勘探过程中，有128口过路井井口见油气显示。其中，自喷井32口，有3口井发生强烈井喷，日喷油达千吨；井涌、井溢井19口；槽面见油花气泡井60口；井口出沥青井11口。按常规油藏储量计算方法，上交探明地质储量366×10^4t，控制地质储量2072×10^4t，预测地质储量1768×10^4t。在王场地区试采51口井，累计采油10.4×10^4t，2口井单井累计采油超过1.0×10^4t，5口井单井累计采油大于5000t，展现出良好的页岩油勘探开发前景。

二、泌阳凹陷半咸水湖陆相页岩油勘探开发简况

泌阳凹陷是一个位于南襄盆地中东部的小型陆相断控凹陷。在古近系核桃园组沉积时期沉积了一套厚达2200m的深湖—半深湖相富有机质页岩，具备良好的烃源和储集条件，具备页岩油形成的良好条件。自2009年以来，中国石化河南油田启动了页岩油地质综合研究工作，通过借鉴北美页岩油气勘探开发的成功经验，开展泌阳凹陷页岩油资源评价及选区研究工作，明确了泌阳凹陷页岩层展布特征、地球化学特征、储集特征、脆性特征及含油性特征，初步搞清了泌阳凹陷页岩油形成条件、富集影响因素及资源潜力，资源量10.26×10^8t，实施了直井压裂与水平井部署钻探，取得了较好效果。2009年在深凹区部署了安深1井，在⑤号页岩层（Eh_3^3砂层组）实施直井大型压裂，获最高日产油

4.68m³。2011 年在泌阳凹陷深凹区部署的第一口陆相页岩油水平井——泌页 HF1 井，水平段长 1044m，经过 15 级分段压裂，获最高日产油 23.6m³、日产气 1000m³，使得泌阳凹陷率先取得中国陆相页岩油勘探的重要突破。2012 年部署在泌阳凹陷的第二口陆相页岩油水平井——泌页 2HF 井，水平段长度 1408m，经 21 级分段压裂，获最高日产油 28.6m³，进一步拓展了泌阳凹陷陆相页岩油的勘探成果。

第二节　盐湖及半咸水湖陆相页岩油地质特征

一、潜江凹陷盐湖陆相页岩油基本地质特征

潜江凹陷盐间页岩油具有烃源好、储集优、富含油、超压等优点，但页岩厚度薄、顶底板盐岩夹层、地层含盐，工艺改造难度大。

1. 构造特征

潜江凹陷为一个受北东向潜北大断裂及通海口大断裂所夹持的双断型箕状凹陷。今构造总体上表现为“一凹两斜坡”的基本构造格局，分为潜北陡坡断裂带，中央洼陷带（蚌湖—周矶向斜带、三合场—深江站向斜带、总口—潘场向斜带），东部斜坡带（张港单斜带、毛场斜坡带），西部斜坡带（习家口单斜带）（图 5-2-1）。

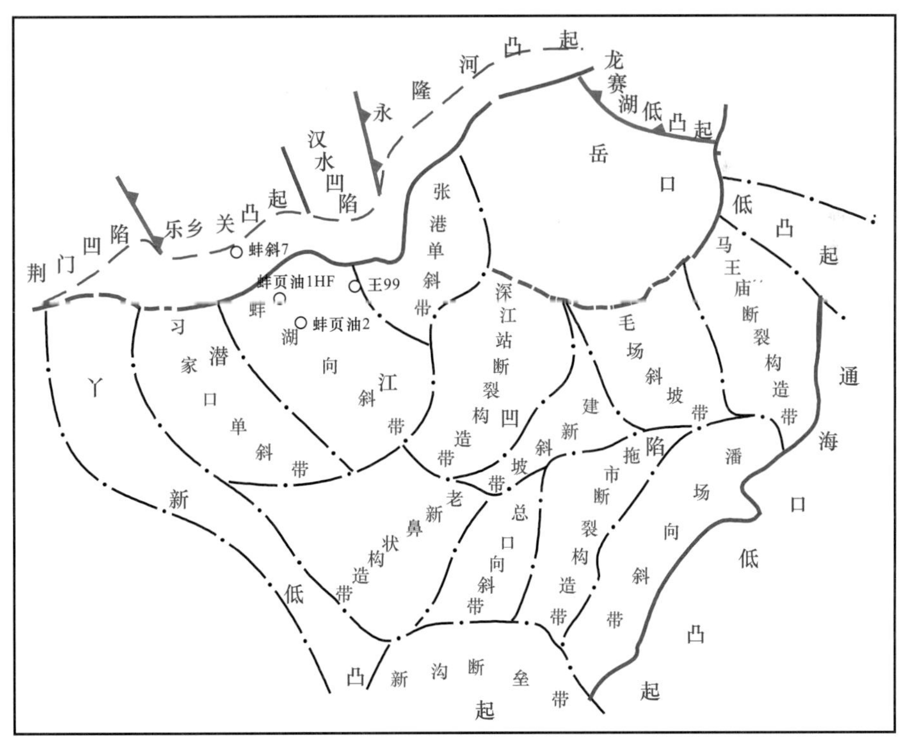

图 5-2-1　潜江凹陷构造单元划分图

2. 地层特征

潜江组是在干湿频繁交替的古气候条件下，在高盐度、强蒸发、还原—强还原水体中，由北部单向碎屑物源及凹陷周缘卤水和盐源补给形成的盐系沉积地层，纵向上发育193个盐韵律，盐间地层厚度一般在5～10m之间，总体表现为北厚南薄、中间厚东西两侧薄的展布特征，最大厚度6000m。自下而上划分为潜四下亚段、潜四上亚段、潜三段、潜二段、潜一段共5个段。

3. 岩性岩相特征

以潜3^4–10韵律为例，页理发育，纹层厚度不足1mm；矿物成分主要为碳酸盐类矿物（白云石32.18%+方解石18.74%）占51%，碎屑类矿物（黏土矿物为22.4%，石英+长石占14.07%）占36.47%，盐类矿物（硫酸盐5.37%，石盐3.52%）占8.89%，黄铁矿占3.26%。受北部单向物源影响，从北向南依次发育泥岩相—云质页岩相—云质钙芒硝岩相。靠近物源的西北方向以碎屑岩沉积为主的泥岩相，远离物源的东南方向以化学岩沉积为主的云质钙芒硝岩相，介于二者之间的为云质页岩相，云质页岩相展布面积为1200km^2。

4. 烃源特征

以潜3^4–10韵律为例，烃源岩厚度在6～16m之间，潜江凹陷蚌湖向斜—王场地区厚度最大，潜江凹陷南部普遍为6m。有机碳含量一般为0.8%～7.9%、平均为2.1%，氯仿沥青"A"含量为1.99%～5.29%、平均为2.91%，S_1一般在0.5～30mg/g之间。干酪根类型以Ⅰ型和$Ⅱ_1$型为主，镜质组反射率（R_o）为0.5%～1.1%，由于Ⅰ型和$Ⅱ_1$型干酪根类型对镜质组反射率有较强抑制作用，实际成熟度比实测数据高0.2%～0.3%，这与甾烷成熟度指标$C_{29}\alpha\beta\beta/(\alpha\alpha\alpha+\alpha\beta\beta)$值反映的成熟度相近。综上所述，页岩层有机质丰度高、类型好，已进入成熟阶段，是一套优质的烃源层。

5. 储集特征

以潜3^4–10韵律为例，页岩储集空间以白云石晶间孔、溶孔、层理缝为主，白云石晶间孔孔径主要为3000～5000nm，中值孔喉半径主要分布在20～100nm之间，孔隙度8.5%～17.9%，渗透率0.4～0.83mD。背斜区为中孔、特低渗的裂缝—孔隙型储层，斜坡和向斜区为低孔、特低渗的孔隙型储层。

6. 含油性特征

北美资料显示，高油饱和度指数（OSI）是具有产能的页岩油资源的主要特点，当OSI大于100mg/g，具有产油的能力。潜江凹陷盐间页岩层油饱和度指数普遍在300mg/g以上，为高含油饱和度的页岩系统（图5–2–2）。

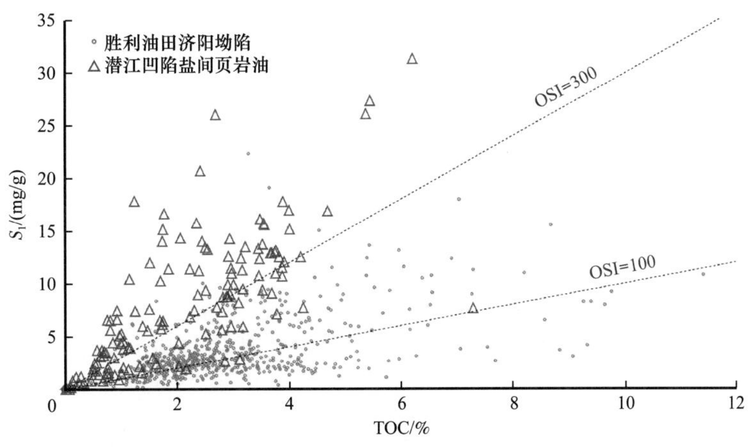

图 5-2-2 济阳坳陷、潜江凹陷 S_1 与 TOC 关系图

7. 成藏特征

潜江凹陷潜江组盐间页岩油具有“源储一体”赋存特征，盐间页岩既是生油岩又是储集岩，生成的油气受上下盐岩封隔，形成满凹连续型聚集的页岩油层（图 5-2-3）。油藏埋深 1400～3800m，温度 60～130℃，地层压力系数 1.2～2.0，地面原油密度 0.85～0.89g/cm^3，黏度 5017.45～133.43mPa·s，凝固点 24～28℃。

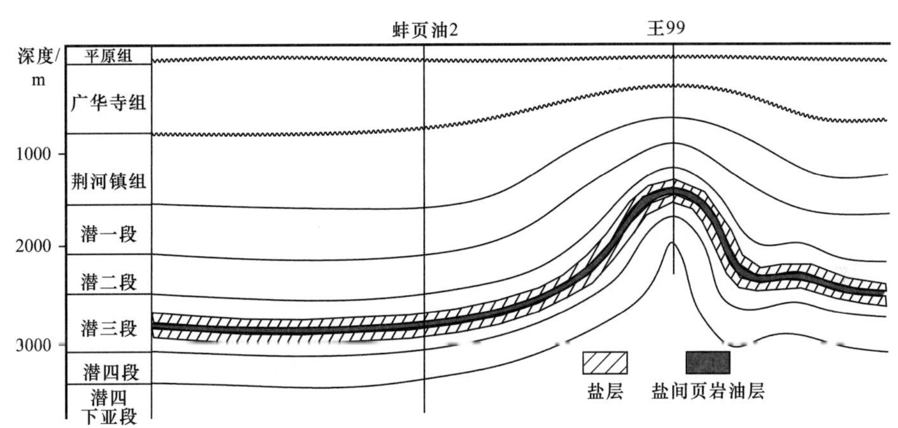

图 5-2-3 潜江凹陷潜 3^4-10 韵律盐间页岩油油藏剖面图

二、泌阳凹陷半咸水湖陆相页岩油基本地质特征

泌阳凹陷半咸水湖盆页岩油具有有机质丰度高、热演化程度适中、储集条件优、含油性好等优点，可钻性、可压性也较好，有利于钻井与压裂改造。

1. 构造特征

泌阳凹陷为南襄盆地东北部，为一个中新生代断控凹陷，地理位置位于河南省南部的唐河县和泌阳县。该凹陷为一个东南部最深，向西北抬升的萁状凹陷，自北向南可分为北部斜坡带、中部深凹带和南部陡坡带三个构造单元。

2. 地层特征

泌阳凹陷自下而上依次发育古近系廖庄组、核桃园组、大仓房组和玉皇顶组及新近系上寺组、第四系平原组，根据地震资料推测在古近系之下有上白垩统的存在，基底为元古宇。核桃园组是泌阳凹陷主要的生油与储集岩段，自下而上分为核三段、核二段、核一段共 3 个层段。

3. 岩性岩相特征

泌阳凹陷在古近纪核桃园组沉积时期沉积了一套富含有机质湖相页岩，页岩岩性主要为黑色、灰色页岩及白云质页岩。页岩页理及纹层发育，纹层主要有碳酸盐、陆源碎屑纹层和有机质纹层。页岩黏土矿物含量占 24.79%，碎屑矿物含量占 44.08%，碳酸盐含量占 25.63%；页岩细分为纹层状黏土质页岩、纹层状粉砂质页岩、纹层状云质页岩、纹层状隐晶灰质页岩、纹层状重结晶灰质页岩。平面上，东北及西南方向受到两侧砂体进积影响，主要发育纹层状粉砂质页岩；往湖区方向，依次变为纹层状黏土质页岩、纹层状隐晶灰质页岩、纹层状重结晶灰质页岩、纹层状云质页岩。

4. 烃源特征

泌阳凹陷页岩平面上主要分布在深凹区，深凹区皮冲向斜地区最为发育，厚度最大。纵向上主要发育在古近系核三段至核二段，从下至上发育 6 套富含有机质页岩层，富含有机质页岩层单层厚度 30～77m，分布面积 80～120km^2；累计厚度 200～600m，分布面积近 400km^2。泌阳凹陷核桃园组页岩层为一套半咸水—淡水沉积的湖相页岩，浮游生物及菌藻类发育，具有有机质丰度高、有机质类型好、生烃能力强等特征。页岩有机碳含量 2.14%～4.96%，平均 3.27%，平面上在中部深凹区丰度最高；有机质类型以Ⅰ型和Ⅱa 型为主。泌阳凹陷深凹区核三段—核三段热演化程度 R_o 为 0.5%～1.3%，页岩氯仿沥青“A”含量 0.2%，总烃含量 921μg/g，生烃能力较强。生烃史研究表明，核三上亚段页岩在核一段沉积末期开始生烃，至廖庄组沉积末期达到生烃高峰，并持续生烃至今；页岩发育的深凹区均处在成熟区范围内，面积约 400km^2；核二段页岩在深凹区东南部安棚一带目前处在成熟范围内，面积约 100km^2。

5. 储集特征

泌阳凹陷页岩主要发育 4 种孔隙和 3 种裂缝。孔隙类型包括溶蚀孔、晶间孔、粒间孔及有机质孔隙，裂缝类型包括构造裂缝、层间缝、微裂缝。页岩中值孔喉半径主要分布在 3～100nm 之间、平均 10.3nm。孔隙度 2.73%～5.81%、平均 4.32%；渗透率 0.005～0.007mD、平均 0.0056mD，总体表现为特低孔渗特征。

6. 含油性特征

泌阳凹陷半咸水湖盆页岩 OSI 一般在 12～236mg/g 之间，平均 43.6mg/g，比潜江凹陷盐间页岩层 OSI 低（图 5-2-4）。

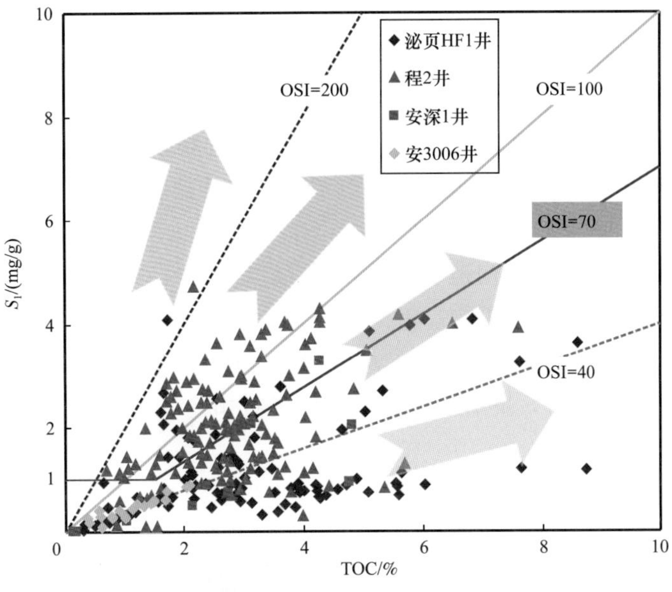

图 5-2-4 泌阳凹陷页岩 S_1 与 TOC 关系图

7. 成藏特征

泌阳凹陷核桃园页岩油具有“源储一体”的赋存特征，为自身自储含油气系统。页岩既是生油岩又是储集岩，是由于较厚的富有机质泥页岩排烃不畅、滞留聚集、自身自储、源内滞留成藏的，是以游离和吸附两种形式赋存于孔隙、裂缝及有机质颗粒表面等储集空间中。油藏埋深 2200～3500m，温度 92～138℃，地层压力系数 0.95～1.27，地面原油密度 0.82～0.89/cm^3，黏度 2～42mPa·s，凝固点 23～38℃。

第三节 盐湖及半咸水湖陆相页岩油地质评价技术

一、页岩油岩相划分技术

1. 盐湖陆相页岩油岩相划分技术

1）岩相划分方案

盐湖盆地盐间页岩多以黑色、灰黑色及灰褐色纹层状泥质云岩、白云质泥岩、泥质灰岩和泥岩为主，同时含有钙芒硝夹层。页岩纹层极为发育，纹层平直，不含化石，肉眼观察纹层厚度最小低于 1mm，镜下鉴定纹层可达微米级。

全岩 X 射线衍射测试表明盐间层主要由 17 种矿物组成，碎屑类矿物中有黏土（10%～30%）、石英 + 长石（1%～40%）等，碳酸盐类矿物有白云石（20%～50%）、方解石（8%～12%）等，硫酸盐矿物（20%～30%）、盐类矿物（1%～5%）。

盐间地层矿物主要为陆源碎屑、碳酸盐、盐类等矿物，随着古气候和沉积环境的变化，相对淡化的泥页岩与相对浓缩的碳酸盐岩、硫酸盐岩、盐岩在纵向上呈毫米级的变化。这种频繁交替沉积作用，在结构上构成钙芒硝与白云岩或泥岩呈粗细频繁交替状，构造上形成十分明显的层理。平面上，受古地形、物源方向、沉积环境和盐度中心等诸多因素的控制，矿物组成和岩性亦呈规律性地变化，但与纵向的频繁变化不同，一般为渐变关系，岩性由盆地边缘向物源方向依次为盐岩—硫酸盐岩—碳酸盐岩—泥页岩—砂岩。

据潜江组沉积环境、矿物成因及分类，以陆源碎屑—火山碎屑—碳酸盐岩混积岩命名规则，按照岩石组分—沉积构造—有机质作为岩相定名主要依据（图 5-3-1）。其中，原生和准同生矿物主要有碎屑矿物、方解石、白云石；沉积构造分为纹层状、层状、块状；有机质丰度划分主要以 TOC≥2% 为富碳，1%≤TOC＜2% 为含碳，TOC＜1% 为贫碳。依据次生矿物的产状和数量，以前缀形式反映次生岩相。

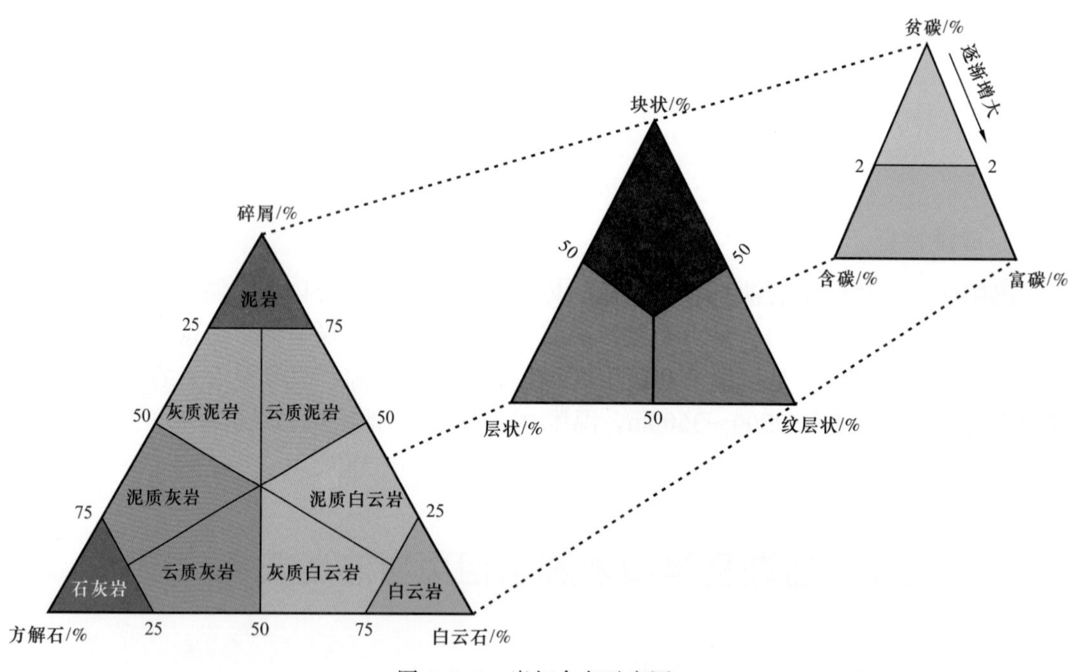

图 5-3-1　岩相命名示意图

2）岩相划分结果

潜江凹陷潜江组潜 3^4-10 韵律自下而上分为三段：富碳钙芒硝充填纹层状泥质云岩、富碳纹层状云—灰质泥岩、富碳纹层状泥质云岩。

平面上，纹层状泥质云岩相分布在潜江凹陷中北部，分布面积 330km²（图 5-3-2）。

2. 半咸水湖陆相页岩油岩相划分技术

1）岩石学特征

泌阳凹陷页岩主要矿物成分为黏土矿物、石英、钾长石、斜长石、方解石、白云石及少量黄铁矿。整体看来，矿物成分基本由黏土矿物、碎屑矿物（石英 + 长石）及碳酸盐矿物（方解石 + 白云石）组成，三者成分相对均匀，多集中在 20%～40% 之间，三者均无绝对优势，脆性矿物含量（石英、长石、方解石和白云石含量总和）平均高达 66%（图 5-3-3）。

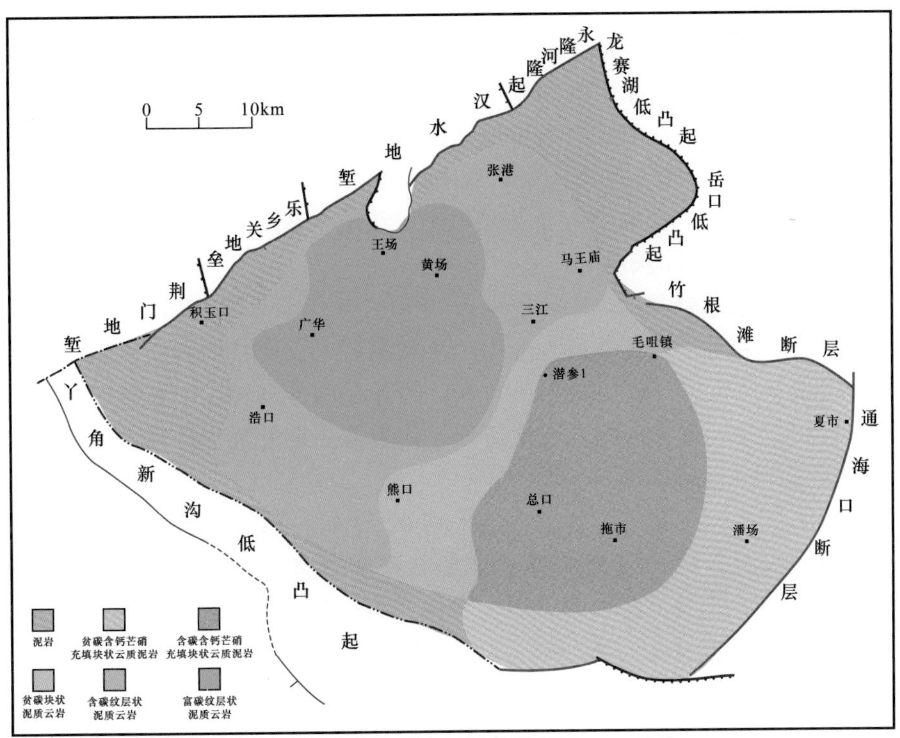

图 5-3-2 潜江凹陷潜 3^4–10 韵律盐间地层岩相分布图

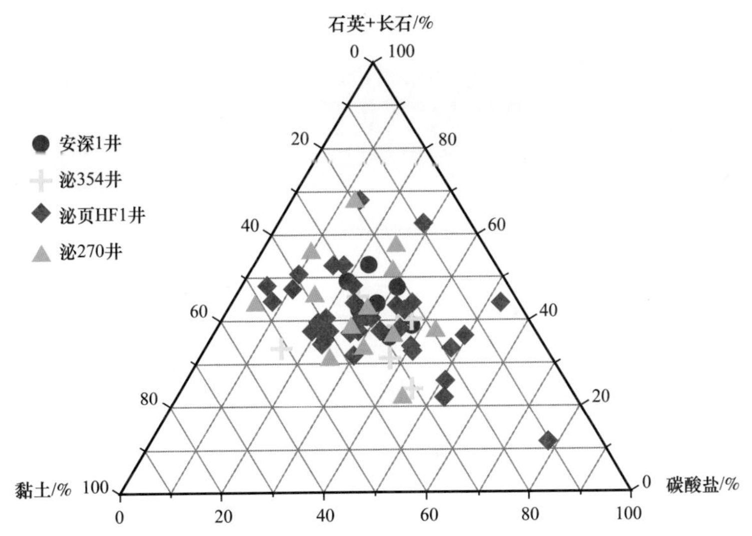

图 5-3-3 安深 1 井、泌 354 井、泌页 HF1 井、泌 270 井页岩矿物成分三角图

2）岩相划分方案

泌阳凹陷核桃园组是湖盆最活跃的沉积和充填时期，湖泊的沉积环境不断地发生改

变，导致泌阳凹陷核桃园组湖相页岩非均质性强，岩性岩相变化复杂。泌阳凹陷页岩矿物组成具有“三分性”，黏土矿物、陆源碎屑矿物、碳酸盐矿物含量各占30%～40%，均没有超过50%。按照传统岩石学定名方法很难定名。本次岩相划分根据页岩层理发育程度、矿物类型、矿物含量、结构、构造等特点，将泌阳凹陷岩相划分为两大类5种岩相。根据层理发育程度划分块状泥岩类和纹层状页岩类两大类；纹层状页岩中如黏土矿物含量大于40%，则为纹层状黏土质页岩；如陆源碎屑含量大于40%，则为纹层状粉砂质页岩；如碳酸岩含量大于30%，则为纹层状灰质页岩（方解石含量＞15%）及纹层状云质页岩（白云石含量＞15%）。根据方解石结晶形态，纹层状灰质页岩又可以细分为纹层状隐晶灰质页岩和纹层状重结晶灰质页岩。

3）岩相类型及展布特征

泌阳凹陷页岩主要岩相类型可细分为：块状泥岩、纹层状粉砂质页岩、纹层状黏土质页岩、纹层状灰质页岩及纹层状云质页岩，另外在部分页岩层中夹薄层泥质粉砂岩条带。不同的岩相类型具有各自的岩石学特征，代表着一定的沉积环境，能够反应不同成因，易于区分（图5-3-3）。

块状泥岩深灰色—灰黑色，黏土含量平均42.58%，不具定向性，水平层理不发育；陆源碎屑石英、长石含量平均39.42%；碳酸盐矿物方解石、白云石含量最少，平均为11.32%。该岩相主要沉积于湖水无分层、水体具有一定动荡且沉积速率较快的环境中。块状泥岩成分均匀混杂，黏土颗粒无明显定向性，介壳、炭屑的定向性差，含有一定量的粉砂，反映水体较为动荡（图5-3-4）。

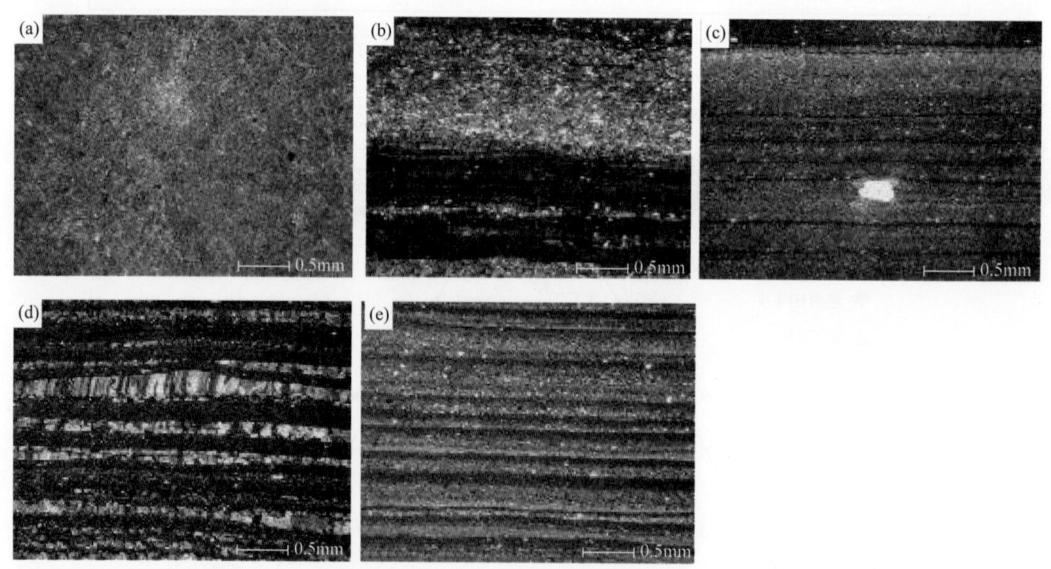

图5-3-4 泌阳凹陷湖相页岩岩相特征图（以泌页HF1井为例）

（a）2417m，块状泥岩（+），粉砂级碎屑含量少；（b）2213m，纹层状粉砂质页岩（+），陆源碎屑石英、长石层与黏土矿物层互层分布；（c）2437.7m，纹层状黏土质页岩（+）；（d）2447.6m，纹层状灰质页岩（+），方解石层与黏土矿物层呈毫米级互层分布；（e）2423.7m，纹层状云质页岩（+），泥晶白云石、隐晶黏土矿物、方解石互层纹层状粉砂质页岩主要为灰色、深灰色，水平层理发育，黏土矿物含量平均38.44%，定向性强；石英、长石含量平均43.53%；方解石、白云石含量较少，平均14.79%。纹层由有机质浸染的泥质与粉砂质含量不等形成，在暗色黏土矿物层中可见黄铁矿、菱铁矿和铁白云石等矿物，粉砂质呈透镜状、条带状展布。

纹层状黏土质页岩呈灰色、深灰色，水平层理发育；黏土矿物含量平均42.7%；石英、长石含量平均39.52%；方解石、白云石含量较少，平均14.34%。纹层由黏土质、粉砂质含量不等而形成；陆源碎屑颗粒分布不均；黏土具弱定向性排列，因富含有机质呈黑色。在暗色泥岩的顶部发育粉砂沉积，代表着水体相对变浅，水动力增强，不同程度地受到了物源进积的影响。

纹层状灰质页岩呈深灰色—灰黑色，发育以深浅、细密相间的水平纹层或波状纹层为特征，层面上常见黄铁矿、生屑等，可见水平延伸的层间缝，并伴生被方解石充填的不规则状张裂缝。黏土矿物含量较少，平均为25.62%；石英、长石含量平均34.89%；方解石、白云石含量平均35.37%，以方解石为主；含有少量黄铁矿、菱铁矿。镜下观察浅色纹层为灰质纹层，暗色纹层为富含有机质的黏土矿物纹层，浅色纹层厚度稍大于暗色纹层。浅色纹层中方解石呈重结晶状态，一种呈针状或柱状似文石晶体，垂直纹层生长；另一种则是以方解石粒状晶体顺层排列。部分重结晶晶粒排列疏松，晶间次生孔隙发育。

纹层状云质页岩呈灰色；黏土矿物含量较少，平均为23.94%；石英、长石含量平均35.34%；方解石、白云石含量平均36.23%，以白云石为主；发育水平层理；纹层由泥晶白云石与隐晶黏土矿物、方解石交互形成；泥晶白云石纹层状或条带状分布，陆源碎屑颗粒零星分布或纹层状富集。

受物源、沉积环境影响，不同岩相矿物组成差异明显。块状泥岩、纹层状黏土质页岩、纹层状灰质页岩、纹层状云质页岩、纹层状粉砂质页岩的石英、长石含量大致相当，平均含量分别在34.89%～43.53%之间。其中，块状泥岩、纹层状黏土质页岩、纹层状粉砂质页岩发育于湖边缘，陆源碎屑石英、长石含量相对较高，平均含量分别在39.42%～43.53%之间；纹层状灰质页岩、纹层状云质页岩发育于湖中心，石英、长石含量相对较低，平均含量分别在34.89%～35.34%之间；纹层状黏土质页岩、块状泥岩、纹层状粉砂质页岩中黏土矿物含量较高，平均含量分别在38.44%～42.7%之间；而纹层状灰质页岩、纹层状云质页岩因自生非黏土矿物方解石、白云石含量增高，平均含量分别在35.37%～36.23%之间，而黏土矿物含量降低至23.94%～25.62%。总体上5种岩相石英、长石、方解石、白云石、黄铁矿等脆性矿物总量为58.94%～83.72%，具备较好的可压性。

泌阳凹陷发育最多的岩相类型是纹层状黏土质页岩和纹层状灰质页岩，这两种岩相在纵向上以互层形式分布广泛；泥质粉砂岩及纹层状粉砂质页岩常以夹层形式出现；纹层状云质页岩仅在层位及地区出现（图5-3-5）。

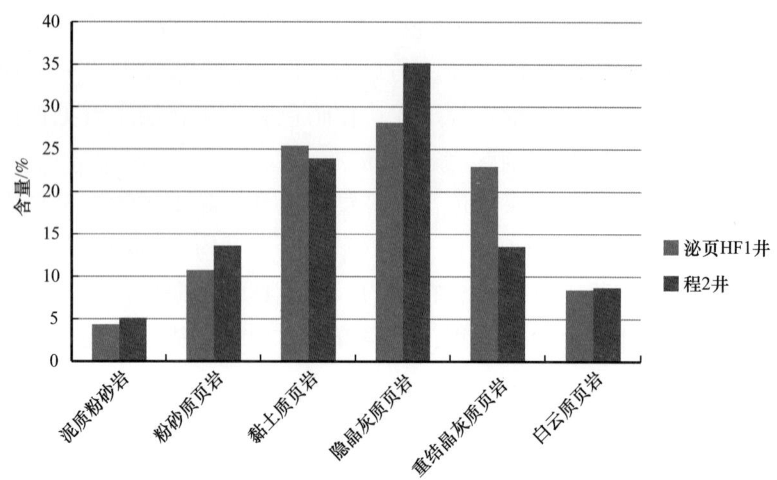

图 5-3-5 泌页 HF1 井及程 2 井岩相类型发育统计图

以泌页 HF1 井取心井段 2414.4～2452m 为例，其岩相组合具有以下特征：泥质粉砂岩、纹层状粉砂质页岩主要集中在顶部 2416～2423m 及中下部 2442.6～2448.3m 处，可见到一些纹层扰动及变形构造，认为受到浊流影响；纹层状重结晶灰质页岩主要发育在 2431.9～2433.36m、2436.75～2439.6m 及 2447.5～2448.25m 井段，伴生大量高角度不规则张裂缝，被方解石充填；隐晶灰质页岩全井段均有分布，主要以夹层形式分布；纹层状云质页岩仅在底部 2448.2～2451.6m 发育。

总体上，泌页 HF1 井从 2414.4～2452m 井段底部至顶部，其岩相变化大致为：纹层状云质页岩、纹层状粉砂质页岩→纹层状重结晶灰质页岩、纹层状隐晶灰质页岩，夹纹层状粉砂质页岩→纹层状隐晶灰质页岩、纹层状黏土质页岩→泥质粉砂岩和纹层状粉砂质页岩（图 5-3-6）。

平面上，深凹区湖中心分布纹层状灰质页岩、纹层状云质页岩，往湖边缘依次为纹层状黏土质页岩→块状泥岩→纹层状粉砂质页岩→泥质粉砂岩；深凹区东北及西南方向分别受到辫状河三角洲及扇三角洲砂体进积影响，主要发育泥质粉砂岩及纹层状粉砂质页岩（图 5-3-7）。

二、页岩油烃源评价技术

页岩生烃潜力评价是页岩油基础地质研究问题之一，是认识富有机质页岩形成、页岩油富集和成藏机制的关键。在以往的油气地质学研究中，页岩通常是被作为烃源岩和盖层来进行研究。然而，国内外的页岩油勘探开发成果表明，页岩既是烃源岩，也是储层，是集生、储、盖、运、聚于一体的地质体。页岩生烃潜力评价不仅是评价其作为烃源岩的关键参数，同时也是评价其作为页岩油储层所需要考虑的重要依据，可以为页岩油有利区优选和“甜点”区预测提供重要的参考和有效的指导。研究认为，较高的有机质丰度、较好的有机质类型和适当的热演化程度是形成具有商业价值页岩油藏的必备条件。

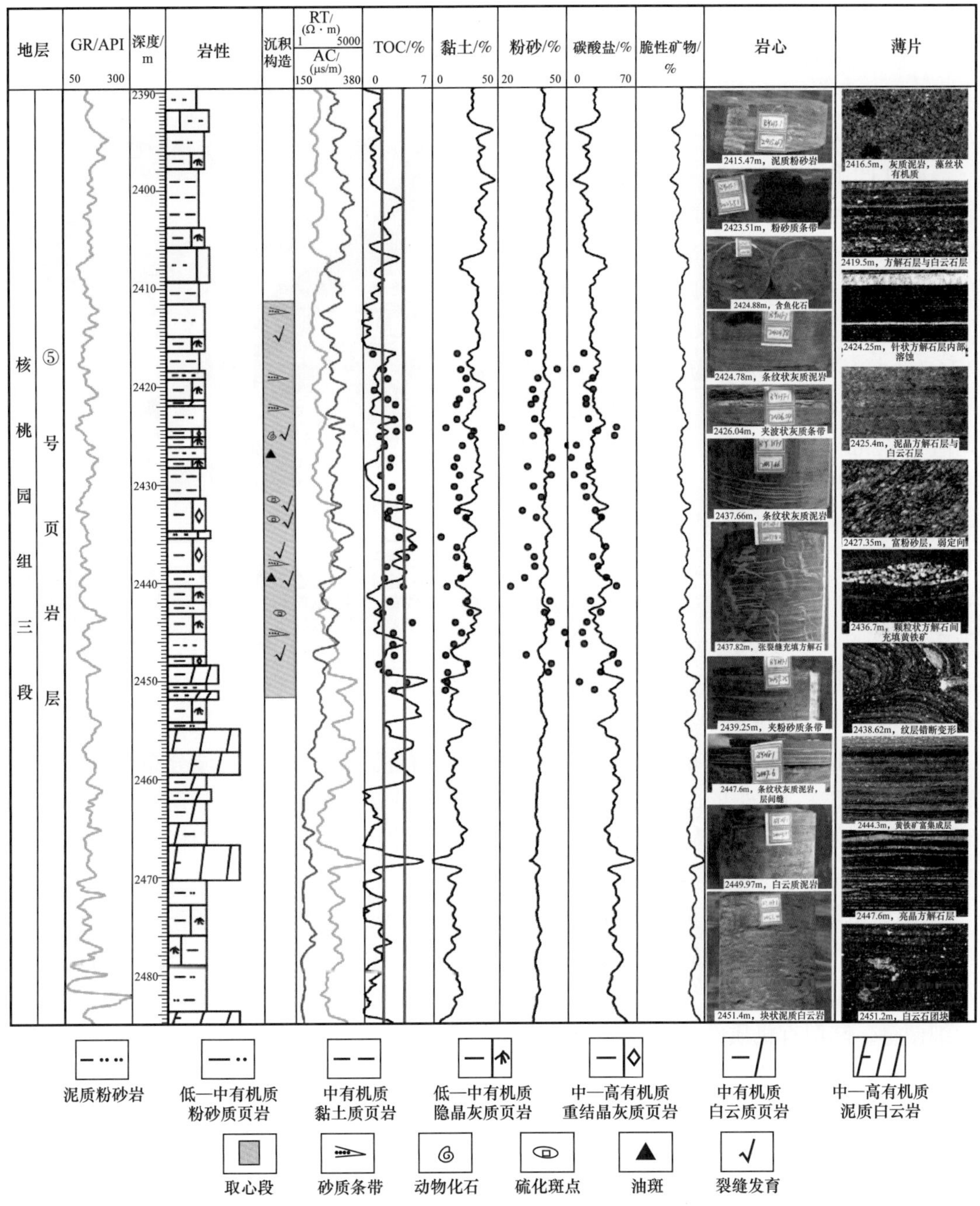

图 5-3-6 泌页 HF1 井⑤号页岩层岩相柱状图

1. 盐湖陆相页岩油烃源评价技术

江汉盆地潜江凹陷潜江组盐间烃源岩岩性主要为泥岩、纹层状泥质云岩、纹层状云质泥岩，厚度为 8～10m，最大 20m。纵向上，潜二段—潜四段均有分布。平面上，由西北近物源向东南远离物源方向逐渐变薄，厚度变化与沉积相带展布相一致，越靠近湖盆中心暗色页岩厚度越大。其中，以潜 3^4–10 韵律为例，页岩厚度分布在 8～16m 之间，厚度大于 8m 的分布面积为 567km²，主要分布在凹陷中北部，以王场—蚌湖一带烃源厚度最厚。

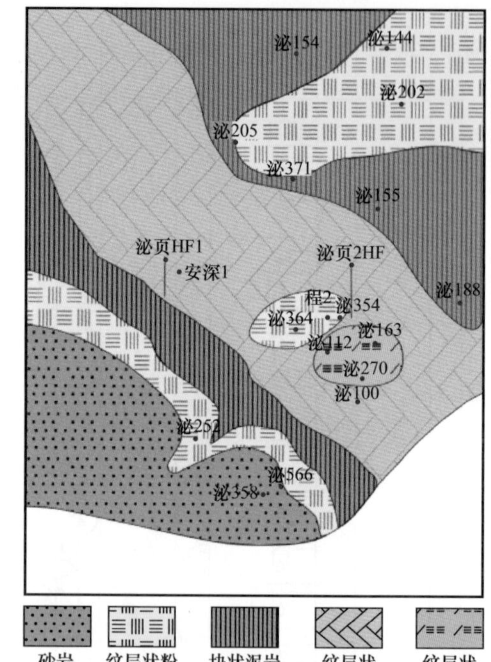

图 5–3–7　泌阳凹陷岩相分布示意图

潜江凹陷潜江组盐间页岩有机质丰度总体较高。纵向上，潜 3^4–10 韵律有机质丰度最高，S_1+S_2 为 1.9～43.39mg/g、平均值 20.7mg/g；其次为潜四下亚段，其中以潜 4^{下}–6 韵律有机质丰度最高，TOC 为 0.55%～5.87%、平均值 2.16%，氯仿沥青“A”为 0.4207%～1.4217%、平均值 0.8553%，S_1+S_2 为 0.65～44.35mg/g、平均值 12.62mg/g，潜 4^{下}–2、潜 4^{下}–4、潜 4^{下}–14、潜 4^{下}–15、潜 4^{下}–24、潜 4^{下}–32 韵律有机质丰度也较高。平面上，潜 3^4–10 韵律烃源条件往北部物源方向有变差的趋势。王 99 井 TOC 为 3.19%，S_1+S_2 为 20.7mg/g；蚌页油 2 井 TOC 为 3.16%，S_1+S_2 为 14.68mg/g；靠近北部物源区的蚌斜 7 井 TOC 为 1.89%，S_1+S_2 为 8.7mg/g。有机质丰度较高区域集中在潜江凹陷中北部的王场—蚌湖地区。潜 4^{下}–6 韵律具有同样的趋势，有机质丰度较高区域分布在王场—蚌湖一带，TOC 大于 2% 的面积为 182km²。潜四下亚段复韵律，以 5 韵律层为例，其有机碳平面展布受构造控制明显，高值区位于蚌湖断层和潜北断层之间，主体呈东西向展布，TOC 大于 2% 的面积为 236km²。

潜江凹陷潜江组盐间页岩有机质以无定型为主，该无定型主要来源于蓝细菌，并未发现明显的陆源高等植物碎屑。此外，盐间页岩扫描电镜也发现白云石具藻粘结构造以及蓝细菌胶鞘准同生期交代形成的硅质矿物，表明盐间页岩有机质母源为湖泊内生藻类和细菌等，陆源有机质的贡献极低。因此，湖泊古生产力是富有机质页岩发育的重要因素。有机质类型主要以腐泥型（Ⅰ型）为主，其次为腐殖—腐泥型（$Ⅱ_1$ 型），二者共占样品总数的 95% 以上，居绝对优势，腐泥—腐殖型（$Ⅱ_2$ 型）含量很低，腐殖型（Ⅲ型）有机质几乎不存在，说明在盐湖相区，几乎不存在陆生高等植物等的生源输入。

潜江凹陷潜江组埋深 2400m，R_o 为 0.7%；埋深为 3500m 时，R_o 为 1.0%。平面上，潜江凹陷潜 3^4–10 韵律 R_o 在 0.4～1.0 之间，R_o 大于 0.7% 的区域主要分布在潜江凹陷中北部地区，分布面积为 230km²。潜四下亚段 R_o 在 0.6%～1.4% 之间，凹陷内大部分地区 R_o 大于 0.7%，R_o 大于 0.9% 的区域主要分布在潜江凹陷中北部的蚌湖凹陷附近，分布面积为 297km²。

热解烃量（S_1）是直接反映烃源岩现今含油量的首推地球化学指标。由于干酪根不仅是生成油气的主要先质，也是吸附油气的主要介质，所以，将反映干酪根含量最直观、有效的指标 TOC 与热解烃量（S_1）相结合，可以对烃源岩进行分级评价。从江汉盆地潜江凹陷潜江组成熟（R_o>0.5%）且有机质类型为Ⅰ型和Ⅱ$_1$型（为潜江组烃源岩主要有机质类型）的烃源岩 S_1 和 TOC 相关图（图 5-3-8）可见，S_1 随 TOC 的增大表现出明显的 3 段性特征：当 TOC 较高（TOC>2.0%）时，S_1 为相对稳定的高值；当 TOC 较低（TOC<1.0%）时，S_1 保持稳定低值；当 TOC 为 1.0%～2.0% 时，S_1 则呈现明显的上升趋势。其中，稳定高值段表明当有机质的丰度达到一定的临界值（这里为 2.0%）时，所生成的油量总体上已能够满足烃源岩各种形式的残留需要，丰度更高时烃源岩含油量达到饱和，多余的油被排出。这类烃源岩的含油量最为丰富，是近期潜江组盐间泥质云岩评价和勘探的最现实的对象，称之为富集资源，或者饱和资源。稳定低值段由于有机质丰度低，生成的油量还难以满足烃源岩自身残留的需要，因此含油量还很低。这类烃源岩近期不宜开采，由于其油量少且分散，以游离态分布于烃源岩孔隙中或吸附于有机质表面，也许永远也难以被经济有效地开发，故称之为分散资源，或者无效资源。介于其间的上升段：烃源岩含油量居中，待未来技术进一步发展后才有望成为开发对象，称之为低效资源（或欠饱和资源、潜在资源）。据此，潜江凹陷潜江组盐间泥质云岩应用如下分界点作为“三分”的标准：TOC 值分别为 1.0%、2.0%，结合成熟度 R_o、有机质类型等指标，确定潜江凹陷盐间页岩油烃源岩分级评价标准（表 5-3-1）。

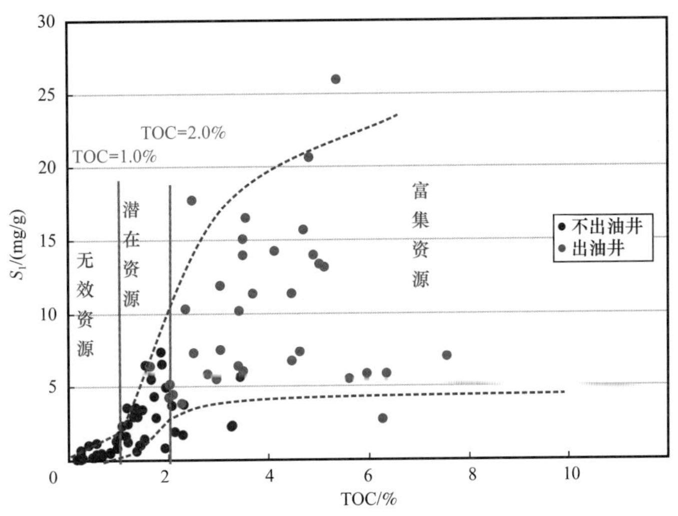

图 5-3-8 潜江凹陷盐间页岩油烃源岩 TOC 与 S_1 交会图

表 5-3-1 潜江凹陷盐间页岩油烃源岩分类评价标准

指标	Ⅰ类	Ⅱ类	Ⅲ类
TOC/%	>2	>2	1～2
S_1+S_2/（mg/g）	>20	6～20	2～6
有机质类型	Ⅰ—Ⅱ$_1$型	Ⅰ—Ⅱ$_2$型	Ⅰ—Ⅱ$_2$型
R_o/%	>0.9	0.7～0.9	0.5～0.7

根据建立的分类评价标准，重点对潜江凹陷资料较丰富的潜 3^4–10 韵律、潜 $4^{下}$–6 韵律和潜 $4^{下}$–5 韵律进行评价。结果表明，潜 3^4–10 韵律平面上烃源条件较好区域主要分布在凹陷中北部，其中，Ⅰ类有利区面积 125km²，主要分布在蚌湖—王场周缘地区，Ⅱ类有利区分布面积 165km²，Ⅲ类有利区分布面积 188km²；潜 $4^{下}$–6 韵律因厚度较薄，烃源有利区分布面积较小，Ⅰ类有利区面积 37km²，分布在王场—蚌湖一带，Ⅱ类有利区分布面积 6km²，仅在王场背斜东缘小范围分布，Ⅲ类有利区分布面积 163km²，分布在黄场—蚌湖一带；潜 $4^{下}$–5 韵律受盐岩展布影响，有利区仅在潜北断层前缘展布，Ⅰ类有利区面积 22km²，分布在钟 76 井区及钟深 1 井附近，Ⅱ类有利区分布面积 7.4km²，仅在潭口—钟市一带小范围分布，Ⅲ类有利区面积 185km²，分布在张港—潭口及凹陷西侧的浩口—钟市一带。评价结果与潜江凹陷潜江组盐间页岩油目前的勘探及研究成果基本一致，说明该烃源评价技术具有较高的使用价值。

2. 半咸水湖陆相页岩油烃源评价技术

南襄盆地泌阳凹陷作为中国东部典型的富油气凹陷之一，其页岩主要发育于古近系核三段至核二段。根据页岩岩性及地球化学特征，将泌阳凹陷页岩自上而下划分为 6 套主力页岩层，每套页岩层单层厚度平均大于 30m，平面分布稳定；富有机质页岩厚度具有围绕湖盆呈环带状分布、向湖中心逐渐增大的特点，一般深凹区东南部皮冲向斜部位厚度最大。

①号页岩层：层位为 Eh_2^3；平均厚度 35m，最大厚度 70m，厚度大于 30m 的分布面积 124km²。

②号页岩层：层位为 Eh_3^1；平均厚度 30m，最大厚度 80m，厚度大于 30m 的分布面积 118km²。

③ + ④号页岩层：层位为 Eh_3^2；平均厚度 60m，最大厚度 120m，厚度大于 30m 的分布面积 152km²。

⑤号页岩层：层位为 Eh_3^3；平均厚度 60m，最大厚度 120m，厚度大于 30m 的分布面积 150km²。

⑥号页岩层：层位为 Eh_3^3；平均厚度 60m，最大厚度 110m，厚度大于 30m 的分布面积 137km²。

泌阳凹陷核桃园组页岩有机碳含量 0.5%～10.74%，平均 1.77%。泥页岩有机质丰度与沉积环境密切相关，泌阳凹陷核三上亚段的有机质含量普遍比核三下亚段高，半深湖—深湖环境中的有机碳含量总体较三角洲前缘的有机碳含量高；6 套主力页岩层有机质丰度为 2.02%～3.2%，均大于 2%，属于优质烃源岩。其中①、②、③ + ④号页岩层有机质丰度均大于 2.5%，⑤、⑥号有机质丰度相对较低，分别为 2.44%、2.02%，但均为优质烃源岩。平面上有机质丰度较高的区域与深湖、半深湖相较为吻合，毕店—安棚—皮冲一带为有机质丰度高值区。综合有机质丰度、泥页岩厚度、热演化程度、沉积环境分析认为，⑤号页岩层为最有利页岩层。⑤号页岩层有机质丰度为 1.39%～4.35%，平均 2.44%；S_1 为 0.29～26.5mg/g，平均 1.75mg/g；S_1+S_2 为 2.32～61.74mg/g，平均 8.6mg/g；

氯仿沥青“A”含量为0.07%～1.24%，平均0.416%。有机质丰度与岩相也存在较好的相关性，一般认为纹层状灰质页岩、黏土质页岩有机质丰度较高，纹层状云质页岩、粉砂质页岩、块状泥岩、泥质粉砂岩有机质丰度相对较低。

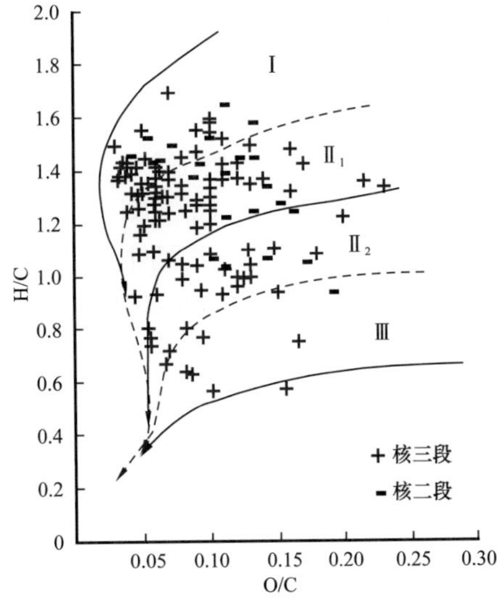

图 5-3-9 泌阳凹陷有机质干酪根类型划分图

南襄盆地泌阳凹陷核桃园组页岩层为一套半咸水—淡水沉积的湖相页岩，浮游生物及菌藻类发育。有机质类型Ⅰ型和$Ⅱ_1$型占绝对优势，$Ⅱ_2$型较少。干酪根显微组分陆源组分少、菌藻类有机质占主导、矿物沥青基质丰富；页岩氢氧指数、H/C和O/C分析结果表明，该区页岩有机质类型总体上以Ⅰ、Ⅱ型为主，少量Ⅲ型，为生油型有机质（图5-3-9）。其中，核三下亚段以$Ⅱ_1$型为主，$Ⅱ_2$型和Ⅰ型次之，有少量Ⅲ型；核三上亚段以Ⅰ和$Ⅱ_1$型为主，有少部分$Ⅱ_2$型。核二段有机质类型以Ⅰ型和$Ⅱ_1$型为主，可达76%，有部分$Ⅱ_2$型。

南襄盆地泌阳凹陷平均地温梯度为4.1℃/100m，生油门限深度为1500～1900m，核二段底部在东南深凹区安棚一带目前处在成熟范围内，面积约100km^2；核三上亚段除凹陷边缘部分外，大部分进入成熟门限，热演化程度R_o为0.5%～1.1%，总体上以页岩油为主；核三下亚段热演化程度R_o 0.9%～1.7%，比核三上亚段高，在深凹区可能部分进入凝析油气—湿气阶段。生烃史研究表明，核三上亚段页岩在核一段沉积末期开始生烃，至廖庄组沉积末期达到生烃高峰，并持续生烃至今。核三下亚段烃源岩在核三段沉积末期即进入了成熟门限，在核二段沉积末期全部进入生油窗，在核一段沉积末期进入生烃高峰期，并持续生烃至今（图5-3-10）。其中主力页岩⑤号页岩层1900～3300m之间，东南部埋深最大达3300m以上，西北部埋深最浅，仅为1900m左右；R_o在0.5%～

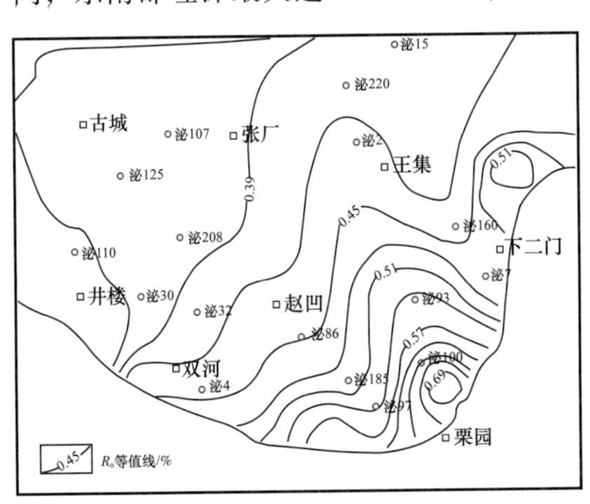

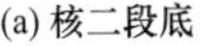

(a) 核二段底

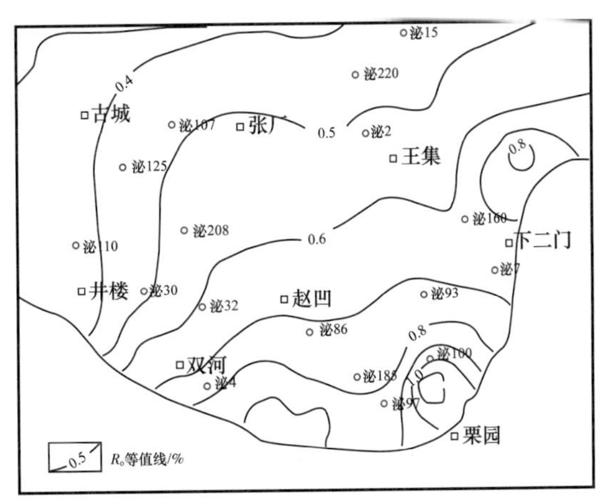

(b) 核三上亚段底

图 5-3-10 泌阳凹陷核二段底、核三段上亚段底 R_o 等值线图

0.8% 之间，热演化程度最高的地方位于深凹区东南部皮冲向斜泌 100 井附近。

泌阳凹陷初始生产力和氧化还原条件是控制有机质富集的重要因素。通过初始生产力元素替代指标（Cu、Ni）、氧化还原条件元素替代指标（V/Cr、Pr/Ph）与有机碳含量的关系分析，可以进一步明确有机质富集主控因素。⑤号页岩层有机碳含量与 V/Cr 值和 Pr/Ph 值线性相关，而与 Cu、Ni 元素含量分别呈差相关性和无相关性，表明良好的保存条件是该页岩层有机质富集的主控因素；③号页岩层有机碳含量与 V/Cr 值、Pr/Ph 值和 Cu、Ni 元素含量均表现出较好的相关性，表明良好的保存条件为高生产力下的有机质富集提供了保障。

对于⑤号页岩层，湖扩体系域初期以干旱气候为主，湖泊水体盐度高，易在半深湖—深湖区域产生水体分层，限制湖水循环，形成缺氧环境；其次，在相对较低湖平面情况下氧化还原界面较浅，源自浮游生物或底栖藻类生物的有机质在水体中沉降距离短，降低了分解作用，从而使其具有较高的初级生物生产力。湖扩体系域晚期古气候逐渐向温暖潮湿过渡，湖泊水体盐度降低，基本为半咸水环境，水体分层不明显；相对湖平面上升导致湖水加深，初级生产力降低，最终形成了有机碳含量在湖扩体系域初期较高而在晚期偏低的分布特征。

③号页岩层沉积期以潮湿气候为主，湖泊水体为半咸水，分层现象不明显，湖泊面积增大，限制了陆源高等植物的输入。随着相对湖平面上升带来大量营养物质，此时含叶绿素 C 的藻类勃发促使有机母质生源中水生生物占优势，湖泊水体中形成了中等—高初级生物生产力，同时较高的湖平面易于在深湖形成缺氧底水，有利于有机质保存，从而使③号页岩层中有机质含量随湖平面上升而明显增加。

综上所述，相对湖平面和古气候控制下的水体化学条件及初始生产力是控制有机质富集的重要因素。盐度分层形成的良好保存条件是⑤号页岩层有机质富集的主控因素，温暖潮湿气候条件下藻类渤发所形成的高生产力以及缺氧底水环境控制③号页岩层有机质的富集（图 5-3-11）。

三、页岩油储层评价技术

1. 盐湖陆相页岩油储层评价技术

随着非常规油气勘探开发不断推进，非常规油气储层占比越来越高，相较于其他页岩油气储层，潜江凹陷潜江组储层岩石独具特征，其高碳酸盐特征使之不同于鄂尔多斯盆地上三叠统长 7 油组及松辽盆地白垩系中以碎屑组分为主体构成的页岩油储层，而其所含有的复杂盐矿物又进一步将其独立于 Willison 盆地 Bakken 组、泌阳凹陷核桃园组及济阳坳陷沙河街组中以碳酸盐矿物为主体构成的页岩油储层。本节主要从页岩储集空间类型、储层物性、孔隙结构特征等方面，介绍盐湖及半咸水湖陆相页岩油储层评价技术。

结合岩石薄片、扫描电镜、铸体薄片和岩心观察等资料，按照孔隙与矿物（颗 / 晶）粒间的相互关系，盐湖盆地页岩储层主要发育矿物基质孔及裂缝两类孔隙。其中，矿物基质孔可细分原生粒间孔和粒内孔，而裂缝孔则可细分出构造裂缝和成岩裂缝。

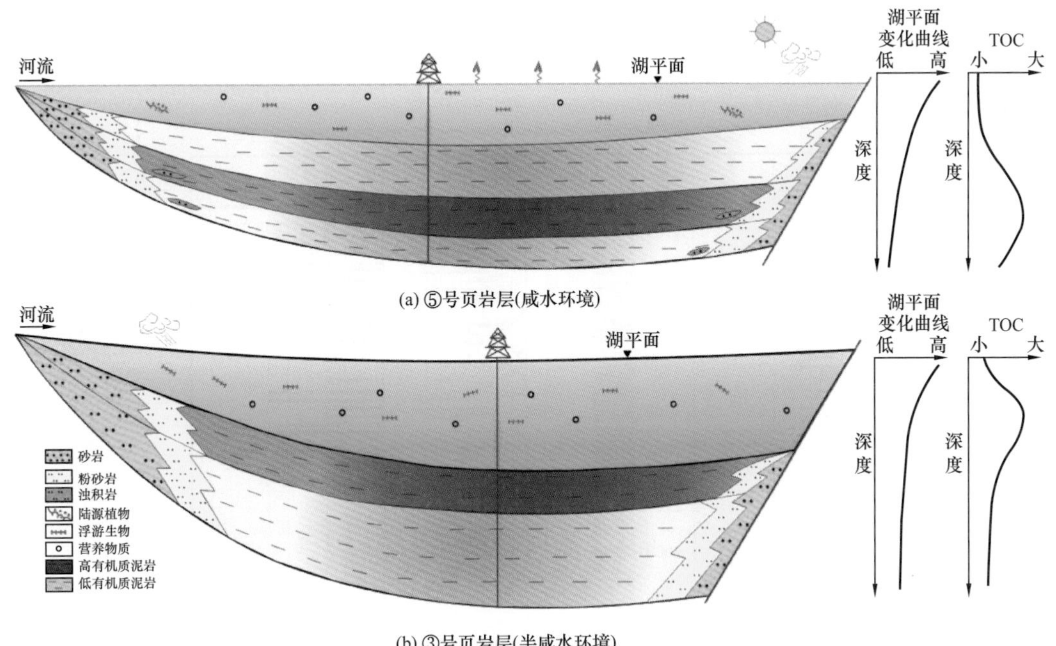

(a) ⑤号页岩层(咸水环境)

(b) ③号页岩层(半咸水环境)

图 5-3-11　泌阳凹陷咸水和半咸水条件下有机质垂向富集模式

孔隙直径分布均呈现为“五峰式”，各类岩性的峰位区间具有相似性，主峰位有一定差异，反映于不同尺度孔隙在岩石中所占的比例高低，氮气吸附中的不同尺度孔径占比与压汞分析中获得的孔径占比具有一致性。大孔仅在白云岩类岩性中占有绝对优势，其他的岩性均以介孔的普遍发育为其特征。灰—泥质云岩大孔率为 54.43%，钙芒硝网缝充填泥质云岩大孔率为 57.09%，泥质云岩大孔率平均为 57.25%，钙质泥岩大孔率平均为 42.40%，灰质泥岩大孔率平均为 39.51%；云—泥质钙芒硝岩大孔率平均为 48.90%。

盐间储层孔隙度较好，其中王场地区页岩孔隙度分布范围为 3.3%～26.3%，平均孔隙度为 17.92%，渗透率分布范围为 0.79～0.95mD，平均值为 0.86mD；蚌湖地区页岩孔隙度为 2.5%～16.2%，平均值为 8.5%，渗透率分布范围为 0.04～0.95mD，平均值为 0.41mD。

试油资料表明出油井中值孔喉半径多大于 0.05μm，渗透率多大于 0.5mD，渗透率随孔隙度、中值孔喉半径增加而增加，在相同孔隙度条件下，中值孔喉半径越大，渗透率越大，中值孔喉半径多大于 0.05μm，渗透率多大于 0.5mD 时，孔隙度多大于 7%。据此，建立潜江组盐间页岩储层分类评价标准（表 5-3-2）。

表 5-3-2　潜江组盐间泥质云岩储层分类评价标准

储层类别	孔隙度 /%	渗透率 /mD	中值半径 /μm	评价
Ⅰ	＞12	＞1	＞0.1	好储层
Ⅱ	7～12	0.5～1	0.05～0.1	较好储层
Ⅲ	3～7	0.05～0.5	0.02～0.05	差储层

按照建立的储层评价标准评价出纵向上储集物性条件较好的层段有潜二段下部、潜三段下部和潜四下亚段（图 5-3-12），平面上有利区主要分布在广华—王场一带（图 5-3-13）。

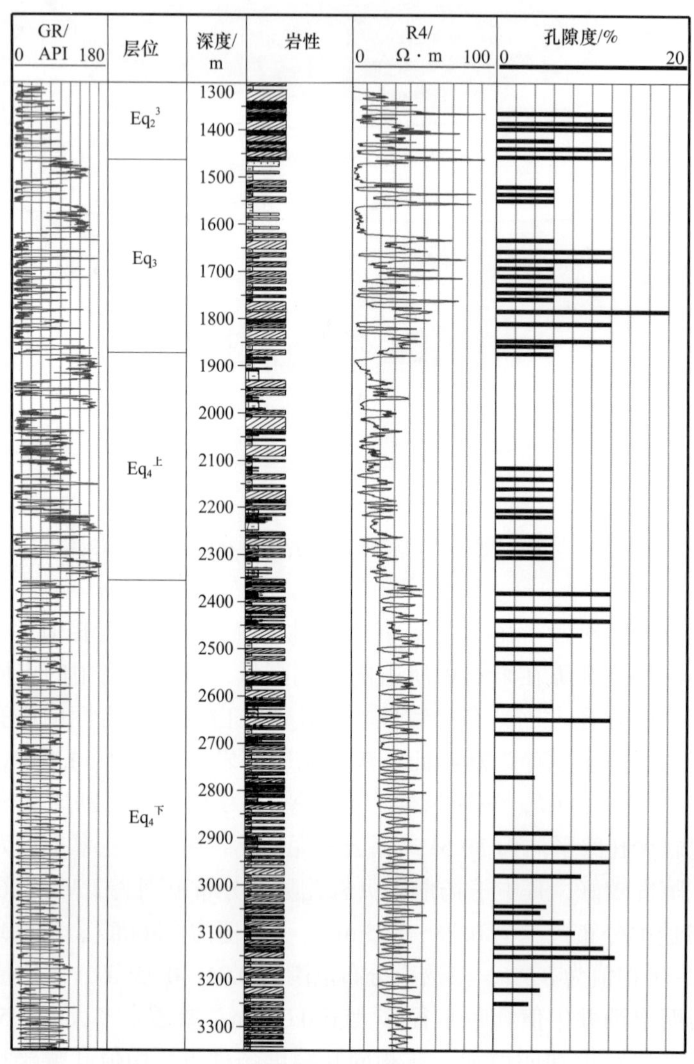

图 5-3-12 盐间页岩油储层综合评价柱状图

2. 半咸水湖陆相页岩油储层评价技术

南襄盆地泌阳凹陷陆相页岩的岩心观察、岩石薄片及高分辨率扫描电镜分析结果表明，该区页岩主要发育 4 种孔隙和 3 种裂缝（图 5-3-14）。孔隙类型包括溶蚀孔、晶间孔、粒间孔及有机质孔隙，裂缝类型包括构造裂缝、层间缝、微裂缝。其中溶蚀孔、有机质孔隙以及层间缝尤为发育，为页岩油有利储集空间类型。溶蚀孔主要有方解石溶孔、长石颗粒溶孔、白云石颗粒溶孔，形态为港湾状或树根状，尺寸几十纳米到几微米。有机质孔隙分为有机质边缘与碎屑颗粒间孔隙、有机质溶蚀孔隙及生烃演化孔隙，有机质

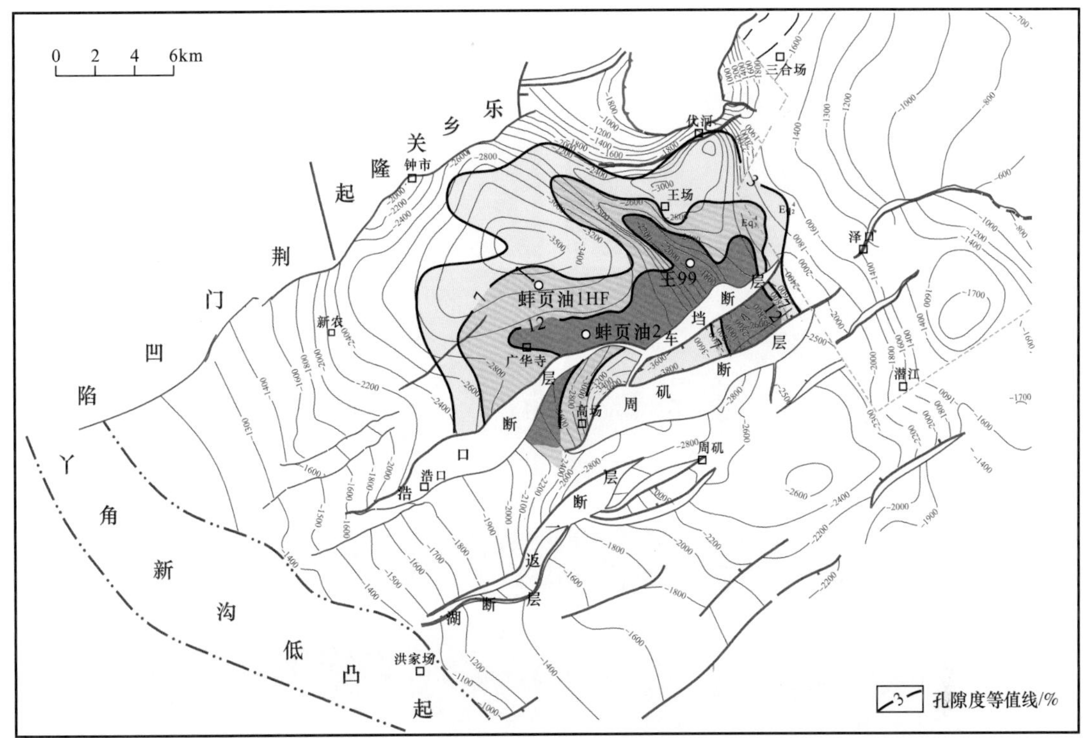

图 5-3-13 潜江凹陷北部潜 3^4-10 韵律孔隙度等值线图

孔隙尺寸大者达到 3～4um，小至几个纳米（表 5-3-3）。层间缝主要是指层间页理缝，是页岩中页理间平行纹层面的微裂缝，富碳酸盐纹层和黏土纹层接触处是层间微裂缝发育的有利位置，本区页岩层间缝十分发育，延伸长度较大，开度为几微米，是主要的油气储集空间类型及运移通道，经统计在 7～16 条 /m 之间。

气体等温吸附实验结果表明，泌阳凹陷页岩吸附曲线为 H3 型、H4 型特征（图 5-3-15），反映页岩孔隙主要由纳米孔组成，且孔隙结构具有一定的无规则性，为一端或两端开口的“V”形孔、墨水瓶型孔，具有平行壁的狭缝状特征。狭缝状孔可能与黏土矿物颗粒片状结构特征有关。页岩孔隙以两端开口的圆筒孔及 4 边开放的平行板孔（圆锥、圆柱、平板和墨水瓶形）等开放性孔为主。

国际纯粹与应用化学联合会（IUPAC）按照孔径大小，将孔分为微孔（＜2nm）、中孔（2.0～50nm）和大孔（＞50nm）。比表面积及孔径分布实验表明，泌阳凹陷页岩总孔体积为 26.5×10^{-3}～98×10^{-3}mL/g，平均 42.27×10^{-3}mL/g；以中孔体积为主，占孔隙总体积的 58.76%～70%。孔径范围 0.841～213.34nm，平均 4.76nm；孔体积密度分布主要有 1 个主峰（位于 2～3nm）和一个次峰（71nm 左右），反映了页岩纳米级孔喉结构特征。

通常页岩油经济开采孔隙度下限为 4%。泌阳凹陷泌页 HF1 井页岩岩心核磁共振实验测试有效孔隙度一般在 2.73%～12.5% 之间，平均 5.78%；泌页 HF1 井页岩脉冲基质渗透率为 0.00031～0.016mD，平均 0.0035mD，含油饱和度为 19%～36.17%，平均 29%；

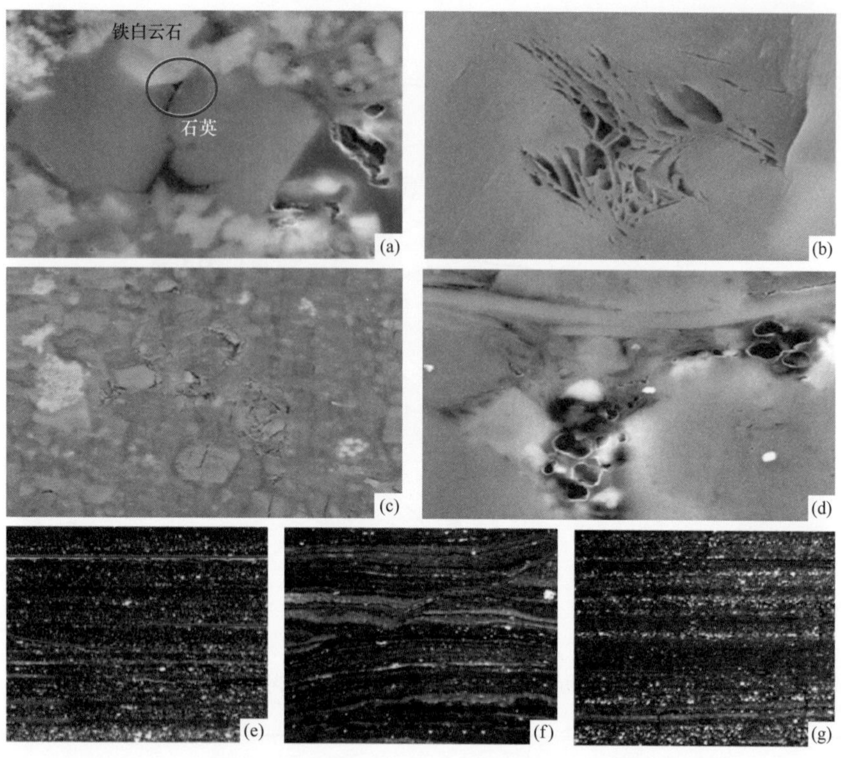

图 5-3-14 泌阳凹陷泌页 HF1 井页岩不同储集空间类型镜下特征

（a）页岩石英颗粒间孔，BYHF1 井，核三段，2437m，氩离子抛光扫描电镜，20000×；（b）页岩黏土矿物晶间孔，BYHF1 井，核三段，2441m，氩离子抛光扫描电镜，30000×；（c）页岩溶蚀孔，BYHF1 井，核三段，2426m，氩离子抛光扫描电镜，5000×；（d）页岩有机质孔隙，BYHF1 井，核三段，2422m，氩离子抛光扫描电镜，20000×；（e）页岩层理缝，BYHF1 井，核三段，2437m，单偏光，40×；（f）页岩纹层错断缝，BYHF1 井，核三段，2443m，单偏光，40×；（g）页岩微裂缝网络，BYHF1 井，核三段，2421m，正交光 40×

表 5-3-3 泌阳凹陷页岩不同孔隙类型及特征分析数据表

孔隙类型	孔隙载体	形状	尺寸 /nm	相对丰度	连通性
有机质孔隙	有机质本身	蜂窝状、气泡状	50～600	低	较好
	有机质与碎屑结构间	长条形、方形	100～1000	高	较差
	有机质团块溶蚀	长形、不规则形	200～2000	较高	中等
溶蚀孔	方解石、长石、白云石	长条形、港湾状	200～2000	较高	好
晶间孔	伊利石、黄铁矿、方解石晶体	椭圆形、方形、长条形	80～800	中	中等
粒间孔	骨架颗粒间	方形	100～2000	中低	差
构造缝	构造应力面	高角度、低角度		中	较好
层间页理缝	碳酸盐岩、碎屑纹层、黏土纹层之间	水平	宽几微米	高	较好
微裂缝	成岩收缩、生烃增压作用面	连通网络	宽 2～8μm	高	好

为特低孔、超低渗型储层。安深1井页岩核磁共振实测有效孔隙度在2.06%～11.45%之间，平均4.76%，脉冲基质渗透率在0.00022～0.017mD之间，平均0.003mD；含油饱和度3.38%～15.09%，平均8.49%。SRP法测得的泌页HF1井页岩孔隙度1.55%～7.23%，平均4.63%；压降基质渗透率为（0.43～3.12）$\times10^{-6}$mD，平均1.56×10^{-6}mD；含油饱和度16.89%～41.49%，平均29.11%。泌页HF1井页岩压降渗透率明显低于脉冲渗透率，主要是由于压降法是在粉碎页岩岩心后测试的岩心渗透率，由于裂缝遭受碾碎破坏，会大大降低渗透率的测试值，导致压降渗透率明显低于脉冲渗透率；由此可知，页岩裂缝发育会大大增加页岩渗透率及渗流能力。

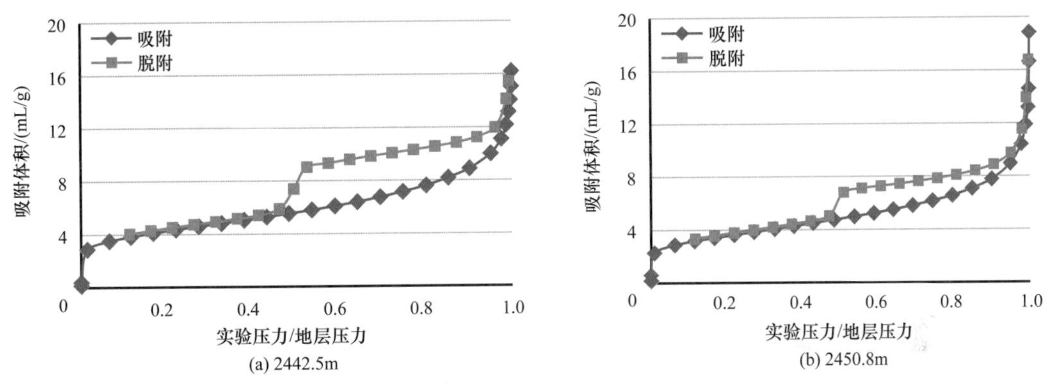

图5-3-15 泌页HF1井页岩气体吸附曲线

四、页岩油含油性评价技术

1. 盐湖陆相页岩油含油性评价技术

盐间页岩油气显示丰富，录井均为“油浸”显示。取心油气显示良好，蚌页油2井潜3^4–10韵律和潜$4^{下}$–6韵律在岩心表面和岩心的层理面上见到原油溢出，且潜3^4–10韵律岩心刚出筒时，岩心表面顺着层理面布满气泡，且带有油膜。

针对盐间页岩油主要运用热解S_1法、OSI法、热释烃法来表征含油性条件。从S_1、OSI、可动油参数S_{1-1}及$S_{1-1}+S_{1-2}$看，盐间页岩均具有较好的含油性条件，S_1值均大于5mg/g，OSI大于300mg/g，S_{1-1}均大于1mg/g，$S_{1-1}+S_{1-2}$均大于5mg/g。实践表明当OSI大于100mg/g，具有产油的能力。潜江凹陷盐间页岩OSI普遍在300mg/g以上，远高于国内外其他海陆相页岩系统。

如何正确地评价页岩油含油性，是页岩油勘探工作中的一个重要的问题。根据近年的勘探成果，借鉴国内外类似地层的勘探经验，用单井1000m水平段、半缝长200m计算单井产能达到1.5×10^4t，$S_1\times$厚度需为90（mg/g）·m，此时资源丰度为接近50×10^4t/km^2；单井产能达到1.1×10^4t，资源丰度为35×10^4t/km^2，反算$S_1\times$厚度需为70（mg/g）·m；单井产能达到0.8×10^4t，资源丰度为25×10^4t/km^2，反算$S_1\times$厚度需为50（mg/g）·m；考虑到工程可改造的体积范围，单层厚度应大于6m，若单层厚度大于30m，均按30m重新划分评价单元，据此，建立页岩油含油性分级评价标准（表5-3-4）。

表 5-3-4 潜江凹陷潜江组盐间页岩油含油性分类评价标准

含油性类别	S_1·厚度 / [(mg/g)·m]	资源丰度（$10^4t/km^2$）	含油性评价	备注
Ⅰ	>90	>50	好含油性	厚度应大于 6m
Ⅱ	70～90	35～50	中等含油性	厚度大于 30m
Ⅲ	50～70	25～35	差含油性	以 30m 为上限重新划分评价单元

潜江凹陷潜江组盐间页岩油纵向上主要发育在潜三段—潜四下亚段。按照建立的含油性评价标准评价出纵向上潜三段 4—11 韵律及潜四下亚段 4—7 韵律、13—15 韵律、24—32 韵律含油性较好。平面上，有利区主要分布在蚌湖向斜及周缘地区（图 5-3-16）。

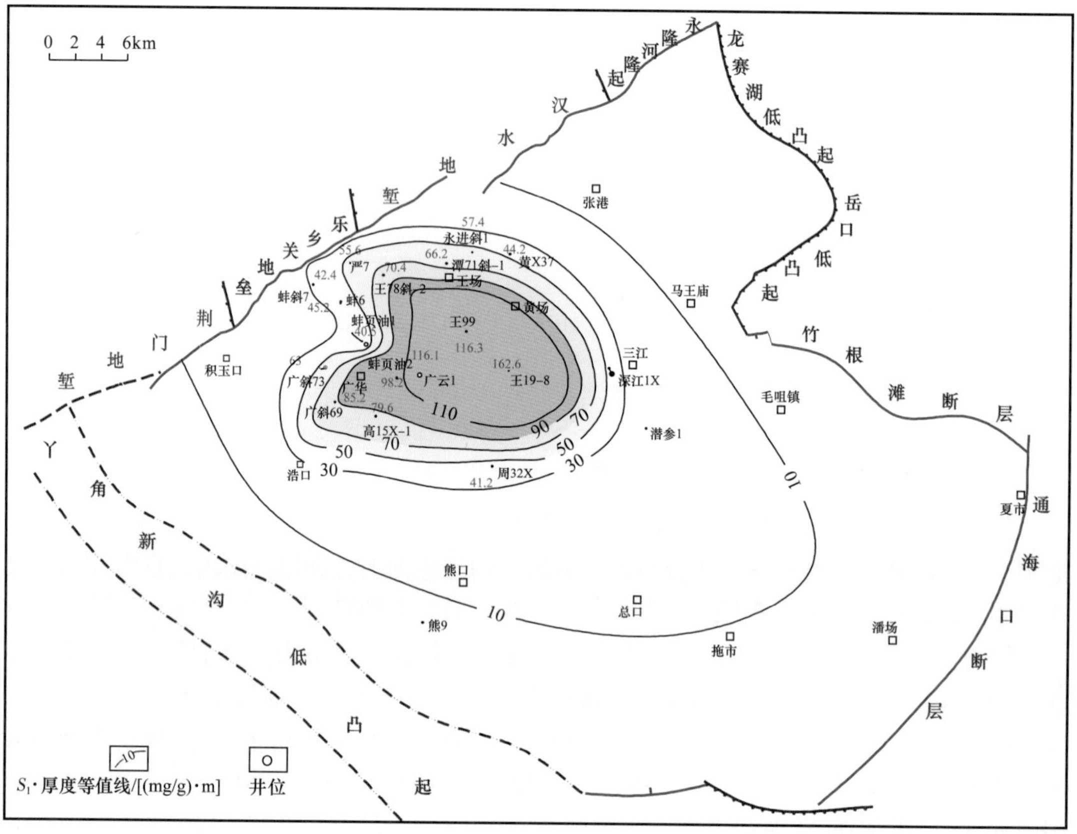

图 5-3-16 潜江凹陷潜江组潜 3^4-10 韵律盐间页岩 S_1·厚度等值线图

2. 半咸水湖陆相页岩油含油性评价技术

老井复查结果表明，南襄盆地泌阳凹陷深凹区 48 口井在页岩层段普遍钻遇良好的油气显示，显示段页岩厚度 30～140m。深凹区泌 100、泌 159、泌 196、泌 204、泌 270、泌 289、泌 354、泌 355、泌 365 等多口井在古近系泥页岩普遍见油气显示，气测全烃值范围 0.094%～99%，异常倍数普遍在 10 倍以上。安深 1 井 2450～2510m 井段古近系核桃园组页岩气测异常明显，气测全烃2.52%～36.21%，甲烷1.77%～17.50%，气测组分齐全；泌页HF1井2390～2474m井段页岩气测全烃98.99%，甲烷36%，反映了陆相页岩具备较好的含油气性。在页岩层钻井过程中，岩心及槽面见到大量的油花和气泡显示。泌阳凹陷深凹区泌100井泥页岩从3208～3493m井段发现油浸显示73m/12层。泌HF1井在2390～2474m井段页岩钻井过程中，槽面、振动筛见到大量的油花和气泡显示，钻井取心观察页岩层理缝及高角度缝发育，含油饱满，岩心原油浸出下滴。泌阳凹陷安深1井在古近系核桃园组2450～2510m页岩中大型压裂获最高日产油4.68m^3，泌163、泌74等井均在页岩中试获油流，泌页HF1井、泌页2HF井大型压裂分别试获23.6m^3、28.1m^{3}高产油流，展示了泌阳凹陷陆相页岩良好的含油气性。

针对泌阳半咸水湖盆页岩油主要运用热解S_1法、OSI法、超临界CO_2萃取法表征含油性条件（表5-3-5）。

表5-3-5 泌阳凹陷主要取心井页岩层含油性参数数据表

层位	S_1法		OSI法		代表井
	单位岩石中烃含量S_1/（mg/g）		OSI/（mg/g）		
	区间值	平均值	区间值	平均值	
⑤号页岩层	0.56～2.93	1.29（26）	9.56～233.4（36）	72.4	泌页HF1井

泌阳凹陷页岩层岩心超临界CO_2萃取的可动油量为0.27～0.47mg/g，占氯仿沥青“A”含量的3.5%～6.5%（表5-3-6）。

表5-3-6 泌阳凹陷页岩层岩心样品超临界CO_2萃取可动油量数据表

样品编号	岩性	深度/m	层位	萃取温压		萃取时间/min		萃取物重mg/g	氯仿沥青“A”/%	萃取物重/氯仿沥青“A”/%
				温度/℃	压力/MPa	静态	动态			
BYHF1-H3-3	褐灰色页岩	2207.6	核三段	80	30	45	45	0.27	0.65	4.2
BYHF1-H3-20	黑色页岩	2450.6	核三段	80	30	45	45	0.47	0.72	6.5
AS1-H3-9	褐色油斑含泥粉砂岩	2421.2	核三段	80	30	45	45	0.26	0.75	3.5

通过岩心观察、荧光薄片、场发射扫描电镜等实验技术分析，明确了泌阳凹陷陆相页岩油主要以游离和吸附两种状态赋存于页岩储层中，并建立了页岩油赋存模式。

吸附油是指吸附在干酪根和黏土颗粒表面的液态石油烃。一般泥页岩颗粒很细且黏土矿物含量高，富含有机质，生成的油气直接吸附在干酪根及黏土颗粒表面。吸附油含量与有机质丰度、有机质表面积、矿物成分、地层压力等密切相关。

有机质丰度越高，生油量越高；有机质表面积越大，吸附油量越大。伊利石含量越丰富，比表面积越大，吸附油含量越丰富。地层压力增高，吸附油含量增高，当地层压力增大到一定程度以后，吸附油量增加趋于缓慢。

吸附油赋存状态主要受有机质与黏土颗粒的形态和分布影响。泌阳凹陷富有机质泥页岩中的有机质一般呈无定型、分散状分布的，黏土矿物颗粒一般呈块状、层状、纹层状分布，因此，有机质与黏土颗粒的吸附油主要呈分散状、层状、纹层状等赋存状态。

游离态页岩油是指赋存在基质孔和裂缝中的烃类。依据岩心观察、偏光与荧光薄片、场发射扫描电镜观察结合能谱分析，认为游离态页岩油主要赋存在黏土、石英、长石、白云石、方解石等矿物基质孔隙及有机质孔隙等纳米级孔隙中，也赋存在微裂缝、层间缝、构造缝中（图 5-3-14）。游离态油量主要与页岩有机质丰度、有机质孔隙、基质孔隙、裂缝等有关。有机质丰度越高，有机质转换成游离液态烃的含量越高；有机质孔隙越丰富，游离态页岩油含量越丰富；基质孔隙越发育，游离态页岩油含量越高；裂缝越发育，游离态页岩油含量越高。泌阳凹陷钻井取心、荧光薄片、场发射电镜等资料显示，构造缝、层间缝及基质孔内均可见游离态页岩油，游离态页岩油主要呈点状、层状及线状分布（图 5-3-17）。

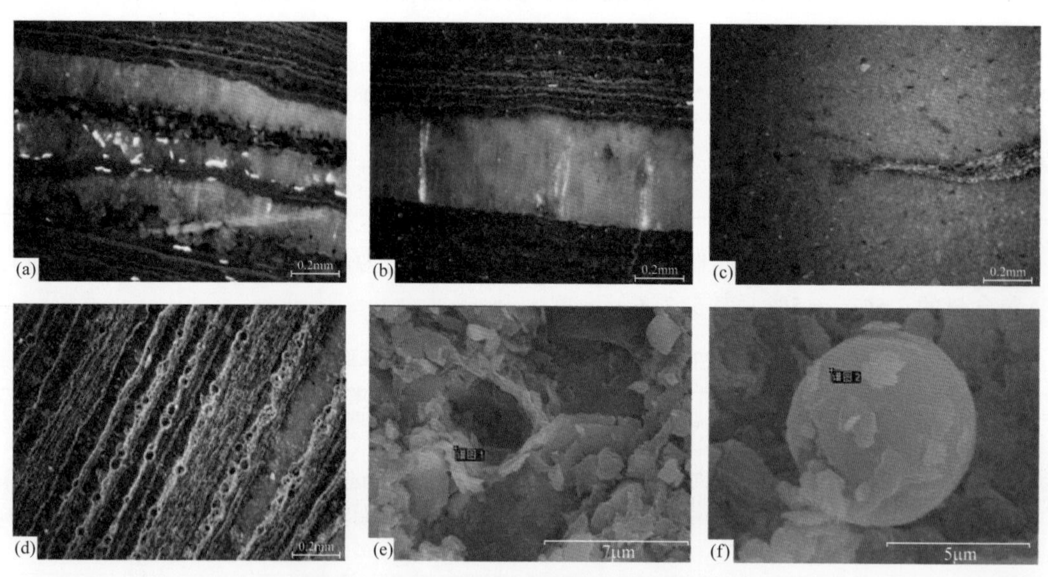

图 5-3-17　泌阳凹陷陆相页岩油赋存特征

（a）泌页 HF1 井，2436.691m，方解石溶蚀孔类充填烃类，荧光薄片；（b）泌页 HF1 井，2436.891m，方解石晶间孔充填烃类发荧光，荧光薄片；（c）泌页 HF1 井，2211.45m，有机质内部充填烃类发荧光，荧光薄片；（d）泌页 HF1 井，2436.483m，在富有机质黏土纹层内部及紧邻方解石纹层之间部位见大量连续分布的淡黄色荧光显示，荧光薄片；（e）泌页 HF1 井，2436.64m，黏土矿物絮凝孔内，吸附态石油；（f）泌页 HF1 井，2436.64m，页岩基质颗粒间游离页岩油

五、页岩油地质评价技术

页岩油地质综合评价需在岩性岩相、烃源条件、储集条件、含油性条件等综合研究基础上，结合试油试采情况，开展油藏解剖，建立页岩油地质评价技术。本文以潜江凹陷及泌阳凹陷为例，重点介绍有利区评价标准的建立、有利区评价及资源量测算。

1. 盐湖陆相页岩油地质评价技术

盐间页岩油勘探开发实践证实盐间页岩油地质条件和后期工程工艺对试油试采产量

均具有一定控制作用，针对盐间页岩油高产富集区、低产区，以地质评价为基础，结合后期工程工艺、试油试采，有针对性地开展油藏解剖，总结高产富集规律。

岩相是页岩油富集的基础，富碳纹层状泥质云岩、富碳纹层状灰质泥岩、富碳纹层状云质泥岩 3 种岩性受沉积成岩的共同作用，具有烃源好、储集优、含油性高、超压等优越的页岩油地质条件。储集、压力是高产的关键，富集高产区（王平 1 井区）具有直井试油一般均能出油，水平井一般为高产稳产的特点，低产区直井或水平井具有试油不出油或出少量油流的特点。

1）有利区评价标准

依据国内外页岩油评价的各项指标：岩相、烃源条件、储集条件、含油性条件、深度、地层压力等，结合潜江凹陷实际生产资料及油气显示井情况，建立了潜江凹陷盐间单韵律页岩油选区选层评价标准（表 5–3–7）和“甜点”评价标准（表 5–3–8）。

表 5–3–7 潜江凹陷潜江组页岩油有利区选区选层评价标准

评价指标	标准
烃源条件	TOC＞2.0%，R_o＞0.7%
地层压力系数	＞1.2

表 5–3–8 潜江凹陷潜江组页岩油“甜点”评价标准

评价指标	标准
岩相	富碳纹层状泥质云岩、富碳纹层状云质 / 灰质泥岩
烃源条件	TOC＞2.0%，R_o＞0.7%
储集条件	厚度＞6m，孔隙度＞7%，中值孔喉半径＞40nm，密度＜2.55g/cm^3，页理发育，声波时差＞250μs/m
含油性条件	S_1·厚度＞90（mg/g）·m
深度	＜4000m
地层压力系数	＞1.2

2）有利区带评价

页岩油有利区带评价，首先优选有利层系，在此基础上，明确有利层系的平面展布特征。从 TOC 指标看纵向有利层段发育在潜二段、潜三段的潜 $3^{3下}$—潜 3^4 油组、潜四下亚段 3 个层段，但潜二段热演化程度低、地层压力系数低，因此纵向有利层段主要发育在潜三段的潜 $3^{3下}$—潜 3^4 油组、潜四下亚段两个层段。在这两个层段，考虑到厚度要大于 6m，进一步优选出潜 $3^{3下}$—潜 3^4 油组 5/6/7/8/9/10/11/12 韵律，潜四下亚段 2/6/15/26/27/28/32/33/34 韵律为最有利韵律层，共 17 个有利韵律层。

平面上，潜 3^4–10 韵律有利区主要分布在蚌湖向斜及周缘，面积 256km^2；潜 $4^{下}$–6 韵律有利区主要分布在蚌湖—王场地区，面积 162km^2；潜 $4^{下}$–5 韵律有利区主要分布在蚌湖向斜北部钟市、潭口及西坡地区，有利区面积 135km^2（图 5–3–18）。

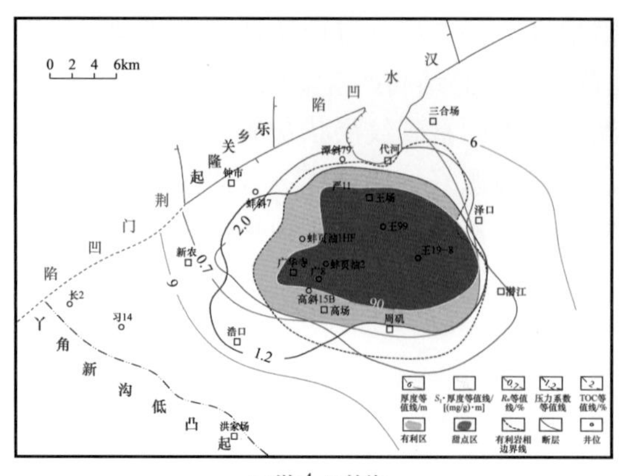

(a) 潜3^4–10韵律

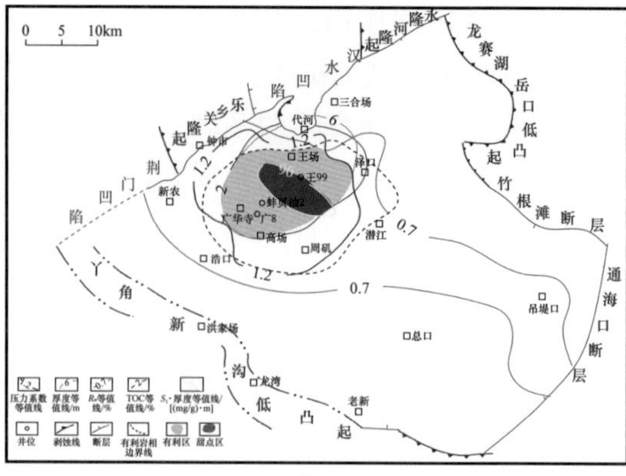

(b) 潜4^下–6韵律

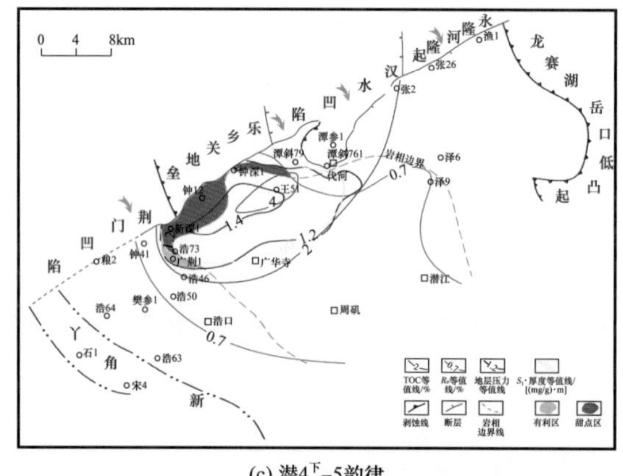

(c) 潜4^下–5韵律

图 5-3-18　潜江凹陷页岩油有利区平面图

3）资源量测算

页岩油资源量计算方法主要有 TSM 盆地模拟法、体积法、热解参数法、丰度类比法 4 种方法。根据资料情况，潜 3^4–10 韵律 4 种计算方法均采用，其他有利层系采用体积法、热解参数法和丰度类比法。

通过测算，潜江凹陷盐间页岩油地质资源量 8.0×10^8t，技术可采资源量 1.26×10^8t。其中，潜 3^4–10 韵律资源量最大，地质资源量为 1.85×10^8t，技术可采资源量为 0.29×10^8t；潜 4^下–6 韵律地质资源量为 0.39×10^8t，技术可采资源量为 0.06×10^8t；潜四下亚段复韵律地质资源量为 1.65×10^8t，技术可采资源量为 0.25×10^8t。

2. 半咸水湖陆相页岩油地质评价技术

1）页岩油富集规律

泌阳凹陷页岩油富集主要受有机质丰度、热演化程度、岩相及裂缝发育程度影响。

有机质丰度是页岩油生成和富集的物质基础。在有机质类型和成熟度相似的情况下，有机质丰度与含油丰度及含油饱和度呈正相关关系。荧光薄片观察可知，页岩有机质丰度越高，淡黄色、黄色荧光显示越明显，含油越丰富。

热演化程度影响页岩油富集。当 R_o 为 0.7%～1.1%，为生油高峰期，页岩储层及夹层孔隙中烃类含量最富集，含油饱和度最高，含油最富集；另外热演化程度越高，具有较低的原油密度和黏度及较高的气油比，更利于页岩油在微米级—纳米级孔喉中流动和开采。

岩相影响页岩油富集。不同岩相页岩的生烃能力、储集能力、裂缝发育程度及可压性均有所差异，粉砂质页岩、重结晶灰质页岩孔隙度、渗透率、平均孔喉半径较大，含油丰度较高，是页岩油富集的最有利岩相类型；黏土质页岩孔隙度较高，渗透率与平均孔喉半径较低，含油丰度中等，较有利于页岩油富集；隐晶灰质页岩、白云质页岩孔隙度和渗透率较小，含油丰度较低，不利于页岩油的富集。

裂缝发育程度影响页岩油气富集高产。裂缝能起到沟通油气和改善物性的作用，有利于后期压裂改造的人工裂缝与天然裂缝交会形成网状缝，大大改善渗流能力。通过岩心和薄片观察可知，泌阳凹陷泌页 HF1 井区页岩裂缝及页理发育，原油沿裂缝及页理面呈圆珠状分布，仅少部分裂缝已被方解石等矿物充填；微观下，泌阳凹陷页岩层间缝内荧光显示明显，表明层间缝内具有较好的含油性；三维地震裂缝预测及 FMI 测井裂缝评价表明，泌页 HF1 井区主力页岩层裂缝发育，是页岩油富集的有利地区；泌页 HF1 井多级分段压裂后获高产油流，表明裂缝是影响页岩油富集高产的重要因素。

地层压力影响页岩油富集。国内外页岩油富集区、页岩油高产井都表现出异常高压的特征，表明地层超压有利于页岩油富集高产和后期开采能量补充。安深 1 井在 2100～2500m、3000～3500m 泥页岩段声波时差异常增大，表现出一定的欠压实特征，表明地层可能存在一定的异常压力。而安深 1 井⑤号页岩层（层位 Eh_3^3 中、深度段为 2450～2510m），3 次地层测试压力系数为 1.057～1.227，表明泌阳凹陷页岩可能存在异常高压。

2）有利区带评价

依据国内外页岩油评价的各项指标：岩相、烃源条件、储集条件、含油性条件、深度、地层压力等，结合泌阳凹陷实际生产资料，建立了泌阳凹陷半咸水区页岩油选区评价标准（表 5-3-9）和“甜点”评价标准（表 5-3-10）。选区评价标准参数主要有岩相、TOC、R_o、厚度、地层压力系数 5 个参数，条件为重结晶灰质页岩相、粉砂质页岩相、云质页岩相，TOC＞2.0%，R_o＞0.7%，厚度＞30m，地层压力系数＞1.2。“甜点”评价标准在选区评价标准基础上增加了储集条件、含油性条件、深度参数，要求孔隙度＞4%、中值孔喉半径＞20nm、密度＜2.55g/cm^3、声波时差＞250μs/m，储层页理发育；含油性条件为 S_1＞0.9mg/g，S_1/TOC＞60mg/g；深度为小于 4000m。

表 5-3-9　泌阳凹陷半咸水湖页岩油利区选区选层评价标准

评价指标	标准
烃源条件	TOC＞2.0%，R_o＞0.7%
地层压力系数	＞1.2

表 5-3-10 泌阳凹陷半咸水湖页岩油“甜点”评价标准

评价指标	标准
岩相	重结晶灰质页岩、粉砂质页岩、云质页岩
烃源条件	TOC＞2.0%，R_o＞0.7%
储集条件	孔隙度＞4%，中值孔喉半径＞20nm，密度＜2.55g/cm^3，页理发育，声波时差＞250μs/m
含油性条件	S_1＞0.9mg/g，OSI＞60mg/g
深度	＞4000m
地层压力系数	＞1.2

页岩油有利区带评价，首先优选有利层系，在此基础上，明确有利层系的平面展布特征。综合考虑烃源岩品质、储层品质、油藏品质、工程条件赋值，认为⑤号页岩层为有利页岩层段，平面上⑤号页岩层页岩有利区主要位于深凹区东南部，在安深1—泌364—泌270井区一带分布，有利区面积84km^2；⑥号页岩层有利区主要集中在深凹区东南部皮冲向斜泌270—泌100井区，有利区面积25km^2（图 5-3-19）。

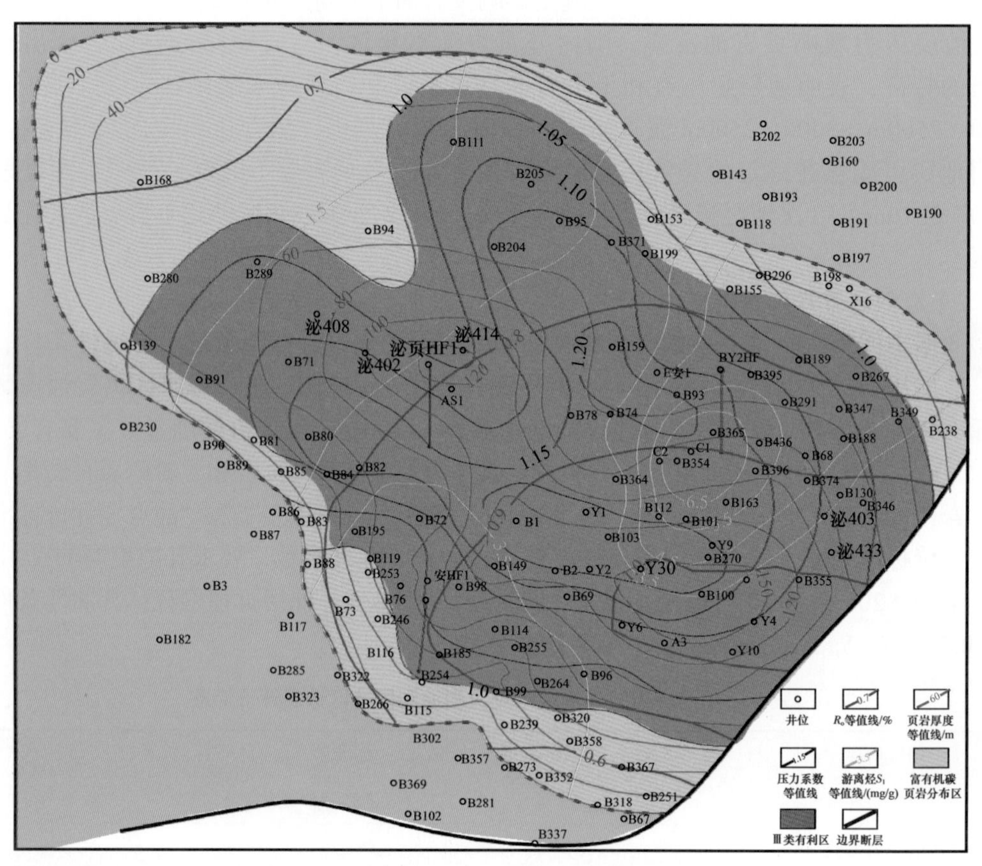

图 5-3-19 泌阳凹陷⑤号页岩层有利区评价图（E$h_3^{3中}$）

3）资源量测算

页岩油资源量计算方法主要有TSM盆地模拟法、体积法、热解参数法、丰度类比法、特尔斐法等方法。根据资料情况，本次页岩油资源评价方法主要采用盆地模拟法、体积法及特尔斐法。

通过测算，泌阳凹陷页岩油资源量10.28×10^8t。主力页岩层页岩油资源量3.209×10^8t，技术可采资源量0.56×10^8t；其中⑤号页岩层资源量最大，地质资源量为1.157×10^8t，技术可采资源量为0.208×10^8t；⑥号页岩层地质资源量为0.552×10^8t，技术可采资源量为0.1×10^8t。

第四节 盐湖陆相页岩油“甜点”地震预测技术

一、“甜点”岩石物理特征及地球物理描述方法

1. 页岩油“甜点”定义及要素

“甜点”是目前在非常规油气勘探中普遍使用，描述非常规优质储层的一个指标。陆相页岩油“甜点”定义为储集性、含油性、可动性和可压性四性均为有利的页岩层段，是最佳的页岩油勘探开发目标区或层位，具有经济开采价值的页岩油富集区。

“甜点”评价的每一项指标，即为“甜点”要素（徐敏，2016）。因此，四性指标中的储集性包括：岩相、孔隙度、孔隙结构和裂缝，含油性包括：TOC、R_o、S_1、S_1/TOC、含油饱和度，可动性包括：原油黏度、气油比、纹层发育程度、渗透率、压力系数，可压性包括：脆性、地应力、裂缝。

“甜点”及其要素针对不同地区，具有不同的特征和指标体系。从前期钻探井地质评价来看，潜江凹陷盐间页岩油“甜点”具有有机碳含量高，处于“生油窗”，以及物性好、含油性好、埋深适中、易压裂（即脆性矿物含量高）、异常高压和裂缝、裂隙发育等特点。

2. 地球物理描述方法

1）研究思路

潜江凹陷盐间页岩层矿物组分多，岩性组合复杂，地球物理描述主要解决以下3类问题。第一，地球物理响应特征是什么？其次，页岩储层厚度薄，现有地震资料如何拓宽频带，有效提高分辨率处理？如何有效识别薄层？页岩特征参数如何预测？最后，如何建立针对性、完整的“甜点”地震描述和评价参数体系？针对以上3类科学问题，在解剖潜江凹陷盐间页岩油地质特征基础上，重点开展地震资料处理攻关、地质与地球物理建模、薄层精细描述、裂缝综合预测、地层压力等“甜点”要素地震预测与“甜点”综合评价方法攻关，建立“甜点”地震评价标准，形成盐间页岩油“甜点”地震预测、描述及综合评价的技术系列。

2）地震资料针对性处理技术

潜江凹陷水系发达，浅表层发育胶泥、泥沙，横向岩性变化快，中深层岩性复杂，浅表层和中深层的吸收衰减导致地震资料存在不一致性，降低了资料的分辨率。页岩油优质储层厚度一般为 5～12m，现有地震资料分辨率根本不能识别薄韵律层，制约储层的描述与“甜点”预测。

（1）吸收衰减补偿处理技术：

针对地质需求和原始资料特点，采用吸收衰减补偿处理技术来解决浅表层和中深层的吸收衰减对地震资料品质的影响。其中浅表层 Q 补偿关键技术包括：浅表层相对 Q 反演、实测 Q 值计算、稳定 Q 补偿技术。中深层吸收衰减补偿是在叠前时间偏移后的成果上求取 Q 值，采用谱比法，包括参考子波的制作、中深层 Q 值求取、井约束 Q 值编辑、中深层 Q 补偿、补偿效果分析等。

从吸收衰减补偿前后叠加剖面（图 5-4-1）来看，吸收衰减补偿技术提高了地震资料的一致性、保真度和分辨率。

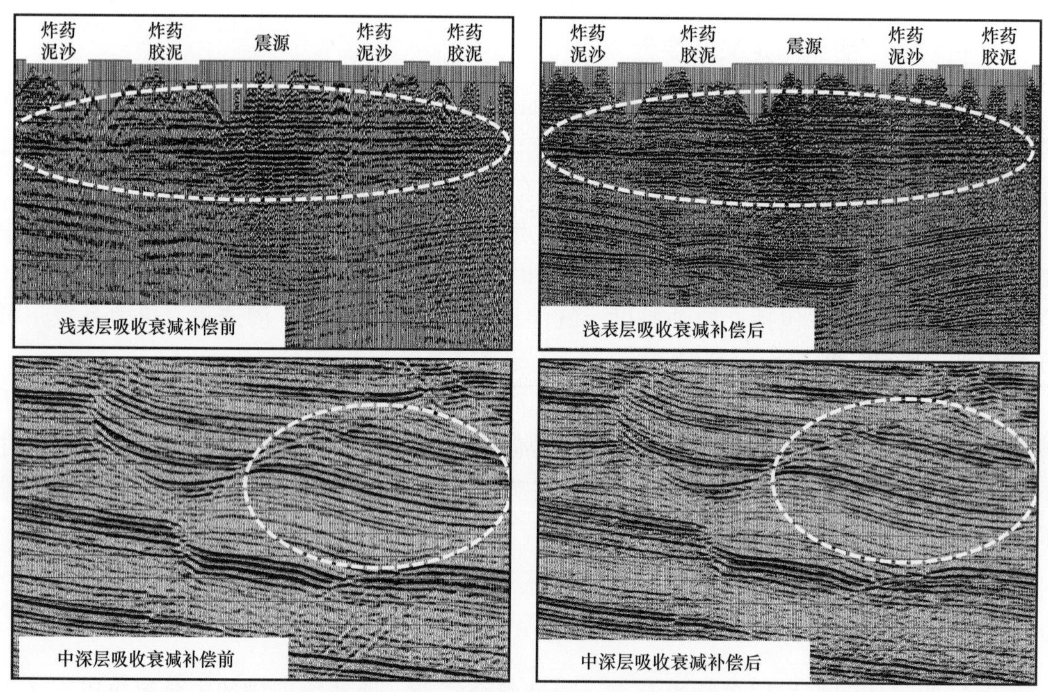

图 5-4-1 吸收衰减补偿前后对比图

（2）全频带拓频技术：

为满足薄韵律层的描述与“甜点”预测的需求，提出了基于频率延拓的子波处理方法，以实现对地震子波的压缩，从而进一步提高地震资料的分辨率。工作流程包括：① 从地震数据中估计地震子波 $w(t)$；② 使用频谱拓宽因子 $a(f)$ 拓宽数据频谱 $W(f)$ 到 $\hat{W}(f)$；③ 基于上一步得到的两个频谱计算传导滤波算子 $H(f)$；④ 最后，使用传导滤波算子 $H(f)$ 处理整个地震数据（张彬彬等，2019）。

从全频带拓频前后叠加剖面来看，处理后地震资料分辨率明显提高。从合成地震记录上来看，提频后的井旁地震道与伽马曲线中高值（薄韵律层）有较好的对应，如图 5–4–2 中的红色箭头所指的位置。

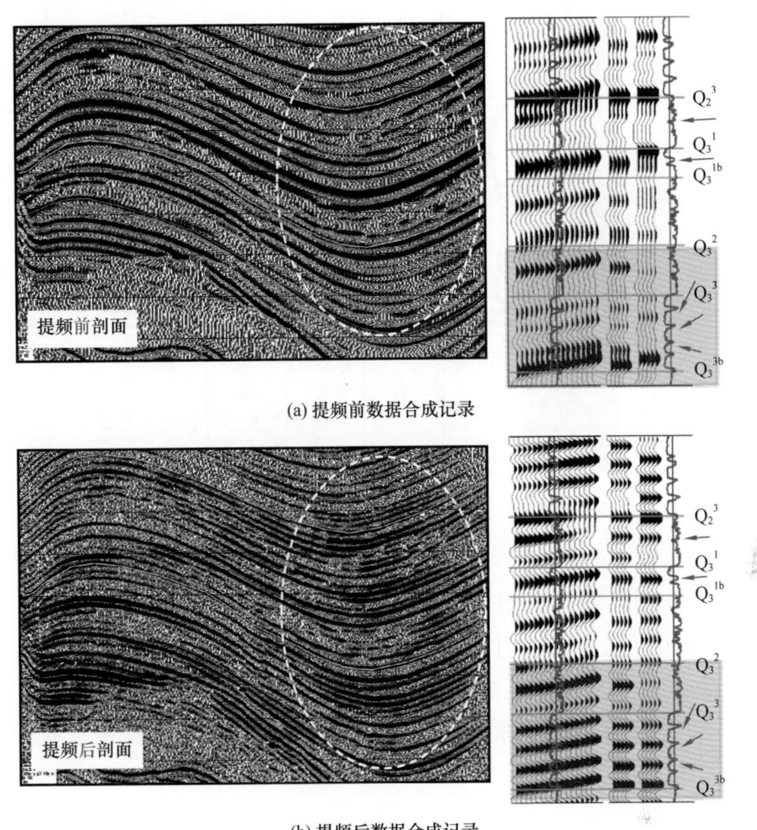

(a) 提频前数据合成记录

(b) 提频后数据合成记录

图 5–4–2　全频带拓频前后对比图

3）基于深度学习的智能测井解释与评价方法

盐间页岩层矿物组分复杂，石膏、盐岩、钙芒硝等盐湖盆地特有矿物的有无和多少对岩石物理性质影响较大，因此，在测井常规解释的基础上，开展基于岩石物理模型的全井段矿物组分含量、有效孔隙度和总有机碳含量的测井再解释（雍世和等，1996）。

潜江组主要分为盐岩层和盐间页岩层两种，盐岩段以石盐、无水芒硝和钙芒硝为主，盐间页岩层以泥质物、碳酸盐岩、石英、钙芒硝岩为主。基于盐岩层和盐间页岩层矿物类型差异明显，将盐岩层和盐间页岩层分别建立测井解释模型。

选择有岩性扫描数据的井作为训练井，采用不同的机器学习方法，建立矿物组分含量与测井曲线之间的模型关系，最终确定随机森林法为潜江凹陷较准确的机器学习方法，并推广应用到其他井。从王 99 测井评价成果图（图 5–4–3）上看，采用随机森林法得到测井解释结果与实验室测量数据吻合较好（黑点是实验室测量数据，红线为测井解释结果）。

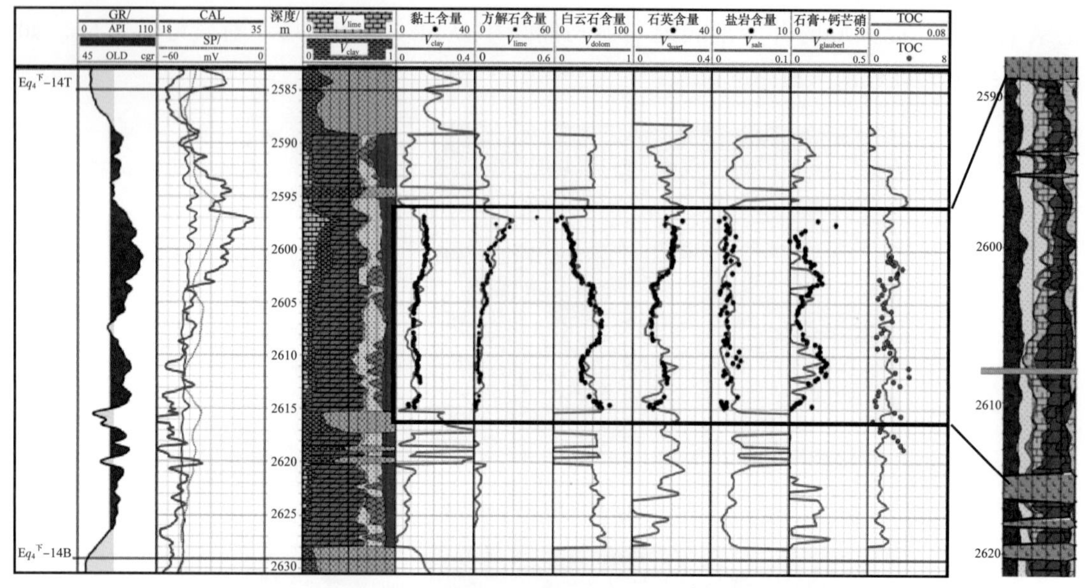

图 5-4-3 王 99 井复杂矿物组分与 TOC 测井评价成果图

4）*岩石物理建模*

（1）各向异性分级解耦岩石物理建模思路。

潜江凹陷盐间地层物性及弹性性质与盐岩具有显著的差异，盐间地层测井响应特征为高 GR、低速度、中密度、高孔隙度，盐岩地层表现为低 GR、高速度、低密度、低孔隙度，利用同一种岩石物理模型来模拟这两类地层并不合适。因此，本次需要将两类地层区别对待，分开建模，再合并为一个模型，通过正演获得岩石物理参数。

（2）岩石物理模型优选。

与常规储层建模不同之处在于干岩体计算和流体置换。

干岩体岩石物理模型：实验室岩石物理分析表明，盐岩地层矿物组分较为单一，主要以盐岩为主，含少量黏土和钙芒硝，无明显的各向异性，所以优选以盐岩为主相的等效介质模型。而盐间页岩层矿物类型较多样，各矿物含量相当，没有任何一种矿物占主导地位，表现相对较强的各向异性，所以优选无主相，多组分共存的自洽等效岩石物理模型（葛瑞·马沃可等，2008）。

流体置换模型：实验室岩石物理分析结果表明，盐岩段地层无明显的各向异性，且无明显频散效应，所以选择 Gassmann 流体置换模型实现盐岩层的流体置换。而饱油条件下盐间层岩石有明显的频散效应，所以选择 BISQ 模型实现盐岩地层的流体置换。

（3）建模流程。

按照分岩性、分级解耦的思路，考虑黏土压实、有机质、孔隙形态等影响因素，确定了潜江组地层各向异性岩石物理建模的流程，如图 5-4-4 所示。对于盐岩层，首先选择 DEM 模型将矿物进行混合，继而加入孔隙空腔得到干岩石模型，最后用 Biot-Gassmann 置换模型将流体置换入干岩石孔隙空间去，得到饱含流体岩石的弹性属性。对于盐间页岩层，由各向异性 Backus 理论计算伊利石、蒙皂石矿物颗粒的弹性各向异性，并应用各向异性等效场理论计算粒间软物质的影响，得到黏土混合物的 VTI 各向异性的弹性模量，同时应用岩石物理 HSB（Hashin–Shtrikman Backus）界限理论计算石英、白云石及钙芒硝等非黏土类矿物的体积模量和剪切模量，并应用改进的各向异性 Backus 理论计算黏土混合物与非黏土类矿物组成固体基质的 VTI 各向异性。应用各向异性等效场理论，将有机质干酪根填充到 VTI 固体基质中。最后，加入不同孔隙的孔隙形状，选择 Boris 流体置换模型将流体置换入干岩体里面去，得到饱含流体岩石的弹性属性模型。

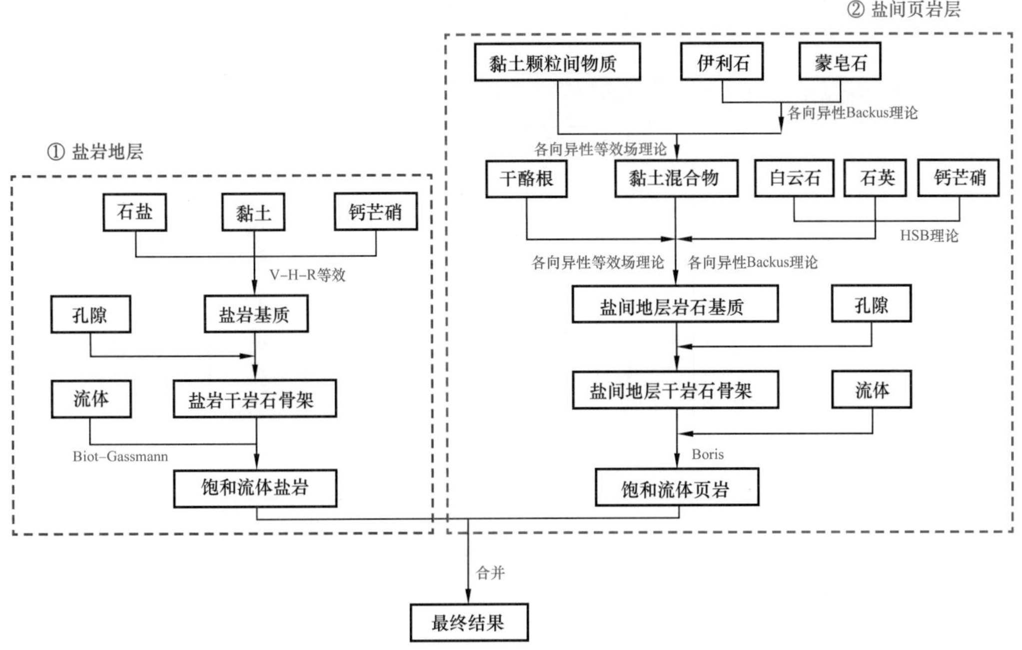

图 5–4–4　潜江组岩石物理建模流程

（4）岩石物理模型验证。

利用新建模流程预测已钻井的密度、纵波速度、横波速度相比常规方法预测结果的精度更高，纵波、横波速度比与实际吻合度也有了很大的提高，预测相对误差由原来的 10% 降低到 5%（图 5–4–5）。

5）*岩石物理特征*

岩石物理分析结果表明，盐岩具有高阻抗、低杨氏模量的特征，钙芒硝类、泥岩类和云岩类表现为中低阻抗、高杨氏模量的特征。挑选高产井王 99 井、低产蚌 7 井以及录井显示好的蚌页油 2 井，统计发现有利储层孔隙度大于 8%，具有泊松比小于 0.27，纵波阻抗小于 8100（m/s）·（g/cm^3）特征（图 5–4–6）。

在“甜点”地质评价基础上，利用岩石物理分析结果，建立了“甜点”地震评价标准（图 5–4–7、表 5–4–1）。岩性岩相选用波阻抗表征，储集条件选用密度和纵波速度来评价，含油性采用泊松比参数来指示，可压性评价选用与脆性相关最好的杨氏模量来表征。

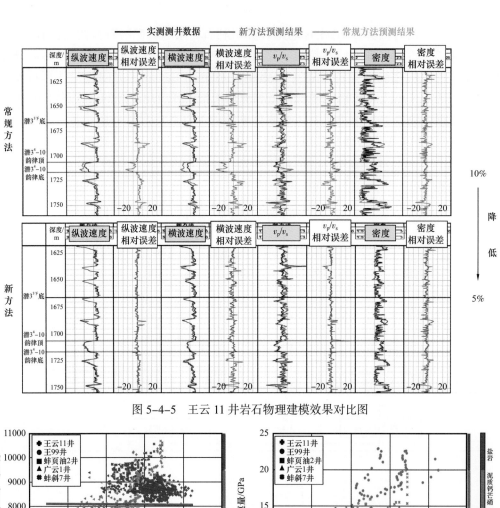

图 5-4-5　王云 11 井岩石物理建模效果对比图

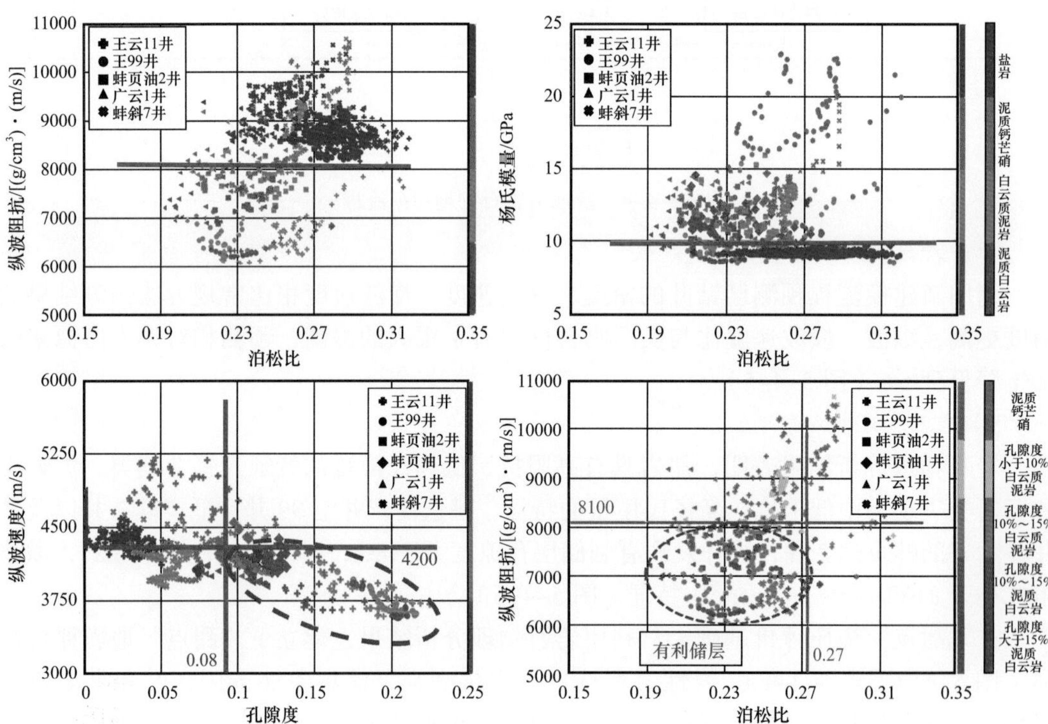

图 5-4-6　王广浩地区潜 3^4–10 韵律弹性参数交会图

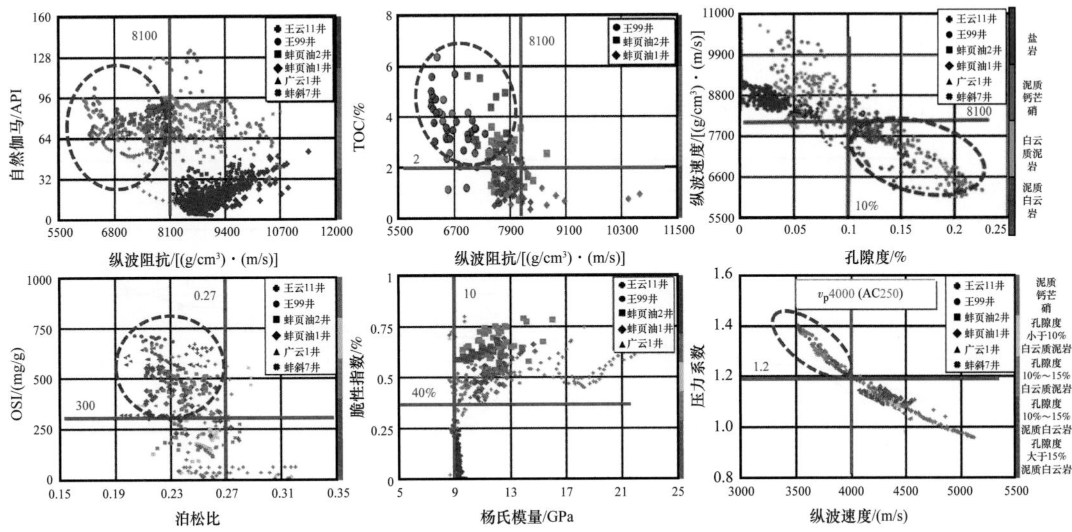

图 5-4-7 潜 3^4-10 韵律弹性参数交会分析图

TOC 数据引自中国石化石油勘探开发研究院无锡石油地质研究所热解 TOC

表 5-4-1 盐间页岩油"甜点"要素关键参数表

评价	地质要素	地震参数
岩相	富碳（TOC≥2%）纹层状泥质云岩	纵波阻抗≤8100（m/s）·（g/cm^3）
储集条件	孔隙度≥8%，中值孔喉半径≥40nm	密度≤2.55g/cm^3，v_p≤4200m/s
含油性条件	S_1·厚度＞90（mg/g）·m，OSI＞300mg/g	泊松比＜0.27
可压性评价	脆性指数≥30%	杨氏模量≥10GPa
地层压力系数	≥1.2	≥1.2

6）基于波形的薄页岩层厚度高分辨率反演技术

地震剖面中反射波形的变化反映 v_p 和 H 的变化，研发了基于波形的高分辨率薄韵律层厚度反演方法，方法流程为：（1）首先以测井数据为基础，建立高频地质地球物理模型；（2）然后开展高精度地震正演，考虑薄层速度和厚度多种变化，按照传播矩阵理论计算高精度合成地震记录，建立研究区波形数据库；（3）最后对实际地震数据与正演得到的波形数据进行相关分析，最终反演出地层厚度。

从模型井和验证井预测的页岩薄层厚度与实钻厚度对比（图 5-4-8）来看，井点处预测与实测数据吻合较好，平均相对误差小于 7%。

7）地层压力地震预测技术

基于异常高压形成机理认识，采用三种方法进行单井地层压力预测，力求实现盐间地层孔隙压力的准确预测。

（1）改进的 Eaton 方法：

经典 Eaton 法的核心需要构建一条合理的正常压实趋势线，而压实趋势构建存在一定的人为因素，会影响孔隙压力预测精度。根据盐间地层纵向岩性变化剧烈的特点，充分考虑盐间地层的矿物和有机质对速度的影响，分岩性构建压实趋势线。从单井预测结果来看，各井预测误差小于10%（表5-4-2）。

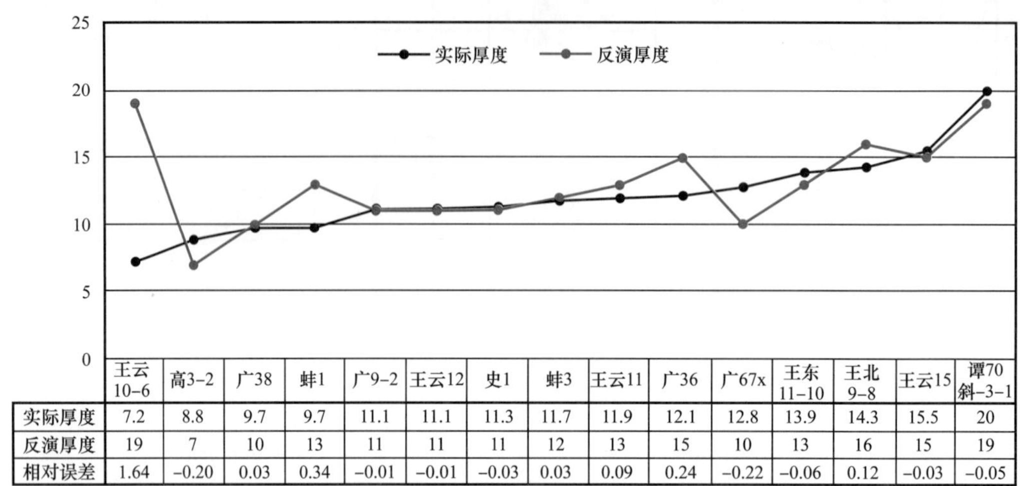

	王云10-6	高3-2	广38	蚌1	广9-2	王云12	史1	蚌3	王云11	广36	广67x	王东11-10	王北9-8	王云15	谭70斜-3-1
实际厚度	7.2	8.8	9.7	9.7	11.1	11.1	11.3	11.7	11.9	12.1	12.8	13.9	14.3	15.5	20
反演厚度	19	7	10	13	11	11	11	12	13	15	10	13	16	15	19
相对误差	1.64	−0.20	0.03	0.34	−0.01	−0.01	−0.03	0.03	0.09	0.24	−0.22	−0.06	0.12	−0.03	−0.05

图5-4-8 潜3^4-10韵律页岩薄层厚度地震预测结果的测井验证

表5-4-2 改进Eaton法、弹性参数法和经验公式法地层压力预测精度对比表

井名	深度/m	实测值	预测值			相对误差/%		
			改进Eaton法	弹性参数法	经验公式法	改进Eaton法	弹性参数法	经验公式法
广25斜-2井	3109.4	1.048	1.08		1.068	3.05		1.91
王云12井	1532.9	0.976	0.95		0.974	2.66		0.20
	2283	1.371	1.29		1.345	5.91		1.90
王云10-6井	1494.6	2.009	1.95		2.006	2.94		0.15
王东11-10井	3174.5	0.887	0.98		0.896	10.48		1.01
王4新11-2井	1821.5	0.964	1.05		0.968	8.92		0.41
蚌斜7井	2882	1.017	1.106	0.981	1.05	8.75	3.54	3.24
王99井	2200	1.304	1.404	1.22	1.363	7.67	6.44	4.52

（2）弹性参数法：

考虑到相较于传统的纵波速度，横波速度和纵波、横波速度比对于地层孔隙压力更加敏感，尝试从体积模量的定义出发，推导出有效应力与纵波速度、横波速度等弹性参数之间的关系，最终计算地层压力（王斌等，2015）。地层压力计算公式为

$$P_{\mathrm{p}} = F\left(v_{\mathrm{s}}\right)\left[\int_0^z \rho g \mathrm{d}\left(z\right) - \rho \frac{\Delta H}{H}\left(v_{\mathrm{p}}^2 - \frac{4}{3}v_{\mathrm{s}}^2\right)\right] \tag{5-4-1}$$

其中，$F(v_s)=A\cdot\exp(B\cdot v_s)$ 为校正因子，由实际测量数据拟合得到，A 和 B 为最优拟合系数。

利用该地层压力计算公式对工区内的井开展了孔隙压力预测，图 5-4-9 中蓝点为实测地层压力，绿色曲线为改进 Eaton 法预测结果，红色曲线为弹性参数法预测结果。压力测试段预测压力系数最大值与实测值进行比较，得出各井预测误差均低于 7%（表 5-4-2），相比改进的 Eaton 法预测单井压力精度更高，整体上更加可信。

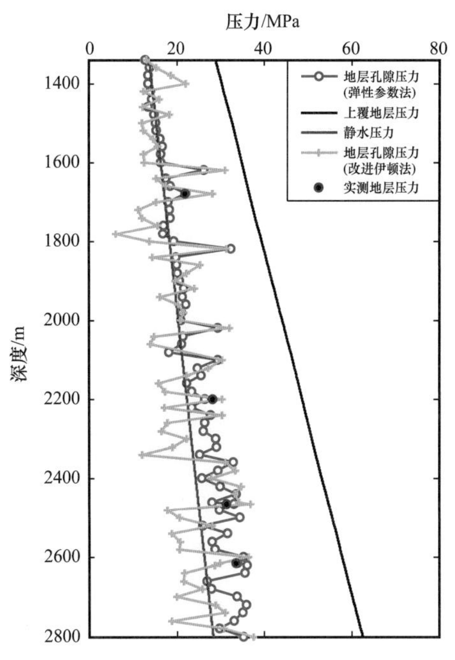

图 5-4-9　王 99 井弹性参数法压力预测结果

（3）数据驱动的经验公式法：

统计发现垂直有效应力与孔隙度、泥质含量、声波时差以及密度具有较好的相关性，可将垂直有效应力表示为孔隙度、泥质含量、纵波速度、密度 4 个物理参数的函数。利用多种测井资料多项式拟合构建地层压力预测模型。公式如下：

$$\begin{cases} v_p = A_0 + A_1\phi + A_2\sqrt{v_{sh}} + A_3\left(P_e - e^{-DP_e}\right) \\ P_p = P_o - P_e \end{cases} \tag{5-4-2}$$

式中　v_p——声波速度，km/s；

ϕ——计算孔隙度，数值范围 0～1；

v_{sh}——泥质含量，数值范围 0～1；

P_e——垂直有效应力，kBar，换算 1kBar=100MPa；

P_0——上覆地层压力，kBar，通过已钻井的视密度测井资料积分求取；

P_p——孔隙压力，kBar；

A_0、A_1、A_2、A_3、D——地区经验模型参数。

潜江凹陷的实测压力井分布在不同的构造部位，因此对式（5-4-2）增加构造校正系数进行修正（徐中华等，2017）。

$$P_{p最终}=P_{p预测}\times 校正系数=P_p\times\left(B_0e^{B_1\times v_p}\right) \tag{5-4-3}$$

单井预测结果显示，相对误差降低至小于 5%（表 5-4-2）。选定经验公式为潜江凹陷最终的地层压力预测方法。

8）基于裂缝成因机理的裂缝多尺度综合预测技术

潜江组盐间地层主要有构造裂缝、成岩裂缝和与异常高压相关裂缝 3 种类型，其中以层理缝和构造裂缝为主。构造裂缝主要以高角度裂缝为主，大部分被充填；层理缝以未充填为主。

（1）构造裂缝预测方法：

构造裂缝预测方法比较成熟，通过叠后几何属性、构造应力场分析以及各向异性分析进行预测。为了精细刻画构造裂缝，研发了基于多窗分析及主分量分析的地层曲率高精度提取方法。该方法优势利用复道分析和多窗分析技术减少振幅横向变化对倾角估计的影响，降低断层模糊现象，得到高精度曲率体。

图 5-4-10 展示了两种方法计算的最大负曲率，红色为正曲率中高值，图 5-4-10（b）中断层和裂缝发育区反映更加清晰。裂缝发育区域位于王场背斜、广华断层和车档断层前缘。

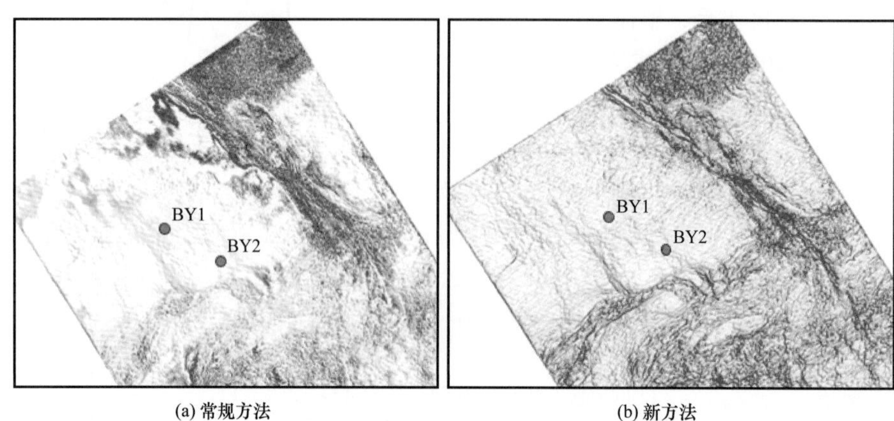

(a) 常规方法　　(b) 新方法

图 5-4-10　最大负曲率平面图

（2）层理缝预测方法研究：

层理缝目前没有有效软件工具用于预测，故基于其主控因素分析，按照从地质到测井再到地震的思路开展研究。在盐间裂缝发育特征及发育规律研究基础上，形成利用常规测井曲线定性、定量识别层理缝。通过物理模型模拟地震响应特征，发现低频属性可以较好识别层理缝（图 5-4-11）。

二、“甜点”地震预测及描述

按照“甜点”地震评价标准，在地质评价有利区基础上，利用针对性处理后高品质地震资料，开展王广浩地区 TOC、地层厚度、孔隙度、含油性、脆性、压力、裂缝 7 个“甜点”要素地震预测及描述。

1.TOC 地震预测

王广浩地区潜 3^4–10 韵律预测 TOC 值平面上普遍大于 2%，高值区域主要位于王场背斜，整体为良好烃源岩分布区（图 5-4-12）。

2. 储层厚度预测

王广浩地区潜 3^4–10 韵律预测页岩厚度为 8～15m，北西稍厚东南略薄（图 5-4-13）。

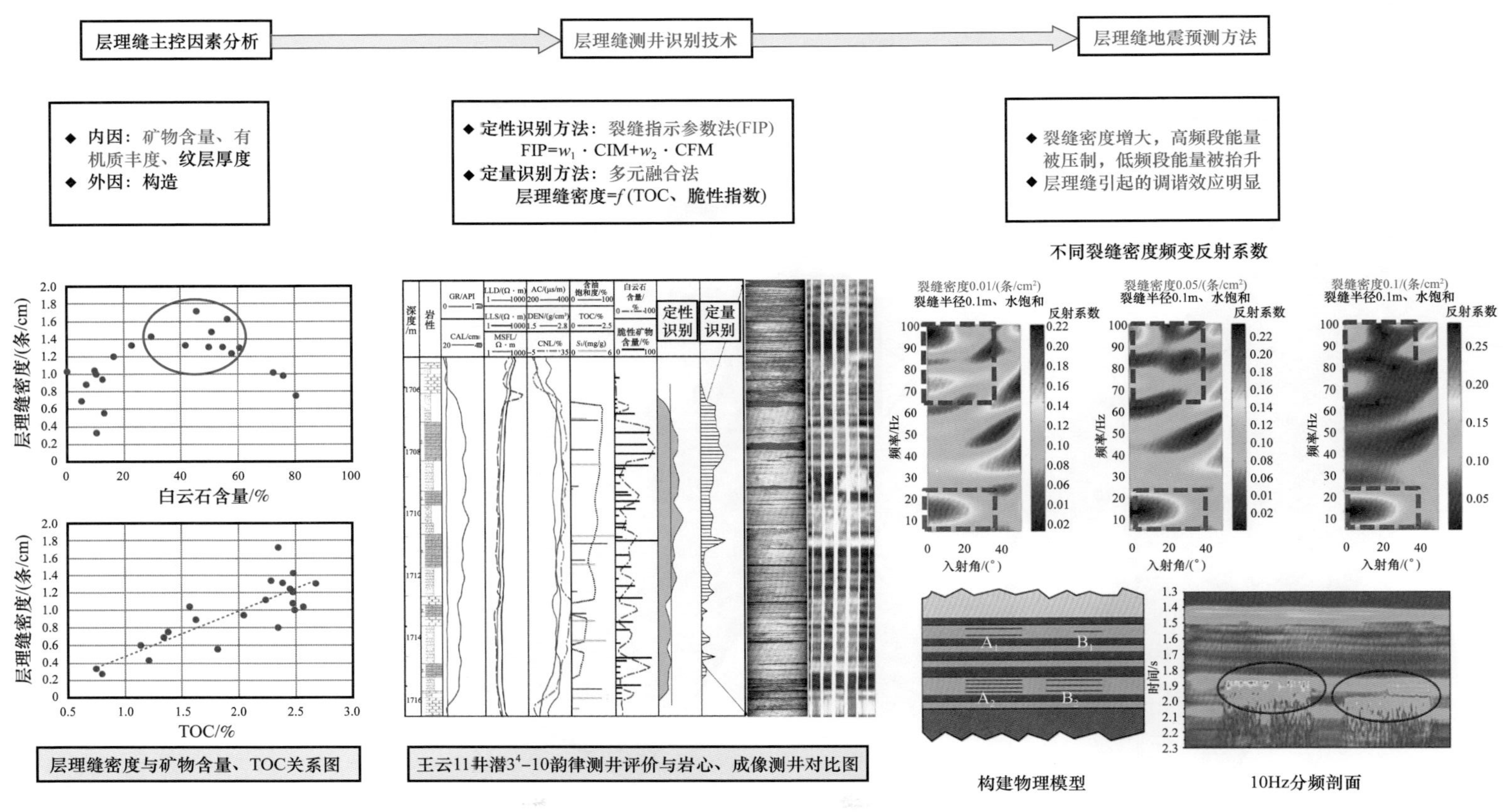

图 5-4-11 层理缝预测流程

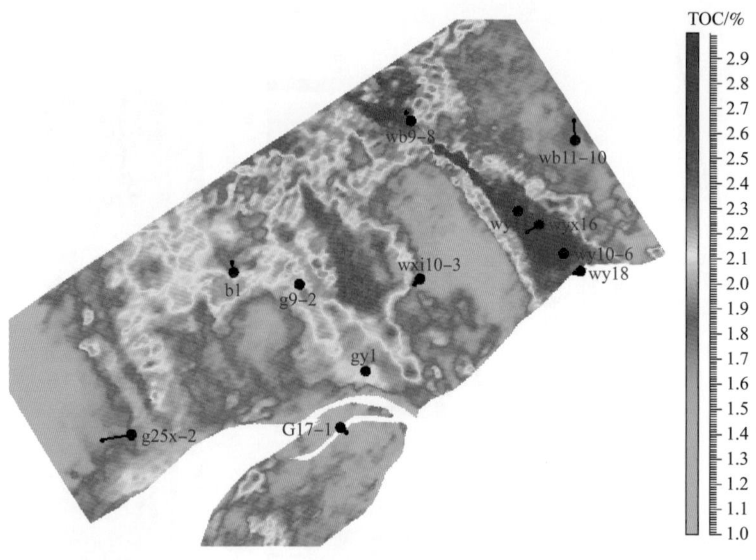

图 5-4-12 TOC 平面分布图

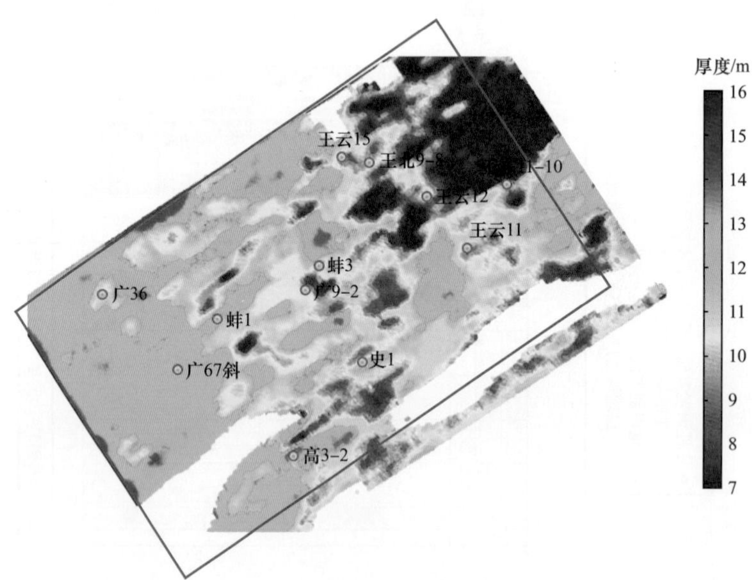

图 5-4-13 页岩地层厚度平面分布图

3. 孔隙度、含油性和脆性预测

王广浩地区潜 3^4–10 韵律孔隙度平面上由西南向东北逐渐变大，孔隙度大于 8% 区域位于王场背斜、王西和广华地区（图 5-4-14）。

王广浩地区潜 3^4–10 韵律泊松比值小于 0.27 的含油储层位于王四 12-2 井区、高场和广华地区（图 5-4-14）。

王广浩地区潜 3^4–10 韵律整体脆性条件较好，其中脆性指数高的区域发育于广华、高场、王东（图 5-4-16）。

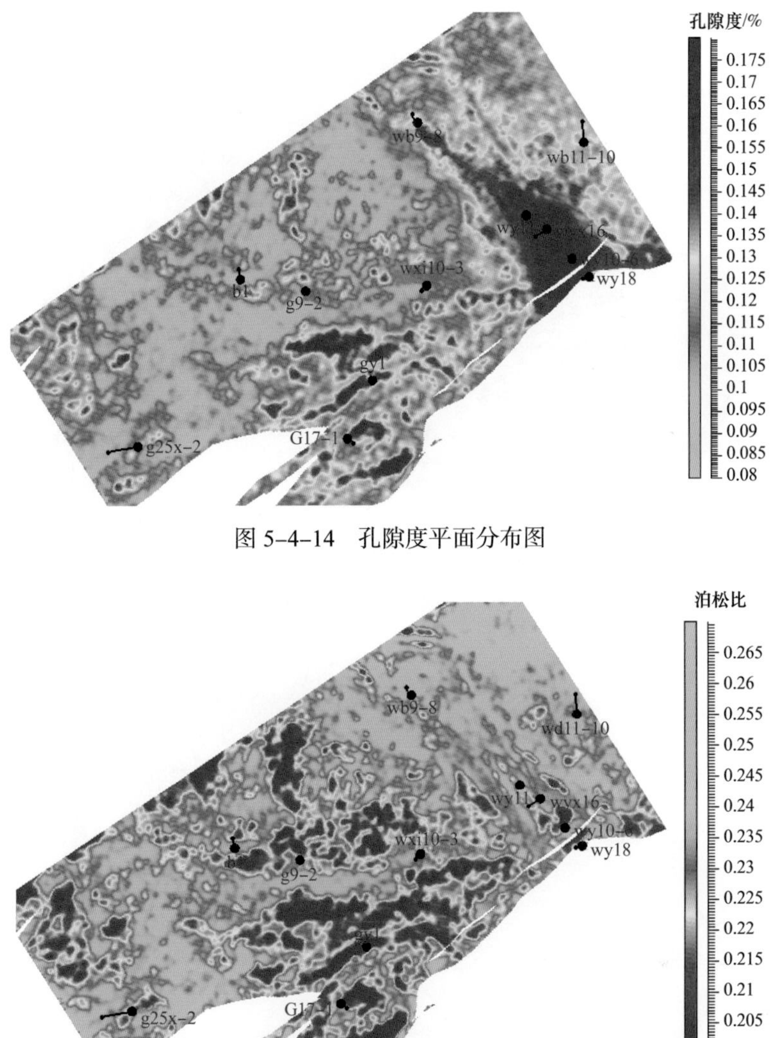

图 5-4-14　孔隙度平面分布图

图 5-4-15　泊松比平面分布图

4. 地震地层压力预测

王广浩地区潜 3^4-10 韵律预测地层压力平面上北西压力低东南压力高，其中王四 12-2 井区地层压力系数最高，可达 1.5 以上，广华地区、高场以及王北压力系数在 1.2 左右（图 5-4-17）。

5. 裂缝预测

将最大负曲率、应力场、各向异性和地震时频 4 种属性融合，结合测井和地质资料，预测裂缝发育有利区位于王场背斜、广华和高场地区（图 5-4-18）。

图 5-4-16 杨氏模量平面分布图

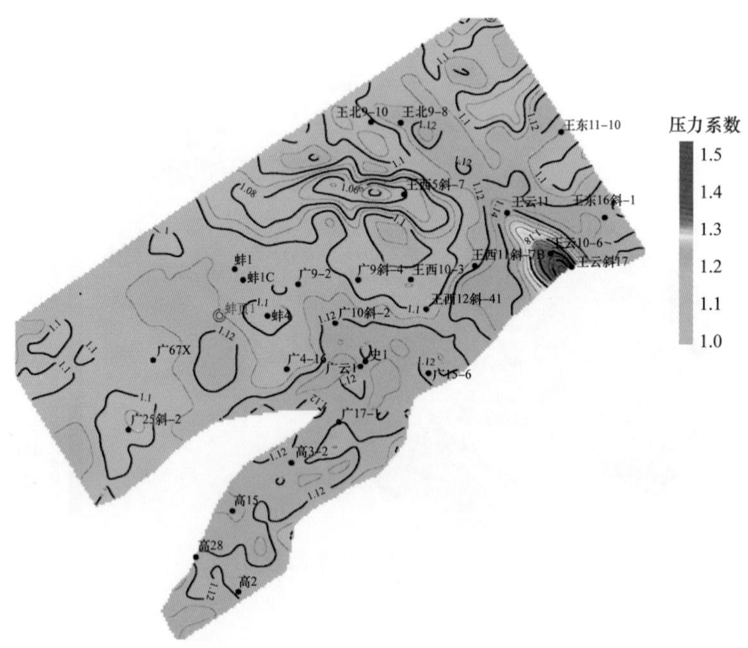

图 5-4-17 压力系数平面分布图

三、“甜点”综合评价

应用地震解释和地震预测成果，结合地质、钻测井及测试等资料进行页岩油“甜点”综合评价。

1. 评价方法

“甜点”综合评价采用算术加权平均法，评价参数分为地质条件和工程改造条件两类。

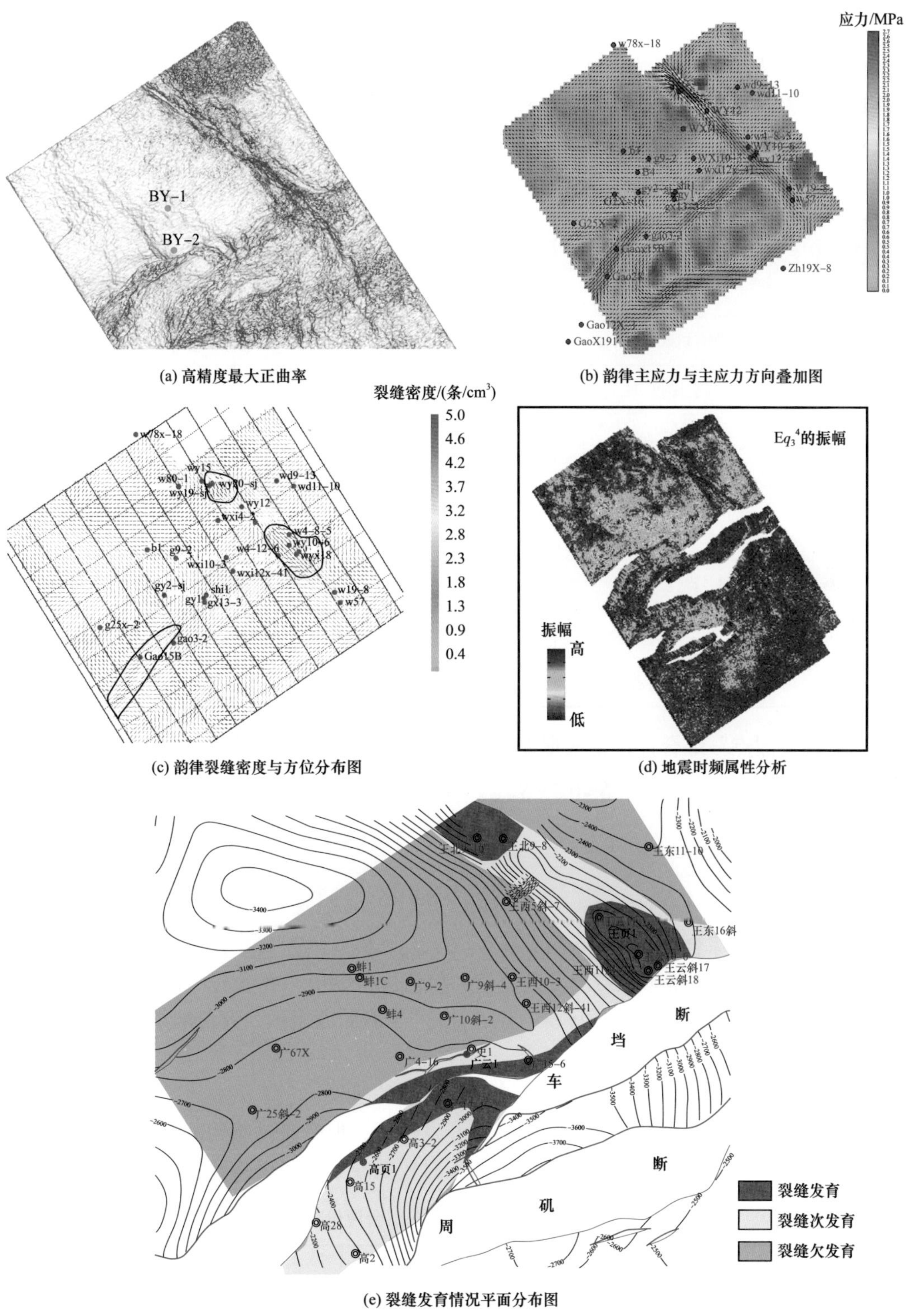

(a) 高精度最大正曲率

(b) 韵律主应力与主应力方向叠加图

(c) 韵律裂缝密度与方位分布图

(d) 地震时频属性分析

(e) 裂缝发育情况平面分布图

图 5-4-18　潜 3^4-10 韵律裂缝发育情况平面分布图

地质条件评价要素主要包括烃源条件、储集条件、含油性条件和可动性条件 4 类。其中，烃源条件评价要素是总有机碳含量，储集条件评价要素包括孔隙度和厚度，含油性条件评价要素地震上用泊松比表征，可动性条件评价要素是地层压力系数。工程改造条件评价要素包括脆性（地震上用杨氏模量表征脆性）、埋深和裂缝发育程度。针对不同参数对于页岩油的贡献，给予不同赋值区间，具体见表 5–4–3。

表 5–4–3 盐间页岩油评价参数赋值表

参数类型（权值）	参数名称	权值	分值		
			0.6～1.0	0.4～0.6	0～0.4
地质条件（0.5）	总有机碳含量 /%	0.3	＞2	1～2	0.5～1
	孔隙度 /%	0.2	＞15	8～15	＜8
	厚度 /m	0.1	＞8	5～8	＜5
	含油性	0.3	＜0.22	0.22～0.27	＞0.27
	地层压力系数	0.1	＞1.2	1.1～1.2	＜1.1
工程改造条件（0.5）	脆性 /GPa	0.4	＞12	10～12	＜10
	埋深 /m	0.3	＜2500	2500～3300	＞3300
	裂缝发育程度	0.3	发育	较发育	不发育

页岩油“甜点”综合评价是根据地质条件和工程改造条件计算得出，计算公式如下：

$$S=0.5\times S_{地质条件}+0.5\times S_{工程改造条件} \tag{5-4-4}$$

$$S_{地质条件}=0.3\times S_{总有机碳含量}+0.2\times S_{孔隙度}+0.1\times S_{厚度}+0.3\times S_{含油性}+0.1\times S_{压力系数} \tag{5-4-5}$$

$$S_{工程改造条件}=0.4\times S_{脆性}+0.3\times S_{埋深}+0.3\times P_{裂缝} \tag{5-4-6}$$

其中，S 为页岩油综合评价值，$S_{总有机碳含量}$、$S_{孔隙度}$、$S_{厚度}$、$S_{含油性}$、$S_{压力系数}$、$S_{脆性}$、$S_{埋深}$和 $S_{裂缝}$等可根据页岩油关键参数资料及其分值和权值进行赋值，并参与计算。

对页岩油区块进行综合分类评价，用“甜度”S 值加以表示，评价结果可分为Ⅰ、Ⅱ、Ⅲ三大类（表 5–4–4）：

Ⅰ类是指综合评价好，具有较高经济开发价值的区块；

Ⅱ类是指综合评价较好，具有一定经济开发价值，但受条件制约的区块；

Ⅲ类是指综合评价较差，经济开发价值相对较低或不具备经济开发价值区块。

表 5–4–4 盐间页岩油“甜点”综合评价参数分值表

参数	Ⅰ类	Ⅱ类	Ⅲ类
S 值	≥0.6	0.4＜S＜0.6	≤0.4

2. 综合评价

按照评价方法对王广浩地区潜3^4–10韵律综合评价，圈定“甜点”区4个，总面积67km^2，资源量3557×10^{4}t，“甜点”区分布于王场背斜、王西、广华和高场地区（图5–4–19）。

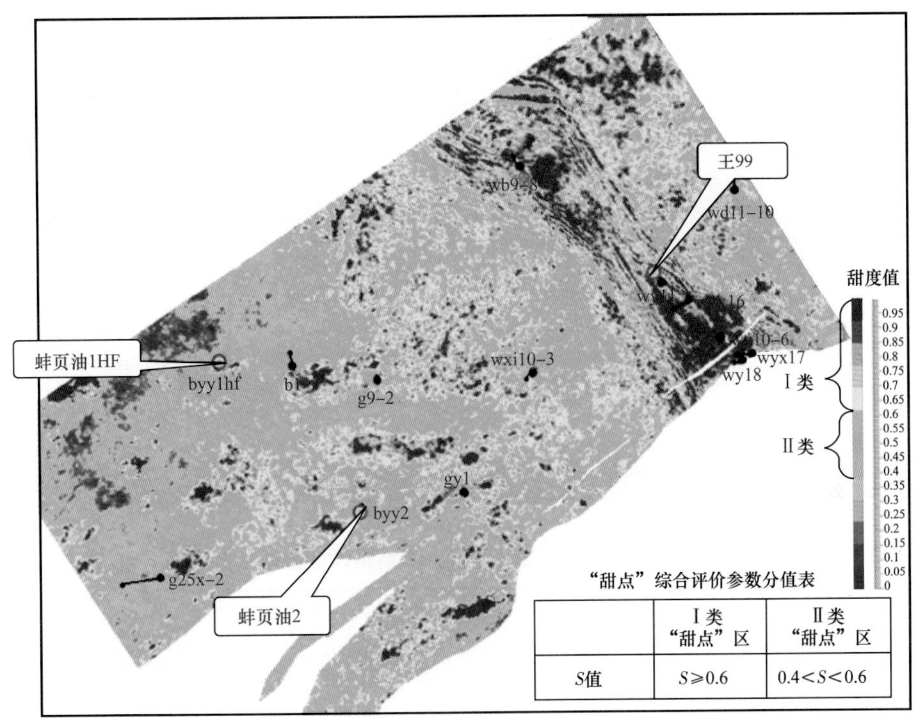

图5–4–19　王广浩地区潜3^4–10韵律“甜点”预测评价图

第五节　盐湖及半咸水湖陆相页岩油钻井关键技术

一、盐湖陆相页岩油钻井关键技术

1. 潜江凹陷盐湖陆相页岩油水平井井身结构优化设计

1）*必封点的选择*

潜江凹陷蚌湖地区地层孔隙压力基本在0.9～1.2之间分布，属于常压压力系统，井壁坍塌压力在1～1.35之间，地层破裂压力均大于1.80。井身结构设计主要考虑岩性及井型对钻井的影响：平原组流沙层松散，易冲蚀形成大肚子；广华寺组黏土岩夹松散砂砾岩，长时间浸泡易垮塌；荆河镇组地层泥岩易吸水膨胀垮塌；潜江组含盐岩，存在大量的纯盐岩层，盐岩蠕变需要提高钻井液密度以平衡蠕变压力，钻井液密度一方面要平衡蠕变压力，另一方面需防止压破压漏地层。因此，平原组、广化寺组、荆河镇组为三个必封点。

2）井身结构设计

水平井井身结构设计既要考虑常规井身结构设计方案，又要考虑井型的特殊型，水平井井身结构有两套方案：基本下深至A靶点、技套不下入至A靶点。两套方案优缺点明显：前者，为水平段钻井创造了安全条件，但大井眼进尺多，钻井周期相对较慢，且斜井段盐层蠕变需要使用高抗挤套管，成本高；后者则相反。

考虑区域钻探情况，结合潜江凹陷岩性特征，根据潜三段页岩油水平井的地层压力剖面，结合地质工程难点，优化形成“三开次”“导管＋三开次”两套井身结构设计方案（表5–5–1、表5–5–2）。

表5–5–1 潜三段页岩油水平井井身结构设计数据（方案一）

开次	钻头尺寸/mm	套管外径/mm	套管下深/m	说明
一开	444.5	339.7	平原组底	封平原组，建立井口
二开	311.2	244.5	造斜点之上50m	封广华寺组、荆河镇组及潜二段中上部地层
三开	215.9	139.7	井底	

表5–5–2 潜三段页岩油水平井井身结构设计数据（方案二）

开次	钻头尺寸/mm	套管外径/mm	套管下深/m	说明
导管	660.5	478	30	建立井口
一开	444.5	339.7	荆河镇组顶	封广华寺组地层
二开	311.2	244.5	A靶点	封A靶点之上的盐韵律层
三开	215.9	139.7	井底	

2. 页岩水平井优快钻井配套技术

1）钻头选型优化

（1）岩石可钻性评价：

采用多元回归方法，利用测井参数求取岩石可钻性数学模型，求解蚌湖地区岩石可钻性。由评价结果可以看出，该地区的地层岩石整体可钻性比较好，最高只有四级，且PDC钻头的岩石可钻性级值略低于牙轮钻头，说明该地区通过优选PDC钻头可以达到较好的提速效果（图5–5–1）。

（2）钻头优选方案：

根据蚌湖地区的岩石可钻性评价结果，地层岩石整体可钻性比较好，最高只有四级，大部分井段通过优选PDC钻头可以达到较好的提速效果（表5–5–3）。

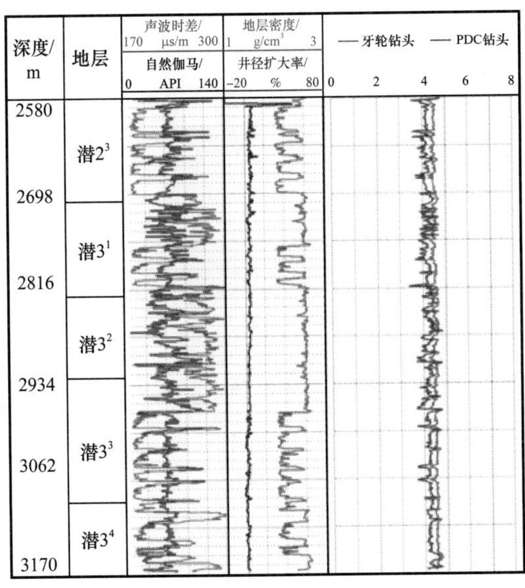

(a) 蚌页油1HF井

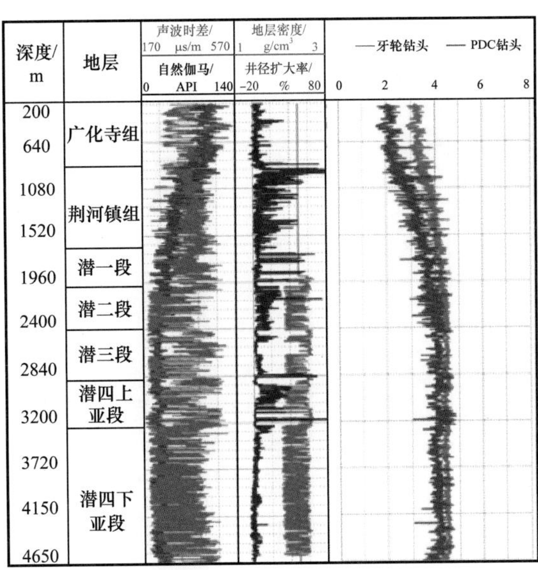

(b) 蚌页油2井

图 5-5-1 蚌湖地区岩石可钻性

表 5-5-3 潜江凹陷蚌湖地区钻头选型结果表

地层	钻头直径 /mm	型号	类型	井段
广化寺组	311.2	HAT127G	牙轮	直井段
荆河镇组	311.2	F8566DRT	PDC	直井段
潜一段—潜二段	311.2	KS1652DGRX	PDC	直井段
潜三段	215.9	KPM1642ART	混合钻头	造斜段
潜三段	215.9	KPM1642ART	PDC	水平段

2）盐间薄储层井眼轨迹精细控制技术

（1）地质导向技术方案：

针对潜 3^4–10 韵律页岩油水平井储层厚度薄、靶框半径小、水平段特征控制点少等难点，从潜三段沉积特征入手，利用盐韵律及盐间储层的特征参数，建立潜 3^4–10 韵律页岩油水平井地质导向技术方案。

① 入靶着陆控制：

Ⅰ入靶过程中选取如图 5-5-2 所示的（4、8、9 韵律伽马特征值）3 个标志点作为主要控制点，其他韵律层高尖作为辅助标志点。

Ⅱ利用潜 $3^{1下}$顶底界对比，判断是否对 A 靶垂深进行初步调整。

Ⅲ以 30°～35° 井斜探标 1 标志层，以 50°～55° 探标 2 标志层，以 60°～62° 探标 3 标志层。

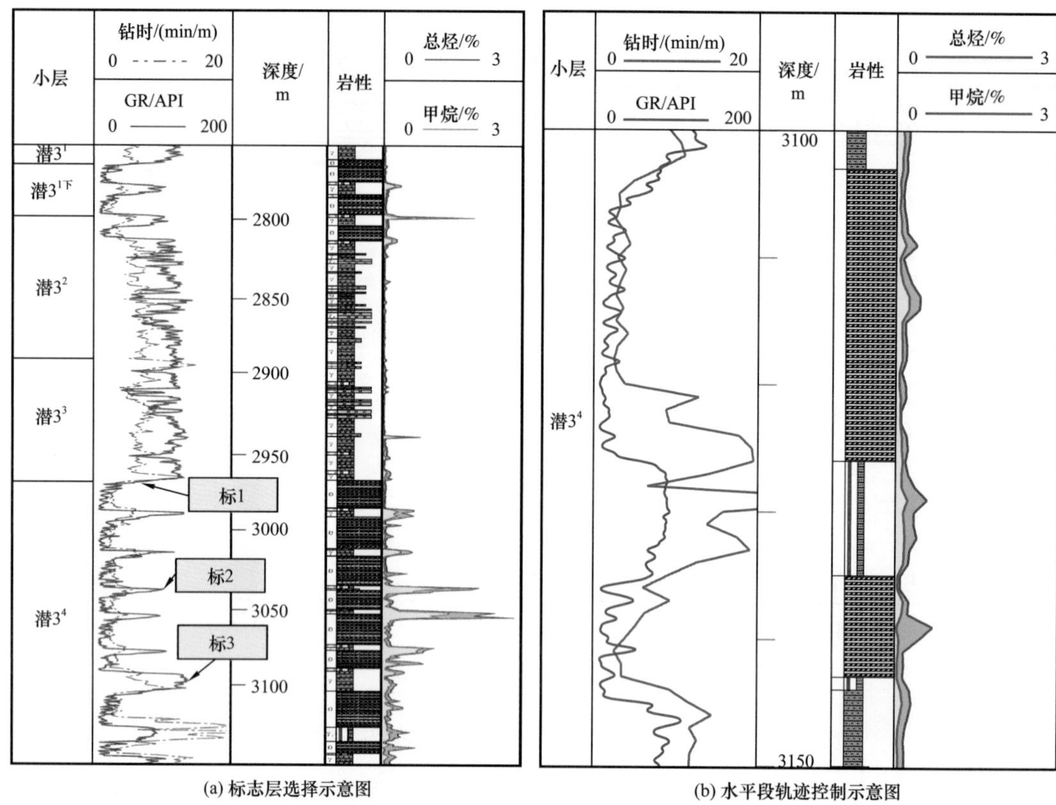

(a) 标志层选择示意图　(b) 水平段轨迹控制示意图

图 5-5-2　蚌页油 1HF 井综合柱状图

Ⅳ钻至目的层上部盐韵律后根据剩余靶前位移大小考虑一段夹角 1°～2° 的稳斜探层段，待入靶之后根据实际地层倾角调整井斜以打平。

② 水平段轨迹控制：

潜 3^4-10 韵律伽马曲线均呈箱形，且中—底部可见上高下低的台阶状形态，此特征可作为水平段钻进过程中计算地层视倾角及判断轨迹走向的依据，并据此调整井斜，使井斜与地层产状相匹配，从而控制轨迹在目的层内穿行。

（2）井眼轨迹控制技术方案：

① 直井段：采用“预弯曲防斜钻具 + 随钻监测技术”实现防斜打快，钻具组合为 PDC+1° 单弯螺杆 + 扶正器 +MWD；

② 斜井段：采用“预弯曲防斜钻具 + 随钻监测技术”实现防斜打快，钻具组合为

③ 水平段：考虑到储层厚度为 10m 左右，优质储层厚度 2～3m，靶区范围小，为提高优质储层钻遇率，采用含地质导向的旋转导向系统，考虑经济型，备用近钻头地质导向工具。

盐间薄储层井眼轨迹精细控制现场应用效果先出，实现了潜 3^4-10 韵律页岩油水平井优质储层穿行率 100%，创造了潜江凹陷盐间页岩油水平井水平段最长纪录。

3. 页岩油水平井钻井液技术

1）钻井液体系优选

（1）直井段钻井液体系：

井段推广应用成熟钻井液体系，实现优快钻井。结合潜江凹陷现行的分段成熟钻井液体系：一开钻井液体系为膨润土浆；二开钻井液体系为非盐层井段（广华寺组—荆河镇组），正电胶防塌钻井液；三开钻井液体系为盐层井段（潜一段—潜二段），聚合物饱和盐水钻井液。

（2）三开油基钻井液：

在调研国内外页岩油水平井于水平段采用的钻井液体系资料的基础上，重点分析涪陵页岩气田（柴）油基钻井液体系，结合潜江凹陷蚌湖地区的地层岩性特征，尤其是盐岩层的钻井地质特征，开展适应性评价（表 5-5-4）。

表 5-5-4　油基钻井液抗盐性能评价

配方	ρ/g/cm^3	油水比	固相含量/%	AV/mPa·s	PV/mPa·s	YP/mPa·s	YP/PV/Pa/(mPa·s)	切力		FL_{HTHP}/mL	ES/V
								10″	10′		
油基钻井液	1.60	70：30	26	61	47	14	0.30	6.5	9	2.6	446.2
油基钻井液 +15%NaCl				67.5	50	17.5	0.35	7.5	11	3.4	393
油基钻井液	1.60	75：25	26	49	41	8	0.20	4	5.5	1.6	527.8
油基钻井液 +15%NaCl				54	43	11	0.20	4	6	2.0	481.4
油基钻井液	1.60	80：20	26	42	35	7	0.20	3	3.75	1.6	571.6
油基钻井液 +15%NaCl				50	40	10	0.25	3.5	5.5	1.8	507.6
油基钻井液	1.60	85：15	26	40	34	6	0.18	3	3.75	1.4	662.6
油基钻井液 +15%NaCl				47	39	8	0.20	3.5	5.5	1.8	609

注：所有样品均为老化后测量；测定温度为 60℃；老化条件：80℃温度下滚动 16 小时；FL_{HTHP} 条件：120℃ × 4.2MPa。

基于不同油水比抗盐侵室内实验，油基钻井液的油水比越高，黏切越低，破乳电压越高，越稳定，确定油水比在（75～85）:（25～15）范围内，配方如下：

80 份柴油 +20 份 $CaCl_2$ 盐水 +2%～4% 主乳化剂 +1%～1.5% 辅乳化剂 +0.5%～1.5% 有机土 +2%～3% 降滤失剂 +0%～0.5% 流型调节剂 +2%～4% 页岩封堵剂 +2%～4% 纤维封堵剂 +2%～3% 石灰 + 加重剂。

2）平衡盐层蠕变钻井液密度设计

钻井液密度既要平衡盐岩层蠕变缩径，又要防止钻井液密度过高压漏地层，适合的钻井液密度是盐层水平井钻井关键。

（1）岩层蠕变规律研究：

根据国内外调研，温度和差应力是影响蠕变速率最重要的因素，基于潜江凹陷测井资料，确定差应力在 3～15MPa 之间，温度分布函数 $T=0.0212H+40.569$。通过盐岩段岩心蠕变实验，确定了总蠕变方程。利用该方程，采用 $FLAC^{3D}$ 对不同埋深、不同厚度、不同温度、不同地层倾角蠕变压力进行反演模拟，结果表明：随盐岩层深度增加，套管受力显著增加；随着时间的延续，套管受力趋于稳定；盐岩层埋深越深，套管受力趋于稳定的时间越短，最后和上覆地层压力相同（图 5-5-3）。

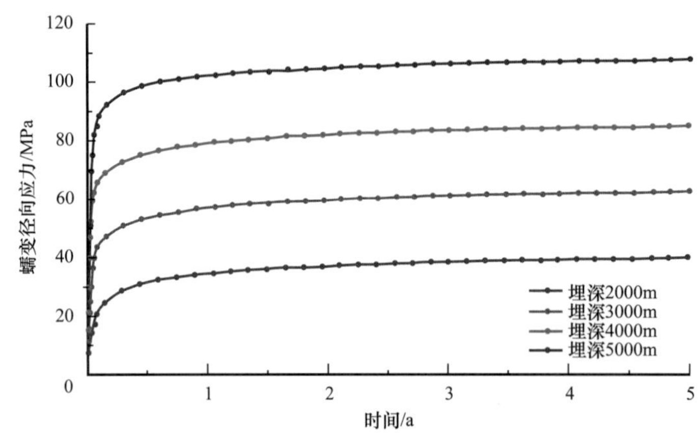

图 5-5-3　地层破裂压力、坍塌压力与井斜方位的关系图

（2）井壁稳定性研究：

基于岩石力学分析理论，考虑岩石组分及地层温度因素，建立了井壁稳定（坍塌 / 破裂）计算模型。结合潜江凹陷蚌页油 2 井、王 99 井和广云 1 井岩石力学实验校正，得出了潜江凹陷页岩油水平井井壁稳定性规律：随井斜角不断增加，坍塌压力在 45° 井斜角时达到最低值（0.945），随后不断增加；破裂压力在 45° 井斜角时达到最高值（2.20），随后不断降低；当井斜角一定，方位在 120° 时，坍塌压力达到最低值，破裂压力达到最大值。

（3）安全钻井液密度设计：

以水平段钻遇最深盐韵律层的垂深为基础，考虑到地层温度的影响，确定盐层钻井所需的安全钻井液密度。

结合潜 3^4–10 韵律页岩油储层的井壁稳定性特征，确定了三开油基钻井液密度范围在 1.55～1.65g/cm^3 之间。

4. 盐间页岩油长水平段固井技术

1）固井水泥浆体系

江汉油区地层承压能力低，极易压漏地层，造成水泥浆返出困难，固井质量难以控制。为实现目的层位的有效封固，满足页岩油井水平段进行大型分段压裂作业的要求，在水泥浆体系构建时提出了双凝防漏水泥浆技术。具体研究思路如下：

（1）双密度设计，领浆低密度水泥浆，尾浆为常规密度水泥浆，确保平衡地层压力的情况下，水平段固井的质量；

（2）通过选择合适的双凝界面高度，精确控制环空水泥浆当量密度，确保水泥浆压稳、防漏；

（3）尾浆中加入一定量胶乳和增强防窜剂，提高水泥浆防窜能力，增强水泥环抗压强度；

（4）领浆、尾浆中同时加入适量混合堵漏纤维，提高水泥浆的韧性的同时提高水泥浆防漏能力。为有效降低领浆水泥浆密度，提高领浆性能。

根据上面研究思路，确定页岩油水平井固井水泥浆体系构建为双凝双密度防漏防气窜水泥浆体系，具体配方如下：

领浆配方：三峡G级+25%减轻剂CP-56+2%降失水剂G310S+0.5%分散剂+0.2%纤维+0.2%消泡剂+80%淡水（密度为1.55g/cm^3）。

尾浆配方：三峡G级+2.5%降失水剂G310S+1.0%增韧剂STR+1.0%膨胀剂BOND+0.5%分散剂USZ+5%胶乳LATEX+0.2%消泡剂XP-1+44%淡水。

2）前置液体系优化

（1）清洗液配方优化：

在对油基基液和油基泥饼进行分析的基础上，优选了Versaclear高效油基钻井液固井清洗剂，为提高清洗效率及加重需要，清洗液根据需要添加不同级配颗粒物，如重晶石、复合颗粒等。现场配方为：淡水+20%Versaclear+重晶石粉。

该清洗液与水泥浆体系配伍良好，对油基钻井液的乳化效率高，在一定排量下油基钻井液及其泥饼不断被清洗冲刷，并在清洗液中得到增溶，有效清除钻井液及油膜，并润湿泥饼，为后续冲洗液进一步对钻井液的顶替打好基础。

（2）冲洗液配方优化：

优选了Flusher高效冲洗剂，现场配方为：淡水+6%Flusher+重晶石粉。

施工时采用大排量冲洗，进一步清洗和冲刷井壁和套管壁的油膜，将亲油性的井壁反转为亲水性的井壁，顶替效率高，有效提高水泥浆与第一、第二界面的胶结质量。

3）完井方式优选

本文针对盐间页岩油完井方式优选问题，基于统计分析、系统工程学和岩石力学等相关理论，引入了TOPSIS、AHP和EWM数理方法，形成了盐间页岩油完井方式优选方法。

完井方式多目标决策理想点法（TOPSIS）优选原理为：选取加权标准化矩阵$\boldsymbol{Z}$中效益型指标的最大值和成本型指标的最小值组成最优向量$\boldsymbol{Z}_j^+$，取矩阵$\boldsymbol{Z}$中效益型指标的最小值和成本型指标的最大值组成最劣向量$\boldsymbol{Z}_j^-$，以各完井方式的评价指标向量到最劣向量的距离尺度S_i^-占各完井方式优选评价指标向量到最优和最劣向量的距离尺度和（$S_i^+ + S_i^-$）的比重为完井方式优选评价指标向量到最优向量和最劣向量的贴近度C_i，排序得出距离最优向量最近同时距离最劣向量最远的样本即为最优方案。

AHP-EWM的综合权重计算方法对某一完井方式评价指标向量中各指标赋权值原理为：依据完井方式评价指标间相互重要性，给出每种评价指标的重要性标度b_{jy}（j，y=1，2，…，n），建立完井方式评价指标重要性标度矩阵$\boldsymbol{B}_{jy}$；以标度矩阵中各指标对应行向量

的标度积 n 次方根 $\bar{\omega}_j$（j=1，2，…，n）占全部指标行向量标度积 n 次方根和 $\sum_{j=1}^{n}\bar{\omega}_j$ 的比重为其指标权重 ω_j，各指标向量组成权重向量 ω；求取评价指标的熵权，获得评价指标的熵权后，可以计算指标熵权权重值 η_j；将熵权权重 η 和 AHP 权重 ω 按照式（5-5-1）方法合成，得到综合权重 ω_j'。

$$\omega_j' = \frac{\eta_j\omega_j}{\sum_{j=1}^{n}\left(\eta_j\omega_j\right)} \tag{5-5-1}$$

式中 η_j——第 j 项指标的熵权权重值；

ω_j——第 j 种指标的权重值；

ω_j'——第 j 项指标的综合权重值。

本文基于不同完井方式特点、适用条件和主控因素分析，以地质适应性指数、完井成本、风险性指数和技术可行性指数作为评价指标构建评价向量，并依据完井方式的适用性、工艺特点以及指标重要度，应用 EWM 客观权重与 AHP 主观权重相结合确定其权重；引入理想点法（TOPSIS）数理方法，综合各完井方式中的每种指标最优和最差值构建优选方法的最优和最劣标准向量，以距离最优向量最近和最劣向量最远为原则，建立了基于改进 TOPSIS 和 AHP-EWM 的盐间页岩油完井方式优选方法。

二、半咸水湖陆相页岩油钻井关键技术

1. 泌阳凹陷半咸水湖陆相页岩油水平井井身结构优化设计

泌阳凹陷深凹区属正常压力系统，不存在压力异常；地温梯度在 3.2～4.0℃ /100m 之间，推测到页岩目的层地温可能达到 113℃左右；同时根据陆相页岩水平井的地层特点、后期多级分段压裂及目前钻井工艺现状，参照已完钻井实钻情况，结合研究成果及外部调研情况，依据有利于安全、优质、高效钻井原则进行设计，达到安全高效钻井，实现地质目的。优化采用三开井身结构：一开表层套管主要考虑封固地表水、廖庄组上部成岩性差、胶结疏松地层；二开技术套管设计在目标层上部，减少上部井段水基钻井液浸泡时间，降低二开井段施工时页岩可能存在的垮塌风险，防止井眼垮塌；三开油层套管下至井底，固井水泥返至地面，保证固井质量，满足后期多级分段压裂。

通过开展页岩矿物成测试、页岩理化实验、页岩力学性质测试以及岩石声波测试，计算孔隙压力、弹性应力及热应力，建立流—固—化—热耦合的井壁稳定性模型。结合流—固—化—热耦合的井壁稳定性模型预测地层坍塌压力，井斜在 0°～50° 范围内的坍塌压力缓慢上升，井斜超过 50° 后，坍塌压力快速上升。

结合坍塌压力预测，研究分析不同钻井液体系下各井段坍塌周期。常规水基钻井液体系：斜井段坍塌周期 15 天左右，水平段井壁坍塌周期 11 天左右；混油防塌水基钻井液体系：斜井段坍塌周期 25 天左右，水平段井壁坍塌周期 20 天左右；油基钻井液体系：斜井段坍塌周期 40 天左右，水平段井壁坍塌周期 36 天左右。

在初步确定三开井身结构方案的基础上，依据坍塌周期预测，结合实钻及调研情况，进一步优化完善井身结构方案（技术套管下深）：技术套管下深至大段泥页岩的上部井斜30°～50°之间。

2. 页岩水平井优快钻井配套技术

1）钻头选型优化

（1）岩石可钻性测试：

① 压入硬度分级：利用 HYY-B 岩石压入硬度仪对岩石的压入硬度进行测试，获得岩石的压入硬度值。试验选取了该区已钻井不同井段三批岩心进行试验，经过大量的岩石压入硬度测试仍然可以得出下述结论：所测试的页岩地层按岩石压入硬度进行可钻性分级，其可钻性级值为 4～6 级，以 5 级中硬为主；岩石压入硬度大小与井深存在明显关联，几乎所有可钻性级值为 4 级的岩石，其井深都小于 2000m；页岩井中地层可钻性也存在局部较高的井段，压入硬度获得的可钻性级值达到 6 级，甚至接近 7 级。这是由于局部井段中的岩石包含较高的石英、长石等脆性矿物所致。

② 研磨性测试：采用标准件测定法，得出岩样的研磨性指标见表 5-5-5。

表 5-5-5　实钻井部分岩样岩石研磨性指标

井名	井深 /m	岩样编号	研磨性 /（mg/10min）	研磨性（等级与特征）
1 号井	2448	5-81/97	42.4	Ⅴ，较强
	2427	3-35/80	14.6	Ⅲ，较弱
	2420	2-51/79	9.3	Ⅱ，很弱
2 号井	2568	4-32/43	53.7	Ⅵ，很强
	2568	4-21/43	51.1	Ⅵ，很强
	2568	4-21/43	32.8	Ⅴ，较强

结论：泌阳凹陷地层硬度属于中软—中硬地层，地层可钻性级为 4～6 级，以 5 级为主，局部可钻性级值达到 6～7 级，地层研磨性等级Ⅱ～Ⅵ级，岩石研磨性差异较大（表 5-5-6）。

表 5-5-6　地层岩石可钻性评价结果

井段 /m	地层层位	岩石可钻性（牙轮）	岩石可钻性（PDC）	抗压强度均值 /MPa	研磨性
500～1000	廖庄组	1.75～2.52	1.75～2.18	50	—
1000～1500	核一段	2.40～4.92	2.15～4.78	65	—
1500～2000	核二段	2.37～5.48	2.08～5.37	70	Ⅱ～Ⅵ
2000～3200	核三段	2.76～6.49	2.63～6.41	100	

（2）钻头优选方案：

通过开展泌阳凹陷地层可钻性测试，结合岩石理化性质及力学性质，针对性开发了一套钻头选型软件，有效指导钻头优选。优化二开井段：4～6 刀翼高效 PDC 钻头，三开井段：5 刀翼进口复合片 PDC 钻头。

2）钻井参数优化

（1）直井段：二开直井段采用螺杆复合钻具，转速为 80～120r/min；排量为 35～50L/s。

（2）斜井段（井斜≤50°）：采用螺杆复合钻具，转速为 70～110r/min，排量为 38～50L/s。

（3）大斜度井段、水平段：采用旋转导向钻井方式，转速为 100～130r/min，排量 32～35L/s。

3）钻井装备及提速工具配套

泌页 HF1 井施工钻机为 ZJ50L，钻机动力明显不足；常规机械泥浆泵，承压能力低（20MPa）、排量小（38L/s）且不能实时进行优化，导致井眼清洁困难。泌页 2HF 井进行了优化，但问题并未得到完全解决。针对钻井装备配套能力不足额的问题，通过优化钻机选型、强化泥浆泵配置，提升钻井装备配套能力。

优化钻机选型：选用电动钻机，推荐 ZJ50D 或 ZJ70D 钻机配备顶部驱动；

强化泥浆泵配置：采用 3 台泵，条件许可情况下，配备 2 台 3NB1600、1 台 F2200HL 型大排量高压泵，配套高压地面管汇。

针对 ϕ197mm 普通螺杆使用寿命短（80～120h）、大井眼（ϕ311.2mm）定向周期长、施工效率低的问题。通过对不同类型螺杆的马达总成、万向轴总成、传动轴总成优缺点对比分析以及 ϕ197mm 螺杆和 ϕ210mm 螺杆技术参数对比，优选 ϕ210mm 等壁厚螺杆。ϕ210mm 螺杆与 ϕ197mm 螺杆相比，允许最大排量、钻头钻速以及输出扭矩都明显增大（表 5–5–7）。

表 5–5–7　ϕ197mm 螺杆和 ϕ210mm 螺杆技术参数对比

型号尺寸	允许最大流量 /（L/s）	钻头钻速 /（r/min）	输出扭矩 /（N·m）
5LZϕ197mm×7Y	38	89～150～178	5500
5LZϕ210mm×7Y	54	88～149～180	10375

针对 ϕ127mm 钻杆内径小（108.62mm），循环压耗大的问题。通过相同工况下 ϕ127mm 钻杆和 ϕ139.7mm 钻杆循环压耗对比，优选 ϕ139.7mm 钻杆（表 5–5–8）。

表 5–5–8　相同工况下 ϕ127mm 钻杆和 ϕ139.7mm 钻杆循环压耗对比

循环压耗差值 /MPa	ϕ139.7mm 钻杆相对 ϕ127mm 钻杆可以提高排量 /（L/s）
4.16	8.22

采用 ϕ139.7mm 钻杆、ϕ210mm 等壁厚螺杆，降低循环压耗；配套水力振荡器辅助破岩，排量由 36L/s 提高至 50L/s，提高岩屑上返速度。

3. 页岩水平井钻井液技术

1）钻井液设计思路

河南油田泌阳凹陷深凹区主要目的层为古近系核桃园组三段。斜井段为古近系核桃园组三段。岩性主要为灰黑色页岩、泥岩、夹粉砂岩。泥页岩水敏性强，且页理发育，性脆，易发生剥落掉块、垮塌，要求页岩水平井大井眼定向斜井段钻井液必须具有携砂能力强、润滑性好、封堵能力强和强抑制性等特点。

2）强抑制强封堵水基钻井液配方优选

（1）抑制剂优选及复配：

通过泌页 HF1 井 Eh_3Ⅱ井段 2083～2087m 泥岩岩屑滚动回收率实验，优选 CP-1 和 PMHA-II 为体系抑制剂；加入 0.2% 聚胺抑制剂 NH-1，岩屑滚动回收率提高到 94.12%，能够满足钻井液抑制性要求；再加入 5%HCOOK，适当调整体系活度，岩屑滚动回收率提高到 95.70%。

（2）封堵防塌剂优选及复配：

室内优选 SFT-120 和 CAG 为体系的固态沥青，加入 1%SFT（膏状沥青）后，FL_{API} 从基浆的 16mL 下降至 7mL，FL_{HTHP} 从基浆的 28mL 下降至 17mL。其封堵降滤失效果更好。

（3）润滑封堵剂优选：

室内优选出 SL-1 和 RT-1 作为体系润滑封堵剂。基浆摩阻系数 0.1，基浆 +3%SL-1（乳化沥青）摩阻系数 0.0787，基浆 +1%RT-1（石墨）摩阻系数 0.0787，基浆 +3%SL-1+1%RT-1 后摩阻系数 K_f 值下降至 0.0699 且滤失量降低明显。

（4）降滤失剂优选及复配：

室内研究选择 0.6%OSAM-K+2%CSMP+2%SPNH 复配作为体系的降滤失剂，API 滤失量由 16mL 下降至 6mL，HTHP 滤失量由 28mL 下降至 14mL。

（5）体系配方：

通过以上优选，形成强抑制强封堵钻井液配方：4% 膨润土 +0.3% 纯碱 +0.3%PMAH-Ⅱ+0.3%CP-1+0.2%NH-1+2%SFT+2%SFT-120+2%CAG+3%SL-1+1%RT-1+0.6%OSAM-K+2%CSMP+2%SPNH+0.5%GF-2+8% 白油 +1%ZRH-1+5%HCOOK

3）强抑制强封堵水基钻井液性能评价

（1）基本性能：

在 120℃/16h 热滚后，钻井液流变性好，API 滤失量为 4.5mL、HTHP 滤失量为 10mL，摩阻系数 0.0787，润滑性好。

（2）页岩膨胀率评价：

钻井液配方对 Eh_3Ⅱ段、Eh_3Ⅲ段地层有较强的抑制水化膨胀效果，在钻井液中 16h 膨胀率分别为 6% 和 0.88%。

（3）页岩分散回收率评价：

泌页2HF井Eh_3Ⅱ段2258～2259m钻屑，在80℃±3℃滚动16h。蒸馏水和钻井液中的钻屑回收率分别为38%和88%。

泌页2HF井Eh_3Ⅲ段2701m钻屑回收率：蒸馏水为92%，钻井液中为96%。说明钻井液配方对Eh_3Ⅱ段、Eh_3Ⅲ段地层都具有强地抑制分散、防塌效果。

4）钻井液技术现场应用效果

（1）抑制能力强：

研究形成的页岩水平井斜井段强抑制强封堵水基钻井液抑制性强，较好地解决了泌页2HF井Eh_3Ⅱ段泥页岩易水化膨胀、造浆问题，使钻井液黏度、切力得到有效控制，防止了钻头泥包、托压等故障的发生。

（2）封堵能力强：

该体系封堵能力强，在泌页2HF井页理发育的斜井段Eh_3Ⅱ、Eh_3Ⅲ段大段泥页岩钻进时，通过多种封堵剂复配，使API滤失量达2.6～3.2mL，HTHP滤失量达7～10mL，有效地阻止了钻井液及其滤液向地层的渗透，没有发生井壁坍塌问题，缩短了斜井段钻井周期，斜井段井径扩大率为2.17%。

（3）润滑性能好：

该钻井液润滑性好，将润滑封堵剂与白油、高效润滑剂ZRH-1复配在斜井段有效地降低了摩阻，摩阻系数只有0.0787。

第六节　盐湖与半咸水湖陆相页岩油工艺改造技术

一、盐湖陆相页岩油工艺改造技术

1. 页岩裂缝扩展规律盐湖与半咸水湖陆相页岩油工艺改造技术

潜江凹陷盐湖相陆相页岩油储层地质条件复杂，上下盖层为盐岩，不同地区、不同埋深的岩石力学性质变化较大。通过研究岩石力学、水平应力差异系数、支撑剂嵌入情况等关键参数，明确了蚌湖凹陷盐间页岩储层力学特征及裂缝扩展规律，形成了潜江凹陷盐湖相陆相页岩油藏裂缝扩展模拟技术。

1）岩石可压性

岩石力学参数对页岩储层岩石的可压性具有重要作用和影响，弹性模量越高、泊松比越低，页岩的脆性越强，采用高温高压三轴岩石强度试验装置测试盐岩和页岩泊松比、杨氏模量及抗压强度等力学参数（图5-6-1）。

30MPa围压条件下，蚌湖凹陷盐间页岩泊松比0.285～0.332，杨氏模量12.2～23.1GPa，抗压强度121～228MPa，岩石破裂形态均以单一剪切破裂面为主；盐岩泊松比0.111～0.152，杨氏模量3.1～4.8GPa，抗压强度25～35MPa，表现出明显的塑性变形，应力—应变曲线无峰值，以鼓胀现象为主，未形成宏观破裂面，不易形成裂缝（表5-6-1）。

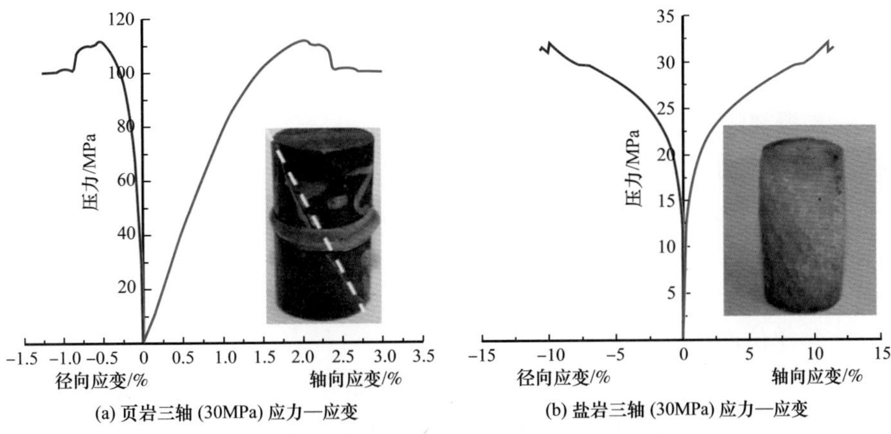

图 5-6-1 围压条件下（30MPa）页岩与盐岩破裂形态

表 5-6-1 岩石力学及脆性评价

岩石类型	泊松比	杨氏模量 /GPa	抗压强度 /MPa
页岩	0.285～0.332	12.2～23.1	121～228
盐岩	0.111～0.152	3.1～4.8	25～35

利用 Rickman 公式计算页岩脆性指数 20%～40%，不具备形成复杂缝网的力学条件，裂缝形态以双翼裂缝为主。

$$B_{\mathrm{RIT}-E}=\frac{E-1}{8-1}\times 100 \tag{5-6-1}$$

$$B_{\mathrm{RIT}-\nu}=\frac{\nu-0.4}{0.15-0.4}\times 100 \tag{5-6-2}$$

$$B_{\mathrm{RIT}-T}=\left(B_{\mathrm{RIT}-E}+B_{\mathrm{RIT}-\nu}\right)/2 \tag{5-6-3}$$

式中 E——岩石弹性模量，10^4MPa；

ν——岩石泊松比；

$B_{\mathrm{RIT}-E}$——弹性模量对应的脆性特征参数分量；

$B_{\mathrm{RIT}-\nu}$——泊松比对应的脆性特征参数分量；

$B_{\mathrm{RIT}-T}$——总脆性特征参数。

2）支撑剂嵌入

由于铺置支撑剂的人工裂缝，在储层闭合应力影响下呈逐渐闭合状态，受到闭合应力及储层自身松软程度（杨氏模量）的影响，人工裂缝中的支撑剂会出现嵌入储层岩石的现象，造成支撑剂的无效铺置，故要求支撑剂粒径大于嵌入深度。采用蚌湖地区盐间页岩岩板、20/40 目支撑剂为样本，在 55.2MPa 围压条件下测试 21 天长期嵌入情况。并采用下面理论计算公式计算嵌入程度：

$$\left[\pi a\left(2a\varepsilon+\varepsilon^2\right)-2\pi\left(a-\varepsilon\right)^2\sqrt{2a\varepsilon+\varepsilon^2}\right]\frac{E}{L}=\frac{p_c}{N_{num}} \tag{5-6-4}$$

式中 a——支撑剂颗粒半径，mm；

p_c——闭合应力，MPa；

ε——支撑剂嵌入深度，mm；

E——岩石杨氏模量，MPa；

L——岩石应变长度，m；

N_{num}——单位面积内支撑剂嵌入数量。

根据试验结果及电镜扫描观察，岩板表面大部分支撑剂呈包裹式嵌入，嵌入程度80%～100%；少部分支撑剂脱落，平均嵌入程度为42.7%。因此，后续改造过程中需要考虑提高裂缝导流能力、强化裂缝稳定性的技术手段（图5-6-2）。

图5-6-2 支撑剂嵌入情况

3）裂缝扩展模拟

通过全直径岩心压裂物理模拟实验系统，开展不同压裂介质（超临界二氧化碳、滑溜水、胶液等）下的裂缝起裂、转向及扩展延伸模拟研究。试验结果表明：潜江凹陷页岩油储层裂缝形态主要受岩石层理发育程度的影响。对于层理发育的页岩层段三种压裂介质均可产生层理裂缝，其中超临界二氧化碳压裂裂缝复杂度最高；对于层理欠发育的白云岩层段，即使采用超临界二氧化碳作为压裂液依然形成单一纵向裂缝（图5-6-3）。

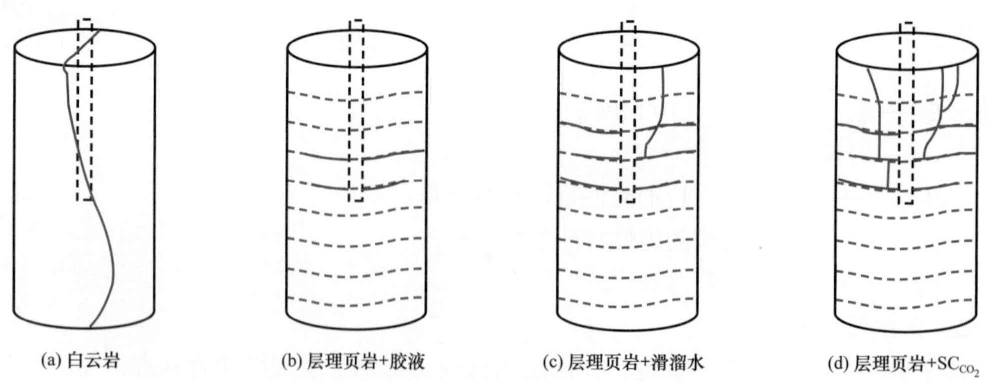

图5-6-3 页岩在不同流体介质下的人工裂缝扩展形态

2. 水平井高效驱油前置液技术

盐间湖相页岩储层具有孔隙连通性差，纳米级孔喉发育的特点，小于40nm孔喉占比在 38.38%～84.12% 之间，平均达到 70%；可动油主要赋存在溶孔、晶间孔中和裂缝体系内。单独采用冻胶压裂液可以建立起裂缝及近井的高渗导流通道，但瓜尔胶直径大难以进入微纳米级孔喉，需要采用易穿透孔喉的小分子材料与之相配合，如减阻水、二氧化碳等，才能达到油水置换、渗析排油的作用，才有可能扩大储层纳米级孔喉连通的有效范围，提高原油采出程度。结合盐间页岩可溶盐、碳酸盐含量高的特性，形成了两套压裂液体系：（1）采用前置减阻水 + 交联冻胶组合压裂液施工；（2）前置二氧化碳 + 减阻水 + 耐酸压裂液体系，通过高效驱油减阻水、二氧化碳两套前置液体系，从而提高盐间页岩油水平井改造的驱油效果。

1）高效驱油减阻水前置液

基于调研结果及储层岩石润湿性，优选了具有高效洗油效果的表活剂体系 JX-GX01。试验结果表明，与常规表活剂相比，JX-GX01 高效洗油剂洗油效果提高 30% 以上（表 5-6-2）。

表 5-6-2 不同表活剂 24 小时洗油结果表

类别	洗油量（常温）/mL	洗油量（80℃）/mL	80℃洗油效率 /%
洗油剂 1（JX-GX01）	4.1	4.8	70.6
洗油剂 2（JX-GX02）	3.2	4.0	58.8
表活剂 3	1.4	2.0	29.4
表活剂 4	2.0	2.5	36.7

通过入井液与储层匹配关系、储层保护评价认识、高效洗油剂研究结果，形成了用于水平井压裂的减阻水配方体系：

0.02%～0.1% 减阻剂 +0.2%～2% 黏土稳定剂 +0.3%～0.5% 高效驱油剂 +0.02% 杀菌剂。

2）高效驱油二氧化碳前置液

超临界 CO_2 既不同于气体，也不同于液体，具有独特的物理化学性质，表面张力为零，扩散性和溶解性强，因此它们可以进入任何大于超临界 CO_2 分子的空间，同时具有降黏作用，提高原油流动性的效果，使岩石中可动油有效驱出。

（1）超临界 CO_2 萃取页岩油效果显著：

王 4 斜 -7-7 井潜 3^4-10 韵律的室内试验表明超临界 CO_2 萃取页岩油达 20mg/g，萃取程度可提高 71.3%。

（2）超临界 CO_2 提高页岩油流动性：

参照石油行业标准《SYT 6572—2003 最低混相压力细管实验测定法》，绘制各次细管实验注入 1.20PV（1.2 倍孔隙体积）时驱油效率与驱替压力的关系曲线图，经计算 CO_2 与原油最小混相压力为 27.9MPa，在地层条件下可实现混相。30MPa、90℃条件下死油黏度为 10.98mPa·s，混入 CO_2 后原油黏度降至 3.119mPa·s，降黏率达 71.6%。

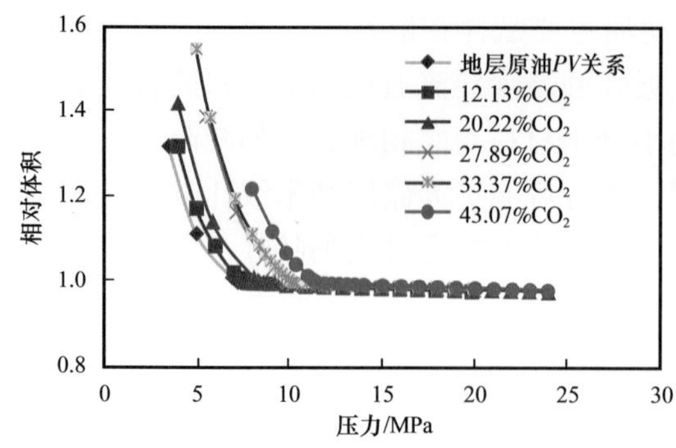

图 5-6-4　原油恒质膨胀相对体积与压力关系

（3）超临界 CO_2 增大驱动能力：

原油体积膨胀系数随超临界 CO_2 注入量增加而增大；随着 CO_2 注入量的增加，原油体积膨胀可达 20%，所以 CO_2 进入地层后的膨胀扩散性能够增加近井地层压力，增大驱动能力（图 5-6-4）。

3. 水平井分段压裂工艺研究

潜江凹陷盐湖与半咸水湖陆相页岩油埋深适中 1400～3500m，上下盖层均为盐岩，具有孔渗条件差、纳米级孔喉发育、泄流半径小、力学偏塑性、岩石破裂形态简单、可溶盐影响大的特点。基于地质特征及可改造性认识，确定了以“细分段多簇密切割暂堵转向 + 高强度加砂再造储层 + 大液量压裂扩缝增能 + 强穿透渗析驱油”为主体的压裂工艺思路，形成了潜江凹陷盐湖与半咸水湖陆相页岩油水平井分段压裂工艺技术。

1）水平井多簇射孔分流设计技术

基于本井长分段、密切割的改造原则，结合页岩油层的渗透率、孔隙度、纳米级孔喉连通性及原油性质，采用缝控间距经验公式优化簇间距 5～12m。

$$\text{Spacing}=0.3135\cdot\left[K_t/\left(\phi\upsilon C_t\right)\right]^{0.5} \tag{5-6-5}$$

式中　Spacing——簇间距，m；

K_t——渗透率，mD；

ϕ——孔隙度，%；

υ——原油黏度，mPa·s；

C_t——系数，常数。

为实现各簇均匀进液，均匀改造的目的，采用多簇射孔分流工艺。考虑到射孔数对分流作用明显，为避免多簇局部集中进液，通过调整孔眼分布、尺寸，实现多簇均匀改善，保证改造复杂度。假设套管内流体为理想流体伯努利方程，在势力场作用下常密度理想流体恒定流中同一条流线上积分方程值不变，建立方程如下：

$$\rho g Q_i\left(\frac{\mathcal{U}_i^2}{2g}+\frac{p_i}{\rho g}\right)=\rho g Q_{i+1}\left(\frac{\mathcal{U}_{i+2}^2}{2g}+\frac{p_{i+1}}{\rho g}\right)+\rho g q_i\left(\frac{v_i^2}{2g}+\frac{p_0}{\rho g}\right)+\rho g Q_{i+1}h_i^{\mathrm{m}}+\rho g q_i h_i^{\mathrm{f}} \tag{5-6-6}$$

式中　ρ——密度 g/cm³；

g——重力加速度，m/s²；

p_0——进口压力，MPa；

p_i——各簇进液压力，MPa；

$\mathcal{U}_i$——井筒内流速，m/s；

υ_i——各簇流速；

Q_i——总排量，m³/s；

q_i——各簇进液排量，m³/s；

h_i^{f}——簇间摩阻水头损失；

h_i^{m}——液体湍流水头损失。

根据上述公式，优化每段4～6簇，每段射孔孔数35～45孔，采用60°相位角螺旋变密度布孔，射孔孔径9.5mm。

2）簇间暂堵转向技术

由于“簇集效应”产生的影响：同一级压裂时某一簇产生裂缝，其他簇很难产生新裂缝，为促进各簇裂缝均匀开起及延伸，采取段内投球暂堵分级压裂改造方式。同时考虑实际情况，封堵球直径及孔数选择满足式5-6-7和式5-6-8。

$$D \geqslant 1.25D_{\mathrm{p}} \tag{5-6-7}$$

$$n=\left(1.1\sim1.2\right)n_{\mathrm{p}} \tag{5-6-8}$$

式中 D——堵球直径，m；

n——暂堵球数量；

D_{p}——孔眼直径，m；

n_{p}——理论需要堵塞孔数。

不同密度差的封堵球在不同流量下的封堵效率存在差异，对高密度封堵球，封堵效率随密度差的减小或孔流量的增加而增加。因此，一般建议坐封排量选取比理论计算排量大，且尽量选择低密度、高封堵强度的暂堵球（图5-6-5）。

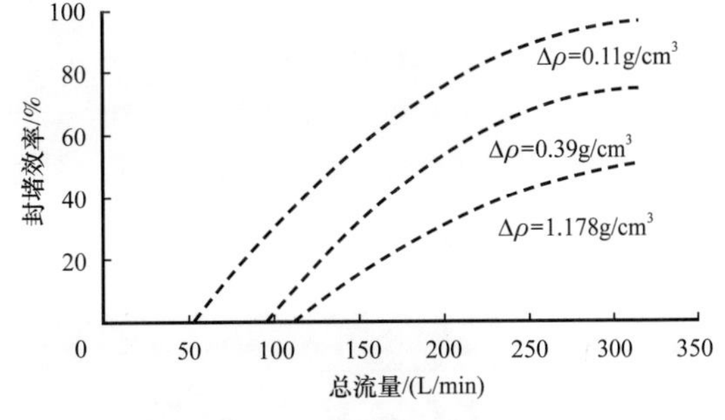

图5-6-5 封堵球封堵效率随流量与密度差的关系曲线

3）盐湖相塑性页岩增能渗吸体积压裂技术

基于盐间页岩储层上下盖层为盐岩、微纳米级孔喉发育，以及岩石偏塑性、裂缝形态单一的特性，以增加波及体积、提高微纳米级孔喉供油能力和裂缝稳定性为目标，形成具有增能渗吸、高强度充填、控缝高促缝长延伸技术。

（1）多功能组合液加砂技术：

前置液选择二氧化碳或具有洗油功能的低黏减阻水系，提高液体滤失性、增加渗析能力，同时能够改善原油流动性；然后采用中低黏减阻水体系携带小粒径支撑造缝，提高穿透性增加裂缝横向作用距离；最后采用高黏压裂液携带高砂比大粒径支撑剂实现裂缝的有效支撑。

（2）高强度裂缝填砂技术：

无因次裂缝导流能力 C_{fD} 对压后措施效果有很大关系，自然生产时储层的流动模式为径向流，压裂后流动模式由径向流向线性流转变，当 C_{fD} 越大（10）储层流体才是标准的线性流，此时裂缝饱和填砂增产效果最好。结合压裂半长及储层渗透率条件，优化近井裂缝导流能力大于 360mD·m（36D·cm），以裂缝导流能力需求为目标优化砂量及砂比。

为降低孔眼摩阻、提高近井裂缝开启程度，前置 70/140 目粉砂；高闭合应力条件下不同粒径支撑剂导流能力相近，优选密度低、传输性能较好的 30/50 目低密度陶粒为主要支撑剂；为提高近井稳定性，选用 20/40 目封口。

（3）控缝高裂缝延伸技术：

基于 ABAQUS 2017 有限元分析平台，将内聚力单元引入水力压裂模型中，模拟层间界面的非线性变形破坏特征，研究裂缝转向、垂向穿层扩展的复杂过程，确定临界施工排量。单条裂缝进液排量 6～9m^3/min 条件下，裂缝纵向扩展未穿层；塑性特征较强的盐岩隔层对裂缝扩展起到明显的抑制作用。单条裂缝进液排量 10m^3/min 时，裂缝发生纵向穿层，易诱发后期井筒结盐，影响压裂施工效果。

考虑多簇限流压裂射孔条件，采用施工排量 10～12m^3/min 提升液体输砂能力，优化单簇进液排量 2～2.4m^3/min，满足控制最高排量小于 6m^3/min 的限定条件，能够有效降低压过渡波及盐层的风险（图 5-6-6）。

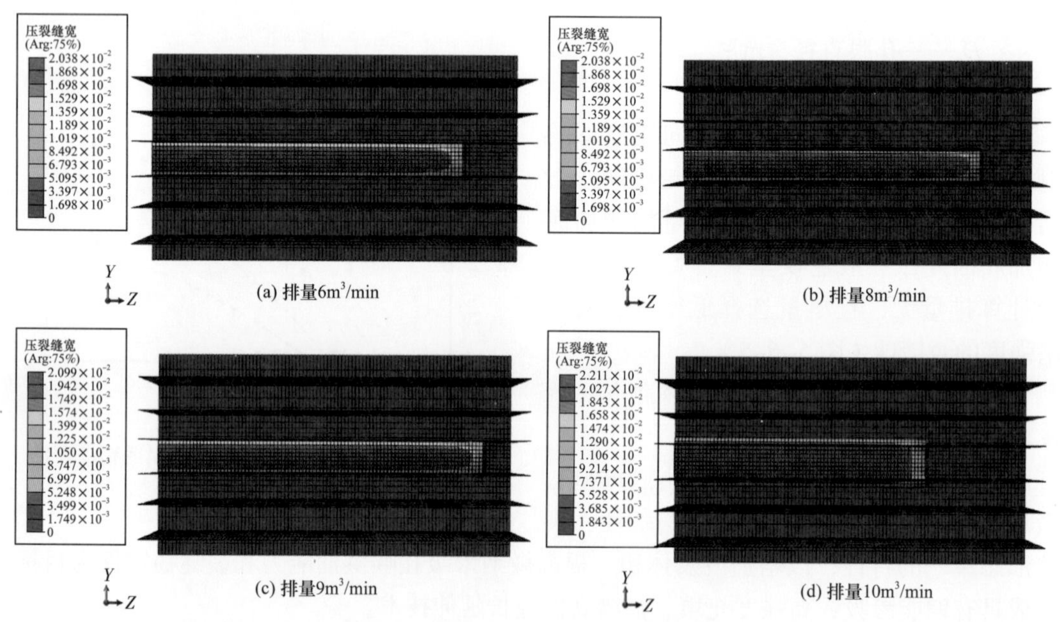

图 5-6-6 水力压裂有限元分析模型

（4）焖井渗吸扩散控制技术：

压后焖井阶段，储层内部残余的压裂液具有充分扩散的时间和压力条件，使储层对压裂液的渗吸在规模与速度上得到全面的提升，而储层内部渗吸所波及范围的增加进一步促进了离子交换的过程。在关井蓄能过程中，压裂液由裂缝向基质内部进行渗流和渗吸，随着关井时间增加，改造区基质内压力逐渐增加，说明关井蓄能过程主要是压力由裂缝网络向被其切割的基质岩块内传播。因此，可以将关井蓄能过程合理关井时间转换为求解裂缝内压裂液渗流到基质岩块内部中心需要的时间。根据下面理论计算公式，焖井渗吸距离取簇间距的一半约4～5m，优化焖井10～15天。

$$t=\frac{L^2\phi_m\mu}{1.2\times10^{-4}K_m\Delta p} \tag{5-6-9}$$

式中 t——流体从裂缝向基质流动时间，min；

L——渗流距离，m；

ϕ_m——基质孔隙度，%；

μ——流体黏度，mPa·s；

K_m——基质渗透率，mD；

Δp——驱动压差，MPa。

4. 现场试验

1）蚌页油1HF井压裂概况

蚌页油1HF井为江汉油田首口深层盐间页岩油水平井，具有微纳米级孔喉发育、泄流半径小、岩石力学偏塑性特点，此次压裂施工采用“细分段、密切割、段内暂堵转向”压裂模式，配套增能提采渗吸置换等辅助技术，以实现增大缝控面积、提高单井产油效果的目的。其中，对第1—5段（4260～4530m，270m）实施CO_2组合压裂，对第6—10段（3978～4260m，282m）实施水基组合压裂，分阶段实施评价工艺适应性及开发潜力（表5-6-3）。

表5-6-3 第1—5段和第6—10段主要参数

类别	第1—5段	第6—10段
段长 /m	4260～4530m，270m	3978～4260m，282m
全烃 /%	2.65～3.28	2.23～2.56
甲烷 /%	0.79～1.14	0.65～0.86
工艺类型 /%	二氧化碳组合压裂	高密布缝高强度加砂水力压裂
入井液量 /m^3	7592.07 （二氧化碳1564.08+水基6379.78）	11528.41 （减阻水+胶液）
加砂量 /m^3	433.75，单段86.8	821.80，单段164.4
平均加砂强度 /（t/m）	2.86	4.54
平均用液强度 /（m^3/m）	31	42

第1—5段入井总液量7592.07m^3，其中二氧化碳1564.08m^3、减阻水2035.28m^3、基液1416.01m^3、冻胶2249.72m^3、顶替液326.98m^3。入井总砂量433.75m^3，70/140目粉砂33.12m^3，30/50低密度陶粒330.03m^3，20/40目陶粒70.60m^3，平均单段加砂量86.6m^3，加砂强度2.6～3.2t/m，单段用液强度27.4～34.6m^3/m。

第6—10段累计入井总液量11528.41m³，其中减阻水9557.53m³（占比84.4%）、胶液1970.88m³。入井总砂量821.80m³，70/140目粉砂146.31m³，30/50目低密度陶粒675.49m³，平均单段加砂量164.4m³，加砂强度4.2～4.7t/m，单段用液强度35.7～47.5m³/m。

2）试采概况

蚌页油1HF井第1—5段压后用6mm油嘴自喷试油63天，累计出油232.6m³，日产油量稳定在3.5～4m³/d，日产水4.8m³/d；第6—10段压后采用3m、4m、5m、6m、8m、10mm油嘴放喷累计自喷73天，放喷第16天见到油流，初期日产油3.5～4.5m³/d，稳定日产油1.7m³/d，日产水16.5m³/d，累计出油158.27m³。实施及试采效果对比，由于CO_2具有蓄能、保护储层、改善钙质页岩渗透性、促进裂缝复杂化的优势，二氧化碳复合压裂工艺稳产优势更明显（图5-6-7）。

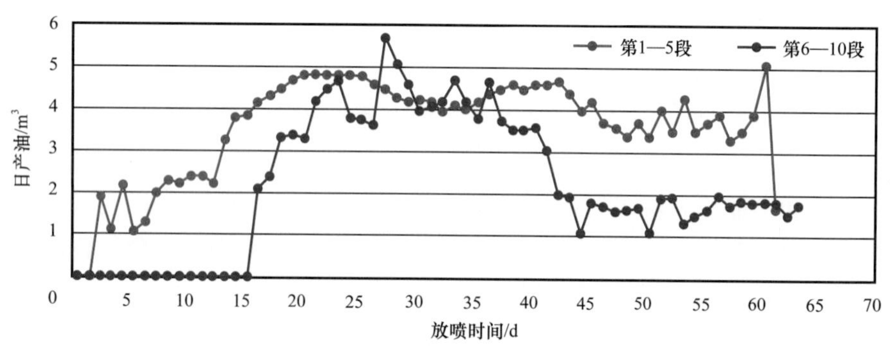

图5-6-7　蚌页油1HF井第1—5段、第6—10段放喷日产油曲线

3）结论与认识

蚌页油1HF井两种工艺改造后均具有产液稳定，矿化度变化一致，放喷排采过程未出现井筒结盐堵塞问题，实现了蚌湖深层超低纳米级孔喉湖相页岩水平井稳定生产。

以满足工艺要求为核心，结合支撑剂嵌入程度及裂缝高导流能力的要求，优选出的“30/50目+20/40目”支撑剂组合铺置模式，与储层适应性较强，获得了稳定产液产油能力。

形成了以“细分段多簇密切割暂堵转向+高强度加砂再造储层+大液量压裂扩缝增能+强穿透渗析驱油”为主体的盐湖相陆相页岩油水平井压裂工艺。

二、半咸水湖陆相页岩油工艺改造技术

1. 页岩裂缝扩展规律

1）储层可压性评价

针对影响复杂裂缝形成的不可控因素进行测试分析，包括脆性矿物、地应力差异、岩石力学参数及脆性评价，来掌握页岩岩石属性，分析页岩油储层体积压裂的可压性（表5-6-4）。

表 5-6-4 泌页 HF1 井页岩储层可压性测试结果表

测试名称	实验结果	结论
矿物组分 X 射线衍射测试	石英：27%～29% 方解石：35%～37%	石英和方解石含量较高，岩石脆性较强
地应力差异测试	范围：0.07～0.22 平均：0.14	水平应力差异系数小，为复杂裂缝形成提供了良好的应力条件
岩石脆性指数分析	范围：19～38 平均：29	岩石脆性特征明显

注：页岩，水平应力差异系数小于 0.25 时，水力压裂能够形成裂缝网络；脆性指数 BI＞25，强脆性；15＜脆性指数 BI＜25，脆性。

综合矿物组分、水平应力差异系数以及岩石脆性指数分析结果可知，泌阳凹陷页岩油储层脆性较强，压裂易于形成缝网，可压性好。

2）裂缝扩展物模测试分析

结合泌阳凹陷储层条件开展裂缝物模测试，针对泌阳凹陷页岩的强脆性及脆性两类储层，进行水平应力差异系数分别为 0.1 和 0.2 的裂缝物模测试。

（1）1 号岩样：岩心为强脆性；水平应力差异系数为 0.1。

从图 5-6-8 中压力曲线可以看出，压力随时间剧烈波动，表明不断有裂缝形成和扩展；而压裂后岩样图片则证实了此分析，试样形成了复杂裂缝，并且裂缝起裂和扩展方向不定，表明水平应力差异系数为 0.1 时，有利于复杂裂缝形成。

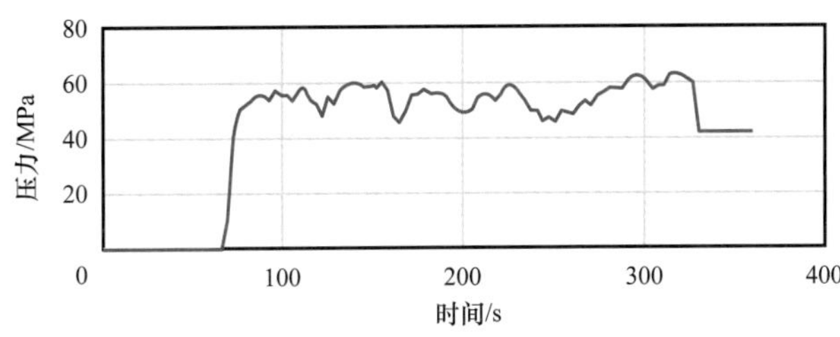

图 5-6-8 强脆性岩心 0.1 水平应力差异系数的压力曲线及物模岩样图

（2）2 号岩样：岩心为强脆性；水平应力差异系数为 0.2。

从图 5-6-9 压力曲线中看出，出现了两次波峰，表明有两次造缝过程；从压裂后试样可以看出，压裂后形成了“T”形缝，表明当水平应力差异系数为 0.2 时，有利于形成复杂裂缝，但较水平应力差异系数为 0.1 时，略显简单。

（3）4 号岩样：岩心为脆性；水平应力差异系数为 0.1。

从图 5-6-10 实验后岩心图片中可以看出，裂缝形态较复杂，形成了“十”形缝。从压力随时间变化的曲线中可以看出，当压力达到 57MPa 时，形成一条裂缝，压力降低；后面压力又升高到 53MPa，又有裂缝起裂，后面压力降低到 42MPa，裂缝扩展。

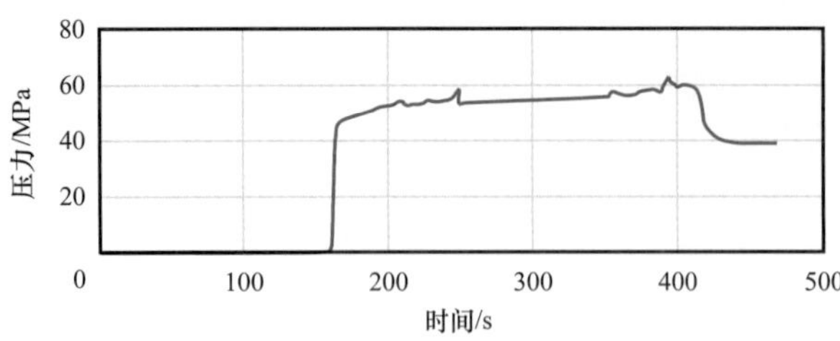

图 5-6-9　强脆性岩心 0.2 水平应力差异系数的压力曲线及物模岩样图

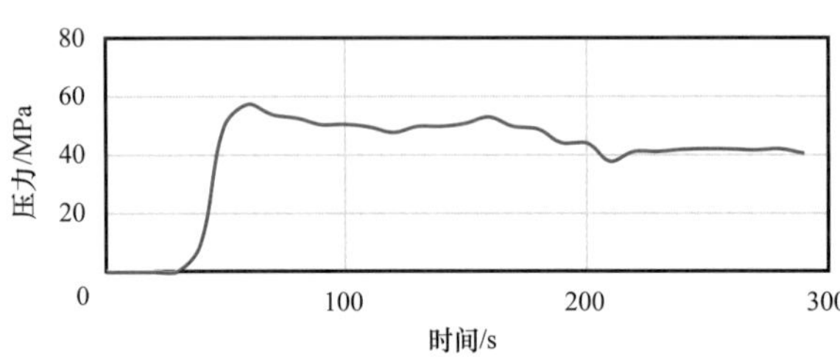

图 5-6-10　脆性岩心 0.1 水平应力差异系数的压力曲线及物模岩样图

（4）5 号岩样：岩心为脆性；水平应力差异系数为 0.2。

从图 5-6-11 压力曲线中看出，曲线有两个波峰，表明有两个造缝过程；从压裂后试样看出，裂缝在扩展中转向，形成了转向“T”形缝，表明当水平应力差异系数为 0.2 时，能形成较复杂的裂缝，但对复杂裂缝形态有了抑制。

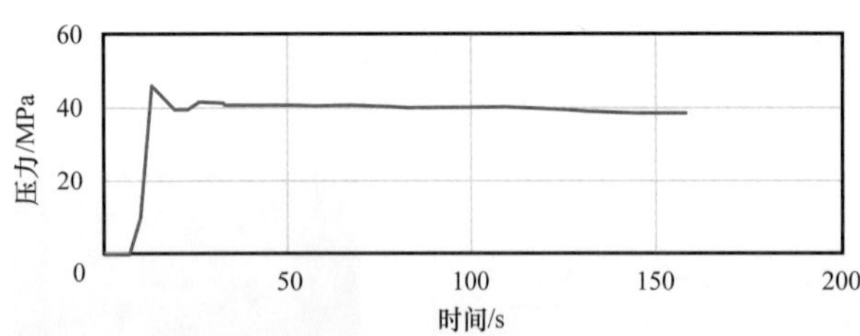

图 5-6-11　脆性岩心 0.2 水平应力差异系数的压力曲线及物模岩样图

岩心脆性和水平应力差异系数是复杂裂缝形成的主控因素，岩心脆性越强，水平应力差异系数越小，越有利于形成复杂裂缝网络，泌阳凹陷页岩油储层可以形成复杂裂缝或转向缝。

2. 水平井高效驱油前置液技术

泌阳凹陷页岩油水平井三开井段施工采用油基钻井液技术，现场实际情况表明，水泥浆混入油基钻井液后就会导致流动性变差、稠化时间异常、界面胶结强度降低，同时也会严重影响顶替效率。

1）驱油前置液体系配方

驱油前置液分驱油冲洗液和驱油隔离液两种。驱油型冲洗液主要由表面活性剂、螯合助剂组成，具体配方为：水 +5%FPC 复配表面活性剂 +1.5% 乙二胺二邻苯基乙酸钠。

驱油型隔离液主要由表面活性剂、悬浮稳定剂、螯合助剂和加重剂等主要材料组成，驱油型隔离液在使用过程中不仅需要良好的清洗效率和防污染性能，还需要有优异的悬浮稳定性和压稳性能。具体配方为：水 +2.5%GYW-2 悬浮稳定剂 +0.8%GYW-3 悬浮稳定剂 +5%FPC 复配表面活性剂 +1.5% 乙二胺二邻苯基乙酸钠 + 重晶石。

2）驱油前置液性能特点

（1）冲洗效率高：该冲洗液具有较好的冲洗效果，当 FPC 加量为 5.0% 时，冲洗液在常温和高温 120℃条件下冲洗效率都达到了 90% 以上。

（2）界面胶结强度高：不论是采用驱油冲洗液还是驱油隔离液，冲洗后其界面胶结强度恢复率均达到 92% 以上（表 5-6-5）。

表 5-6-5 前置液冲洗后水泥石的胶结强度

实验过程	胶结强度 /MPa	
	第一界面	第二界面
未浸泡油基钻井液，注入水泥养护	2.25	2.13
浸泡油基，未使用冲洗液，注入水泥	0.65	0.18
浸泡油基，使用 FPC 冲洗液，注入水泥	1.89	1.84
浸泡油基，使用隔离液，注入水泥	1.92	1.87

（3）相容性好：驱油前置液与水泥浆及钻井液的相容性较好，对流动性及水泥浆稠化时间没有不良影响。随着冲洗液掺混比例增加，水泥浆的稠化时间轻微延长，不会由于掺混而导致固井水泥浆发生促凝。

3）驱油前置液顶替效率评价

采用 SWPU Cemsoft 软件对驱油前置液的顶替效率进行模拟。以水平井 H1 为例，井深 2600m，最大井斜 87.7°，平均井径 237.49mm（10% 扩大率）的一口水平井，以不同密度（1.40g/cm^3、1.50g/cm^3、1.60g/cm^3）的前置液驱替模拟计算顶替效率。

根据模拟结果显示，无论是直井段，还是水平段，只要套管居中度保持良好，该前置液对钻井液的顶替效率都在 90% 以上，证明该驱油前置液具有良好的顶替效率。

3. 水平井分段压裂工艺技术

1）多元分支缝饱充填技术

采用低、中、高黏度压裂液依次携带与分支缝和主缝缝宽匹配的支撑剂，实现不同粒径支撑剂充填于与其匹配的不同尺度的裂缝系统中，实现多元分支缝的饱和充填。

（1）组合液体造缝技术：

泌阳凹陷页岩油地层温度下黏度为 3～4mPa·s，其流度为页岩气的 1/250，对其改造需要更高的支撑裂缝导流能力。因此，在保障液体与地层匹配条件下选择组合压裂液体系：低黏滑溜水 + 线性胶 + 冻胶压裂液。滑溜水：黏度较低，能进入天然裂缝中，迫使天然裂缝扩展到更大范围，从而增加改造体积，其劣势是携砂能力弱；交联液：具有较强的携砂能力，改造体积相对较小，可携带大粒径支撑剂形成较高导流能力的主裂缝通道。

（2）变粒径加砂技术：

通过不同粒径支撑剂的导流能力测试分析，从图5–6–12可以看出，高闭合压力下，较大粒径的20/40目支撑剂嵌入过于严重，支撑缝宽不足；虽然40/70目嵌入程度较30/50目嵌入程度轻，但是30/50目支撑剂可以为流体提供更大的孔隙通道，其导流能力最高。

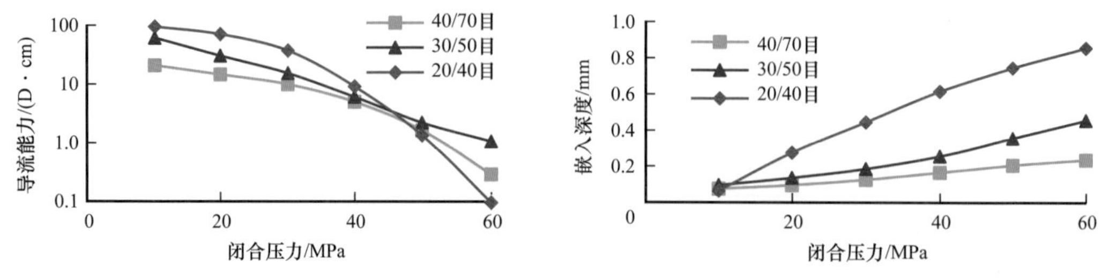

图5–6–12 不同粒径陶粒导流能力和嵌入程度图

利用“可视裂缝模拟系统”，模拟水平段不同支撑剂粒径（20/40目、30/50目、40/70目）对支撑剂沉降、运移情况和铺置规律的影响，实验结果见表5–6–6。

表5–6–6 不同粒径支撑剂沉积量对比表

支撑剂粒径	20/40目	30/50目	40/70目	20/40目～30/50目	30/50目～40/70目
支撑剂沉降比例	35.4%	27.1%	21.2%	降低23.4%	降低21.8%
近井地带裂缝内沙堤高度	293.1mm	110.9mm	87.4mm	降低62.2%	降低21.2%

实验表明，30/50目粒径的支撑剂较容易被携带，而且裂缝闭合后的导流能力也较高，可用于支撑主裂缝；而40/70目支撑剂沉降比例较30/50目降低21.8%，有利于增加有效缝长，降低加砂难度，因此选择40/70目支撑剂用于充填分支缝，提高分支缝的导流能力。

考虑到裂缝系统的有效运移和支撑的需要，选取3种粒径的支撑剂，支撑剂类型：70/140目+40/70目+30/50目组合陶粒。前置液选用70/140目粉陶和40/70目陶粒，主要用于充填缝端，增加净压力有利于更多微裂缝开启形成体积裂缝，同时40/70目陶粒增加裂缝网络导流能力，中后期选择30/50目陶粒支撑主裂缝，从而形成较高的导流能力通道。

2）“复杂缝网”分段压裂工艺技术

水平井多段多簇密切割体积压裂技术是关键，采用大排量、大液量、大砂量，多簇射孔、多尺度支撑、小裂缝间距的复合压裂工艺，实现横向全覆盖，保证储层的有效动用。

（1）分段分簇射孔优化：

多缝存在应力干扰影响，诱导应力分析是段簇间距优化的关键。在段内充分利用诱导应力，实现多缝均匀延伸，促进裂缝复杂化；在段间需要避免段间裂缝干扰，降低施工难度，利于各段缝长延伸。模拟相邻段间不同簇、段间距组合下裂缝扩展，得到裂缝间距推荐范围为相邻簇间距 20～25m，相邻段间距 30～40m。

（2）“复杂缝网”压裂工艺技术：

结合储层的特征，针对两种类型的页岩油形成“复杂缝网”压裂思路：一是夹层型页岩油，采用“低黏造缝、高黏携砂”连续加砂的设计思路形成复杂裂缝压裂技术；二是纯页岩型页岩油，采用提高滑溜水比例，段塞式加砂工艺以实现体积压裂（表 5-6-7）。

表 5-6-7 页岩油复杂缝网压裂工艺参数表

页岩油类型	施工工艺	泵注程序	设计参数
夹层型	连续加砂	液体：滑溜水 + 冻胶 支撑剂：70/140 目（8%～15%） 40/70 目（20%～40%） 30/50 目（30%～60%）	单簇液量：650～700m³ 滑溜水比例：20%～30% 单簇砂量：40～50m³ 排量：8～10m³/min
纯页岩型	段塞式加砂	液体：滑溜水 + 线性胶 支撑剂：70/140 目（12%～18%） 40/70 目（30%～50%） 30/50 目（20%～40%）	单簇液量：700～750m³ 滑溜水比例：60%～80% 单簇砂量：50～60m³ 排量：10～12m³/min

（3）电缆泵送可溶桥塞分段压裂技术：

为降低压裂成本，开展国产分段压裂工具评选，采用套管压裂 + 可溶桥塞分层压裂工艺进行精细分层，具有大通径快速投产，压裂测试的完井周期缩短 10～15 天的优势。可溶桥塞分层压裂工艺原理：应用电缆带射孔枪及可溶桥塞实现射孔及压裂联坐，施工完成后，桥塞在井液中溶解。通过对比四机赛瓦与百勤两家公司的可溶桥塞，四机赛瓦的可溶桥塞耐温指标较低（150℃），工具费用低（3.5 万元 / 个），而百勤的可溶桥塞耐温指标较高（200℃），但工具费用高（9.5 万元 / 个），可根据目的层的实际井温选择工具。

第七节 页岩油渗流机理与开发技术政策研究

页岩油储层微纳米级孔喉发育，储层物性差，流体在页岩储层基质—微裂缝耦合介质中的流动规律将极其复杂。前人按非砂岩油藏常规开发思路，如注采井组试验、单井注水吞吐试验、常规酸化压裂措施等，虽然见到了一定增油效果，但产量差异大，渗流机理及其影响因素不明；具有注水开发方式适应性不强、常规措施增产有效期短、稳产难度大等问题，制约了盐间页岩油的有效开发动用。本节针对盐间页岩储层开展渗流机理及影响因素研究、有效动用方法评价和压裂改造后开发技术政策研究，为潜江凹陷盐间页岩油的有效开发奠定基础。

一、页岩油渗流机理及数学表征

国内外关于低渗及致密储层中流体渗流特征及规律的研究方法主要有四种方法：稳态法、非稳态法、毛细管平衡法、非稳态驱替—毛细管法。但对于页岩储层而言均存在计量精度低、误差大等问题，而难以有效表征页岩储层中流体渗流特征和流动规律。而采用数字岩心模拟技术和高精度低速渗流实验技术开展渗流特征及机理研究，可了解页岩油渗流机理及影响因素，为渗流数学模型研究和页岩油储层高效开发方案的制定提供依据。

1. 基于数字岩心的渗流特征研究

数字岩心分析主要通过逐级精细扫描成像获取孔隙结构三维图像，然后采用“最大球法”建立孔—孔、孔—缝连通性，提取孔隙网络并构建多尺度三维孔隙网络模型，模拟计算相关的物性参数和流动特征参数；最后运用基于流动方程的融合技术逐级升尺度粗化融合，得到全尺度数字岩心模型，并计算页岩储层物性、毛细管压力和相渗曲线，分析储层润湿性。

利用潜江凹陷盐间页岩岩心进行扫描数字化后建立了分尺度孔隙网络模型，模拟计算了物性、结构特征和两相流体渗流特征。如图 5-7-1 为 W99 井某深度岩样建立的三维孔隙网络模型及油水相渗曲线模拟计算结果，该数字岩心模型计算的孔隙度为 14.17%，渗透率为 0.97mD，比表面积 3.4m^2/cm^3；基于数字岩心模型进行油水两相流模拟，可以看出在开采过程中，随着含水饱和度的升高，油相相对渗透率曲线下降较快，水相相对渗透率缓慢升高，残余油饱和度下的水相相对渗透率较低；束缚水饱和度为 0.29，残余油饱和度 0.38。

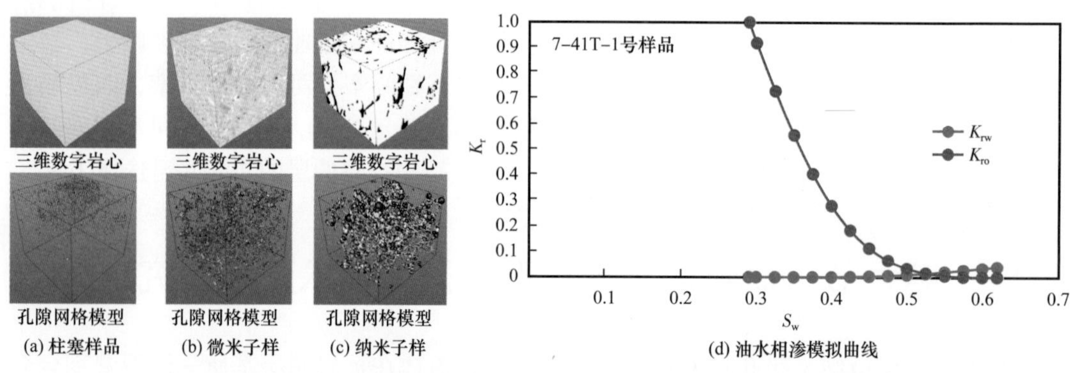

图 5-7-1　W99 井 7-41T-1 号样品多尺度孔隙网络模型及油水相渗模拟曲线

2. 基于真实岩心的页岩油渗流机理研究

页岩油层基质—微裂缝—人工裂缝耦合介质流体流动规律是一个非常棘手的问题。常规实验方法难以获得有效表征的流体渗流物理特征及机理。在前期大量文献调研和测试方法论证的基础上，自主设计研发了适用于页岩储层的封闭式高精度低速渗流物理模拟实验装置及测试方法（图 5-7-2），实现了微流量精确计量、系统压力快速稳定、环压自动跟踪、流体连续流动并自动记录的目标，提高了致密页岩油储层中流体流动实验的测试精度和准确度。以王 99 井、蚌页油 1 井及蚌页油 2 井岩心为例，对该储层不同孔隙度、渗透率岩心的渗流特征进行测定和分析，并结合核磁共振 T_2 谱图定量分析影响潜江凹陷页岩油储层流体流动的因素，为页岩油储层渗流理论体系建立及潜江凹陷页岩油储层合理开发提供理论依据。

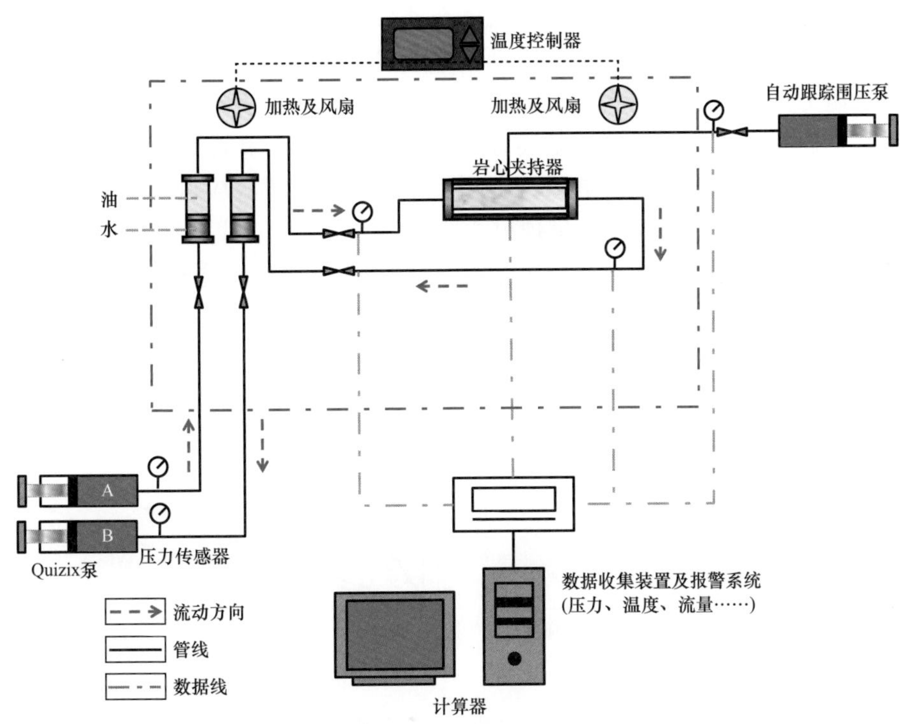

图 5-7-2　页岩油封闭式高精度渗流实验流程示意图

1）单相渗流特征与机理

采用不同渗透率页岩油岩心样品，开展页岩油渗流特征物理模拟实验，得到不同渗透率岩心压差与流量之间的关系曲线［图 5-7-3（a）］。潜江凹陷页岩油储层总体表现为二种渗流形态特征。

（1）对于渗透率小于 0.1mD 的致密页岩，渗流曲线（蓝色）呈现出典型的“勺”形非线性特征，该特征与常规低渗、特低渗砂岩储层渗流特征相似。产生这种典型“勺”形渗流特征的原因主要是由于岩心中微纳米级孔隙中液固壁面聚集效应所导致的；储层中渗透率越小，孔隙半径越小，储层中液固界面聚集作用越强，非线性渗流特征越明显，拟启动压力梯度可达 2.928MPa/m 或更高。

（2）对于渗透率在 0.1～1.0mD 之间的致密页岩，渗流特征曲线（红色）呈现出拟线性渗流特征，没有明显的非线性渗流段，但仍存在启动压力。分析认为影响潜江凹陷页岩油渗流特征的因素不仅仅为液固壁面聚集效应，还应存在储层应力敏感效应。

（3）对于渗透率大于 1.0mD 的致密页岩，其渗流特征曲线（黑色）呈现出反“勺”形态，具有双线性渗流特征，没有明显的启动压力梯度，分析认为此时的渗流壁面聚集效应影响减弱，以应力敏感作用影响为主。

归纳起来，页岩油岩心单相渗流表现出“非线性渗流 + 线性渗流”的复合渗流特征

[图 5-7-3（b)]，其渗流机理受孔隙结构及壁面粗糙度、渗透率、流体黏度、孔隙压力及裂缝等因素影响，主要有两大方面。(1)基质微纳米级孔喉中流体—壁面聚集效应机理，渗透率很小的基质岩心中，孔喉越小，流体在孔喉壁面聚集作用越强。一方面使壁面流体黏度和密度增大而难以流动；另一方面壁面液膜增厚，流体可自由流动空间变窄，自由流体流动阻力增大，需要更大的压差才能流动，宏观上就表现为需要更大的启动压力才能流动，从而呈现出非牛顿流体的特征；随渗透率增加，孔隙喉道增大，流体流动受到壁面聚集作用减弱。(2)微裂缝或人工裂缝中的应力敏感效应机理，裂缝发育岩心随净应力的增加，渗透率急剧降低，呈现出线性和反"勺"形双线性特征。表明有裂缝时，随净应力增加，应力敏感作用增加，裂缝导流能力下降，对渗流造成严重影响。

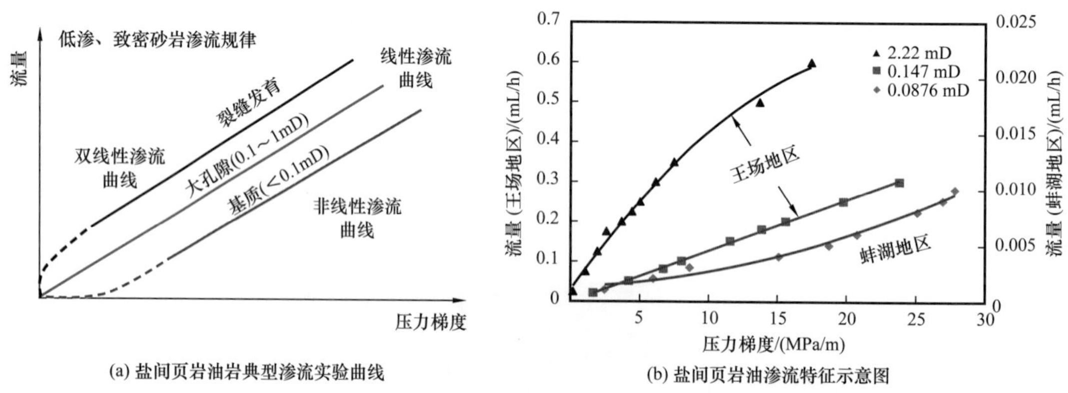

图 5-7-3 页岩油岩心渗流规律示意图

把岩心尺度的实验放大到油藏尺度，页岩储层经过压裂改造后，储层空间由裂缝—微裂缝—基质孔喉组成，裂缝—基质的耦合作用使得非线性、拟线性和线性等流态在不同阶段出现并共存，形成了裂缝线性流—孔缝过渡流—基质非线性流的复合渗流模式。

2）页岩油储层两相渗流特征

页岩油层天然岩心油水两相相对渗透率曲线具有以下特点，一是岩心束缚水饱和度0.2～0.5；二是油水两相共渗区的范围较窄；三是随着含水饱和度的增加，油相相对渗透率急剧下降，而水相相对渗透率较低，始终升不起来；含水率上升快。水驱对页岩油藏开发适应性不强，作用有限。

油气两相相对渗透率曲线具有相对较宽的油气两相渗流区，随着含气饱和度的增加，油相相对渗透率急剧下降，而气相相对渗透率上升较快。气驱对页岩油藏开发具有较好适应性，但需要注意气驱开发过程中的气窜问题，防止过早气窜影响开发效果。

3. 页岩油多尺度渗流数学模型

1）盐间页岩油流动多尺度数学表征

页岩油层一般孔喉细小，微纳米级孔隙发育，需要人工改造才能产生工业油流。因此，将页岩油层的渗流空间分为微纳米级孔隙系统、微裂缝系统，以及人工压裂产生的大尺度人工裂缝和次生裂缝网络。假设页岩油主要在微裂缝系统中流动且存在启动压力梯度和应力敏感效应，而微纳米级孔隙则主要起到储存及向微裂缝供给页岩油的作用。

微纳米级孔隙在储层降压过程中，由于压力下降，孔隙中的盐会发生结晶，从而导致页岩渗透率的下降。因此，在微纳米级孔隙中主要考虑盐的结晶对渗透率的影响。天然裂缝通常考虑渗透率的应力敏感效应和启动压力梯度。水平井完井技术和压裂增产工艺措施产生的人工裂缝中的流动处于连续流阶段，可以采用 Darcy 公式描述。

将页岩储层看作双重介质孔隙模型，考虑基质系统的盐结晶对渗透率的影响，裂缝系统应力敏感效应和启动压力梯度的影响，则双重介质中线汇的渗流微分方程为

$$\begin{cases}\dfrac{1}{r}\dfrac{\partial}{\partial r}\left[r\dfrac{\partial p_{\mathrm{f}}}{\partial r}\right]+\gamma\left(\dfrac{\partial p_{\mathrm{f}}}{\partial r}\right)^{2}-\dfrac{\lambda_{\mathrm{B}}}{r}=\mathrm{e}^{\gamma\left(p_{\mathrm{i}}-p_{\mathrm{f}}\right)}\left(\dfrac{\phi_{\mathrm{f}}\mu c_{\mathrm{ft}}}{K_{\mathrm{fhi}}}\dfrac{\partial p_{\mathrm{f}}}{\partial t}+\dfrac{\phi_{\mathrm{m}}\mu c_{\mathrm{mt}}}{K_{\mathrm{fhi}}}\dfrac{\partial p_{\mathrm{m}}}{\partial t}\right)\\ \phi_{\mathrm{m}}\mu c_{\mathrm{mt}}\dfrac{\partial p_{\mathrm{m}}}{\partial t}+\alpha\left(K_{\mathrm{mi}}-F\right)\left(p_{\mathrm{m}}-p_{\mathrm{f}}\right)=0\end{cases}$$

式中 r——渗流半径，m；

λ_{B}——启动压力梯度，Pa/m；

γ——渗透率模量，1/Pa；

p_{i}——原始地层压力，Pa；

p_{f}——裂缝压力，Pa；

p_{m}——基质压力，Pa；

C_{ft}——裂缝压缩系数，1/Pa；

C_{mt}——基质压缩系数，1/Pa；

ϕ_{f}——裂缝孔隙度，小数；

ϕ_{m}——基质孔隙度，小数；

μ——流体黏度，mPa·s；

K_{mi}——基质渗透率，μm²；

K_{fhi}——裂缝渗透率，μm²；

t——生产时间，s；

F——因盐结晶而导致页岩减少的渗透率，在模型中当作常数处理；

α——基质块形状因子。

2）页岩油藏压裂水平井的典型试井曲线

由于试井典型曲线能直观地反映出瞬态流动的形态特征，并进行瞬态压力分析来识别真实储层的流动特征以及取得井筒和储层的物性参数，因此吸引了许多研究者。通过 Stehfest 数值反演方法编程求解可得到真实空间中压裂井的无因次井底压力曲线和产量动态曲线，并对非稳态压力和产量曲线特征及相关影响因素进行分析。

根据渗流微分方程求解，以 $t_{\mathrm{D}}/C_{\mathrm{D}}$ 的对数为横坐标，以 p_{wD} 和 $p'_{\mathrm{wD}}\cdot t_{\mathrm{D}}/C_{\mathrm{D}}$ 的对数为纵坐标，绘制出考虑应力敏感效应和启动压力梯度的双重介质页岩油藏压裂水平井无因次压力动态曲线（图 5-7-4）。根据图中的曲线形态，可以将压裂动态曲线划分为 8 个流动阶段。

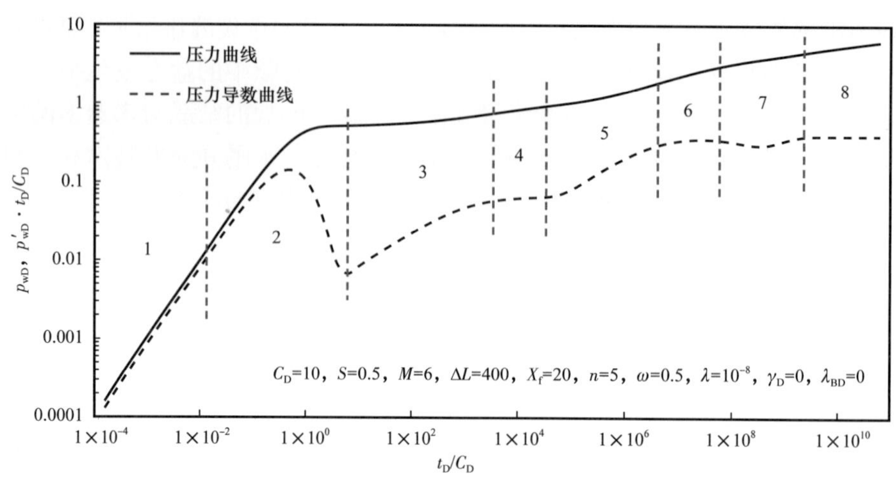

图 5-7-4　页岩油藏中压裂水平井非稳态压力典型曲线

第 1 阶段为纯井筒储集效应阶段，无因次拟压力及其导数曲线重合为一条斜率为 1 的直线；第 2 阶段为井筒储集后的过渡流阶段，这一阶段受到井储系数和表皮系数的共同影响，拟压力曲线的上升程度变缓，拟压力导数曲线上升到峰值后向下倾斜；第 3 阶段为压裂裂缝线性流阶段，拟压力导数曲线呈斜率为 1/2 的直线，此时压力波尚未传播到相邻的水力裂缝，页岩油沿着垂直于裂缝面的方向进行流动；第 4 阶段为压裂裂缝径向流阶段，拟压力导数曲线呈一条水平线，此时压力波在相邻裂缝间形成径向流，并开始出现一定的干扰；第 5 阶段为天然裂缝线性流阶段，拟压力导数曲线再次呈斜率为 1/2 的直线，此时压裂裂缝和水平井筒作为一个整体，地层流体为垂直于水平井筒的线性流动；第 6 阶段为天然裂缝径向流阶段，无因次拟压力导数为 0.5 值的水平线，反映了天然裂缝系统的径向流；第 7 阶段为基质系统向裂缝系统的窜流，最明显的特征为拟压力导数曲线的凹子，该阶段裂缝与基质的压差已增大到使页岩油从基质窜流到裂缝；第 8 阶段为晚期总系统拟径向流，此时压力波已传播至页岩油藏中离井筒较远处，无因次拟压力导数再次呈 0.5 值的水平线，这一阶段描述了整个系统的径向流特征。

二、页岩油有效动用方法研究

1. 渗吸驱油实验研究

很多学者的研究表明，在双重介质型岩心的水油交换中，存在两种渗吸方式：一种是顺向渗吸，另一种是逆向渗吸。如果水的渗入方向和孔隙内油流出的方向是一致的，则称之为同向渗吸，此时孔隙中的渗吸速度相对高，裂缝之中水的推进速度相对低。如果水的渗入方向和孔隙内油流出的方向是不一致的，则是逆向渗吸，此时裂缝中水的推进速度相对高，孔隙中的渗吸速度相对低。逆向渗吸往往发生在裂缝中的水已快速把岩心分隔为较小区域的情况下，在这些较小区域中的剩余油排出缓慢，此时渗入区域孔隙中的水即与孔隙内油流出的方向不相一致。在盐间页岩油储层岩心自发渗吸实验中，岩心渗透率较小、界面张力较大，因此主要发生毛细管力控制的逆向渗吸作用，同时伴随盐溶作用。本节将要研究的内容包括盐间页岩油储层岩心的自发渗吸过程中的采出程度、渗吸与盐溶作用各自的作用程度以及活性水对自发渗吸的影响等。

自发渗吸物理模拟实验采用饱和油岩心进行重水（D_2O）自发渗吸，按照预定时间间隔进行核磁共振 T_2 谱检测。结果表明，盐间页岩油岩心自发渗吸实验总采出程度在11.71%～49.43%之间，平均采出程度为26.34%；在采出程度未达到相对稳定的时刻前，采出程度与时间近似呈对数关系，拟合曲线相似度高（图5-7-5）。盐溶作用大小用盐溶率表征，其定义为相应时间盐溶 T_2 弛豫时间谱较原始状态增加的信号量与盐溶后最终 T_2 弛豫时间谱信号量的比值。实验用岩心最大盐溶率为57.33%，最小盐溶率为20.28%，平均盐溶率为45.42%。

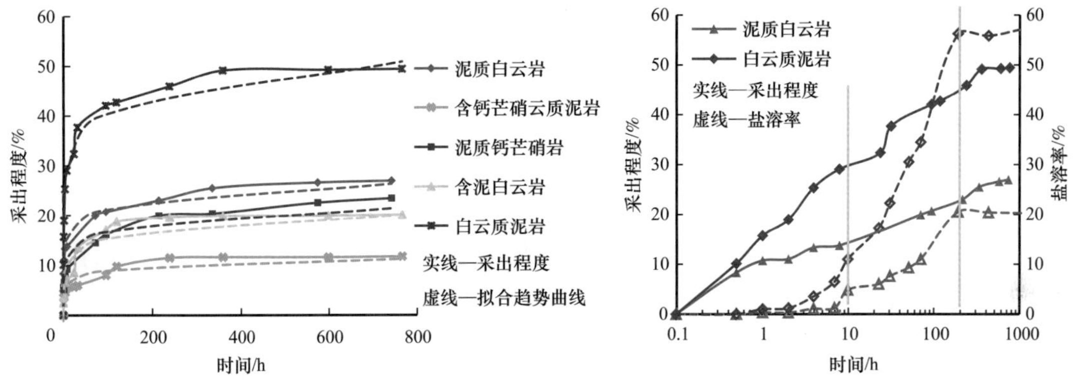

图5-7-5 盐间页岩油储层不同岩性岩心自发渗吸采出程度与盐溶率

在该实验过程中存在三个过程：第一个过程是吸水过程，属于毛细管力作用下的物理渗入过程，渗入的距离则随着毛细管半径的变小、渗透率的变小而增大；第二个过程是排油过程，该过程涉及宏观的启动压力梯度、油水渗流阻力和微观的贾敏效应、浮力等，排油速率则随着阻力的减小、渗透率变大而增大；第三个过程是盐溶释放过程，由于贾敏效应，孔隙中油不能顺利依靠浮力排出，而盐溶作用扩大了孔喉半径，对第二个过程起到促进作用，进而提高总采出程度。

采用核磁共振 T_2 分界值将岩心盐溶作用和渗吸作用在 T_2 弛豫时间谱上区分开来，分别得到渗吸采油量与盐溶释油量，其比例可以分别定量表征盐间页岩油岩心自发渗吸实验中渗吸作用与盐溶作用的相对强度。并将自发渗吸盐溶作用大致分为三个阶段：第一阶段1～10h为强渗吸弱盐溶的阶段，该阶段主要为吸水—排油过程；第二阶段10～200h为强盐溶弱渗吸阶段，该阶段主要为排油—盐溶释放过程；第三阶段200h以后为停滞阶段，该阶段盐溶开始动态平衡过程，同时渗吸作用达到极限。

实验结果还明，渗吸作用过强时（$\phi_{吸}>30\%$），盐溶作用弱，自发渗吸实验的总采出程由渗吸作用控制；渗吸作用过低时（$\phi_{吸}<10\%$），盐溶作用过强，岩石孔隙中的贾敏效应反而不明显，渗吸量由渗吸作用决定，则此时自发渗吸实验的总采出程仍由渗吸作用控制；渗吸作用与盐溶作用均较强时（$10\%<\phi_{吸}<30\%$），渗吸作用控制渗吸量，盐溶作用控制溶解释放量，总采出程度由二者共同影响。

2. 注二氧化碳驱油机理实验研究

页岩油藏开发过程中的突出特点是能量补充问题，注水可以补充地层能量，但往往达不到预期效果，原因是注水开发启动压力梯度高且易引起黏土矿物膨胀，注入能力持续下降。而注气开发可以避免这两个问题带来的不利影响，较低的工作压力、较大的注入能力、较强的洗油效率等优势表明 CO_2 是特低渗透油藏开发理想的驱替剂。国内外多年的研究都表明 CO_2 易溶于原油和水，是一种有效地提高油藏采收率驱油剂。其驱油机理主要是（1）降低了原油黏度，减少了油流阻力；（2）原油体积膨胀提高了驱油效率；（3）“混相效应”提高了驱油波及面积；（4）降低了油水界面张力，有利采收率提高；（5）二氧化碳溶于水后可与油藏中的碳酸盐类矿物反应而有利于提高储层渗透率。同时，CO_2 在温度高于 31.1℃、压力高于 7.82MPa 的状态下可达到超临界状态。超临界 CO_2 性质会发生明显变化，其密度近于液体，黏度近于气体，扩散系数为液体的 100 倍，具有很强的溶解能力，大大提高体系的传质速率，这在利用 CO_2 驱油过程中有着积极的影响。

1）注 CO_2 原油膨胀实验

注气膨胀实验的目的是为了研究在不同注入气量条件下，地层原油性质的变化，如泡点压力、液相体积、密度、黏度等主要参数。当原油配样恢复到地层条件以后，在饱和压力下，对流体进行若干次注气，每次加入气体后，流体饱和压力和油气性质均发生变化。通过实验弄清注入气量对流体物性参数影响的规律，了解注气后地层流体的相态特征，为注气技术的评价和数值模拟研究提供依据。

以王 99 井原油配制成地层条件下（23.7MPa、75℃）的原油，其溶解气油比 88.45m^3/m^3、饱和压力 17.67MPa、原始体积系数 1.1606。然后分级注入不同比例的 CO_2，测试地层条件下的 CO_2/ 原油的流体物性参数，结果如图 5-7-6、图 5-7-7 所示。对比不同 CO_2 用量下的原油 P–V 关系曲线和 P–T 相图，可以看出，随着注气比例的增加，同一压力下的相对体积增加，原油 P–V 曲线和拐点向右偏移，泡点压力增大，原油黏度减小，注入气对原油的抽提作用增加；原油相态包络图中泡点线上移，露点线略有上移，临界点对应压力不断增大，对应温度不断降低，说明注 CO_2 使原油体积膨胀，原油黏度下降，地下流

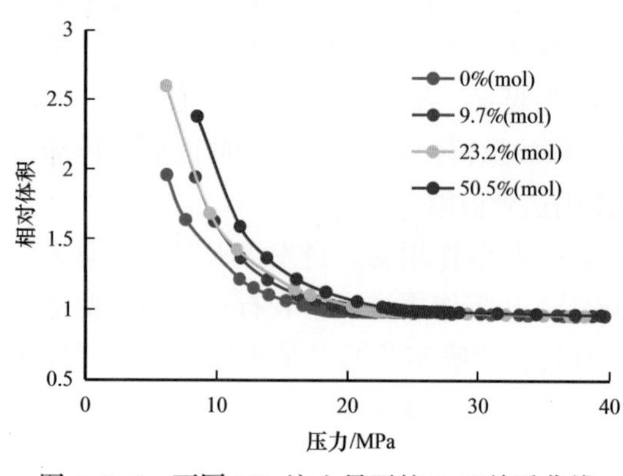

图 5-7-6 不同 CO_2 注入量下的 P–V 关系曲线

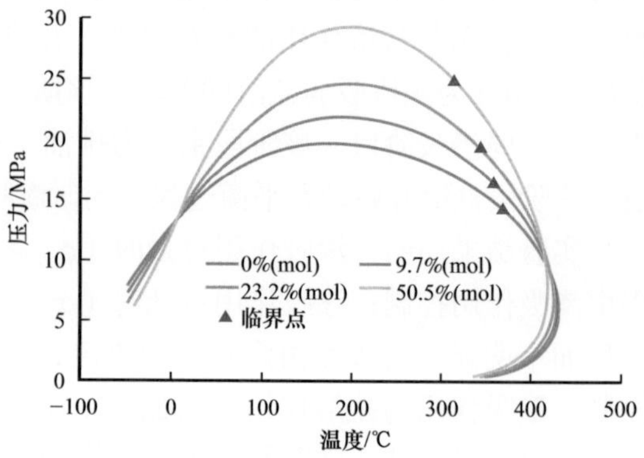

图 5-7-7 不同注入量下原油相态图

动性变好，且溶入了 CO_2 的原油更易脱气。

蚌湖斜坡区以蚌页油 1HF 井原油配制成地层条件下（37.33MPa、108℃）的原油，其溶解气油比 86.69m^3/m^3、原始体积系数 1.1652。其注入不同比例 CO_2 后的原油物性参数变化规律与王 99 井相似，但注入 CO_2 后，原油泡点压力更高，黏度更低，降黏效果更好；相态包络图两相区范围更大，说明随着泡点压力逐渐升高，注入气对原油的抽提作用越来越强，使气液相间的差别变得越来越小。

2）CO_2 与原油最小混相压力实验

细管实验是实验室测定最小混相压力的一种常用的方法，采用细管模型模拟多孔介质中油气驱替过程，并能尽可能排除不利的流度比、黏性指进、重力分异、岩性非均质等因素所带来的影响。尽管细管实验得出的驱油效率不一定与油藏采收率成比例，但得到的最小混相压力可以代表所测定的油气系统。因为只要具备混相条件，油气混相的动态相平衡过程在不同的介质中都会发生，与油藏的岩石性质无关。由于细管实验测最小混相压力是采用多次接触混相驱，实验用细管长 20m、内径 0.4cm，石英砂充填，孔隙体积 95.5cm^3。值得一提的是，由于填砂细管不能等同于地层岩心，仅模拟流动过程中 CO_2 与原油混合接触的混相状态，得到的驱油效率数据不能作为实际油田采收率指标。

王场地区王 99 井油藏条件下 CO_2 与原油最小混相压力为 27.8MPa，高于该区的地层压力，难易混相。蚌湖地区蚌页油 1 井油藏条件下的最小混相压力值为 32.4MPa，低于该区的地层压力，若进行 CO_2 吞吐具有混相条件。

3）CO_2 驱油效果及产出物分析

选取不同岩性的天然岩心开展 CO_2 驱油实验，结合核磁测试研究不同驱替压力下二氧化碳驱油效果和产出物组分变化。结果表明，低驱替压力下的驱油量相对较少，采出程度在 26.1%～69.29%；高驱替压力下的二氧化碳驱出油量较多，采出程度在 48.51%～93.46%。

对不同驱替时间的产出物组分进行分析，发现二氧化碳驱出的油中，沥青质普遍降低，非烃部分降低，多数样品 C_{25} 以上组分缺失；以岩心 6-12-3 为例，沥青质和非烃含量低，重组分缺失，表明其滞留于岩心内。从驱替前后渗透率的对比看，重质组分沉积造成了渗透率下降，岩心堵塞严重。

3. 气—水交替驱油实验研究

采用天然岩心开展 N_2—水、CO_2—水交替驱油实验，结果表明，先进行注氮气驱油时，随注入孔隙体积的增加，采出程度先增加后趋于稳定，采出程度在 19.2%～40% 之间，转为水驱后采出程度再次增加，提高采收率 10% 以上。说明注氮气后再水驱可进一步提高采收率。

先进行 CO_2 驱油时，随注入孔隙体积倍数的增加，采出程度不断增加，最后稳定在 65%～70%；转水驱后采出程度继续增加，提高采收率 5% 以上。对比两种驱替方式可以看，CO_2—水交替驱油效果好于 N_2—水交替，这与 CO_2 和原油混相、降黏、降低表面张力等机理有关。

4. 有效动用方法优选

对比分析了用水类（地层水和活性水）、非水类（注 N_2、注 CO_2）及水气交替类等开发动用方式的驱油机理、驱油效果及影响因素，进一步明确能量补充方式（表 5-7-1）。不同驱替方式对比研究表明，水气交替、注活性水、注 CO_2 均可有效保持地层能量，提高原油采收率，但因页岩储层有效渗流距离有限，采用注采驱替井组难以受效；而吞吐或增加压裂前置液的压注一体、控压开采是有效的开发方式。

表 5-7-1 不同动用方式实验结果对比

类别	开发方式	动用条件	作用机理	岩心提高采收率 /%	缺点
用水类	注水渗吸吞吐	12MPa	渗吸、盐溶、驱替	11.7～49.4	可能存在盐重结晶堵塞
	表活剂渗吸吞吐	12MPa	降黏、降表面张力、盐溶与驱替	44.2～5.2	成本高，可能存在盐的重结晶
非水类	氮气	2.6MPa	膨胀，驱替	3.0～22.4	采出程度较低，成本高
	CO_2	驱替压力 7～21MPa	萃取、降黏、膨胀、驱替	26.1～69.3	重组分沉积，造成堵塞，降低渗透率；CO_2 腐蚀；成本高
气水交替类	N_2—水	1.1MPa、水渗吸 10 天	水的渗吸及盐溶与氮气的膨胀驱替作用结合	48.38	成本高，安全风险大
	CO_2—水	12MPa、水渗吸 10 天	水的渗吸及盐溶与 CO_2 的萃取降黏膨胀驱替作用结合	60～75	成本高，对管输要求高

三、页岩油开发技术政策研究

1. 产量影响因素分析

影响页岩油藏油井产能的因素首先是地质因素，包括储层的岩性、物性、储集空间类型、射孔位置、TOC、原油性质等；其次是工艺因素，由于盐间页岩油藏属致密非常规油藏，天然能量薄弱，自然产能低，加之盐间页岩储层原油启动压力梯度大，且孔隙喉道小，基质连续供油难度大，压裂、酸化等工艺改造措施对提高单井产能显得尤为重要；最后合理的生产压差、工作制度、能量补充等开发方式也直接影响着单井产能。以江汉凹陷盐间页岩油为例，其产量的主要因素为物性、TOC 及含油性、压裂规模（缝控体积）及合理的生产制度。

2. 产量递减规律

从前人针对王平 1 井区按常规思路开发的生产实践看，多数油井具有一定初期产能，随后快速递减，长期低产低液的特征。递减类型的判断方法通常有图解法、试凑法、典型曲线拟合法、迭代法和二元回归法等。本次采用图解法、试凑法和曲线拟合法对老井进行递减规律分析。由单井递减期年产量变化曲线和递减期累计产量与年产油的关系曲线可以看出，王平 1 井区老井产量递减主要表现为指数递减规律，拟合相关系数大于 0.9，拟合递减率在 0.20～0.96a^{-1}。少量有能量补充井产量递减规律呈现双曲递减规律，递减指数 n 为 0.125～0.25。

按照页岩油大规模高砂比压裂思路实施的王 99 井，从月产油曲线看，呈现高产递减—稳定—再递减—低水平稳定的生产特征。分析认为压裂井初期地层压力高，以弹性驱动为主，同时压裂缝的高渗透性和高导流能力，使得初期液量大、日产油高、递减快；随着井底压力下降，生产压差增大，压裂区域内渗吸置换的原油不断产出，同时部分溶解气为原油流动提供了能量补充，使产量趋于稳定；随着供液范围逐渐向压裂外区拓延，基质区域开始供液，呈现出产量再次下降后的低水平稳定。对比国内页岩油开发规律，均表现出相似的递减特征，如北美巴肯盆地页岩油井投产第一年产量较高，第二年产量下降 20%～40%，以指数递减及调和递减为主。国内吉木萨尔凹陷芦草沟组页岩油产量递减规律表现为指数递减和双曲递减。

3. 盐间页岩油数值模拟研究

1）盐间页岩油储层三维地质模型

网格模型，平面上网格走向与构造长轴方向一致，网格尺寸为 20m；纵向上，根据测井解释数据，页岩油层最大厚度 16.1m，最小厚度 4.2m，考虑到构造短轴倾角较大，以及后面开发技术论证会考虑注气开发，将页岩储层划分为 4 层。总网格数：239×139×4=132884 个（宽范围），王平 1 井区申报储量范围：160×66×4=42240 个。

考虑页岩油层均需要人工压裂改造，除了输入水平及纵向渗透率、孔隙度、地层压力、含油性等参数的基础上，还增加了应力敏感性及启动压力、单井压裂参数。

最后，利用克里金插值方法，结合油藏区域边界得到数值模拟模型的各个属性分布。并基于三维地质模型进行了储量拟合，拟合误差控制在 5% 以内说明模型可靠。

2）测试结果及生产历史拟合

根据页岩油的相渗、高压物性测试数据和驱替实验测试数据，利用相态分析软件模拟开展地层流体相态拟合和驱替实验拟合，由此确定页岩油的多组分特征参数和地层流体的多相渗流特征参数。

生产历史拟合是对目标工区和典型井进行了日产油、日产水、日产液、含水率、地层压力等生产参数进了历史拟合，得到了目标区现今的地层压力和剩余油分布。

3）盐间页岩油开发技术政策数值模拟研究

设计不同的水平井长度及方位、井距、开发方式、单井产能、压裂段数及半缝长、注入介质及注入时机等多套方案进行数值模拟，预测 10 年或 15 年单井累计产油、采出程度指标变化确定合理的开发技术政策参数界限。结合表明：

随着水平段长度的增加，单井累计产油量逐步增加，只要工艺技术允许，在经济优化的前提下，水平段长度可以长一些；但随着与最大主应力夹角的增大，表现为先增加后下降的趋势，与最大主应力为60°（相当与长轴夹角为30°）时，单井累产最高。

水平井井距的大小对累计产油和采出程度等开发指标影响较大。井距过小，易引起压裂井间干扰，单井累计产量低；而井距过大，虽然单井控制储量大，累计产量高，但会造成压裂未波及区域储量损失，数值推荐合理井距不大于400m。

随着压裂段间距的减小，单井累计产油量先缓慢增加，当减小到60m时，累计产油大幅增加，说明段间距过大，储层压裂改造波及区变小，有效供流范围变窄。在设计的方案中（60～120m）段间距缩小1倍，而累计产量增加1.18倍。随压裂半缝长增加，压裂规模增大，单井控制储量增加，单井累计产油量增加。建议压裂段数为20段，分段压裂的段长为60m左右，裂缝半缝长大于180m。

对比注水、注气（氮气、伴生气、CO_2）的开发效果，注气开发好于注水开发，注CO_2和伴生气好于注氮气，实际注入介质优选可结合地质和现场情况确定。对比完全衰竭式开发，衰竭开采1年、2年、3年转CO_2吞吐的方案指标，完全衰竭式开发初期产量高，但产量递减快，累计产量偏低；衰竭开采1年后转CO_2吞吐开发效果明显优于其他方案，预测15年单井累计产油最高。

4. 盐间页岩油开发技术政策

综合数值模拟研究及室内岩心物理模拟研究成果，形成了如下适合盐间页岩油藏的总体开发技术政策。

（1）水平井开发，长度不小于1000m，排状交错井网，井距300～400m；水平井方向与最大主应力方向垂直或不小于60°夹角。

（2）细分簇段、密切割大规模压裂，压裂段间距30～70m、簇间距7～25m发挥基质贡献。

（3）在保证不压至盐层的前提下，贯彻“压—注一体、以压代注”的思路，加大减阻水用量并优化功能性表活剂，增加地层能量，提高地层压力保持水平延缓递减；提高加砂强度，尽量增加水平缝延展。

（4）初期衰竭式开采定压生产，控压生产保能，单井产能20～28t/d。

（5）当地层压力降到$0.6\sim0.8p_i$（或衰竭开采2年；p_i为原始地层压力）后，注水—注气交替吞吐方式或顶部注气方式增加地层能量。

（6）对于原油黏度相对较低（$\rho_o\leqslant0.82g/cm^3$），与$CO_2$混相压力低于原始地层压力的页岩油藏，建议采用水—$CO_2$交替吞吐或注$CO_2$吞吐。

第六章　中西部盆地页岩油勘探开发目标评价及现场实践

鄂尔多斯盆地南缘和四川盆地北部探区是中国石化陆相页岩油勘探开发重点评价区域。

鄂南延长组七段三亚段（以下简称长 7_3 亚段）和川北中—下侏罗统页岩油研究程度低，形成条件、富集模式、流动机理等基础研究不够，钻完井和储层改造技术不适应，影响了勘探开发目标评价。为此，本章通过地质工程一体化研究，形成陆相页岩油地质评价及描述技术，深化了中西部盆地页岩油形成条件与富集机理认识，开展中西部盆地页岩油勘探目标评价，指导了鄂南、川北页岩油评价井部署和实施；形成页岩油流动特征及数值模拟技术，明确中低成熟度页岩油动用性较差，提出了“利用煤层资源、开发页岩油”技术构想；形成水平井高效钻完井和储层改造及增效技术，为中西部盆地陆相页岩油开发储备了工程技术。

第一节　中西部盆地陆相页岩油地质特征及资源潜力

中部鄂尔多斯盆地南部长 7_3 亚段和西部四川盆地北部中—下侏罗统陆相页岩油，具有“沉积相变快、岩相复杂多变、油气赋存状态多样、多类型裂缝发育、储层非均质性极强”等地质特征，较北美海相页岩油地质条件更为复杂。本节针对中国石化鄂南和川北典型探区攻关陆相页岩油地质综合评价技术方法，在页岩有机地球化学特征研究基础上，明确中西部盆地页岩有机质富集机制；开展陆相页岩油储层综合描述和资源量分类分级评价，明确有利储层特征和资源潜力；制定中西部陆相页岩油有利目标评价标准，明确下一步勘探方向及有利目标分布。

一、区域地质概况

鄂尔多斯盆地地跨陕甘宁蒙晋五省（自治区），故又称陕甘宁盆地，总面积达 $36\times10^4km^2$（刘池洋，2006）。从地质特征看，鄂尔多斯盆地为整体升降、坳陷迁移、构造简单的大型多旋回克拉通盆地，其中构造上分为伊盟隆起、渭北隆起、西缘冲断带、晋西挠褶带、天环坳陷、陕北斜坡 6 个一级构造单元（图 6-1-1）（邱欣卫，2008）。本次研究区为中国石化鄂南彬长和富县两个探区。其中，彬长区块位于伊陕斜坡、渭北隆起和天环向斜的交界处，面积约 $3013\times10^4km^2$；富县区块位于伊陕斜坡南部，面积约 $3834\times10^4km^2$。

鄂南页岩油主要分布在长 7 段，长 7 段地层厚 100～120m，岩性主要为暗色泥岩、碳质泥岩、油页岩夹薄层粉、细砂岩，可见介形虫和方鳞鱼化石级黄铁矿颗粒。长7段沉积时期，盆地中南部几乎被湖泊所覆盖，湖侵达到最大，发育半深湖—深湖岩相。根据沉积纵向演化特征和岩相差异，整个长7段地层又分为3个亚段（图6-1-2）；长7_3亚段沉积时期，湖平面快速上升，达到鼎盛时期，三角洲体系显著向岸迁移，西部陡坡发育辫状河三角洲，湖泊内部局部发育重力流，湖泊中心沉积岩性以为深灰色、灰黑色泥岩页岩为主；长7_2亚段沉积时期，湖泊萎缩，并且湖泊中心向东迁移，南西部辫状河三角洲体系显著进积，盆地内部重力流也比较发育；长7_1亚段沉积时期，湖泊继续萎缩，湖泊中心缩小至姬源、华池、富县一带，南西部辫状河三角洲进一步向北东进积，盆地内部也发育重力流。

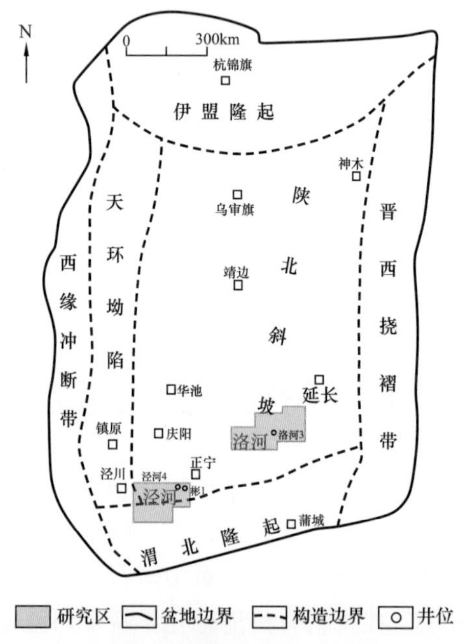

图6-1-1 鄂南研究工区位置

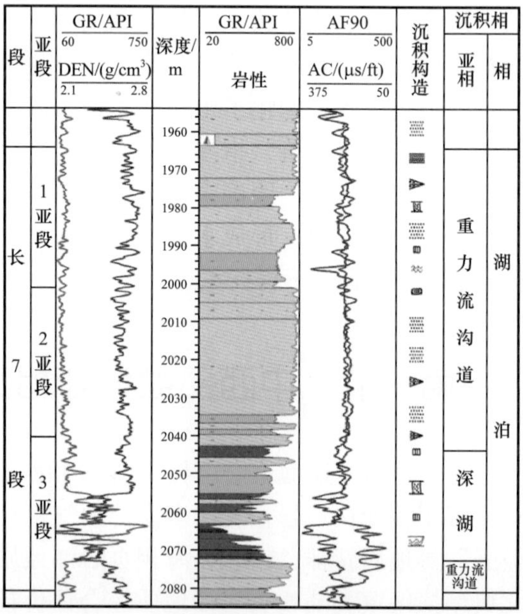

图6-1-2 鄂南研究区长7段地层柱状图

四川盆地勘探开发情况显示，中国石化探区陆相页岩油主要发育在川北阆中地区下侏罗统自流井组大安寨段二亚段（以下简称大二亚段）和元坝地区中侏罗统千佛崖组二段（以下简称千二段）（图6-1-3）。这两套地层埋深在2650～3400m之间，岩性以黑色、灰黑色泥页岩为主，有机质较发育，微孔隙类型丰富、微裂缝发育，具有烃源条件好、储集物性较好、可压性强、资源潜力较大等特点，是目前四川盆地陆相页岩油勘探开发的主要潜力区。

大二亚段自下而上由浅湖泥、滩缘、滩核、滩前湖坡和半深湖泥组成，为向上变细的上超退积层序。该段内黑页岩沉积稳定，对应于海相层序地层中最大海泛面沉积的凝缩段，介屑滩不发育，纵向上多层叠置、单层厚度薄。千二段沉积时期以湖泊沉积和三角洲沉积为主，与下伏千一段相比，相对的湖泊范围扩张，浅湖沉积范围扩大，三角洲相沉积范围缩小（图6-1-4）。

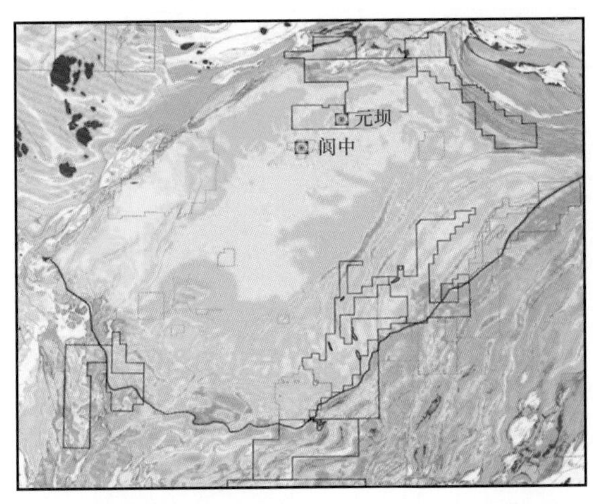

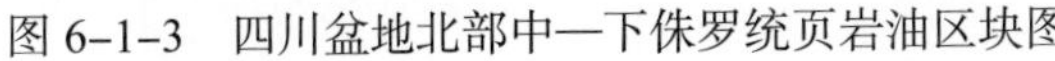
图 6-1-3　四川盆地北部中—下侏罗统页岩油区块图

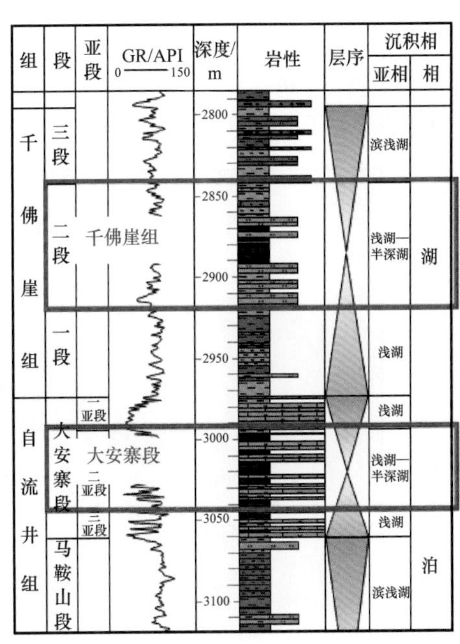

图 6-1-4　四川盆地北部地区地层柱状图

二、有机质地化特征及富集机制

1. 有机地球化学特征

1）有机碳含量

目前常用的评价有机质丰度指标主要有有机碳含量（TOC）、岩石热解生烃潜量（P_g，S_1+S_2）、氯仿沥青“A”和总烃含量（HC）等。

（1）鄂南地区长 7_3 亚段：

从彬长、富县地区长 7 段烃源岩 TOC—S_1+S_2 相关图（图 6-1-5）中可以看出，彬长地区长 7_3 亚段烃源岩有机质丰度最高，TOC 普遍在 10% 以上；富县地区长 7_3 亚段 TOC 普遍在 2%～6% 之间。

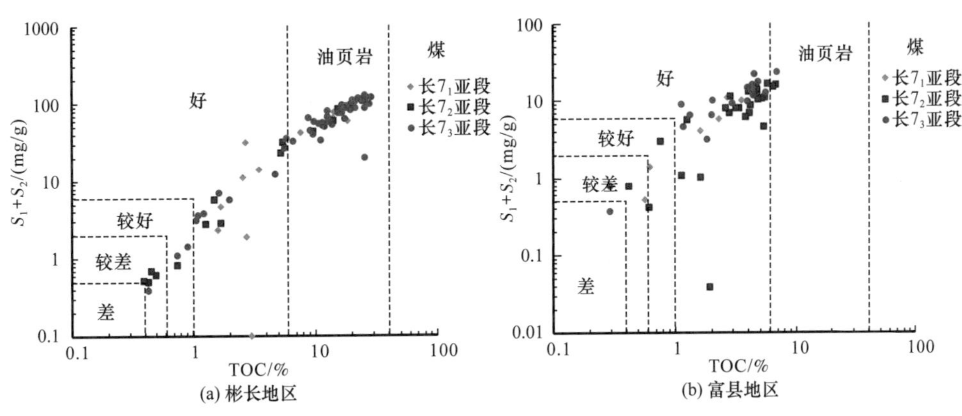

图 6-1-5　长 7 段 TOC—S_1+S_2 交会图

从平面分布上，彬长地区长 7_3 亚段黑色页岩的 TOC 分布在 14% 左右，在泾河 508 井附近 TOC 最高，达到 22% 左右（图 6–1–6）。富县地区长 7_3 亚段黑色页岩有机碳含量均分布在 5.95% 左右，其中在中富 12 井附近 TOC 最高，达到 10% 左右（图 6–1–7）。

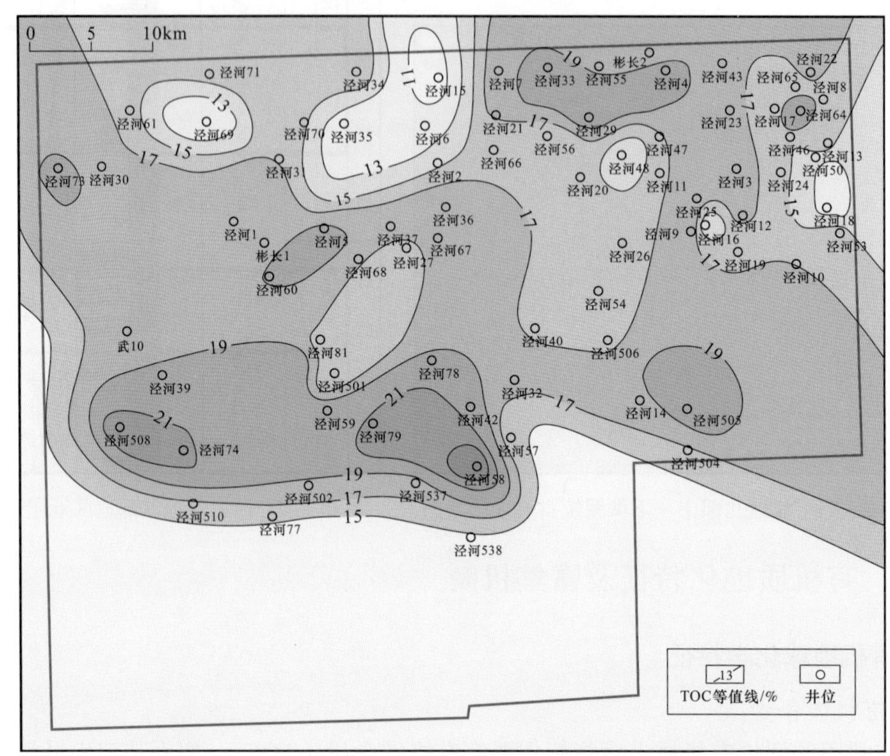

图 6–1–6　彬长地区长 7_3 亚段富有机质页岩 TOC 等值线图

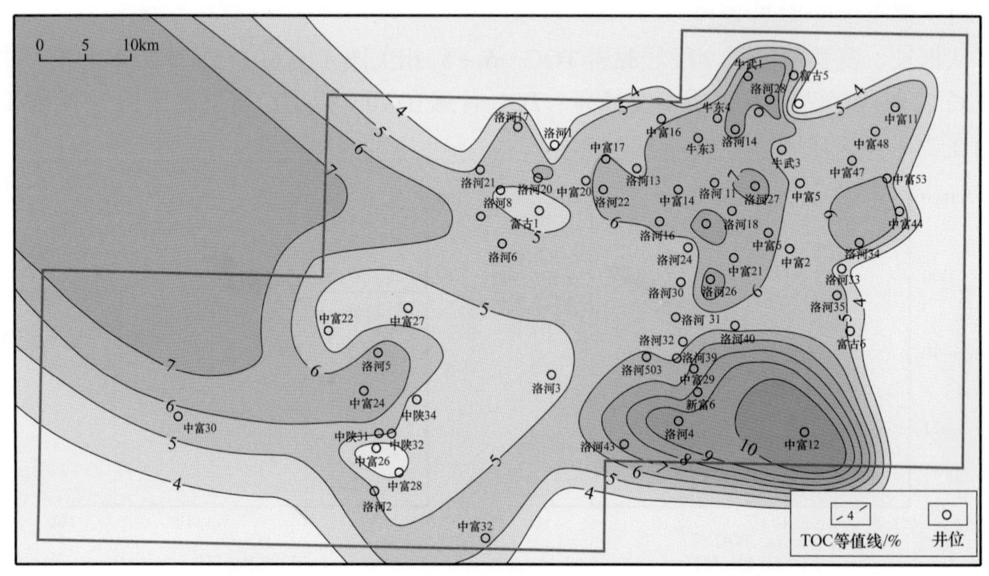

图 6–1–7　富县地区长 7_3 亚段富有机质页岩 TOC 等值线图

（2）川北地区中—下侏罗统：

大二亚段的 TOC 主要分布在 0.5%～2% 之间，大于 1% 的优质烃源岩占 27.27%（图 6-1-8）；千二段大于 1% 的优质烃源岩占 62.5%，烃源岩性质较好（图 6-1-9）。

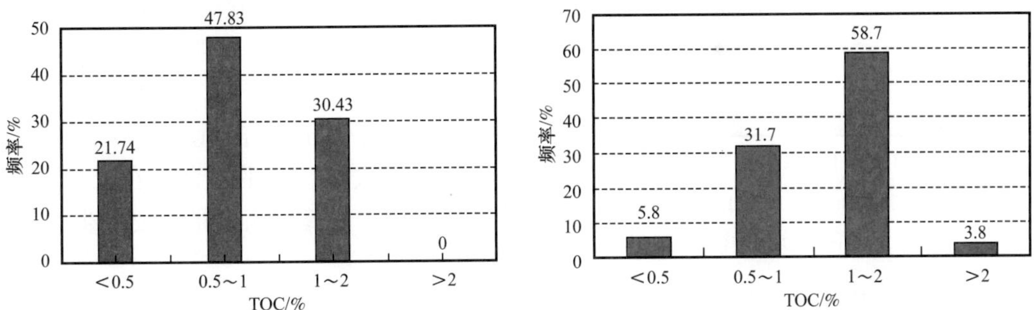

图 6-1-8　阆中地区大二亚段岩心 TOC 分析频次图　图 6-1-9　元坝地区千二段岩心 TOC 分析频次图

从平面上，阆中地区大二亚段 TOC 主要在 1.0%～2.0% 之间，工区南部、中部和西北部 TOC 值较大（图 6-1-10）；元坝地区千二段 TOC 主要在 0.6%～1.2% 之间，TOC 大于 1.0% 主要分布在工区西南部，元坝 102 井和元陆 5 井区附近值最高（图 6-1-11）。

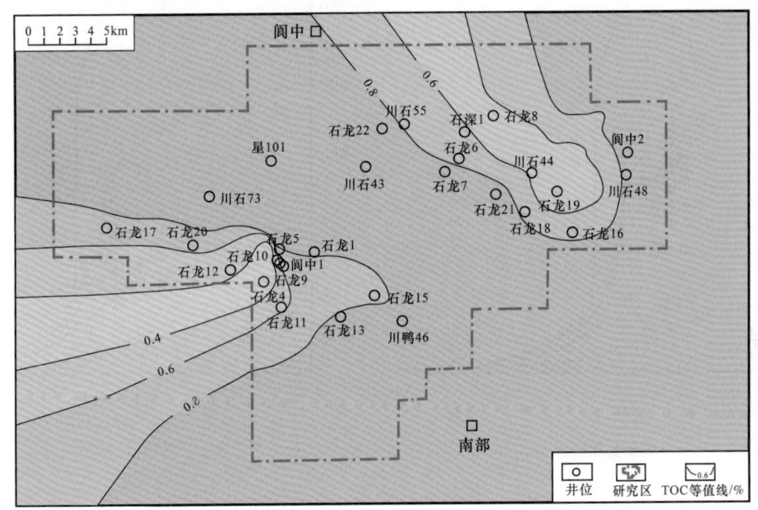

图 6-1-10　阆中地区大二亚段 TOC 平面分布图

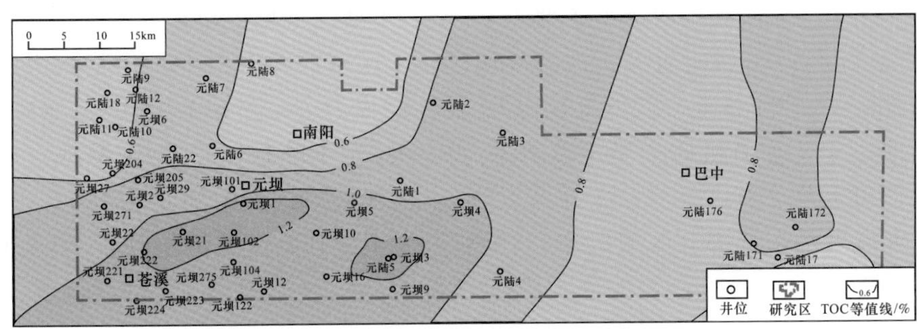

图 6-1-11　元坝地区千二段 TOC 平面分布图

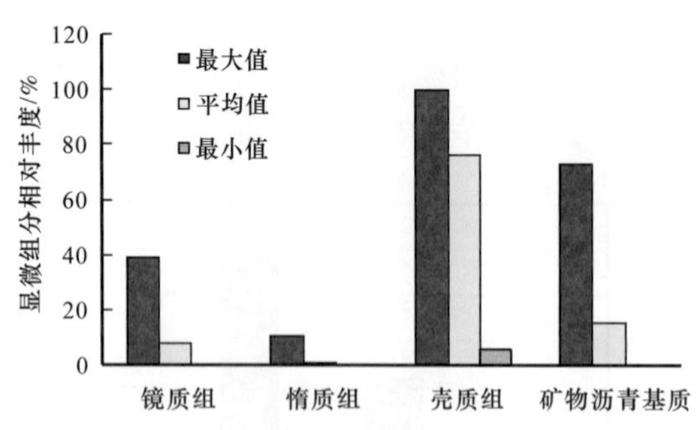

图 6-1-12 鄂南地区长 7_3 亚段烃源岩有机显微组分含量分布特征图

2）有机质类型

有机质类型是衡量有机质生烃演化属性的标志，有机质类型的值反映了烃源岩有机质的显微组分和化学结构。

（1）鄂南地区长 7_3 亚段：

显微组分分析表明，有机质以壳质组为主，其平均百分含量在75%以上；矿物沥青质次之，其平均含量在15%以上；另外还含少量藻质组，是主要的生烃组分（图 6-1-12）。

岩石热解实验数据中 T_{max} 和HI的相关关系显示，鄂南有机质类型以Ⅱ$_1$—Ⅱ$_2$型为主，Ⅰ型相对较少，其中彬长地区以Ⅰ—Ⅱ$_1$为主，富县地区以Ⅱ$_1$—Ⅱ$_2$为主（图 6-1-13）。

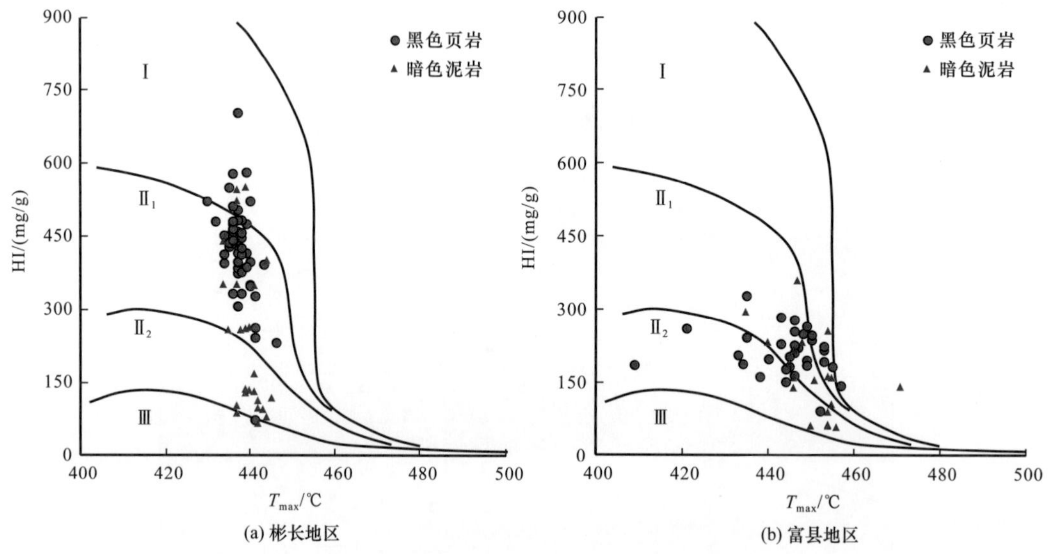

图 6-1-13 鄂南地区长 7_3 亚段有机质类型图

（2）川北地区中—下侏罗统：

阆中地区大二亚段有机质类型主要为Ⅱ$_1$型、Ⅰ型，Ⅰ型分布在阆中地区东南部地区石龙13井、石龙15井区附近及工区南部地区，工区东部阆中2井、川石48井区周边也以Ⅰ型干酪根为主。工区北部及西部都以Ⅱ$_1$型干酪根为主（图 6-1-14）。

元坝地区千二段有机质类型主要为Ⅱ$_1$型、Ⅱ$_2$型干酪根，Ⅱ$_1$型干酪根主要分布在元坝地区西部元坝2井、元坝271井及元坝21井井区附近，中部元陆3井、元陆4井、元坝4井区域及最东部部分区域以Ⅱ$_1$型干酪根为主，其余区域都是以Ⅱ$_2$型干酪根为主（图 6-1-15）。

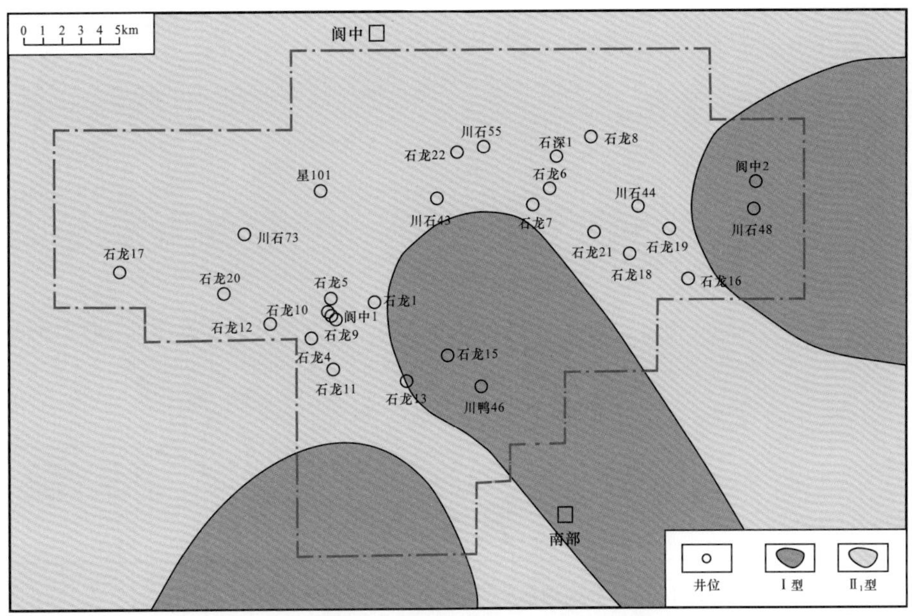

图 6–1–14　阆中地区大二亚段富有机质页岩有机质类型分布图

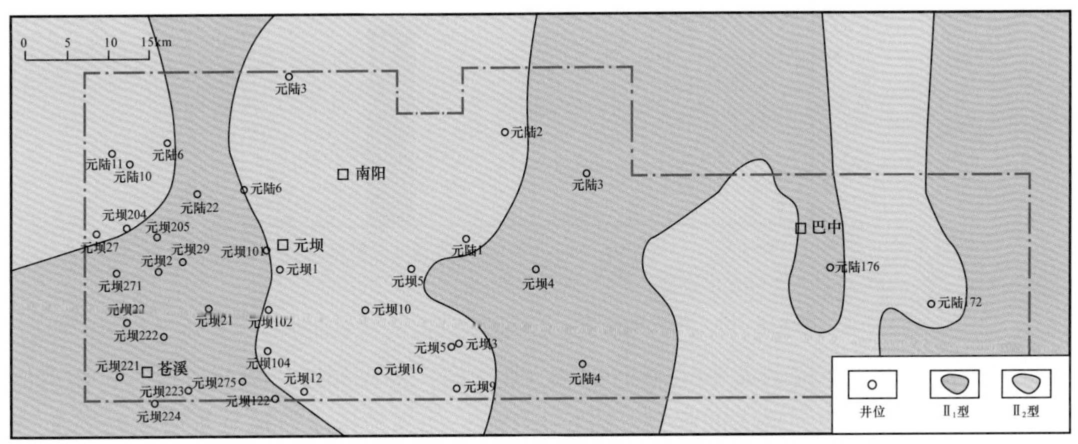

图 6–1–15　元坝地区千二段有机质类型分布图

3）有机质成熟度

镜质组反射率（R_o）是评价有机质热演化程度最主要参数之一。

（1）鄂南地区长 7_3 亚段：

彬长地区 R_o 分布范围为 0.6%～0.8%；富县区块 R_o 为 0.7%～0.9%（图 6–1–16）。

（2）川北地区中—下侏罗统：

通过测试分析，川北地区中—下侏罗统页岩内有机质成熟度 R_o 全部达到成熟生烃下限 0.5%，主要集中在 1.3%～2.0% 之间（图 6–1–17），达到高成熟阶段。

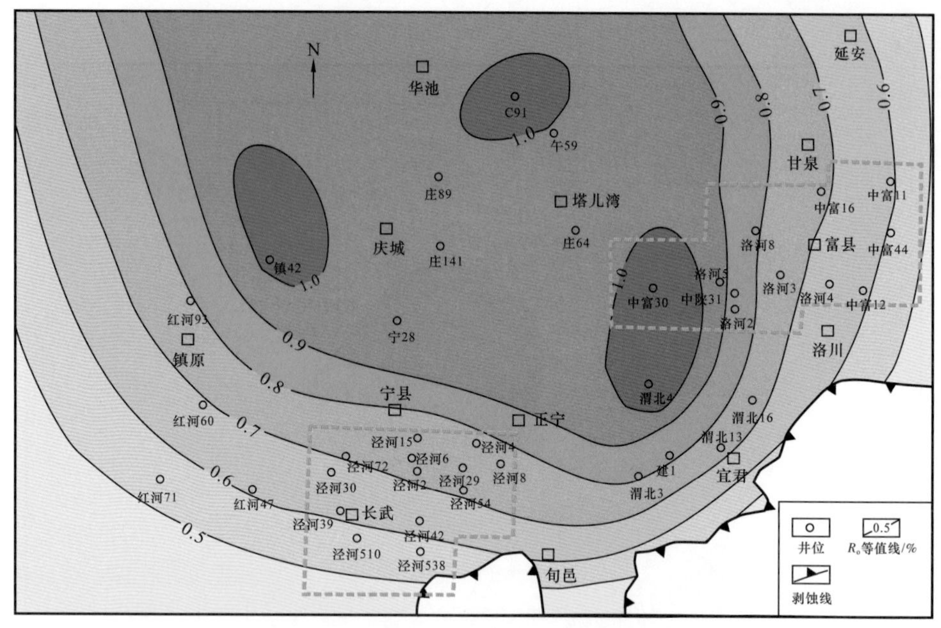

图 6-1-16 鄂南地区长 7_3 亚段页岩成熟度平面分布图

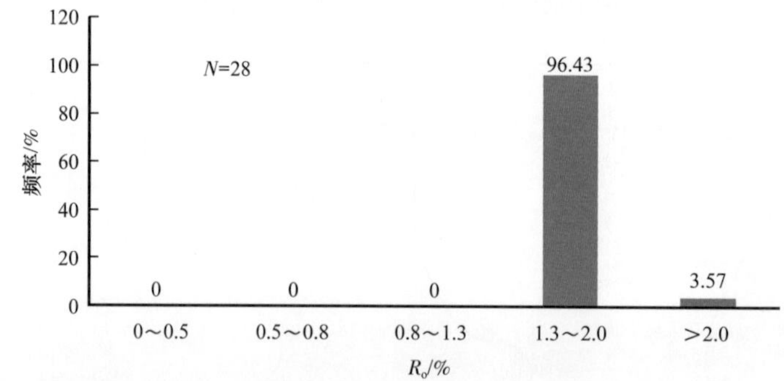

图 6-1-17 川北地区中—下侏罗统页岩 R_o 频率直方图

阆中地区大二亚段的 R_o 值在 0.95%～1.3% 之间，进入烃源岩成熟阶段，R_o 值整体上有从工区中部向四周增大的趋势（图 6-1-18）；元坝地区千二段有机质成熟度 R_o 在 1.0%～1.9% 之间，东部一般大于 1.8%，西部两边向中间逐渐变大，元坝 101 井周围达到 1.8%（图 6-1-19）。

2. 有机质富集机制与模式

1）鄂南地区长 7_3 亚段"生产力主导"型富集模式

长 7_3 亚段张家滩页岩段沉积时期，周边火山活动强烈，次数频繁。通过前人地球化学资料分析，凝灰岩物源来自西南秦岭造山带：一部分喷出的火山灰经过大气或水体搬运到离物源区较远的地区，后由于水流又与陆源碎屑沉积物一起发生再搬运，通过重力流作用沉积到深湖—半深湖形成厚层凝灰岩；一部分在火山爆发时由喷发气流及当时风的带动随大气降落，后沉降至水体中，与深湖相泥岩沉积同时进行，互层产出。大规

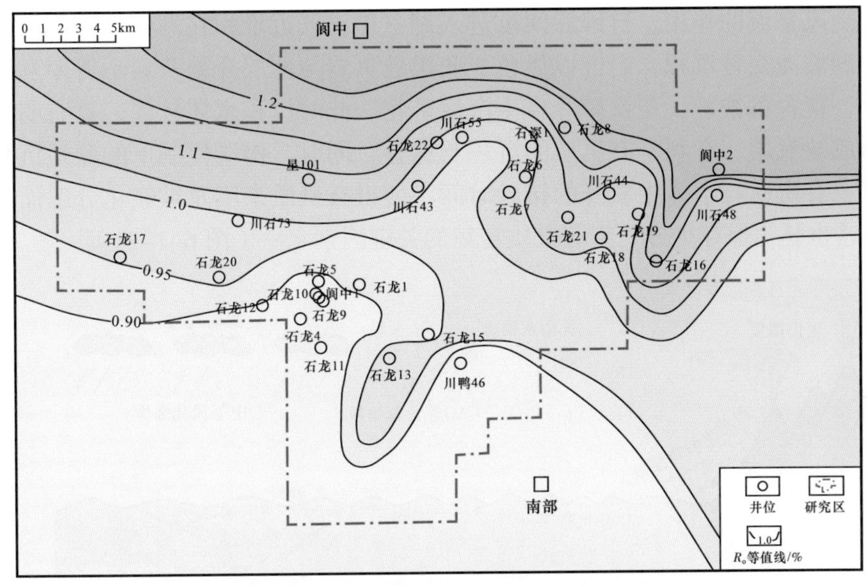

图 6-1-18 阆中地区大二亚段 R_o 平面分布图

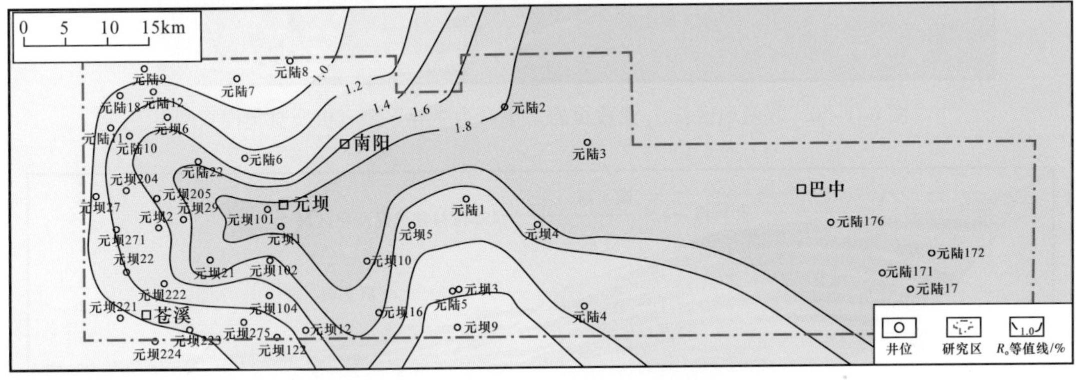

图 6-1-19 元坝地区千二段 R_o 平面分布图

模的火山灰短期内沉积，携带着 Fe、P 等营养物质的火山灰降落至湖泊中，导致湖盆内藻类勃发，极大地提高了湖盆古生产力，为富有机质页岩的形成提供了丰富的物质来源（图 6-1-20）。虽然此时底水呈弱氧化—弱还原环境，不是有机质保存的最佳环境，但在有机质供给量充足的前提下，仍然有大量的有机质保存下来，造成了有机质在沉积物中大量富集。

2）川北地区中—下侏罗统“保存主导型”富集模式

川北中—下侏罗统受到大巴山逆冲推覆作用影响，前陆盆地的北部和东部强烈抬升，东面湖盆的泄水通道慢慢封闭，沉积格局提供有利的泥页岩沉积条件，欠补偿淡水滨湖相沉积为主，“面广水深”，富有机质泥页岩广泛发育。最大湖进期，沉积环境受陆源碎屑物源的影响较小，湖盆范围最大，水体清澈，浮游生物丰富，发育的沉积微相类型包括沙坝、介屑滩、滩间泥、风暴滩、湖坡泥和半深湖泥等。其中，湖坡风暴滩微相为浅湖介屑滩受风暴流的作用，打碎后间歇进入湖盆中，就近堆积在湖盆斜坡位置，呈现为风暴滩与湖坡泥交替沉积，岩性以黑色、灰黑色页岩与薄层介屑灰岩不等厚互层，水平层理发育，富含黄铁矿、菱铁矿等自生沉淀矿物。此时沉积水体较深，具有明显分层现象，易形成缺氧层，有利于有机质的沉积与保存，同时，构造控制下的盆地沉积速率较快，缩短了有机质与水体中氧气的接触时间，使得有机质来不及被氧化分解而快速埋藏与保存，这也是“保存主导”型有机质富集的关键因素之一（图 6–1–21）。

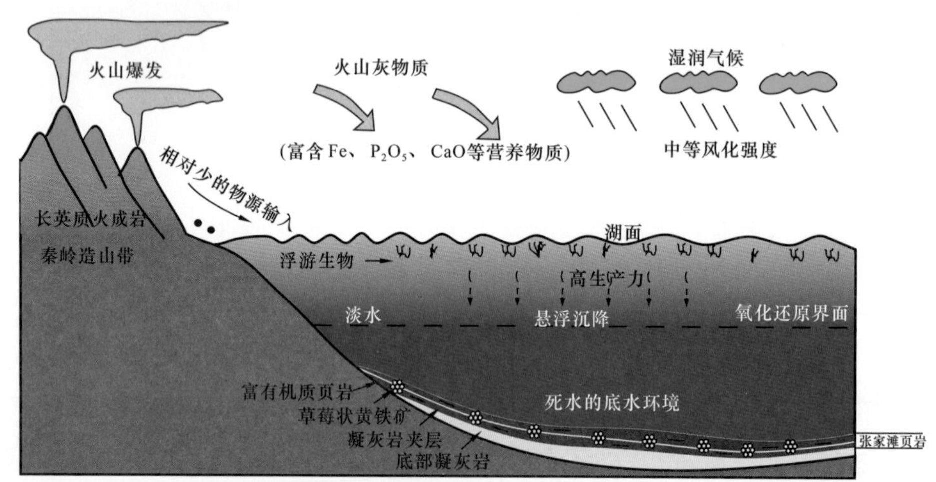

图 6–1–20 鄂南地区长 7_3 亚段页岩“生产力主导”型有机质富集模式图

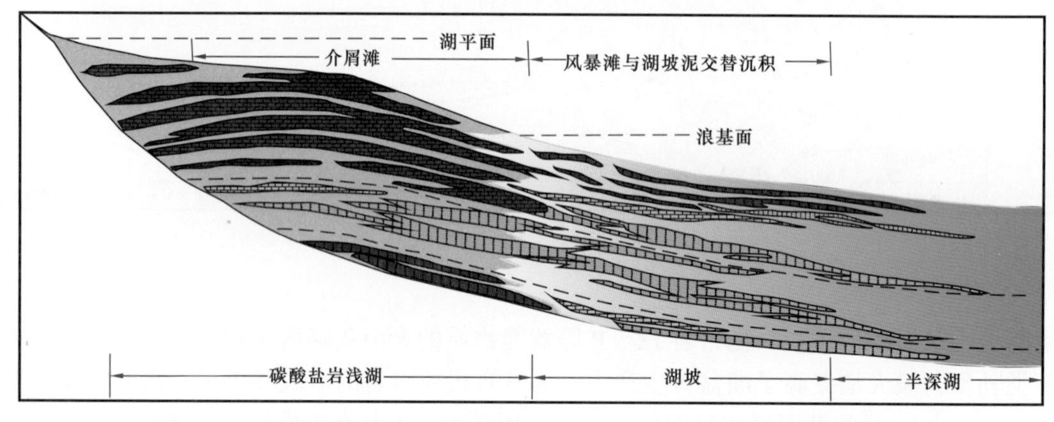

图 6–1–21 四川盆地中—下侏罗统页岩“保存主导”型有机质富集模式图

三、多尺度多参数储层评价

1. 岩相划分及组合特征

1）岩相划分方案

综合考虑“岩石组分、沉积构造及有机质”三因素及“黏土、硅质及碳酸盐岩”三个端元矿物成分，建立“三端元—三因素”页岩层系岩相划分方案（图 6–1–22）。

鄂南长 7_3 亚段页岩层系的细粒沉积划分为正常碎屑岩、火山碎屑岩、碳酸盐岩三大

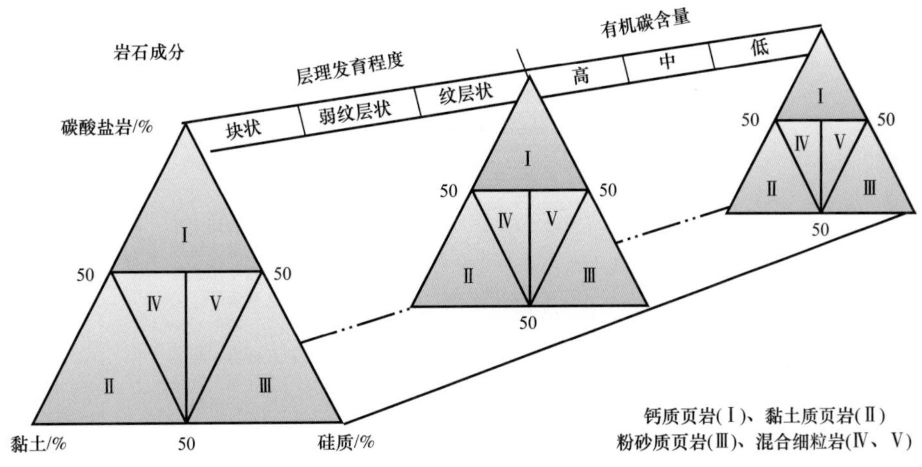

图 6-1-22　页岩层系岩相划分方案图

类；依据粒度大小进一步将正常碎屑岩划分为泥岩、页岩、粉砂岩、细砂岩 4 种岩相，火山碎屑岩主要为凝灰岩。针对泥岩和页岩，依据上述岩相分类方案，彬长地区主要发育纹层状高有机质黏土质页岩、硅质页岩，富县地区主要发育中有机质黏土质页岩、粉砂质页岩。

川北页岩层系岩相主要分为三大类，即（泥）页岩、粉—细砂岩及石灰岩，其中阆中大二亚段页岩以纹层状低有机质灰质页岩、黏土质页岩为主，元坝千二段以低有机质粉砂质页岩、黏土质页岩为主，粉—细砂岩岩相主要为泥质粉砂岩和细粒岩屑砂岩，石灰岩岩相主要为介屑灰岩。

2）岩相组合特征

陆相页岩层系中除了发育页岩、泥岩外，夹层类型也十分多样且频繁发育，因此开展页岩与夹层组合特征的研究，精细识别与分析不同类型页岩与不同类型夹层的组合关系十分重要。本书通过大量典型井页岩层段解剖，提出了三种岩相组合类型，并以岩相组合为桥梁，划分了 3 种储集体类型（图 6-1-23），为后期页岩油分类勘探评价奠定了基础。

通过对彬 1 井长 7_3 亚段页岩层段系统取心与岩心描述，认为鄂南彬长地区以发育凝灰岩—砂岩—页岩三元互层型组合为主，为一套互层型储层，长 7_3 亚段底部发育一套 2～6m 厚沉凝灰岩，经证实具有一定勘探开发潜力（图 6-1-24）。富县地区长 7_3 亚段为一套贫凝灰岩的富有机质有机质页岩组合，为典型页岩型储层，偶夹小于 1m 砂质薄夹层（图 6-1-25）。川北阆中地区大二亚段由于沉积相带差异，发育两类储集体类型。其中，深湖—半深湖相以含介壳纹层的连续型页岩沉积为主，为页岩型储层；浅湖相带内介壳灰岩夹层数量及厚度明显增加，以发育夹层型储层为主（图 6-1-26、图 6-1-27）。元坝地区千二段有利页岩层段为底部千二 $_1$ 亚段，是一套砂泥薄互层组合，为典型互层型储层，千二段中上部以泥质粉砂岩相和粉砂质泥岩相为主（图 6-1-28）。

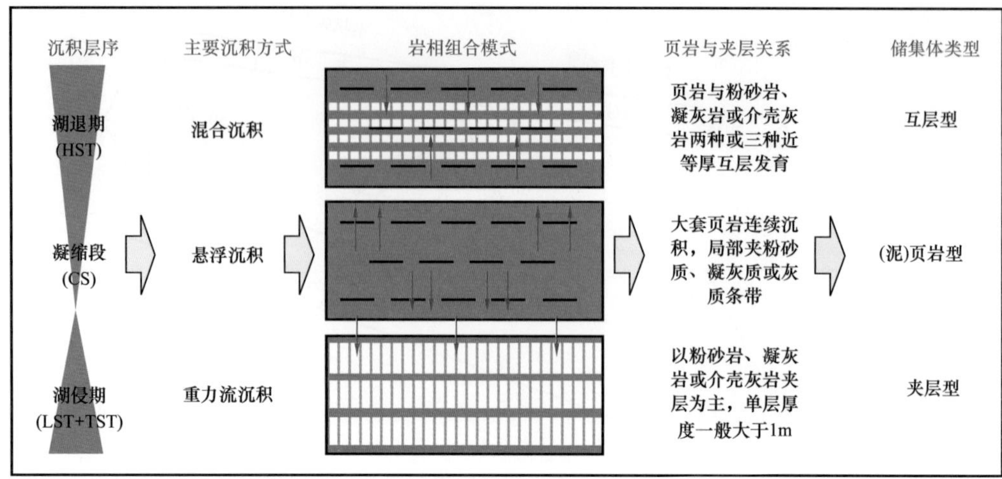

图 6-1-23 页岩层系岩相组合特征及储层类型划分

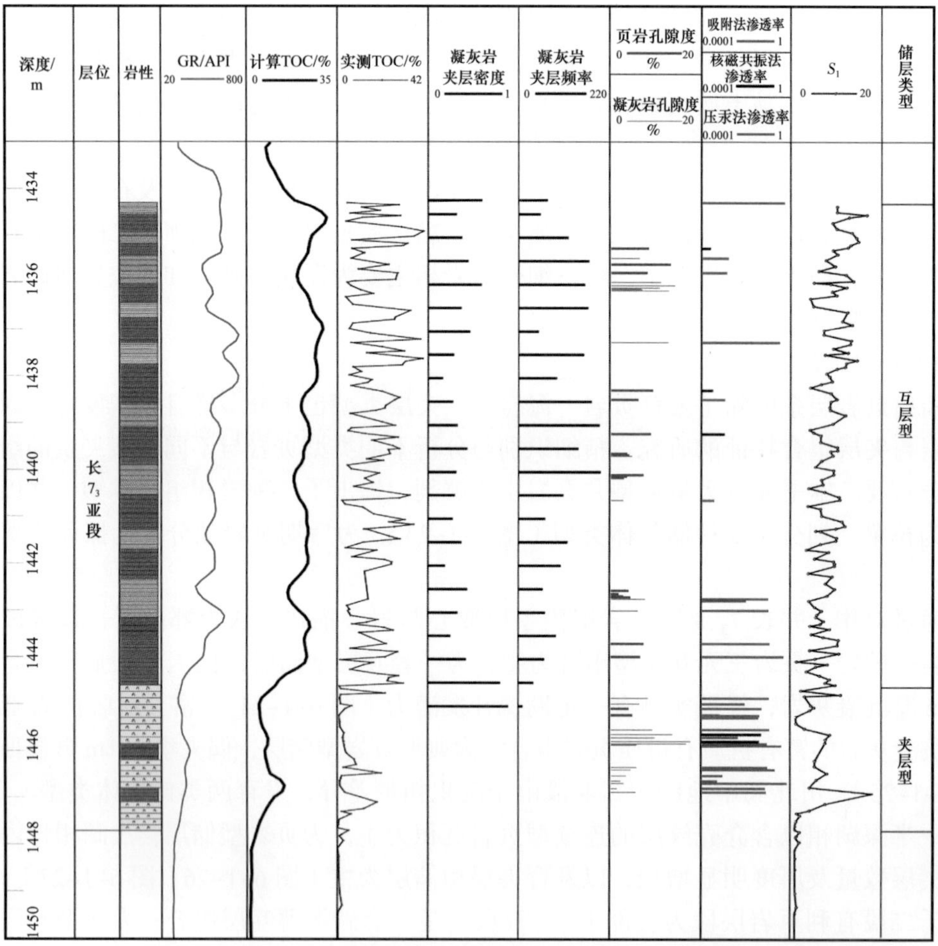

图 6-1-24 彬长地区彬 1 井长 7_3 亚段岩相组合特征

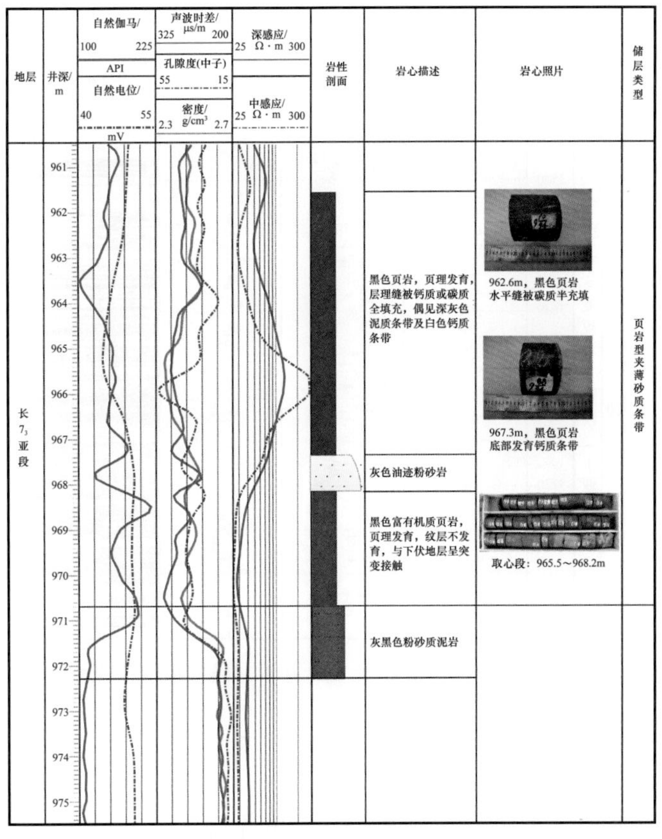

图 6-1-25　富县地区洛河 2 井长 7_3 亚段岩相组合特征

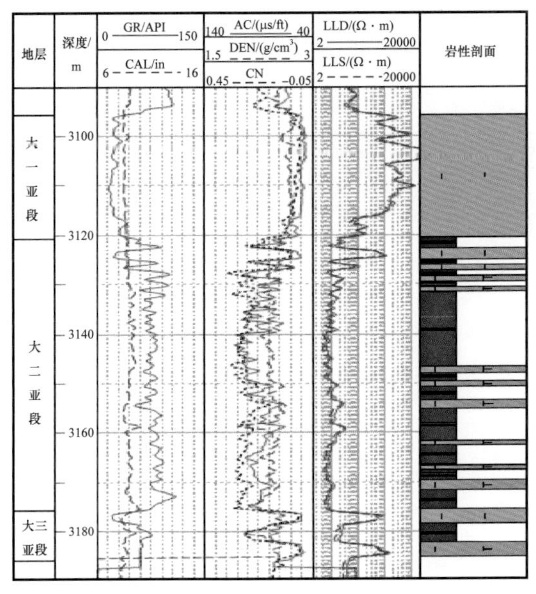

图 6-1-26　阆中地区石龙 16 井大二亚段岩相组合特征

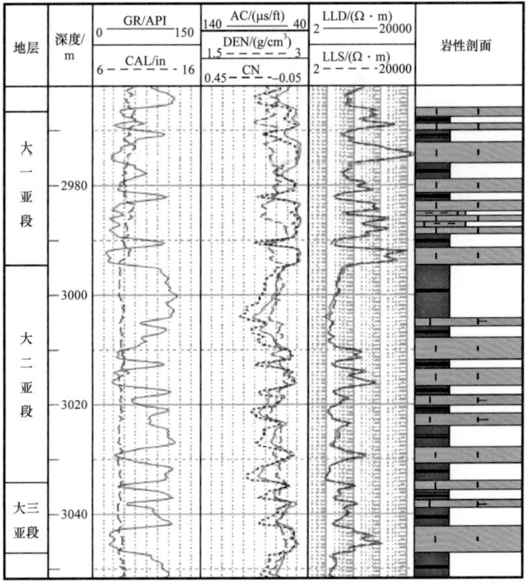

图 6-1-27　阆中地区石龙 17 井大二亚段岩相组合特征

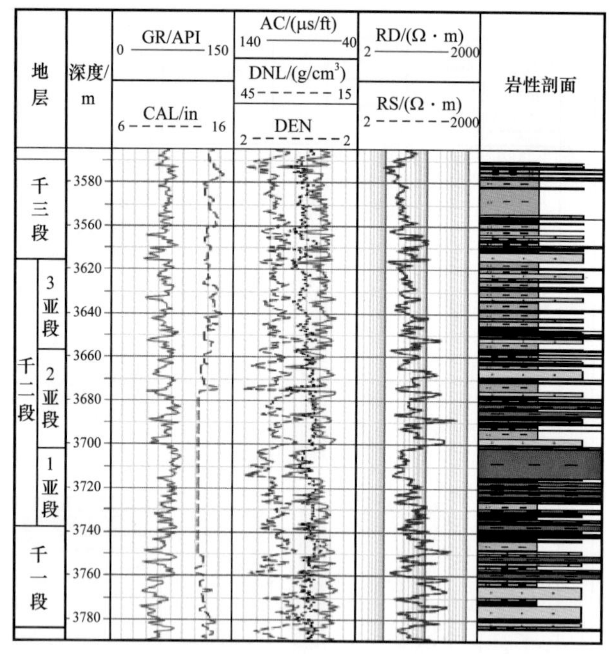

图 6-1-28 元坝地区元坝 9 井千二段岩相组合特征

2. 不同类型储层宏观分布

1）鄂南地区长 7_3 亚段

彬长地区长 7_3 亚段互层型储层主要为工区北东部、北部和中南部，最厚达 18m 以上，平均厚度约 10m，整体上从北东方向向南西方向厚度逐渐减薄（图 6-1-29）；底部沉凝灰岩夹层主要集中在北部，呈指状大片分布，厚度介于 2～6m，南部几乎不发育凝灰岩（图 6-1-30）。富县长 7_3 亚段页岩型储层在中部和西北部厚度较大，最厚可达 24m 以上，平均 14m（图 6-1-31）。

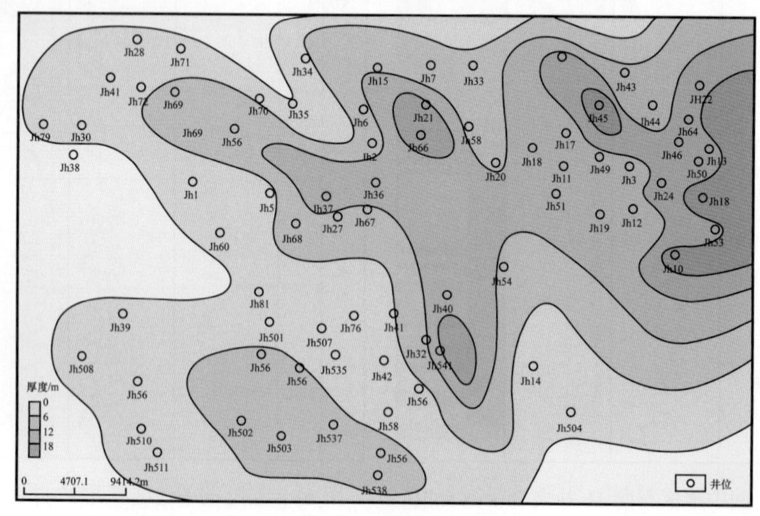

图 6-1-29 彬长地区长 7_3 亚段互层型储层平面分布图

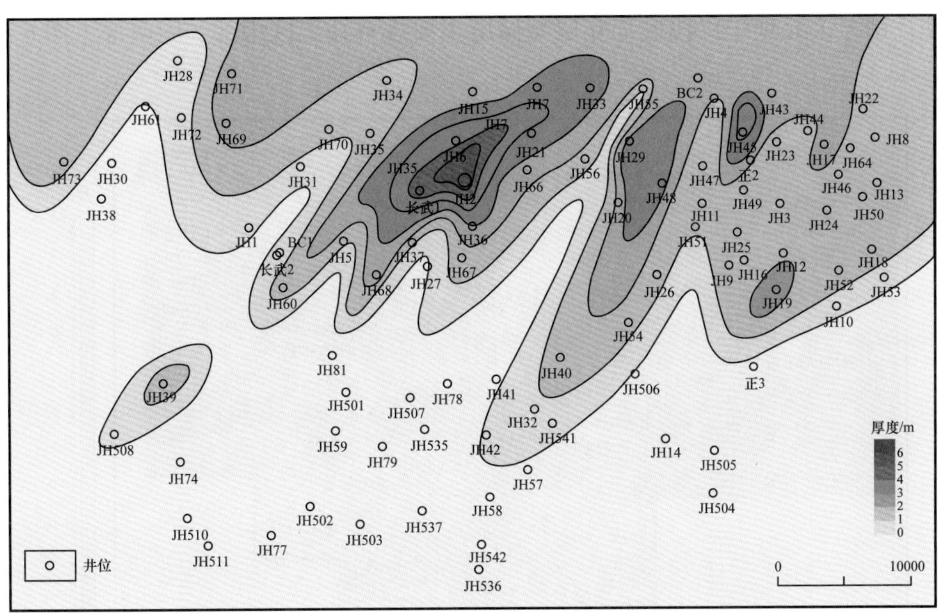

图 6-1-30　彬长地区长 7_3 亚段底部凝灰岩夹层平面分布图

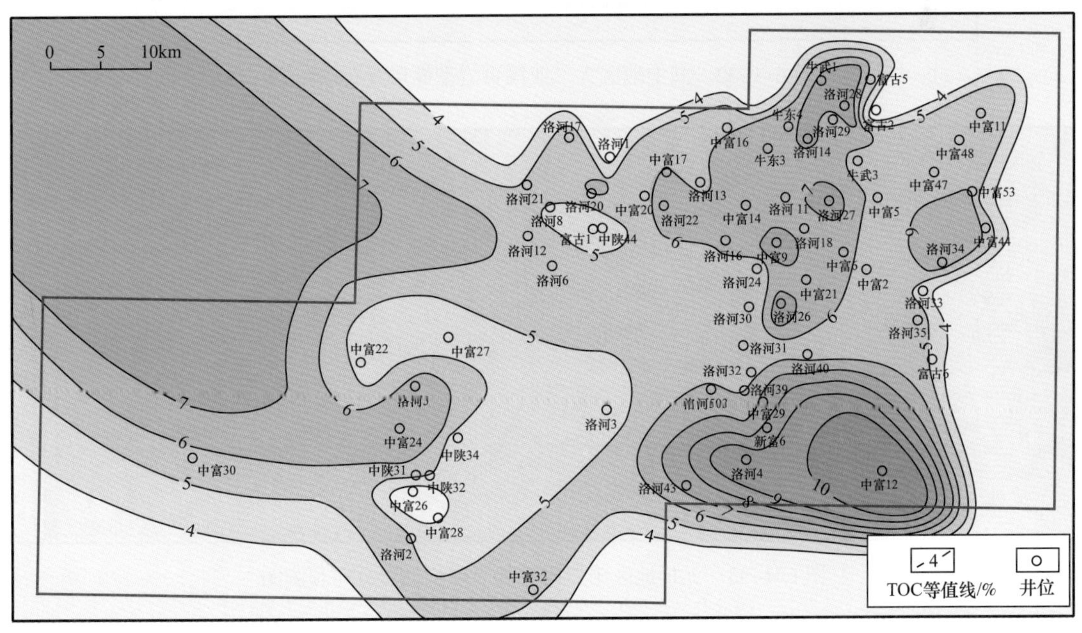

图 6-1-31　富县地区长 7_3 亚段页岩型储层平面分布图

2）川北地区中—下侏罗统

在不同类型储层地震响应特征分析基础上，优选储层预测技术，阆中大二亚段主要为一套夹介壳灰岩纹层的页岩型储层，采用叠后稀疏脉冲反演与地质统计学高分辨率反演技术结合预测；元坝千二段主要为泥页岩和泥质细—粉砂岩互层型储层，采用叠后稀疏脉冲反演预测该套储层。结果表明，阆中大二亚段页岩型储层主要发育在工区中东部，西部发育稍差，元坝千二段底部互层型储层主要发育在工区中部、中南部（图 6-1-32、图 6-1-33）。

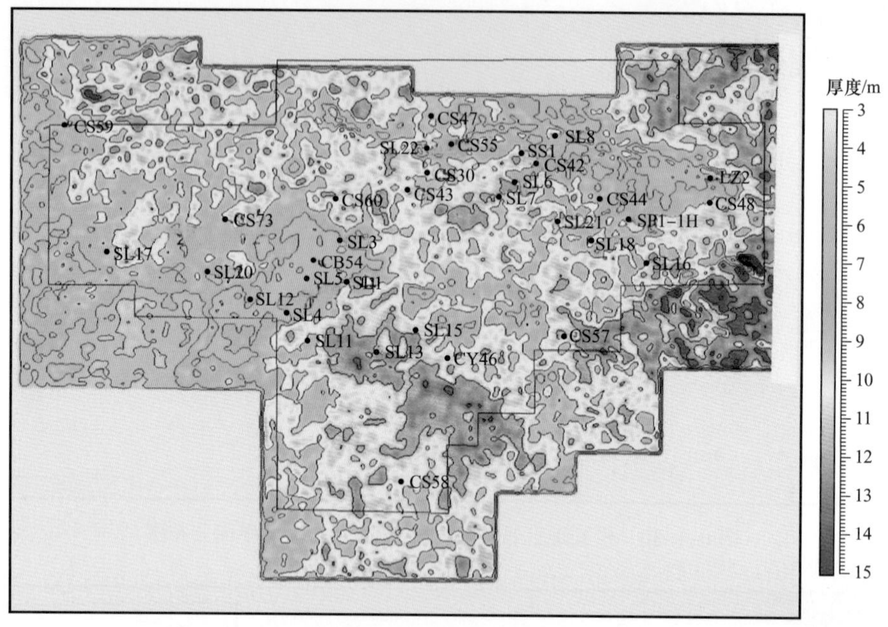

图 6-1-32 阆中地区大二亚段页岩型储层分布预测图

图 6-1-33 元坝地区千二段底部互层型储层分布预测图

3. 微观孔隙结构及物性特征

1）孔隙类型划分

本书将储集空间划分为基质孔隙、有机质相关孔隙、裂缝三大类，基质孔隙包括粒间孔、粒内孔和晶间孔；有机质相关孔隙包括有机质孔隙和有机质边缘孔隙；裂缝包括构造缝和成岩缝（如层理缝、收缩缝）。

鄂南地区长 7_3 亚段薄层状页岩孔隙类型以粒间孔、晶间孔和有机质边缘孔为主，粒内孔和有机质孔隙丰度低；纹层状页岩孔隙类型以粒间孔和晶间孔为主，粒内孔、有机质孔隙和有机质边缘孔丰度适中（图 6-1-34）；沉凝灰岩相孔隙类型以粒间孔为主，粒内孔、晶间孔和有机质边缘孔丰度低（图 6-1-35）。川北地区大安寨段和千佛崖组页岩内主要发育有机质孔隙、粒间孔和微裂缝等孔隙类型，介壳灰岩及砂岩内主要发育粒间溶蚀孔以及残余粒间孔（图 6-1-36）。

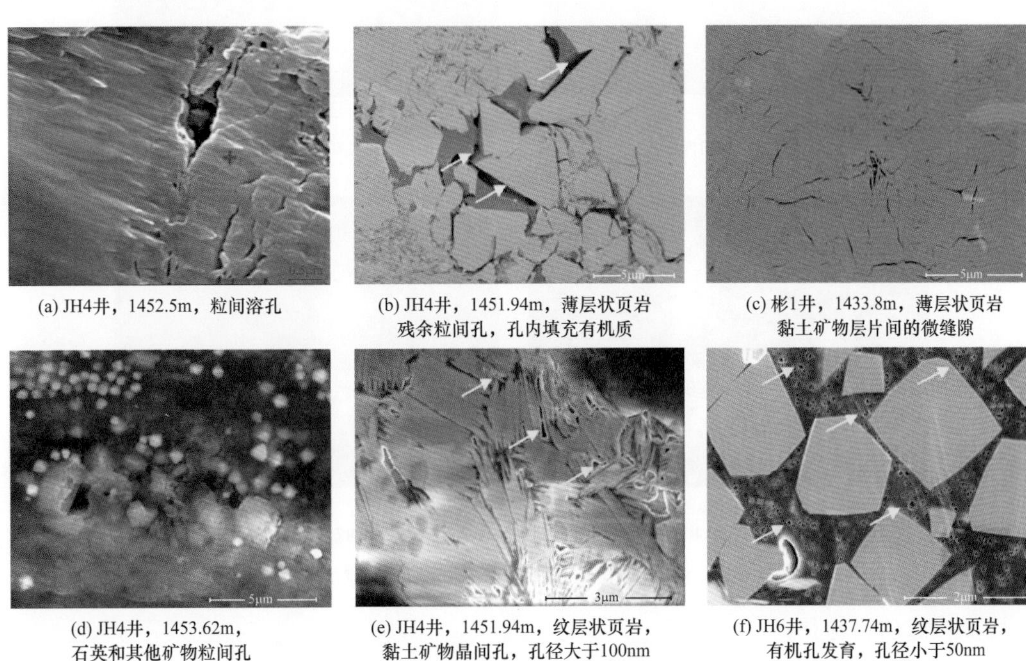

(a) JH4井，1452.5m，粒间溶孔

(b) JH4井，1451.94m，薄层状页岩残余粒间孔，孔内填充有机质

(c) 彬1井，1433.8m，薄层状页岩黏土矿物层片间的微缝隙

(d) JH4井，1453.62m，石英和其他矿物粒间孔

(e) JH4井，1451.94m，纹层状页岩，黏土矿物晶间孔，孔径大于100nm

(f) JH6井，1437.74m，纹层状页岩，有机孔发育，孔径小于50nm

图 6-1-34　鄂南地区长 7_3 页岩岩相孔隙类型

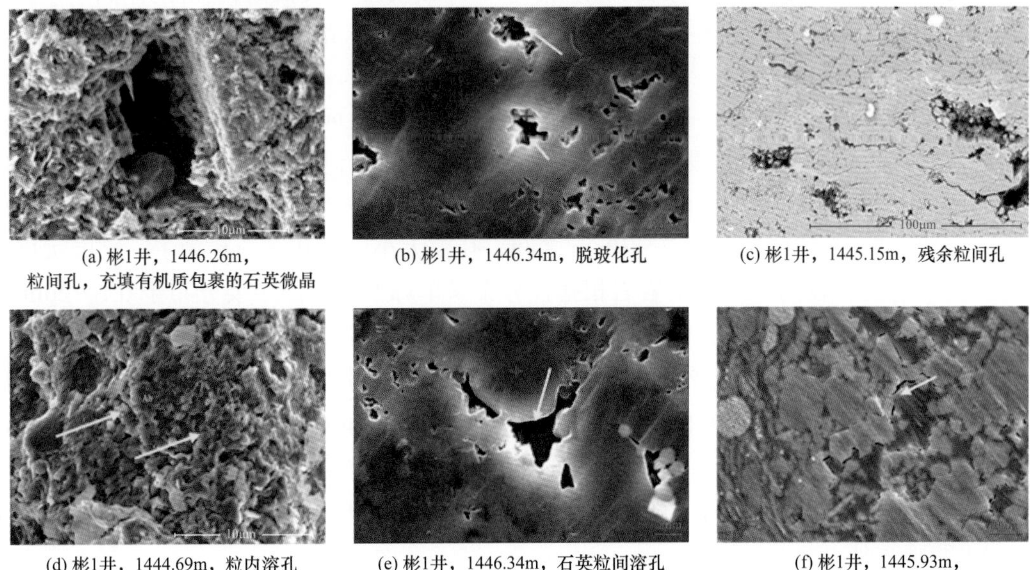

(a) 彬1井，1446.26m，粒间孔，充填有机质包裹的石英微晶

(b) 彬1井，1446.34m，脱玻化孔

(c) 彬1井，1445.15m，残余粒间孔

(d) 彬1井，1444.69m，粒内溶孔

(e) 彬1井，1446.34m，石英粒间溶孔

(f) 彬1井，1445.93m，长石与有机质间收缩缝

图 6-1-35　鄂南地区长 7_3 沉凝灰岩岩相孔隙类型

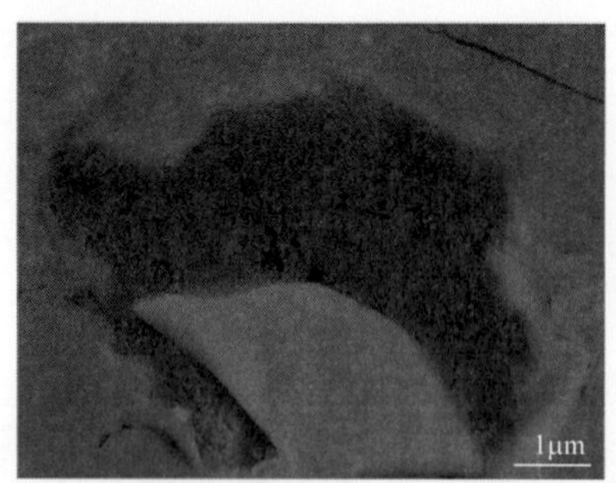

(a) 元陆4井，千佛崖组，3647.18m，
黑色泥页岩内有机质内微孔发育

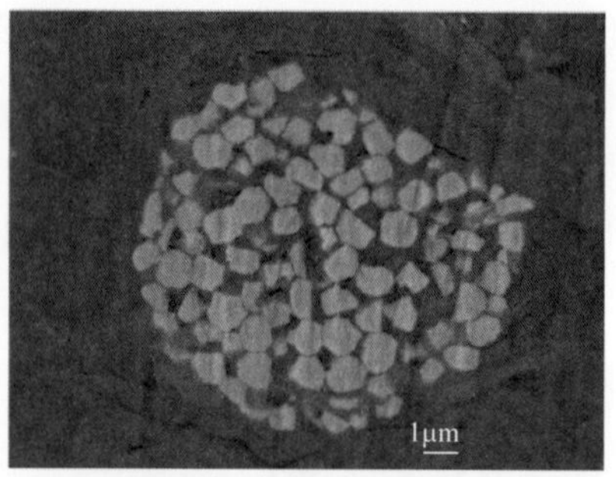

(b) 元陆4井，千佛崖组，3647.14m，
黑色泥页岩次生矿物内粒间微孔及虚脱缝

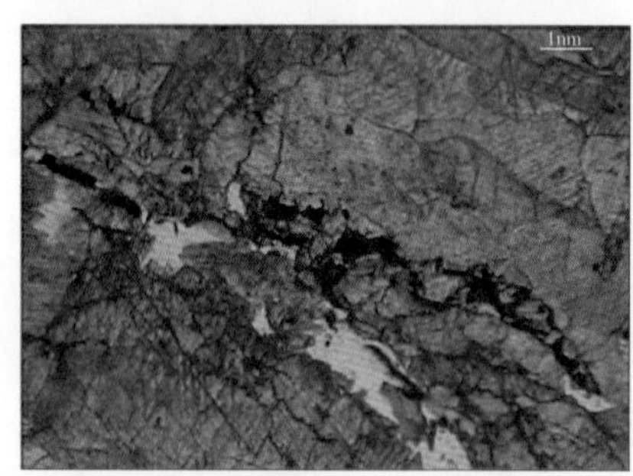

(c) 石龙11井，2844.2m，生物介屑灰岩
裂缝中充填沥青，裂宽0.1mm，沿缝溶孔

(d) 元坝104-1H井，千佛崖组，细粒长石岩屑砂
岩，呈线接触的石英碎屑颗粒发育溶蚀孔

图 6-1-36 川北页岩层系不同储层孔隙类型

2）孔隙结构特征

由于页岩储层发育纳米级孔隙，本次应用 CO_2 吸附、N_2 吸附、高压压汞及纳米 CT 扫描等综合技术定量表征页岩储层孔隙结构。CO_2 吸附主要表征微孔孔隙分布，N_2 吸附主要表征介孔孔隙分布，高压压汞主要表征宏孔孔隙分布，纳米 CT 扫描主要表征孔隙及连通性。

通过 CO_2 吸附—N_2 吸附—高压压汞联合测试，可实现页岩层系储层全孔径的定量表征。结果表明，鄂南长 7_3 亚段页岩岩相孔隙分布呈双峰型，其中纹层状页岩孔隙直径主要分布于 7～100nm 及 20～10μm 之间，孔隙大小以宏孔—介孔为主；块状（泥）页岩孔隙直径主要分布于 0.7～2nm 及 7～30nm 之间，孔隙大小以微孔—介孔为主，纹层状页岩宏孔占比、总孔容较高。沉凝灰岩岩相孔径分布呈单峰型，孔隙主要分布于 0.1～2μm 之间，孔隙大小以宏孔为主，宏孔占比高，占比达 55%～90%（图 6-1-37）。

纳米 CT 扫描结果显示，彬长地区高有机质纹层状页岩岩相孔隙在三维空间上分布较集中，平均孔隙半径为 0.1043μm，平均喉道半径为 0.0677μm，孔隙较大，连通性好；富县地区中有机质块状（泥）页岩岩相孔隙在三维空间上分布不如彬长地区高有机质纹层状页岩集中，平均孔隙半径为 0.1014μm，平均喉道半径为 0.0608μm（图 6-1-38）。

3）物性特征

本次孔渗数据主要源于氦气孔隙度测试数据及高压压汞数据。对比分析了鄂南彬长地区长 7_3 亚段不同岩相物性特征，显示块状沉凝灰岩平均孔隙度最高，为 8.70%，其次为薄层状凝灰岩和砂岩条带，其平均值依次为 8.28%、8.27%，高有机质黏土质页岩和高有机质硅质页岩孔隙度最低，平均为 6.72%、5.14%（图 6–1–39）。

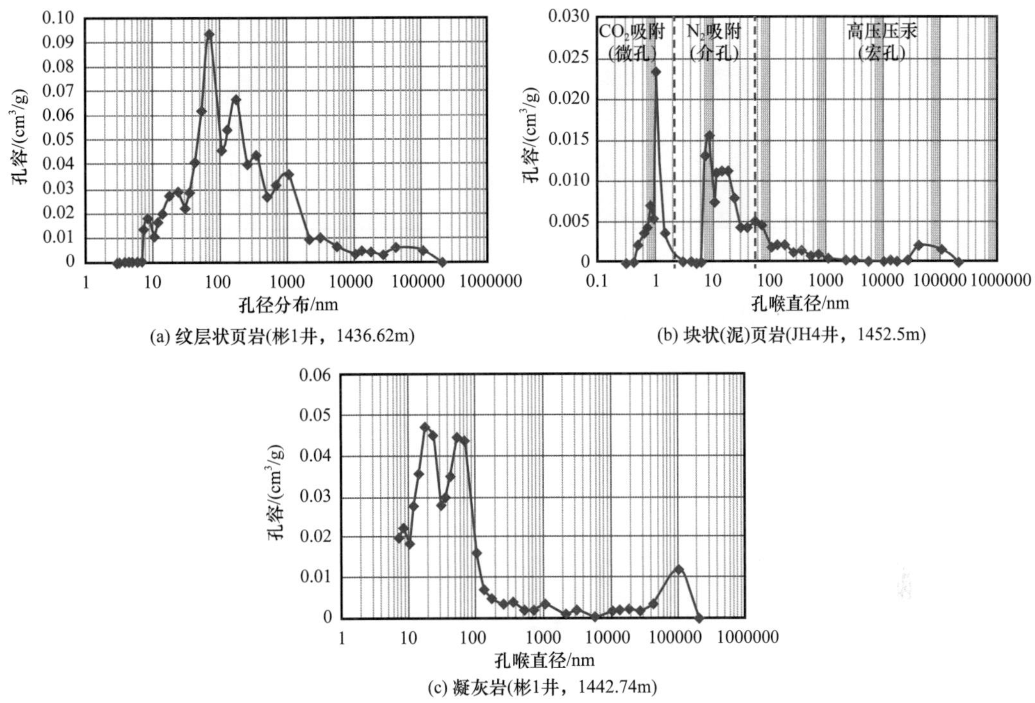

图 6–1–37 CO_2 吸附—N_2 吸附—高压压汞表征孔径分布图

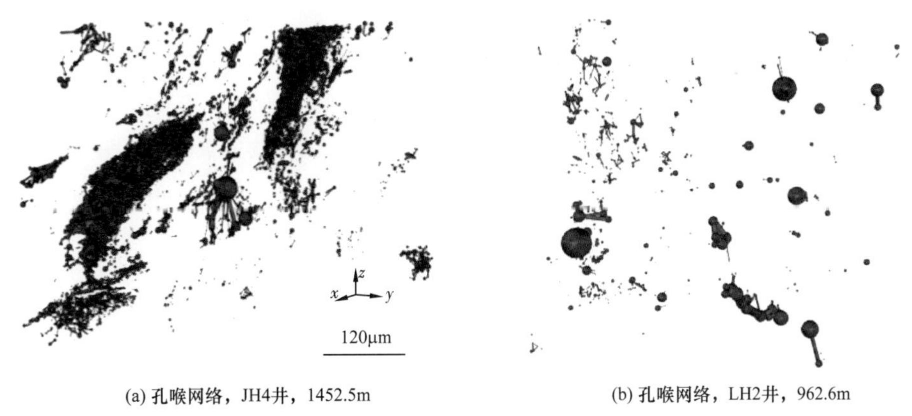

120μm
(a) 孔喉网络，JH4井，1452.5m
(b) 孔喉网络，LH2井，962.6m

图 6–1–38 不同类型页岩岩相孔隙 CT 特征

红色—孔隙；绿色—喉道

统计分析了川北中—下侏罗统页岩层系不同岩相物性特征，整体属于低孔、低渗致密储层（图 6–1–40）。泥岩及含灰（泥）页岩物性相对较好，平均孔隙度 3.53%；其次为粉砂岩，平均孔隙度 2.76%；介壳灰岩及含泥灰岩物性最差，平均孔隙度仅 1.19%。整体上，储层孔渗关系较差，仅有极少数样品呈线性关系，部分石灰岩样品渗透率异常，高于平均值，主要为样品内发育有不均匀分布的微、细裂缝，改善了渗透性。

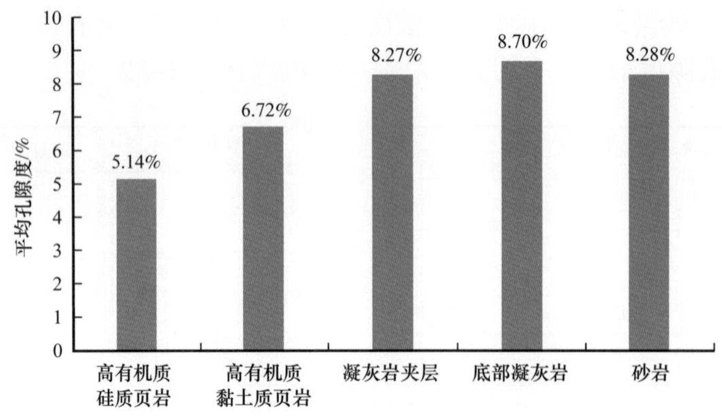

图 6-1-39 彬长地区各岩相平均孔隙度直方图

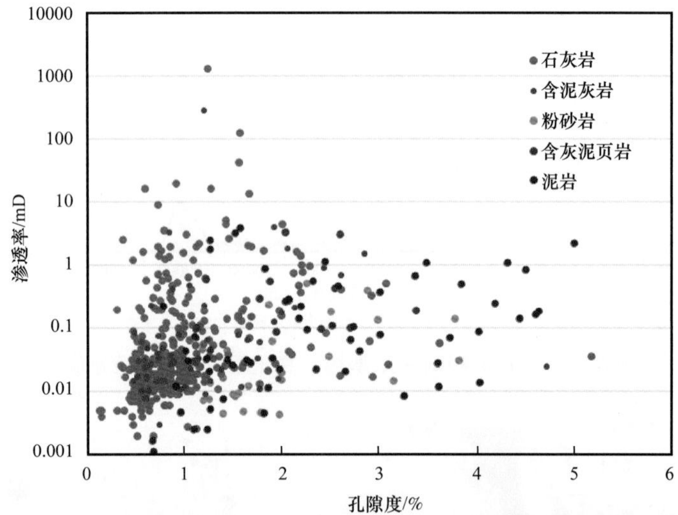

图 6-1-40 川北地区中—下侏罗统不同岩相孔隙度和渗透率相关性图

4. 可压性特征

鄂南长 7_3 亚段矿物成分主要为石英、长石、黄铁矿、黏土矿物和云母，碳酸盐和其他矿物种类很少。结合前人研究成果，石英、黄铁矿和钙长石为脆性矿物，用于计算脆性指数。构建了脆性指数计算公式如下：

$$脆性指数=(1-1.118\times W_{TOC})(W_{石英}+W_{黄铁矿}+W_{白云石}+W_{钙长石})/W_{矿物总量} \quad (6-1-1)$$

计算结果显示，凝灰岩和硅质页岩脆性指数相对较高，凝灰岩平均值 54%，硅质页岩介于 46%～53%，黏土质页岩普遍小于 50%（图 6-1-41）。

据文献资料，川北中—下侏罗统陆相页岩脆性矿物以石英、斜长石、方解石为主，平均含量 50% 以上，脆性指数大于 45%，平均弹性模量 21.3GPa，泊松比 0.1，容易压裂形成裂缝系统（邹才能，2013）。整体评价认为，鄂南长 7_3 亚段及川北中—下侏罗统页岩层系可压性普遍较好。

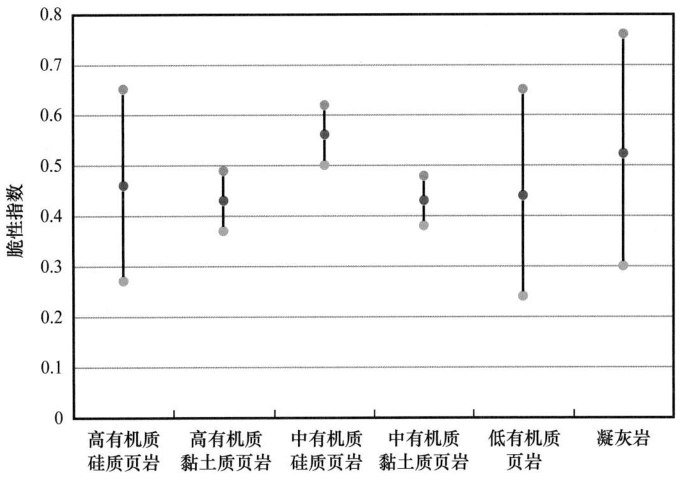

图 6-1-41 鄂南长 7_3 亚段各岩相脆性指数散点图

5. 储层综合评价

综合考虑“宏观规模、微观孔隙、裂缝及可压性”等指标，评价认为鄂南（泥岩—凝灰—砂）互层型储层、川北（泥岩—石灰）纹层状页岩型储层、（泥岩—砂岩）互层型储层是页岩油勘探开发首选目标（表 6-1-1）。

表 6-1-1 鄂南及川北页岩层系储层分类评价标准及结果

储层综合评价体系			储层分类评价					
			中部盆地鄂南地区			西部盆地川北地区		
			彬长 长 7_3 亚段	富县 长 7_3 亚段	彬长 长 7_3 亚段	元坝 千二段	阆中 大二亚段	阆中 大二亚段
评价指标	关键参数	权重比例	互层型	（泥）页岩型	凝灰质夹层	互层型	（泥）页岩型	灰质夹层
宏观规模	有效厚度 /m	0.2	平均 10	平均 14	平均 4	平均 28	平均 33	平均 20
	分布面积 / km^2	0.2	大面积连续分布	大面积连续分布	局部分布	大面积连续分布	局部分布	局部分布
微观孔隙	孔隙度 / %	0.2	2.84～12.61/7.30	2.24～5.87/3.66	2.33～9.73/6.14	2.41～6.03/3.43	2.39～7.2/4.76	0.26～3.4/1.19
	宏孔占比 / %	0.1	44.9～70.7/58.1	25.3～39.4/31.7	25～66.2/41.5	—	—	—
裂缝	发育程度	0.1	发育	不发育	较发育	不发育	发育	不发育
可压性	可压指数	0.2	平均 0.51	平均 0.45	平均 0.56	平均 0.5	平均 0.48	平均 0.6
分类标准（综合评分）			Ⅰ类储层	Ⅲ类储层	Ⅱ类储层	Ⅱ类储层	Ⅰ类储层	Ⅲ类储层
Ⅰ类储层（>0.5）	Ⅱ类储层（0.3～0.5）	Ⅲ类储层（<0.3）						

注：2.84～12.61/7.30 表示最小值～最大值 / 平均值。

四、资源量分类分级评价

1. 质量含油率计算

1）含油率关键参数表征

页岩含油率是指单位质量泥页岩中所含页岩油质量，是反映页岩含油性的关键地球化学参数之一。本技术在充分考虑热解 S_1 影响因素的（包括样品保存、碎样方式等）基础上，明确页岩含油率组成［式（6–1–2）］，构建质量含油率计算方法，为页岩油资源评价提供可靠依据。

$$总含油率 = S_1 散失烃 + S_1 热解烃 + S_2 可溶烃 \tag{6–1–2}$$

常规热解 S_1 为页岩油中的石油烃类的一部分，是岩样加热到不超过 300℃时挥发出的低碳数烃类，然而，进行热解分析所用的岩心往往是在岩心库中静置了很长时间，可动性较强的轻质液态烃（$C_{6–9}$）损失严重。为此，优选低熟样品（金锁关剖面）和实际样品分别开展热模拟实验、热蒸发实验，对比不同样品气相色谱特征（图 6–1–42、图 6–1–43），构建不同成熟度条件下散失烃类化合物分布模型，进而实现 S_1 散失烃恢复（图 6–1–44）。结果表明，鄂南长 7 段页岩散失烃含量随成熟度升高呈逐渐增大趋势，不同成熟度条件下散失烃占比见表 6–1–2。

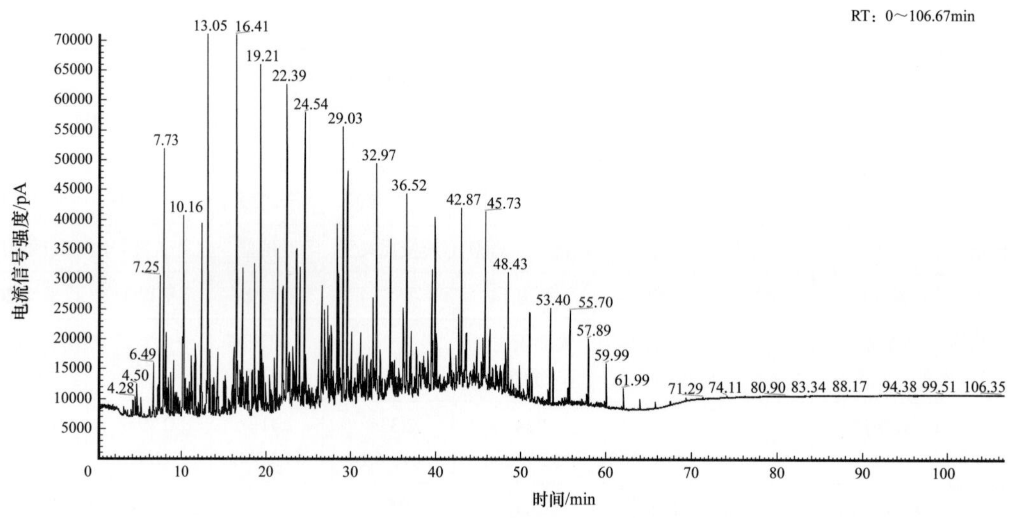

图 6–1–42 长 7 段低熟样品热解气相色谱

S_2 可溶烃是指沸点高于 300℃的重质烃类产物，本次研究采用对比抽提前后岩样热解所测得 S_2 组成的方法测得。实验发现，直接热解样品中所测 S_2 包括：300℃后热解出的高碳数烷烃、芳香烃、胶质沥青质裂解烃和干酪根裂解烃两种；而抽提后样品所测 S_2' 中仅含有干酪根裂解烃。因此，S_2 与 S_2' 的差值即为页岩油进入 S_2 中的重质烃类，可由式（6–1–3）表示。彬长、富县区块抽提前后 S_2 与 S_2' 均具有较好相关性，但相关系数明显不同。经计算，彬长、富县区块可溶烃补偿系数分别为 0.19 和 0.45（图 6–1–45）。

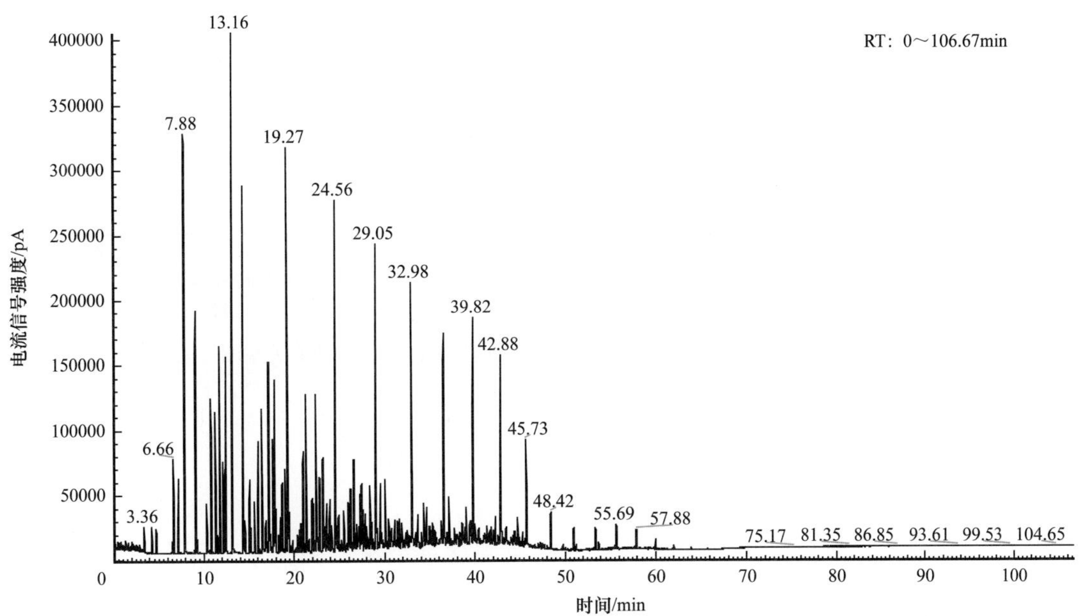

图 6-1-43　彬 1 井样品热模拟产物

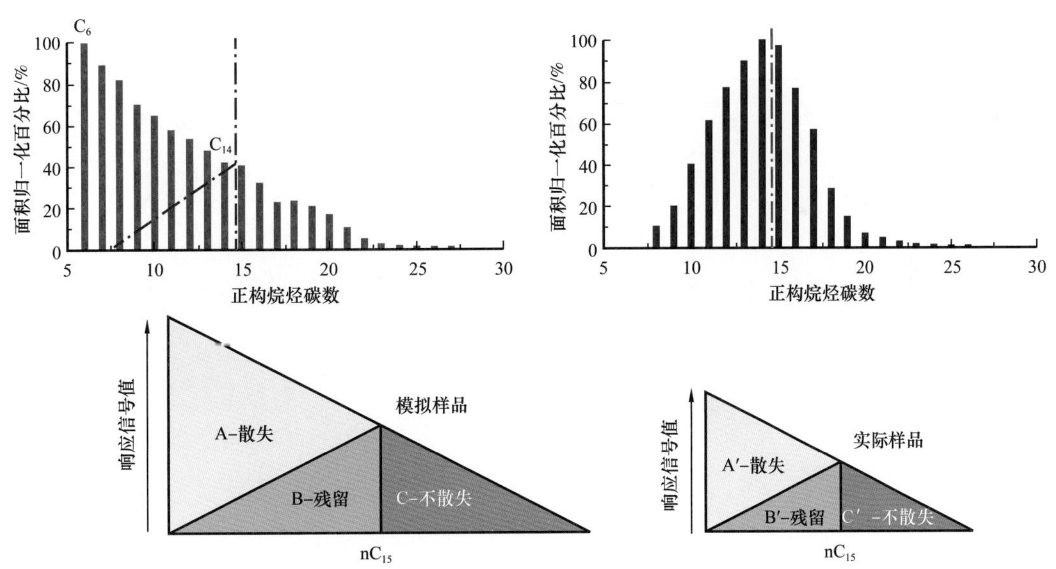

图 6-1-44　低熟、实际样品散失烃含量计算模型

表 6-1-2　彬长、富县区块长 7_3 亚段页岩 S_1 散失百分比

成熟度 R_o	＜0.6	0.6～0.7	0.7～0.8	0.8～0.9	＞0.9
S_1 散失百分比	0.31	0.53	0.64	0.68	0.71

注：S_1 散失百分比为散失量 /（散失量 + 残留量）。

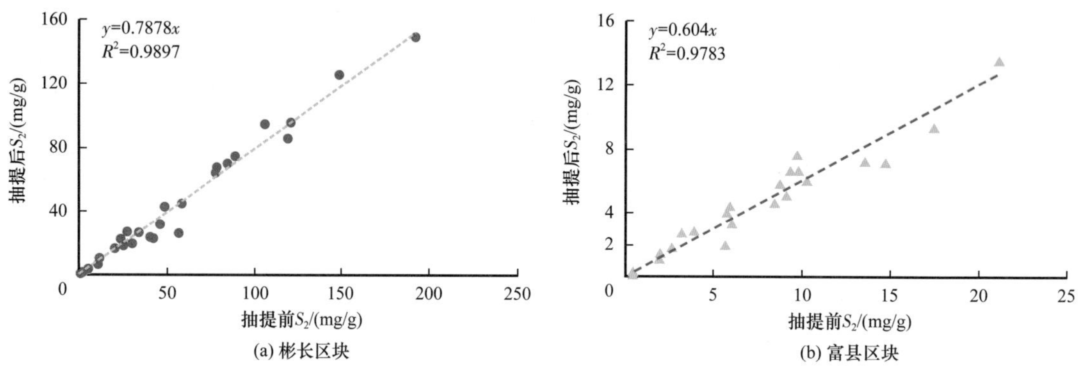

图 6-1-45 彬长区块和富县区块泥页岩抽提前后 S_2 相关关系图

$$S_{2\,可溶量}=S_2-S_2'=(1-k)\times S_2 \qquad (6\text{-}1\text{-}3)$$

2）含油率分布特征

（1）鄂南地区长 7_3 亚段页岩总含油率：

研究发现，鄂南地区泥页岩含油率与有机碳含量呈正相关关系，即有机碳含量越高，生油量越大，泥页岩含油率越高。彬长地区长 7_3 亚段页岩的总含油率范围为 6.65～40.45mg/g，平均值为 16.61mg/g（图 6-1-46），其中工区东北部页岩厚度大，有机质含量高，含油率值相对较高。富县地区长 7_3 亚段页岩含油率范围为 1.46～18.61mg/g，平均 9.83mg/g，其中工区东南部含油率值相对较高（图 6-1-47）。

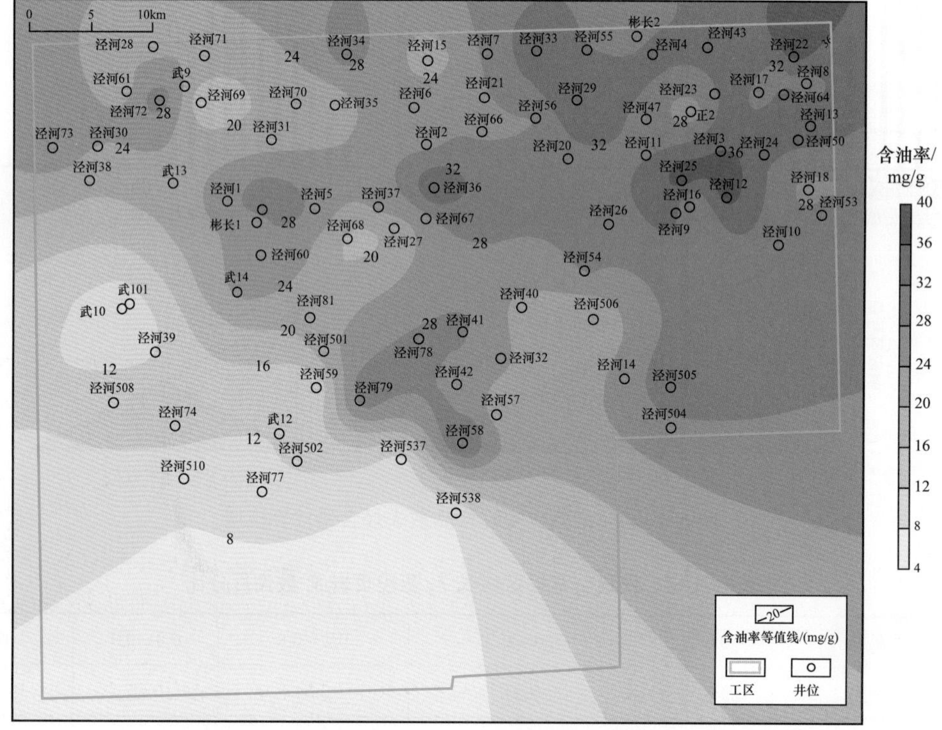

图 6-1-46 彬长地区长 7_3 亚段页岩含油率平面分布图

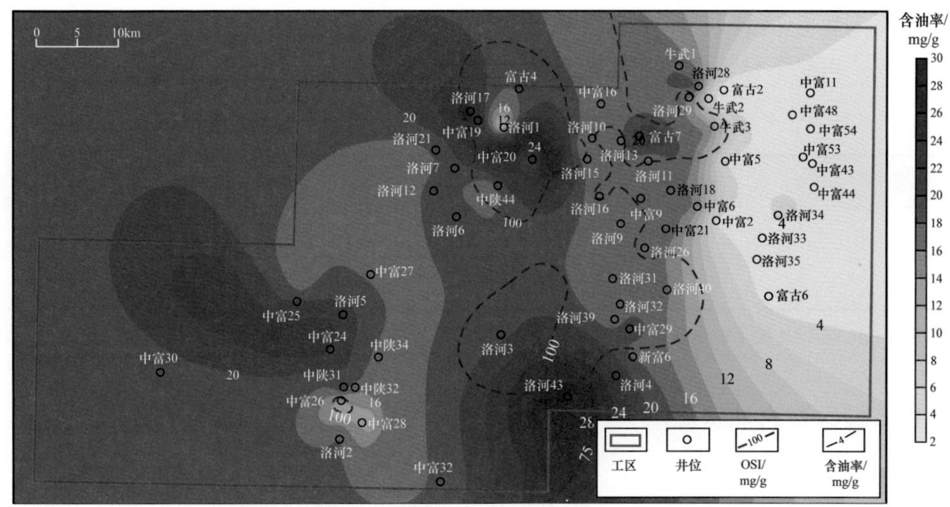

图 6-1-47　富县地区长 7_3 亚段页岩含油率平面分布图

（2）川北地区中—下侏罗统：

对比发现，川北地区成熟度度高，有机质含量低，含油率普遍不高。其中，元坝地区千佛崖组含油率为 0.07～2.8mg/g，平均 1.18mg/g；阆中地区大安寨段含油率为 0.09mg/g～5.34mg/g，平均 1.51mg/g。

2. 页岩油赋存状态定量表征

扫描电镜与能谱分析相结合，通过观察 X 射线照射前后液滴形貌变化，确定鄂南长 7 段页岩油在自然条件下存在吸附—溶解态、游离态两类赋存状态。游离态页岩油主要赋存于裂缝及孔隙中，而吸附—互溶态页岩油主要赋存于矿物及干酪根表面。在现有技术条件下，游离态页岩油含量对页岩油产能贡献较大。对比开展储层热解、多温阶热解实验，测定出不同温度阶段热解烃类组成（图 6-1-48），定量表征不同赋存状态页岩油。研

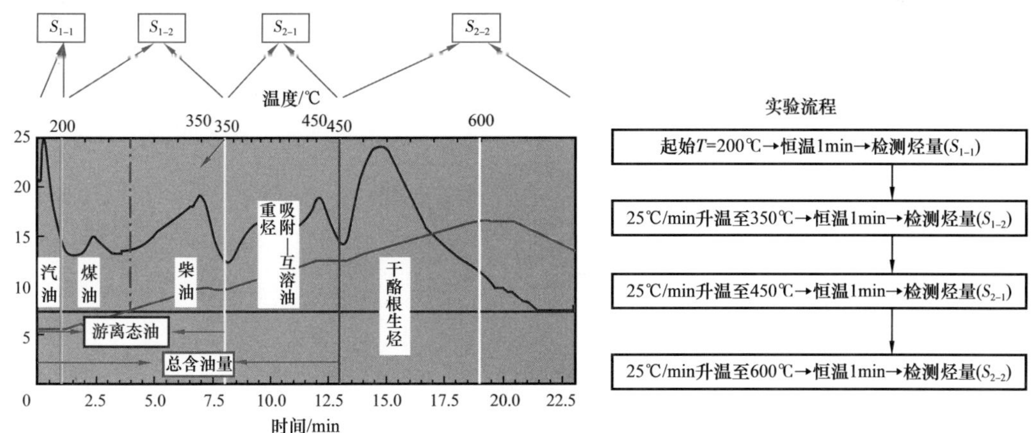

图 6-1-48　多温阶热解实验中不同温度段对应的热解烃类组成

S_{1-1} 和 S_{1-2} 以游离态赋存，二者之和反映总游离油含量；S_{2-1} 以吸附和互溶态赋存，反映束缚油含量，总油量为 S_{1-1}、S_{1-2} 与 S_{2-1} 之和

究表明，鄂南彬长区块长 7_3 亚段游离油占比 38.2%，富县区块游离油占比约为 60.74%（表 6–1–3）；川北下侏罗统页岩游离油占比 25%～45%。

表 6–1–3　鄂南彬 1 井长 7_3 亚段不同赋存状态油占比

区块	岩相	游离烃占百分比 /%
彬长	高有机碳硅质页岩	27.05～46.95/38.2
富县	中有机碳黏土质页岩	53.38～68.78/60.74

注：27.05～46.95/38.2 表示最小值～最大值 / 平均值。

3. 重点探区页岩油资源潜力评价

1）分类分级评价方案

室内实验与地质研究相结合，考虑页岩岩相类型、赋存状态及可动性，分别采用成因法、容积法，完成重点探区长 7_3 亚段页岩总资源量、游离油资源量及可动油资源量计算，为页岩油选区评价提供有力依据。具体评价思路如下所示：

根据岩相类型及组合特征，将鄂南长 7_3 亚段页岩油资源量分为两种类型：滞留油资源量、夹层地质储量，其中互层型、泥页岩型页岩组合属于滞留油资源量，采用成因法计算，夹层型页岩组合属于夹层地质储量，采用容积法计算；其次，根据游离油占比及 OSI 评价指标，对页岩油资源量进行分级，明确现有技术条件下游离油资源量、可动油资源量。

体积法计算公式：

$$Q=100\times S_2\times h_2\times \phi\times S_o\times \rho_o/B_{oi} \tag{6-1-4}$$

式中　S_2——夹层含油面积；

h_2——夹层有效厚度；

ϕ——夹层孔隙度；

S_o——夹层含油饱和度；

ρ_0——原油密度；

B_{oi}——体积系数。

成因法计算公式：

$$Q_{页岩}=\sum(S\times h\times \rho_1\times A_i) \tag{6-1-5}$$

式中　S——页岩面积；

h——页岩厚度；

P_1——页岩密度；

A_i——质量含油率。

2）评价结果

鄂南彬长地区长 7_3 亚段页岩油总资源量为 6.98×10^8t，游离油资源量为 2.96×10^8t，可动资源量均为Ⅲ级，共 0.28×10^8t。富县地区长 7_3 亚段页岩总资源量为 11.33×10^8t，游离油资源量为 5.27×10^8t，Ⅰ—Ⅲ级可动资源量均发育，其中Ⅰ级为 0.55×10^8t。

川北元坝地区千二段页岩油总资源量为 1.16×10^8t，游离油资源量为 0.46×10^8t。阆中地区大二段页岩油资源量为 0.47×10^8t，游离油资源量为 0.21×10^8t（表 6-1-4）。

表 6-1-4　中西部盆地鄂南长 7_3 亚段和川北元坝、阆中地区页岩油资源量表

盆地类型	区块	层位	面积 / km^2	含油率体积法			
				总资源量 /10^8t	游离油资源量 /10^8t	可动资源量 /10^8t	
中部内陆坳陷湖盆	彬长区块	长 7_3 亚段	3026	6.98	2.96	Ⅲ级	0.28
	富县区块	长 7_3 亚段	3821	11.33	5.27	Ⅰ级	0.55
						Ⅱ级	3.75
西部前陆湖盆	元坝区块	千二段	724.2	1.16	0.46	—	
	阆中区块	大二段	225.6	0.47	0.21	—	

五、有利目标优选评价

1. 有利目标优选标准

分别从岩相类型、有机质含量、热演化程度、储集物性、裂缝程度及地层压力等角度探讨了中西部盆地陆相页岩油富集主控因素，认为富含有机质及有利岩相类型是物质基础，热演化程度决定有机孔发育规模和油气赋存状态，裂缝发育程度和地层压力系数是评价页岩油保存条件的重要参数。从影响页岩油成藏与富集的地质因素出发，参考中国石化油田部页岩油评价标准，制定了中西部页岩油有利目标优选标准（表 6-1-5）。

表 6-1-5　中西部页岩油有利目标优选标准

页岩层系				地质参数								工程参数	
				生烃条件				储集条件			油藏品质	可压性	
区域	层系	岩相类型	主体储层类型	TOC/%	R_o/%	游离烃 S_1/mg/g	含油强度 / 50×10^4t/km^2	储层厚度 / m	孔隙度 / %	裂缝程度	压力系数	脆性矿物含量 / %	可压指数
彬长	长 7_3 亚段	纹层状层状	三元互层型	＞4	＞0.7	＞3	＞50	＞10	＞5	发育	＞0.8	＞50	＞0.5
富县	长 7_3 亚段	层状块状	块状（泥）页岩型	＞4	＞0.7	＞3	＞50	＞14	＞3	发育	＞0.8	＞45	＞0.45
元坝	千二段	层状块状	二元互层型	＞1	0.9～1.4	＞1	—	＞15	＞2	发育	＞1.4	＞50	＞0.5
阆中	大二亚段	纹层状层状	纹层状页岩型	＞0.8	0.9～1.1	＞1	—	＞20	＞1.6	发育	＞1.4	＞45	＞0.45

2. 目标区优选及实钻分析

1）鄂南地区长 7_3 亚段

以鄂南长 7_3 亚段有利目标优选标准为指导，鄂南长 7_3 亚段页岩层系共优选有利目标区 4 个。

针对彬长探区长 7_3 亚段互层型储层，优选目标区 1 个，面积约 435km^2（图 6–1–49），部署且实施了评价井 3 口，包括彬 1 井、彬 2 井、JH75 井，评价井实施后评价各项地质参数，包括岩相类型、储层厚度、有机碳含量等，与钻前地质认识基本一致（图 6–1–50），由于 3 口井目的层段均未试油，对于含油性评价及开发潜力评价尚未能给出明确结论。

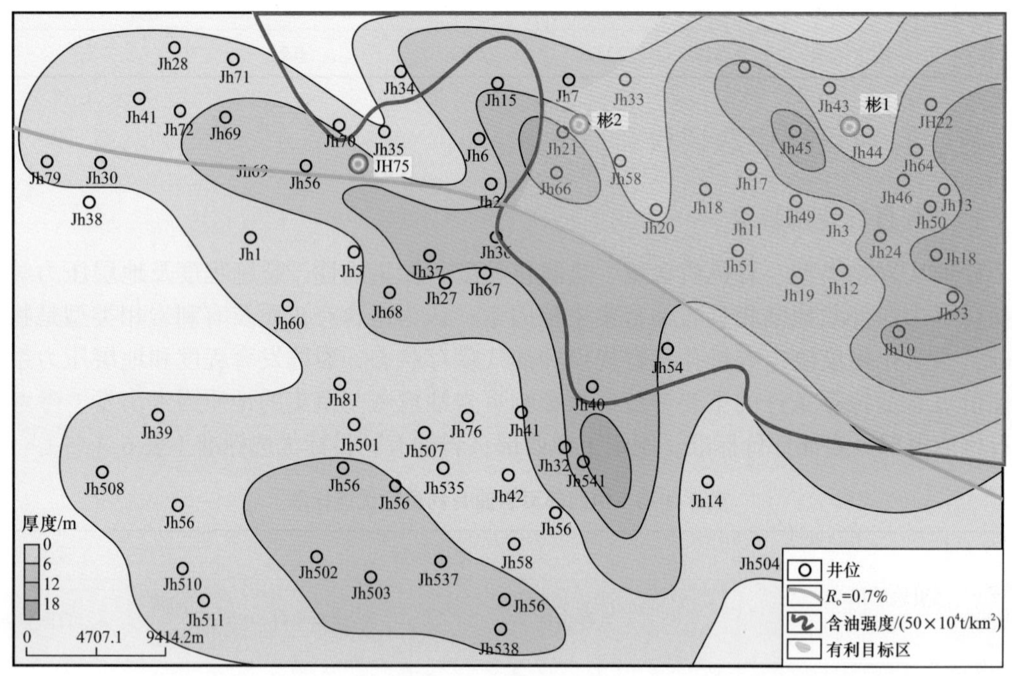

图 6–1–49 彬长区块长 7_3 亚段互层型储层有利目标区优选

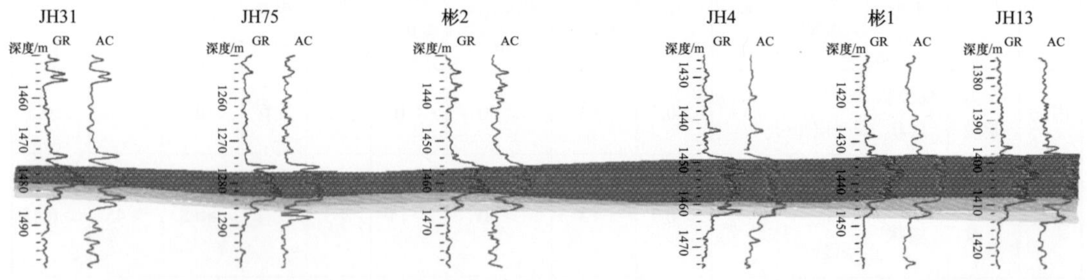

图 6–1–50 JH31 井—JH75 井—彬 2 井—JH4 井—彬 1 井—JH13 井页岩层系岩相对比剖面

针对彬长探区长 7_3 亚段底部沉凝灰岩夹层，主要依据厚度分布，优选目标区 1 个，面积约 400km^2（图 6–1–51）。在目标区内优选 JH66 老井作为先导试验井，勘探评价夹层型页岩油潜力。JH66 压后原油产量较低，油稠主要产自裂缝，基质含油性差，未达到预期目标，尚需进一步攻关。

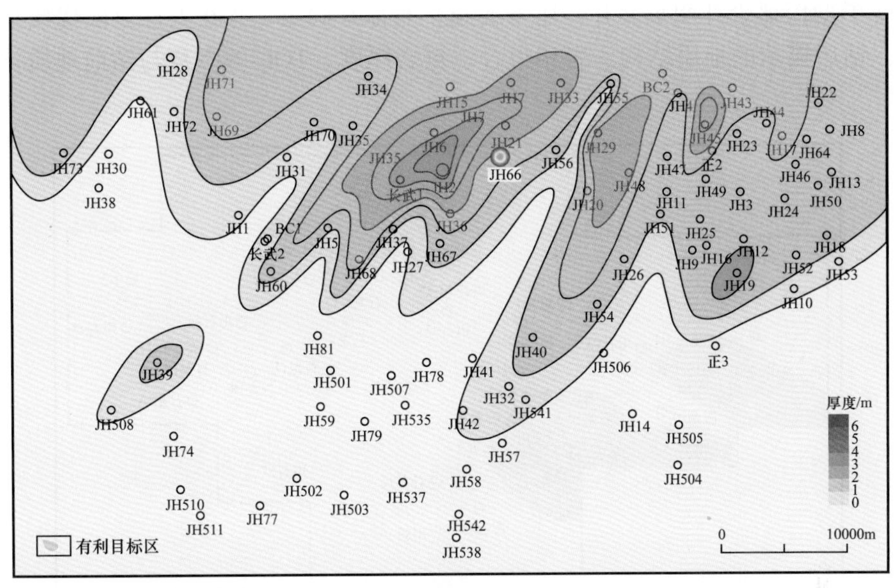

图 6-1-51 彬长区块长 7_3 亚段底部沉凝灰岩夹层有利目标区优选

针对富县探区长 7_3 亚段页岩型储层，主要考虑页岩厚度、有机碳含量及生烃强度等参数，优选目标区 2 个，面积共约 830km²（图 6-1-52）。兼探井新富 17 井位于目标区外，目的层取心显示页岩厚度约 12m，TOC 普遍小于 6%，评价属于较差类储层，与地质认识相符。

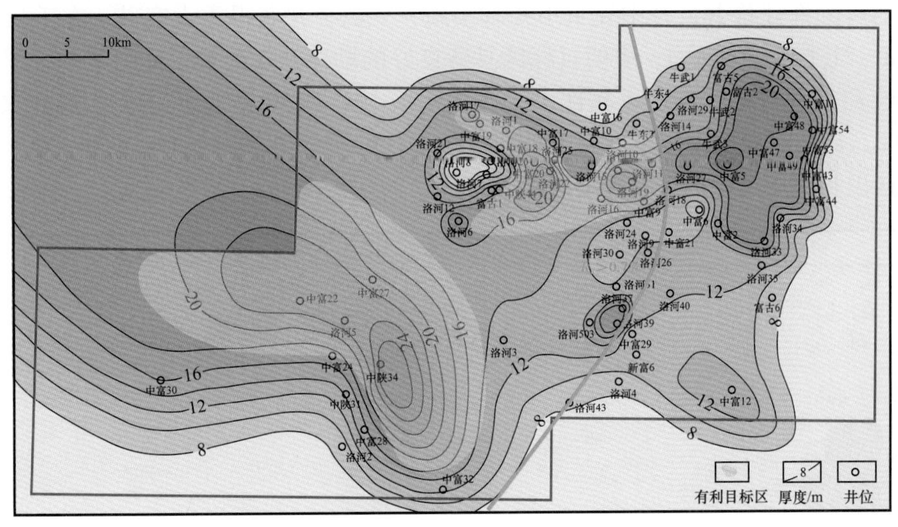

图 6-1-52 富县区块长 7_3 亚段页岩型储层有利目标区优选

2）川北地区中—下侏罗统

参照川北中—下侏罗统有利目标优选标准，分别在阆中区块和元坝区块优选较有利目标区 2 个，进一步明确有利目标 5 个。

阆中区块大二亚段优选有利目标 2 个，总面积约 66km^2（图 6-1-53）。在有利目标区内部署了勘探评价井阆页 2 井，还未实施；兼探井阆页 1 井在大二亚段优质页岩段系统取心，钻后揭示的地层结构、岩相组合、页岩厚度、TOC 等参数与钻前地质认识基本一致。

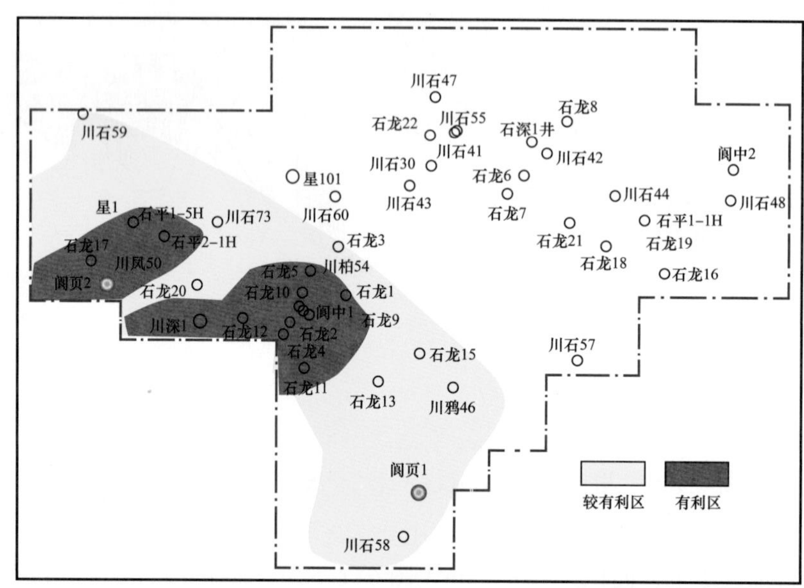

图 6-1-53　阆中大二亚段页岩油有利目标区优选

元坝区块千二段优选有利目标 3 个，总面积约 275km^2（图 6-1-54）。在目标区内部署了 2 口勘探评价井，其中元页 1 井未实施，元页 3 井获得重大突破，在千二段试油 15.6m^3/d、气 1.18×10^{4}m^3/d，表明目标区具备良好的勘探开发前景，证明了选区评价参数的合理性和有利目标优选的可靠性。兼探井元坝 104-1H 井钻遇页岩厚度 23m，TOC 平均 1.02%，与钻前地质推测厚度介于 18～24m，TOC 介于 0.9%～1.1% 基本一致，表明前期地质认识和地质结论的可靠、准确。

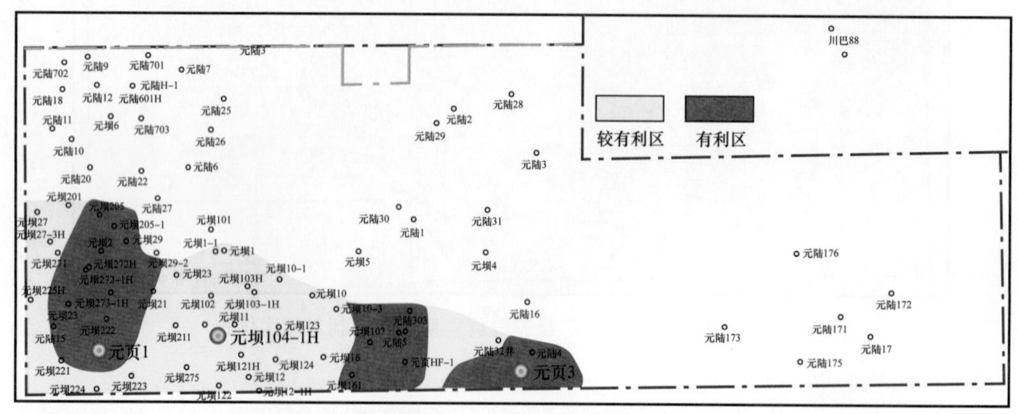

图 6-1-54　元坝千二段页岩油有利目标区优选

评价认为鄂南长 7_3 亚段属中低成熟度页岩油，有机质丰度高，资源量大，但游离油量少，可动用性差，彬长探区长 7_3 亚段互层型储层较为有利，成熟度相对高的东北向盆内延伸部位是下一步勘探重点；川北中—下侏罗统属中高成熟度页岩油，地层压力大，富集条件好，但资源量有限，元坝探区千二段砂泥互层型储层、阆中探区大二亚段含介壳灰岩纹层状页岩储层是有利页岩油目标类型，有机质丰度高的油气过渡带是下一步勘探重点。

第二节　鄂南长 7 段页岩油流动特征及数值模拟技术

页岩油储层富含有机质（干酪根），流体储集和渗流空间由无机孔、有机质和裂缝等多尺度介质组成，干酪根对原油具有很强的吸附溶解特性，导致流体赋存状态多样，这些特点决定了页岩油流动特征与常规及致密砂岩油藏有着显著差异。为此，研发页岩油室内实验评价方法及装置、建立页岩油可动性评价及流动特征定量分析方法，认识了鄂南长 7 段页岩油可动性及流动特征；建立考虑页岩油复杂渗流机理的多尺度耦合数学模型，研发了页岩油组分数值模拟器；评价了现行技术条件下页岩油开采效果，提出了鄂南长 7 段页岩油增产方向。

一、鄂南长 7 段页岩油流动特征

1. 多尺度介质耦合

页岩孔隙类型多样、结构复杂、具有多尺度性，主要有三类多孔介质：有机质中分布的纳米级有机质孔隙（$K<10^{-5}$mD）、无机矿物中纳米级—微米级粒间孔（K 为 10^{-4}～10^{-3}mD）、微米级—毫米级天然裂缝（K 为 10^{-2}～10^{-1}mD）。裂缝的存在使渗流介质空间分布呈高度不连续性及无序性，加上不同尺度孔隙、裂缝在传导速度上的差异性，使得流体在页岩储层中的渗流具有多尺度耦合传质特征。如图 6-2-1 所示，耦合传质类型主要有 6 种：有机质—有机质、有机质—无机孔、有机质—裂缝、无机孔—无机孔、无机孔—裂缝、裂缝—裂缝。

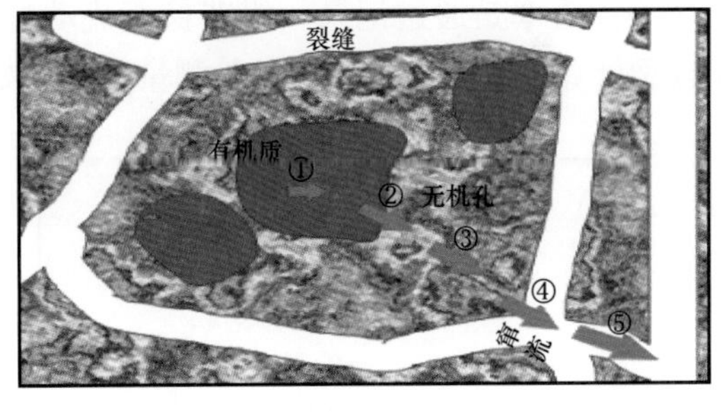

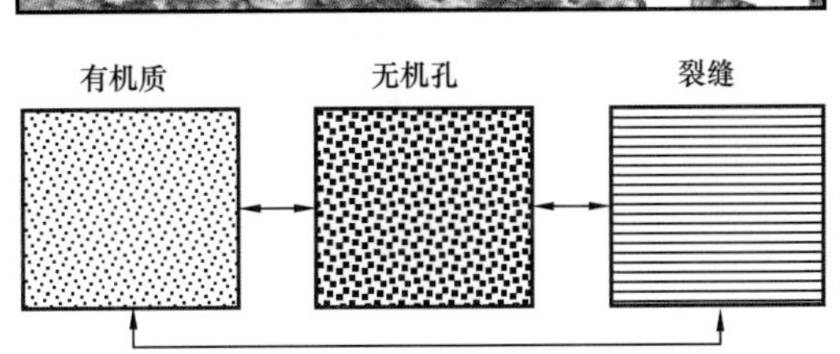

图 6-2-1　页岩油藏中的多尺度介质耦合传质示意图
序号①至⑤代表页岩油的流动过程

与致密砂岩油藏具有基质—基质、基质—裂缝、裂缝—裂缝 3 种耦合传质类型相比，页岩油藏的多尺度介质耦合渗流过程更加复杂，其表征也更加困难。

2. 多重复杂渗流机理

页岩储层中不同类型孔隙和裂缝尺度上的显著差异，以及流体在不同孔隙中赋存类型的差异使得流体在不同类型介质中的渗流机理也明显不同。

表 6–2–1 中三种渗流介质的流体渗流均存在多重机理的叠加，特别是有机质中同时存在非线性渗流、应力敏感性及吸附解吸特征。多重复杂渗流机理的耦合也是页岩油藏区别于其他非常规油藏的重要特点之一。

表 6–2–1　页岩储层不同类型介质中的多重渗流机理

介质	达西渗流	非线性渗流	应力敏感性	吸附解吸
无机孔		√	√	
有机质（孔）		√	√	√
裂缝	√		√	

1）非线性渗流

区别于常规油藏中的达西渗流，页岩储层纳米级—微米级孔隙（有机孔、无机孔）中流体流动具有明显的非线性特征。岩心流动实验测试结果表明，页岩油藏中的流体流动存在启动压力梯度；且随页岩样品渗透率降低，启动压力梯度显著增大。相较于致密砂岩样品，页岩的启动压力梯度更高，非线性程度更强，如图 6–2–2 所示。

2）应力敏感性

页岩中有机质与无机组分骨架性质不同，其对相同应力场的敏感性不同。有机质更容易被压缩，其渗透率下降更加明显，孔隙连通性变差，对页岩的导流能力有显著影响。

基于压力脉冲衰减原理，搭建了页岩渗透率测量装置，所用气体为氦气。压力脉冲衰减测渗透率是通过记录一维非稳态流动过程中压力随时间的变化关系，根据相应的数学模型计算岩石的渗透率，实验测量示意图如图 6–2–3 所示。

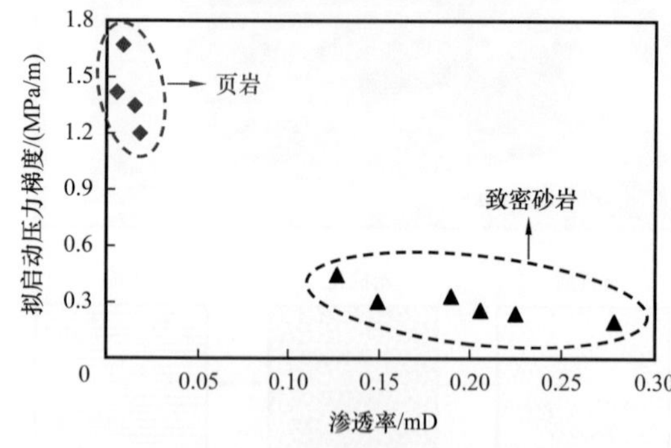

图 6–2–2　不同渗透率的页岩和致密砂岩样品的启动压力梯度

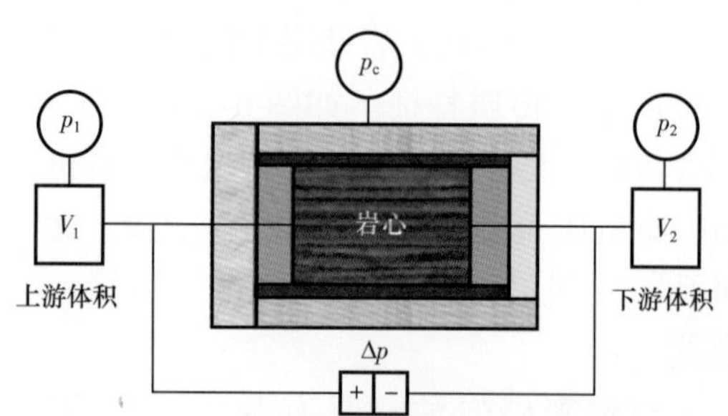

图 6–2–3　压力脉冲衰减法渗透率测试流程示意图

根据质量守恒原理和达西定律，气体的重力作用忽略不计，气体在岩心柱中的一维非稳态渗流数学模型为

$$\frac{\partial p(x,t)}{\partial x}=\frac{c\mu\phi}{K}\frac{\partial p(x,t)}{\partial t},\quad 0<x<L,t>0 \tag{6-2-1}$$

式中 c——流体的压缩系数，MPa^{-1}；

μ——流体的黏度，mPa·s；

K——流体在岩石中的渗透率，mD；

ϕ——孔隙度，%；

p——孔隙中流体压力，MPa；

x——坐标，cm；

L——体系下游的位置坐标，cm；

t——时间，s。

初始状态下，岩心内包含了一定压力的气体，当饱和完全后，体系内各处的压力均相等，故初始条件为

$$p(x,0)=p_{\mathrm{u}}(0,0)=p_{\mathrm{d}}(L,0),\qquad 0<x<L \tag{6-2-2}$$

式中 p_{u}、p_{d}——分别为体系的上游压力和下游压力，MPa。

整个体系为封闭体系，与外界无物质交换，故内外边界条件为

$$\left.\frac{\partial p}{\partial x}\right|=0,\quad t\geqslant 0 \tag{6-2-3}$$

$$\left.\frac{\partial p}{\partial x}\right|_{x=L}=0,\quad t\geqslant 0 \tag{6-2-4}$$

求解数学模型式（6-2-1）至式（6-2-4），即可获得岩心渗透率。

实验所用岩心取自鄂尔多斯致密砂岩岩心 3 块、页岩岩心 1 块。其中致密砂岩岩心孔隙度为 6.9%～8.9%，能够较好地代表鄂南长 7 段致密储层特点。孔隙度通过饱和正十二烷得到，主要参数见表 6 2 2。

表 6-2-2 岩心样品参数

岩心编号	岩性	孔隙度 /%	长度 /mm	直径 /mm	质量 /g
JH4 A2	页岩	9.6	36.80	25.12	36.582
JH12 B3	砂岩	8.2	41.38	25.28	51.182
JH8 C4	砂岩	6.9	44.50	24.82	51.98
JH4 E8	砂岩	8.9	36.42	25.00	42.77

图 6-2-4 至图 6-2-7 给出了 4 个样品的渗透率随孔隙压力和围压的变化。由图可知，页岩和砂岩都具有应力敏感特征。在围压均为 20MPa 的条件下，计算得到样品 JH4 A2、JH12 B3、JH8 C4、JH4 E8 的渗透率损失率分别为 68.5%、44.1%、37.0%、30.4%，因此，

与致密砂岩样品相比，页岩样品表现出更强的应力敏感性，渗透率损失率是致密砂岩的1.8倍。

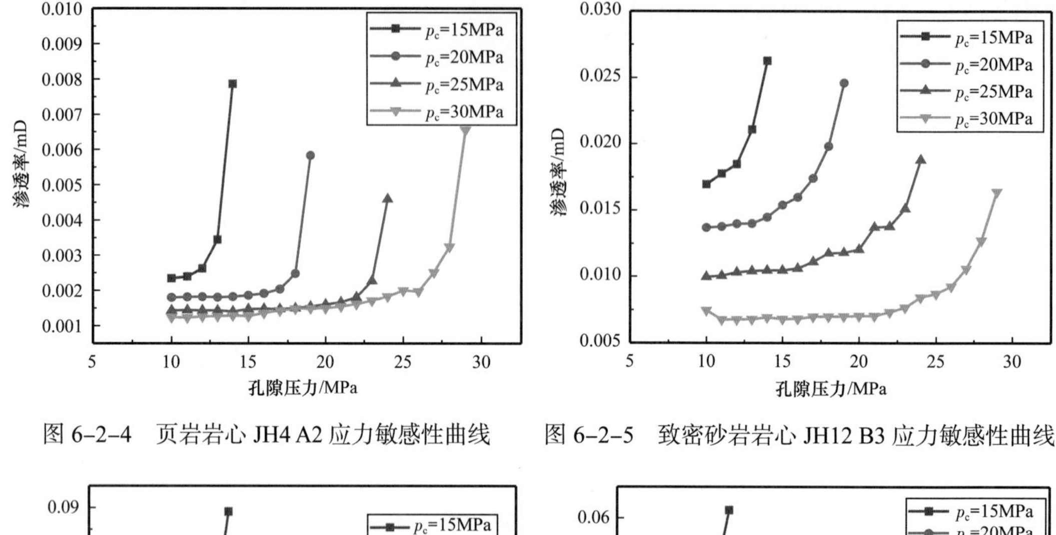

图 6-2-4　页岩岩心 JH4 A2 应力敏感性曲线　　图 6-2-5　致密砂岩岩心 JH12 B3 应力敏感性曲线

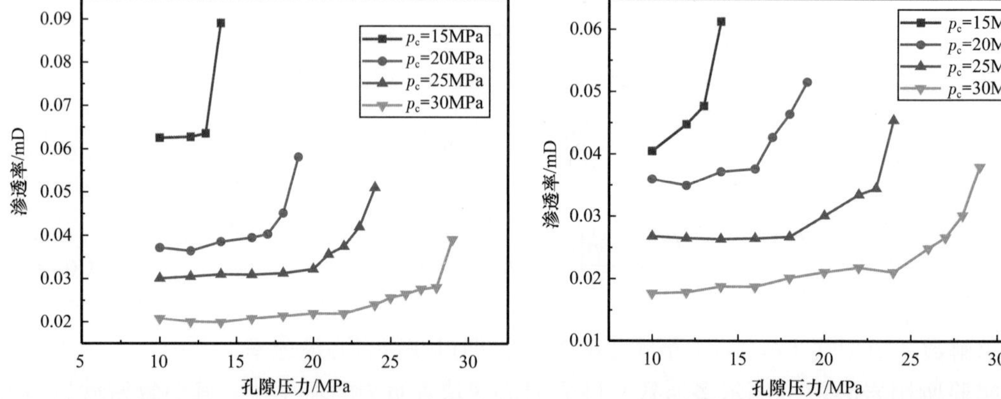

图 6-2-6　致密砂岩岩心 JH8 C4 应力敏感性曲线　　图 6-2-7　致密砂岩岩心 JH4 E8 应力敏感性曲线

3）吸附解吸特征

页岩中富含有机质，对原油有极强的吸附和溶解能力，当注入 CO_2 时，CO_2 与原油在对流扩散过程中会与有机质发生竞争吸附溶解作用，二者的吸附溶解量受 CO_2 的浓度和压力、温度等因素影响。将已知质量的烷烃与 CO_2 注入放有一定量页岩颗粒的容器腔中，保持压力不变，由于烷烃与 CO_2 均能在有机质上发生明显的吸附溶解，通过测试体系达到稳定后气油比的变化，进而计算得到对应的 CO_2 与烷烃的吸附溶解量，CO_2 与烷烃在页岩中竞争吸附溶解装置图如图 6-2-8 所示。

采用鄂尔多斯盆地和济阳坳陷的 6 个页岩样品开展实验，其中 4 块埋深约 1000m（鄂尔多斯盆地），另外两块埋深约 3000m（济阳坳陷）。由于页岩中混合物的扩散、吸附和溶解速度较慢，样品被粉碎，以通过 200 目筛网进行测试。本实验中所有样品均采用岩石热解仪 EVAL6（VinciTechnologies，法国）进行分析。样品的物理化学特征见表 6-2-3。

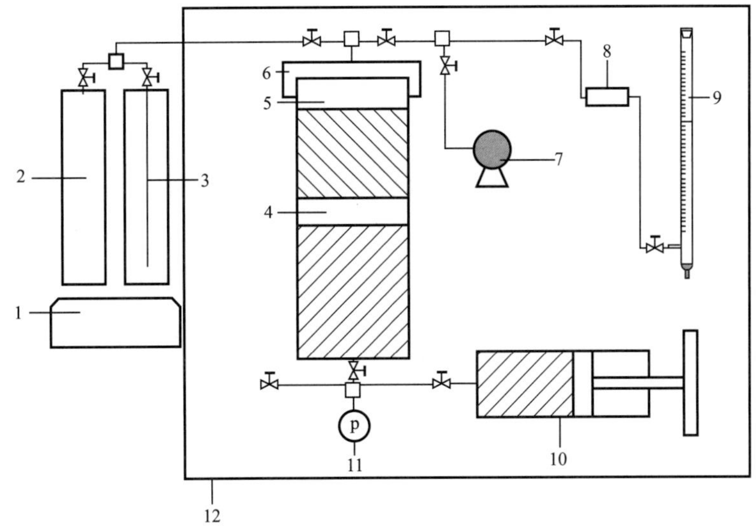

图 6-2-8　CO_2 与烷烃在页岩中竞争吸附溶解装置图

1—电子天平；2—储气罐；3—储油罐；4—中间容器活塞；5—中间容器样品室；6—中间容器盖子；7—真空泵；8—吸油容器；9—气体计量器；10—精确计量泵；11—高精度压力传感器；12—温度控制系统

表 6-2-3　样品的物理地球化学特征

样品	LH1（966.69m）	LH1（1018.44m）	JH6（1437.80m）	JH9（942.40m）	Luo67（3272m）	Luo67（3276m）	13X 型分子筛
孔隙度 /%	8.10	7.90	6.59	7.83	7.56	2.58	100～200
密度 /（g/cm^3）	2.533	2.515	2.509	2.478	2.428	2.530	3.043
TOC/%	3.70	5.90	8.08	1.76	2.58	2.31	58.0
T_{max}/K	453	450	435	442	439	444	632.30
氢指数	139	125	384	383	341	448	11.18
干酪根类型	$Ⅱ_1$	$Ⅱ_1$	$Ⅱ_1$	$Ⅱ_1$	$Ⅱ_1$	$Ⅱ_1$	—

达到吸附平衡时体系中 CO_2 和 C_{12} 的总物质的量（N_0）、初始时刻组分 i 摩尔分数（x_i）和达到平衡后组分 i 摩尔分数（x_{1i}）可通过上述实验过程得到，不同组分的吸附溶解量与总的吸附溶解量存在以下关系：

$$n_{si}=\frac{N_0\Delta x_{1i}}{m}+n_s x_{1i} \tag{6-2-5}$$

式中　n_{si}——组分 i 单位质量吸附溶解量，mol/g；

n_s——两组分单位质量总吸附溶解量，mol/g；

m——页岩样品质量，g；

N_0——体系中 CO_2 和 C_{12} 的总物质的量，mol；

x_{1i}——达到平衡后组分 i 的摩尔分数；

Δx_{1i}——x_i 和 x_{1i} 的差值。

实验测得单位比面积 CO_2 和 C_{12} 吸附溶解量与 x_{lCO_2} 关系，如图 6-2-9 所示。由图可知，CO_2 与 C_{12} 在页岩中竞争吸附可分为两个阶段：第一阶段为体相中 CO_2 摩尔分数小于 0.75 时，CO_2 主要替换处于吸附态的 C_{12}；第二阶段为体相中 CO_2 摩尔分数大于 0.75 时，CO_2 主要替换处于溶解态的 C_{12}。因此，页岩中有机质的存在对原油具有很强的吸附溶解作用，CO_2 会与原油发生竞争吸附—脱附行为，可以将吸附溶解态的原油从有机质中替换下来，CO_2 的浓度对不同赋存状态原油的脱附行为具有重要的影响。

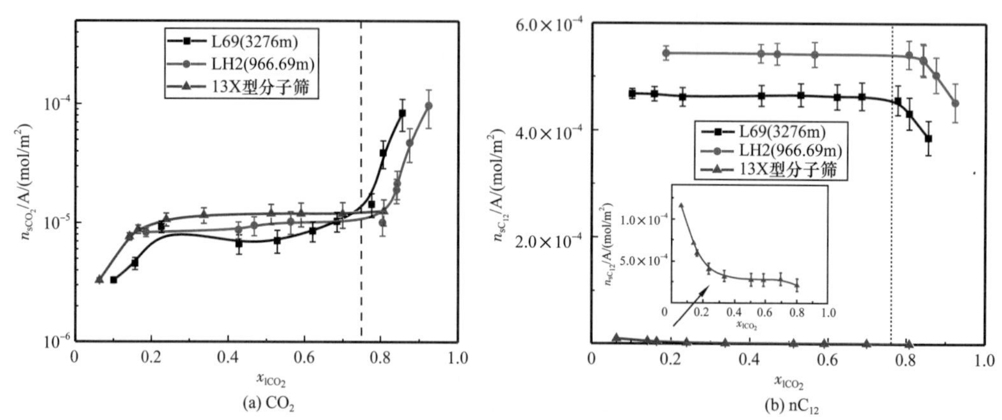

图 6-2-9　20MPa 下单位比面积 CO_2 和 C_{12} 吸附溶解量与 x_{lCO_2} 关系图

二、页岩油多组分流动数值模拟技术

1. 多组分数学模型的建立

1）多尺度介质耦合传质及多重渗流机理表征

页岩储层中多尺度介质耦合传质的物理过程如图 6-2-10（a）所示，可分为含有机质层理中的流动和不含有机质层理中的流动。图 6-2-10（b）为含有机质的层理中压力分布随时间变化关系图。在早期非稳态阶段，无机孔中的压力不断下降。当时间为 t_2 时，有机质和无机孔界面处的压力差达到门限压差 τ，压力波开始在有机质中传递，有机质内的油向无机孔流动。

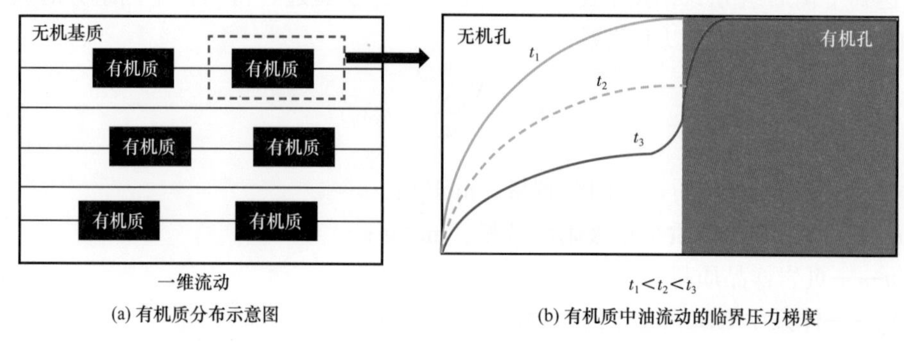

(a) 有机质分布示意图　(b) 有机质中油流动的临界压力梯度

图 6-2-10　页岩多尺度介质耦合传质物理模型

无机质内连续性方程为

$$\frac{\partial \phi_{\text{in}} \rho_{\text{in}}}{\partial t} = -\nabla\left(\rho_{\text{in}} v_{\text{I}}\right) + q_{\text{o-i}} - q_{\text{i-f}} \tag{6-2-6}$$

有机质内连续性方程为

$$\frac{\partial}{\partial t}\left[\phi_{\text{or}}\rho_{\text{or}} + \rho_{\text{or}}\left(1-\phi_{\text{or}}\right)V_{\text{as}}\right] = -\nabla\left(\rho_{\text{or}} v_{\text{O}}\right) - q_{\text{o-i}} \tag{6-2-7}$$

其中，

$$q_{\text{o-i}} = \frac{\alpha\rho}{\mu}\left(p_{\text{or}} - p_{\text{in}} - \chi\right)$$

$$V_{\text{as}} = \text{TOC}\frac{\rho_{\text{s}}}{\rho_{\text{so}}}\left(\frac{V_{\text{L}} p_{\text{or}}}{p_{\text{or}} + p_{\text{L}}} + V_{\text{original}}\right)$$

式中 ϕ_{in}——无机多孔介质孔隙度；

ρ_{in}——无机多孔介质内原油密度，kg/m^3；

t——时间，s；

v_{I}——无机多孔介质内原油流速，与无机质表观渗透率有关，m^3/s；

$q_{\text{o-i}}$——有机质与无机质间原油传质质量流量，kg/s；

χ——启动压力，MPa；

$q_{\text{i-f}}$——无机质与裂缝间原油传质质量流量，kg/s；

ϕ_{or}——有机多孔介质孔隙度；

ρ_{or}——有机多孔介质内原油密度，kg/m^3；

v_{o}——有机多孔介质内原油流速，与有机质表观渗透率有关，m^3/s；

V_{as}——吸附溶解油量，m^3/m^3；

TOC——有机质含量分数；

ρ_{s}——页岩岩石密度，kg/m^3；

ρ_{so}——页岩有机质密度，kg/m^3；

V_{L}——页岩油吸附溶解体积，m^3/m^3；

p_{or}——有机孔隙压力，MPa；

p_{L}——页岩油吸附溶解压力，MPa；

V_{original}——页岩油初始吸附溶解体积，m^3/m^3；如图 6-2-11 所示。

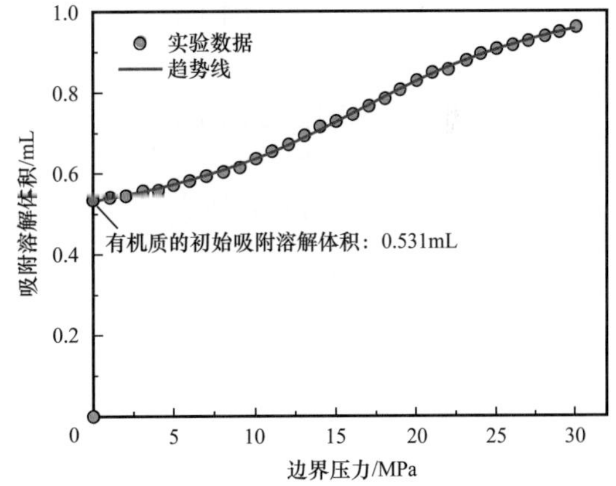

图 6-2-11　溶解吸附油量实验结果

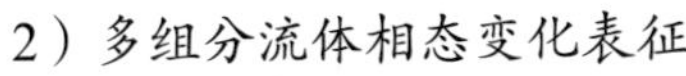

2）多组分流体相态变化表征

（1）Peng–Robinson（P–R）状态方程：

$$\text{tm}\left(\boldsymbol{W}\right) = 1 + \sum_i W_i\left[\ln W_i + \ln\varphi_i\left(P,T,\boldsymbol{W}\right) - \ln z_i - \ln\varphi_i\left(P,T,\boldsymbol{z}\right) - 1\right] \tag{6-2-8}$$

其中，W_i 由 Wilson 方程试算得出

$$\ln\varphi_i=\frac{B_i}{B}(Z-1)-\ln(Z-B)+\frac{A}{2\sqrt{2}B}\left(\frac{B_i}{B}-\frac{2}{A}\sum_{j=1}^{N_e}w_jA_{ij}\right)\ln\left[\frac{Z+\left(1+\sqrt{2}\right)B}{Z-\left(1+\sqrt{2}\right)B}\right] \tag{6-2-9}$$

式中 Z——假定相的压缩系数。

Z 是通过求解 Peng-Robinson 状态方程而得到。在 Z 有三个解时最大解代表了气体压缩系数，最小解代表了液体压缩系数。中间解并无物理意义：

$Z^3+c_2Z^2+c_1Z+c_0=0$，$c_0=-AB+B^2+B^3$，$c_1=AB-3B^2-2B$，$c_2=B-1$，$A=\sum_{i=1}^{N_e}\sum_{k=1}^{N_e}w_iw_kA_{ik}$，$B=\sum_{k=1}^{N_e}w_kB_k$，$A_i=\Omega_a\frac{P_{ri}}{T_{ri}^{\ 2}}\left[1+m_i\left(1-\sqrt{T_{ri}}\right)\right]^2$，$\Omega_a$=45.7235（$RT$）$^2/P$，$B_i=\Omega_b\frac{P_{ri}}{T_{ri}^{\ 2}}$，$\Omega_b$=0.77796 RT/P，m_i=0.37464+1.542226ω_i–0.26992ω_i^2、$w_i\leqslant0.49$，m_i=0.379642+1.48503ω_i–0.164423ω_i^2+0.016666ω_i^3、$\omega_i>0.49$。

在达到相平衡时每一个组分 i 中，液相的逸度和蒸汽相的逸度相等：其中 w_i 是 i 组分的偏心因子。

式中 R——气体常数；0.008314MPa·m^3/（kmol·K）；
w——气液系统组分偏心因子，下角标 ij 为系统组分编号；
k——系统气或液相中的组分编号；
φ_i——组分 i 的逸度系数；
P——系统压力；MPa；
T——系统温度；K；
z_i——纯组分 i 压缩因子；
N_e——组分数量；
w_i——i 组分的偏心因子；
A_{ij}——温度函数；
A_{ik}——二元交互作用系数；
P_{ri}——i 组分相对临界压力；
T_{ri}——i 组分相对临界温度。

（2）闪蒸计算：

达到相平衡时每一个组分 i 中，液相的逸度和蒸汽相的逸度相等：

$$f_{li}=f_{vi} \tag{6-2-10}$$

其中：$f_{li}=\varphi_{li}px_i$，$f_{vi}=\varphi_{vi}py_i$，$K_i=\frac{x_i}{y_i}$，$\ln K_i+\ln\varphi_{vi}-\ln\varphi_{li}=0$，$\sum_{i=1}^{N_e}\frac{z_i\left(K_i-1\right)}{1+\beta\left(K_i-1\right)}=0$

式中 f_{li}——液相中组分 i 的逸度；Pa；
φ_{li}——液相中组分 i 的逸度系数；
p——系统压力，Pa；

x_i——液相 i 组分摩尔分率；

f_{vi}——气相中组分 i 的逸度，Pa；

ϕ_{vi}——气相中组分 i 的逸度系数；

y_i——气相 i 组分摩尔分数；

K_i——组分 i 的相平衡常数；

z_i——纯组分 i 压缩因子；

N_e——组分数量；

β——气相或液相分率。

需要注意的是两个方程都是由简单迭代求解出来的。为了提高算法的收敛性，可以在靠近最优解的附近使用牛顿迭代来提高算法的收敛速度，实现了不同组分闪蒸计算，解决了部分闪蒸计算的强非线性问题。

假设烃组分只在油 / 气相存在，不溶于水相，组分模型质量守恒方程为

$$F_{h,i}=\frac{\partial}{\partial t}\left[V\phi\left(S_o\rho_o+S_g\rho_g\right)\right]_i-\sum_l\left[T\left(\lambda_o\rho_o\Delta\Phi_o+\lambda_g\rho_g\Delta\Phi_g\right)\right]_{l,i}+\sum_W\left(\rho_o q_o^W+\rho_g q_g^W\right)_i=0$$

（6-2-11）

上式中间三部分分别表示为累计项、流动项和源汇项。

假设水组分独立于其他组分，水组分质量守恒方程为

$$F_{w,i}=\frac{\partial}{\partial t}\left(V\phi S_w\rho_w\right)_i-\sum_l\left(T\lambda_w\rho_w\Delta\Phi_w\right)_{l,i}+\sum_W\left(\rho_w q_w^W\right)_i=0 \tag{6-2-12}$$

则组分模型相平衡方程为

$$F_e=f_{e,o}-f_{e,g}=0,\ c=1,\ \cdots,\ n_h \tag{6-2-13}$$

式中 V——单元体积，m^3；

ϕ——孔隙度；

S——饱和度，下角标 o、g 分别为油相、气相；

ρ——密度，kg/m^3；

$\Delta\phi$——流体的势，MPa；

λ——流体流度，m^2/（mPa·s）；

q——源汇项流量，kg/s；

T——传导率，kg·m/（mPa·s），

下角标 l——液相；

i——组分；

上角标 W——组分系统；

F_e——相逸度差值，MPa；

$f_{e,o}$——油相逸度，MPa；

$f_{e,g}$——气相逸度，MPa；

n_h——组分数量。

2. 数学模型求解方法

在嵌入式离散裂缝模型（EDFM）框架下，采用变量分离降维方法求解数学模型，自主研发了页岩油全隐式油藏数值模拟器。模拟器研发思路如图 6-2-12 所示。数值模拟器采用模块化设计。在岩石流体性质模块，通过设计通用接口，可实现黑油模型与组分模型之间的相互转换。网格离散化模块由联通表作为抽象接口与控制方程模块相连接。软件实现了均匀笛卡尔网格和通用笛卡尔网格，同时还可以通过外接软件包实现非结构网格和 PEBI 网格。采用 EDFM（嵌入式离散裂缝模型）处理裂缝，该模型可显示表征裂缝连通关系。

利用有限差分离散化技术将非线性偏微分方程组离散化成为线性代数方程组，并通过变量分离降维方法求解线性方程组，利用高斯消去将整个线性系统分解为两部分，并优先求解主方程与主变量。通过高斯消去，可将主变量的求解方程与次级变量的求解方程分离，如图 6-2-13 所示。

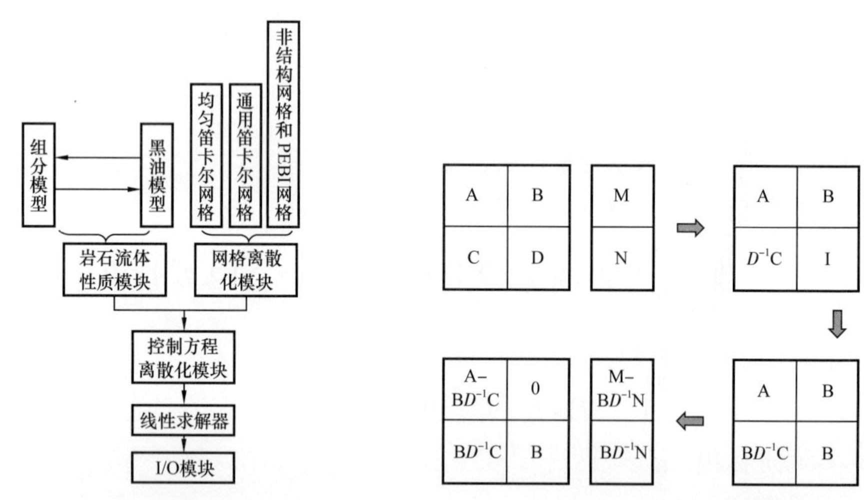

图 6-2-12 页岩油数值模拟器研制思路

图 6-2-13 数值模拟器求解示意图

图中，$A=\frac{\partial F_p}{\partial X_p}$，$B=\frac{\partial F_p}{\partial X_s}$，$C=\frac{\partial F_s}{\partial X_p}$ 和 $D=\frac{\partial F_s}{\partial X_s}$。主变量 $\left(A-BD^{-1}C\right)\delta\overline{X_p}=\left(\bar{M}-BD^{-1}\bar{N}\right)$；次级变量 $\delta\overline{X_s}=\left(D^{-1}\bar{N}\right)^v-\left(D^{-1}C\right)^v\delta\overline{X_p}$。

三、页岩油增产机理及增产方向

鄂南长 7_3 亚段页岩油中—低成熟度，储层物性极差（K 约为 0.004mD）、游离烃含量低（平均 30%）、原油性质差［油藏流度 10^{-3}mD/（mPa·s）］、溶解气油比低（<$10m^3/t$）、地层压力系数低（0.75～0.85），衰竭式开发采收率极低。

1. 页岩油可动性评价

采用“多级离心 + 核磁共振”实验技术，定量对比了页岩与致密砂岩中流体的可动性。实验使用纯度为98%的正十二烷作为模拟油对岩心进行饱和。实验样品为2块致密砂岩岩心和2块页岩岩心，样品参数见表6-2-4。离心机离心速度分别为3000r/min、6000r/min、9000r/min、12000r/min，对应的离心力分别为0.179MPa、0.716MPa、1.610MPa、2.862MPa。

表6-2-4　实验样品参数表

岩心类型及编号		渗透率 /mD	孔隙度 /%	TOC/%	黏土含量 /%
致密砂岩	JH4	0.019	10.22	—	—
	JH18	0.057	8.95	—	—
页岩	LH2	—	3.00	7.5	21.3
	B1	—	12.00	10.95	23.3

4块岩心在不同的离心力条件下的 T_2 时间谱如图6-2-14所示。纵坐标每个点代表了在该 T_2 时间对应的孔隙半径内的流体信号量的总和。通过 T_2 时间谱可以得到不同离心力条件下孔隙内部流体的分布情况。由图6-2-14可看出，随离心力增加，致密砂岩样品的 T_2 谱下降明显，而页岩样品的 T_2 谱下降微弱，表明与致密砂岩相比，在相同排驱条件下，

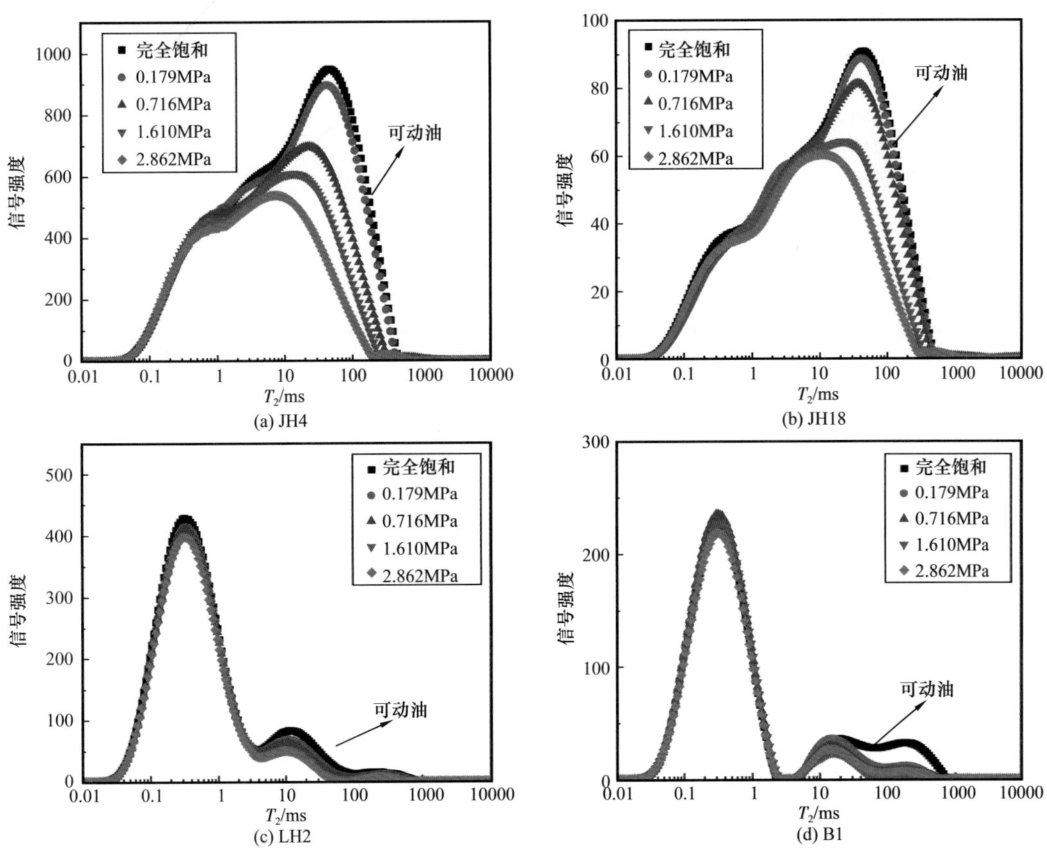

图6-2-14　致密砂岩与页岩岩心不同离心力下的 T_2 谱对比

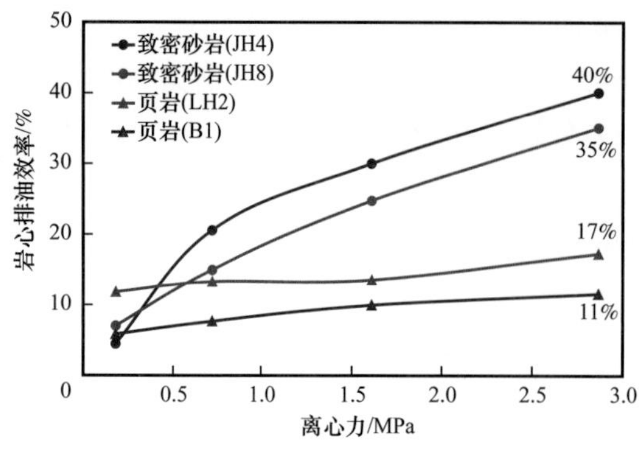

图 6-2-15　致密砂岩与页岩岩心排油效率对比图

页岩油可动性更差，更难流出。

根据 T_2 谱下降幅度可定量计算岩心排油效率，如图 6-2-15 所示，由图可知，页岩排油效率（11%～17%）明显低于致密砂岩（35%～40%）。

2. 页岩油注 CO_2 增产机理

如何有效改善原油性质和补充地层能量是页岩油增产的关键，注水和注气是增能的主要方式。页岩储层低孔低渗，注水开发难度大，且黏土矿物会导致水敏伤害，所以注水并不适用于页岩油开发，而注气则具有扩散性强、对页岩储层伤害低等优势。常用气体有 CO_2、CH_4 和 N_2，相比较而言，由于 CO_2 对原油具有萃取、降黏、膨胀、提高溶解气油比等多重增产机理，且注入 CO_2 可促使页岩有机质中的吸附、溶解态原油解吸附，因此注 CO_2 是提高页岩油产量的重要方向。

搭建了 CO_2 与页岩油作用机理室内实验系列装置和流程，以定量研究 CO_2 对原油的萃取、降黏、膨胀和提高溶解气油比机理。实验结果如图 6-2-16 所示。

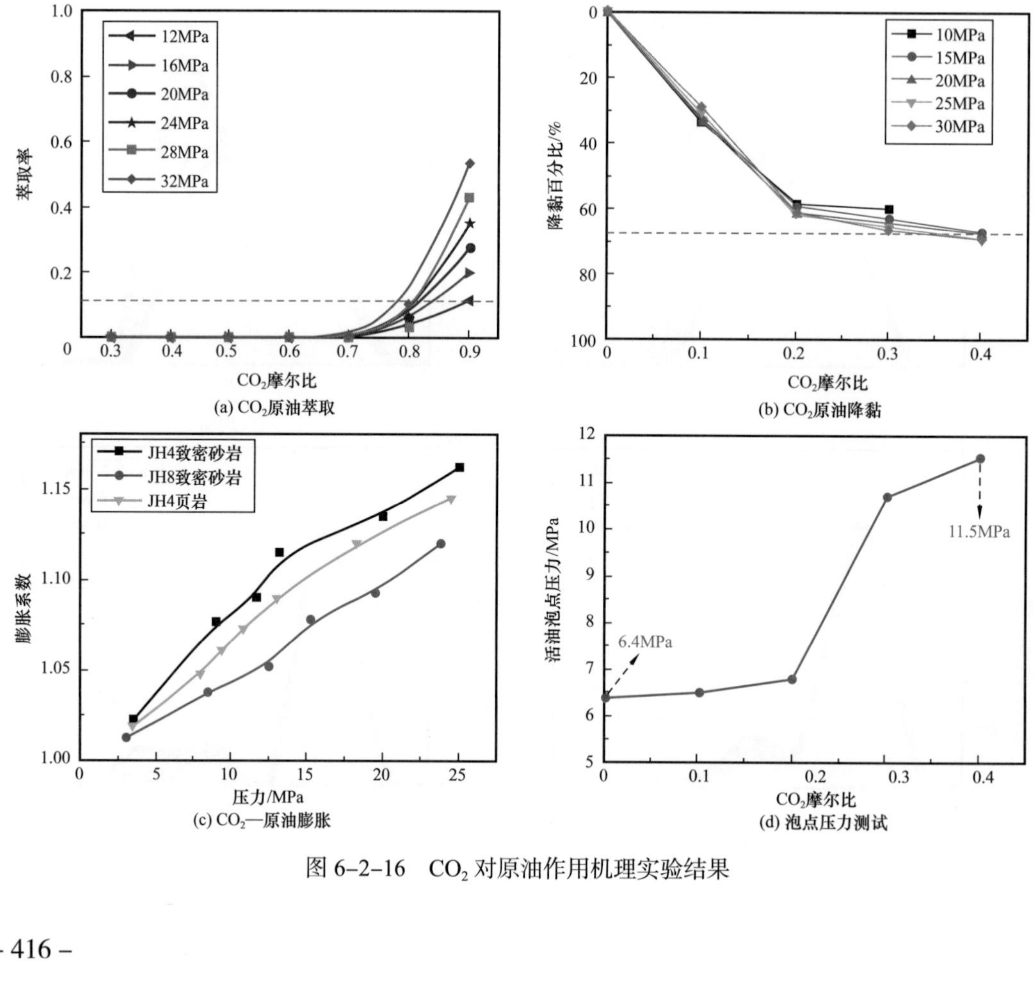

(a) CO_2原油萃取　(b) CO_2原油降黏　(c) CO_2—原油膨胀　(d) 泡点压力测试

图 6-2-16　CO_2 对原油作用机理实验结果

根据图 6-2-16 所示的实验结果可计算得到，注 CO_2 对原油萃取率 12%、降黏率达 68%、原油膨胀系数达 1.1～1.2，泡点压力提高 80.7%，相应的溶解气油比增大 55m³/t。

3. 页岩油注 CO_2 吞吐室内实验

使用简化的物理模型来测试不同 CO_2 吞吐条件下的基质和裂缝采收率，模型如图 6-2-17 所示。通过图 6-2-18 所示的装置图，研究了岩心性质和压力等不同因素对 CO_2 吞吐过程中基质和裂缝采收率的影响。

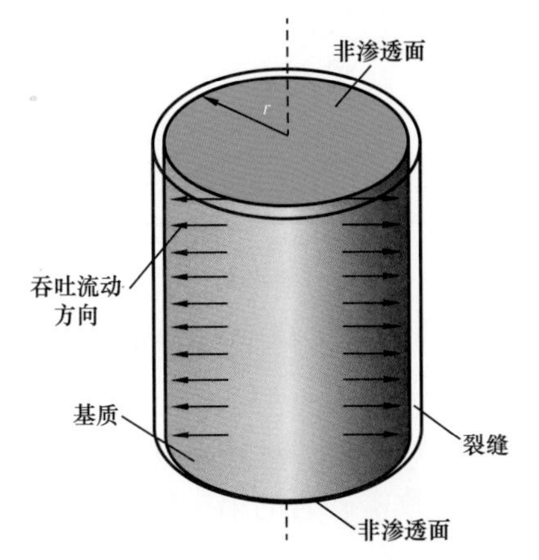

图 6-2-17 页岩基质沿径向产气的示意图

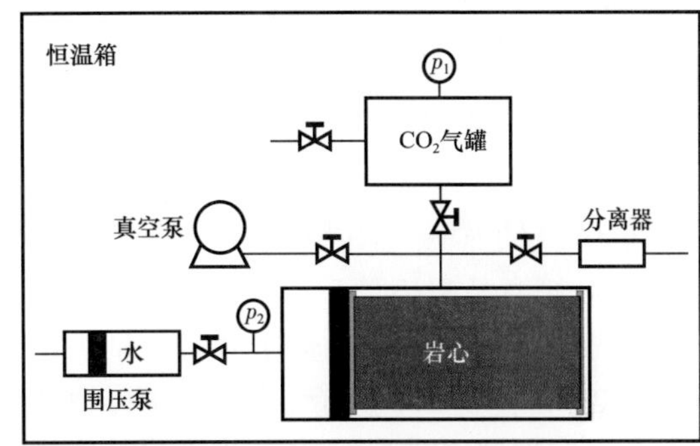

图 6-2-18 实验装置流程图

如图 6-2-17 所示，CO_2 在吞的过程中首先进入裂缝中，然后扩散到基质中。在 CO_2 吐的过程中，首先释放裂缝中的 CO_2 和 nC_{12} 混合物，然后再释放基质中的。利用上述假设简化 CO_2 吞吐过程，单次采收率 η、基质采收率 η_m 和裂缝采收率 η_f 表示为

$$\begin{cases} \eta = \dfrac{m_s}{m_{m0} + m_f} \\ \eta_m = \dfrac{m_{m0} - m_{m1}}{m_{m0}} \\ \eta_f = \dfrac{m_s - (m_{m0} - m_{m1})}{m_f} \end{cases} \tag{6-2-14}$$

式中 m_{m0}——基质中 nC_{12} 的总质量，g；

m_f——裂缝中 nC_{12} 的总质量，g；

m_s——由分离器收集的 nC_{12} 的质量，g；

m_{m1}——CO_2 吞吐后基质中 nC_{12} 的质量，g。

对于多轮次 CO_2 吞吐过程，最终采收率（η_u）是单次采收率（η）的总和。

1）压力的影响

图 6-2-19 给出了页岩岩心 CO_2 3 个轮次吞吐采收率与压力的关系，当压力从 6MPa 增加到 20MPa 时，η_m 从 28.35% 增加到 52.16%，η_f 从 37.14% 增加到 65.05%，η_u 从 33.51% 增加到 59.07%，且采收率增加主要发生在 9MPa 至 15MPa 区间。

图 6–2–20 为在不同压力下页岩岩心中 CO_2 吞吐 3 个轮次单次采收率。由图可知，单次采收率在 3 个轮次中随着压力的升高而增加。无论压力如何，第一个轮次的采收率是第二个轮次的两倍以上，最终采收率的最大贡献来自第一个轮次，超过 50%。

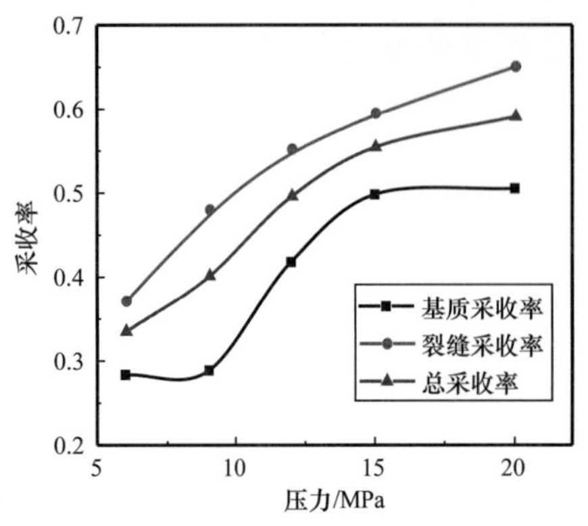

图 6–2–19 CO_2 吞吐采收率随压力变化曲线

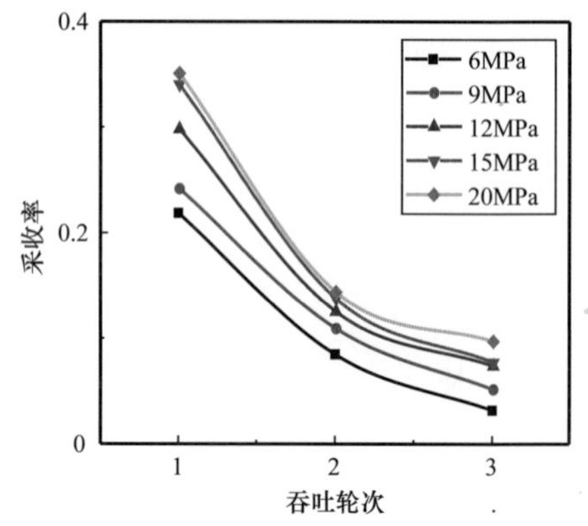

图 6–2–20 不同压力下 CO_2 吞吐单轮次采收率

2）岩心性质的影响

对相同孔隙度的页岩和致密砂岩分别进行 3 个轮次 CO_2 吞吐，对其采收率进行计算如图 6–2–21 和表 6–2–5 所示。结果表明，相近孔隙度下，致密砂岩的第一轮次吞吐采收率高于页岩，但致密砂岩采收率在第二轮次衰减量远大于页岩；页岩的基质采收率明显低于致密砂岩，而裂缝采收率相近。

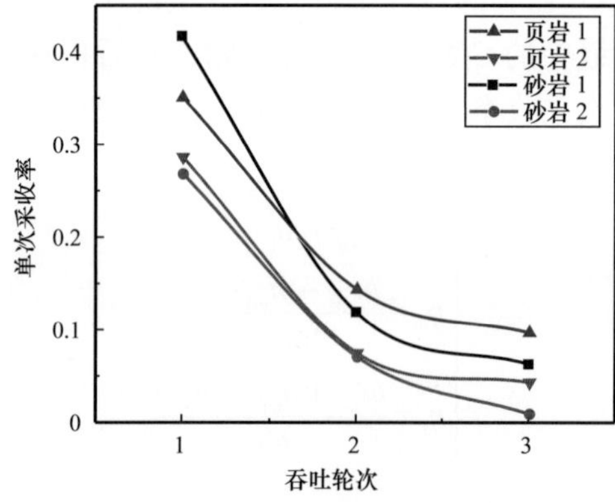

图 6–2–21 不同岩心单次采收率与吞吐轮次关系图（20MPa、60℃）

表 6–2–5 页岩与致密砂岩 CO_2 三轮次吞吐采收率对比

样品	岩性	孔隙度 /%	η_c/%	η_m/%	η_t/%
JH4（1451.83m）	页岩	9.6	69.2	50.5	82.2
JH15（1407.05m）	页岩	3.8	57.4	18.5	72.3
JH4（1425.06m）	砂岩	8.9	77.3	74.3	80.5
JH4（1509.80m）	砂岩	4.3	60.2	31.2	70.6

由上述实验结果可知，在岩心尺度，注 CO_2 吞吐可以提高页岩油采收率。

4. 页岩油注 CO_2 数值模拟

为进一步评价在油藏尺度注 CO_2 的页岩油开发效果，基于鄂南长 7_3 亚段页岩油地质和油藏参数，针对鄂南长 7 段两种典型页岩储层（彬长互层型、富县基质型），采用自研数值模拟器，建立了页岩油藏“水平井 + 多段体积压裂”数值模拟模型（图 6-2-22），对比了 3 种开发方式（弹性开发、CO_2 吞吐、段间气驱）的开采效果。

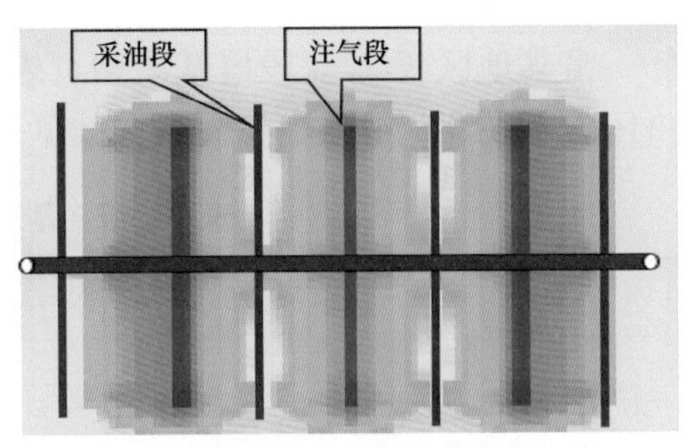

图 6-2-22 页岩油藏多段压裂水平井段间气驱含油饱和度分布图

1）*彬长互层型页岩油*

彬长地区长 7_3 亚段属互层型页岩，区块东北部为地质“甜点”区，含油强度大于 $50\times10^4t/km^2$，基于该“甜点”区地质情况设计了一口压裂水平井，数值模拟模型参数见表 6-2-6。

表 6-2-6 互层型页岩油藏数值模拟参数设计

地质参数	水平井参数
（1）油藏埋深：1440m （2）累计厚度：8m （3）页岩与砂岩的厚度比：约 3∶1 （4）页岩孔隙度：5.14% （5）砂岩孔隙度：8.28% （6）页岩渗透率：0.0018mD （7）层理缝渗透率：0.10mD	（1）水平井水平段长度：400m （2）水平段位置：砂质夹层 （3）压裂段数：7 段 （4）压裂缝半长：150m （5）段间距：50m

图 6-2-23 和图 6-2-24 分别给出了不同开发方式下互层型页岩油的日产油和累计产油对比情况。预测弹性开发、CO_2 吞吐和段间气驱 10 年累计产油分别为 1467t、2987t、7474t，采收率分别为 1.1%、2.3%、4.9%，均处于较低水平。

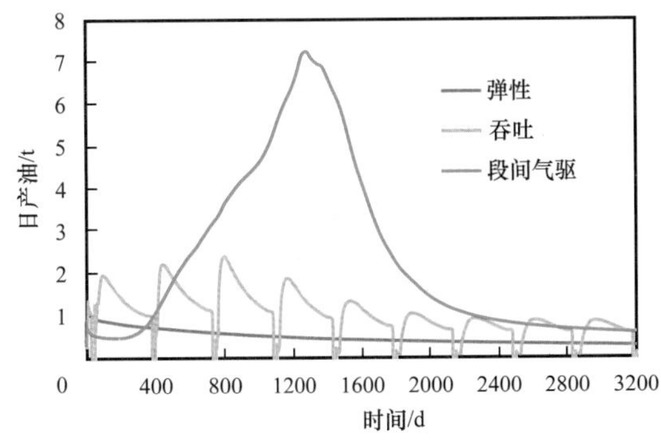

图 6-2-23 不同开发方式日产油对比

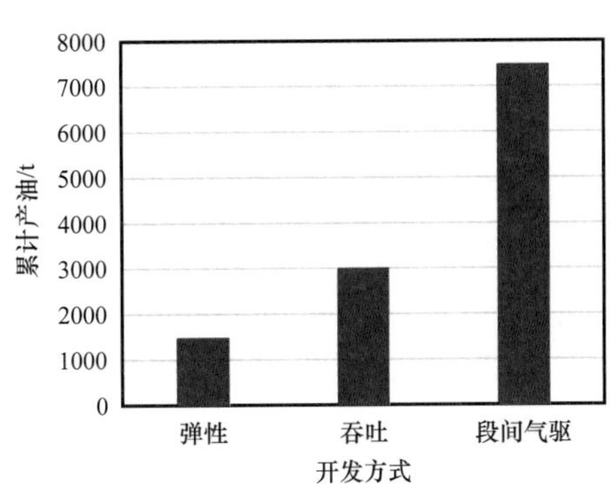

图 6-2-24 不同开发方式累计产油对比

2）富县基质型页岩油

富县地区长 7_3 亚段属基质型页岩，区块页岩厚度大。基于该区块地质情况设计了一口压裂水平井，数值模拟模型参数见表 6-2-7。

表 6-2-7 基质型页岩油藏数值模拟参数设计

地质参数	水平井参数
（1）累计厚度：22m （2）页岩孔隙度：4.66% （3）页岩渗透率：K<10mD	（1）水平井水平段长度：300m （2）压裂段数：7 段 （3）压裂缝半长：150m （4）段间距：30～50m

图 6-2-25 和图 6-2-26 分别给出了不同开发方式下基质型页岩油的日产油和累计产油对比情况。预测弹性开发、CO_2 吞吐和段间气驱 10 年累计产油分别为 994t、3080t、2182t，采收率分别为 0.4%、1.4%、1.0%，也均处于较低水平。

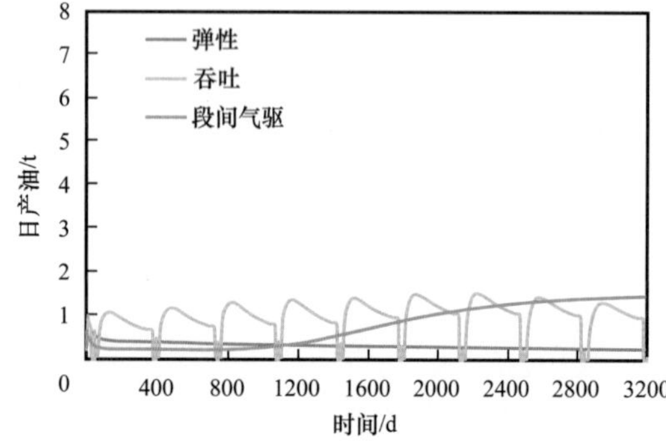

图 6-2-25 不同开发方式日产油对比

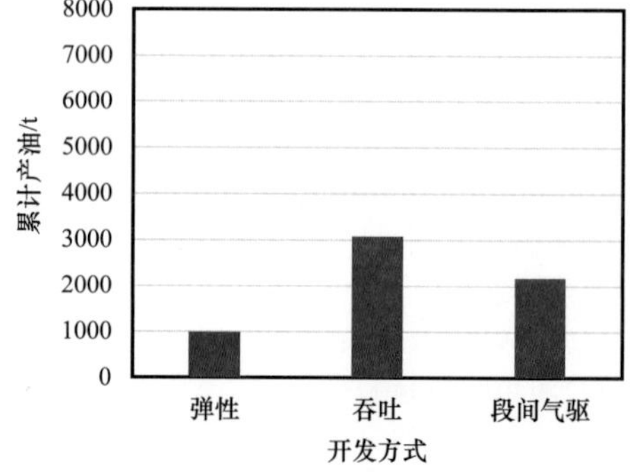

图 6-2-26 不同开发方式累计产油对比

以开发效果相对好的互层型页岩油藏段间气驱为例，评价了该种方式下的经济效益，如图 6-2-27 所示。可以看出，在高油价和低 CO_2 成本条件下页岩油才能实现有效开发。

上述研究结果表明，鄂南长 7_3 亚段页岩油衰竭式开发采收率极低，注 CO_2 采收率小于 5%，现行的技术和经济条件下，实现有效开发难度大，适用于中—高成熟度页岩油的“水平井 + 体积压裂”技术并不适用于中—低成熟页岩油开发，需要探索新的技术发展方向。

5. 中—低成熟度页岩油增产方向

鄂尔多斯盆地长 7_3 亚段中—低成熟度页岩油 TOC 高（6%～30%）、R_o 低—中（0.67%～1.0%），适于页岩油地下原位改性及热解开采。如图 6-2-28 所示，通过对页岩储层加热或注入高温介质，可促进滞留烃改性、干酪根转化生烃、增孔增渗、提高地层压力与溶解气油比，大幅度改善页岩油可动性。

对于热解生烃，如图 6-2-29 所示，生烃动力学模拟实验结果表明，鄂南长 7_3 亚段页岩样品加热生烃效果显著，主生烃期温度 360～450℃，转化率可达 90% 以上。

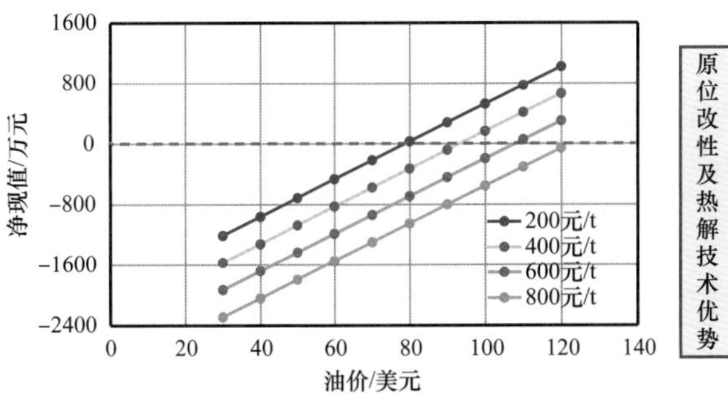

图 6-2-27　不同油价、不同 CO_2 成本的净现值

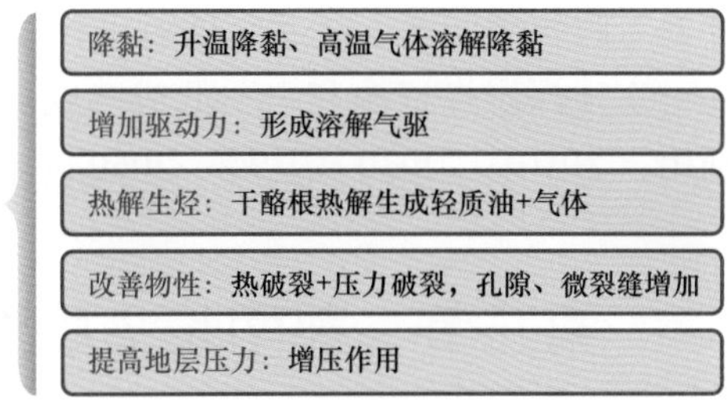

图 6-2-28　中—低成熟页岩油原位改性及热解技术优势

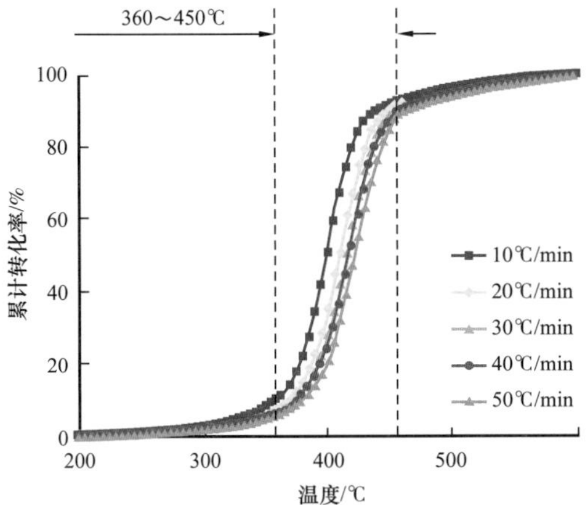

图 6-2-29　鄂南长 7_3 亚段页岩样品生烃动力学模拟实验结果

鄂尔多斯盆地长 7_3 亚段中—低成熟度页岩油层与煤层大面积叠加，基于此，提出“利用煤层气化产生的大量 CO_2，回注页岩油层，实现页岩油原位改性及热解开采”的技术构想，如图 6-2-30 所示。通过向页岩储层注入煤气化产生的高温 CO_2，一方面发挥热能和 CO_2 溶解降黏等作用，促使滞留烃改性，并随温度进一步升高，加速有机质转化生烃，产生大量高品质轻质油气；另一方面，补充地层能量、增加驱动力（溶解气驱），进而大幅提高页岩油产量和采收率。由于煤气化产生的 CO_2 气源稳定、成本低，因此整体综合效益好。

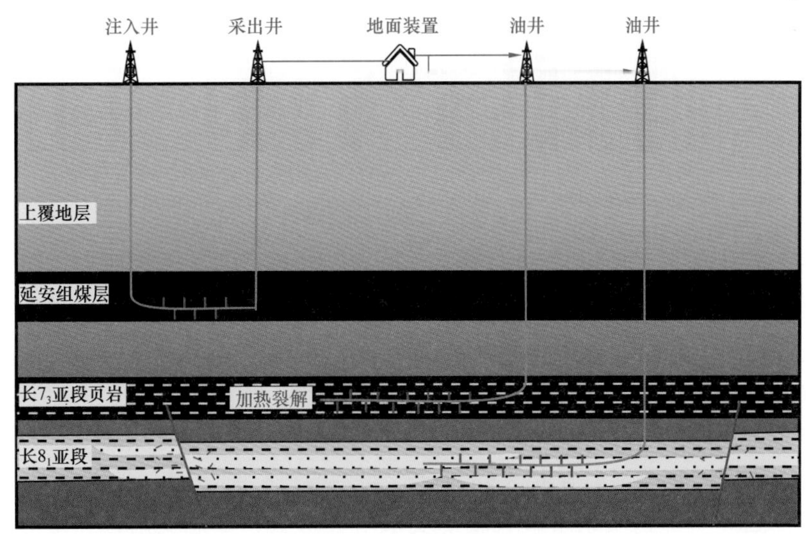

图 6-2-30　“煤气化 + 页岩油开发”技术流程示意图

该技术为煤气化与页岩油原位改性及热解开采的集成技术，属于“煤炭开采—油气开发”跨领域问题。技术突破后可释放中—低成熟页岩油资源潜力，做好资源战略接替；并可实现深层煤资源和中—低成熟度页岩油资源的高效综合利用；实现 CO_2 地下埋存与利用，为中国“2030 碳达峰、2060 碳中和”环保目标做出贡献。

第三节　鄂南长 7 段页岩油水平井高效钻完井技术

鄂南长 7_3 亚段页岩层理、微裂缝发育，油基钻井液成本高，而水基钻井液长水平段井壁易坍塌，导致水平井钻速低，钻井周期长。此外，页岩储层体积压裂破坏水泥环完整性，易发生层间窜流。针对上述问题和难点，攻关形成了页岩储层低成本井壁稳定及长水平井优快钻井技术，研制了高效弹韧性水泥浆，形成了页岩储层全封固提质防窜固井完井技术。

一、页岩储层井壁稳定技术

1. 页岩储层工程地质特征

基于 X 射线衍射实验，对彬 1 井、泾河 4 井等进行全岩矿组组分和黏土矿物组分分析研究（图 6-3-1）。

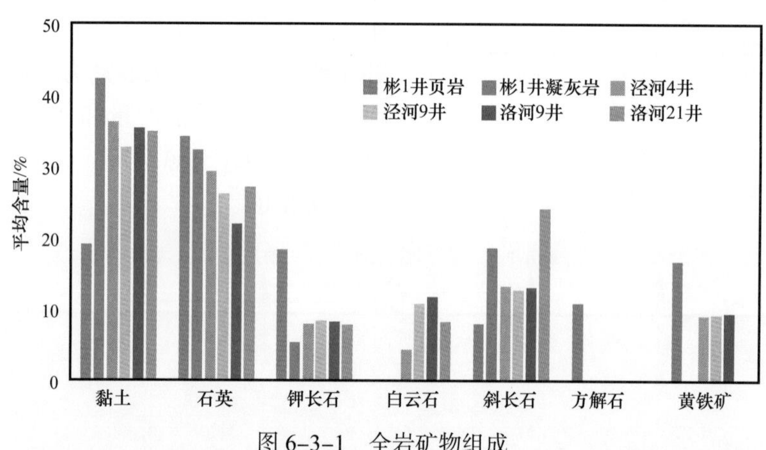

图 6-3-1　全岩矿物组成

根据黏土分析结果，所有储层中伊 / 蒙混层和伊利石的含量均较高，且含量规律相近，凝灰岩段不含高岭石，绿泥石含量突出。伊利石遇水发生物理化学反应引起软岩膨胀也是井壁失稳的主要原因之一。

通过取心剖面的观察，彬 1 井泥页岩中层理明显，顺层理裂缝、夹层较多，微裂缝和矿物的排列、分布和结构与层理方向有关（图 6-3-2）；有机质含量较高，分布面积大，分布广；表面碎屑矿物明显，矿物之间胶结较弱。通过扫描电镜，裂缝主要有三种裂缝。溶蚀型裂缝：因硅质、钙质条带或胶凝矿受酸溶蚀形成，形态受溶蚀物形态控制；收缩型裂缝：由有机质排烃收缩形成，多沿有机质边缘分布；异常高压型裂缝：岩石内异常高压致使矿物内部及矿物间形成不规则裂缝。同时可以看出孔隙分为粒间孔、粒内孔、晶间孔和与有机质有关的孔。

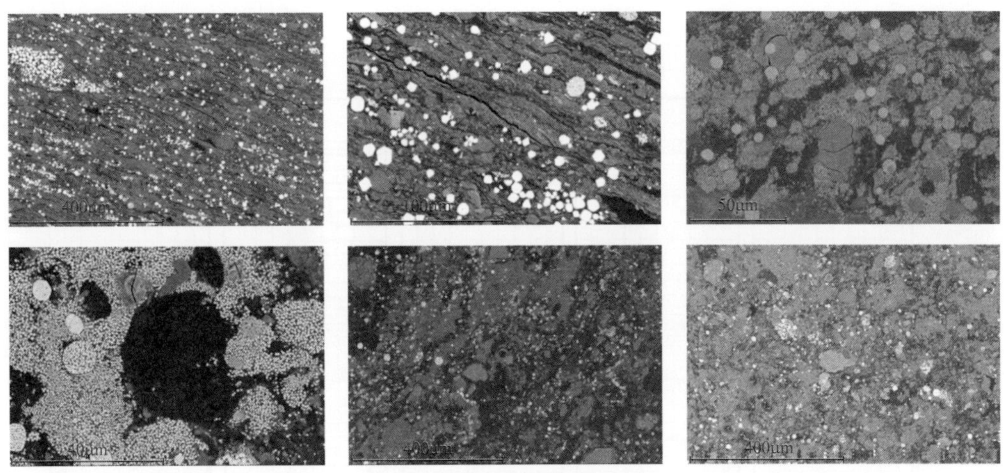

图 6-3-2　扫描电镜下的岩石表面

通过岩石孔隙度和渗透率测试综合分析，储层属于超低孔—特低渗储层，孔隙度分布在 0.07%～2.03%，渗透率分布在 0.01～11.788mD。从岩心无浸泡处理岩屑的压汞实验结果看，孔隙主要以纳米级孔隙为主，且主要分布在 100nm 以下，彬 1 井微米级孔缝的比例非常少，而彬长和富县其他井存在部分微米级孔隙，岩心取出后保存较好，受空气中温度和湿度影响较少。对彬 1 井和泾河 4 井分别进行了清水和钻井液的浸泡实验。其中清水浸泡对岩石孔隙的影响均较大，会大幅度增加岩石的孔隙度和各尺寸孔隙的分布含量，尤其是彬 1 井的页岩孔隙变化最为明显（图 6-3-3）。图 6-3-4 反映了页岩孔隙随浸泡时间的变化关系，可以得出无浸泡的样品孔隙主要分布在 2～100nm，浸泡 6h 和 12h 时出现了微米级大孔隙，同时部分 100nm 以下的孔隙转变成 100nm 以上的中等孔隙。浸泡 24h 时出现了大量的小孔隙，在浸泡 48h 时大量小孔隙转变为中孔隙。

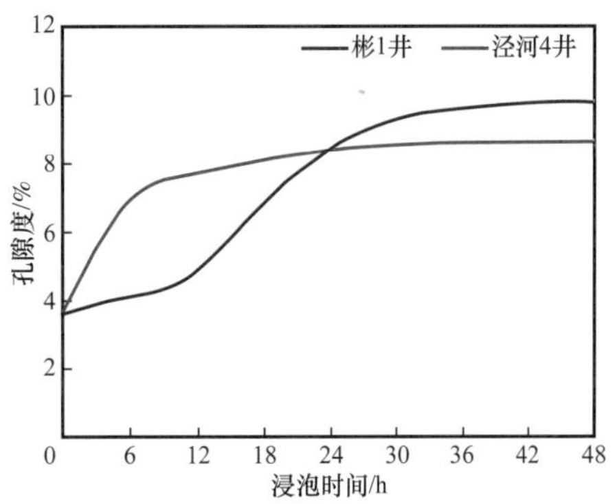

图 6-3-3　彬 1 井和泾河 4 井孔隙度随浸泡时间的变化关系

实验中岩石拉裂方向基本垂直元件，抗张强度分布在 6.58～18.27MPa 之间，其中富县地区的岩石抗拉强度普遍偏高。当压力方向与层理平行时，岩石抗张破坏裂缝沿着层理面，抗张破坏力与层理垂直，岩石劈裂面受拉方向应力与单轴抗压方向一致，主要破坏裂缝平行压力，但是顺层理面也出现了一些破坏裂缝，裂缝垂直受力方向，此时抗张强度相对较高。

从实验结果分析，单轴抗压强度分布在 71.32～169.29MPa，其中泾河 9 井的单轴抗压强度相对较小，洛河 9 井和洛河 26 井的单轴抗压强度相对较大。实验结果表明，温度不变时，随着围压升高，岩样的弹性模量逐渐升高，岩样的抗压强度逐渐升高，泊松比呈现降低趋势。

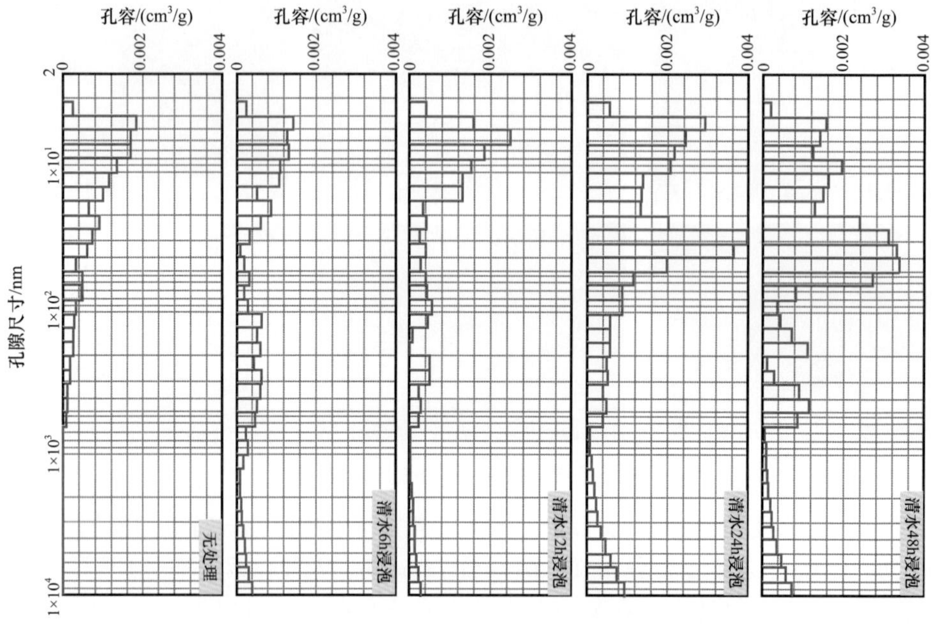

图 6-3-4　彬 1 井页岩孔隙随水化程度的变化规律

2. 页岩储层岩石理化性质

膨胀性分为岩石基质的膨胀性和岩块膨胀性。基质膨胀性是指压实的岩石颗粒，在流体环境影响下的膨胀特征，是行业标准测试泥页岩理化性能中的部分。从实验结果看，页岩基本不膨胀，膨胀率（0.46%～1.36%），凝灰岩具有一定的膨胀性（4.15%～5.49%）。实验选取彬长区块和洛河区块的彬 1 井、泾河 4 井、泾河 9 井、洛河 9 井、洛河 26 井、洛河 40 井岩心进行实验测试，实验结果显示，页岩油储层段的阳离子交换容量很少（1.66～3.67mmol/kg）。其中，相对于泥页岩，凝灰岩的阳离子容量含量相对较高（18.39～20.07mmol/kg），表明其有一定的弱水化能力。

3. 页岩储层井壁失稳机理

页岩中发育了大量的微裂缝，根据微裂缝在薄片上的表现形式和产出状态，可分为 3 类：近似平行或平行于层理的微裂缝，这种裂缝的数量多，其发育程度最高，延伸长度也较长，与层理近似平行的微裂缝常常会穿过其他层理延伸；任意产状的微裂缝，主要是指穿过层理的微裂缝，裂缝开度较大；充填微裂缝，主要是长石的解理缝、石英的裂纹缝，主要发育在点或线接触的粗颗粒中，与成岩压实和构造挤压作用有关。

在清水和复合盐钻井液（SL）水基钻井液中浸泡岩石铸体薄片，观察结构变化（图 6-3-5）。在室温下，经过清水浸泡的页岩里依然存在平行层理裂缝，且层理裂缝呈现网状结构。经过钻井液浸泡的薄片表面残留黑色钻井液，且无明显裂缝。

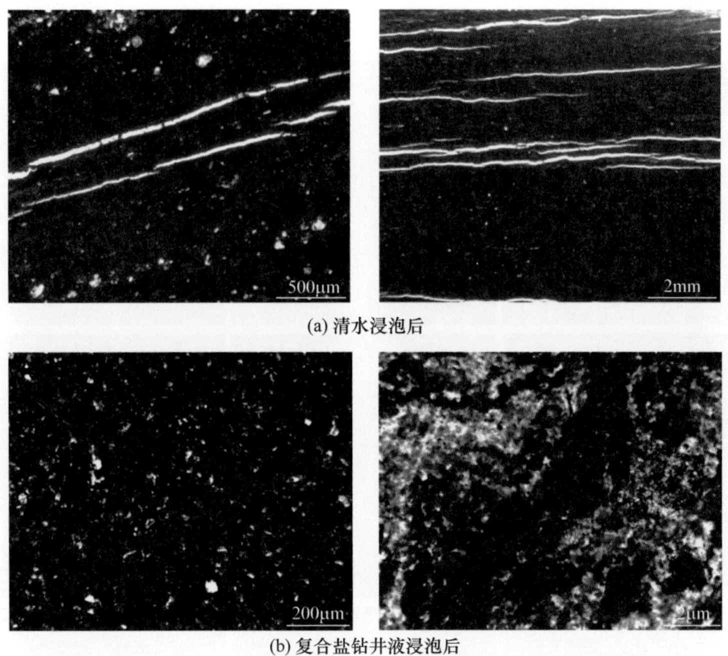

(a) 清水浸泡后

(b) 复合盐钻井液浸泡后

图 6-3-5　清水和复合盐钻井液浸泡后的铸体薄片

经过CT扫描原始岩心柱、清水浸泡后的岩心柱、三轴压裂后的岩心柱可得（图 6-3-6），原始岩心柱内矿物颗粒明显，本身存在一些裂缝，但数量较少。经过高温清水浸泡，部分岩石内部开始出现裂缝，伴随有裂缝扩展现象。

综合铸体薄片和CT扫描，页岩油储层层理结构明显，且岩石水化和压裂变形破坏产生的裂缝方向多为顺层理或与层理呈小角度方向。

4. 页岩储层钻井液体系研发

保证页岩井段的井壁稳定，设计防塌钻井液时，在技术上必须满足以下要求：一是合理的钻井液密度，二是足够的抑制性，三是良好的润滑性，四是有效封堵和优良的造壁性，五是合理的流变性，六是抗盐污染能力强。井壁失稳对策是页岩采用层理有效充填、降低水相侵入，防止脆性剥落；凝灰岩以抑制水化膨胀为主。水基钻井液性能要求包括页岩层理封堵率≥90%，HTHP 滤失量≤10mL；黏土矿物膨胀率≤10%；泥饼承压能力≥5MPa；坍塌周期＞10d。

根据架桥理论和理想充填理论，结合页岩微裂缝尺寸，通过压力传递实验和复配实验，优选出适用于长 7 段页岩的纳—微米级封堵材料（纳米级封堵剂：超细沥青 =3：2），综合封堵率达 91.2%。应用活度平衡理论，预测鄂南长 7 段层位地层流体的活度为 0.89～0.90；开展渗透压动态模拟，优选高效活度调节剂（HT-3），阻止钻井液中自由水向岩层运移从而提高井壁稳定能力。以这两种处理剂为主调配的钻井液，在 60℃、80℃条件下老化 16h、32h，各项性能变化较小，仍保持较好的流变性能和滤失性，页岩强度保留率达 80%，高温高压线性膨胀率小于 4%。有机盐钻井液成本为 3810 元 /m^3，成本优势比较明显。

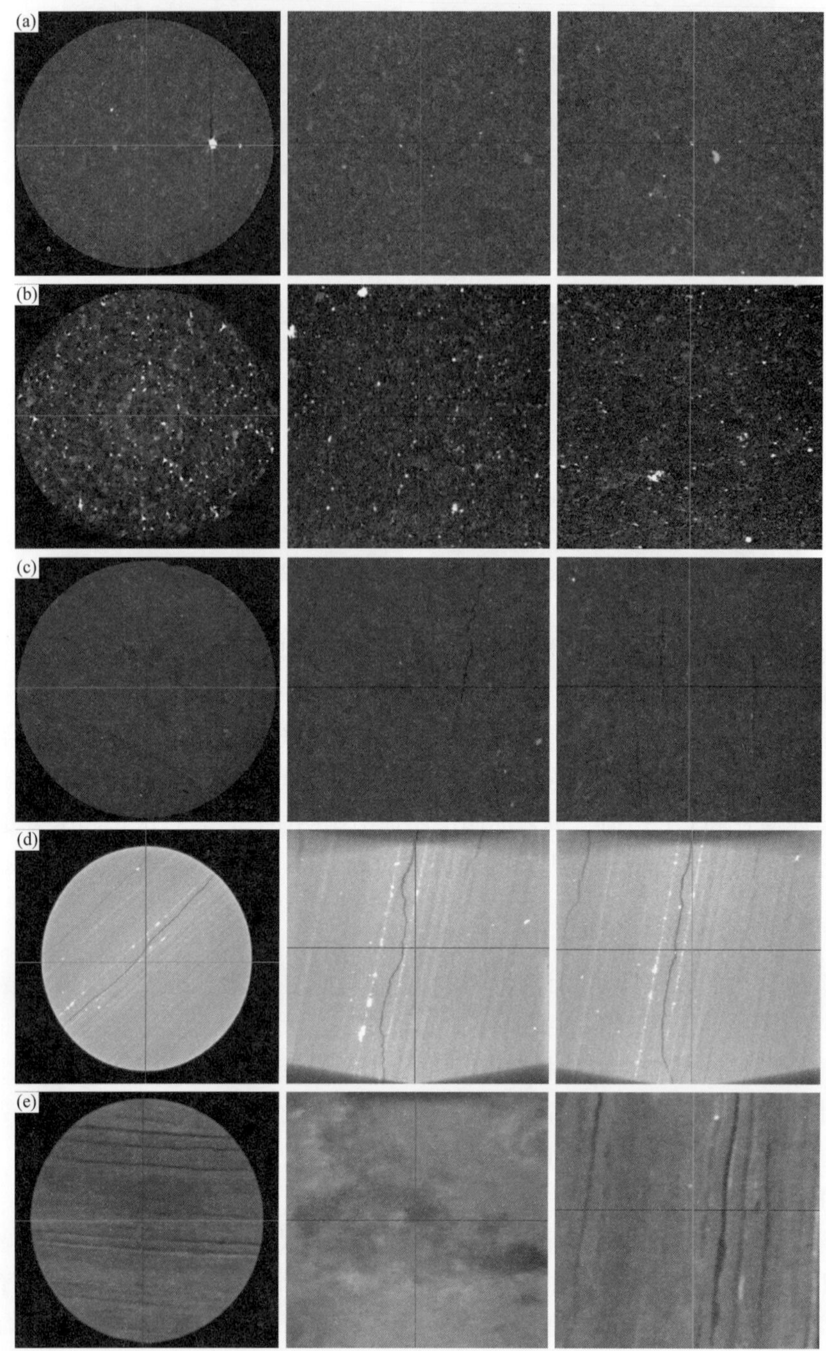

图 6-3-6 CT 扫描结果

（a）彬 1 井，1438.5m，原始岩心柱 CT 扫描图；（b）泾河 9 井，991.5m，原始岩心柱 CT 扫描图；（c）彬 1 井，1438.5m，95℃清水浸泡 48h 岩心柱 CT 扫描图；（d）泾河 9 井，991.5m，95℃清水浸泡 48h 岩心柱 CT 扫描图；（e）彬 1 井，1438.5m，95℃清水浸泡 48h 后三轴压裂岩心柱 CT 扫描图

二、水平井设计及快速钻井技术

1. 井身结构及完井方式设计

基于鄂南中生界地层压力剖面、必封井段及钻井风险评估等，确定长 7 段页岩油水平井可采用二级井身结构套管固井完井，二开 $8^1/_2$ in 井眼 $+5^1/_2$ in 套管固井完井设计方案。

结合实钻井眼轨迹及测井数据对彬长油田已钻水平井地层压力剖面进行了计算分析，如图 6-3-7 和图 6-3-8 所示。计算结果表明该油田水平井砂岩坍塌压力不高，地层压力系数在 0.90 以下，钻井过程中的实用钻井液密度基本上高于砂岩的坍塌压力。

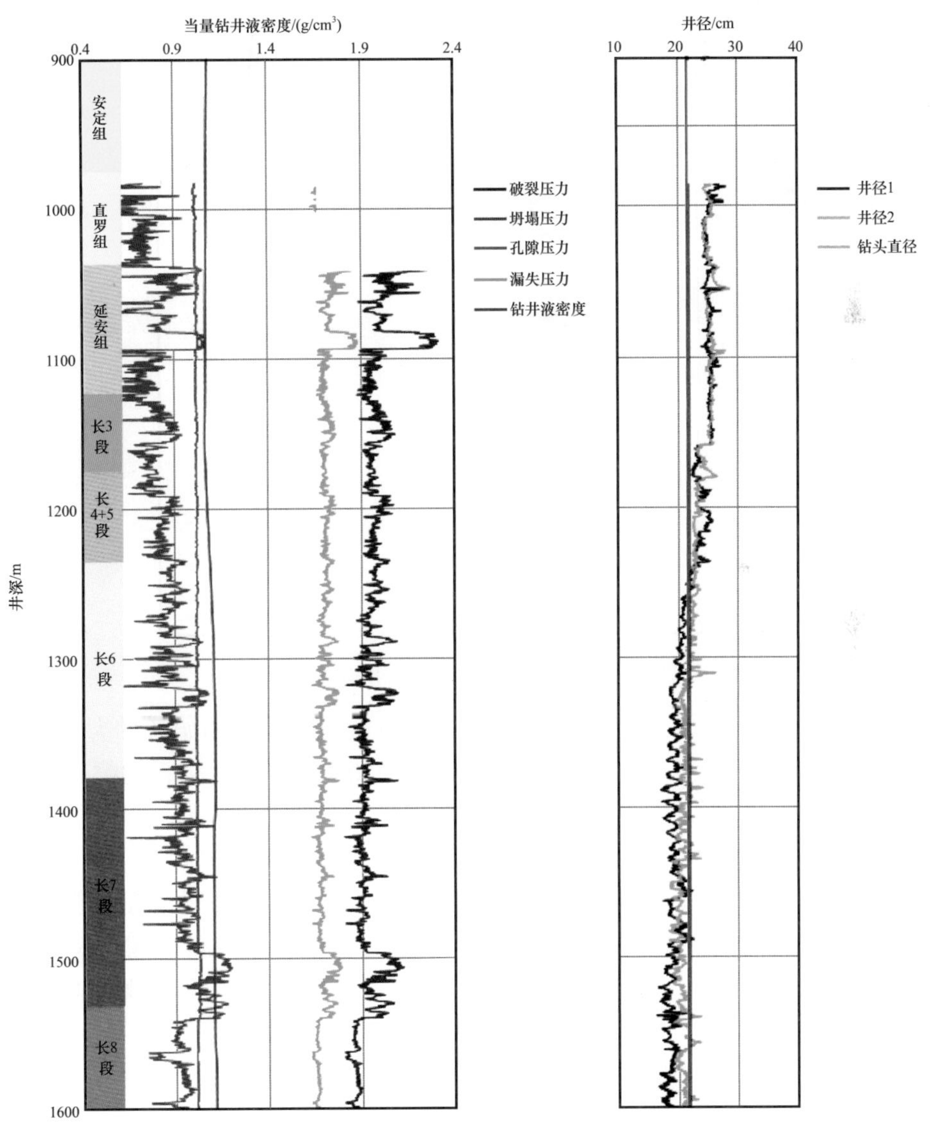

图 6-3-7　JH2P3 井安全钻井液密度窗口

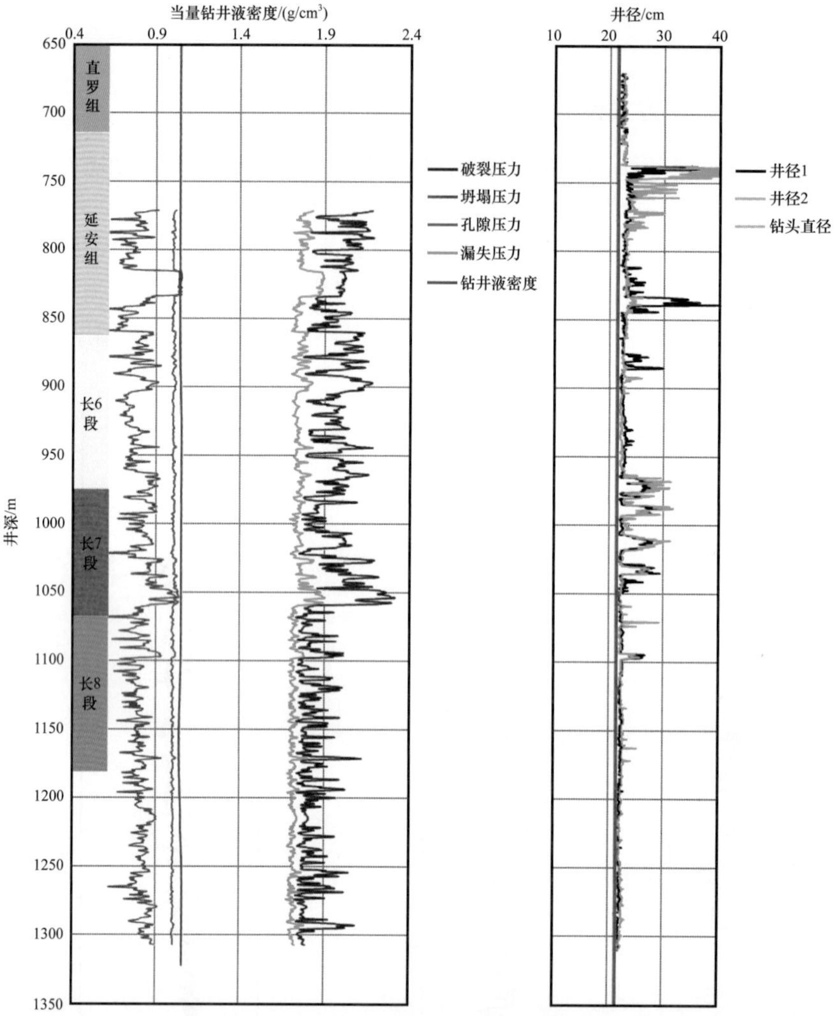

图 6-3-8　JH17P29 井安全钻井液密度窗口

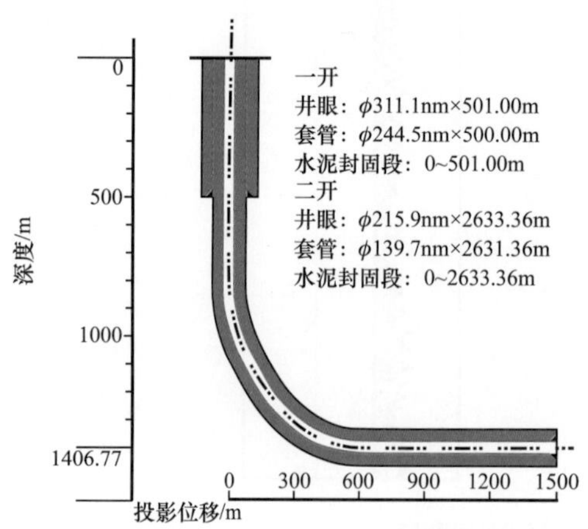

图 6-3-9　页岩油水平井井身结构示意图

通过数值模拟，初始条件为垂深 1200m、靶前距 300m、ZJ40 钻机、G105 钢级钻杆及加重钻杆。

根据模拟计算结果，鄂尔多斯盆地南部油田长 7 段页岩油水平井采用二级井身结构，一开 $12^1/_4$in 井眼 ×$9^5/_8$in 表套 +$8^1/_2$in 井眼 × $5^1/_2$in 油套，可满足大排量规模化压裂要求（图 6-3-9）。

2. 低摩阻井眼轨道设计

综合考虑降摩减扭、快速钻进及后期压

采作业等，基于前期建立的水平井钻具摩阻计算模型，优化形成了适合鄂南长7段页岩水平井降摩减扭双增轨道剖面“直—增—稳—增—平”，并确定了造斜点、靶前距、造斜率、轨道剖面等井眼轨道参数。

1）最佳造斜点确定

靶前距300m不变，造斜率取5.4°/30m不变，剖面类型不变，选取造斜点为800m、900m及1000m，分别计算摩阻扭矩，计算结果见表6-3-1。

表6-3-1 不同造斜点钻具张力及摩阻扭矩计算结果

造斜点/m	起钻井口张力/kN	下钻井口张力/kN	滑动井口张力/kN	复合钻进井口张力/kN	复合划眼井口张力/kN	最大扭矩/kN·m	滑动摩阻/kN
800	1061.2	412.8	286.4	657.0	737.0	22.10	370.60
900	1058.1	404.5	270.2	655.8	735.8	21.86	385.60
1000	1058.1	380.3	224.2	656.5	736.5	22.29	432.30

表6-3-1可以得出最佳造斜点在900m左右。

2）靶前距优化

裸眼摩阻系数取0.4，水平段长同为1000m，剖面类型同为“直—增—稳—增—平”，造斜率同取5.4°/30m，造斜点同取900m，其余参数按照初始条件设定，分别计算不同靶前距的摩阻扭矩，计算结果见表6-3-2。

表6-3-2 不同靶前距钻具张力及摩阻扭矩计算结果

靶前距/m	起钻井口张力/kN	下钻井口张力/kN	滑动井口张力/kN	复合钻进井口张力/kN	复合划眼井口张力/kN	最大扭矩/kN·m	滑动摩阻/kN
300	1069.5	406.6	260.9	661.6	741.6	21.17	400.70
400	1059.8	400.0	264.1	658.2	738.2	22.31	394.10
500	1058.1	404.5	270.2	655.8	735.8	21.86	385.60
600	1073.1	366.4	209.1	651.0	731.0	22.91	441.90
750	1090.3	321.1	133.2	642.2	722.2	24.29	509.00

根据表6-3-2计算结果，结合减少全井进尺、提高钻进速度目标，优选出靶前距为300～400m。

3）造斜率优化

靶前距300m不变，造斜点900m不变，剖面类型不变，变换造斜率，分别计算摩阻扭矩，并比较优选造斜率。造斜率分别取9°/30m、6°/30m、5.4°/30m、4.8°/30m、3.9°/30m，构建不同造斜率下的井眼轨道剖面，并进行了摩阻扭矩分析（表6-3-3）。

表 6-3-3 不同造斜率钻具张力及摩阻扭矩计算结果

造斜率 / °/30m	起钻井口张力 /kN	下钻井口张力 /kN	滑动井口张力 /kN	复合钻进井口张力 /kN	复合划眼井口张力 /kN	最大扭矩 / kN·m	滑动摩阻 / kN
9	1076.4	407.6	274.6	654.8	734.8	21.91	380.20
6	1063.0	405.2	271.6	655.6	735.6	21.86	384.00
5.4	1058.1	404.5	270.2	655.8	735.8	21.86	385.60
4.8	1052.3	403.1	268.2	656.1	736.1	21.90	387.90
3.9	1039.3	400.0	262.5	657.1	737.1	22.01	394.60

根据表 6-3-3，结合现场实际，优选出造斜率 4.8～6°/30m。

3. 入井管柱降摩减扭优化设计

基于形成的钻具载荷计算模型，结合泥页岩经验摩阻系数（0.25～0.4），以 1000m 水平段为例，通过不同钻具组合下的摩阻扭矩对比分析，优选出适合鄂南长 7 段页岩水平段的低摩阻扭矩钻具组合。现场常用钻具组合：ϕ215.9mm 钻头 +ϕ172mm×1.25° 单弯动力钻具 +MWD+ϕ158.8mm 无磁钻铤 9m+ϕ127mm 斜台阶钻杆 +ϕ127mm 加重钻杆 300m+ϕ127mm 斜台阶钻杆。通过模拟，加重钻杆放置在直井段或井斜小于 45° 的井段，保持钻头钻压在 3～4t 之间，现场根据实际情况选择加重钻杆长度。

为了实现优快钻井，优选高性能 PDC 钻头是关键。通过对比机械比能优选出适合长 7 段页岩油水平井各井段高效 PDC 钻头类型并明确了钻头特点（表 6-3-4）。

表 6-3-4 长 7 段页岩油水平井各井段高效 PDC 钻头类型及特点

井段	地层	尺寸 / mm	高效钻头结构特点	型号	钻井参数			
					钻压 / kN	转速 / r/min	排量 / L/s	立管压力 /MPa
一开直井段	第四系—志丹群	311.1	5 刀翼、深排屑槽、单排齿、19mm 复合片	M1952C SKG124	0～80	65	30～40	3～5.5
二开直井段	安定组—延安组	215.9	6 刀翼、深排屑槽、双排齿、抗冲击切削齿、16mm 复合片	HD83-16 SD9531	30～80	螺杆 +40	28～30	8～12
二开斜井段水平段	延长组	215.9	6 刀翼、短胎体、双排齿、耐磨性较强切削齿、16mm 复合片	MD9641H HD83-16	30～60	螺杆 +40	28～30	10～15

4. 水平井轨迹控制技术

1）造斜率合理控制

鄂南长 7 段页岩油水平井分井段优选钻头类型与钻具组合，确保满足设计造斜率需求，结合理论计算结果及实钻情况确定二开直井段选择 1.25° 单弯螺杆，斜井段选择 1.5° 单弯螺杆，水平段选择 1.25° 或以下单弯螺杆。

2）定向钻进比例控制

严格按照设计造斜率进行轨迹控制，合理控制滑动钻进与复合钻进比例，滑动钻进过程中实时调整工具面，确保实钻轨迹与设计轨道符合，根据地质录井结果实时调整轨迹。采用随钻测量技术（MWD），根据地质录井结果实时调整水平段井眼轨迹，确保储层穿行。

3）摩阻监控

摩阻扭矩监测方法主要通过现场数据的采集和分析来进行，主要有以下几个步骤：（1）根据套管下入深度、裸眼长度、实际钻具组合、钻井液性能、实钻井深等进行摩阻扭矩预测，并作图；（2）现场钻进过程中对上提下放悬重和钻进扭矩进行记录；（3）将实际记录数据描绘到预测图上；（4）根据图形进行摩阻扭矩分析，图像出现较大背离点为异常点，需特别对待。实时记录起下钻井口悬重，拟合出裸眼井段上提摩阻系数在 0.3～0.4 之间，下放摩阻系数在 0.2～0.3 之间，通过比对某实钻井段实际和软件计算井口悬重曲线，查看不良趋势，指导下步施工。

红河、彬长油田长 7 段层斜井段应用优快钻井技术，机械钻速较立项前提高 80% 以上，预计水平段机械钻速可提高至 10.14m/h 以上。

三、页岩储层全封固提质防窜固井完井技术

1. 页岩地层固井水泥环完整性评价

基于弹塑性力学理论，构建地层—水泥环—套管组合体有限元三维仿真模型（图 6–3–10），应用 ANSYS 软件模拟套管内压、泊松比和弹性模量对水泥环受力与变形的影响规律。结果表明（图 6–3–11），随套管内压增大，水泥环承受的等效应力逐渐增大；套管内为 40MPa 时，水泥环内表面载荷 22.8MPa，发生弹性变形，弹性变形量沿水泥环半径增大逐渐降低。

因此，泊松比减小，弹性模量增大，水泥环内易发生塑性变形，整体所承受的等效应力增大；增大泊松比，降低水泥环弹性模量，可有效提高水泥环的弹性变形能力，水泥石弹性模量需小于 12GPa，预防水泥环塑性屈服和微裂缝的产生。

2. 弹韧性水泥浆体系研发

首先是高强弹韧剂的研发，把聚丙烯纤维、聚乙烯纤维、纳米液硅、弹性材料 1、弹性材料 2 按不同比例混合形成弹韧剂，在 70℃、0.1MPa 的条件下养护 6 天后测试三轴力学性能，围压为 10MPa。经测试样品的弹韧性能最好，弹性模量与原浆相比降低了 38.1%，因此可确定聚乙烯纤维优于聚丙烯纤维，弹性材料 1 优于弹性材料 2。

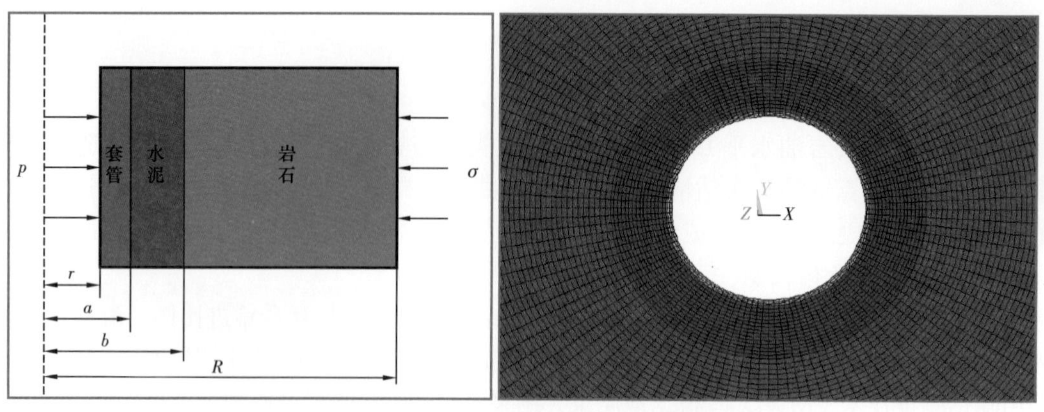

图 6-3-10 套管—水泥环—岩石模型

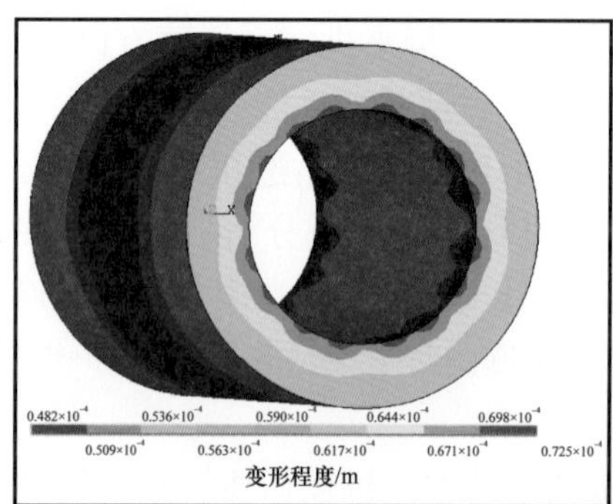

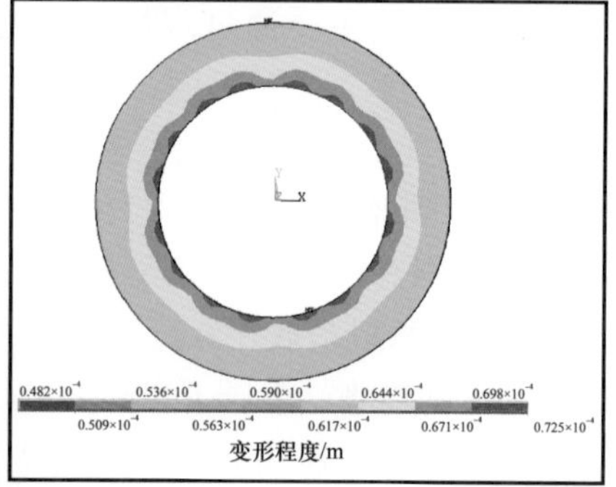

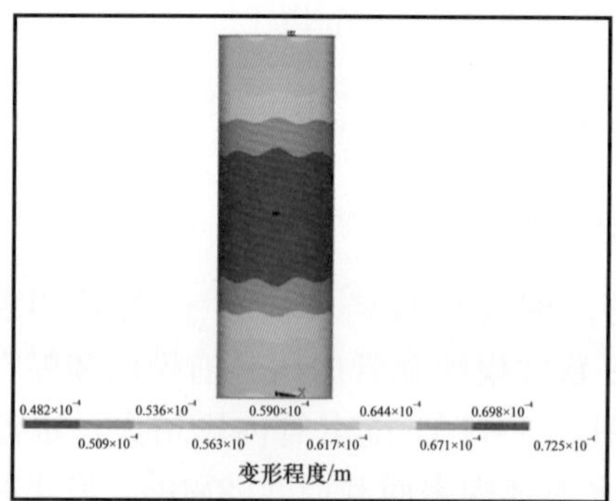

图 6-3-11 水泥环变形

在对弹韧性材料优选的基础上，选取环氧树脂作为弹性材料进行实验，探究不同加量环氧树脂对弹韧性材料水泥的抗压强度是否会产生影响。通过实验测试，当环氧树脂和固化剂加量从 1% 逐渐增加时，水泥石抗压强度有一定的提高，当环氧树脂和固化剂加量至 2% 时，水泥石的抗压强度达到最大。从应变数据来看，环氧树脂的加入增加了水泥石的应变，间接说明提高了水泥石的弹韧性。由此可见 2 号配方应力最高，应变最大，增韧效果好。

不同弹韧剂加入水泥石抗压实验后外观如图 6-3-12 所示。水泥浆在受力失去强度破裂后破形严重，四角均有贯穿裂缝。而加入弹韧性材料后的水泥石在受力破形后整体形状保持完整。

(a) 原浆水泥石　　(b) 环氧树脂—弹韧性水泥石　　(c) 纳米液硅—弹韧性水泥石

图 6–3–12　不同水泥石抗压试验后的外观对比图

用 SEM 观察水泥石微观结构，分析不同配比弹韧剂对水泥石水化产物的影响，测试结果如图 6–3–13 所示。

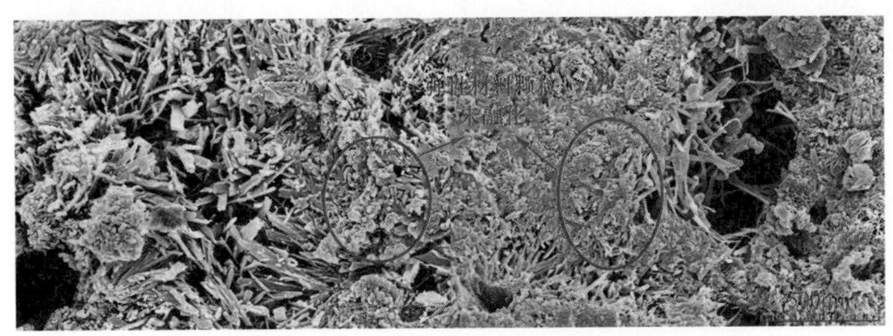

图 6–3–13　水泥原浆 +5% 弹性材料 1

水泥石微观结构中发现大量成型弹性材料颗粒，较均匀地分散于水泥石中。在弹韧性水泥浆中加入环氧树脂后，水泥石微观结构如图 6–3–14 所示。

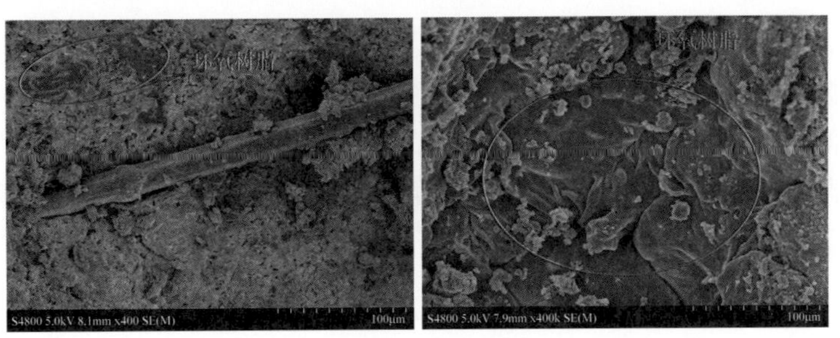

图 6–3–14　弹韧性水泥浆加环氧树脂

通过环氧树脂对微观孔隙进行填充，同时提升有机与无机材料间的胶结力。

纳米液硅填充在水化硅酸钙的缝隙中，使水泥石结构更加致密，经过纳米液硅与弹韧性材料与水泥浆的协同作用，水泥石的力学性能得到充分的改善（图 6–3–15）。

加入纳米液硅后，弹韧性水泥石中纳米球形颗粒或覆着在水化颗粒表面或填充、架桥，使水泥石结构更加致密紧凑（图 6–3–16）。

通过水泥体系的力学性能测试与微观分析，得到优化后的弹韧性水泥浆配方：G 级水泥 + 3.0% 弹性材料 1+0.08% 聚乙烯纤维 +0.5% 纳米液硅 +0.5% 消泡剂 +2.0% 微硅 +48% 水。

图 6-3-15　2‰聚乙烯纤维 6mm+5% 弹性材料 1+1% 纳米液硅

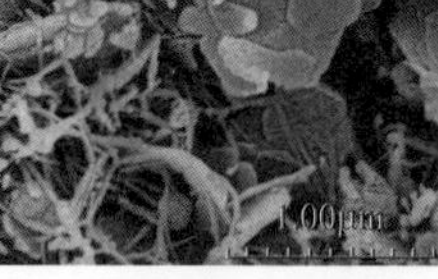

(a) 传统弹韧性

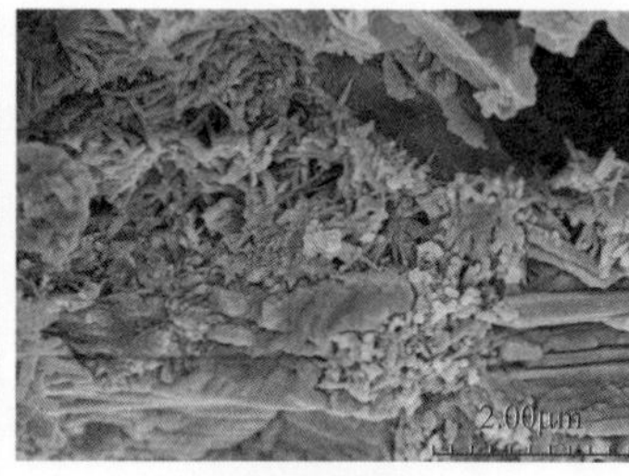

(b) 环氧树脂改性

(c) 纳米液硅改性

图 6-3-16　不同水泥石微观结构

通过该加量开展低渗高强弹韧性水泥浆体系配方的测试，结果如表 6-3-5 所示。

表 6-3-5　弹韧性水泥浆体性能

密度	流变数值					流变参数		API 失水量（85℃ /6.9MPa）	稠化时间（75℃ ×40MPa×40min）
	ϕ300	ϕ200	ϕ100	ϕ6	ϕ3	n	K		
1.865g/cm³	102	66	34	4	3	1.00	0.10	48mL	153min

稠化目标温度设定为 75℃，压力 40MPa，升温时间 40min，稠化时间为 2 小时 33 分钟所研发的弹韧剂与固井外加剂体系的配伍性较好。在 75℃ /40MPa 条件下稠化曲线平稳，初始稠度低于 30B_c，在稠化过程中没有出现闪凝、“鼓包”“走台阶”等异常现象，浆体具有较好的流变性。同时，稠化后的水泥石均匀，并无纤维团聚的现象。

测定不同温压条件、不同养护时间水泥石抗压强度，结果见表 6-3-6。

表 6-3-6　水泥石不同温度下的抗压强度

条件	50℃ /15MPa			70℃ /15MPa			90℃ /15MPa		
	24h	72h	7d	24h	72h	7d	24h	72h	7d
体系 2 号	22.44	24.9	25.5	25.3	29.7	30.1	26.5	30.9	31.0

根据表 6-3-6 分析可知，水泥浆在 50℃、70℃和 90℃的养护釜条件下养护 24h、72h、7d 后，水泥石强度均满足固井设计要求。

体系在 70℃ /10MPa 条件下养护 6d，在围压 10MPa 条件下测量对比其三轴力学性能，测试结果见表 6-3-7 和表 6-3-8、图 6-3-17。

表 6-3-7 弹韧性水泥浆体系三轴数据

体系	弹性模量 /MPa	泊松比	剪切模量 /MPa	体积模量 /MPa	抗压强度 /MPa
体系 2 号	3730.130	0.090	1710.752	1517.060	36.2534

由测试结果可知，与体系 1 号相比，使用增韧性能更好的聚乙烯纤维（体系 2 号）后，水泥石的弹性模量、体积模量进一步降低，并且应变增大明显，说明水泥石具有更好的弹—塑力学性能，同时水泥石抗压强度也较高，满足固井要求。因此，综合考虑流变、弹性模量、应变、水泥石强度等性能，确定体系 2 号为最佳的低渗高强弹韧性水泥浆体系。

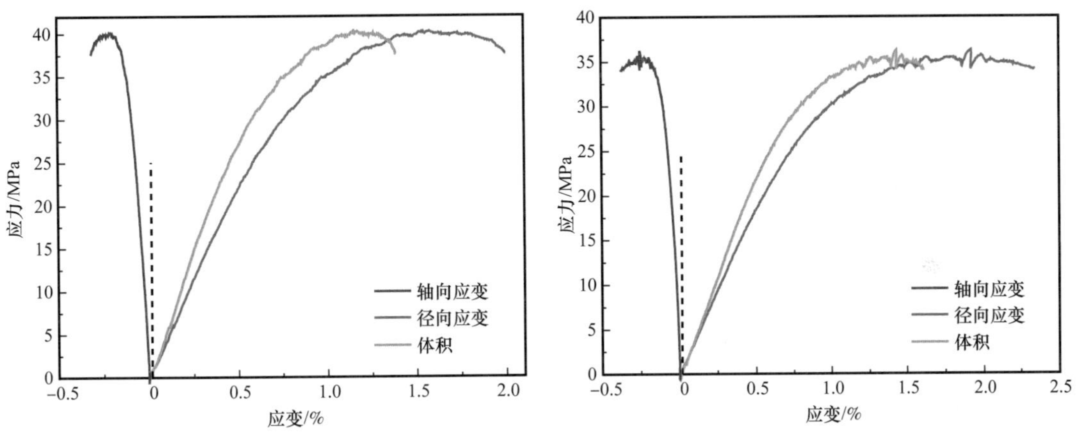

图 6-3-17 三轴力学实验曲线

表 6-3-8 不同水泥浆体系的三轴数据比较

体系	弹性模量 / GPa	弹性模量降低率 /%	体积模量 / GPa	体积模量降低率 /%	抗压强度 / MPa	抗压强度降低率 /%
体系 1 号	5.602	0	2.813	0	42.04	0
体系 2 号	3.73	33.42	1.517	46.07	36.25	13.77

3. 固井配套工艺技术

1）套管居中设计

为了提高顶替效率，需要保证套管的居中度，且套管的居中度要大于 67%。而保证水平井套管居中度的有力手段是合理安放套管扶正器。二级结构水平井固井中选择了长庆固井研制的浮鞋（旋转引鞋）、浮箍、加长胶塞、关井阀、树脂旋流（滚珠）扶正器等特殊工具。

2）浆体结构设计

固井方案采用一次注水泥（双凝水泥浆体系）全井封固固井工艺，尾浆采用弹塑性水泥浆体系（密度 1.90g/cm^3±0.02g/cm^3），返深至油层顶界以上 200m；低密度水泥浆（密度 1.33g/cm^3±0.02g/cm^3）返至井口。

完成 3 口井现场试验，XF11-1、XF3P1、XF3-2 封固段声幅值不大于 10%，固井质量为优质。

第四节　鄂南长 7_3 亚段页岩油储层改造及增效技术

鄂南长 7_3 亚段页岩储层脆性矿物含量低、水平应力差大，形成复杂缝网难度大，且目前常规水基压裂液储层伤害大，不具有增能增效等功能，不适应页岩油储层改造需求。结合目标储层地质特征，开展体积压裂新工艺研究，明确 CO_2 致裂扩展机理，构建了复合压裂裂缝扩展数值模型，研发新型低伤害增效压裂液体系，形成了超临界 CO_2 复合压裂及混合水体积压裂工艺技术。

一、CO_2 复合压裂工艺技术

CO_2 复合压裂技术在页岩油储层压裂改造中具有广阔的应用前景，其充分结合了水力压裂和 CO_2 压裂的优势：既利用水基压裂液实现大规模加砂、造主缝、提高压裂缝网导流能力；同时利用液态 CO_2 造分支缝网、形成多尺度的复杂裂缝，CO_2 溶解降低原油粘度，提高地层能量，最终达到增能增效的目的。

1. CO_2 压裂裂缝扩展机理及复合压裂数值模拟方法

1）CO_2 压裂裂缝扩展机理

在非常规储层的温度和压力条件下，CO_2 一般以超临界状态存在。基于超临界 CO_2 的低黏、易扩散、低表面张力等特殊物理性质，超临界 CO_2 压裂造缝机理主要包括（刘合等，2014；王海柱等，2018；周大伟等，2020）：（1）超临界低黏 CO_2 滤失进入储层，有利于提高孔隙压力、降低有效应力，促进裂缝的起裂扩展；（2）CO_2 容易扩散进入天然裂缝和层理等，促进弱面的剪切激活，提高裂缝复杂程度；（3）CO_2 压裂过程中的压裂液滞后区要显著小于常规水力压裂，能够有效降低裂缝扩展所需的净压力；（4）随着 CO_2 压裂过程中的温度和压力变化，CO_2 发生剧烈的相变，由超临界向气态转变的过程中，气体膨胀也将促进裂缝的扩展行为。另外，低温 CO_2 与储层岩石之间的温度交换诱发附加张应力，也会进一步促进裂缝的起裂和扩展。

室内压裂模拟实验是研究压裂裂缝起裂扩展规律的重要手段之一。在相同的三向应力条件下，CO_2 与水力压裂裂缝形态及破裂压力特征对比如图 6-4-1 所示。

从压后岩样表面的裂缝形态来看，水力压裂后的岩样表面仅有少量的层理开启，裂缝复杂程度相对较低。CO_2 压裂的压后岩样表面压裂缝沟通多条层理，可以观察到明显的压裂缝沿层理面转向、截止、穿过等现象。另外，无论是激活裂缝的面密度还是新生裂缝的面密度，超临界 CO_2 压裂都要高于水力压裂，说明超临界 CO_2 在提高压裂裂缝复杂程度方面具有一定的优势。

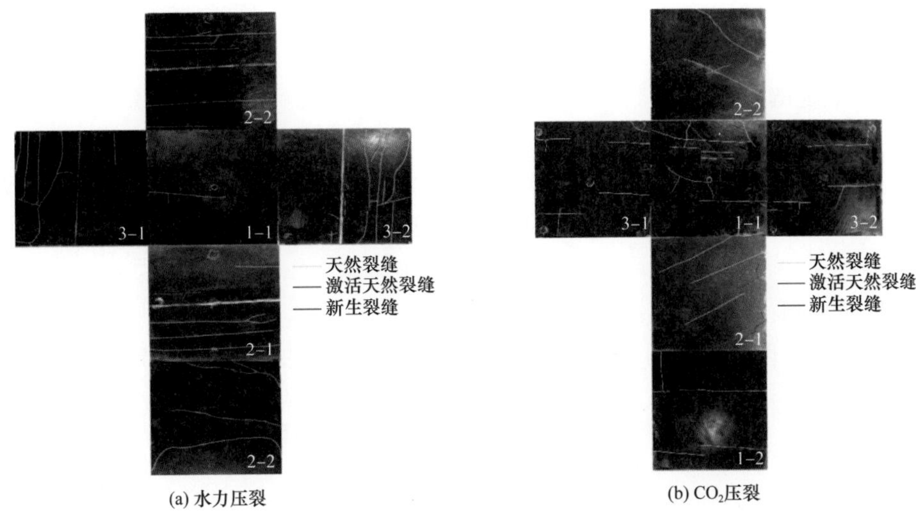

图 6-4-1　水力压裂与 CO_2 压裂裂缝形态对比

2）CO_2 复合压裂数值模拟方法

长 7_3 亚段页岩油储层天然裂缝发育。人工裂缝与天然裂缝之间的相互作用使得压裂裂缝网络的扩展规律十分复杂。建立高效可靠的压裂裂缝扩展数值模拟方法，对于明确复杂裂缝网络的形成机制、指导 CO_2 复合压裂设计参数优化非常重要。目前常用的压裂裂缝扩展数值模拟方法包括有限元法、扩展有限元法、边界元法、离散元法、相场法等。其中，边界元法通过将固体变形方程转化为边界的积分方程，实现了对方程维度的降维，从而大大加快了运算的效率，满足工程应用的需求（Wu 等，2015）。

（1）固体方程：

根据位移不连续基本理论，裂缝单元产生的诱导应力可以表示为

$$\begin{aligned}\sigma_{xx} &= 2GD_x\left[f_{,xy}+yf_{,xyy}\right]+2GD_y\left[f_{,yy}+yf_{,yyy}\right]\\ \sigma_{yy} &= 2GD_x\left[-yf_{,xyy}\right]+2GD_y\left[f_{,yy}+yf_{,yyy}\right]\\ \sigma_{xy} &= 2GD_x\left[f_{,yy}+yf_{,yyy}\right]+2GD_y\left[-yf_{,xyy}\right]\end{aligned} \tag{6-4-1}$$

式中　G——剪切模量；

D_x——切向位移不连续量；

D_y——法向位移不连续量；

$f_{,xy}$、$f_{,xyy}$、$f_{,yy}$、$f_{,yyy}$——分别为各单元应力影响系数。

某一点的总应力为所有裂缝单元在该点产生的诱导应力叠加之和。

（2）流动方程：

假设裂缝内的流动满足泊肃叶定律，即

$$q=-\frac{d^3}{12\mu}\nabla p \tag{6-4-2}$$

式中 q——体积流量；

μ——黏度；

d——裂缝的开度；

p——缝内流体压力。

页岩储层天然裂缝发育，模型中需要预设大量随机分布的天然裂缝。通常天然裂缝的原始渗透率显著高于页岩基质。因此，假设天然裂缝存在初始缝宽，即单元的最小开度。

（3）扩展准则：

基于断裂力学理论，采用最大环向应力准则作为裂缝尖端的扩展判定条件：

$$\frac{1}{2}\cos\frac{\theta_0}{2}\left[K_{\mathrm{I}}\left(1+\cos\theta_0\right)-3K_{\mathrm{II}}\sin\theta_0\right]=K_{\mathrm{IC}} \tag{6-4-3}$$

式中 K_{I}——Ⅰ型应力强度因子；

K_{II}——Ⅱ型应力强度因子；

θ_0——裂缝尖端的扩展方向；

K_{IC}——Ⅰ型临界强度因子。

裂缝尖端的扩展方向满足：

$$K_{\mathrm{I}}\sin\theta+K_{\mathrm{II}}\left(3\cos\theta-1\right)=0 \tag{6-4-4}$$

根据摩尔—库伦准则，其发生剪切破坏时满足：

$$|\tau|\leqslant\mu_{\mathrm{f}}(\sigma_{\mathrm{n}}-p) \tag{6-4-5}$$

式中 τ——闭合裂缝面上承受的剪切应力；

μ_{f}——裂缝面摩擦系数；

σ_{n}——闭合裂缝面上承受的正应力；

p——裂缝内流体压力。

（4）CO_2 物性变化方程：

常用的超临界流体状态方程主要包括 Rdelich–Kwong（RK）方程、RK–Sovae（RKS）方程以及 Peng–Robinson（PR）方程等。其中，RK 方程和 RKS 方程适合偏心因子较小物质的 PVT 性质计算；PR 方程适合偏心因子较大物质的 PVT 性质计算。因此，PR 方程与 RK、RKS 方程相比，更能反映 CO_2 这类非球形度大分子的性质变化规律（王在明，2008）。对于 CO_2 而言，其 PR 状态方程可以表示为

$$p=\frac{8.314T}{V-26.667}-\frac{396306.77\times\left[1+0.707979\left(1-\sqrt{T_{\mathrm{r}}}\right)\right]^2}{V\left(V+26.667\right)+26.667\left(V-26.667\right)} \tag{6-4-6}$$

式中 T、V——分别为 CO_2 的绝对温度和摩尔体积；

T_{r}——对比温度，即绝对温度 T 与临界温度 T_{c} 的比值。

Chung 给出了 CO_2 黏度变化的确定方法，公式如下（里德 RC 等，1994）：

$$\begin{cases} \eta = \dfrac{36.344\eta^{*}\sqrt{MT_{c}}}{\sqrt[3]{V_{c}^{2}}} \\ \eta^{*} = \dfrac{\sqrt{1.2593T_{r}}}{\Omega_{u}}\left\{F_{c}\left[\dfrac{1}{G_{2}} + E_{6}y\right]\right\} + \eta^{**} \\ F_{c} = 1 - 0.2756\omega + 0.059035\mu_{r}^{4} + \kappa \\ y = \dfrac{\rho V_{c}}{6} \\ G_{1} = \dfrac{1-0.5y}{(1-y)^{3}} \\ G_{2} = \dfrac{E_{1}\left[1-\exp(-E_{4}y)\right]/y + E_{2}G_{1}\exp(E_{5}y) - E_{3}G_{1}}{E_{1}E_{4} + E_{2} + E_{3}} \\ \eta^{**} = E_{7}y^{2}G_{2}\exp\left[E_{8} + E_{9}/1.2593T_{r} + E_{10}/(1.2593T_{r})^{2}\right] \\ E_{i} = f_{i}(\omega,\kappa) \qquad i = 1,2,3\cdots,10 \end{cases} \tag{6-4-7}$$

式中 η——流体黏度；

M——摩尔质量；

T_c——二氧化碳临界温度；

V_c——二氧化碳临界体积；

Ω_u——碰撞积分；

μ_r——约化偶极矩；

T_r——对比温度；

ω——偏心因子；

κ——高极性物质的关联因子；

ρ——单位体积摩尔数；

E_i——偏心因子 ω 和关联因子 κ 的函数；

η^{*}、η^{**}、F_c、y、G_1、G_2——中间变量。

基于上述基本方程，即可描述超临界 CO_2 压裂过程中的物性参数变化，进而分析其对裂缝扩展的影响。

3）CO_2 复合压裂裂缝扩展影响因素

对于 CO_2 复合压裂工艺而言，影响复杂裂缝网络扩展形态的因素主要包括水平应力差、地层基质的渗透率、天然裂缝的发育程度和性质、压裂液黏度以及前置 CO_2 的占比等。

（1）水平应力差的影响：

水平应力差对于天然裂缝系统的激活起着至关重要的影响。图 6-4-2 为不同水平应力差条件下，采用滑溜水压裂和 CO_2 压裂时的裂缝扩展形态模拟结果（地层渗透率为 0.04mD）。在较小的水平应力差（≤5MPa）条件下，滑溜水压裂可以开启多条天然裂缝，随着水平应力差的进一步增加，地应力限制作用更加显著，压裂形成沿水平最大主应力方向的单一裂缝。采用 CO_2 压裂时，由于 CO_2 的低黏和易扩散特性，更加容易滤失进入天然裂缝，有利于天然裂缝的激活。在相同的水平应力差条件下，相比滑溜水压裂，CO_2 压裂裂缝复杂程度有了明显提高。即使在更大的水平应力差（7.5MPa）条件下，CO_2 压裂仍能形成多条分支裂缝。

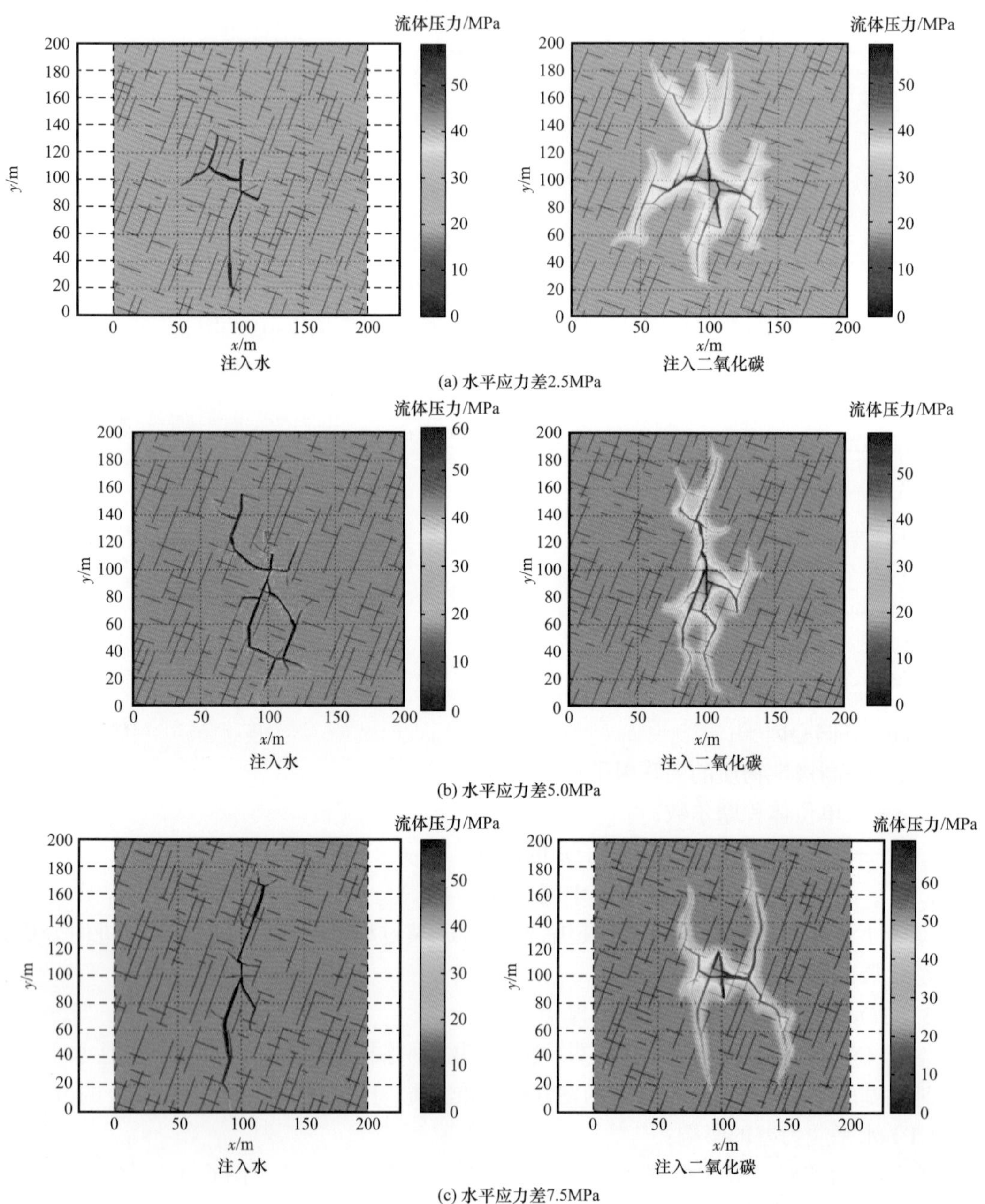

图 6-4-2 水平应力差对裂缝形态的影响

（2）地层渗透率：

CO_2 的滤失程度与地层岩石的渗透率密切相关。在水平应力差为 5MPa 条件下，不同地层基质渗透率对裂缝扩展形态的影响如图 6–4–3 所示。地层渗透率为 0.02mD 时，CO_2 向裂缝面附近的基质中的滤失作用较弱、影响范围较小。此时，CO_2 可以沿主裂缝向远井传播，开启裂缝远端的天然裂缝。而在地层渗透率为 0.08mD 时，CO_2 向基质中的滤失量增加，近井可以观察到明显的高压区域。近井的天然裂缝开启明显，远端天然裂缝开启受到限制。

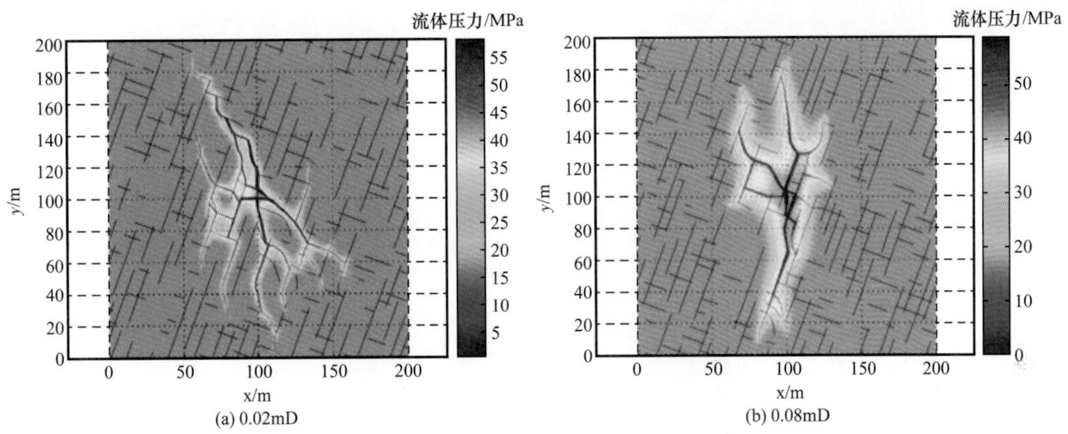

图 6–4–3　地层渗透性对裂缝形态的影响

（3）天然裂缝发育程度的影响：

不同天然裂缝发育程度下，超临界 CO_2 压裂裂缝扩展形态模拟结果如图 6–4–4 所示。模拟结果表明：在超临界 CO_2 压裂相同时间下，天然裂缝的发育对于缝网形成的影响较为明显。首先，人工裂缝开启层理后沿层理转向，提高了人工裂缝遭遇天然裂缝的几率。随着层理之间天然裂缝发育程度的增加，大幅度提高了人工裂缝开启天然裂缝和层理的数量。因此，天然裂缝发育为形成密集的裂缝网络创造了优良的先天条件。

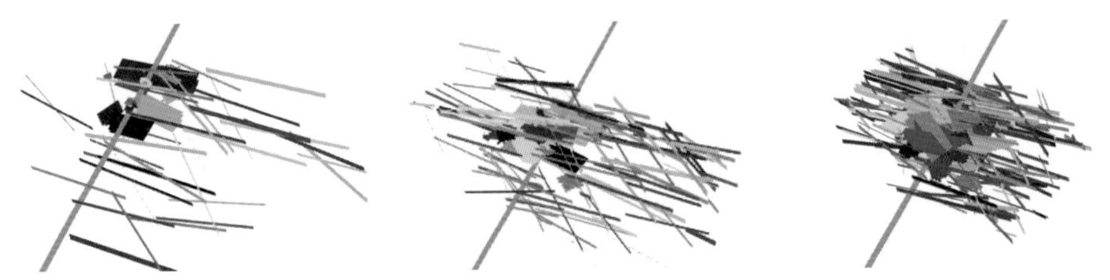

图 6–4–4　不同天然裂缝发育程度下裂缝扩展形态对比

（4）复合压裂中前置 CO_2 比例的影响：

不同前置 CO_2 比例下的裂缝扩展模拟结果如图 6–4–5 所示。前置 CO_2 的比例较低（≤40%）时，仅有近井的少量天然裂缝被激活，裂缝形态相对简单，压裂裂缝的总长度较短。由于 CO_2 滤失导致的高压区主要分布在近井较小范围内，但此时有利于发挥水力压裂扩展缝宽的优势，裂缝开度较大。随着前置 CO_2 的比例升高，开启的天然裂缝数量

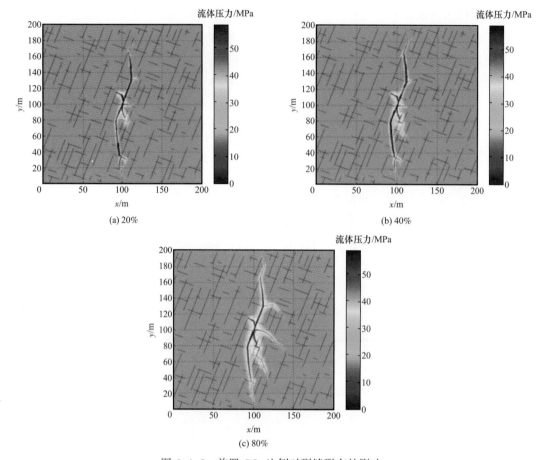

(a) 20%

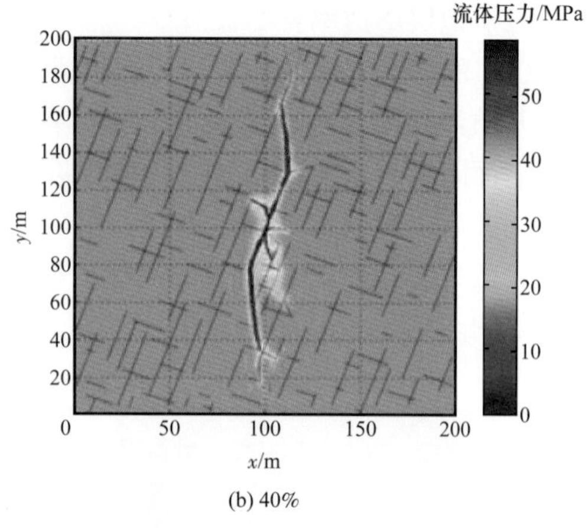

(b) 40%

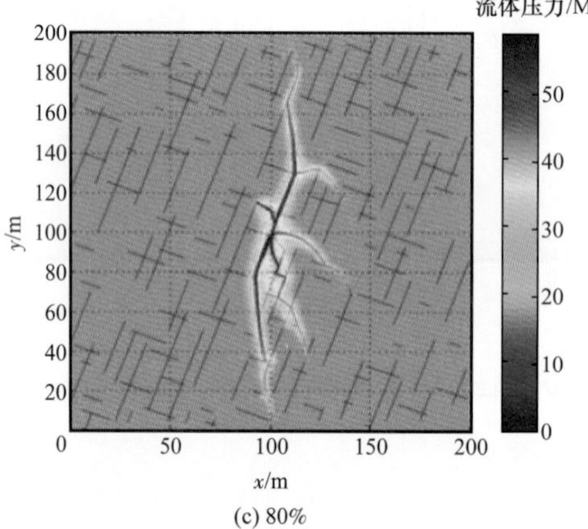

(c) 80%

图 6-4-5　前置 CO_2 比例对裂缝形态的影响

增多，分支裂缝的数量也明显增加，裂缝附近的岩石基质中也表现出明显的流体压力升高，但是压裂裂缝的平均缝宽显著降低。

2. CO_2 复合压裂设计参数优化

根据泾河 66 井长 7_3 亚段页岩油目的层特点，分别开展裂缝半长与导流能力、压裂液排量与用量以及焖井时间优化模拟。

1）排量与用量优化

针对彬长地区储层特征，分别对不同排量和用量条件下的 CO_2 复合压裂进行了模拟。通过统计压裂裂缝的累计表面积和缝网的包络体积定量表征改造效果，从而优选施工排量和用量，结果如图 6-4-6 和图 6-4-7 所示。从图中可以看出，压裂裂缝累计表面积和 SRV 会随着注入排量的增加，呈现先增加后降低的趋势。对于鄂南彬长地区而言，施工排量以 5～6m^3/min 为最佳，复合压裂体系中 CO_2 用量以 300m^3 左右为宜。

2）焖井时间优化

CO_2 复合压裂过程中，为了使 CO_2 充分溶解于原油，起到良好的置换、降黏、萃取

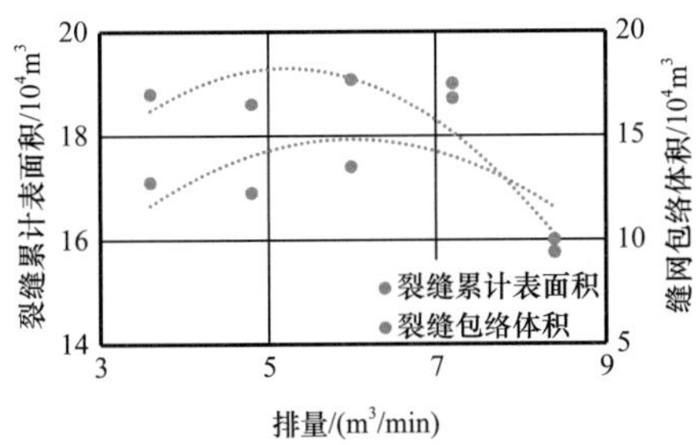

图 6-4-6　不同排量形成的裂缝体积大小

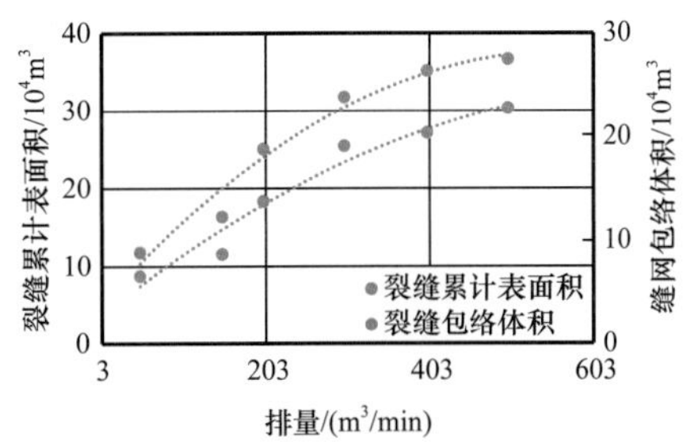

图 6-4-7　不同施工规模形成的裂缝体积大小

和增能效果，需要对压裂后的焖井时间进行优化。以泾河 66 井储层及原油物性参数为基础，建立产能模型，对不同焖井时间后的产油情况进行模拟，结果如图 6-4-8 所示。

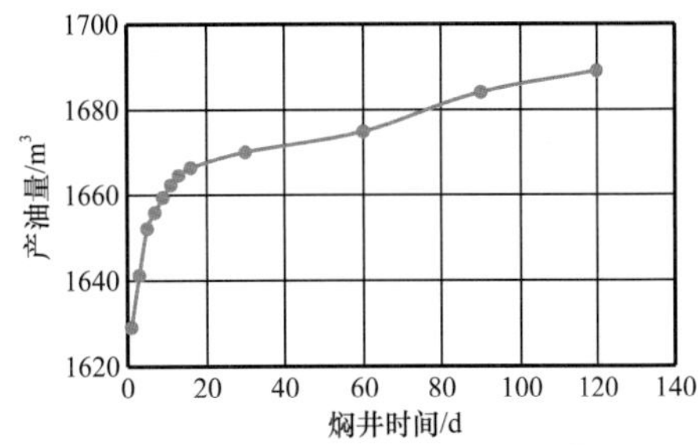

图 6-4-8　不同焖井时间下的一年累计产油量变化

焖井时间越长，生产一年的累计产油量逐渐增加。但是，当焖井时间超过 10 天以后，累计产油的增加幅度开始明显降低。在焖井时间为 3 天时，累计产油的增长幅度最大，焖井增能效果最为显著；焖井时间超过 20 天后，累计产油的增长点幅度显著降低。在综合考虑累计产油量和增油幅度变化的情况下，优化泾河 66 井最佳焖井时间为 7～20 天。

3. CO_2 复合压裂现场试验

1）泾河 66 井基本概况

泾河 66 井长 7_3 亚段页岩油层系主要由下部 4.8m 凝灰岩和上部 12m 页岩组成，其中凝灰岩为主要改造层，具有层薄、天然裂缝和层理缝发育、基质渗透率极低、地层压力系数低、低温、原油黏度高的特点。泾河 66 井进行 CO_2 复合压裂的目的在于评价长 7_3 亚段页岩油层系单井产能、落实层系储量，同时试验 CO_2 复合压裂工艺在长 7_3 亚段页岩油层系适应性。

2）压裂设计与现场施工

本井于 2019 年 8 月 16 日施工，破裂压力 27.3MPa，施工压力 10.73～32.0MPa，停泵压力 10.73MPa，施工排量 1.0～5.0m^3/min，砂量 39.6m^3，CO_2 液量 200m^3，水基压裂液液量 355.5m^3，并顺利完成顶替。通过压裂施工曲线拟合确定的主裂缝参数为半缝长 268.7m，缝高 44.32m，形成带宽约 240m 的网状裂缝（图 6-4-9、图 6-4-10）。

3）压裂改造效果评价

泾河 66 井于 8 月 16 日—21 日焖井，期间井口压力由 10.73MPa 下降至 5.4MPa，表明压力已有效扩散。本井于 8 月 22 日（即压后 5 日）开井自喷，初期日产液峰值达到 23.5m^3。

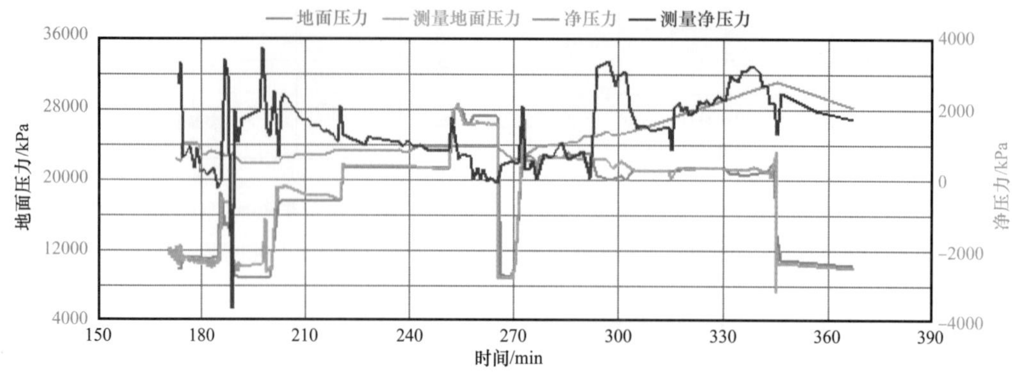

图 6-4-9 泾河 66 井压裂裂缝拟合结果

(a) 应力　(b) 缝宽剖面图　(c) 缝宽轮廓

(d) 裂缝网络(缝宽)

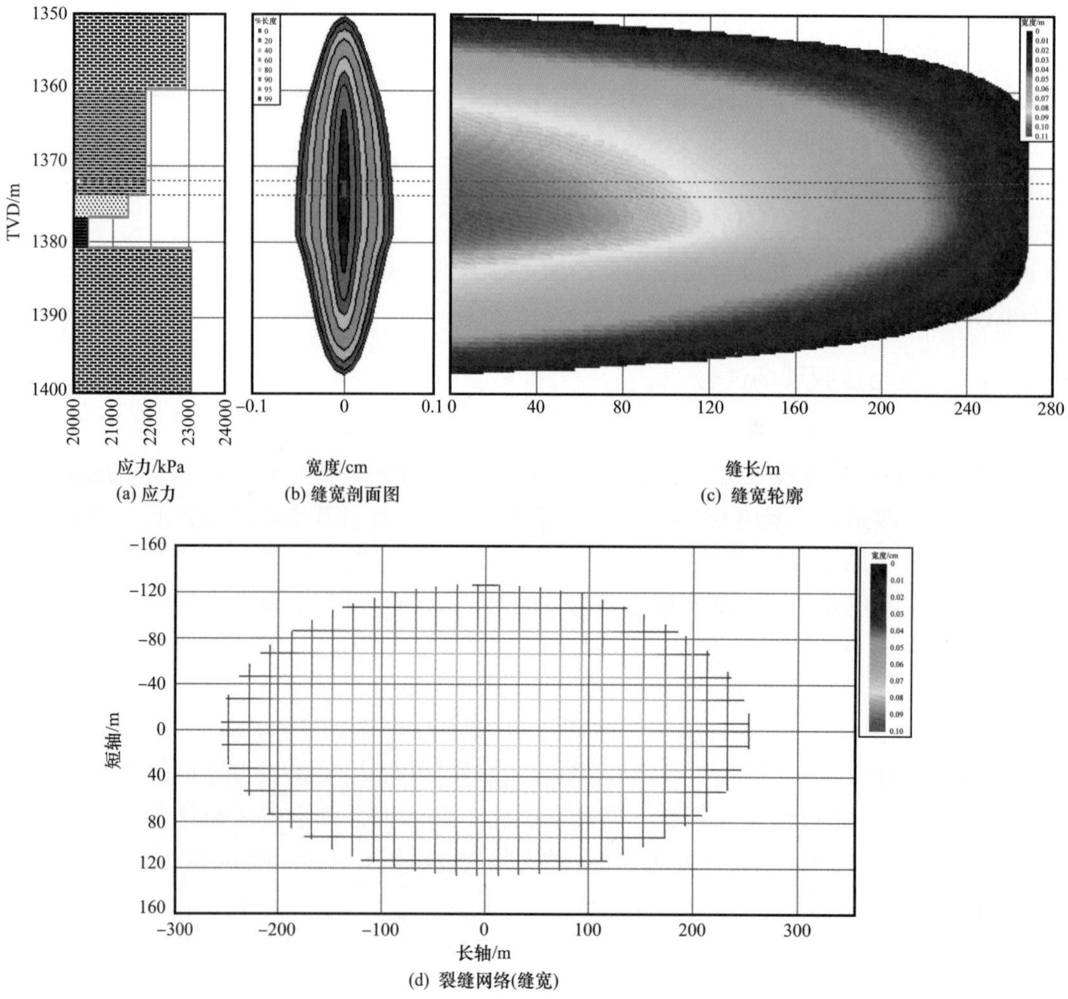

图 6-4-10 泾河 66 井压裂裂缝拟合结果

二、混合水体积压裂工艺技术

1. 混合水体积压裂增产机理

（1）改变渗流机理，提高储层整体渗流能力。常规压裂形成单一的人工裂缝，主要以裂缝渗流为主；体积压裂是根据“岩石脆性、天然微裂缝、地应力分布”等特征，采用“大排量、大液量”的技术方法将储层压碎，形成人造渗透率，充分发挥基质渗流，提高储层整体渗流能力。（2）扩大接触体积，增加储层有效动用能力。体积压裂可以形成复杂缝网，扩大了与储层的接触体积，裂缝控制储量加大。（3）增加裂缝的有效支撑体积。排量越大，在同样的地层条件下，可以将支撑剂输送的更远，延长裂缝的有效支撑体积。

2. 混合水压裂施工参数优化

1）混合水压裂裂缝参数优化

影响裂缝形态的主要因素为液量、排量和前置液比例，随着排量和液量的增加缝高将快速增加，为了维持较大缝长而又不至缝高太大，优化裂缝半长为 200～220m，对应条件下缝网 SRV 为（1.0～1.2）$\times 10^6 m^3$。

2）施工参数优化

（1）排量优化：

① 恒定排量下随着排量的增加，缝高和 SRV 不断增加，8m^3/min 时缝长达到极大值。8m^3/min 时既能保持最大缝长和较大 SRV，同时又能保证缝高不会过度延伸。② 组合排量下若前置液排量相同，缝长随携砂液排量增加而增加，缝高随前置液排量增加而增加；若较高前置液排量，携砂液排量对缝高的影响逐渐变小，缝网 SRV 随携砂液排量增加而增加。从前置液采用大排量造复杂缝网，适度控制缝高，并保障获得较大 SRV 的角度考虑，选择采用恒定 6m^3/min 排量注入（图 6-4-11 至图 6-4-14）。

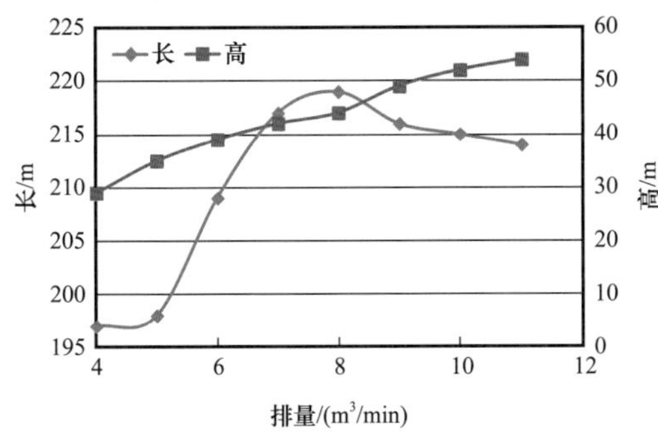

图 6-4-11 排量对缝高、缝长的影响趋势图

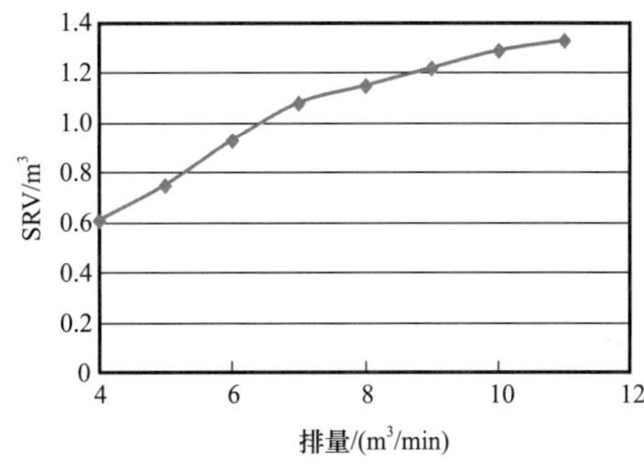

图 6-4-12 排量对 SRV 的影响趋势图

（2）黏度优化：

根据地质研究成果和地应力大小测试结果，为了保障裂缝在横向上的沟通距离，必须采取高、低黏组合方式。同时，根据不同前置低黏液用量对压裂水力缝长和支撑缝长

的影响分析来看：前置低黏液体比例在小于 50% 时，水力缝长与支撑缝长基本相当，反应裂缝造缝效率不好；而当前置低黏液比例大于 60% 后，增加低黏液比例对压裂裂缝影响不明显。因此优化低黏液与高黏液比例为 5∶5～6∶4（图 6–4–15、图 6–4–16）。

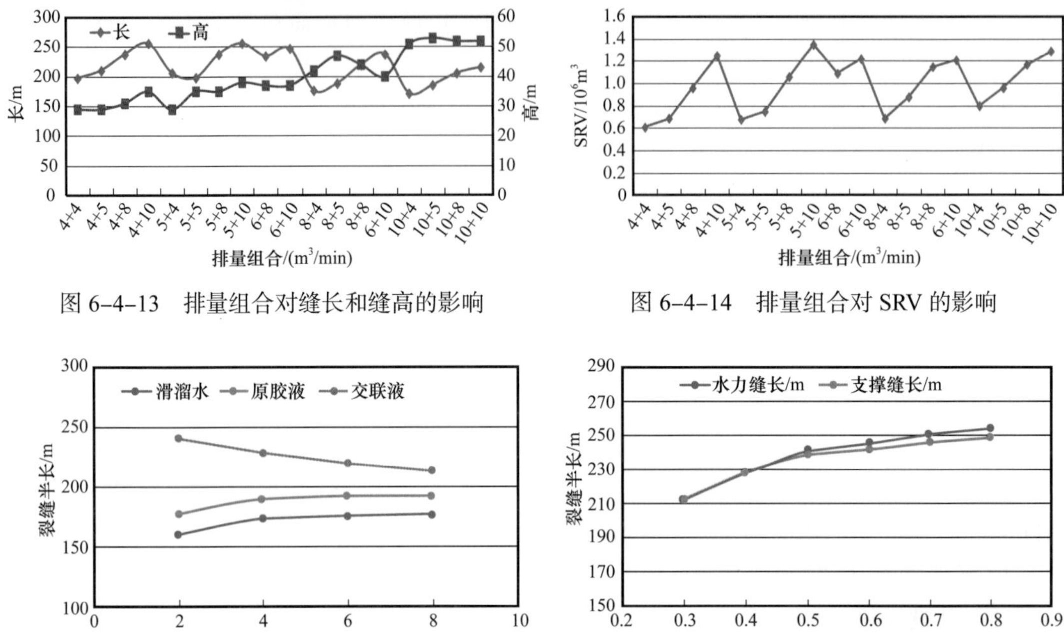

图 6–4–13　排量组合对缝长和缝高的影响

图 6–4–14　排量组合对 SRV 的影响

图 6–4–15　不同液体类型、不同排量缝长变化特征

图 6–4–16　低黏液体比例对压裂缝长的影响

（3）液量优化：

随液量增加，缝长、缝高和改造体积（SRV）不断增加，液量超过 700m³ 之后缝高控制难度更大。为了有效控制缝高，并保证较大 SRV，优化液量为 501～700m³（图 6–4–17、图 6–4–18）。

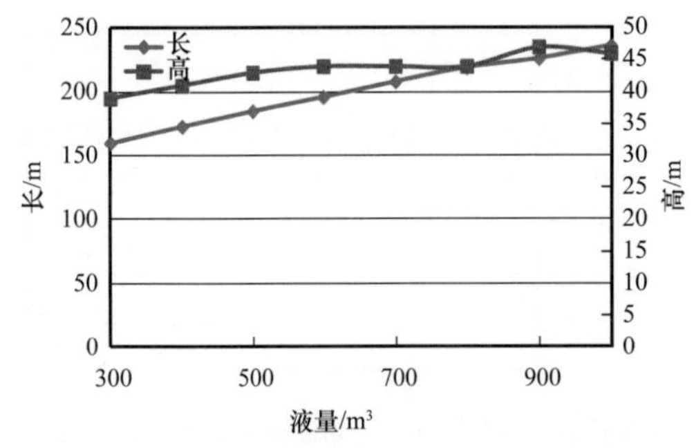

图 6–4–17　液量对缝高、缝长的影响趋势图

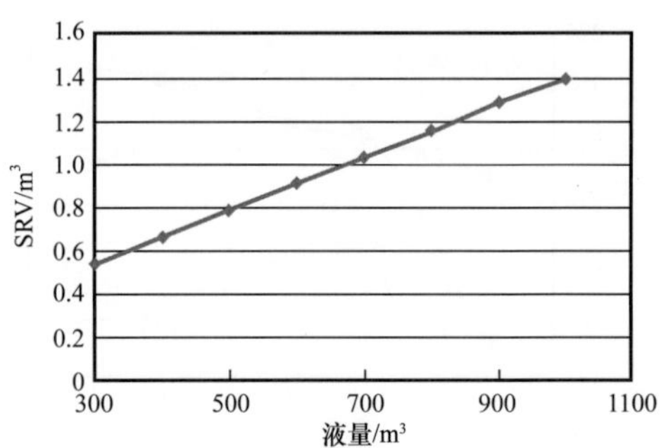

图 6–4–18　液量对 SRV 的影响趋势图

（4）前置液比例优化：

随着前置液（低黏度液体）比例的增加，缝长和 SRV 均不断增加，缝高则大幅度减小。前置液比例为 60% 时，缝高处于较低水平，缝长较长并具有较大 SRV，因此，优化前置液比例为 50%～60%（图 6–4–19、图 6–4–20）。

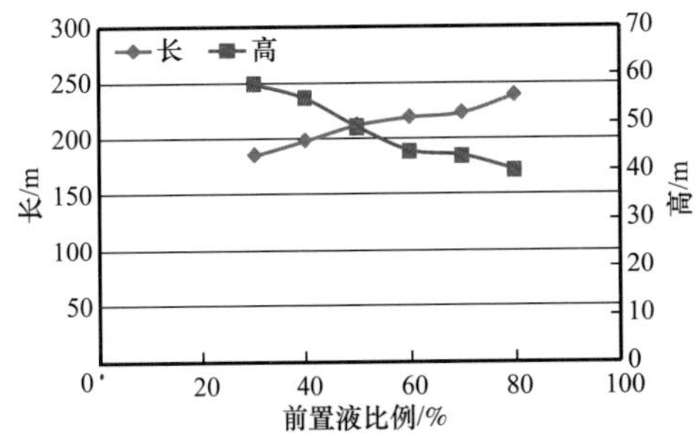

图 6-4-19　前置液比例对缝高、缝长的影响趋势图

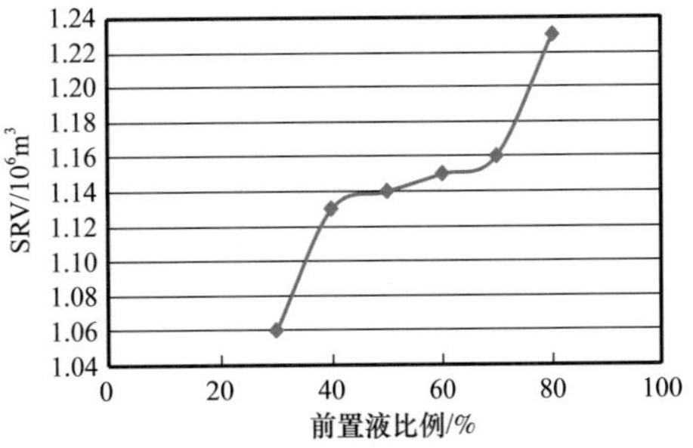

图 6-4-20　前置液比例对 SRV 的影响趋势图

（5）支撑剂优化：

模拟发现，砂量和砂比对缝网尺寸的影响极小。主缝导流能力随砂比（砂量）增加而近似线性增加，砂比（砂量）对缝网导流能力影响相对较小，缝网导流能力随砂比（砂量）增加的幅度逐渐减小，砂比超过 18% 后缝网导流能力增加幅度大幅降低。为保证足够导流能力，又可降低砂堵风险，优化砂比为 16～20%（图 6-4-21）。

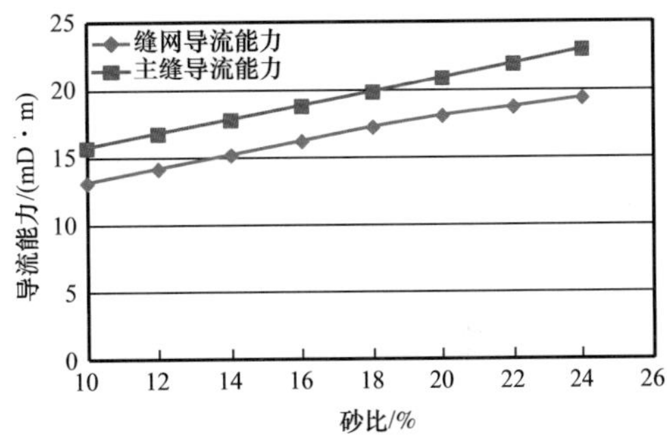

图 6-4-21　砂比对导流能力的影响趋势图

（6）施工参数优化结果：

综合上述优化结果，获得目标储层混合水压裂参数见表 6-4-1。

表 6-4-1　混合水压裂参数优化结果表

排量 / m^3/min	黏度 / mPa · s	液量 / m^3	前置液比例 / %	砂比 / %	41～70 目占比 / %
6	10+100	501～700	51～60	16～20	12

3. 低伤害混合水压裂液体系研究

针对鄂南长 7 段页岩油储层混合水大规模体积压裂，需要采用低黏压裂液造缝、高黏压裂液携砂，优化瓜尔胶压裂液配方，降低大量压裂液进入储层造成的伤害；同时针对大规模体积压裂现场配液困难，瓜尔胶压裂液易变质的特点，开展一体化可变黏压裂液体系研究，并从微观结构分析两类压裂液对储层伤害特征。

1）瓜尔胶压裂液体系

针对鄂南长 7 段页岩油储层埋藏较浅、温度较低的特点，优选低温有机硼强交联剂，降低稠化剂浓度。页岩储层中黏土矿物含量较高，为防止黏土的运移和膨胀需加入防膨剂；考虑压裂过程中外界流体进入储层，易造成乳化伤害和水相滞留引起的水相圈闭伤害，因此加入破乳助排剂和防水锁剂，同时考虑助剂间的配伍性。储层埋深较浅、温度低，加入低温破胶激活剂降低氧化反应活化能，提高低温下（50℃）的破胶效果，降低残渣伤害和压裂液成本；同时根据储层物性和黏土矿物特征优化助剂，降低滤液对储层

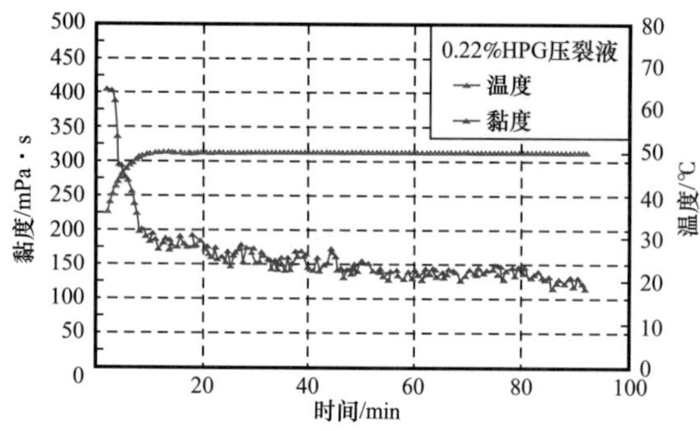

图 6-4-22 0.22%HPG 压裂液流变图（$170s^{-1}$、50℃、90min）

伤害（图 6-4-22）。

根据储层特征与压裂施工需求，优选防膨剂、助排剂、防水锁剂、交联剂、破胶剂等添加剂类型和比例，优化形成压裂液配方。室内实验证明，50℃，破胶剂 APS 加量在 0.02%～0.07% 之间，破胶时间在 0.5～12h 之间可调，破胶后残渣含量为 198mg/L，破胶液表面张力为 27.53mN/m，界面张力为 0.86mN/m，破胶液接触角为 57.3°。

瓜尔胶作为滑溜水使用中加量为 0.15% 时，降阻率可达 68%，具有优良的降阻性能，能够满足混合水体积压裂低黏液造缝、高黏液携砂的要求。此外，选择低聚物作为降阻剂与瓜尔胶压裂液配合使用，形成新的混合水压裂液体系，0.08% 降阻剂加量下降阻率可达 72%（图 6-4-23、图 6-4-24）。

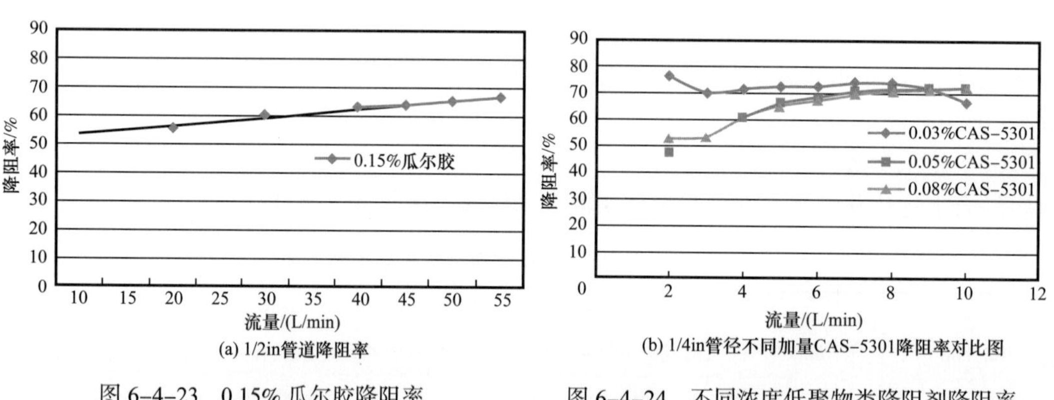

图 6-4-23 0.15% 瓜尔胶降阻率（相对清水）

图 6-4-24 不同浓度低聚物类降阻剂降阻率（相对清水）

2）瓜尔胶、聚丙烯酰胺类混合水压裂液体系微观伤害对比

压裂液稠化剂一般分为聚丙烯酰胺类高分子、植物胶类，高分子稠化剂加量少，低浓度加量下降阻性能好，但高分子化合物难降解，对储层孔隙存在潜在的伤害；植物胶类压裂液已被细菌分解、变质，不利于大规模水平井施工过程中异常情况的处理。本节选择一种聚丙烯酰胺类高分子混合水压裂液体系与瓜尔胶压裂液进行微观伤害对比。

选择聚合物分子量约为 200×10^4g/mol 的改性聚丙烯酰胺稠化剂，调整降阻剂浓度（0.03%～2%），实现滑溜水低黏（3～10mPa·s）、中黏（10～40mPa·s）、高黏（>40mPa·s）实时变化，低黏液作为降阻剂，高黏液与有机锆交联剂交联满足携砂要求。压裂液基液黏度为 35.2mPa·s，交联时间 30～50s，在 $170s^{-1}$、50℃条件下剪切 120min，剩余黏度为 120mPa·s，50℃时，APS 加量为 0.4% 时，破胶时间为 135min，破胶液黏度为 3.8mPa·s，表面张力为 22.32mN/m，界面张力为 0.4mN/m，残渣含量 100mg/L，岩心伤害率为 19.12%，滑溜水降阻率可达 75.5%。

长 7 段页岩岩心采用以上两类压裂液破胶液动态循环损害 2h 后，将实验之后的岩样端面切面，烘干 24h 后，进行 SEM 观测。聚合物体系破胶液损害模式与瓜尔胶体系存在显著差异，聚合物体系以纤维状附着物为主，瓜尔胶体系以残渣堵塞为主；聚合物体系降低损害的关键在于更为彻底的破胶，瓜尔胶体系则在于降低体系本身的残渣含量（图 6-4-25、图 6-4-26）。

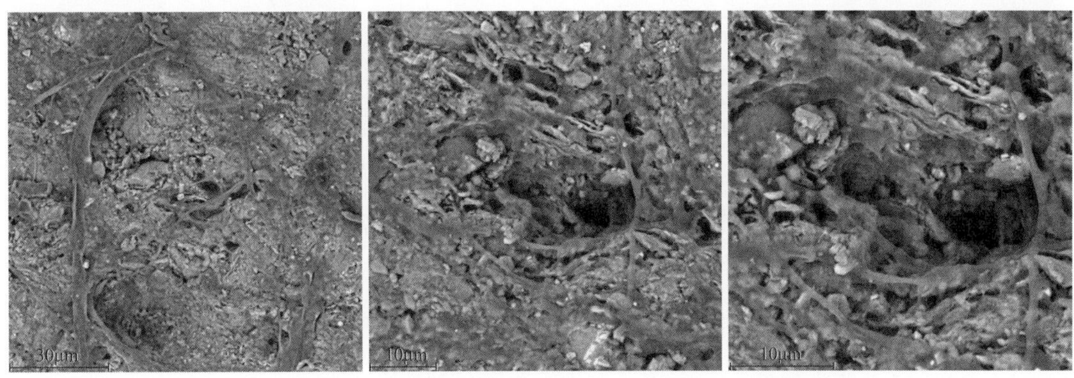

图 6-4-25　破胶液（改性聚丙烯酰胺）损害后岩样 SEM 图片

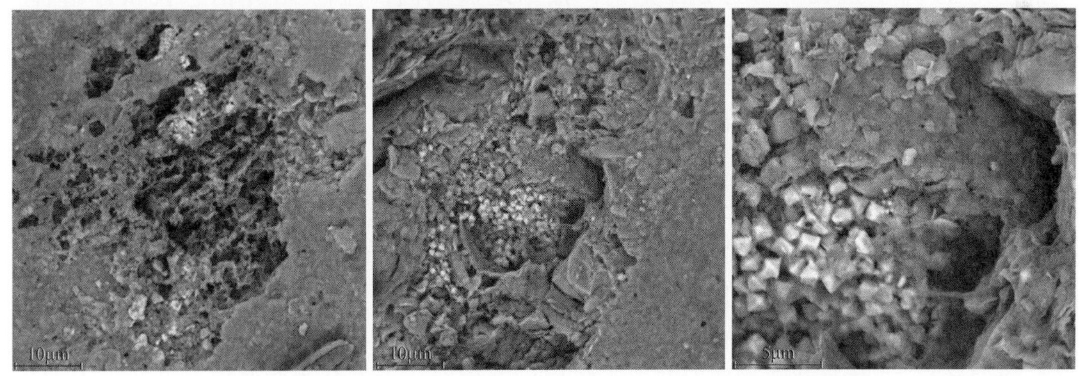

图 6-4-26　破胶液（羟丙基瓜尔胶）损害后岩样 SEM 图片

在滑溜水破胶液动态循环损害 2h 后，将试验之后的岩样端面切面，烘干 24h 后，进行 SEM 观测，实验结果如图 6-4-27、图 6-4-28 所示。

图 6-4-27　破胶液（滑溜水）损害后岩样 SEM 图片

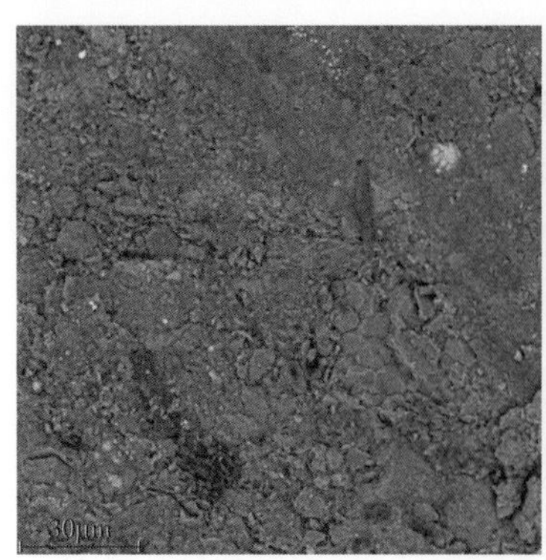

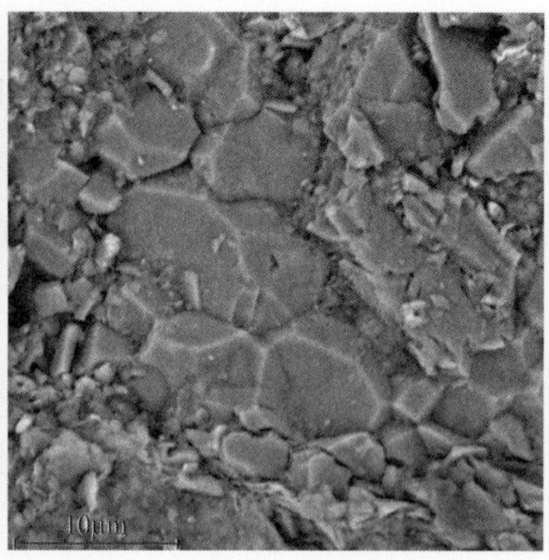

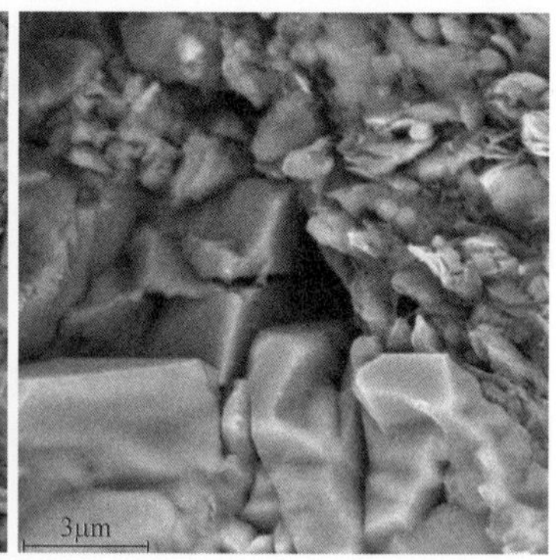

图 6-4-28 清水 + 防膨剂损害后岩样 SEM 图片

改性聚丙烯酰胺降阻剂体系能彻底破胶，破胶后残渣含量少，无膜状残留物，储层伤害程度低，有利于保护页岩基块孔隙和裂缝通道流动能力。

4. 泾河 55 井混合水体积现场试验

1）泾河 55 井基本概况

泾河 55 井于 2012 年 6 月 2 日完钻，根据地震剖面，泾河 55 井钻遇长 8_1 断缝体，2012 年 8 月 18 日对长 8_1 层射孔投产，射孔位置 1498.5～1501.0m，初期日产液 10.07t，日产油 9.47t，含水率 6%。至 2019 年 11 月该井日产液 18.3t，日产油 1.6t，含水率 91%，累计产液 22651t、累计产油 8638t。

根据录井、测井资料，JH55 井长 7_1 油层砂体厚度约 11m，测井解释孔隙度为 13.4%，渗透率 0.67mD，含油饱和度 50.2%，解释为油层。目的层长 7_1 油层砂体发育，上覆较纯的泥岩，厚度大于 12m，遮挡效果较好，下伏 8m 左右砂质泥岩和泥岩，遮挡效果一般，下部发育 9m 厚度砂岩，测井解释为油水同层。

2）压裂设计与现场施工

根据泾河 55 井测井解释情况及上下隔层发育情况，为充分改造储层，设计采用大规模 + 缝内暂堵混合水体积压裂工艺。前置液阶段先注入低黏线性胶，再注入高黏度交联瓜尔胶压裂液，在延伸主裂缝的同时，沟通天然裂缝，形成以主裂缝向四周扩展的网络裂缝系统，扩大改造体积；同时采用缝内暂堵工艺，迫使裂缝转向，进一步扩大改造体积。设计排量 3.0～4.5m^3/min，施工液量 575.5m^3，其中前置液 370m^3，比例 65.5%，加砂 78.5m^3，平均砂比 26.4%。采用刚级 N80 直径 $2^7/_8$in+ 封隔器压裂，KQ65-70 型压裂井口。

2020 年 4 月 20 日对泾河 55 井长 7_1 亚段压裂，射孔位置 1398～1402m。施工入井总液量 612.6m^3，停泵压力 10.4MPa。

3）压裂改造效果评价

压裂完成后关井 60min，开井放喷，排液 32m^3 见油花，24h 排液 73m^3，含水率 86%，含油率 14%。累计排液 202m^3 后起出压裂管柱更换生产管柱。

2020 年 5 月 5 日，日产液量 13.89t，日产油 10.28t，产量相对稳定，含水率 26%。至 2020 年 12 月 31 日，日产油 6.63t，日产液 8.58t，含水率 22.73%，累计产油 1809.38t。

参考文献

曹冰，杜学斌，陆永潮，等，2019. 等时格架下陆相页岩多尺度岩相精细识别及控制因素分析——以渤海湾盆地东营凹陷为例［J］. 石油实验地质，42（5）：752–761.

曹杰，邱正松，徐加放，等，2012. 有机土研究进展［J］. 钻井液与完井液，29（3）：81–84.

陈安明，张辉，宋占伟，2012. 页岩气水平井钻完井关键技术分析［J］. 石油天然气学报，34（11）：98–103.

陈波，肖秋苟，曹卫生，等，2007. 江汉盆地潜江组与沙市组盐间非砂岩油气藏勘探潜力对比［J］. 石油勘探与开发（2）：190–196.

陈大钧，陈波，杜紫诚，等，2015. 中高温自生酸 ZS–1 室内评价［J］. 应用化工，44（1）：192–194.

陈美玲，潘仁芳，潘进，2014. 黄河口地区中深层超压成因机制及分布规律研究［J］. 石油天然气学报，36（7）：8–11.

陈美玲，潘仁芳，张超谟，等，2016. 济阳拗陷沙河街组页岩与美国 Bakken 组页岩储层“甜点”特征对比［J］. 成都理工大学学报（自然科学版），43（04）：438–446.

陈世悦，张顺，王永诗，等，2016. 渤海湾盆地东营凹陷古近系细粒沉积岩岩相类型及储集层特征［J］. 石油勘探与开发，43（2）：198–208

陈树杰，赵薇，2010. 江汉盆地潜江凹陷盐间泥质白云岩油藏储层物性特征探讨［J］. 长江大学学报（自然科学版）理工卷，7（1）：168–70.

陈作，薛承瑾，蒋廷学，等，2010. 页岩气井体积压裂技术在我国的应用建议［J］. 天然气工业，30（10）：31–32.

戴金星，1999. 我国天然气资源及其前景［J］. 天然气工业，19（1）：3–6.

邓远，陈世悦，蒲秀刚，等，2020. 渤海湾盆地沧东凹陷孔店组二段细粒沉积岩形成机理与环境演化［J］. 石油与天然气地质，41（4）：811–830.

董大忠，程克明，王世谦，等，2009. 页岩气资源评价方法及其在四川盆地的应用［J］. 天然气工业，29（5）：33–39.

杜学斌，刘辉，刘惠民，等，2016. 细粒沉积物层序地层划分方法初探：以东营凹陷樊页 1 井沙三下—沙四上亚段泥页岩为例［J］. 地质科技情报，35（4）：1–11.

樊洪海，2003. 测井资料检测地层孔隙压力传统方法讨论［J］. 石油勘探与开发，30（4）：72–74.

方正伟，张守鹏，刘惠民，等，2019. 济阳坳陷沙四段上亚段—沙三段下亚段泥页岩层理结构特征及储集性控制因素［J］. 油气地质与采收率，25（7）：101–108.

方志雄，2002. 潜江盐湖盆地盐间沉积的石油地质特征［J］. 沉积学报，20（4）：608–13，620.

高秋菊，谭明友，张营革，等，2019. 陆相页岩油“甜点”井震联合定量评价技术——以济阳坳陷罗家地区沙三段下亚段为例［J］. 油气地质与采收率，26（1）：165–173.

葛洪魁，1994. 水平井井身结构设计探讨［J］. 石油钻探技术，22（2）：1–4.

葛瑞 . 马沃可，塔潘·木克基，杰克·德沃金，2008. 岩石物理手册：孔隙介质中地震分析工具［M］. 合肥：中国科学技术大学出版社 .

顾军，2001. 调整井防窜水泥浆体系的优选与实践［J］. 油田化学，22（4）：34–36.

何开平，张良万，张正禄，等，2002. 盐膏层蠕变黏弹性流体模型及有限元分析［J］. 石油学报，23（3）：102–106.

和传建，徐明，肖海东，2004. 高密度冲洗隔离液的研究［J］. 钻井液与完井液，21（5）：21–23+28+70–71.

霍志周，刘喜武，刘宇巍，等，2018. 基于计算岩石物理方法的页岩储层弹性参数提取［J］. 地球物理学报，61（7）：3019–3027.

姜向东，周体秋，陈延明，1999. XP 隔离液的研究与应用［J］. 西部探矿工程（4）：63–64.
姜在兴，张文昭，梁超，等，2014. 页岩油储层基本特征及评价要素［J］. 石油学报，35（1）：184–196.
蒋启贵，黎茂稳，钱门辉，等，2016. 不同赋存状态页岩油定量表征技术与应用研究［J］. 石油实验地质，38（6）：842–49.
柯小平，覃建雄，李余生，等，2009. 江汉盐湖盆地盐间白云岩特征及成因分析［J］. 沉积与特提斯地质，29（3）：1–08.
郎兆新，张丽华，程林松，1994. 压裂水平井产能研究［J］. 石油大学学报（自然科学版），18（2）：43–46.
雷鑫宇，陈大钧，李小可，等，2013. 油井水泥缓释自修复技术研究［J］. 钻井液与完井液，30（5）：60–62.
李春梅，何可，2001. 江汉盐湖盆地盐间非砂岩储层特征及储层类型［J］. 江汉石油学院学报（3）：6–09.
李春梅，蒲秀刚，2005. 盐间非砂岩特殊油藏成藏机制与模式研究［J］. 石油天然气学报（江汉石油学院学报）（2）：149–53.
李建成，杨鹏，关键，等，2014. 新型全油基钻井液体系［J］. 石油勘探与开发，41（4）：490–496.
李钜源，2013. 东营凹陷泥页岩矿物组成及脆度分析［J］. 沉积学报，31（4）：616–620.
李军，路菁，李争，等，2014. 页岩气储层“四孔隙”模型建立及测井定量表征方法［J］. 石油与天然气地质，35（2）：266–271.
李乐，姚光庆，刘永河，等，2015. 塘沽地区沙河街组下部含云质泥岩主微量元素［J］. 地球科学：中国地质大学学报，40（9）：1480–1496.
李乐，姚光庆，刘永河，等，2015. 塘沽地区沙河街组下部含云质泥岩主微量元素地球化学特征及地质意义［J］. 地球科学（中国地质大学学报），40（9）：1480–1496.
李山生，2013. 博兴洼陷地层孔隙压力测井评价研究［J］. 测井技术，37（2）：169–172.
李绍晨，2013. 遇水膨胀水泥浆体系的研究与应用［J］. 钻井液与完井液，30（3）：67–69.
李时涛，王宣龙，项建新，2004. 泥岩裂缝储层测井解释方法研究［J］. 特种油气藏，11（6）：12–15.
李想，2015. 非常规油气藏模拟器 UNCONG 的设计、开发及应用［D］. 北京：北京大学.
李志明，钱门辉，黎茂稳，等，2017. 中—低成熟湖相富有机质泥页岩含油性及赋存形式——以渤海湾盆地渤南洼陷罗 63 井和义 21 井沙河街组一段为例［J］. 石油与天然气地质，38（3）：448–456.
里德 R C，普劳斯尼茨 J M，等，1994. 气体和液体性质［M］. 李芝芬，杨怡生，译. 北京：石油工业出版社.
林元华，曾德智，施太和，等，2005. 岩盐层蠕变规律的反演方法研究［J］. 石油学报，26（5）：115–118.
刘崇建，黄柏宗，等，2001. 油气井注水泥理论与应用［M］. 北京：石油工业出版社.
刘东青，周仕明，1999. SMS 抗盐高效隔离前置液的研制与应用［J］. 石油钻探技术（5）：44–46.
刘合，王峰，张劲，等，2014. 二氧化碳干法压裂技术——应用现状与发展趋势［J］. 石油勘探与开发，41（4）：466–472.
刘洪林，王莉，王红岩，等，2009. 中国页岩气勘探开发适用技术探讨［J］. 油气井测试 18（4）：68–71.
刘惠民，孙善勇，操应长，等，2017. 东营凹陷沙三段下亚段细粒沉积岩岩相特征及其分布模式［J］. 油气地质与采收率，24（1）：1–10.
刘惠民，于炳松，谢忠怀，等，2018. 陆相湖盆富有机质页岩微相特征及对页岩油富集的指示意义——以渤海湾盆地济阳坳陷为例［J］. 石油学报，39（12）：16–31.
刘建伟，张云银，曾联波，等，2016. 非常规油藏地应力和应力甜点地球物理预测——渤南地区沙三下亚段页岩油藏勘探实例［J］. 石油地球物理勘探，51（4）：792–800.
刘敬平，孙金声，2016. 钻井液活度对川滇页岩气地层水化膨胀与分散的影响［J］. 钻井液与完井液，

33（2）：31–35.
刘满军，2008. 油井增产措施效果多属性评价支持系统研究［D］. 青岛：中国石油大学（华东）.
刘双莲，陆黄生，2011. 页岩气测井井评价技术特点及评价方法探讨［J］. 测井技术，35（2）：112–116.
刘喜武，董宁，刘宇巍，2015. 裂缝性孔隙介质频变 AVAZ 反演方法研究进展［J］. 石油物探，54（2）：210–217.
刘喜武，刘宇巍，霍志周，等，2016. 页岩油气层地震岩石物理计算方法研究［J］. 石油物探，55（01）：10–17.
刘喜武，刘宇巍，刘炯，等 . 一种页岩水平层理缝密度地震预测方法［P］. 北京：CN108459346A，2018–08–28.
刘喜武，刘宇巍，刘志远，等，2018. 页岩层系天然裂缝地震预测技术研究［J］. 石油物探，57（4）：611–617.
刘向君，宴建军，罗平亚，等，2005. 利用测井资料评价岩石可钻性研究［J］. 天然气工业，25（7）：69–71.
刘宇巍，董宁，吴晓明，等，2016. 频变 AVAZ 响应特征分析及裂缝性质反演方法研究［J］. 地球物理学进展，31（2）：732–740.
陆益祥，潘仁芳，唐廉宇，等，2017. 沾化凹陷罗家地区沙三下亚段页岩储层的岩石力学与脆性评价研究［J］. 中国石油勘探，22（6）：69–77.
马义权，杜学斌，刘惠民，等，2017. 东营凹陷沙四上亚段陆相页岩岩相特征、成因及演化［J］. 地球科学，42（7）：1195–1208.
宁方兴，2015. 济阳坳陷页岩油富集主控因素［J］. 石油学报，36（8）：905–914.
宁方兴，王学军，郝雪峰，等，2015. 济阳坳陷页岩油甜点评价方法研究［J］. 科学技术与工程，15（35）：11–16.
潘仁芳，伍媛，宋争，2009. 页岩气勘探的地球化学指标及测井分析方法初探［J］. 中国石油勘探（3）：6–28.
潘仁芳，陈美玲，张超谟，2018. 济阳坳陷渤南洼陷古近系页岩油“甜点”地震预测及影响因素分析［J］. 地学前缘，25（4）：142–154.
漆智先，李应芳，陈素，2014. 潜江凹陷潜江组盐间泥质白云岩岩相特征及意义［J］. 江汉石油职工大学学报，27（3）：12–14.
漆智先，舒向伟，桑利，等，2012. 潜江凹陷潜江组盐间泥质白云岩形成模式分析［J］. 长江大学学报（自然科学版），9（7）：19–23.
任春宇，张登，2014. 自修复水泥浆的试验研究［J］. 水泥工程，8（3）：24–25.
史吉辉，李庆超，李强，等，2018. 页岩气水平井分段压裂簇间形态干扰规律分析［J］，中国科技论文，13（21）：2447–2452.
宋建国，郭毓，冉然，2018. 基于比值均方根的杨氏模量反演方法［J］. 地球物理学报，61（4）：1508–1518.
宋建国，刘盛悦，2018. 基于逆时偏移的井间地震角道集提取方法［J］. 地球物理学进展，33（2）：707–714.
孙金声，刘敬平，闫丽丽，等，2016. 国内外页岩气井水基钻井液技术现状及中国发展方向［J］. 钻井液与完井液，33（5）：1–8.
孙举，李晓岚，刘明华，等，2016. 涪陵页岩气水平井油基钻井液技术［J］. 探矿工程（岩土钻掘工程），43（7）：14–18.
覃勇，蒋官澄，邓正强，等，2016. 抗高温油基钻井液主乳化剂的合成与评价［J］. 钻井液与完井液，2016，33（1）：6–10.

谭茂金，张松扬，2010. 页岩气储层地球物理测井研究进展［J］. 地球物理学进展，25（6）：2024–2030.
谭文礼，王翀，徐玲，2006. BCS 隔离液室内研究［J］. 石油天然气学报（江汉石油学院学报），28（1）：82–83.
谭希硕，2015. 国产油基钻井液在涪陵页岩气水平井中的应用［J］. 江汉石油职业大学学报，28（1）：26–29.
唐建平，袁开洪，2002. 高等教育管理决策的数学模型方法——AHP 法［J］. 理工高教研究，21（03）：21–23.
唐颖，张金川，张琴，等，2010. 页岩气井水力压裂技术及其应用分析［J］. 天然气工业，30（10）：33–38.
滕建彬，2018. 东营凹陷利页 1 井泥页岩中白云石成因及层序界面意义［J］. 油气地质与采收率，25（2）：1–8.
滕建彬，2019. 济阳坳陷页岩油储层物质组分对含油性的控制规律［J］. 油气地质与采收率，25（7）：1–7.
滕建彬，2020. 东营凹陷页岩油储层中方解石的成因及证据［J］. 油气地质与采收率，27（2）：18–25.
滕建彬，刘惠民，邱隆伟，等，2020. 东营凹陷古近系湖相细粒混积岩沉积成岩特征［J］. 地球科学，45（10）：3808–3826.
田雨，2018. 组合裂缝中支撑剂运移铺置规律研究［D］. 青岛：中国石油大学（华东）.
汪绍卫. 江汉盆地盐间非砂岩储层特征及测井评价［J］. 江汉石油职工大学学报（2）：45–48.
王斌，雍学善，潘建国，等，2015. 纵横波速度联合预测地层压力的方法及应用［J］. 天然气地球科学，26（2）：367–370.
王东东，李增学，吕大炜，等，2016. 陆相断陷盆地煤与油页岩共生组合及其层序地层特征［J］. 地球科学（中国地质大学学报），41（3）：508–522.
王冠民，2012. 济阳坳陷古近系页岩的纹层组合及成因分类［J］. 吉林大学学报（地球科学版），42（3）：666–680.
王冠民，任拥军，钟建华，等，2005. 济阳坳陷古近系黑色页岩中纹层状方解石脉的成因探讨［J］. 地质学报，79(6)：834–838.
王国力，杨玉卿，张永生，等，2004. 江汉盆地潜江凹陷王场地区古近系潜江组沉积微相及其演变［J］. 古地理学报（2）：140–150.
王国力，张永生，杨玉卿，等，2004. 江汉盆地潜江凹陷古近系潜江组盐间非砂岩储层评价［J］. 石油实验地质，(05)：462–68.
王海柱，李根生，贺振国，等，2018. 超临界 CO_2 岩石致裂机制分析［J］. 岩土力学，39（10）：116–126.
王茂功，陈帅，李彦琴，等，2016. 新型抗高温油基钻井液降滤失剂的研制与性能［J］. 钻井液与完井液，33（1）：1–5.
王茂功，徐显广，苑旭波，等，2014. 抗高温气制油基钻井液用乳化剂的研制和性能评价［J］. 钻井液与完井液，29（6）：4–5.
王民，马睿，李进步，等，2019. 济阳坳陷沙河街组湖相页岩油赋存机理［J］. 石油勘探与开发，46（4）：1–14.
王其春，周仕明，巢贵业，2005. MS–R 高密度隔离液的研究与运用［J］. 油气地质与采收率，12（5）：67–69.
王庆胜，汤达祯，彭美霞，等，2010. 江汉盆地盐间非砂岩储层测井响应特征与识别［J］. 石油天然气学报，32（2）：73–77.
王森，冯其红，查明，等，2015. 页岩有机质孔缝内液态烷烃赋存状态分子动力学模拟［J］. 石油勘探与开发，42（6）：772–778.

王伟，黄柏宗，1994. 高温高压下水泥浆的流变性及其模式［J］. 油田化学；11（1）：18–22.

王旭东，郭保雨，张海青，等,2013. 抗高温油包水型乳化剂的研制与应用［J］. 钻井液与完井液,30（4）：9–12.

王宣龙，李厚裕，冯红霞，1996. 利用声波和自然伽马能谱分析泥岩裂缝储层［J］. 测井技术，6（20）：432–435.

王洋，袁清芸，李立，2016. 塔河油田碳酸盐岩储层自生酸深穿透酸压技术［J］. 石油钻探技术，44（5）：90–93.

王玉满，董大忠，杨桦，等，2014. 川南下志留统龙马溪组页岩储集空间定量表征［J］. 中国科学（地球科学），44（6）：1348–1356.

王越，陈世悦，张关龙，等，2017. 咸化湖盆混积岩分类与混积相带沉积相特征——以准噶尔盆地南缘芦草沟组与吐哈盆地西北缘塔尔朗组为例［J］. 石油学报，38（9）：1021–1035.

王在明，2008. 超临界二氧化碳钻井液特性研究［D］. 青岛：中国石油大学 .

王之敬，王炳章，2001. 地震岩石物理学基本准则［J］. 石油物探译丛（4）：1–20.

魏茂安，陈潮，王延江，等，2007. 地层孔隙压力预测新方法［J］. 石油与天然气地质，28（3）：395–400.

吴梅芳，薛静，1990. DSF 冲洗隔离液的研制与应用［J］. 石油钻采工艺（2）：17–25.

吴松涛，邹才能，朱如凯，等，2015. 鄂尔多斯盆地上三叠统长 7 段泥页岩储集性能［J］. 地球科学：中国地质大学学报，40（11）：1810–1823.

武骞，张文哲，迟立宾，等,2016. 延长中生界页岩气水平井井身结构设计方法研究［J］. 西部探矿工程，28（1）：41–44.

肖超，2009. 尼日利亚边际油田合成基钻井液技术［J］. 钻井液与完井液（6）：80–81.

肖怡，陈林，张绍俊，等，2015. 封堵性低密度全油基钻井液在低压储层保护中的应用［J］. 钻采工艺，38（5）：89–91.

谢又新，熊友明，胥志雄，等，2002. 考虑盐岩层蠕变的井身结构设计研究［J］. 西南石油学院学报，24（4）：20–23.

徐敏，2016. 页岩气地质和工程“甜点”评价指标体系研究［D］. 北京：中国石油大学（北京）.

徐中华，刘伟方，王国庆，等，2017. 基于岩芯数据、地震数据的地层压力预测［C］// 中国石油学会 2017 年物探技术研讨会论文集：881–884.

许晓宏，黄海平，卢松年,1998. 测井资料与烃源岩有机碳含量的定量关系研究［J］. 江汉石油学院学报，20（3）：8–12.

杨荣，2015. 高温碳酸盐岩储层酸化稠化自生酸液体系研究［D］. 成都：西南石油大学 .

雍世和，张超谟，1996. 测井数据处理与综合解释［M］. 东营：中国石油大学出版社 .

岳炳顺，黄华，陈彬，等，2005. 东濮凹陷测井烃源岩评价方法及应用［J］. 石油天然气学报，27（3）：351–354.

岳前升，舒福昌，向兴金，等，2004. 合成基钻井液的研制及其应用［J］. 钻井液与完井液（21）：1–3.

岳砚华，伍贤柱，张庆，等，2018. 川渝地区页岩气勘探开发工程技术集成与规模化应用［J］. 天然气工业，38（2）：74–82.

运华云，项建新，刘子文，2000. 有机碳测井评价方法及在胜利油田的应用［J］. 测井技术，24（5）：372–376.

曾义金，王文石，石秉忠，2005. 深层盐膏岩蠕变特性研究及其在钻井中的应用［J］. 石油钻探技术，33（5）：51–54.

查树贵，何又雄，莫莉，等，2013. 王场地区陆相泥质白云岩油藏“甜点”地震预测［J］. 石油地球物理勘探，48（S1）：89–103.

詹俊峰，高德利，刘希圣，1997. 地层抗钻强度与钻头磨损实用评估方法［J］. 石油钻采工艺，19（6）：16–23.

张彬彬，张军华，吴永亭，2019. 地震数据低频信号保护与拓频方法研究［J］. 地球物理学进展，34（3）：1139–1144.

张晋言，孙建孟，2012. 利用测井资料评价泥页岩油气“五性”指标［J］. 测井技术，36（2）：146–153.

张来昌，王玉忠，1992. CX 化学冲洗液及其应用［J］. 钻井液与完井液（6）：59–62.

张守鹏,2019. 西加拿大盆地与济阳坳陷页岩油气成藏条件对比分析启示［J］. 油气地质与采收率,25（7）：29–36.

张顺，2018. 东营凹陷页岩储层成岩作用及增孔和减孔机制［J］. 中国矿业大学学报，47（3）：562–578.

张顺，刘惠民，王敏，等，2018. 东营凹陷页岩油储层孔隙演化［J］. 石油学报，39（7）：754–766.

赵军，蔡亚西，林元华，等，2001. 声波测井资料在岩石可钻性及钻头选型中的应用［J］. 测井技术，25（4）：305–307.

赵欣 . 2019. 层理缝地震响应正演模拟研究［D］. 北京：中国石油大学（北京）.

郑荣才，周刚，董霞，等，2010. 龙门山甘溪组谢家湾段混积相和混积层序地层学特征［J］. 沉积学报，28（1）：33–41.

周金樊，2009. 钻井液工艺技术［M］. 北京：石油工业出版社 .

周立宏，陈长伟，韩国猛，等，2019. 渤海湾盆地歧口凹陷沙一下亚段地质特征与页岩油勘探潜力［J］. 地球科学，44（8）：2736–2750.

朱红涛，刘可禹，朱筱敏，等，2018. 陆相盆地层序构型多元化体系［J］. 地球科学，43（3）：770–785.

朱华，姜文利，边瑞康，等，2009. 页岩气资源评价方法体系及其应用——以川西坳陷为例［J］. 天然气工业，29（12）：130–134.

邹才能，杨智，崔景伟，等，2013. 页岩油形成机制、地质特征及发展对策［J］. 石油勘探与开发，40（1）：14–26.

钻井手册编写组，2013. 钻井手册［M］. 北京：石油工业出版社 .

左星，何世明，黄桢，等，2007. 泥页岩地层孔隙压力的预测方法［J］. 断块油气田，14（1）：24–26.

A Tinni，E Odusina，et al.，2014. NMR Response of Brine，Oil，and Methane in Organic Rich Shales［J］. SPE Unconventional Resources Conference. Woodlands，Texas，USA.

Abouelresh M O，Slatt R. M，2012. Lithofacies and sequence stratigraphy of the Barnett Shale in east–central Fort Worth Basin，Texas［J］. AAPG bulletin，96（1）：1–22.

Abrams M A，Gong C，Garnier C，et al.，2017. A new thermal extraction protocol to evaluate liquid rich unconventional oil in place and in–situ fluid chemistry［J］. Marine and Petroleum Geology，88：659–675.

Al–Yami A S，Alqam M H，Riefky A，et al.，2018. Self Healing Durable Cement；Development，Lab Testing，and Field Execution［C］//Spe/idac Middle E t Drilling Technology Conference & Exhibition.

Banik N C，1987. An effective anisotropy parameter in transversely isotropic media［J］. Geophysics，52（12）：1654–1664.

Behar F，Beaumont V，Penteado H D B，2001. Rock–Eval 6 technology：performances and developments［J］. Oil Gas Science and Technology，56（2）：111–134.

Behar F，Lewan M，Lorant F，et al.，2003. Comparison of artificial maturation of lignite in hydrous and nonhydrous conditions［J］. Organic Geochemistry，34（4）：575–600.

Braun R L，Burnham A K，1987. Analysis of chemical reaction kinetics using a distribution of activation energies and simpler models［J］. Energy Fuel，1：153–161.

Buller D，S N Hughes，J Market，et al.，2010. Petrophysical Evaluation for Enhancing Hydraulic Stimulation in Horizontal Shale Gas Wells［J］. SPE Annual Technical Conference and Exhibition. Florence，Italy，

Society of Petroleum Engineers.

Burnham A K, Braun R L, 1999. Global kinetic analysis of complex materials [J] . Energy Fuel, 13 (1): 1–22.

Burnham K, 2017. Global chemical kinetics of fossil fuels, how to model maturation and pyrolysis [M] . Springer International Publishing : 145–147.

C Wolfsteiner, L J Durlofsky, K Aziz, 2003. Calculation of well index for nonconventional wells on arbitrary grids [J] . Computational Geosciences, 7: 61–82.

Carroll A R, Bohacs K M, 2001. Lake–type controls on petroleum source rock potential in nonmarine basins [J] . AAPG Bulletin, 85: 1033–1053.

Chapman M, 2003. Frequency dependent anisotropy due to meso–scale fractures in the presence of equant porosity [J] . Geophysical Prospecting, 51 (5), 369–379.

Chapman M, Maultzsch S, Liu E, et al., 2003. The effect of fluid saturation in an anisotropic multi–scale equant porosity model [J] . Journal of Applied Geophysics, 54, 191–202.

Chen Z, Lavoie D, Malo M, et al., 2017. A dual porosity model for evaluating petroleum resource potential in unconventional tight shale plays with application to Utica Shale in Quebec, Canada [J] . Marine and Petroleum Geology, 80: 333–348.

Chen Z, Li M, Cao T, et al., 2017. Hydrocarbon generation kinetics of a heterogeneous source rock system : Example from the lacsutrine Eocene–Oligocene Shahejie Formation, Bohai Bay Basin, China [J] . Energy & Fuels, 31 (12) : 13291–13304.

Chen Z, Li M, Ma X, et al., 2018. Generation kinetics based method for correcting effects of migrated oil on Rock–Eval data–An example from the Eocene Qianjiang Formation, Jianghan Basin, China [J] . International Journal of Coal Geology, 195: 84–101.

Chen Z, Liu X, Guo Q, et al., 2017. Inversion of source rock hydrocarbon generation kinetics from rock–Eval data [J] . Fuel, 194: 91–101.

Chen Z, Liu X, Jiang C, 2017. Quick evaluation of source rock kerogen kinetics using hydrocarbon pyrograms from regular Rock–Eval analysis [J] . Energy Fuel, 31 (2) : 1832–1841.

Cipolla C L, X Weng, H Onda, et al., 2011. New Algorithms and Integrated Workflow for Tight Gas and Shale Completions [J] . SPE Annual Technical Conference and Exhibition. Denver, Colorado, USA, Society of Petroleum Engineers.

Cornford C, 1998. Source rocks and hydrocarbons of the North Sea [M] //Petroleum Geology of the North Sea : Basic Concepts and Recent Advance. 4th ed. [S. l.], Blackwell Science Ltd : 376–462.

Delveaux D, Martin H, Leplat P, et al., 1990. Comparitive Rock–Eval pyrolysis as an improved tool for sedimentary organic matter analysis [J] . Organic Geochemistry, 16 (4–6) : 1221–1229.

Grieser W V, J M Bray, 2007. Identification of Production Potential in Unconventional Reservoirs [J] . Production and Operations Symposium. Oklahoma City, Oklahoma, U.S.A.

Guo Z Q, Liu C, Liu X W, et al., 2016. Research on anisotropy of shale oil reservoir based on rock physics mode [J] . Applied Geophysics, 13 (2), 382–392.

J Kim, H A Tchelepi, R Juanes, 2011. Stability, accuracy, and efficiency of sequential methods for coupled flow and geomechanics [J] . SPE Journal, 16: 249–262.

J Kim, H Tchelepi, R Juanes, 2011. Stability and convergence of sequential methods for coupled flow and geomechanics : Fixed–stress and fixed–strain splits [J] . Computer Methods in Applied Mechanics and Engineering, 200: 1591–1606.

Jacobi D J, M Gladkikh, B LeCompte, et al., 2008. Integrated Petrophysical Evaluation of Shale Gas Reservoirs [J] . CIPC/SPE Gas Technology Symposium 2008 Joint Conference. Calgary, Alberta, Canada,

Society of Petroleum Engineers.

Jarvie D M，2012. Shale resource systems for oil and gas：part 1—shale-gas resource systems［J］. American Association of Petroleum Geologists Memoir，97：69–87.

Jarvie D M，2012. Shale resource systems for oil and gas：part 2—shale-oil resource systems［M］//Breyer J A. Shale Reservoirs-Giant Resources for the 21st Century，AAPG Memoir 97：89–119.

Jiang Q，Li M，Qian M，et al.，2016. Quantitative characterization of shale oil in different occurrence state and its application［J］. Petroleum Geological Exploration，38（6）：843–848.

Jiong Liu，Eduardo Kausele，Xi-wu Liu，2017. Using pseudo-spectral method on curved grids for SH-wave modeling of irregular free-surface［J］. Journal of Applied Geophysics，140（3）：42–51.

Jiong Liu，Liu Xiwu，Liu Zhenfeng，2016. SH-wave modeling on curved grids for irregular surface by pseudo-spectral method［C］. SPG/SEG，International Geophysical Conference.

Jiong Liu，Xi-wu Liu，2016. A pseudospectral scheme for SH-wave modeling of irregular free surface［C］. SEG Technical Program Expanded Abstracts.

Katsube T J，Mudford B S，Best M E，1991. Petrophysical characteristics of shales from the Scotian shelf［J］. Geophysics，56，1681–1689.

King R R，Jarvie D，Cannon D，et al.，2015. Addressing the caveats of source rock pyrolysis in the unconventional world：modified methods and interpretative ideas［C］. Unconventional Resources Technology Conference：919–934.

Li G，Wang A，2016. Cold，warm，and hot programming of shape memory polymers［J］Journal of Polymer Science，Part B. Polymer Physics（14）：54.

Li M，Chen Z，Cao T，et al.，2018. Expelled oils and their impacts on Rock-Eval data interpretation，Eocene Qianjiang Formation in Jianghan Basin，China［J］. International Journal of Coal Geology，191：37–48.

Li M，Chen Z，Ma X，et al.，2018. A numerical method for calculating total oil yield using a single routine Rock-Eval program：A case study of the Eocene Shahejie Formation in Dongying Depression，Bohai Bay Basin，China［J］. International Journal of Coal Geology，191：49–65.

Li Zhiming，Qian Menhui，Li Maowen，et al.，2017. Oil content and occurrences in low-medium mature lacustrine shales：one case from the 1st Member of Eocence-Oligocene Shehejie Formation in wells Luo-68 and Yi-21，Bonan subsag，Bohai Bay Basin，China［J］. Oil Gas Geology，38（3）：448–456.

Liu Xiwu，Gao Fengxia，Zhang Yuanyin，2018. Seismic resolution enhancement in shale-oil reservoirs［J］. Geophysics，83（5）：281–287.

Loucks R G，Reed R M，Ruppel S C，et al.，2009. Morphology，Genesis，and Distribution of Nanometer-Scale Pores in Siliceous Mudstones of the Mississippian Barnett Shale［J］. Journal of Sedimentary Research，79：848–861.

Loucks R G，Reed R M，Ruppel S C，et al.，2012. Spectrum of pore types and networks in mudrocks and a descriptive classification for matrix-related mudrock pores［J］. AAP G Bulletin，96（6）：1071–1098.

Ma Y，Fan M.，Lu Y，et al.，2016. Climate-driven paleolimnological change controls lacustrine mudstone depositional process and organic matter accumulation：Constraints from lithofacies and geochemical studies in the Zhanhua Depression，eastern China［J］. International Journal of Coal Geology，167：103–118.

Ma Yuanyuan，Cao Tingting，Snowdon Lloyd，et al.，2017. Impact of different experimental heating rates on calculated hydrocarbon generation kinetics［J］. Energy & Fuels，31（10）：10378–10392.

Minh C C，P Sundararaman，2006. NMR Petrophysics in Thin Sand/Shale Laminations［J］. SPE Annual Technical Conference and Exhibition. San Antonio，Texas，USA，Society of Petroleum Engineers.

Neng Lu, Cai Liu, Zhiqi Guo, et al., 2017. The study on anisotropic attenuation of PP-wave AVAz due to fluid-saturated fractures for layered media [C]. CGS/SEG International Geophysical Conference, Geophysical Challenges and Prosperous Development, Qingdao.

Pang S, Liu C, Guo Z Q, et al., 2017. Fracture characterization for shale reservoirs using P-wave azimuthal seismic inversion [C]. CGS/SEG International Geophysical Conference, 653-656.

Passey Q R, K Bohacs, W L Esch, et al., 2010. From Oil-Prone Source Rock to Gas-Producing Shale Reservoir Geologic and Petrophysical Characterization of Unconventional Shale-Gas Reservoirs [J]. International Oil and Gas Conference and Exhibition in China. Beijing, China, Society of Petroleum Engineers.

Peaceman D W, 1983. Interpretation of well-block pressures in numerical reservoir simulation with nonsquare grid blocks and anisotropic permeability [J]. SPE Journal, 23: 531-543.

Penner S S, 1952. On the kinetics of evaporation [J]. Journal of Physical Chemistry, 56 (4): 475-479.

Puryear C I, Castagna J P, 2008. Layer-thickness determination and stratigraphic interpretation using spectral inversion: Theory and application [J]. Geophysics, 73 (2): 37-48.

Qian K R, He Z L, Chen Y Q, et al., 2017. A novel brittleness equation for shale formation based on Voigt-Reuss-Hill average [C]. SEG Technical Program Expanded: 3660-3665.

Qian K R, He Z L, Chen Y Q, et al., 2017. Analyzing the anisotropic characteristics of shale brittleness based on shale rock physics model [C]. SEG Technical Program Expanded: 3670-3674.

Qian K R, He Z L, Chen Y Q, et al., 2017. Prediction of brittleness based on anisotropic rock physics model for kerogen-rich shale [J]. Applied Geophysics, 14 (4): 463-479.

Qian K, He Z, Chen Y, 2017. Estimating anisotropic brittleness of shale based on a new rock physics model [C]. 79th EAGE Conference & Exhibition, Paris, France.

Raji M, Gröcke D R, Greenwell H C, et al., 2015. The effect of interbedding on shale reservoir properties [J]. Marine and Petroleum Geology, 67: 154-169.

Romero-Sarmiento M F, Pillot D, Letort G, et al., 2016. New Rock-Eval method for characterization of unconventional shale resource systems [J]. Oil & Gas Science and Technology-Revue d' IFP Energies Nouvelles, 71 (3): 37.

Sandvik E I, Young W A, Curry D J, 1992. Expulsion from hydrocarbon sources: the role of organic absorption [J]. Organic Geochemistry, 19(1-3): 77-87.

Slatt R M, Rodriguez N D, 2012. Comparative sequence stratigraphy and organic geochemistry of gas shales: Commonality or coincidence? [J]. Journal of Natural Gas Science and Engineering, 8: 68-84.

Snowdon L R, 1995. Rock-Eval T_{max} suppression: documentation and amelioration [J]. AAPG Bulletin, 79 (9): 1337-1348.

Sondergeld C H, K E Newsham, J T Comisky, et al., 2010. Petrophysical Considerations in Evaluating and Producing Shale Gas Resources [J]. SPE Unconventional Gas Conference. Pittsburgh, Pennsylvania, USA.

Tang Yufei, Liu Yuwei, Liu Xiwu, et al., 2015. Prediction of application scope of vertical fracture strike based on scattered wave fracture orientation function [J]. Global Geology, 18 (1): 49-53.

Thomsen L, 1986. Weak elastic anisotropy [J]. Geophysics, 51, 1954-1966.

Wang F, Li J, Chen Y, et al., 2015. The record of mid-Holocene maximum landward marine transgression in the west coast of Bohai Bay, China [J]. Marine Geology, 359: 89-95.

Wang M, Yang J, Wang Z, et al., 2015. Nanometer-scale porecharacteristics of lacustrine shale, Songliao Basin, NE China [J]. PLOS one, 10 (8).

Wu K, Olson J E, 2015. Simultaneous Multifracture Treatments : Fully Coupled Fluid Flow and Fracture Mechanics for Horizontal Wells [J] . SPE J, 20 (2) : 337–346.

Xie X, Li M, Littke R, et al., 2016. Petrographic and geochemical characterization of microfacies in a lacustrine shale oil system in the Dongying Sag, Jiyang Depression, Bohai Bay Basin, eastern China [J] . International Journal of Coal Geology, 165: 49–63.

Yu Wei Liu, 2018. Fracture Prediction Approach for Oil-bearing Reservoir Based on AVAZ Attributes in Orthorhombic Medium [J] . Petroleum Science, 15 (3) : 510–520

Yuwei Liu, Ning Dong, Mike Fehler, et al, 2015. Estimating the fracture density of small-scale vertical fractures when large-scale vertical fractures are present [J] . Journal of Geophysics and Engineering, 12 (3) : 311–320.

Yuwei Liu, Ning Dong, Xiwu Liu, et al., 2015 Inversion of fracture properties based on frequency dependent seismic AVAZ attributes [C] . SEG Abstract.

Zhang Y Y, Jin Z J, Chen YQ, et al., 2017. Pre-stack density inversion based on integrated norm regularization in shale reservoir [C] . 87th SEG Expanded Abstract.

Zhiqi Guo, Xinhui Deng, Cai Liu, et al., 2017. Seismic rock physics characterization of fractures in anisotropic shale reservoirs [C] . CGS/SEG International Geophysical Conference, Geophysical Challenges and Prosperous Development, Qingdao.

Zink K G, Scheeder G, Stueck H L, et al., 2016. Total shale oil inventory from an extended Rock-Eval approach on non-extracted and extracted source rocks from Germany [J] . International Journal of Coal Geology, 163: 186–194.